U0225260

方健　匯編校證

中國茶書全集校證

6

補編

中州古籍出版社

文獻通考·征榷考·榷茶

〔元〕馬端臨

〔提要〕

《文獻通考》，是一部關於宋代以前典章制度沿革的政書類史籍。三百四十八卷，馬端臨撰。分爲二十四門。與〔唐〕杜佑《通典》、〔宋〕鄭樵《通志》，合稱「三通」。

馬端臨（一二五四—一三四〇？），字貴與，號竹洲。饒州樂平（治今江西樂平）人。南宋度宗朝右相馬廷鸞（一二二二—一二八九）次子，嘗以蔭補承事郎。咸淳九年（一二七三），漕試第一。其父因與賈似道政見不合，於八年十一月罷相，宫祠。九年十二月雖起知紹興府，旋於十年復請宫祠家居。馬端臨隨侍其父於饒州。宋亡父逝後，他曾短期出任慈湖、柯山兩書院山長，台州儒學教授。長期隱居，力學著書。馬端臨幼承庭訓，家學淵源有自，其二十餘年傾全力的心血之撰，即爲《文獻通考》這部巨著。此外，還撰有《多識録》一百五十三卷，《義根墨守》三卷，《大學集注》等，俱佚。

《文獻通考》（下簡稱《通考》）凡二十四門（又稱類或考），曰田賦、錢幣、户口、職役、征榷、市糴、土貢、國用、選舉、學校、職官、郊社、宗廟、王禮、樂、兵、刑、經籍、帝系、封建、象緯、物異、輿地、四裔。其中「經籍」至「物異」五考，爲《通典》所無，乃馬氏獨創的門類。其餘十九考，均承《通典》成規而離析其門類。如將《通典·食貨典》分立爲『田賦』至『國用』八門。凡中唐以前者，多據《通典》而稍加增益，中唐以後至宋嘉定年間，則多據唐、五代和宋代史料新增。

據馬氏自序稱，《通考》得名之由爲：引古經史謂之敍事之『文』，參以唐宋以來諸臣奏疏、諸儒之議論，謂之論事之『獻』。《通考》的精華尤在於馬端臨的按語，或條析歷朝典章制度的演變沿革，來龍去脈；或評騭其成敗得失；或指出文、獻的疏誤。這是他對汗牛充棟史料進行條分縷析，去僞存真、去粗取精的精心考訂，反復甄辨的結果，其行文也再三推敲，力求準確、洗煉。《通考》不失爲體大思精之史學巨著，其中也包含了乃父馬廷鸞的許多精思卓識。《通考》全書約有三十八條『先公曰』，爲馬端臨的按語乃至《通考》的撰寫指蹤發緒。

《通考》行世後，頗獲好評。當時向元廷推薦是書的道士王壽衍就有『濟世之儒，有用之學』；『纂集古今，浩瀚該博』之譽。〔明〕胡應麟稱其書『持論衷，操見確，按證精』；『《通考》成而歷代典章規制備』，又贊許其『討覈之勤，綜理之密，皆卓然自名一家（分見《少室山房集》卷一〇四《讀〈文獻通考〉》及卷一〇六《題〈困學紀聞〉後》）。〔清〕顧炎武則將《通考》與司馬光的名著《通鑑》相提並論，認爲：『皆以一生精力成之，遂爲後世不可無之書。』（《日知録》卷一九《著書之難》）即使對《通考》之失譏評甚苛的《四庫全書總目提要》編者也指出：其書『條分縷析，使稽古者可以按類而考。又其所載宋制最詳，多《宋史》各志所未備。案語亦多能貫穿古今，折衷至當。雖稍遜《通典》之簡嚴而詳贍實爲過之，非鄭樵《通志》所及也』。尚不失爲通人之允評。

《通考》所録宋代史料已居全書一半以上，其主要史源——宋人所修《國史》諸志今已蕩然無存，所收録的宋人典籍亦多亡佚。如《通考》引用較多的『止齋陳氏曰』——即陳傅良（一一三七—一二〇三）的論述，不見於今傳各本《止齋集》的佚文就有二十一篇之多。涉及關於商税、鹽、酒、茶制、和買、上供、市舶、漕運、契税、選舉、兵制等典章制度，分見征榷、市糴、國用、選舉、兵等諸考。此乃一個十分明顯的例證，類似之處尚多。即使收録的文獻，今傳宋代資料中仍存，由於馬端臨所據多爲宋本，無疑頗具校勘價值。在將《通考·征榷五·榷茶》與《宋史·食貨志·茶》的對校過程中，儘管《宋志》有許多沿譌踵謬之處，《通考》也因流傳過程中的手民誤刊及删節失當産生了大量文字的衍譌脱倒，但據《通考》校正《宋志》之誤者，遠較據《宋志》正《通考》之誤者爲多。這固然是由於元史臣的鲁莽滅裂，草率成書；但也可證《通考》所據宋本之可貴。順便指出，《通考》文淵閣四庫全書影印本（下簡稱四庫本），出於内府藏本，不失爲《通考》的一個精善之本，可惜今簡體字本《傳世藏書》點校者未使用此本參校。其《榷茶》部分所出五十二條校記中，至少有五條可用四庫本作對校就能解決問題。

馬端臨是注重於經世致用的通儒，他對趙宋之亡有切膚之痛。在《通考》中，他傾注了其對經濟制度演變及改革的關注。『食貨』在《通考》中約占全書三分之一的篇幅，體現了他重視歷代經濟制度的史觀。茶税始於中唐，由於時代的局限，杜佑《通典》未及茶、坑冶等征榷制度，馬端臨遂補立征榷一目。對宋以前史料，分門别類，加以考訂，使之條理化。宋代相關史料則精搜細採，以篇幅、字數計，超過前朝總和一倍以上，體現了詳今略古的原則。此外，市糴、户口、職役、國用諸考無不詳於宋事，其篇幅均超過宋以前歷朝的總和。馬端臨用力甚勤的還有選舉、學校等門。《通考》比《通典》約多二百八十三萬餘言，其中，多爲宋代史料。其最大的優點在於論述宋代典章制度之詳贍，不僅有許多内容爲《宋史》諸志所未備，亦頗有不見於《宋會要》、《長編》、《繫年要録》、《朝野雜記》、《玉海》等宋代重要史料典籍之内容，這些獨家記載無疑是《通考》最富史料價值的精華。

毋庸諱言，卷帙浩繁的《通考》難免會有其不足之處。首先，《通考》缺《曆律考》，也許是馬端臨限於學力或資料條件而放棄。清人葉濬發有《增補》三卷，《參補》二十六卷，稿本今藏浙江圖書館。如《四庫提要》早就指出的《職官考》中唐以前部分全本《通典》，《經籍考》則多據晁志、陳目之類。此外，如考訂不周、次序錯亂、年月不符、體例不嚴之類，所在多有。是書流傳過程中，産生了大量文字的衍脱譌倒，甚至還有錯簡。但畢竟瑕不掩瑜，其於攻治宋史的學者更是案頭必備的重要典籍。

《通考》約成於元大德十一年（一三〇七），延祐六年（一三一九），道士王壽衍向元廷推薦，旋命馬端臨繕寫上進，凡三百四十八卷，分裝六十八册。至治二年（一三二二），饒州路禮請馬端臨攜書赴路治繕寫，並親自校勘，由官方刊印。泰定元年（一三二四），《通考》刻成，版存杭州西湖書院。次年，馬端臨偕子志仁、甥費山對泰定本加以校勘。（此據王瑞明《馬端臨評傳》頁五脚注引乾隆《樂平縣志》，南京大學出版社二〇〇一年版。）後至元元年（一三三五），江浙等處儒學提舉余謙見泰定本《通考》舛誤甚夥，遂命重加校正，刊印於至元五年（一三三九）。由於泰定本今已不存完本，余謙重修補刻的至元本（今藏上海圖書館）成爲現傳《通考》諸本的共同祖本。今存主要版本有：元泰定元年西湖書院刻元明遞修本（今藏國家圖書館等）、明正德劉洪慎獨齋刻本、明嘉靖三年（一五二四）司禮監刻本、明嘉靖馮天馭刻本、明末刻本、明末刻梅墅石渠閣印本（傅增湘校並跋，今藏重慶圖書館）、清乾隆十二（一七四七）年武英殿刻本、四庫本、清光緒浙江書局本、民國（一九三六年）上海商務印書館《萬有文庫》十通本等。由上海師範大學徐光烈先生主持點校的簡體横排標點本，惜被收入《傳世藏書》（下簡稱點校本，海南國際新聞出版中心一九九五年版）而流傳未廣。今又有中華書局繁體字點校本（二〇一一年版）行世。無疑是迄今爲止的最佳善本。

《通考·征榷五·榷茶》約七千餘字，所收録史料皆《通典》所無，可視同『經籍』等五考，爲馬端臨所新創。其中，中唐以後史料約近千字，亦《通典》未及收，《宋志》則因體例决定而未收。收録的宋代史料中，其史源不外乎《國史·

食貨志》、《宋會要》、《長編》、《朝野雜記》等，但也有未見諸書的獨家記載，如片茶三十六名（實應作三十七名，原書又譌作二十六名），即與《宋會要》食貨二九之一引宋修《國史·食貨志·茶色號》頗有出入，乃不明史源的馬端臨獨家記載，或馬氏據宋代資料臚列統計，從《宋志》的沿譌踵謬判斷，《宋志》應抄自《通考》無疑。類似之例還有不少，請參閱本編所輯兩書各條校記，此勿贅及。

此外，《征榷考五·榷茶》收録的論事之『獻』凡十則，多可考見於現存唐宋文獻，如上所述，可爲校勘之助；同樣，據現存文獻也可他校《通考》文字之衍、誤、脱、倒。其中，『止齋陳氏曰』不見於今傳各本陳傅良《止齋集》。鑑於以上原因，今把《通考·征榷考·榷茶》作爲一種茶法類茶書收入本《全集·補編》，可與《宋史·食貨志·茶》（下簡稱《宋志·茶》）相比較而並存，兩書也可互校。姑擬名爲《榷茶》，似與原書内容不完全相符，因爲除榷茶外，還有茶法、茶制、茶政、茶租税等多方面内容，循名責實，應定名爲《通考·征榷考·茶》，但爲與《宋志·茶》相區别，也爲了遵循原書子目爲《榷茶》，姑擬以上述書名收入。

本書以《傳世藏書》簡體横排點校本《通考·征榷考·榷茶》爲底本，補校點校本未使用過的三個參校本：四庫本、光緒上海點石齋石印本（簡稱石印本）、中華書局影印上海商務印書館《萬有文庫》十通本（簡稱十通本），三本相同者，合稱《通考》諸本。必須指出，中華書局繁體點校本已改正簡體本的不少失校之處，但本書校證仍頗有補益。筆者更多致力於他校，無論是敍事之『文』、論事之『獻』乃至馬氏案語中所涉唐宋文獻，逐一取校，所幸今絶大部分仍存。以明其史源，考其異同，證其譌誤。不少校記，甚至已超過純粹的校勘而界於史事考訂的範疇，有些校記，可視爲小型的讀史劄記。也許沉湎於唐宋茶事史料中太久，時時會有『考據癖』發作之故。讀者諸君諒之。《宋志·茶》的校勘亦取同樣方法，《通考》和《宋志》的互校也頗有意外的收獲，今補出校記凡一百一十四條，並重加標點。《通考》原書格式爲：敍事之『文』頂格，論事之『獻』、作者按語（時或稱『考』），則各低一格，以相區分。今則將『獻』、『考』各低二格，以示區别，特此説明。本書儘可能不改動原文而只在校記中加以説明其應改或考異的理由，以存歷史文獻之真。又，本書校證完稿於十余年前，時僅有簡體字點校本行世，故用作工作底本；今中華書局標點本已刊行，審讀校樣時又逐條予以補校，並儘可能補出或修訂校記。

文獻通考・征榷考・榷茶

〔元〕馬端臨

唐德宗建中三年〔一〕，納户部侍郎趙贊議，税天下茶、漆、竹、木，十取一，以爲常平本錢。時軍用廣，常賦不足，所税亦隨盡，亦莫能充本儲。及出奉天，乃悼悔，下詔亟罷之〔二〕。

貞元九年，復税茶〔三〕。先是，諸道鹽鐵使張滂奏：『去歲水災，詔令減税。今之國用，須有供儲。伏請於出茶州縣及茶山外商人要路，委所由定三等時估，每十税一，充所放兩税。其明年已後所得税錢外貯，若諸州遭水旱，賦税不辦，以此代之。』詔可，仍委張滂具處置條目〔四〕。每歲得錢四十萬貫〔五〕，茶之有税自此始〔六〕。然税無虚歲，遭水旱處亦未嘗以税茶錢拯贍。

致堂胡氏曰〔七〕：『茶者，生人之所日用也，其急甚於酒。然王鉷、楊慎矜、韋堅以及劉晏皆置而不征，猶爲忠厚。天地生物，凡以養人，取之不可悉也。張滂税茶，則悉矣。凡言利者，未嘗不假托美名，以奉人主私欲，滂以茶税錢代水旱田租是也。既以立額，則後莫肯蠲；非惟不蠲，從而增廣其數，嚴峻其法者有之矣。或至於官盡榷之，商旅不得貿遷，而必與官爲市。在私，則終不能禁。而椎埋惡少竊販之害興，偶有敗獲，奸人猾吏相爲囊橐，獄迄不直，而治所由歷，株連枝蔓，致良民破産，接村比里，甚則盜賊出焉。在公，則收貯不虔，發泄不時，至於朽敗，與新斂相妨，或没入竊販，無所售用，於是舉而焚之，或乃沉之。殃民害物，咸弗恤也。其原則在於得數十萬緡錢而已。夫弛山澤之禁以予民，王政也。必不得已，聽商旅貿遷而薄其征。茶也者，東南所有，西北所無，雖曰薄征，其入於王府者亦不貲矣。息盜奪，止訟獄，佐國用，其利亦大矣。張滂、王涯豈足效哉！

穆宗即位，兩鎮用兵，帑藏空虚，禁中起百尺樓，費不可勝計。鹽鐵使王播乃增天下茶税，率百錢增五十。江淮、浙東西、嶺南、福建、荆襄茶，播自領之，兩川以户部領之。天下茶加斤至二十兩，播又奏加取焉〔八〕。

右拾遺李珏上疏諫曰：『榷茶起於養兵〔九〕，今邊境無虞，而厚斂傷民，不可一也。茗飲，人之所資，重賦税則價必增〔一〇〕，貧弱益困，不可二也。山澤之饒，其出不貲，論税以售多爲利，價騰踴則市者稀，不可三也。』

文宗時，王涯爲相，判二使，復置榷茶使，自領之。徙民茶樹於官場，焚其舊積者，天下大怨。令狐楚代爲鹽鐵使兼榷茶使，復令納榷，加價而已。李石爲相，以茶税皆歸鹽鐵，復貞元之舊。

武宗即位，鹽鐵轉運使崔珙又增江淮茶税。是時，茶商所過州縣有重税，或掠奪舟車，露積雨中，諸道置邸以收税，謂之『搨地錢』〔一一〕，故私販益起〔一二〕。大中六年〔一三〕，鹽鐵轉運使裴休請：『釐革横税，以通舟船，商旅既安，課利自厚。又正税茶商，多被私販茶人侵奪其利，今請委強幹官吏，先於出茶山口及廬、壽、淮南界内，布置把捉，曉諭招收，量加半税，給陳首帖子，令所在公行，更無苛奪。所冀招懷窮困，下絶奸欺，使私販者免犯法之慢〔一四〕，正税者無失利之嘆〔一五〕。』從之。

休著條約：私鬻三犯皆三百斤，乃論死；長行羣旅，茶雖少亦死；雇載三犯至五百斤，居舍儈保四犯至千斤，皆死；園户私鬻百斤以上，杖脊，三犯加重徭；伐園失業者，刺史、縣令以縱私鹽論。廬、壽、淮南皆加半税；私商給自首之帖。天下税茶增倍貞元〔一六〕。江淮茶爲大模，一斤至五十兩。諸道鹽鐵使于悰每斤增税五錢，謂之『剩茶錢』，自是斤兩復舊〔一七〕。

按《陸羽傳》：『羽嗜茶，著經三篇，言茶之原、之法、之具尤備，天下益知飲茶矣。時鬻茶者，至陶羽形置煬突間〔一八〕，祀爲茶神。有常伯熊者，因羽論復廣著茶之功。其后尚茶成風，回紇入朝，始驅馬市茶〔一九〕。』羽貞元末卒，然則嗜茶、榷茶，皆始於貞元間矣。

宋制，榷貨務六：江陵府、真州、海州、漢陽軍、無爲軍、蘄州之蘄口。乾德二年八月，始令京師及建安、漢陽軍、蘄口置務〔二〇〕。太平興國二年，又於江陵府、襄、復州、無爲軍增置務。端拱二年，又於海州置務。淳化四年，廢襄、復州務〔二一〕。其後，京城務但會給交鈔往還，而不積茶貨。又有場十三〔二二〕：蘄州曰王祺、石橋、洗馬，又有黄梅場，景德二年廢。黄州曰麻城，廬州曰王同，舒州曰太湖、羅源，壽州曰霍山、麻步、開順口，光州曰商城、子安。又買茶之處：江南則宣、歙、江、池、饒、信、洪、撫、筠、袁州，廣德、興國、臨江、建昌、南康軍；兩浙則杭、蘇、明、越、婺、處、温、台、湖、常、衢、睦；荆湖則江陵府〔二三〕，潭、澧、鼎、岳、鄂、鎮、歸、峽州，荆門軍；福建則南劍、建州。虔、吉、郴、辰州，南安軍，皆折税課，本州買，給民用。山場之制，領園户，受其租，餘悉官市之。又別有民户折税課者，其出鬻皆在本場。諸州所買茶，折税受租同山場，悉送六榷務鬻之。江陵府務，受本府及潭、鼎、澧、岳、歸、峽州茶〔二四〕；真州務，受潭、袁、池、吉、饒、建、筠、撫、洪、歙、江、宣、岳州，臨江、興國軍茶〔二五〕；海州務，受杭、湖、常、睦、越、明、温、台、衢、婺州茶〔二六〕；漢陽軍務，受鄂州茶；無爲軍務，受撫、吉州，臨江軍，而增南康軍茶〔二七〕；蘄口務，受潭州、興國軍茶〔二八〕。

凡茶有二類，曰片，曰散。片茶烝造，實棬模中串之；惟建、劍則既烝而研，編竹爲格，置焙室中，最爲精潔，他處不能造。其名，有龍、鳳、石乳、的乳、白乳、頭金、蠟面、頭骨、次骨、末骨、粗骨、山鋌十二等〔二九〕，龍、鳳皆團片。石乳、的乳皆狹片〔三〇〕，名曰京、的乳，亦有闊片者。乳以下皆闊片〔三一〕。以充歲貢及邦國之用，洎本路食茶。江、浙、荆湖舊貢新茶芽者三十餘州，有歲中再三至者。大中祥符元年，上憫其勞，詔罷之〔三二〕。餘州片茶有：進寶、雙勝、寶山、兩府出興國軍，仙芝、嫩蕊、福合、禄合、運合、慶合、指合出饒、池州，泥片出虔州，緑英、金片出袁州，玉津出臨江軍，靈川出福州〔三三〕，先春、早春、華英、來泉、勝金出歙州，獨行、靈草、緑芽、片金、金茗出潭州，大拓枕出江陵，大小巴陵、開勝、開捲、小捲、生黄、翎毛出岳州，雙上、緑芽、大小方出岳、辰、澧州，東首、淺山、薄側出光州，總三十六名〔三四〕。其兩浙及宣、江、鼎州止以上中下或第一至第五爲號。散茶有太湖、龍溪、次號、末號出淮南，岳麓、草子、楊樹、雨前、雨後出荆湖，清口出歸州，茗子出江南，總十一名。江、浙又有以上中下、第一至第五爲號者。

凡買價：蠟面茶，每斤自三十五錢至一百九十錢〔三五〕，有十六等；片茶，每大片自六十五錢至二百五錢〔三六〕，有五十五等；散茶，每一斤自十六錢至三十八錢五分〔三七〕，有五十九等。歲課山場，八百六十五萬餘斤。和市：江南一千二十七萬餘斤〔三八〕，兩浙一百二十七萬九千餘斤，荆湖二百四十七萬餘斤，福建三十九萬三千餘斤。其貿鬻：蠟茶，每斤自四十七錢至四百二十錢〔三九〕，有十二等；片茶，自十七錢至九百一十七錢〔四〇〕，有六十五等；散茶，自五十錢至百二十一錢〔四一〕，有一百九等。至道末，賣錢二百八十五萬二千九百餘貫，天禧末，增四十五萬餘貫。天下茶皆禁，唯川陝、廣南聽民自買賣〔四二〕，不得出境。

太祖皇帝乾德五年〔四三〕，詔民茶折税外，悉官買，敢藏匿不送官及私販鬻者，没入之，論罪；主吏私以官茶貿易及一貫五百，並持杖販易爲官私擒捕者，皆死〔四四〕。

太平興國二年，重定法，務輕減。主吏盜官茶販鬻，錢三貫以上，黥面送闕下；茶園户輒毁敗其叢樹者，計所出茶，論如法〔四五〕。

八年，詔禁僞茶。又詔：民間舊茶園荒廢者蠲之；當以茶代税而無茶者，許輸他物〔四六〕。

淳化三年，詔：盜官茶販鬻十貫以上，黥面配本州牢城。雍熙后用兵，乏於饋餉〔四七〕，多令商人輸芻糧塞下，酌地之遠近而爲其直，取市價而厚增之，授以要券，謂之交引，至京師給以緡錢，又移文江、淮、荆湖給以顆、末鹽及茶。

端拱二年，置折中倉，聽商人輸粟京師，優其直，給江、淮茶鹽。

三年八月，監察御史薛映、秘書丞劉式等上言：『向者，朝廷制置緣江榷貨八務，以貯南方之茶，便於商人貿易。今四海無外，諸務皆宜廢罷，令商人就出茶州府官場算買，既大省輦運，又商人皆得新茶。』詔從之。遂以三司鹽鐵副使雷有終爲諸路茶鹽制置使，左司諫張觀與映副之，令商榷利害。次年二月，廢緣江榷貨八務，聽商人就出茶州軍買販，大減榷務茶價。詔既下，商人頗以江路回遠非便，有司以損其直，虧失歲計爲言。七月，復置緣江八務，罷制置使、副。至道初，劉式猶固執前議，西京作坊使楊允恭上言：『商人雜市諸州茶，新陳相糅，兩河、陝西諸州，風土各有所宜，非參以多品，則商旅少利，罷榷務，令就茶山買茶不可行。』上欲究其利害之説，令宰相召鹽鐵使陳恕、副使、判官與式、允恭定議，召問商人，皆願如淳化所減之價，不然者，即望仍舊。有司職於出納，既難於減損，皆同允恭之説，式議遂寢〔四八〕。即以允恭爲江南、淮南、兩浙發運兼制置茶鹽使，西京作坊副使李廷遂、著作郎王子輿副之。二年，遂從允恭等請〔四九〕，禁淮南十二州軍鹽，官鬻之，商人先入金帛京師及揚州折博務者，悉償以茶。自是鬻鹽得實錢，茶無滯積，歲課增五十萬八千餘貫，允恭等皆被賞。

止齋陳氏曰〔五〇〕：『乾德時，東南六路閩、浙歸職方，餘尚未平。太祖榷法蓋禁南商擅有中州之利，故置場以買之，自江以北皆爲禁地。太平興國中，樊若水奏，江南諸州茶官市十分之八，其二分量稅聽自賣。逾江涉淮，乘時射利，紊亂國法，望嚴禁之。則謂乾德榷法也。自若水建議，其法始密。凡茶之利：一則官賣以實州縣；一則沿邊入中糧草，算請以省饋運；一則榷務入納金銀、錢帛，算請以贍京師。而河東、北互市，川陝折博〔五一〕，又以所有易所無，而其大者最在邊備。蓋祖宗以西北宿兵供億之費，重困民力，故以茶引走商賈，而虛估加擡以利之。其後，理財之臣往往以遺利在民，數務更張，然大概無過李諮、林特二法，二法大概以抑茶商及邊民耳。故林特以見錢買入中賤價交鈔，而以實錢算茶，然猶以五十千或五十五千算茶百千，則是去虛估加擡未遠也。至李諮復祖劉式之意，淳化三年，秘書丞劉式起請，令商旅自就園户買茶，於官場貼射，廢榷貨務。

始斷然罷去買納茶本，使客自就山園買茶，而官場坐收貼納之利，行之三年而罷。然當時議者徒咎諮法不能惜留在京見錢，而不及其刻剥商賈之怨。景祐以後，西邊事興，始復行加擡法。嘉祐四年，天下無事，仁皇慨然一切弛禁。當時詔書曰：「上下規利，垂二百年〔五二〕，江湖之間，幅員數千里，爲陷阱以害吾民。尚慮喜於立異之人，緣而爲奸之黨〔五三〕，妄陳奏議，以惑官司。必置明刑，用戒狂謬〔五四〕。」自此，茶不爲民害者六七十載矣。此韓琦相業也。至蔡京始復榷法，於是茶利自一錢以上皆歸京師。其子蔡絛自記之曰〔五五〕：「公始説上，以茶務若所入厚，專以奉人主。」此京本意，而西北邊糧草名曰便糴，而均糴、結糴、貼糴、括糴之名起。蓋以官告、度牒之類等第抑配，而邊民不聊生矣。京之誤國類如此。』

凡園户，歲課作茶輸其租，餘則官悉市之。其售於官者，皆先受錢而後入茶〔五六〕，謂之本錢。百姓歲輸税願折茶者，亦折爲茶，謂之折税茶〔五七〕。此收茶之法。

凡民鬻茶者，皆售於官，其以給日用者，謂之食茶，出境則給券。商賈之欲貿易者，入錢若金帛京師榷貨務，以射六務、十三場茶，給券隨所射予之，謂之交引。願就東南入錢若金帛者聽，計直予茶如京師。凡茶入官以輕估，其出以重估，縣官之利甚博，而商賈轉致於西北，以致散於夷狄，其利又特厚。此鬻茶之法。

自西北宿兵既多，饋餉不足，因募商人入中芻粟〔五八〕，度地里遠近，增其虚估，給券，以茶償之。後又益以東南緡錢、香藥、象齒，謂之『三説』。而塞下急於兵食，欲廣儲偫，不愛虚估，入中者以虚錢得實利，人競趨焉。及其法既弊，則虚估日益高，茶日益賤，入實錢金帛日益寡。而入中者非盡行商，多其土人，既不知茶利厚薄，且急於售錢，得券則轉鬻於茶商或京師坐賈號交引鋪者，獲利無幾。茶商及交引鋪或以券取茶，或收蓄貿易〔五九〕，以射厚利。繇是虚估之利皆入豪商巨賈，券之滯積，雖一二三年茶不足以償，而入中者以利薄不趨，邊備日蹙，茶法大壞。

景德中，丁謂爲三司使，嘗計其得失，以謂邊糴纔及五十萬，而東南三百六十餘萬茶利盡歸商賈。當時以爲至論。厥後雖屢變法以救之，然不能亡弊。

天聖元年，有司請罷三説，行貼射之法。即李諮所陳，見上文。

景祐中，葉清臣上疏言：『嘗校計茶利歲入〔六〇〕，以景祐元年爲率，除本錢外，實收息錢五十九萬餘緡，天下所售食茶，及本息歲課亦祇及三十四萬緡，而茶商見通行六十五州軍，所收税錢已及五十七萬緡。若令天下通商，祇收税錢，自及數倍，即榷務、山場及食茶之利，盡可籠取。又況不費度支之本〔六一〕，不置榷易之官，不興輦運之勞，不濫徒黥之辟。臣意議者謂榷賣有定率，征税無彝準，通商之后，必虧歲計。臣按管氏鹽鐵法，計口受賦，茶爲人用，與鹽鐵均，必令天下通行，以口定賦，民獲善利，又去嚴刑，口出數錢，人不厭取。』時下其議，皆以爲不可行〔六二〕。至嘉祐中，何鬲、王嘉麟上書請罷給茶本錢，縱園户貿易，而官收租錢與所在征算，歸榷貨務以償邊糴之費。時富弼、韓琦等執政〔六三〕，力主其説，乃議弛禁，以三司歲課均賦茶户，謂之租錢，與諸路本錢悉儲以待邊糴。自是唯蠟茶禁如舊，餘茶肆行天下矣。論者猶謂朝廷志於便人〔六四〕，欲省刑罰，其意良善，然茶户困於輸錢，而商賈利薄，販鬻者少，州縣征税日蹙，經費不充。學士劉敞、歐陽修等頗論其事〔六五〕，略言：『昔時百姓之摘山者，皆受錢於官，今也顧使納錢於官，受納之間，利害百倍。先時百姓冒法販茶者被罰耳，今悉均賦於民，賦不時入，刑亦及之，是良民代冒法者受罪。先時大商賈爲國貿遷〔六六〕，而州郡收其税，今大商富賈不行，則税額不登，且乏國用。』時朝廷方排衆論而行之，敞等言不從。

民之種茶者，領本錢於官而盡納其茶，官自賣之，敢藏匿及私賣者有罪。此國初之法。以十三場茶買賣本息並計其數，罷官給本錢，使商人與園户自相交易，一切定爲中估而官收其息，如茶一斤售錢五十有六，其本錢二十有五，官不復給，但使商人輸息錢三十有一，謂之貼射。此天聖之法。園户之種茶者，官收租錢；商賈之販茶者，官收徵算而盡罷禁榷，謂之通商。此嘉祐之法。

治平中，歲入蠟茶四十八萬九千餘斤，散茶二十五萬五千餘斤，茶户租錢三十二萬九千八百五十五緡，又儲本錢四十七萬四千三百二十一緡，而内外總入茶税錢四十九萬八千六百緡，推是可見茶法得失矣。

吴氏《能改齋漫録》曰：『建茶務，仁宗初，歲造小龍、小鳳各三十斤，大龍、大鳳各三百斤，入香、不入香京鋌共二百斤〔六七〕，蠟茶一萬五千斤。小龍、小鳳，初因蔡君謨爲建漕，造十斤獻之，朝廷以其額外免勘。明年，詔第一綱盡爲之，故《東坡志林》載温公曰：「君謨亦爲此邪？」』

神宗熙寧七年，始遣三司勾當公事李杞入蜀經畫買茶〔六八〕，於秦鳳、熙河博馬，與成都路漕司議合。事方有端，而王韶言西人頗以善馬至邊，所嗜惟茶，乏茶與市。即詔趣杞據見茶計水陸運至，又以銀十萬兩、帛二萬五千、度僧牒五百付之，假常平及坊場餘錢，以著作佐郎蒲宗閔同領其事。初，蜀之茶園皆民兩税地，不殖五谷，惟宜種茶。賦税一例折輸絹、紬、綿、草，各以其直折輸〔六九〕，役錢亦視其賦。民賣茶資衣食，與農夫業田無異，而税額總三十萬。杞被令經度，即蜀諸州創設官場〔七〇〕，歲增息爲四十萬，而重禁榷之令。其輸受之際，往往壓其斤重，侵其價直。既而運茶積滯，歲課不給，乃建議於彭、漢二州歲買布各十萬疋，以折腳費，實以布息助茶利，然茶亦未免積滯。劉佐復建議歲易解鹽十萬席〔七一〕，雇運回車船載入蜀，而禁商販。未幾，鹽法復難行，宗閔乃議川峽路民茶息收十之三，盡賣於官場，更嚴私交易之令，稍重至徒刑，仍没緣身所有物，以待給賞。於是蜀茶盡榷，民始病矣。

知彭州吕陶言：『川峽四路所出茶貨〔七二〕，比方東南諸處，十不及一。諸路既許通商，兩川卻爲禁地，虧損治體，莫甚於斯。只如解州有鹽池，民間煎者乃是私鹽；晉州有礬山，民間煉者乃是私礬。今川蜀茶園乃百姓己物，顯與解鹽、晉礬事體不同。恭惟仁聖卹民之心，必不如此。』又言〔七三〕：『國家置市易司籠制百貨，歲出息錢不過十之二，必以一年爲率。今茶場司不以一年爲率，務重立法，盡榷民茶，隨買隨賣，取息十之三〔七四〕，或今日買十千之茶，明日即作十三千賣之客旅，日以官本變轉，殊不休已，比至歲終，不可勝算，豈止三分而已？比於市易原條，自相違越〔七五〕。又，客旅及儈人，以榷茶不許私交市，共邀難園户〔七六〕。於外預商計裁價〔七七〕，園户畏法懼罪，且欲變貨營生，窮迫之間，勢不獲已。「則一聽客言，斤收實錢七分賣之官，餘三分留爲客人買茶之息。如此則園户有三分之虧，而官中名得其息，自是園户本錢，客人無所費也〔七八〕。」乞下本路體量更改〔七九〕。』不報。

自熙寧七年至元豐八年，蜀道茶場四十一，京西路金州爲場六，陝西賣茶爲場三百三十二。税息至李稷加爲五十萬，及陸師閔爲百萬云〔八〇〕。

初，熙寧五年〔八一〕，以福建茶陳積，乃詔福建茶在京、京東西、淮南、陝西、河東仍禁榷，餘路通商。

王子京爲福建轉運副使〔八二〕，言：『建州蠟茶，舊立榷法，自熙寧權聽通商，自此茶户售客人茶甚良，官中所得唯常茶，税錢極微，南方遺利，無過於此，乞仍舊行榷法〔八三〕。』元祐初，罷子京事任，令福建禁榷州軍仍其舊。

元豐中，宋用臣都提舉汴河堤岸，創奏修置水磨，凡在京茶户擅磨末茶者有禁，並許赴官請買〔八四〕，而茶鋪入米豆雜物拌和者有罰；募人告，告者有賞〔八五〕。訖元豐末，歲獲息不過二十萬，商旅病焉。元豐修置水磨，止於在京及開封府界諸縣，未始行於外路。及紹聖復置，其後遂於京西鄭、滑州、潁昌府，河北澶州皆行之。

哲宗元祐二年，熙河、秦鳳、涇原三路茶仍官爲計置，永興、鄜延、環慶許通商，凡以茶易穀者聽仍舊，毋得逾轉運司和糴價，其所博斛斗勿取息〔八六〕。

侍御史劉摯上言〔八七〕：『蜀地榷茶之害，園户有逃以免者，有投死以免者，而其害猶及鄰伍。欲伐茶則有禁，欲增植則加市，故其俗論謂地非生茶也，實生禍也。願選使者考茶法之弊欺，以蘇蜀民。』

右司諫蘇轍上言〔八八〕：『盜賊之法，贓及二貫，止徒一年，出賞五千，今民有以錢八百私買茶四十斤者，輒徒一年，賞三十千，立法苟以自便，不顧輕重之宜。蓋造立茶法，皆傾險小人，不識事體。』且備陳五害。詔遣黄廉等體量。

紹聖元年，陝西復行禁榷，凡茶法並用元豐舊條。

徽宗崇寧元年，右僕射蔡京議大改茶法，奏言：『自祖宗立禁榷之法，歲收淨利凡三百二十餘萬貫〔八九〕，而諸州商税七十五萬貫有奇，食茶之算不在焉，其盛時幾五百餘萬緡。慶曆之後，法制寖壞，私販公行，遂罷禁榷，嘉祐初行通商之法〔九〇〕。自後商旅所至，與官爲市，四十餘年，利源寖失〔九一〕。謂宜荆湖、江、淮、兩浙、福建七路所産茶，仍舊禁榷官買，勿復科民，即産茶州縣隨所置場，申商人園户私易之禁。凡置場地，園户皆籍名數，歲鬻於官，吏皆用倉法，園户自前茶租折稅仍舊。産茶州軍許其民赴場輸息，量限斤數，給短引，於旁近郡縣便鬻。餘悉聽商人於榷貨務入納金銀、緡錢或並邊糧草，即本務給鈔，取便算請於場，别給長引，從所指州軍鬻之。商稅，自場給長引，沿路登時批發，至所指地，然後計稅盡輸，則在道無苛留。買茶本錢，以度牒及末鹽鈔、諸色封樁、坊場、常平剩錢通三百萬緡爲率〔九二〕，給諸路。諸路措置，各分命官。』詔悉聽焉。俄定諸路措置茶事官置司：湖南於潭州，湖北於荆南，淮南於揚州，兩浙於蘇州，江東於江寧府，江西於洪州。其置場所在：蘄州即其州及蘄水縣，壽州以霍山、開順，光州以光山、固始，舒州即其州及羅源、太湖，黄州以麻城，廬州以舒城，常州以宜興，湖州即其州及長興、德清、安吉、武康，睦州即其州及青溪、分水、桐廬、遂安，婺州即其州及東陽、永康、浦江，處州即其州及遂昌、青田，蘇、杭、越各即其州，而越之上虞、餘姚、諸暨、新昌、剡縣皆置焉，衢、台各即其州，而温州以平陽。大法既定，其制置節目，不可毛舉。

四年，京復議更革，遂罷官置場，商旅並即所在州縣或京師請長短引，自買於園户。茶貯以籠篰，官爲抽盤，循第敍輸息訖，批引販賣，茶事益加密矣。長引許往他路，限一年；短引止於本路，限一季。

按：京崇寧元年所行乃禁榷之法，是年所行乃通商之法，但請引、抽盤、商稅，苛於祖宗之時耳。

大觀三年，計七路一歲之息一百二十五萬一千九百餘緡，榷貨務再歲一百十有八萬五千餘緡。京專用是以舞智固權，自是歲以百萬緡輸京師，所供私奉，掊息滋厚，盜販公行，民滋病矣。

政和二年，大增損茶法。凡請長引再行者，輸錢百緡，即往陝西，加二十，茶以百二十緡〔九三〕；短引輸緡錢二十，茶以二十五緡〔九四〕。私造引者如川錢引法。歲春茶出，集民户約三歲實直及今價上户部。茶籠篰並官制，聽客買，定大小式，嚴封印之法。長短引輒竄改增減及新舊對帶、繳納申展、住賣轉鬻，科條悉具。初，客販茶用舊引者，未嚴斤重之限，影帶者衆。於是，又詔：凡販長引斤重及三千斤者，須更買新引對賣；不及三千斤者，即用新引以一斤帶二斤鬻之，而合同場之法出矣。場置於産茶州軍，而簿給於都茶場。凡不限斤重茶，委官秤製，毋得止憑批引爲定，有羸數即没官，別定新引限程及重商旅規避秤製之禁，凡十八條，若避匿鈔札及擅賣，皆坐以徒。復慮茶法猶輕，課入不羨，定園户私賣及有引而所賣逾數，保内有犯不告，並如煎鹽亭户法。短引及食茶關子輒出本路，坐以二千里流，賞錢百萬。

大抵茶、鹽法主於蔡京，務巧掊利，變改法度，前後罷復不常〔九五〕，民聽眩惑。

高宗建炎初，於真州印鈔，給賣東南茶、鹽，以提領措置真州茶鹽司爲名〔九六〕。三年，置行在都茶場，罷合同場一十八處。〔其後〕，惟洪州、江州、興國軍、潭州、建州各置合同場，〔專差〕監官一員〔九七〕。〔紹興元年〕〔九八〕，罷食茶小引。建炎三年九月旨，別印〔食茶〕小引〔九九〕，每引五貫文，許販茶六十斤。比附短引，增添斤重，暗虧引錢，損害茶法，住罷。淳熙二年復置。凡茶、鹽經從，而把隘官軍以搜檢姦細爲名而騷擾者，依軍法施行。明年，以罰太重，減徒。

〔三〕〔二〕年，捕私茶賞罰依鹽事指揮〔一〇〇〕。祖宗應犯榷貨並不根究來歷，止以見在爲坐；嘉祐著令。今户部言，不係出産州軍捕獲私販茶、鹽，可以不究來歷，其出産州軍私販者，并係亭、竈、園户爲之，一概不究，無以杜私販之弊。詔自茶、鹽外，其餘榷貨並不根究來歷。他日，都省又言〔一〇一〕，應犯私茶、鹽，不得信憑供指，妄有追呼。詔從之。

紹興二十〔七〕〔八〕年〔一〇二〕，令凡商販淮南長引茶，令秤發官司先問客人所指住賣州縣，經由場務及合過官渡，並背批月日、姓名，即時放行；如不行批引，縱放私茶，與正犯茶人一等科罪〔一〇三〕。蓋自榷場轉入虜中，其利至博，淮河私渡譏禁甚嚴〔一〇四〕，然民觸犯法禁自若。

寧宗嘉泰四年，知隆興府韓邈奏：『户部茶引，歲有常額，隆興府惟分寧、武寧産茶〔一〇五〕，他縣並無，而豪民武斷者乃請引認租，借官引以窮索一鄉，無茶者使認茶，非食利者使認食利〔一〇六〕，所至騷擾。乞下省部，非産茶縣並不許人户擅自認租，他路亦比類施行。』從之。

四川茶　建炎元年四月，成都路運判趙開言榷茶、買馬五害，請用嘉祐故事，盡罷榷茶，而令漕司買馬。或未能然，亦當痛減額以蘇園户，輕立價以惠行商〔一〇七〕。如此，則私販衰而盜賊息矣。朝廷遂擢開同主管川、陝茶馬。二年十一月，開至成都，大更茶法，倣蔡京都茶場法，印給茶引，使商人即園户市茶，百斤爲一大引，除其十勿算〔一〇八〕。置合同場以稽其出入〔一〇九〕，重私商之禁，爲茶市以通交易。每斤引錢春七十、夏五十，市利、頭子在外。所過征一錢，所止一錢五分，引與茶隨，違者抵罪。自後引息錢至一百五萬緡。紹興復提舉官，又旋增引錢。至十四年，每引收十二道三百文，視開之初又增一倍矣。

〔自〕熙、豐以來〔一一〇〕，蜀茶官事權出諸司之上〔一一一〕，而其富亦甲天下，時以其歲剩者上供。舊博馬皆以粗茶，乾道末始以細茶遺之。然蜀茶之細者，其品視南方已下，惟廣漢之趙坡、合州之水南、峨眉之白芽、雅安之蒙頂，土人亦珍之。然所産甚微，非江、建比也〔一一二〕。

乾道初，川、秦八場馬額共九千餘匹，川馬五千匹，秦馬四千匹。淳熙以後，爲額共萬二千九百九十四匹〔一一三〕，自後所市未嘗及焉。

建茶　建炎二年，葉濃之亂，園丁散亡，遂罷歲貢。紹興四年，明堂，始命市五萬斤爲大禮賞。十二年，興榷場，取蠟茶爲榷場本，禁私販，官盡榷之，上供之餘，許通商，官收息三倍。上供龍鳳及京鋌茶歲額，視承平纔半。蓋高宗以錫賚既少，懼傷民力，故裁損其數云〔一一四〕。

〔校證〕

〔一〕唐德宗建中三年　『三年』，原作『元年』，據《舊唐書》卷一二《德宗紀上》改。三年五月，趙贊始以中書舍人爲户部侍郎、判度支，九月，採納趙議，始税茶。

〔二〕唐德宗……亟罷之　方案：本條基幹部分據《新唐書》卷五四《食貨四》。『時軍用廣』至『充本儲』十九字，則據《唐會要》卷八八《倉及常平倉》删潤。『軍用廣』，《唐會要》作『國用稍廣』；『隨盡』，作『隨得而盡』；『充本儲』，作『爲常平本』。

〔三〕貞元九年復税茶　『九年』下，《舊唐書》卷四九《食貨下》有『正月』。『復』，同上作『初』，《通考》是。

〔四〕仍委張滂具處置條目　『條目』，同右引作『條奏』。

〔五〕每歲得錢四十萬貫　『每』上，同右引有『自此』二字，《新唐書》卷五四《食貨四》則作『自是』，似應從補。

〔六〕茶之有稅自此始　方案：馬端臨上已改『初稅茶』爲『復稅茶』，殊有識。然此仍據《舊唐書》卷一三《德宗紀下》增入此七字，則又未免自相抵牾。據校記〔一〕，茶之有稅始於唐德宗建中三年（七八二）。又，《通典》卷一一《食貨》云『貞元九年制，天下出茶州，商人販者，十分稅一』。此當爲詔定唐茶産地商販十一之稅，仍爲重申建中三年茶十一稅之制而已。

〔七〕致堂胡氏曰　方案：『致堂』，胡寅之號。胡寅（一〇九八—一一五六），字明仲，又字仲虎、仲剛。福建崇安（治今武夷山市）人。宣和三年（一一二一）進士，官至禮部侍郎。紹興十二年（一一四二），因不滿秦檜主和專政，在知永州任自請致仕；二十年，在秦檜所興『文字獄』中，受李光私史案牽累，被加上不爲生母持服的『罪名』，新州安置。二十五年，檜死，復官。次年病卒，謚文忠。著有《崇正辯》三卷、《斐然集》三十卷，今有容肇祖點校的中華書局一九九三年合刊本。另有《讀史管見》三十卷，乃貶新州時作，多寓痛斥秦檜的微言大義，今有《四庫存目叢書》等本傳世。又有《論語詳説》，已佚。《通考》本節論事之『獻』，引自《讀史管見》卷二三。

〔八〕穆宗即位……加取焉　方案：此全據《新唐書》卷五四《食貨四》。

〔九〕榷茶起於養兵　『茶』，《新唐書》卷五四《食貨四》及《唐會要》卷八四《雜稅》引作『率』。

〔一〇〕重賦稅則價必增　『賦』，同右引無。

〔一一〕謂之搨地錢　『搨』，原作『拓』，據同右引校注〔九〕及《舊唐書》卷四九《食貨下》改。

〔一二〕故私販益起　『販』，原作『犯』，據《新唐書》卷五四改。又，『穆宗即位』至此，《通考》全引自《新唐書》，其中李珏奏文已被歐陽修大加删改，非原本之舊，可參閲《唐會要》卷八四《雜税》引文。

〔一三〕大中六年　『六年』，原作『初』，此誤從《新唐書》卷五四之譌，據《舊唐書》卷四九、《唐會要》卷八四《租税下·雜税》改。兩書均作『六年正月』，是。『大中』（八四七—八六〇），凡十四年，乃唐宣宗李忱年號，『六年』，應爲『大中中』，不得云『初』。

〔一四〕使私販者免犯法之慢　『慢』，《舊唐書》卷四九同，《唐會要》卷八四作『擾』。

〔一五〕正税者無失利之嘆　方案：『請釐革横税』至此，《通考》全據《舊唐書》卷四九。

〔一六〕天下税茶增倍貞元　『茶』，原作『益』，據《新唐書》卷五四、《玉海》卷一八一《唐税茶法》改。

〔一七〕自是斤兩復舊　方案：自『休著條約』至此，《通考》全據《新唐書》卷五四。此即裴休所定大中茶法十二條，今存者僅此六條而已，且已非原文。

〔一八〕至陶羽形置煬突間　『陶』，原作『畫』，據《新唐書》卷一九六《陸羽傳》改。

〔一九〕回紇入朝始驅馬市茶　方案：自『《陸羽傳》』至此，《通考》均照抄《新唐書》卷一九六《陸羽傳》，其史源又出《封氏聞見記》卷六《飲茶》，唯『陶羽形置煬突間，祀爲茶神』，則據《因話録》卷三。然多小説家言，未足置信。此言茶馬貿易之始尤不可信，筆者曾有拙文《茶馬貿易之始考》，刊《農業考古》一九九七年第四期，可參閲。

〔二〇〕始令京師及建安漢陽軍蘄口置務　『軍』上，原衍『等』字，《通考》諸本皆衍，據《長編》卷五、《玉海》卷一八一《乾德榷貨務》删。又，兩書皆繫日於二年八月辛酉（十八日）。

〔二一〕廢襄復州務　「廢」下，底本據《宋志》補「建安」二字，非是。《通考》諸本皆無此二字，是。今考開寶三年八月丁亥，詔移建安軍務於揚州，見《長編》卷一一，《玉海》卷一八一。又，大中祥符六年（一〇一三）五月，建安軍昇爲真州，見《長編》卷八〇、《輿地廣記》卷二〇，此或《宋志》誤增「建安」二字之因，參見本書《宋史·食貨志·茶》校記〔二〕。

〔二二〕又有場十三　方案：十三山場之名，宋代資料中多有異同。如《通考》及《宋會要輯稿》（下簡稱《宋會要》或《輯稿》）食貨三〇之三一至三二均有蘄州黄梅而無光州光山，惟《輯稿》食貨二九之六至九、《夢溪筆談》（下簡稱《筆談》）卷一二、《山堂先生羣書考索》（下簡稱《羣書考索》）後集卷五六《再考宋朝茶》皆有光山而無黄梅。其原因，或即《通考》卷一八注所云：「又有黄梅場，景德二年廢。」

〔二三〕荆湖則江陵府　「荆湖」，原作「湖南」，據《羣書考索·後集》卷五六、《玉海》卷一八一《乾德榷貨務》、《宋史·食貨志》（下簡稱《宋志》）卷一八三改。

〔二四〕江陵府務受本府及潭鼎澧岳歸峽州茶　「務」，原脱，據《宋會要輯稿》食貨二九之七及其《補編》頁二九二上補。又，江陵府務受納七州軍茶，其名，此同《筆談》卷一二，而《宋會要》則有「贛州」而無「岳州」。

〔二五〕真州務受潭袁池吉饒建筠撫洪歙江宣岳州臨江興國軍茶　「建筠」二字，《通考》諸本皆脱，據《淳熙新安志》卷二《租課》及同右引《宋會要》及其《補編》、《筆談》補。

〔二六〕海州務受杭湖常睦越明温台衢婺州茶　《通考》列十州，同右引《宋會要》列十一州，多一「蘇州」，又浙東路處州也産茶，《長編》卷一〇〇、《宋志》卷一八三兩浙路買茶正列此十二州，疑是，當從補。《筆談》海州務買納茶，也列十二州，前十州同《通考》，又有『饒、歙』二州，疑非是。餘詳本書上編《本朝茶法》校記〔二四〕。

〔二七〕無爲軍務受撫吉州臨江軍而增南康軍茶　方案：今考無爲軍務受納茶凡十三州軍，《淳熙新安志》卷二《租課》云：『受洪、宣、歙、饒〔等〕十三州〔軍〕之茶』，其説是。據同右引《宋會要》及其《補編》，其餘九州軍爲：『潭、筠、袁、池、岳、建、江州、南康、興國軍』，而《筆談》則脱『岳、宣』二州，餘皆同。惟《通考》此作四州軍，僅『南康軍』同上引三書，餘『撫、吉州、臨江軍』則上引三書皆無，疑《通考》有脱、誤。

〔二八〕蘄口務受潭州興國軍茶　方案：此僅列二州軍，同右引《筆談》多一『建州』，爲三州軍；而《宋會要》又有『洪、〔南〕劍州』，凡五州軍。較《筆談》多二州，較《通考》多三州。惟漢陽軍務受納鄂州片茶，諸書記載全同。其餘五務，各書則頗有異同。

〔二九〕其名有龍鳳石乳的乳白郛頭金蠟面頭骨次骨末骨粗骨山鋌十二等　方案：《宋會要》食貨二九之一引《國史·食貨志·茶色號》無『石乳』而有『山茶』；『粗骨』，作『第三骨』。《通考》『山鋌』，原誤作『山挺』，據同上《宋會要》、《楊文公談苑》、馬令《南唐書》卷二改。

〔三〇〕石乳的乳皆狹片　『的乳』，原作『頭乳』，據《楊文公談苑》及《通考》上文『其名十二等』中作『的乳』改。方案：宋代茶名中無『頭乳』之名，其下云：『名曰京、的乳』，指石乳、的乳又合稱爲『京、的乳』，除多爲狹片外，亦有闊片者。餘詳本書上編《宣和北苑貢茶録》校記〔一八〕。

〔三一〕乳以下皆闊片　方案：『乳』上，疑脱一『白』字，當從《通考》上引正文『白乳』及上下文意補。參閲同右引校記〔一八〕。

〔三二〕大中祥符元年上憫其勞詔罷之　方案：《長編》卷六九繫於元年六月。『勞』，《長編》作『勞擾』。

〔三三〕靈川出福州　『出』，諸本原脱，據《續茶經》卷下之四《茶之出》補。底本已據上文文例補，是。

〔三四〕總三十六名　方案：『三十六』，原作『二十六』，似『三』乃『二』之形近而譌。《通考》上列片茶名，凡三十九品，其中『緑芽』重出，潭州『片金』，疑『金片』之譌倒，與袁州『金片』重名，《宋會要》食貨二九之一〇有真州榷貨務賣出的臨江軍片茶其名正作『金片』，是其證。宋代史料中未見有『片金』茶名。剔除二名重出，實乃三十七品，疑馬端臨合計時誤計爲三十六名，這在古人乃司空見慣之現象。據下『散茶』之名合計確爲『總十一名』文例改。《宋志》卷一八三及明清史料，凡引此條者皆譌作『二十六名』。此亦《通考·征榷五·榷茶》乃《宋志》主要史源的顯證之一。此乃《通考》獨家記載，與《宋會要》食貨二九之一所引《國史·食貨志·茶色號》頗有異同。

〔三五〕蠟面茶每斤自三十五錢至一百九十錢　『蠟面茶』，《通考》諸本同，皆有『面』，是。點校本據《宋志》删『面』，改作『蠟茶』，非是。蠟面茶，簡稱蠟茶，惟《宋志》誤『蠟』爲『臘』，又失校。『三十五錢』，《宋志》作『二十錢』。並參閲本書補編《宋史·食貨志·茶》校記〔一〇〕。

〔三六〕片茶每大片自六十五錢至二百五錢　『大片』，疑爲『大斤』之譌，説詳同右引《宋志》校記〔一一〕。

〔三七〕散茶每一斤自十六錢至三十八錢五分　方案：檢《宋會要》食貨二九之八至九，散茶買價的上下限均已突破《通考》之説，《通考》當别有史源。説詳同右引校記〔一二〕。

〔三八〕和市江南一千二十七萬餘斤　『七』，原脱，據《長編》卷一〇〇、《玉海》卷一八一《乾德榷貨務》及《宋志》卷一八三補。

〔三九〕蠟茶每斤自四十七錢至四百二十錢　『蠟』，原作『臘』，據本條上文『買價蠟茶』改。『四十七錢』，指充本路食茶的賣價，一般蠟茶賣價遠高於此。『四百二十錢』，並非蠟茶的最高賣價。並參閲《宋史·食貨志·茶》校記〔一三〕。

〔四〇〕片茶自十七錢至九百一十七錢　方案：『自』下，必有脱字。所脱之字，有三種可能：其一，『九』；其二，『百』；其三『二百』。無别本可校，未能遽定，姑仍其舊，説詳同右引校記〔一四〕。

〔四一〕散茶自五十錢至百二十一錢　方案：『五十』，原作『十五』，譌倒。《宋會要》食貨二九之一〇至一四所列『賣茶價』，其最低價，正作『五十文』，據乙。餘詳同右引校記〔一五〕。

〔四二〕天下茶皆禁唯川陝廣南聽民自買賣　『陝』，原作『峽』，據《通考》諸本、《羣書考索》卷五六、《續通典》卷一五《食貨·榷茶》、〔明〕唐順之《稗編》卷一一一《户九·宋茶法》、〔清〕黄廷珪纂雍正《四川通志》卷一五上《茶法》改。説詳《宋史·食貨志·茶》校記〔一八〕。

〔四三〕太祖皇帝乾德五年　『五年』，原作『二年』，據《宋會要》食貨三〇之一、《夢溪筆談》卷一二《本朝茶法》、《玉海》卷一八一《乾德榷茶》改。此乃沿《長編》卷五之誤繫，但《長編》注云『並據本志，當在此年』，可見此爲《國史・食貨志》原文，原未繫年，乃李燾『附見榷茶後』。説詳下注。

〔四四〕並持杖販易爲官私擒捕者皆死　『杖』，原作『仗』，據上下文義改。《長編》卷五及《宋志》卷一八三皆譌作『仗』。此亦《通考》乃《宋志》史源顯證之一。方案：自『太祖』至『皆死』，並據《三朝國史・食貨志》，疑《通考》録自《長編》，『杖』譌作『仗』可證。餘並見《宋史・食貨志・茶》校記〔一九〕、〔二二〕。

〔四五〕太平興國二年至論如法　方案：是條，《長編》卷一八繫於二年二月丁未，且遠詳於《通考》，今録相關文字：『凡出茶州縣，民輒留及賣鬻計直（千）〔十〕貫以上，黥面送闕下，婦人配爲（鐵）〔針〕工。民間私茶減本犯人罪之半。榷務主吏盜官茶販鬻，錢〔一貫〕五百以下，徒三年；三貫以上，黥面送闕下。茶園户輒毁敗其叢株者，計所出茶，論如法。』此並爲《通考》、《宋志》之史源。《宋志》爲掩蹈襲之跡，進行了莫名所以的顛倒次序、删改文字等『加工』，遂不可卒讀。參閲同右引校記〔二〇〕。

〔四六〕八年至他物　方案：據《宋會要》食貨三〇之一至二，三事均鹽鐵使王明建請而詔『從之』，《會要》繫於太平興國九年（即雍熙元年）十月，與《通考》作『八年』不同。

〔四七〕乏於饋餉　『乏』，《宋志》卷一八三作『切』。《長編》卷一〇〇作『不足』。

〔四八〕式議遂寖　『寖』，原作『寑』，據上下文意改。《宋志》卷一八三亦沿《通考》之譌。

〔四九〕遂從允恭等請　『從』，原脱，據《通考》四庫本及《宋志》卷一八三補。

〔五〇〕止齋陳氏曰　方案：『止齋』，陳傅良（一一三七—一二〇三）號。陳傅良，字君舉，温州瑞安人，南宋著名思想家。乾道八年（一一七二）進士，曾官中書舍人，後入『僞學』黨禁之籍，被罷官賦閑。卒謚文節，追贈正議大夫。傅良從薛季宣學，爲永嘉巨擘，尤注重經濟制度的研究。著有《詩訓義》、《讀書譜》二卷、《春秋後傳》十二卷、《左氏章旨》三十卷、《周禮進説》四卷、《開基事要》（即《進讀〈藝祖皇帝實録〉》）一卷、《歷代兵制》八卷、《永嘉先生八面鋒》及《止齋集》五十一卷，今有周夢江點校本（浙江大學出版社一九九九年版）行世。此外，還有《皇朝大事記》、《皇朝百官公卿拜罷録》、《皇朝財賦兵防秩官志稿》等稿本。惜其著作多佚。《通考》摘録『止齋陳氏曰』凡二十餘篇，周夢江先生已輯爲佚文二十一首，收入點校本附録一。陳傅良在宋號稱『最爲知今』的學者，故馬端臨對其頗爲推崇，在論事之『獻』中引陳傅良『曰』，乃最多者之一。本篇即爲陳氏關於宋代茶制的概述與評論，確有過人之處，乃宋代茶文獻中不可多得的佚文。無別本可校，僅重加標點，補出校記而已。

〔五一〕川陝折博　『陝』，原作『峽』，據四庫本改。

〔五二〕上下規利垂二百年　『規』，原作『征』；『垂』，原作『乘』，據《歐陽文忠公文集》卷八六《内制五・通商茶法詔》、《宋大詔令集》卷一八四、《皇朝文鑑》卷三一等改。

〔五三〕尚慮喜於立異之人緣而爲奸之黨　『喜』，原作『幸』；『緣而』，原作『因緣』，據同右引改。

〔五四〕用戒狂謬　『戒』，原作『儆』，據同右引改。以上並參閲《宋史・食貨志・茶》校記〔八七〕及〔九五〕。

〔五五〕其子蔡絛自記之曰　『蔡絛』，原作『蔡[⿰亻⿰丨⿱夂韋]』，據《通考》諸本及《宋會要》職官六九之一三、費衮《梁谿漫志》卷九、《書録解題》卷五等改。方案：絛，蔡京幼子，最受京寵愛，京晚年設都堂於府，多絛代行政事。京敗，追貶流放於廣西白州，紹興二十一年（一一五一）仍在流放之地。『自記』，疑即其所著《鐵圍山叢談》六卷，然檢閱未見此條，疑今傳《叢談》已非完本，或陳傅良别有所本。蔡絛還撰有《北征紀實》二卷及《西清詩話》等。

〔五六〕皆先受錢而後入茶　『入茶』，原作『人茶』，據《通考》諸本及《長編》卷一〇〇、《宋志》卷一八三改。

〔五七〕謂之折税茶　『茶』，原脱，據同右引《長編》、《宋志》補。

〔五八〕因募商人入中芻粟　『商』，原脱，據《長編》卷一〇〇及《宋志》補。本條敍事之『文』，其史源即爲《長編》注所引之《三朝國史·食貨志》。

〔五九〕或收蓄貿易　『蓄』，原作『畜』，據同右引《長編》、《宋志》改。

〔六〇〕嘗校計茶利歲入　『校』，原脱，據《長編》卷一一八、《宋志》卷一八四補。

〔六一〕又況不費度支之本　『費』，原作『廢』，據同右引《長編》、《宋志》改。

〔六二〕時下其議皆以爲不可行　『其』，《宋志》卷一八四作『三司』，《長編》卷一一八則作『詔三司與詳定所相度以聞』，則《宋志》『三司』下應補『等』，與下之『皆』，才相照應。『其』，應改作『三司等』，或於『議』下補『於三司等』，文意才完備。

〔六三〕時富弼韓琦等執政　『富弼、韓琦』，原倒，據《宋史》卷一八四乙。徐自明《宋宰輔編年録》卷五、《宋史》卷二一一《宰輔表二》載：嘉祐三四年間，富弼爲昭文相、韓琦爲集賢相，曾公亮參知政事。故《宋志》作富弼、韓琦、曾公亮執政，乃宰執聯書，其説是，今從乙。『等』，即指曾公亮。

〔六四〕論者猶謂朝廷志於便人　「便」，《宋史》卷一八四作「恤」，義長。

〔六五〕學士劉敞歐陽修等頗論其事　「學士」，時劉敞未除學士。説詳《宋史·食貨志·茶》校記〔九六〕。

〔六六〕先時大商賈爲國貿遷　「貿」，《宋史》卷一八四作「懋」。

〔六七〕入香不入香京鋌共二百斤　「鋌」，原作「挺」，據《宋會要》食貨二九之一、《楊文公談苑》、馬令《南唐書》卷二改。參見本書校記〔二九〕。

〔六八〕始遣三司勾當公事李杞入蜀經畫買茶　「遣」，原作「建」，點校本已據《宋史》卷一八四改，惟四庫本正作「遣」，是其證。「勾」，原作「幹」，此乃避南宋高宗趙構嫌諱追改，應回改。據《長編》卷二五二改。參見《宋史·食貨志·茶》校記〔九八〕。

〔六九〕絹紬綿草各以其直折輸　「紬」，原作「綢」，據《通考》諸本及《宋史》卷一八四改。

〔七〇〕即蜀諸州創設官場　「蜀」，原脱，據《宋史》卷一八四補。

〔七一〕劉佐復建議歲易解鹽十萬席　「劉佐」，原脱或删，據同右引補。如不補，承上即仍爲李杞，時劉佐已代杞也。

〔七二〕川峽四路所出茶貨　方案：此據吕陶《淨德集》卷一《奏具置場買茶旋行出賣遠方不便事狀》删潤，然頗有不合原文處，今酌於出校。「川峽四路」，吕奏原作「兩川」。

〔七三〕又言　方案：此據《淨德集》卷一《奏爲茶園户暗折三分價錢令客旅納官充息乞檢會前奏早賜改更事狀》删節修入，頗有文意大相徑庭之處。今略據吕奏原文出校。

〔七四〕盡榷民茶隨買隨賣取息十之三　呂奏作：『盡榷民間茶貨入官，旋買旋賣，取利三分。』

〔七五〕比於市易原條自相違越　『比』，原作『此』；『原條』，原作『之條』；『違越』，原作『違戾』，並據呂奏原文改。

〔七六〕客旅及儈人以榷茶不許私交市共邀難園户　呂奏作：『客旅並牙子等爲見榷茶，不許衷私買賣，一向邀難園户。』

〔七七〕於外預商計裁價　呂奏作：『遂便於外面預先商量減價。』呂奏義勝。

〔七八〕則一聽客言斤收實錢七分賣之官餘三分留爲客人買茶之息如此則園户有三分之虧而官中名得其息自是園户本錢客人無所費也　呂奏原文頗不同，作：『情願與客旅商議，每斤只收七分實錢，中賣於官；所餘三分，留在客人體（？）上，用充買茶之息。纔投場中賣了當，即時卻是客人明立姓名，正行請買，所以隨曰賣盡。如此，則是園户只得七分價錢，暗折三分。官中雖得三分之息，自是園户本錢，客人未曾出息。』呂奏原意認爲：商旅與牙儈狼狽爲奸，茶場司聽之任之，將原應由商旅所出的三分之息轉嫁給園户，加重園户負擔。《通考》删節改寫後，與原奏本意已相去甚遠。

〔七九〕乞下本路體量更改　呂奏作：乞『下本路安撫、轉運、提刑司體量詣實，早賜改更』。

〔八〇〕及陸師閔爲百萬云　方案：是條史源出《國史·食貨志》，見《長編》卷三三四注。餘詳《宋史·食貨志·茶》校記〔一〇四〕。

〔八一〕熙寧五年　『五年』，《宋會要》食貨三六之三二及《長編》卷三四九注引《國史·食貨志》第五卷均作

『三年』，疑是當從。説詳同右引校記〔一一四〕。

〔八二〕王子京爲福建轉運副使　『福建』原脱或删，據《宋史》卷一八四補。

〔八三〕乞仍舊行榷法　『舊』，原脱，據同右引補。

〔八四〕並許赴官請買　『許』，原脱，據同右引補。

〔八五〕募人告告者有賞　『告』，似原脱一重字，據上下文義補。《宋史》卷一八四作『募人告，一兩賞三千』云云，是其證。

〔八六〕哲宗元祐二年至勿取息　方案：是條疑錯簡，應據《宋史》卷一八四乙至『紹聖元年』之上。劉摯、蘇轍上言，均爲元祐元年之事。陝西三路通商與劉、蘇上言不無關係。如不乙正，則劉、蘇上言，蒙上文亦『二年』之事。但《通考》體例爲先『文』，後『獻』，將因、果倒置，似亦無可厚非。

〔八七〕侍御史劉摯上言　方案：此據《忠肅集》卷五《奏議·論川蜀茶法疏》節删，已非原文之舊。

〔八八〕右司諫蘇轍上言　方案：此亦非原文，據《欒城集》卷三六《論蜀茶五害狀》節删。如『賞三十千，立法苟以自便』，『賞』上，原文有『出』；『立法』下，原有『太深』，均應從補。

〔八九〕歲收淨利凡三百二十餘萬貫　『貫』，原脱，據《宋史》卷一八四補。

〔九〇〕嘉祐初行通商之法　『嘉祐初』，原已删，據《宋會要》食貨三〇之三二等補。方案：嘉祐四年二月茶法通商，嘉祐凡八年，確切而言，『初』應作『中』。餘詳《宋史·食貨志·茶》校記〔一〇八〕。或可改作：『嘉祐〔間〕，初行通商之法。』

〔九一〕利源寖失　「寖」，原作「寑」，據《通考》諸本及《宋史》卷一八四改。又「失」下，當據同右引《宋會要》等補「歲入不過八十餘萬緡」九字，説詳同右引校記〔一〇九〕。

〔九二〕買茶本錢以度牒及末鹽鈔諸色封樁坊場常平剩錢通三百萬緡爲率　「末」，原脱，據《宋史》卷一八四補。

〔九三〕輸錢百緡即往陝西加二十茶以百二十緡　下「十」字，原作「萬」，據《宋史》卷一八四改。或可仍作「萬」，則下補「文」字，表示二萬文，亦即二十緡。又，下「緡」字，原譌作「斤」；疑乃「千」之形譌。「千」文錢爲一貫，故在宋代文獻中，千、貫、緡三字作爲錢數之量詞，可通用。千乃一千之省稱，與貫、緡，皆表示一千文錢。作「斤」則大誤。

〔九四〕短引輸緡錢二十，茶以二十五緡　「二十五緡」，原作「二十五斤」，誤甚。據《宋會要》食貨三〇之四〇及其《補編》頁六九四下改。並上注説詳《宋史·食貨志·茶》校記〔一一三〕。又，中華書局二〇一一年版《通考》卷一八頁五一三仍誤作「茶以百二十斤」、「二十五斤」，二「斤」字，皆應改「緡」。實乃失校。

〔九五〕前後罷復不常　《宋史》卷一八四作「前後相逾」。

〔九六〕以提領措置真州茶鹽司爲名　「措置」、「司」，三字原脱，並據《宋會要》食貨三二之二〇補。《宋會要》又載：　建炎元年五月末，詔以此爲名，時主官爲梁揚祖，其結銜爲：　提領措置真州茶鹽司公事（可簡稱爲「提領茶鹽事」），工部員外郎楊淵爲「同提領」。

〔九七〕其後惟洪州江州興國軍潭州建州各置合同場專差監官一員　方案：據《宋會要》食貨三二之二一，洪州等江西路三州軍及潭州合同場監官乃紹興五年（一一三五）所置，而建州更是紹興十八年始置。《通考》删節失宜，蒙上文仍爲『建炎三年』。據《宋會要》擬補『其後』二字。又，『專差』，原無，建炎三年省罷合同場一十八處，令所在州軍知、通兼領，紹興中，始專差上述五州軍合同場監官，亦據同上《宋會要》擬補『專差』二字。

〔九八〕紹興元年　四字，《通考》原誤删，據《宋會要》食貨三二之二三補。如不補，蒙上文亦爲建炎三年事。説詳《宋史·食貨志·茶》校記〔一一七〕。

〔九九〕别印食茶小引　『食茶』，《通考》删，據同右引《宋會要》補。宋代茶引有長引、短引兩類，短引又别稱小引，此『食茶小引』爲另一類茶引，否則易與短引混淆。又，同條下注文所稱，淳熙二年復置的四貫小引，即爲江西、荆湖南北路之短引所改，並非食茶小引。見《宋會要》食貨三一之二二。

〔一〇〇〕二年捕私茶賞罰依鹽事指揮　『二年』，原作『三年』，形近而譌。方案：《宋會要》食貨三二之二七載：紹興二年五月七日，『詔：巡捕私茶，賞罰並依紹興二年五月一日鹽事已降指揮施行。』此爲《通考》之史源，據改。

〔一〇一〕他日都省又言　方案：此乃紹興三十二年（一一六二）八月二十三日事，時孝宗已即位而未改元。《宋會要》食貨三一之一五載：『中書門下言：自今應有犯販私茶鹽，仰官司依法根治，不得信憑供指，妄有追呼。違者，許被擾之家越訴，承勘官吏當重置於法。』此即《通考》是條之史源。『他日」，當改作『紹興末』或『孝宗初』。

〔一〇二〕紹興二十八年　『八』，原作『七』，據《宋會要》食貨三一之一二改。其有載云：紹興二十八年十月七日，『刑部言，江東茶鹽司申……乞今後客販淮南長引茶，令秤發官司先取問客人所指住賣州縣，於引背批鑿經由場務，及添入合過沿江官渡。仰買撲渡人照引書鑿經由渡口、月日、姓名，押字即時放行。如渡口買撲人受倖（賄？）不行批引，縱放私茶，乞與正犯茶人一等科罪』。方案：此即《通考》是條史源。顯然，《通考》節文與原文頗有出入，如《宋會要》原文明言：秤發官司引背批經由場務及官渡，買撲渡人批經由渡口、月日、姓名；《通考》誤捏合兩事爲一，遂成與『正犯茶人一等科罪』者爲秤發官司，而非《宋會要》原文所説之『渡人』。

〔一〇三〕與正犯茶人一等科罪　『科』，原作『犯』，涉上而譌，據同右引《宋會要》改。

〔一〇四〕淮河私渡譏禁甚嚴　『譏』，通『稽』。餘詳《宋史·食貨志·茶》校記〔一三二〕。

〔一〇五〕隆興府惟分寧武寧産茶　『武寧』，原脱，據《宋會要》食貨三一之三三補。《宋史》卷一八四誤沿《通考》之奪譌。

〔一〇六〕非食利者使認食利　『非』，原作『無』，據同右引《宋會要》改。

〔一〇七〕亦當痛減額以蘇園户輕立價以惠行商　『痛』、『立』，《通考》不當删，據《朝野雜記》卷一四《蜀茶》補。《通考》是條『四川茶』，其史源即《雜記》，《宋史》卷一八四從《通考》删此二字，皆應據補。

〔一〇八〕百斤爲一大引除其十勿算　同右引《雜記》甲集卷一四作『每百斤，增十斤勿算』，與此大不同。説詳《宋史·食貨志·茶》校記〔一三一〕。

〔一〇九〕置合同場以稽其出入　『稽』，原作『譏』，據同右引《雜記》改。《宋史》卷一八四同《通考》作譏。餘詳《宋志》校記〔一三二〕。

〔一一〇〕自熙豐以來　『以』，原脱或删，據《朝野雜記》甲集卷一四《蜀茶》、《宋史》卷一八四及雍正《四川通志》卷一五上《茶法》補。

〔一一一〕蜀茶官事權出諸司之上　方案：諸本皆同。點校本校記〔五二〕以爲『官』上脱一『司』字，『官』下又衍一『事』字，據《宋史》卷一八四改作『蜀茶司官權出諸司之上』，似非是。今考其共同史源，當出《朝野雜記》甲集卷一四《蜀茶》，其四庫本作『茶事官權出諸司之上』，餘本『事』，譌作『市』，點校本亦據《宋史》改作『司』。其實，李書無論原作『茶事官權』或『茶官事權』，雖在語意上微有差别，但均可與下五字成句，並非扞格難通。前者表示主管茶事官員之權；後者表示茶官之事權。可兩通之。竊以爲馬端臨所見宋本《雜記》或作『茶官事權出諸司之上』，即『官事』二字後已譌倒作『事官』，馬氏在『茶』上補一『蜀』字，就更是文從字順。《宋史》編者所見《雜記》，或已作『茶事官』，或又音譌作『茶市官』，遂改『事』或『市』作『司』，但未必允當。今仍回改，從《通考》諸本之舊，義勝。至少，可與《宋志》兩存之。

〔一一二〕土人亦珍之然所産甚微非江建比也　方案：此條史源，無疑亦出李心傳《雜記》甲集卷一四《蜀茶》，惟『亦』下原有『自』，『建』下原有『之』，已被《通考》删去，儘管《宋志》調整了次序，將『蜀茶之細者』至此云云，移至本段之首，但從《通考》删去這無關緊要的『自』、『之』二字表明《宋志》此段必抄自《通考》，不過爲了掩蓋其蹈襲之跡，作了些增删和文字次序調整而已。類似之例，可謂比比皆是。

〔一一三〕淳熙以後爲額共萬二千九百九十四匹　方案：此確爲南宋市馬最高額，然合川、秦、廣馬而言之。説詳《宋史·食貨志·茶》校記〔一四一〕。

〔一一四〕故裁損其數云　方案：『建茶』至此，全據《朝野雜記》甲集卷一四《建茶》删潤。

宋史·食貨志·茶

〔元〕脱脱等

〔提要〕

《宋史》，四九六卷，〔元〕脱脱等撰。《宋史》修成於元至正五年（一三四五），是《二十四史》中規模最大篇幅最多的一部正史。標點本全書約八百餘萬字，在有關宋代的典籍中，僅次於《宋會要》（包括《輯稿》、《補編》凡八百八十餘萬字，點校本當逾一千萬字）。

早在元初，即南宋壽終正寢的一二七九年，元世祖忽必烈就曾詔令修宋史。後袁桷又奏請購宋、遼、金遺書，列出修史所闕書目，爲修史作資料準備（見《清容居士集》卷四一《修遼金宋史搜訪遺書條列事狀》）。虞集、危素也曾先後受命主持修撰遼、金、宋三史（《説學齋集》卷三《漢書藝文志考證序》），但卻遷延六十餘年而未能成書。其主要原因在於：元史臣對修史體例未能形成統一意見。一派主張「以宋爲世紀，遼金爲載記」；另一派則堅持「以遼、金爲北史，宋太祖至靖康爲宋史，建炎以後爲南宋史」。雙方各執一端而「持論不決」（〔清〕趙翼《廿二史劄記》卷二三《宋遼金三史》），乃至遲遲未能成書。直至元至正三年（一三四三），元順帝才詔修三史，決定宋、遼、金各爲一史。由丞相脱脱、阿魯圖先後領銜主持修纂，張起巖、歐陽玄等七人任總裁官，在宋朝遺留大量史料的基礎上稍加裁剪，僅用不到兩年半的時間，就倉促編纂成書。

《宋史》成書後，歷有『蕪雜』之類譏評，明·胡應麟甚至批評爲『叢脞極矣』（《少室山房集》卷一〇一《讀宋遼金三史及〈宋史新編〉》）。確實，由於草率成書，《宋史》編者未能對相關史料進行鑒别、考訂，導致了許多不應有的疏誤。明·沈世泊撰有《宋史就正編》，『綜覈前後，多所匡糾』（《四庫全書總目》卷四六），但其所舉《宋史》前後抵牾，紀、傳、志、表矛盾之處的例證，僅爲冰山之一角。明清的學者舉出了《宋史》的許多弊端和舛誤，欲重修《宋史》者也代有人出。如元明之際危素有《宋史稿》五十卷，明人王洙成《宋史質》一〇〇卷，柯維騏有《宋史新編》二〇〇卷，王惟儉撰《宋史記》二五〇卷，錢士升成《南宋書》六十卷，王昂撰《宋史補》等，均差強人意，更無法取代《宋史》。明代學者歸有光（一五〇六—一五七一）《震川集》卷七《與趙子舉書》云：『近世多欲重修宋史者，以爲其失之於『簡帙之多』，而實乃未得要領。歸氏雖亦『於此有志數年』，卻又因條件未備而作罷。清初，著名學者朱彝尊（一六二九—一七〇九）在宋金元人文集存約六百餘家、方志、野史説部又存不下五百余部的條件下，曾有志於重修宋史，又因年老而未果。

近代以來，以鄧廣銘先生《宋史職官志考證》爲標識，揭開了具有重要學術價值的替《宋史》證謁訂謬的序幕，但遺憾的是：迄今仍無一部足以替代《宋史》的新著問世。在葉渭清《宋史校記》、張元濟《宋史校勘記》稿本的基礎上，中華書局標點本《宋史》，取得了遠超過古人的成就，但因成書及點校時的時代背景所局限，仍未免留有許多有待今人和後人努力的充分餘地。

元修《宋史》雖然存在許多問題，有些問題也確實比較離奇，如目録與正文不符，既有有目無傳，又有有傳無目者，既有一人二傳（如程師孟、李熙），甚至還有一人三傳者（如李孟傳）；同時，又有許多應入傳之重要人物失載，乃至清末陸心源（一八三四—一八九四）《宋史翼》爲宋人補立本傳凡九百餘人之多。《宋史》的另一弊端是詳北宋而略南宋，南宋中期以後，更是幾付之闕如，這當然是因爲『先天不足』，即宋人國史稿本即已如此，而元史臣已難爲『無米之炊』，似尚不能完全歸咎於元史臣歐陽玄等。

儘管前人對元修《宋史》批評甚夥，但仍無法否認《宋史》獨特而巨大的史料價值。宋代史學，爲歷朝之最，保存的史料也極爲豐富，元修《宋史》直接繼承了這份遺產，又不失爲宋代資料庫的淵藪之一。反映典章制度的諸志，在二十四史中獨佔鰲頭，如其《食貨志》有十四卷之多，篇幅爲《舊唐書·食貨志》的七倍；《兵志》十四卷，爲《新唐書·兵志》的十二倍；《禮志》二十八卷，竟佔二十四史《禮志》總和的半數。其列傳人物更多達二七八五人（包括附傳），比《舊唐書》列傳多一倍半。（以上據中華書局一九七七年版點校本《宋史·出版説明》；列傳人數，據何忠禮《中國古代史史料學》，上海古籍出版社二〇〇四年版頁一〇二。）更重要的是：元修《宋史》據宋人《實録》、《會要》、《國史》等第一手資料修成，具有極高的史料價值，略事剪裁、删潤則保存了原始史料的可信度，較之有意修訂而又難免失實的史料就更可貴。從這種意義上而言，其『繁蕪』，則又有更多地保存可信史料的可取之處。由於宋修《國史》今已蕩然無存，就更顯元修《宋史》的值得珍視。

宋代社會經濟，在中國古代堪稱高度繁榮發達，在當時世界上居於領先地位，與其先進的文化科技水平相映成輝。這在《宋史·食貨志》（下簡稱《宋志》）中有鮮明的反映。據梁太濟教授的研究，直接繼承《國史·食貨志》的《宋志》，具有很高的史料價值。具體表現在兩個方面，一是『史料的豐富，史實的可信，編次的有序，議論的恰當』；二是『仍有一些史實』，『爲《宋志》所獨家擁有』。此説甚是。另外，梁先生在談到《宋志》史源時認爲：『《宋志》的主幹内容，是以歷朝《國史·志》爲依據節録的』，此亦極是。但他又認爲：《國史·志》乃《宋志》和《通考》諸考的共同史源

（方案：此説尚無不妥）；『《宋志》之節録《國史·志》，並不是通過《通考》轉録，而是各以己意對《國史·志》獨立進行取舍的』。愚以爲此説似尚需商榷。筆者在對《宋志·茶》與《通考·征榷考·榷茶》逐條互校的過程中發現，至少有數十處《宋志》和《通考》産生了完全相同的錯誤，而其中有數處，則幾乎可以斷定其史源並非出於《國史·志》。又因《通考》成書在前，《宋史》成書在後，因此，至少從《宋志·茶》而言，其有近三分之一的條目應是從《通考》轉録的。《宋志》其他部分，情況如何，因未作對勘，尚不敢斷言，但從《宋志·茶》部分推論，似乎《宋志》也並非只是僅『以《通考》爲參考，並從《通考》中補充了些内容而已』。（參見梁太濟《〈宋史·食貨志〉的史源和史料價值》，刊其《唐宋歷史文獻研究叢稿》頁五〇至九一，上海古籍出版社二〇〇四年版。）從梁文所舉的例證，似尚不足以推翻前人的論斷：《宋史》諸志多取《通考》諸考節刪而成。筆者對前賢的這一定論亦未必完全首肯，只是認爲《通考》亦應是《宋志》的史源之一，至少，《宋志·茶》是這樣。這也正是筆者把《通考·征榷考·榷茶》及《宋志·茶》一併收入本全集補編的原因之一，而另一更重要的原因則是兩書各有關於宋茶的獨家史料，不可或缺，又不可互相取代而已。儘管《通考·榷茶》篇幅只有《宋志·茶》的不足一半，但其史源似比《宋志》更豐富，還有取之於《長編》、《會要》及《實録》等内容。更有引陳傅良等人所論的獨家記載。

《宋史》的主要版本有：元至正六年刻江浙等處行中書省刻本（又稱杭州路刻至正本），明成化十六年朱英刻成化本（此本朱英成化中據元刻本抄本刻於廣州，成爲此後諸多翻刻本的底本），明嘉靖南京國子監重修本（簡稱南監本），明萬曆北京國子監刻本（簡稱北監本），清乾隆四年武英殿本，清文淵閣四庫全書本（四庫本），清光緒元年浙江書局本（章鈺校並跋），一九三四年上海商務印書館百衲本，一九七七年中華書局點校本。百衲本以元『至正本』和明『成化本』配補影印而成，點校本又以百衲本爲底本標點整理而成。無疑是今存的最佳善本。

《宋志·茶》收於《宋史》卷一八三至一八四，約爲一卷半，一萬七千字，佔《宋志》十四卷的約十分之一。篇幅僅次於鹽，其在宋代作爲財政支柱之一的重要地位亦於此可見一斑。今以《宋志》點校本爲底本，注重他校，力求明其史源，正其譌誤，補其遺闕，補出校記凡一四一條。筆者在上世紀八十年代中期曾撰有《宋史·食貨志·茶法校證》，刊於《中國經濟史研究》一九九〇年第四期。九十年代初，學界有重修二十四史盛舉之議，由著名學者張政烺先生出任總主編，雖因經費等原因未能成書，但筆者曾有幸受命爲《宋志·茶》之校訂撰稿人，又取《校證》舊稿進行了全面修訂。今編入本書《補編》，再取篋中舊稿與相關史料進行逐條排比校核。即使二十年間三度重寫，難免仍會有失誤之處，幸祈識者教之。今用作底本的乃中華書局一九七七年版《宋史》點校本，由先師程應鏐先生主持標校，尤以張家駒、裴汝誠先生貢獻良多。無疑爲迄今最佳之善本。

宋史·食貨志·茶

《宋史》卷一八三至一八四、點校本頁四四七七至四五一二

茶上　宋榷茶之制〔一〕，擇要會之地，曰江陵府，曰真州，曰海州，曰漢陽軍，曰無爲軍，曰蘄州之蘄口，爲榷貨務六。初，京城、建安、襄、復州皆置務，後建安、襄、復州務廢〔二〕，京城務雖存，但會給交鈔往還，而不積茶貨。在淮南則蘄、黄、廬、舒、光、壽六州，官自爲場，置吏總之，謂之山場者十三〔三〕；六州採茶之民皆隸焉〔四〕，謂之園户。歲課作茶輸租，餘則官悉市之。其售於官者，皆先受錢而後入茶，謂之本錢。又民歲輸税願折茶者，謂之折税茶。總爲歲課八百六十五萬餘斤，其出鬻皆就本場。在江南則宣、歙、江、池、饒、信、洪、

撫、筠、袁十州，廣德、興國、臨江、建昌、南康五軍；兩浙則杭、蘇、明、越、婺、處、温、台、湖、常、衢、睦十二州；荆湖則江陵府、潭、澧、鼎、鄂、岳、歸、峽七州，荆門軍；福建則建、劍二州，歲如山場輸租折税。總爲歲課：江南千一十七萬餘斤，兩浙百二十七萬九千餘斤，荆湖二百四十七萬餘斤，福建三十九萬三千餘斤。悉送六榷務鬻之。

茶有二類，曰片茶，曰散茶。片茶蒸造，實棬模中串之，唯建、〔南〕劍則既蒸而研，編竹爲格，置焙室中，最爲精潔，他處不能造。有龍、鳳、石乳、白乳之類十二等〔五〕，以充歲貢及邦國之用〔六〕。其出虔、袁、饒、池、光、歙、潭、岳、辰、澧州、江陵府、興國、臨江軍〔七〕，有仙芝、玉津、先春、緑芽之類〔二〕〔三〕十六名〔八〕；兩浙及宣、江、鼎州，又以上中下或第一至第五爲號。散茶出淮南、歸州、江南、荆湖，有龍溪、雨前、雨後之類十一名〔九〕，江、浙又有以上中下或第一至五爲號者。買臘茶，斤自二十錢至一百九十錢有十六等〔一〇〕；片茶，大片自六十五錢至二百五錢有五十五等〔一一〕；散茶，斤自十六錢至三十八錢五分有五十九等〔一二〕；鬻臘茶，斤自四十七錢至四百二十錢有十二等〔一三〕；片茶，自十七錢至九百一十七錢有六十五等〔一四〕；散茶，自五十錢至一百二十一錢有一百九等〔一五〕。

民之鬻茶者售於官〔一六〕，其給日用者，謂之食茶，出境則給券。商賈貿易，入錢若金帛京師榷貨務，以射六務、十三場茶，給券隨所射與之，謂之交引〔一七〕。願就東南入錢若金帛者聽，計直予茶如京師。至道末，鬻錢二百八十五萬二千九百餘貫，天禧末，增四十五萬餘貫。天下茶皆禁，唯川陝、廣南聽民自買賣〔一八〕，禁其出境。

凡民茶折税外，匿不送官及私販鬻者没入之，計其直論罪〔一九〕。園户輒毁敗茶樹者，計所出茶論如法〔二〇〕。舊茶園荒薄，採造不充其數者，蠲之。當以茶代税而無茶者，許輸他物〔二一〕。主吏私以官茶貿易，及一貫五百者死。自後定法，務從輕減。太平興國二年，主吏盜官茶販鬻錢三貫以上，黥面送闕下。淳化三年，論直十貫以上，黥面配本州牢城，巡防卒私販茶，依本條加一等論。凡結徒持杖販易私茶，遇官司擒捕抵拒者，皆死〔二二〕。太平興國四年，詔申開寶律令以行〔二三〕。鬻僞茶一斤杖一百，二十斤以上棄市。雍熙二年，民造温桑僞茶，比犯真茶，計直十分論二分之罪。淳化五年，有司以侵損官課言加犯私茶一等，非禁法州縣者，如太平興國詔條論決。

茶之爲利甚博，商賈轉致於西北，利嘗至數倍。雍熙後用兵，切於饋餉〔二四〕，多令商人入芻糧塞下，酌地之遠近而爲其直，取市價而厚增之，授以要券，謂之交引，至京師給以緡錢，又移文江、淮、荆湖給以茶及顆、末鹽。端拱二年，置折中倉，聽商人輸粟京師，優其直，給茶鹽於江、淮。

淳化三年，監察御史薛映、秘書丞劉式等請罷諸榷務，令商人就出茶州軍官場算買，既大省輦運，又商人皆得新茶。詔以三司鹽鐵副使雷有終爲諸路茶鹽制置使，左司諫張觀與映副之，〔令商榷利害〕〔二五〕。四年二月，廢沿江八務，大減茶價。詔下，商人頗以江路回遠非便，有司又以損直虧課爲言。七月，復置八務，罷制置使、副。至道初，劉式猶固執前議，西京作坊使楊允恭言：商人市諸州茶，新陳相糅，兩河、陝西諸州，風土各有所宜，非參以多品則商旅少利〔二六〕，罷榷務，令就茶山買茶不可行。太宗欲究其利害之説，命宰相召鹽鐵使陳恕等與式、允恭定議，召問商人，皆願如淳化所減之價，不然，即望仍舊。有司職出納，難於減損，皆同允恭之説，式議遂(寝)〔寢〕。即以允恭爲江南、淮南、兩浙發運兼制置茶鹽使。二年，從允恭等請，禁淮南十二州軍鹽，官鬻之，商人先入金帛京師及揚州折博務者，悉償以茶。自是鬻鹽得實錢，茶無滯積，歲課增五十萬八千餘貫，允恭等皆被賞。

初，商人以鹽爲急，趨者甚衆。及禁江、淮鹽，又增用茶，〔當得十五六千至二十千，輒〕加百千又有官耗〔二七〕，增十千揚耗，隨所在饒益。其輸邊粟者，持交引詣京師，有坐賈置鋪，隸名榷貨務，懷交引者湊之。若行商，則鋪賈爲保任，詣京師榷務給錢，〔移文〕南州給茶〔二八〕。若非行商，則鋪賈自售之，轉鬻與茶賈。及南北和好罷兵，邊儲稍緩，物價差減，而交引虛錢未改。既以茶代鹽，而買茶所入不補其給，交引停積，故商旅所得茶，指期於數年之外，京師交引愈賤，至有裁得所入芻粟之實價，官私俱無利。是年，定監買官虧額自一釐以上罰奉、降差遣之制。

景德二年，命鹽鐵副使林特、崇儀副使李溥等〔二九〕，就三司悉索舊制詳定，而召茶商論議，別爲新法。其於京師入金銀、綿帛實直錢五十千者，給百貫實茶，若須海州茶者，入見緡五十五千。河北緣邊入金帛、芻粟，如京師之制，而茶增十千，次邊增五千。河東緣邊、次邊亦然，而所增有八千、六千之差。陝西緣邊亦如之，而增十五千，須海州茶者，納物實直五十二千，次邊所增如河北緣邊之制。其三路近地所入，所給皆如京師。河北次邊，河東緣邊、次邊，皆不得射海州茶。茶商所過，當輸算，令記録，候至京師併輸之。仍約束山場、園户〔三〇〕，謹其出納。議奏，三司皆以爲便。五月，以溥爲制置淮南等路茶鹽礬税兼都大發運事〔三一〕，委成其事。行之一年，真宗慮未盡其要，三年，命樞密直學士李濬等比較新舊法利害〔三二〕。時新法方行，商人頗眩惑，特等請罷比較，從之。

有司上歲課：元年用舊法，得五百六十九萬貫〔三三〕，二年用新法，得四百一十萬貫；三年，二百八萬貫〔三四〕。特等所言增益，蓋官本少而有利〔三五〕，乃實課也，所虧虛錢耳。四年秋，特等皆遷官，仍詔三司行新法，不得輒有改更。大中祥符二年，特、溥等上編成《茶法條貫》並課利總數二十三策〔三六〕。

自新法之行，舊有交引而未給者，已給而未至京師者，已至而未磨者，悉差定分數，折納入官。大約商人有舊引千貫者，令依新法歲入二百千，候五歲則新舊皆給足。官府有以茶充公費者，慮其價賤亂法，悉改以他物。山場節其出耗，所過商税務嚴其覺舉〔三七〕。諸榷務所受茶，皆均第配給場務，以交引致先後爲次。大商刺知精好之處，日夜走僮使齎券詣官，率多先獲焉〔三八〕。初，禁淮南鹽，小商已困，至是，益不能行。

六年，申監買官賞罰之式，凡買到入算茶〔三九〕，及租額、遞年，送榷務交足而有羨餘者，即理爲課績，其不入算者，雖多不在此限。大中祥符五年，歲課二百餘萬貫〔四〇〕，六年至三百萬貫，七年又增九十萬貫〔四一〕，八年纔百六十萬貫〔四二〕。

是時數年間，有司以京師切須錢，商人舊執交引至場務即付物，時或特給程限，踰限未至者，每十分復令别輸二分見緡，謂之貼納。豪商率能及限，小商或不即知，或無貼納，則賤鬻於豪商。有司徒知移用之便，至有一歲之内文移小改至十數者，商人惑之，顧望不進。乃詔刑部尚書馮拯、翰林學士王曾詳定，拯等深以慎重敦信爲言，而上封者猶競陳改法之弊。九年，乃命翰林學士李迪、權御史中丞凌策、侍御史知雜吕夷簡與三司同議條制〔四三〕。時以茶多不精，給商人罕有饒益，行商利薄，陝西交引愈賤，鬻於市纔八千〔四四〕。知秦州曹瑋請於永興〔軍〕、鳳翔、河中府官出錢市之，詔可。迪等以入中緡錢、金帛，舊從商人所有受之，至是請令十分輸緡錢四五，又定加饒貼納之差。然凡有條奏，多令李溥裁酌，溥務執前制，罕所變革。

天禧二年，太常博士李垂請放行江、浙兩路茶貨〔四五〕，左諫議大夫孫奭言：『茶法屢改，商人不便，非示信之道，望重定經久之制。』即詔奭與三司詳定，務從寬簡。未幾，奭出知河陽，事遂止。三司言：『陝西入中芻糧，請依河北例，斗、束量增其直，計實錢給鈔，入京以見錢買之，願受茶貨交引，給依實錢數，令榷貨務並依時價納緡錢支茶，不得更用芻糧交鈔貼納茶貨〔四六〕。』詔每入百千，增五千茶引與之〔四七〕，餘從其請。時陝西交引益賤，京師裁直五千，有司惜其費茶。五年，出內庫錢五十萬貫，令閤門祇候李德明於京師市而毀之。

乾興以來，西北兵費不足，募商人入中芻粟如雍熙法給券，以茶償之。後又益以東南緡錢、香藥、犀齒，謂之三說；而塞下急於兵食，欲廣儲偫，不愛虛估，入中者以虛錢得實利，人競趨焉。及其法既弊〔四八〕，則虛估日益高，茶日益賤，入實錢、金帛日益寡。而入中者非盡行商，多其土人，既不知茶利厚薄，且急於售錢，得券則轉鬻於茶商或京師交引鋪，獲利無幾；茶商及交引鋪或以券取茶，或收蓄貿易，以射厚利。由是虛估之利皆入豪商巨賈，券之滯積，雖二三年茶不足以償，而入中者以利薄不趨，邊備日蹙，茶法大壞。初，景德中丁謂爲三司使，嘗計其得失，以謂邊糴纔及五十萬，而東南三百六十餘萬茶利盡歸商賈。當時以爲至論，厥後雖屢變法以救之，然不能亡敝。

天聖元年，命權三司使李諮等較茶、鹽、礬稅歲入登耗〔四九〕，更定其法。遂置計置司，以樞密副使張士遜、參知政事呂夷簡、魯宗道總之。首考茶法利害，奏言：『十三場茶，歲課緡錢五十萬，天禧五年纔及緡錢二十三萬，每券直錢十萬，鬻之，售錢五萬五千，總爲緡錢實十三萬，除九萬餘緡爲本錢，歲纔得息錢三萬餘緡，而官吏廪給、雜費不預，是則虚數多而實利寡，請罷三説，行貼射法。』其法：以十三場茶買賣本息併計其數，罷官給本錢，使商人與園户自相交易，一切定爲中估，而官收其息。如鬻舒州羅源場茶，斤售錢五十有六，其本錢二十有五，官不復給，但使商人輸息錢三十有一而已。然必輦茶入官，隨商人所指予之，給券爲驗，以防私售，故有貼射之名。若歲課貼射不盡，或無人貼射，則官市之如舊。園户過期而輸不足者，計所負數如商人入息。舊輸茶百斤，益以二十斤至三十五斤，謂之耗茶，亦皆罷之。其入錢以射六務茶者，如舊制。

先是，天禧中，詔京師入錢八萬，給海州、荆南茶；入錢七萬四千有奇，給真州、無爲、蘄口、漢陽並十三場茶，皆直十萬，所以饒裕商人。而海州、荆南茶善而易售，商人願得之，故入錢之數厚於他州。其入錢者，聽輸金帛十之六。至是，既更爲十三場法，又募入錢六務，而海州、荆南增爲八萬六千，真州、無爲、蘄口、漢陽增爲八萬。商人入芻粟塞下者，隨所在實估，度地里遠近，量增其直。以錢一萬爲率，遠者增至七百，近者三百，給券至京，一切以緡錢償之，謂之見錢法。願得金帛、若他州錢、或茶鹽、香藥之類者聽。大率使茶與邊糴，各以實錢出納，不得相爲輕重，以絶虚估之弊。朝廷皆用其説。

行之期年，豪商大賈不能爲輕重，而論者謂邊糴償以見錢，恐京師府藏不足以繼，爭言其不便。會江、淮制置司言茶有滯積壞敗者，請一切焚棄。朝廷疑變法之弊，下書責計置司，又遣官行視茶積。諮等因條上利害，且言：『嘗遣官視陝西、河北，以鎮戎軍、定州爲率，鎮戎軍入粟直二萬八千，定州入粟直四萬五千，給茶皆直十萬。以蘄州市茶本錢視鎮戎軍粟直，反亡本錢三之一，得不償失，敝在茶與邊糴相須爲用，故更今法。以新舊二法較之，乾興元年用三説法，每券十萬，茶售錢五萬一千至六萬二千〔五〇〕，香藥、象齒售錢四萬一千有奇，東南緡錢售錢八萬三千，而京師實入緡錢五十七萬有奇〔五一〕，邊儲芻二百五萬餘圍，粟二百九十八萬石。天聖元年用新法，至二年，茶及香藥、東南緡錢每給直十萬，茶入實錢七萬四千有奇至八萬，香藥、象齒入錢七萬二千有奇，東南緡錢入錢十萬五百〔五二〕，而京師實入緡錢增一百四萬有奇，邊儲芻增一千一百六十九萬餘圍，粟增二百一十三萬餘石。舊以虛估給券者，至京師爲出錢售之，或折爲實錢給茶，貴賤從其市估。其先賤售於茶商者，券錢十萬，使別輸實錢五萬，共給天禧五年茶直十五萬，小商百萬以下免輸錢，每券十萬，給茶直七萬至七萬五千。天禧茶盡，則給乾興以後茶，仍增別輸錢五萬者爲七萬，並給耗如舊，俟舊券盡而止。如此，又省合給茶及香藥、象齒、東南緡錢總直緡錢一百七十一萬〔五三〕。』二府大臣亦言：『所省及增收計爲緡錢六百五十餘萬。時邊儲有不足以給一歲者，至是，多者有四年，少者有二年之蓄，而東南茶亦無滯積之弊。其制置司請焚棄者，特累年壞敗不可用者爾。推行新法，功緒已見。蓋積年侵蠹之源一朝閉塞，商賈利於復故，欲有以動搖〔五四〕，而論者不察其實，助爲游説，願力行之，毋爲流言所易。』於是詔有司牓諭商賈以推行不變之意，賜典吏銀絹有差，然論者猶不已。

茶下　天聖三年八月，詔翰林侍講學士孫奭等同究利害〔五五〕。十一月，奭等言〔五六〕：『十三場茶積而未售者六百一十三萬餘斤，蓋許商人貼射，則善者皆入商人，其入官者皆粗惡不時，故人莫肯售。又園户輸歲課不足者，使如商人入息，而園户皆細民，貧弱力不能給，煩擾益甚。又姦人倚貼射爲名，强市盜販，侵奪官利，其弊不可不革。』十月，遂罷貼射法〔五七〕，官復給本錢市茶。商人入錢以售茶者，奭等又欲優之，請凡入錢京師售海州、荆南茶者，損爲七萬七千，售真州等四務、十三場茶者，損爲七萬一千，皆有奇數。入錢六務、十三場者，又第損之，給茶皆直十萬〔五八〕。自是，河北入中復用三説法，舊給東南緡錢者，以京師榷貨務錢償之。

奭等議既用，益以李諮等變法爲非。明年，摭計置司所上天聖二年比視增虧數差謬，詔令嘗典議官張士遜等條析。夷簡言：『天聖初，環慶等路數奏芻糧不給，京師府藏常闕緡錢，吏兵月奉僅能取足。自變法以來，京師積錢多，邊計不聞告乏，中間蕃部作亂，調發兵馬，仰給有司，無不足之患。以此推之，頗有成效。三司比視數目差互不同，非執政所能親自較計。』然士遜等猶被罰，諮罷三司使〔五九〕。初，園户負歲課者如商人入息，後不能償。至四年，太湖等九場凡逋息錢十三萬緡，詔悉蠲之。然自奭等改制，而茶法寖壞。

景祐中，三司吏孫居中等言：『自天聖三年變法，而河北入中虚估之弊，復類乾興以前，蠹耗縣官，請復行見錢法。』時諮已執政矣。三年，河北轉運使楊偕亦陳三説法十二害〔六〇〕，見錢法十二利，以謂止用三説所支一分緡錢，足以贍一歲邊計。遂命諮與參知政事蔡齊等合議，且令召商人訪其利害〔六一〕。是歲三月，諮等請罷河北入中虚估，以實錢償芻粟，實錢售茶，皆如天聖元年之制。又以北商持券至京師，舊必得交引鋪爲之保任，並得三司符驗，然後給錢。以是京師坐賈率多邀求，三司吏稽留爲姦，乃悉罷之。命商持券徑趣榷貨務驗實，立償之錢。初，奭等雖增商人入錢之數，而猶以爲利薄，故競市虚估之券，以射厚利，而入錢者寡，縣官日以侵削，京師少蓄藏。至是，諮等請視天聖元年入錢數〔六二〕，第損一千有奇，入中增直，亦視天聖元年數第加三百。詔皆可之。前已用虚估給券者，給茶如舊，仍給景祐二年已前茶。

既而諮等又言：『天聖四年，嘗許陝西入中願得茶者，每錢十萬，所在給券，徑趣東南受茶十一萬一千。

茶商獲利，爭欲售陝西券，故不復入錢京師，請禁止之。』並言商人所不便者，其事甚悉。請爲更約束，重私販之禁，聽商人輸錢五分，餘爲置籍召保，期半年悉償〔六三〕，失期者倍其數。事皆施行。諮等復言：『自奭等變法，歲損財利不可勝計，且以天聖九年至景祐二年較之，五年之間，河北緣邊十六州軍入中虛費緡錢五百六十八萬〔六四〕。今一旦復用舊法，恐豪商不便，依託權貴，以動朝廷，請先期申諭。』於是帝爲下詔戒敕，而縣官濫費自此少矣。

久之，上書者復言：『自變法以來，歲輦京師金帛〔六五〕，易芻粟於河北，配擾居民，內虛府庫，外困商旅，非便。』寶元元年，命權御史中丞張觀等與三司議之〔六六〕。觀等復請入錢京師以售真州等四務、十三場茶，直十萬者，又視景祐三年數損之，爲錢六萬七千。入中河北願售茶者，又損一千；既而，詔又第損二千。於是入錢京師止爲錢六萬五千，入中河北爲錢六萬四千而已。

康定元年，葉清臣爲權三司使公事〔六七〕，是歲河北穀賤，因請內地諸州行三說法，募人入中，且以東南鹽代京師實錢。詔糴止二十萬石。慶曆二年，又請募人入芻粟如康定元年法，數足而止，自是三說稍復用矣。八年，權發遣三司鹽鐵判官董沔亦請復三說法〔六八〕，三司以爲然。因言：『自見錢法行，京師錢入少出多，慶曆七年，榷貨務緡錢入百十九萬，出二百七十六萬，以此較之，恐無以贍給，請如沔議，以茶、鹽、香藥、緡錢四物予之。』於是有四說之法。初，詔止行於並邊諸州，而內地諸州，有司蓋未嘗請，即以康定元年詔書從事。自是三說、四說二法並行於河北。不數年間，茶法復壞。芻粟之直〔六九〕，大約虛估居十之八，米斗七百，甚者千錢。券至京師，爲南商所抑，茶每直十萬，止售錢三千，富人乘時收蓄，轉取厚利。三司患之，請行貼買之法，每券直十萬，比市估三千，倍爲六千，復入錢四萬四千，貼爲五萬，給茶直十萬。詔又損錢一萬，然亦不足以平其直。久之，券比售錢三千者，纔得二千，往往不售，北商無利，入中者寡，公私大弊。

皇祐三年〔七〇〕，知定州韓琦及河北轉運司皆以爲言，下三司議。三司奏：『自改法至今，凡得穀二百二十八萬餘石〔七一〕，芻五十六萬餘圍，而費緡錢一百九十五萬有奇〔七二〕，茶、鹽、香藥又爲緡錢一千二百九十五萬有奇。茶、鹽、香藥，民用有限，榷貨務歲課不過五百萬緡，今散於民間者既多，所在積而不售，故券直亦從而賤。茶直十萬，舊售錢六萬五千，今止二〔十〕千〔七三〕，以至香一斤，舊售錢三千八百，今止五六百，公私兩失其利。請復行見錢法。』可之，一用景祐三年約束〔七四〕。乃下詔曰：『比者食貨法壞〔七五〕，芻粟價益倍，縣官之費日長，商賈不行，豪富之家，乘時牟利，吏緣爲姦。自今有議者，須究厥理，審可施用，若事已上而驗問無狀者〔七六〕，寘之重罰。』

是時雖改見錢法，而京師積錢少，恐不足以支入中之費，帝又出内藏庫錢帛百萬以賜三司。久之，入中者寖多，京師帑藏益乏，商人持券以俟，動彌歲月，至損其直以售於蓄賈之家。言利者請出内藏庫錢二百萬緡，稍增價售之〔七七〕，歲可得遺利五十萬緡。既行，而諫官范鎮謂内藏庫、榷貨務皆領縣官，豈有榷貨務故稽商人，而令内藏乘時射利？傷體壞法，莫斯爲甚。詔即罷之，然自此並邊虚估之弊復起。

至和二年，河北提舉糴便糧草薛向建議〔七八〕：『並邊十七州軍，歲計粟百八十萬石，爲錢百六十萬緡，豆六十五萬石，芻三百七十萬圍，並邊租賦歲可得粟、豆、芻五十萬，其餘皆商人入中，請罷並邊入粟，自京輦錢帛至河北，專以見錢和糴。』時楊察爲三司使，請用其説。因輦絹四十萬疋，當緡錢七十萬，又蓄見錢及擇上等茶場八，總爲緡錢百五十萬，儲之京師，而募商人入錢並邊，計其道里遠近，優增其直，以是償之，且省輦運之費，唯入中芻豆，計直償以茶如舊。行未數年，論者謂輦運科折，煩擾居民，且商人入錢者少，芻豆虛估益高，茶益賤。詔翰林學士韓絳等即三司經度。絳等言：『自改法以來，邊儲有備，商旅頗通，未宜輕變。唯輦運之費，悉從官給，而本路舊輸稅絹者，毋得折爲見錢，入中芻豆罷，勿給茶，所在平其市估，於京償以銀、紬、絹。』自是茶法不復爲邊糴所須〔七九〕，而通商之議起矣。

初，官既榷茶，民私蓄、盜販皆有禁，（臘）〔蠟〕茶之禁，又嚴於他茶〔八〇〕，犯者其罪尤重，凡告捕私茶皆有賞。然約束愈密而冒禁愈繁，歲報刑辟，不可勝數。園户困於征取，官司並緣侵擾，因陷罪戾至破産逃匿者，歲比有之。又茶法屢變，歲課日削。至和中，歲市茶：淮南纔四百二十二萬餘斤，江南三百七十五萬餘斤，兩浙二十三萬餘斤，荆湖二百六萬餘斤，唯福建天聖末增至五十萬斤，詔特損五萬，至是增至七十九萬餘斤，歲售錢並本息計之，纔百六十七萬二千餘緡。官茶所在陳積，縣官獲利無幾，論者皆謂宜弛禁便。

先是，天聖中，有上書者言茶、鹽課虧，帝謂執政曰：『茶鹽民所食，而強設法以禁之，致犯者衆。顧經費尚廣〔八一〕，未能弛禁爾！』景祐中，葉清臣上疏曰：

山澤有産，天資惠民。自兵食不充〔八二〕，財臣兼利，草芽木葉，私不得專，封園置吏，隨處立筦。一切官禁，人犯則刑，既奪其資，又加之罪，黥流日報，踰冒不悛。誠有厚利重貲，能濟國用，聖仁恤隱，矜赦非辜，猶將弛禁緩刑，爲民除害。度支費用甚大，榷易所收甚薄，刳剥園户，資奉商人，使朝廷有聚斂之名，官曹滋虐濫之罰，虛張名數，刻蠹黎元。

建國以來，法弊輒改，載詳改法之由，非有爲國之實，皆商吏協計，倒持利權，幸在更張，倍求奇羨。富人豪族，坐以賈贏，薄販下估，日皆朘削，官私之際，俱非遠策。臣竊嘗校計茶利所入，以景祐元年爲率，除本錢外，實收息錢五十九萬餘緡，又天下所售食茶，並本息歲課亦祇及三十四萬緡，而茶商見通行六十五州軍，所收税錢已及五十七萬緡。若令天下通商，祇收税錢，自及數倍，即榷務、山場及食茶之利，盡可籠取。又況不費度支之本，不置榷易之官，不興輦運之勞，不濫徒黥之辟。

臣意生民之弊，有時而窮，盛德之事，俟聖不惑。議者謂榷賣有定率，征税無彝準，通商之後，必虧歲計。臣按管氏鹽鐵法，計口受賦，茶爲人用，與鹽鐵均，必令天下通行，以口定賦，民獲善利，又去嚴刑，口出數錢，人不厭取〔八三〕。景祐元年，天下户千二十九萬六千五百六十五，丁二千六百二十萬五千四百四十一，三分其一爲産茶州軍，内外郭鄉又居五分之一，丁賦錢三十，村鄉丁賦二十，不産茶州軍郭鄉、村鄉如前計之，又第損十錢，歲計已及緡錢四十萬。榷茶之利，凡止九十餘萬緡，通商收税，且以三倍舊税爲率，可得一百七十餘萬緡，更加口賦之人，乃有二百一十餘萬緡，或更於收税則例微加增益，即所增至寡，所聚逾厚，比於官自榷易，驅民就刑，利病相須，炳然可察。

時下三司議，皆以爲不可行。

至嘉祐中，著作佐郎何鬲、三班奉職王嘉麟又皆上書請罷給茶本錢，縱園户貿易，而官收租錢與所在征算，歸榷貨務以償邊糴之費，可以疏利源而寬民力。嘉麟爲《登平致頌書》十卷、《隆衍視成策》二卷，上之。淮南轉運副使沈立亦集《茶法易覽》爲十卷〔八四〕，陳通商之利。時富弼、韓琦、曾公亮執政，決意嚮之，力言於帝。三年九月，命韓絳、陳升之、吕景初即三司置局議之。

十月，三司言：『茶課緡錢歲當入二百二十四萬八千[八五]，嘉祐二年纔及一百二十八萬，又募人入錢，皆有虚數，實爲八十六萬，而三十九萬有奇是爲本錢，纔得子錢四十六萬九千，而輦運糜耗喪失，與官吏、兵夫廩給雜費，又不預焉。至於園户輸納，侵擾日甚，小民趨利犯法，刑辟益繁，獲利至少，爲弊甚大。宜約至和以後一歲之數，以所得息錢均賦茶民，恣其買賣，所在收算，請遣官詢察利害以聞。』詔遣官分行六路，還，言如三司議便[八六]。

四年二月，詔曰[八七]：『古者山澤之利，與民共之，故民足于下，而君裕於上，國家無事，刑罰以清。自唐建中時[八八]，始有茶禁，上下規利，垂二百年。如聞比來，爲患益甚。民被誅求之困，日惟咨嗟；官受濫惡之入，歲以陳積。私藏盜販，犯者實繁，嚴刑重誅，情所不忍[八九]。是於江湖之間幅員數千里，爲陷穽以害吾民也。朕心惻然，念此久矣。間遣使者，往就問之，而皆驩然願弛其禁[九〇]，歲入之課，以時上官。一二近臣，條析其狀[九一]，朕猶若慊然[九二]，又於歲輸裁減其數，使得饒阜，以相爲生[九三]，俾通商利[九四]。歷世之敝，一旦以除，著爲經常，弗復更制，損上益下，以休吾民。尚慮喜於立異之人，緣而爲姦之黨，妄陳奏議，以惑官司，必寘明刑，無或有貸[九五]。』

初，所遣官既議弛禁，因以三司歲課均賦茶户，凡爲緡錢六十八萬有奇，使歲輸縣官。比輸茶時，其出幾倍，朝廷難之，爲損其半，歲輸緡錢三十三萬八千有奇，謂之租錢，與諸路本錢悉儲以待邊糴。自是唯蠟茶禁如舊，餘茶肆行天下矣。論者猶謂朝廷志於恤人，欲省刑罰，其意良善。然茶户困於輸錢，而商賈利薄，販鬻者少，州縣征稅日蹙，經費不充，學士劉敞、歐陽脩頗論其事〔九六〕。敞疏大要以謂先時百姓之摘山者，受錢於官，而今也顧使之納錢於官，受納之間，利害百倍。先時百姓冒法販茶者被罰耳，今悉均賦於民，賦不時入，刑亦及之，是良民代冒法者受罪。先時大商富賈爲國懋遷〔九七〕，而州郡收其稅，今大商富賈不行，則稅額不登，且乏國用。脩言新法之行，一利而有五害，大略與敞意同。時朝廷方排衆論而行之，敞等雖言，不聽也。

治平中，歲入臘茶四十八萬九千餘斤，散茶二十五萬五千餘斤，茶户租錢三十二萬九千八百五十五緡，又儲本錢四十七萬四千三百二十一緡，而內外總入茶稅錢四十九萬八千六百緡。推是可見茶得失矣。自天聖以來，茶法屢易，嘉祐始行通商，雖議者或以爲不便，而更法之意則主於優民。

熙寧四年，神宗與大臣論昔茶法之弊，文彦博、吴充、王安石各論其故，然於茶法未有所變。及王韶建開湟之策，委以經略。七年，始遣三司勾當公事李杞入蜀經畫買茶〔九八〕，於秦鳳、熙河博馬。而韶言西人頗以善馬至邊，所嗜唯茶，乏茶與市。即詔趣杞據見茶計水陸運致，又以銀十萬兩、帛二萬五千、度僧牒五百付之，假常平及坊場餘錢，以著作佐郎蒲宗閔同領其事。初，蜀之茶園，皆民兩稅地，不殖五穀，唯宜種茶。賦稅一例折輸。蓋爲錢三百，折輸紬絹皆一匹；若爲錢十，則折輸綿一兩；爲錢二，則折輸草一圍。役錢，亦視其賦。民賣茶資衣食，與農夫業田無異，而稅額總三十萬。杞被命經度，又詔得調舉官屬，迺即蜀諸州創設官場，歲增息爲四十萬，而重禁榷之令。其輸受之際，往往壓其斤重，侵其價直，法既加急矣。八年，杞以疾去。

先是，杞等歲增十萬之息；既而運茶積滯，歲課不給，即建畫於彭、漢二州歲買布各十萬疋，以折腳費，實以布息助茶利，然茶亦未免積滯。都官郎中劉佐復議歲易解鹽十萬席，雇運回車船載入蜀而禁商販，蓋恐布亦難敷也。詔既以佐代杞，未幾，鹽法復難行，遂罷佐。而宗閔乃議川峽路民茶息收十之三，盡賣於官場，更嚴私交易之令，稍重至徒刑，仍没緣身所有物，以待賞給。於是蜀茶盡榷，民始病焉。

十年，知彭州吕陶言〔九九〕：『川峽四路所出茶，比東南十不及一，諸路既許通商，兩川卻爲禁地，虧損治體。如解州有鹽池，民間煎者乃是私鹽；晉州有礬山，民間煉者乃是私礬。今川蜀茶園，皆百姓己物，與解鹽、晉礬不同。又，市易司籠制百貨，歲出息錢不過十之二，然必以一年爲率。今茶場司務重立法，盡榷民茶，隨買隨賣，取息十之三，或今日買十千之茶，明日即作十三千賣之。變轉不休，比至歲終，豈止三分？』因奏劉佐、李杞、蒲宗閔等苟希進用，必欲出息三分，致茶户被害。始詔：息止收十之一，佐坐措置乖方罷，以國子博士李稷代之，而陶亦得罪。稷依李杞例兼三司判官，仍委權不限員舉劾。

侍御史周尹論蜀中榷茶爲民害，罷爲提點湖北刑獄。利州路漕臣張宗諤、張升卿議廢茶場司，依舊通商，詔付稷，稷方以茶利要功，言宗諤等所陳皆疏謬，罪當無赦，雖會赦，猶皆坐貶秩二等。於是稷建議賣茶官非材，許對易；如闕員，於前資待闕官差。茶場司事，州郡毋得越職聽治。又以茶價增減或不一，裁立中價，定歲入課額，及設酬賞以待官吏，而三路三十六場大小使臣並不限員。重園户採造黄老秋葉茶之禁，犯者没官。蒲宗閔亦援稷比，許舉劾官吏，以重其權。二人皆務浚利刻急。茶場監官買茶精良及滿五千馱以及萬馱，第賞有差〔一〇〇〕。而所買粗惡僞濫者，計虧坐贓論。凡置茶場賣茶州軍，知州、通判並兼提舉〔一〇一〕；經略使所在，即委通判〔一〇二〕。又禁南茶入熙河、秦鳳、涇原路，如私販蠟茶法。

自熙寧十年冬推行茶法，至元豐元年秋，凡一年，通計課利及舊界息税七十六萬七千六十餘緡〔一〇三〕。帝謂稷能推原法意，日就事功，宜速遷擢，以勸在位。遂落權發遣，以爲都大提舉茶場，而用永興軍等路提舉常平范純粹同提舉。久之。用稷言徙司秦州，而録李杞前勞，以子珏試將作監主簿。蒲宗閔更請巴州等處産茶並用榷法。

五年，李稷死永樂城，詔以陸師閔代之。師閔言稷治茶五年，百費外獲淨息四百二十八萬餘緡，詔賜田十頃。而師閔榷利，尤刻於前。建言：『文、階州接連，而茶法不同，階爲禁地，有博馬、賣茶場，文獨爲通商地。乞文、龍二州並禁榷。仍許川路餘羨茶貨入陝西變賣，於成都府置博賣都茶場。』事皆施行。初，羣牧判官郭茂恂言，賣茶買馬，事實相須，詔茂恂同提舉茶場。至是，師閔以買馬司兼領茶場，茶法不能自立，詔：罷買馬司兼領；令茶場都大提舉視轉運使，同管勾視轉運判官，以重其任。賈種民更立茶法，師閔論奏茶場與他場務不同，詔並用舊條。初，李杞增諸州茶場，自熙寧七年至元豐八年，蜀道茶場四十一，京西路金州爲場六，陝西賣茶爲場三百三十二。税息至稷加爲五十萬，及師閔爲百萬〔一〇四〕。

元祐元年，侍御史劉摯奏疏曰：『蜀茶之出，不過十數州〔一〇五〕，人賴以爲生，茶司盡榷而市之。園户有茶一本，而官市之，額至數十斤。官所給錢，靡耗於公者，名色不一，給借保任，輸入視驗，皆牙儈主之，故費於牙儈者，又不知幾何。是官於園户名爲平市，而實奪之。園户有逃而免者，有投死以免者，而其害猶及鄰伍。欲伐茶則有禁，欲增植則加市，故其俗論謂地非生茶也，實生禍也。願選使者，考茶法之弊，以蘇蜀民。』右司諫蘇轍繼言：『吕陶嘗奏改茶法，止行長引，令民自販，每緡長引錢百，詔從其請，民方有息肩之望。孫迥、李稷入蜀商度〔一〇六〕，盡力掊取，息錢、長引並行，民間始不易矣。且盜賊贓及二貫，止徙一年，出賞五千。今民有以錢八百私買茶四十斤者，輒徒一年，賞三十千。立法苟以自便，不顧輕重之宜。蓋造立茶法，皆傾險小人，不識事體。』且備陳五害。呂陶亦條上利害，詔付黄廉體量。未至，摯又言陸師閔恣爲不法，不宜仍任事。詔即罷之。先是，師閔提舉榷茶，所行職務，他司皆不得預聞，事權震灼，爲患深密。及黄廉就領茶事，乃請凡緣茶事有侵損戾法，或措置未當及有訴訟，依元豐令，聽他司關送。十一月，蒲宗閔亦以附會李稷賣茶罷。

明年，熙河、秦鳳、涇原三路茶仍官爲計置，永興、鄜延、環慶許通商，凡以茶易穀者聽仍舊，毋得踰轉運司和糴價，其所博斛斗勿取息。七年，詔成都〔府〕等路茶事司，以三百萬緡爲額本。

紹聖元年，復以陸師閔都大提舉成都等路茶事，而陝西復行禁榷。師閔乃奏龍州仍爲禁茶地，凡茶法，並用元豐舊條。師閔自復用，以訖哲宗之世，其掊克之迹，不若前日之著，故建明亦罕見焉。

茶之在諸路者，神宗、哲宗朝無大更革。熙寧八年，嘗詔都提舉市易司歲買商人茶〔一〇七〕，以三百萬斤爲額。元祐五年，立六路茶税租錢諸州通判、轉運司月暨歲終比較都數之法。七年，以茶隸提刑司，税務毋得〔以茶税錢〕更易爲雜税收受。紹聖四年，户部言：『商旅茶税五分，治平條立輸送之限既寬，復慮課入無準，故定以限約，毋得更展。元祐中，輒展以季，課入漏失。且茶税歲計七十萬緡，積十年未嘗檢察。請内外委官，期一年驅算以聞。』詔聽其議，展限令出一時，毋承用。

崇寧元年，右僕射蔡京言：『祖宗立禁榷法，歲收淨利凡三百二十餘萬貫，而諸州商税七十五萬貫有奇，食茶之算不在焉，其盛時幾五百餘萬緡。慶曆之后，法制寖壞，私販公行。嘉祐初，遂罷禁榷，行通商之法〔一〇八〕。自後商旅所至，與官爲市，四十餘年，利源寖失〔一〇九〕。謂宜荆湖、江、淮、兩浙、福建七路所産茶，仍舊禁榷官買，勿復科民。即産茶州縣隨所置場〔一一〇〕，申商人園户私易之禁，凡置場地園户茶租折税仍舊〔一一一〕。産茶州軍許其民赴場輸息，量限斤數，給短引，於旁近郡縣便鬻；餘悉聽商人於榷貨務入納金銀、緡錢或並邊糧草，即本務給鈔，取便算請於場，别給長引，從所指州軍鬻之。商税，自場給長引，沿道登時批發，至所指地，然後計税盡輸，則在道無苛留。買茶本錢，以度牒、末鹽鈔、諸色封樁、坊場、常平剩錢通三百萬緡爲率，給諸路。諸路措置，各分命官。』詔悉聽焉。

俄定諸路措置茶事官：置司湖南於潭州，湖北於荆南，淮南於揚州，兩浙於蘇州，江東於江寧府，江西於洪州。其置場所在：蘄州即其州及蘄水縣，壽州以霍山、開順，光州以光山、固始，舒州即其州及羅源、太湖，黄州以麻城，廬州以舒城，常州以宜興，湖州即其州及長興、德清、安吉、武康，睦州即其州及青溪、分水、桐廬、遂安，婺州即其州及東陽、永康、浦江，處州即其州及遂昌、青田，蘇、杭、越各即其州，而越之上虞、餘姚、諸暨、新昌、剡縣皆置焉，衢、台各即其州，而温州以平陽。大法既定，其制置節目，不可毛舉。

四年，京復議更革，遂罷官置場，商旅並即所在州縣或京師給長短引，自買於園户。茶貯以籠篰，官爲抽盤，循第敍輸息訖，批引販賣，茶事益加密矣〔一一二〕。

大觀元年，議提舉茶事司須保驗一路所産茶色高下、價直低昂，而請茶短引以地遠近程以三等之期。復慮商旅影挾舊引，冒詐規利，官吏因得擾動，以御筆申飭之。又以諸路再定茶息，多寡或不等，令斤各增錢十。三年，計七路一歲之息一百二十五萬一千九百餘緡，榷貨務再歲一百十有八萬五千餘緡。京專用是以舞智固權，自是歲以百萬緡輸京師所，供私奉，掊息益厚，盜販公行，民滋病矣。

政和二年，大增損茶法。凡請長引再行者，輸錢百緡，即往陝西，加二十，茶以百二十緡；短引輸緡錢二十，茶以二十五緡〔一三〕。私造引者如川錢引法。歲春茶出，集民户約三歲實直及今價上户部。茶籠篰並皆官製，聽客買，定大小式，嚴封印之法。長短引輒竄改增減及新舊對帶、繳納申展、住賣轉鬻，科條悉具。初，客販茶用舊引者，未嚴斤重之限，影帶者衆。於是，又詔：凡販長引斤重及三千斤者，須更買新引對賣；不及三千斤者，即用新引以一斤帶二斤鬻之，而合同場之法出矣。場置於産茶州軍，而簿給於都茶場。凡不限斤重茶，委官司秤製，毋得止憑批引爲定，有羸數即没官，别定新引限程及重商旅規避秤製之禁，凡十八條，若避匿抄劄及擅賣，皆坐以徒。復慮茶法猶輕，課入不羨，定園户私賣及有引而所賣踰數，保内有犯不告，並如煎鹽亭户法。短引及食茶關子輒出本路，坐以二千里流，賞錢百萬。

重和元年，詔：『客販輸税，檢括抵保，吏因擾民，其蠲之。』未幾，復輸税如舊。大抵茶、鹽之法，主於蔡京，務巧掊利，變改法度，前後相踰，民聽眩惑。初，令茶户投狀籍於官，非在籍者，禁與商旅貿易，未幾即罷。初，限計斤重，令買新引，茶有羸者，即及一千五百斤，須用新引貼販，或止願販新茶帶賣者聽。未幾，以帶賣者多，又罷其令。

陝西舊通蜀茶，崇寧二年，始通東南茶。政和中，陝西没官茶令估賣，繼以妨商旅，下令焚棄。俄令正茶没官者聽與販，引外剩茶及私茶數以給告者。長引限以一年，短引限以半歲繳納。久之，令已買引而未得於園户者，期七年，許民間同見緡流轉，長引聽即本路住賣，以二浙鹽香司有言而止。其科條纖悉紛更，不可勝記。慮商旅疑豫，茶貨不通，迺重扇摇之令。於時掊克之吏，爭以贏羨爲功，朝廷亦嚴立比較之法。州郡樂賞畏刑，惟恐負課，優假商人，陵轢州郡，蓋莫有言者。獨邠州通判張益謙奏：『陝西非産茶地，奉行十年，未經立額，歲歲比較，第務增益，稍或虧少，程督如星。州縣懼殿，多前路招誘豪商，增價以幸其來，故陝西茶價，斤有至五六緡者，或稍裁之，則批改文引，轉之他郡。及配之鋪户，安能盡售？均及税農，民實受害，徒令豪商坐享大利。』言竟不行。

然自茶法更張，至政和六年，收息一千萬緡，茶增一千二百八十一萬五千六百餘斤。及方臘竊發，乃詔權罷比較。臘誅，有司議招集園户，借貸優恤，止於文具。姦臣仍用事，蠹國害民，又慮人言，扇摇之令復出矣。靖康元年，詔川茶侵客茶地者，以多寡差定其罪。

初，熙寧五年〔一一四〕，以福建茶陳積，乃詔福建茶在京、京東西、淮南、陝西、河東仍禁榷，餘路通商。元豐七年，王子京爲福建轉運副使，言：『建州臘茶，舊立榷法，自熙寧權聽通商，自此茶户售客人茶甚良，官中所得惟常茶，税錢極微，南方遺利，無過於此，乞仍舊行榷法。建州歲出茶不下三百萬斤，南劍州亦不下二十餘萬斤，欲盡買入官，度逐州軍民户多少及約鄰路民用之數計置，即官場賣，嚴立告賞。禁建州賣私末茶，借豐國監錢十萬緡爲本。』並從之。所請均入諸路榷賣，委轉運司官提舉：福建王子京，兩浙許懋，江東杜偉，江西朱彦博，廣東高鏄。然子京蓋未免抑配於民。

時遠方若桂州修仁諸縣、夔州路達州有司皆議榷茶，言利者踵相躡，然神宗聞鄂州失催茶税，輒蠲之。建州園户等以茶粗濫當剥納，爲錢三萬六千餘緡，慮其不能償，令準輸茶。初，成都帥司蔡延慶言，邛部川蠻主苴尅等願賣馬，即詔延慶以茶招來（徠？），後聞邊計鑾情非便，即罷之。哲宗嗣位，御史安惇首劾王子京買蠟茶抑民，詔罷子京事任，令福建禁榷州軍視其舊，餘並通商。桂州修仁等縣禁榷及陝西碎賣芽茶皆罷。

崇寧二年，尚書省言：『建、劍二州茶額七十餘萬斤，近歲增盛，而本錢多不繼。』詔更給度牒四百，仍給以諸色封樁。繼詔商旅販蠟茶蠲其稅，私販者治元售之家，如元豐之制。蠟茶舊法免稅，大觀三年，措置茶事，始收焉。四年，私販勿治元售之家，如元符令。政和初，復增損爲新法。三年，詔免輸短引，許依長引於諸路住賣，後末骨茶每長引增五百斤，短引倣此。諸路監司、州郡公使食茶禁私買，聽依商旅買引。六年，詔福建茶園如鹽田，量土地產茶多寡，依等第均稅。重和元年，以改給免稅新引，重定福建骨茶斤重，長引以六百斤爲率。

元豐中，宋用臣都提舉汴河隄岸，創奏修置水磨，凡在京茶户擅磨末茶者有禁，並許赴官請買，而茶鋪入米豆雜物糅和者〔一一五〕，募人告，一兩賞三千，及一斤十千，至五十千止。商賈販茶應往府界及在京，須令產茶山場州軍給引，並赴京場中賣，犯者依私販蠟。諸路末茶入府界者，復嚴爲之禁。訖元豐末，歲獲息不過二十萬，商旅病焉。

元祐初，寬茶法，議者欲罷水磨。户部侍郎李定以失歲課，持不可廢；侍御史劉摯、右司諫蘇轍等相繼論奏，遂罷。紹聖初，章惇等用事，首議修復水磨。乃詔即京、索、天源等河爲之，以孫迥提舉，復命兼提舉汴河隄岸。四年，場官錢景逢獲息十六萬餘緡，吕安中二十一萬餘緡，以差議賞。元符元年，户部上凡獲私末茶並雜和者，即犯者未獲，估價給賞，並如私蠟茶獲犯人法。雜和茶宜棄者，斤特給二十錢，至十緡止。

初，元豐中修置水磨，止於在京及開封府界諸縣，未始行於外路。及紹聖復置，其後遂於京西鄭、滑〔州〕、潁昌府，河北澶州皆行之，又將即濟州山口營置。崇寧二年，提舉京城茶場所奏：『紹聖初，興復水磨，歲收二十六萬餘緡。四年，於長葛等處京、索、潩水河增修磨二百六十餘所，自輔郡榷法罷，遂失其利，請復舉行。』從之。尋詔：商販蠟茶入京城者，本場盡買之，其翻引出外者，收堆垛錢。裁元豐制更立新額，歲買山場草茶以五百萬斤爲率。客茶至京者，許官場買十之三，即索價故高，驗元引買價量增。三年，詔罷之。

明年，改令磨户承歲課視酒户納麴錢法。五年，復罷民户磨茶，官用水磨仍依元豐法，應緣茶事併隸都提舉汴河堤岸司。大觀元年，改以提舉茶事司爲名，尋命茶場、茶事通爲一司。三年，復撥隸京城所，一用舊法。政和元年，京城所請商旅販茶起引定入京住賣者，即許借江入汴，如元豐舊制；其借江入汴卻指他路住賣者禁，已請引者並令赴京。二年，以課入不登，商賈留滯，詔以其事歸尚書省。於是尚書省言：『水磨茶自元豐創立，止行於近畿，昨乃分配諸路，以故致弊，欲止行於京城，仍通行客販，餘路水磨並罷。』從之。四年，收息四百萬貫有奇，比舊三倍，遂創月進。

高宗建炎初，於真州印鈔，給賣東南茶鹽。當是時，茶之産於東南者，浙東西、江東西、湖南北、福建、淮南、廣東西，路十，州六十有六，縣二百四十有二。霅川顧渚生石上者謂之紫筍，毗陵之陽羨，紹興之日鑄，婺源之謝源，隆興之黄龍、雙井，皆絶品也。建炎三年，置行在都茶場，罷合同場十有八，惟洪、江、興國、潭、建各置場一，監官一〔一一六〕。紹興元年，罷食茶小引〔一一七〕，捕私茶法視捕私鹽。二十一年，秦檜等始進茶鹽法。先是，臣僚或因事建明，朝廷亦因時損益，至是審訂成書，上之。

孝宗隆興二年，淮東宣諭錢端禮言：『商販長引茶，水路不許過高郵，陸路不許過天長，如願往楚州及盱眙界，引各貼輸翻引錢十貫五百文〔一一八〕，如又過淮北，貼輸亦如之。』當是時，商販自榷場轉入虜中，其利至博，幾禁雖嚴，而民之犯法者自若也。乾道二年，户部言〔一一九〕：『商販至淮北榷場折博，除輸翻引錢〔一二〇〕，更輸通貨儈息錢十一緡五百文。』八年，減輸翻引錢止七緡，通貨儈息錢止八緡。淳熙二年，以長短茶引權以半依元引斤重錢數，分作四緡小引印給，而翻引貼輸錢隨小引輸送。光宗紹熙初，漳州守臣朱熹奏除屬邑科茶七千餘緡。臣僚申明長短小引相兼，從人之便。户部言給賣小引，除金銀、會子分數入輸，餘願專以會子算請者聽。

寧宗嘉泰四年，知隆興府韓邈奏請：『隆興府惟分寧、武寧二縣産茶〔一二一〕，他縣無茶，而豪民武斷者乃請引，窮索一鄉，使認茶租，非便。』於是，禁非産茶縣不許民擅認茶租。

建寧蠟茶，北苑爲第一。其最佳者曰社前，次曰火前，又曰雨前，所以供玉食，備賜予。太平興國始製〔一二二〕，大觀以後製愈精，數愈多，（胯）〔銙〕式屢變，而品不一，歲貢片茶二十一萬六千斤。建炎以來〔一二三〕，葉濃、楊勍等相因爲亂，園丁亡散，遂罷之。紹興二年，蠲未起大龍鳳茶一千七百二十八斤〔一二四〕。五年，復減大龍鳳及京鋌之半。十二年，興榷場，遂取蠟茶爲榷場本，凡銙、截、片、鋌，不以高下多少，官盡榷之〔一二五〕。申嚴私販入海之禁。議者請鬻建茶於臨安，移茶事司於建州，專一買發〔一二六〕。明年，以失陷引錢，復令通商。自是上供龍鳳、京鋌茶〔一二七〕，凡製作之費、篚笥之式，令漕司專之。

蜀茶之細者，其品視南方已下，惟廣漢之趙坡，合州之水南，峨眉之白芽〔一二八〕，雅安之蒙頂，土人亦珍之，但所産甚微，非江、建比也。舊無榷禁，熙寧間，始置提舉司，收歲課三十萬〔一二九〕。至元豐中，累增至百萬。建炎元年，成都轉運判官趙開言榷茶、買馬五害，請用嘉祐故事，盡罷榷茶，而令漕司買馬。或未能然，亦當減額以蘇園户，輕價以惠行商〔一三〇〕，如此則私販衰而盜賊息。遂以開同主管川、秦茶馬。二年，開至成都，大更茶法，倣蔡京都茶場法，以引給茶商，即園户市茶，百斤爲一大引，除其十勿算〔一三一〕。置合同場以譏其出入〔一三二〕，重私商之禁，爲茶市以通交易。每斤引錢春七十、夏五十，市利、頭子錢不預焉。所過征一錢，所止一錢五分〔一三三〕。自後引息錢至一百五萬緡〔一三四〕。至紹興十七年〔一三五〕，都大茶馬韓球盡取園户加饒之茶爲額，茶司歲收二百萬，而買馬之數不加多。

乾道末年，青羌作亂，茶司增長細馬名色等錢歲三十萬。淳熙六年以後，累減園户重額錢十六萬，又減引息錢十六萬。至紹熙初，楊輔爲使，遂定爲法。成都府、利州路二十三場，歲産茶二千一百二萬斤，通博馬物帛，歲收錢二百四十九萬三千餘緡。朝廷歲以一百一十三萬緡隸總領所贍軍，然茶馬司率多難之。乾道以後，歲撥止一二十萬緡，至淳熙十一年〔一三六〕，遂以五十萬緡爲準。

自熙、豐以來，茶司官權出諸司之上。初，元豐開川、秦茶場，園户既輸二稅，又輸土産。隆安縣園户二稅、土産兼輸外，又催理茶課估錢，建炎元年立爲額，至寧宗慶元初，始除之。六年，詔：四川産茶處園户歲輸經總制頭子錢五千四十一道有奇〔一三七〕，又科租錢三千一百四十道有奇〔一三八〕。

宋初，經理蜀茶，置〔場〕互市於原、渭、德順三郡，以市蕃夷之馬〔一三九〕。熙寧間，又置場於熙河。南渡以來，文、黎、珍、敍、南平、長寧、階、和凡八場，其間盧甘蕃馬歲一至焉，洮州蕃馬或一月或兩月一至焉，疊州蕃馬或半年或三月一至焉，皆良馬也。其他諸蕃馬多駑，大率皆以互市爲利，宋朝曲示懷遠之恩，亦以是羈縻之。紹興二十四年，復黎州及雅州碉門、靈西砦易馬場。乾道初，川、秦八場馬額九千餘匹〔一四〇〕。淳熙以來，爲額萬二千九百九十四匹，自後所市未嘗及焉〔一四一〕。

〔校證〕

〔一〕宋榷茶之制　方案：此總敍宋初以來（九六〇——一〇五九）百年間東南榷茶之制，又别稱東南六榷務十三山場茶制或茶法。《長編》卷一〇〇是條記載稍詳，《通考》卷一八《征榷五》、《羣書考索》後集卷五六《再考宋朝茶》、《玉海》卷一八一《乾德榷貨務》所載稍略，然皆有可校《宋志》之處。

〔二〕初京城建安襄復州皆置務後建安襄復州務廢　方案：此乃據《通考》卷一八注文删節而成，因删節失宜而有脱誤。《通考》云：『乾德二年八月，始令京師及建安、漢陽（等）軍、蘄口置務。太平興國二年，又於江陵府、襄、復州、無爲軍增置務。端拱二年，又於海州置務。淳化四年廢襄、復州務。』此述緣江六務沿革始末。即宋初爲沿江八務，太宗末，定爲六務。《宋志》既脱『漢陽、無爲軍』二務，又誤稱『建安軍』務後廢，殆未審開寶三年八月丁亥（十八日，《玉海》卷一八一誤作『七月』）移建安軍務（《長編》卷一一又誤作『建陽軍務』）於揚州及大中祥符六年（一〇一三）建安軍升爲真州歟？當據《通考》補、改。

〔三〕謂之山場者十三　方案：十三山場之名，《宋志》原無，當據《輯稿》食貨二九之六至九、《夢溪筆談》卷一二、《羣書考索·後集》卷五六補：『蘄州曰王祺、石橋、洗馬，黄州曰麻城，廬州曰王同，舒州曰太湖、羅源，壽州曰霍山、麻步、開順，光州曰商城子字、光山。』又，十三山場之名，諸書所載略有異同，今考訂如上。參見《輯稿》食貨三〇之三一至三二及《通考》，均有蘄州黄梅而無光州光山。又，《通考》注云：『黄梅場，景德二年廢。』參見本書《通考·征榷五·榷茶》校記〔一二〕

〔四〕六州採茶之民皆隸焉　『採』，原作『采』，據同右引《長編》改。此或宋代已通用之字。下徑改，不再出校。

〔五〕有龍鳳石乳白乳之類十二等　《輯稿》食貨二九之一及《通考》卷一八作：『有龍、鳳、石乳、的乳、白乳、頭金、蠟面、頭骨、次骨、末骨、粗骨、山鋌之類十二等。』《宋志》删節失宜，應據補。上引《宋會要》『粗骨』作『第三骨』。餘詳本書《宋會要·食貨類·茶門》校釋〔三〕。

〔六〕以充歲貢及邦國之用　『邦國』下，脱或删『洎本路食茶』五字，當從《通考》卷一八補。其上注引『粗骨以下茶，乃充本路（福建）食茶者。

〔七〕其出虔袁饒池光歙潭岳辰澧州江陵府興國臨江軍　『其出』上，脱『餘州片茶』四字，當據同右引《通考》補。

〔八〕有仙芝玉津先春緑芽之類三十六名　『三十六』，原作『二十六』；『名』，原作『等』，並據《輯稿》食貨二九之一及同右引改。方案：《通考》卷一八不僅有『三十六』種片茶的具體名稱，還有其相應産地，可補《宋志》之闕。

〔九〕散茶出淮南歸州江南荆湖有龍溪雨前雨後之類十一名　『名』，原作『等』，據同右引改。方案：《宋志》據《通考》刪潤。《通考》云：『散茶，有太湖、龍溪、次號、末號，出淮南；　岳麓、草子、楊樹、雨前、雨後，出荆湖；　清口，出歸州；　茗子，出江南。』明著其品目及相對應之産地。惟無論散茶之品色及産地，皆遠不止此。參見《輯稿》食貨二九之一。又，『名』指茶之品名或色目；　等，指茶之等第，如上中下、第一至第五，兩者爲完全不同之概念，《宋志》已混淆不清。

〔一〇〕買臘茶斤自二十錢至一百九十錢有十六等　『臘茶』，《通考》卷一八作『蠟茶』，是。又，『二十錢』，《通考》作『三十五錢』，疑是。惟《輯稿》食貨二九六一〇載：　建州末骨二十四文，山茶十三文，南劍州末骨二十五文，山鋌十三文，均低於三十五文，甚至二十文。但此爲食茶，故或低於買茶價。

〔一一〕片茶大片自六十五錢至二百五錢有五十五等　『大片』，疑當作『大斤』，似涉上『片字』而譌。方案：這從買、賣茶價，蠟茶低於片茶價可證。　一般而言，福建蠟茶價應高於諸州片茶價，現卻相反，則惟一合理的解釋乃片茶以大斤計。　宋代文獻中多見宋茶有大、小斤之説，詳拙文《唐宋茶産地和産量考》，刊《中國經濟史研究》一九九三年第二期。　又，《宋會要輯稿》食貨二九之九載：　興國軍兩府號買茶價四十五文，低於《宋志》『六十五錢』下限，而潭州大方茶獨行二百七十五文，靈華二百四十二文，緑芽二百二十二文，又均高於《宋志》所載『二百五錢』的買茶價。

〔一二〕散茶斤自十六錢至三十八錢五分有五十九等　方案：　考《輯稿》食貨二九之八至九，廬州王同場下號爲十五文四分，南安軍十三文，光州光山場下號十五文四分，杭州十三文，池州十三文，温州第五等八文，興國軍十四文六分，邵武軍土産十文，臨江軍十三文，此九種散茶買茶價均低於《宋志》下限十六錢。又，廣德軍第二、三號散茶買價爲七十文六分，則遠高於《宋志》『三十八錢五分』的買茶價上限。

〔一三〕鸑臘茶斤自四十七錢至四百二十錢有十二等　方案：據《輯稿》食貨二九之一〇至一四載：海州、真州、蘄州蘄口、江陵府榷貨務及江寧府、睦州、南劍州供般的建州頭金，其賣茶價爲每斤五百文；汀州並建州供般的頭金茶賣價爲四百四十文，均高於《宋志》所載上限『四百二十錢』。《宋志》所載蠟茶賣價下限僅爲四十七錢，完全有可能。當指注〔一〇〕所列充本路食茶之建、南劍州末骨、山茶、山鋌等劣質茶。宋茶賣價名色、等第極夥，即使名目、等第完全相同的茶，在不同的榷貨務及諸州供般，也有不同的價格，此乃賣茶價遠多於買茶價的原因。

〔一四〕片茶自十七錢至九百一十七錢有六十五等　『自』下必有脱字，或『九』，或『百』，或『二百』，三者必居其一。方案：今考《宋會要輯稿》食貨二九之一〇至一四《賣茶價》載：片茶賣價最高者爲海州務供般的睦州片茶，每斤一貫一文；而最低賣價則爲真州務供般的興國軍不及號片茶，每斤二百六十文。《宋志》原作每斤十七錢，僅與散茶最低買茶價相仿，決無可能，據補『百』字，也頗有可能所脱爲『二百』。又，《宋志》載片茶賣價上限爲『九百一十七錢』，而海州務賣睦州片茶又超過其價。

〔一五〕散茶自五十錢至一百二十一錢有一百九等　方案：『五十』，原譌倒作十五，據下考乙。核同右引《宋會要·食貨·茶·賣茶價》，散茶的最低賣價正爲五十文，惟見蘄口務『黄晚係園户不堪者茶』爲每斤三十六文，但承上不當爲片茶，且僅充食茶或饒潤之用，實乃等外之茶。又，散茶的最低買茶價爲十六文，決無可能其賣茶價爲低於買價的十五文。買賣茶價，《宋志》全據《通考》，與《會要》及方志所載買賣茶價頗相抵牾，特爲詳考如上。

〔一六〕民之鬻茶者售於官　『鬻』，原作『欲』，據《長編紀事本末》卷四五《十三場利害》及《通考》卷一八改。或『鬻』字原脱。

〔一七〕給券隨所射與之謂之交引　『謂之交引』四字，原脱，據《長編》卷一〇〇、《通考》卷一八補。

〔一八〕唯川陜廣南聽民自買賣　『川陜』，原作『川峽』，據《羣書考索》後集卷五六《再考宋朝茶》、《通考》卷一八改。《長編》卷一〇〇及《玉海》卷一八一亦誤作『川峽』。方案：『峽』，指今湖北與重慶市毗鄰的三峽地區。宋代乃指峽、歸州等地，屬湖北路，與四川夔州路交界。《宋志》卷一八三載：峽、歸州等地乃禁榷茶地分無疑，據改。

〔一九〕計其直論罪　『論罪』下，《長編》卷五有：『百錢以上者杖七十，八貫加役流。主吏以官茶貿易者，計其直五百錢，流二千里。一貫五百及持（仗）〔杖〕販易私茶者爲官司擒捕者，皆死。（原注：自唐武宗以下並皆死，並據本志，當在本年。）』方案：李燾注云：『並據本志』，當指《三朝國史·食貨志》，可見此乃宋官修《國史·食貨志》的舊文，元修《宋史》理應據以修入。但元史臣極爲魯莽滅裂，既將上引『百錢』至『皆死』一段，删節爲：『主吏私以官茶貿易，及一貫五百者死』，已大失原書之旨；又將本屬連貫之文割裂，誤易置於『許輸他物』下，實在是有失倫序。李燾原注稱『當在本年』，卻又誤繫於乾德二年（九六四），《通考》卷一八亦沿謁踵謬。據《輯稿》食貨三〇之一及《夢溪筆談》卷一二《本朝茶法》、《玉海》卷一八一《乾德榷茶》乃五年(九六七)之事。應據《長編》補上引文字，並删《宋志》以下『主吏』於『死』十五字，庶幾無誤。

〔二〇〕園户輒毁敗茶樹者計所出茶論如法　此十五字錯簡，當乙至『黥面送闕下』之下、『淳化三年』之上，據《長編》卷一八及《通考》卷一八乙。

〔二一〕舊茶荒薄採造不充其數者蠲之當以茶代税而無茶者許輸他物　方案：是條當據《通考》卷一八，其詳見《宋會要》食貨三〇之一，參見《通考·征榷五·榷茶》校記〔四六〕。

〔二二〕凡結徒持杖販易私茶遇官司擒捕抵拒者皆死　『杖』，原作『仗』，據上下文意改，《長編》卷五亦譌作『仗』。此乃乾德五年之令，應據《長編》卷五及《通考》卷一八乙至『及一貫五百者死』之下。即使重加改寫，不以年月先後爲序，據其内容，亦當乙至『淳化三年』之上。

〔二三〕太平興國四年詔申開寶律令以行　『申開寶律令以行』七字，據《長編》卷二〇補，此爲重申，非新定律令。

〔二四〕切於饋餉　《通考》卷一八作『乏於饋餉』。

〔二五〕左司諫張觀與映副之令商榷利害　『令商榷利害』五字，《宋志》删，文意未完。當據同右引《通考》補。

〔二六〕非多以多品則商旅少利　『商旅』二字原無，《宋志》不當删，據同右引補。

〔二七〕及禁江淮鹽又增用茶當得十五六千至二十千加百千又有官耗　『茶』下，《長編》卷六〇作：『當得十五六十至二十千，輒加給百千』。『茶』下十一字，《宋志》誤删，『加』，原譌作『如』，據《長編》補、改。又，《輯稿》食貨三六之八作『邊郡所入直十五六千至二十千者，即給茶直百千，謂之「加擡錢」』。《羣書考索》卷五六《交引》同，是其證。

〔二八〕移文南州給茶　『移文』，《宋志》原删，據《長編》卷六〇補。

〔二九〕命鹽鐵副使林特崇儀副使李溥等　『林特』下，《長編》卷六〇有『宫苑使劉承珪』六字，《宋志》乃删其不當删者，應據補。

〔三〇〕仍約米山場園户　『園户』，《宋志》原脱或删，據同右引補。

〔三一〕五月以溥爲制置淮南等路茶鹽礬税兼都大發運事　方案：《宋志》原作『以溥爲淮南制置發運副使』，李溥差遣中，出現譌誤倒脱等并存之狀況。《長編》卷六〇景德二年五月壬子條載：『以溥爲制置淮南、江浙、荆湖茶鹽礬税兼都大發運事，委成其事。』李燾注云：『今從本志，並書於此。』《實録》但云兼都大發運事，《會要》乃云發運使。按：景德四年八月，溥以發運副使遷發運使，則初除必非使，今從《實録》。又景德三年二月，馮亮初除發運使，《會要》及本志並云景德三年復置發運使一人，蓋發運自此始立使名，馮亮爲使，李溥爲副使也。』據李燾之考，參考《長編》卷六六景德四年八月己酉條及《輯稿》食貨三〇之三、三六之九，同書職官四二之一五等相關記載，可以斷言，李溥初除必爲都大發運事，三年二月始遷副使，四年八月又遷發運使。《宋志》失考，誤作『發運副使』，此其一。又考宋制：發運、轉運使兼領二路以上，加『都大』，見《輯稿》職官四二之五五及《職官分紀》卷四七。

《宋志》删或誤脱『都大』，此其二。據上述史料，李溥所除差遣之全名爲『制置淮南、江浙、荆湖茶鹽礬税兼充都大發運事』，則《宋志》又誤删路名『江浙、荆湖』及入銜之官稱『茶鹽礬税兼』九字，此其三。又將『制置』二字顛倒次序，誤置於『發運』之上，此其四。今據上考，補正爲其官銜之簡稱『制置淮南等路茶鹽礬税兼都大發運事』，庶幾無誤。於此可見宋代官制複雜之一斑。

〔三二〕三年命樞密直學士李濬等比較新舊法利害　『李濬等』，據《輯稿》食貨三六之八乃指『樞密直學士李濬、劉綜、知雜御史王濟』三人，《宋志》已删後二人。

〔三三〕元年用舊法得五百六十九萬貫　方案：《輯稿》食貨三〇之三引林特等上《茶法條貫·序》作『年收錢七十三萬八百五十貫（《長編》卷六六引作八千五貫）』，《長編》卷六六據《國史·食貨志》同《宋志》。《宋志》與《會要》之數不同，乃前者爲虚額，后者是實利，宜其不同。

〔三四〕二年用新法得四百一十萬貫三年二百八萬貫　『二百八萬』，《長編》卷六六和《太平事迹統類》（下簡稱《統類》）卷二九作『二百八十五萬』，《長編》注稱據本志，疑《宋志》『八』下脱『十五』二字，應作『八十五萬』。但即使如此，景德二、三兩年合計數爲六百九十五萬貫，與右引《茶法條貫·序》所載『自改法二年，共收七百九萬二千九百六十貫』不符，疑《宋志》和《會要》史源不同或合計時有誤所致，又《玉海》卷一八一《祥符茶法》注引《會要》數同《輯稿》。今特考異如上。

〔三五〕特等所言增益蓋官本少而有利　『等』，原脱，據《長編》卷六六、《輯稿》食貨三〇之三及《宋志》下文『特等』補；『特等』，指主持茶法改革的林特、劉承珪、李溥三人。『所言』，原譌倒作『言所』，據同上

《長編》乙；「蓋」，《宋史》點校本底本百納本原有，校點者以爲乃「益」之譌；疑非是，今回改，仍其舊；四庫本有「蓋」字，是其證。「益」原脱，據《長編》卷六六及上下文意補。

〔三六〕特溥等上編成茶法條貫並課利總數二十三策　「特」下，應從《輯稿》食貨三〇之三補「承珪」，《茶法條貫》乃林、劉、李三人所上。「二十三策」，《會要》同《宋志》，《長編》卷七一作「二十三册」，《玉海》卷一八一《祥符茶法》注引《會要》作「三十三册」，乃譌「二」爲「三」。「策」、「册」字通。

〔三七〕所過商税務嚴其覺舉　「務」，原脱，據《長編》卷八五補。

〔三八〕率多先獲焉　「獲」，原奪，據同右引補。

〔三九〕凡買到入算茶　《輯稿》食貨三〇之四作「自今納到入客算買茶」，或《宋志》簡稱爲「入算茶」。

〔四〇〕大中祥符五年歲課二百餘萬貫　方案：「五年」，《長編》卷八六、《會要·輯稿》食貨三六之一二、《玉海》卷一八一《乾德榷貨務》均作「已後」，蒙上下文，指祥符二至五年，時間範疇與《宋志》不同。此或「五年」上脱「二至」二字。

〔四一〕六年至三百萬貫七年又增九十萬貫　方案：《長編》卷八六引丁謂之説略同，但《輯稿》食貨三六之一二引大中祥符九年二月丁謂奏云：「六年、七年各納過幾三百萬」，《玉海》卷一八一《乾德榷貨務》略同，作「六年、七年並及三百萬緡」。則與《宋志》、《長編》作七年三百九十萬貫有異。

〔四二〕八年纔百六十萬貫　「百六十萬」，同右引《長編》、《玉海》俱作「一百五十萬緡」，《會要》亦作「百五十餘萬」。從《輯稿》食貨三六之一二引丁謂奏云「八年少十餘萬者」及《玉海》卷一八一注云「比新額虧十萬緡』看，似祥符二年新定歲額——即所謂的『祖額』爲一百六十萬緡，而八年才及一百五十萬緡，《宋志》誤將歲額作八年之額，應據上考從改。據《長編》注，以上三條《宋志》與《會要》、《長編》、《玉海》的不同乃史源不同所致。《宋志》沿《國史·食貨志》，而後三書則從《實録》和《會要》。

〔四三〕九年乃命翰林學士李迪權御史中丞凌策侍御史知雜吕夷簡與三司同議條制　方案：初命李迪、凌策，後凌病故，改命吕夷簡，三人未曾『同議』茶法條制，《宋志》誤合二事聯書之。《玉海》卷一八一《祥符議茶鹽制度》載：『九年十月二十六日，令翰學李迪、中丞凌策（原注：十二月十一日，改命侍御史吕夷簡）與三司同議茶鹽制度。』《宋大詔令集》卷一八三有《令學士李迪中丞凌策同議茶鹽詔》、《輯稿》食貨三〇之四同，均其證。又《輯稿》食貨三〇之五載：『十二月十一日，命刑部員外郎兼御史知雜事吕夷簡同定茶鹽，以凌策病故也。』無獨有偶，《長編》卷八八亦據本志而不無小誤；又，《宋史》卷三〇七《凌策傳》作：『是秋，詔與李迪、吕夷簡同議經制〔茶鹽〕』；但又稱『明年疾甚，不能朝謁』，則又持兩端之説，誤甚。

〔四四〕陝西交引愈賤鬻於市纔八千　方案：『八千』，應作『十二千』，《宋志》因删節不當，涉下八、九千而致誤。《長編》卷八九載：天禧元年二月甲戌，曹瑋言：陝西商人入中糧草交引愈賤，總虚實錢百千，鬻之才得十二千。請於永興、鳳翔、河中府官出錢市之。奏可。（原注：本志云：鬻於市才八、九千，今從《實録》。）既而詳定茶鹽司又言：交鈔總虚實錢百（方案：原譌作『五』，據上引曹瑋言改）千者，向來官給十三千至十九千市之，今鬻於市，止獲八、九千。《輯稿》食貨三六之一三略同，唯稱李迪等言繫於是年二月二十四日。顯然《宋志》乃沿《國史·食貨志》之譌，《宋志》又誤合曹瑋言和詳定茶鹽司李迪等言爲一，又將原作「八、九千」改爲「八千」。今應從改爲「十二千」。

〔四五〕天禧二年太常博士李垂請放行江浙兩路茶貨　「江浙兩路」，原無，據《長編》卷九二補。

〔四六〕不得更用芻糧交鈔貼納茶貨　「交鈔」，原作「文鈔」，據同右引改。

〔四七〕增五十茶引與之　「引」，原脱，據同右引補。

〔四八〕及其法既弊　「弊」，原作「敝」，據《長編》卷一〇〇及《通考》卷一八《征榷五》改。方案：「敝」通「弊」，據本書凡例改。下徑改，不出校。

〔四九〕命榷三司使李諮等較茶鹽礬税歲入登耗　「榷」，原脱，據《輯稿》食貨三〇之五、二三之三七，同書儀制九之三，《長編》卷一〇三，《宋史》卷二九二《李諮傳》補。

〔五〇〕茶售錢五萬一千至六萬二千　「五萬」，《長編》卷一〇二、《長編本末》卷四五、《太平事迹統類》卷二九均作「萬」，疑脱「五」字。

〔五一〕而京師實入緡錢五十七萬有奇　「五十七萬」，《長編卷》一〇二、《長編紀事本末》卷四五《十三場利害》、《太平事迹統類》卷二九皆作「七十五萬」。《長編》自注稱「今並從本志」，《會要》失載，則此爲惟一史源，即同出一源，《宋志》、《長編》必有一誤。

〔五二〕香藥象齒入錢七萬二千有奇東南緡錢入錢十萬五百　「二千」，右引《長編》、《統類》作「三千」，而《長編本末》亦作「二千」。又，「十萬」，右引《長編》等三書皆作「十五萬」，疑涉下「五百」，而衍「五」字。

〔五三〕又省合給茶及香藥象齒東南緡錢總直緡錢一百七十一萬　『一百』，右引《長編》等三書皆作『二百』。方案：以上四條，同出一源。魯魚之譌，無别本可校，姑作考異如上。

〔五四〕欲有以動摇　『動摇』，右引三書皆作『摇動』。

〔五五〕天聖三年八月詔翰林侍講學士孫奭等同究利害　核《會要·輯稿》食貨三〇之七、三六之一八、三九之一一皆載：天聖三年八月，詔〔令〕孫奭、夏竦同共詳定。《玉海》卷一八一《天聖茶法》則繫日於『三年八月二十二日』，且云：『命孫奭、夏竦再詳定』，又云：『九月四日，命三司使范雍同定』。可補《宋志》之闕。

〔五六〕十一月奭等言　『十一月』，《宋志》原誤删，據上引《輯稿》補。食貨三〇之七繫於十一月一日，三六之一八繫於十一月二日，三九之一一又繫於十一月十六日，《玉海》卷一八一和《長編》卷一〇三均作十一月二日，則均爲十一月無疑，據補。而《宋志》蒙上文則爲『八月』，顯誤。

〔五七〕十月遂罷貼射法　『十月』，應作十一月。《長編》卷一〇三李燾自注云：『本志云十月遂罷貼射法，恐脱誤，今從《實録》。』其説是。既《會要》、《實録》、《長編》已作十一月，《宋志》上已據補『十一月』，此『十月』當删。或可據上下文意改作『從之』。參閲上注。

〔五八〕售真州等四務十三場茶者損爲七萬一千皆有奇數入錢六務十三場者又第損之給茶皆直十萬　『損爲七萬一千，皆有奇數。入錢六務十三場者』，此十八字，《宋志》原脱或誤删，據《長編》卷一〇三、《長編本末》卷四五《十三場利害》補。

〔五九〕諮罷三司使　方案：蒙上文有『明年』即天聖四年，似乎孫奭等三年十一月請復行『三説法』的明年，主張行『見錢法』的李諮罷三司使，《宋志》實誤。據《長編》卷一〇三，早在孫奭等建請改茶法前的三年九月庚寅（十一日），李已改樞密直學士、出知洪州。其原因乃『數以疾求外補』，所罷乃『翰林學士、權三司使』。《宋志》時間、原因、官職名均誤。正如《長編》卷一〇四李燾注云：四年三月李諮落職的原因乃因三司孔目官王舉、勾覆官勾獻等失職虧官錢，虛報茶課被罪而受牽累，即《宋史》卷二九二《李諮傳》所謂：『諮坐不察奪職』。並非是變茶法而然，更不是罷〔權〕三司使。李注説得很清楚：『李諮三年九月已罷三司使，改樞密直學士、知洪州，此更落密直也。本志誤云罷三司使。今不取。』《輯稿》食貨三六之二〇亦載：『天聖四年三月二十七日，詔前三司使、右諫議大夫李諮落樞密直學士，依舊知洪州。』可爲佐證。《宋志》此句可據以校改爲：『〔李〕諮落職，依舊知洪州』，庶幾無誤。

〔六〇〕三年河北轉運使楊偕亦陳三説法十二害　『三年』，《長編》卷一一八繫事於景祐三年正月戊子（九日）：『河北轉運使』，《長編》作『度支副使』，且注云：『楊偕以此月壬寅始自度支副使除河北都漕，今未也。本志即稱都漕，蓋誤矣。』《宋志》此云『河北轉運使』，當從改爲『度支副使』。方案：李注作『都漕』，又不無小誤，應作『漕使』。

〔六一〕且令召商人訪其利害　『召』，原作『詔』，據《長編》卷一一八改。又，『商人』下，《長編》有『至三司』三字，《宋志》實又誤删，應補。

〔六二〕至是諮等請視天聖元年入錢數　『元年』，原作『三年』，據《輯稿》食貨三〇之六、《長編》卷一〇〇、

《玉海》卷一八一《天聖茶法》、《宋史》卷一八三《食貨下五》及本條下文作『天聖元年』改。

〔六三〕期半年悉償　『半年』，《長編》卷一一八及《長編本末》卷四五《十三場利害》作『年半』。

〔六四〕河北緣邊十六州軍入中虛費緡錢五百六十八萬　『河北』下，《長編》卷一一八和《輯稿》食貨三〇之九均有『緣邊十六州軍』六字，《宋志》删之失宜。因河北還有次邊和近里州軍，其入中虛費緡錢當遠不止此數。河北路與河北緣邊十六州軍，是兩個截然不同的地域範疇。從補此六字。

〔六五〕歲輦京師金帛　『金帛』，《長編》卷一二一作『銀絹』。

〔六六〕命權御史中丞張觀等與三司議之　『權』原脱，據《長編》卷一一八、卷一二一、《宋史》卷二九二《張觀傳》補。

〔六七〕康定元年葉清臣爲權三司使公事　方案：《宋志》原誤作『三司使』，時清臣爲『權三司使公事』。今考清臣曾兩主計司。首爲康定元年九月，除權三司使公事，見《長編》卷一二八、《輯稿》食貨三〇之九及《宋史》卷二九五《葉清臣傳》。次則慶曆八年四月，除『權三司使』，見《長編》卷一六四，《宋史·本傳》稱：『舊制，有三司使、權使公事，而清臣所除，止言權使，自是分三等焉。』此不無小誤，據《長編》卷一〇四，天聖四年十二月程琳已爲『權發遣三司使公事』，又在權使公事之下，則已四等矣。要之。此當據改爲『權三司使公事』，可簡稱爲『權使公事』、『權三司事。』據改。

〔六八〕八年權發遣三司鹽鐵判官董沔亦請復三説法　『權發遣』三字，原脱或《宋志》删，據《長編》卷一六五及《輯稿》食貨三六之二九補。又，『權發遣』者乃指所任命之差遣者資序不夠，猶如今之破格任命者。

〔六九〕芻粟之直　「直」，《長編》卷一七〇作「入」。

〔七〇〕皇祐二年　「三年」，原作「二年」，據同右引及《輯稿》食貨三六之二九、《宋史》卷一二《仁宗四》改。

〔七一〕凡得穀二百二十八萬餘石　「二十」，《輯稿》食貨三六之二九同，《長編》卷一七〇及《九朝編年備要》（下簡稱《編年備要》）卷一四皆作「八十」，説詳下注。

〔七二〕而費緡錢一百九十五萬有奇　「九十五」，《輯稿》三六之三〇同，而《長編》卷一七〇作「五十五」。數字之異，出於傳寫之不同，原未足爲奇。但是條李燾注云：「此並據《食貨志》第三卷，與《實録》、《會要》小異，今但從《志》。」可見《長編》載數出《國史・食貨志》，理應與《宋志》同，今卻《宋志》同《會要》而異《長編》，令人費解。疑此應從《長編》作「一百五十五萬」，《宋志》作「九十五萬」，似涉下「一千二百九十五萬有奇」而譌。上注之數，亦同《會要》而異《長編》，頗令人費解。

〔七三〕今止二十千　「十」，《宋志》原無，《長編》卷一七〇同，《會要・輯稿》食貨三六之三〇則作「今止二十千」，疑是，今從補「十」字。其下，又云：「鹽一百八斤，舊賣百千者，今止六十千。從當時茶鹽比價看，作「二十千」是。疑《宋志》沿《長編》之脱誤。

〔七四〕可之，用景祐三年約束　「可之」，《宋志》原删，今據《長編》卷一七〇補，並重加標點。

〔七五〕比者食貨法壞　「者」，原脱，據同右引補。

〔七六〕若事已上而驗問無狀者　「已」，原作「巳」，據同右引改。

〔七七〕言利者請出内藏庫錢二百萬緡稍增價售之　「二百萬緡」，《宋志》原删，據《長編》卷一七六補。否則，蒙上文『出内藏庫錢帛百萬』，易致歧義。出内藏錢二百萬者，增價以售，與民爭利，可獲遺利五十萬；而仁宗賜三司内藏錢帛百萬者，乃支付入中之費，判然二事。

〔七八〕至和二年河北提舉糴便糧草薛向建議　『二年』，《宋志》原誤作三年，據《長編》卷一八一及《備要》卷一五改。方案：兩書均繫於至和二年十一月，是。據《長編》卷一八四追述斯事，知《國史・食貨志》已誤繫於至和三年（即嘉祐元年）十月。《宋志》本條下云：『時楊察爲三司使』，今考《長編》卷一八〇，至和二年六月，楊察繼王拱辰而『以本官爲三司使』；又，《長編》卷一八三載嘉祐元年七月辛丑（二十一日），『楊察卒』，由韓琦繼任『三司使』。則《宋志》沿《國史・食貨志》之謬也，至和二年，正楊察爲三司使，三年十月，則已是韓琦。據改。

〔七九〕自是茶法不復爲邊糴所須　『須』，《長編》卷一八八作『頃』，而《編年備要》卷一六亦作『須』，是。

〔八〇〕蠟茶之禁又嚴於他茶　『又』，《長編》卷一八八作『尤』，義勝。疑是，當從。

〔八一〕顧經費尚廣　『顧』下，《長編》卷一八八有『贍養兵師』四字；卷一〇七『顧』作『但緣』，《宋志》删節失宜，似應從補或改。

〔八二〕自兵食不充　『自』，原脱，據《長編》卷一一八補。

〔八三〕口出數錢人不厭取　『出數』，原譌倒作『數出』，據《長編本末》卷四五《茶法・十三場利害》及《通考》卷一八乙正。

〔八四〕淮南轉運副使沈立亦集茶法易覽爲十卷　『《茶法易覽》』，原作『《茶法利害》』，誤。今考楊傑《無爲集》卷一二《沈公神道碑》載：『公嘗撰《茶法易覽》，具述茶之利害。』《通志・藝文略》卷三、四、《宋紹興秘書省續編到闕書目》（下簡稱《續編書目》）卷二、《宋史》卷二〇五《藝文四》均著録書名爲《茶法易覽》，極是。《宋史》卷三三三《沈立傳》已譌書名作《茶法要覽》，《宋志》就更是誤删改『茶之利害』作『茶法利害』，中華書局標點本點校者又在此四字旁誤標書名號，遂導致沈立一書三名的混亂。據上考改。

〔八五〕茶課緡錢歲當入二百二十四萬八千　『二百二十四萬八千』，《長編》作『二百四十四萬八千』，《夢溪筆談》卷一二《本朝茶法》作『二百二十五萬四千四百七十一』。差不同。

〔八六〕還言如三司議便　『三司』下，原有『使』字，衍，據《長編》卷一八九及《宋志》上文『三司言』删。

〔八七〕四年二月詔曰　方案：此即歐陽修起草的《通商茶法詔》，在宋代茶史研究中有劃時代的重要意義。現存宋代文獻中載此詔者甚夥，大致可分爲兩類。其一，直録原文，如《歐陽文忠公集》卷八六《内制五・通商茶法詔》、《宋大詔令集》卷一八四、《宋文鑑》卷三一等；其二，略作删改，如《長編》卷一八九、《宋會要輯稿》食貨三〇之九至一〇、《玉海》卷一八一《嘉祐弛茶禁》、《統類》卷二九等。《宋志》顯屬後者，今據前者（校記中合稱『歐集等』）出校。

〔八八〕自唐建中時　『建中時』，《歐集》等作『末流』。

〔八九〕情所不忍　其下，《歐集》等有『使田閭不安於業，商賈不通於行』十三字，宜從補。

〔九〇〕而皆驩然願弛其禁　『其禁』，《歐集》等作『榷法』。

〔九一〕條析其狀　『條』，《歐集》等作『件』。

〔九二〕朕猶若慊然　『朕』下，《歐集》等有『嘉覽於再』四字，宜從補。

〔九三〕以相爲生　其下，《歐集》等有『剗去禁條』四字，宜從補。

〔九四〕俾通商利　『商利』，《歐集》等作『商賈』，是，當從改。

〔九五〕無或有貸　《歐集》等作『用戒狂謬』；其下，又有『布告遐邇，體朕意焉』八字。

〔九六〕學士劉敞歐陽脩頗論其事　『學士劉敞、歐陽脩』，《長編》作『知制誥劉敞、翰林學士歐陽修』，是；而《宋志》合稱兩人爲『學士』，非是。宋代翰林學士及館職學士均可簡稱爲學士，惟劉敞時爲知制誥，尚無學士貼職，故不可稱『學士』。劉敞論事之時，《長編》卷一九一繫於嘉祐五年三月末，約近半年後，劉敞以知制誥出知永興軍時，始拜翰林侍讀學士，見《長編》卷一九二嘉祐五年九月丁亥條。此後稱劉敞爲『學士』才名實相符。此《宋志》修纂者不明宋代職官制度之失。可删『學士』，或從《長編》分述其官稱。

〔九七〕先時大商富賈爲國懋遷　『懋遷』，《長編》卷一九一、《通考》卷一八作『貿遷』。

〔九八〕七年始遣三司勾當公事李杞入蜀經畫買茶　『七年』，《輯稿》職官四三之四七繫於是年四月，《長編》卷二五二則繫於四月壬申（五日）。『勾當』，原作『幹當』，避宋高宗趙構嫌諱追改，今據上引《長編》回改。『李杞』，原作『李杞』，據上引兩書改，下並徑改，不再出校。

〔九九〕十年知彭州吕陶言　方案：此疏見《淨德集》卷一《奏具置場買茶旋行出賣遠方不便事狀》，原注：

此疏奏上於熙寧十年三月八日。頗爲諸書所摘引，如《長編》卷二八二、《容齋隨筆·三筆》卷一四《蜀茶法》、《通考》卷一八《征榷五》等，諸書所引已非原文。《宋志》乃據《通考》删潤而成，與吕陶原奏相去甚遠。如首句，《淨德集》卷一原作『況乎兩川所出茶貨，比方東南諸處，十不及一』；《容齋三筆》、《長編》『況乎』作『況』，《通考》無『況乎』二字，而《宋志》又删『貨』、『方』、『諸處』四字。類似之處頗多，爲免繁瑣，勿再一一出校。請參閱吕奏原文。

〔一〇〇〕茶場監官買茶精良及滿五千䭾以及萬䭾第賞有差　方案：此《宋志》删節失當而致文意未完。《輯稿》食貨三〇之一五作：『滿五千䭾與第五等酬奬，一萬䭾與第四等，每一萬䭾等加一等。』《長編》卷二九〇略同。其原意爲：元豐新定四川茶場監官買茶賞罰條格，酬賞凡五等：第一等，四萬䭾；第二等，三萬䭾；第三等，二萬䭾；第四等，一萬䭾；第五等，五千䭾。而據《宋志》所云則五千䭾至一萬䭾，第賞五等有差，大相徑庭。應於『有差』下補：『萬䭾以上，每一萬䭾，加一等。』或從《長編》、《會要》原文。庶幾無誤。

〔一〇一〕凡置茶場賣茶州軍知州通判並兼提舉　『置』、『賣茶』三字，《宋志》誤删，據《長編》卷八八及《輯稿》食貨三〇之一四補。

〔一〇二〕經略使所在即委通判　『使』，同右引亦作『使』，惟《宋會要補編》頁六八七下作『司』，是，當從。或『使』下脱『司』字，宜補。又，『通判』下，應從《長編》卷二八八補『兼之』。

〔一〇三〕通計課利及舊界息税七十六萬七千六十餘緡　『計』，原删，據《輯稿》食貨三〇之一六及《長編》卷二九七補。『息税』下，《宋志》又删『並已支見在錢』六字，應據同上二書補。又，『六十餘』，同上二書作『六十六』，惟《宋會要補編》頁六八八上作『七十六』，特考異。

〔一〇四〕税息至稷加爲五十萬及師閔爲百萬　方案：《長編》卷二二三四同，唯其下注引《食貨志》云：『熙寧七年，税息錢四十萬緡；　元豐五年，五十萬；　七年，增羨至一百六十萬緡。詔定以百萬緡爲歲額。』可補《宋志》之闕。

〔一〇五〕蜀茶之出不過十數州　『十數州』，原作數十州，據《忠肅集》卷五《論川蜀茶法疏》乙正。今考四川凡十一州軍産茶，成都府路八州軍：　蜀、眉、彭、綿、漢、嘉、邛、雅州，利州路三府州：　興元府、洋、文州，見《輯稿》食貨二九之七及《朝野雜記》甲集卷一四《蜀茶》。當爲涉下『數十斤』而譌倒。《長編》卷三六六亦誤作『數十州』。又，此已非劉摯原文，《宋志》已加删削，甚至改寫。不再一一出校，可參原文。

〔一〇六〕孫迥李稷入蜀商度　『商度』，當從《欒城集》卷三六《論蜀茶五害狀》及《長編》卷三六六作『相度』。

〔一〇七〕嘗詔都提舉市易司歲買商人茶　『人』，原脱，據《長編》卷二七一補。『商人茶』，乃商人販運之茶，可以是通商茶，也可以是禁榷茶，茶但云『商茶』，通常指通商之茶，兩者含意不同。

〔一〇八〕嘉祐初遂罷禁榷行通商之法　『嘉祐初』，原脱或誤删，據《輯稿》食貨三〇之三二及《長編拾補》卷二〇、《編年備要》卷二六補。否則，蒙上文，即爲『慶曆之後』行通商法。又，《宋志》當沿《通考》之奪誤。又，嘉祐四年始行通商之法，嘉祐凡八年，似作『嘉祐中』爲妥。

〔一〇九〕利源寖失　方案：其下，當據同右引補「歲入不過八十餘萬緡」九字，此《宋志》删其不當删者，仍沿《通考》誤删之失。可見《通考》乃「宋志」主要之史源。

〔一一〇〕即産茶州縣隨所置場　「州縣」，原作「州郡」據本條下文、《會要・輯稿》食貨三〇之三二及《通考》卷一八改。

〔一一一〕凡置場地園户茶租折税仍舊　「茶」原奪，據同右引補。

〔一一二〕茶事益加密矣　句下，《通考》卷一八有注：「長引許往他路，限一年；短引止於本路，限一季。」方案：此亦《宋志》删其不當删者。

〔一一三〕凡請長引再行者輸錢百緡即往陝西加二十茶以百二十緡短引輸緡錢一十茶以二十五緡　「再行者」，《輯稿》食貨三〇之四〇及《補編》頁六九四下皆無此三字，疑「再」衍。「二十緡」、「二十五緡」之兩「緡」字，原皆譌作「斤」，據同上引二書改。《會要》輯稿和補編均作「許販茶一百二十貫」和「許販茶二十五貫」，其説是。《宋志》及《通考》卷一八，顯誤。此指長引可販價值一百二十貫文的茶，短引許販二十五貫文的茶，殆無可疑，據改。

〔一一四〕熙寧五年　《通考》卷一八及《長編》卷二三〇、卷三六五同，但《長編》卷三四九及注引《食貨志》第五卷、《輯稿》食貨三六之三二卻皆作「熙寧三年」，疑是，當從改。

〔一一五〕而茶鋪雜物入米豆雜物糅和者　「糅」，原作「揉」，據四庫本《宋志》改，《通考》卷一八作「拌」是其證。「者」下，應據《通考》補「有罰」二字，且加逗號點斷。

〔一一六〕惟洪江興國潭建各置場一監官一　方案：此據《通考》卷一八删潤，然有數字不當删，宜仍據《通考》從補。如『江』下、『建』下，應各補一『州』字，『興國』下，應補『軍』字；『場』上，當補『合同』二字；『監官一』下，宜補『員』字。此亦删其不應删者。

〔一一七〕罷食茶小引　句下，《通考》卷一八有小字注文云：『建炎三年九月，旨别印小引，每引五貫文，許販茶六十斤。比附短引，增添斤重，暗虧引錢，損害茶法，住罷。淳熙二年復置。』方案：此乃述食茶小引行罷始末。今考住罷食茶小引事，《輯稿》食貨三二之二三至二四繫於紹興元年二月二十七日，是。印造食茶小引在建炎三年九月，住罷，則紹興元年二月。《宋志》因删節失宜，失書印造食茶小引之年及其行罷始末，應據《通考》注補。否則，蒙上文，住罷亦建炎三年。

〔一一八〕如願往楚州及盱眙界引各貼輸翻引錢十貫五百文　方案：核《輯稿》食貨三一之一六，『引』上，《會要》有『住賣，每二十三並二十六貫』十一字，《宋志》誤删，應從補。『引』下，據上引《會要》補一『各』字。因時有『二十三』和『二十六貫』小引兩等，所往者乃楚州、盱眙兩地，均應補『各』。

〔一一九〕乾道二年户部言　『二年』，《輯稿》食貨三一之一七誤繫於乾道三年三月二十五日，今考『三年』，實乃『二年』之譌。『户部』下，當補『侍郎李若川』五字，此五字不應删。應從右引《輯稿》補。

〔一二〇〕除輸翻引錢　方案：此承上文而言之，删節太簡，易致歧義。《會要·輯稿》食貨三一之一七載：『客販草末茶小引，元指淮南近里州軍住賣，卻願改沿淮州軍住賣者，每引納翻引錢十貫五百文；改榷場折博者，每引再納翻引錢十貫五百文。其引，榷場又合納通貨牙息錢十一貫五百〔文〕。』據此，「輸」下當補「二道」，「錢」下當補「外」字，庶幾無誤。

〔一二一〕隆興府惟分寧武寧二縣産茶　「分寧」下原脱「武寧二」三字，據《輯稿》食貨三一之三三補，《宋志》當從《通考》卷一八而奪。

〔一二二〕太平興國始製　方案：「太平興國」，宋太宗年號，凡九年（九七六—九八四）。熊蕃《宣和北苑貢茶録》作「太平興國初」，是書注引《建安志》作「太平興國二年」，祝穆《事文類聚·續集》卷作「三年」；宜據補「初」字。「製」，原譌作「置」，據下文「製愈精」改。

〔一二三〕建炎以來　《朝野雜記》甲集卷一四《建茶》、《通考》卷一八作「建炎二年」，是，當從。

〔一二四〕蠲大龍鳳茶一千七百二十八斤　句下，誤删「四年，明堂，始命市五萬斤，爲大禮賞」十四字，當從《繫年要録》卷一四七、《輯稿》食貨三二之三〇、《玉海》卷一八一《乾德榷茶》及同右引二書補。否則，無從與其下之「五年，復減大龍鳳及京鋌之半」相照應。

〔一二五〕官盡榷之　其下，當據同注〔一二三〕所引二書，補「上京之餘，許通商，官收息三倍」十二字。庶幾上下文意完備。

〔一二六〕移茶事司於建州專一買發　「專一」，原脱或誤删，據《朝野雜記》甲集卷一四《建茶》補。

〔一二七〕自是上供龍鳳京鋌茶　「茶」下，原有「料」字，衍。據《雜記》甲集卷一四、《通考》卷一八删。

〔一二八〕峨眉之白芽　「白芽」，原作「白牙」，據同右引改。

〔一二九〕收歲課三十萬　句下，《朝野雜記》甲集卷一四、《通考》卷一八均有「李稷爲提舉，增至五十萬」十字，當從補。

〔一三〇〕亦當減額以蘇園户輕價以惠行商　《朝野雜記》甲集卷一四《蜀茶》『減』上有『痛』字；『價』上有『立』字，義勝，當據補。

〔一三一〕百斤爲一大引除其十勿算　方案：《朝野雜記》甲集卷一四作『每百斤，增十斤勿算。』兩者顯有區別，《宋志》所云，乃百斤一引，算九十斤；《朝野雜記》則謂算百斤，增十斤勿算。《宋志》置『即園户市茶』句下，『勿算』者似爲引息錢，而《雜記》則置『所止一錢五分』句下，承上，『勿算』乃商税錢（即住税和過税）。差不同。又，《要録》卷一五六同《宋志》。

〔一三二〕置合同場以譏其出入　『譏』，通『稽』，典出《禮記·王制》：『關執禁以譏』，鄭注：『譏，呵察。』《孟子·公孫丑上》：『關譏而不征』，是其證。

〔一三三〕所止一錢五分　其下，《通考》卷一八有『引與茶隨，違者抵罪』八字，《宋志》誤删，應補。

〔一三四〕自後引息錢至一百五萬緡　《朝野雜記》甲集卷一四、《通考》卷一八同。《輯稿》三二之二六、《要録》卷一一八、熊克《中興小曆》卷九、《宋史》卷三七四《趙開傳》皆作：至建炎四年，引息錢至『一百七十萬緡』。與《宋志》等三書不同。今考《要録》卷一六七，紹興二十四年七月壬戌條有載：『官止收引息、市利錢，每茶百斤爲一大引。』『以當時茶額計之，歲收亦不過引錢（方案：兩字原倒作『錢引』，據上下文互乙，此指引息、市利錢的合稱）一百五萬九千餘緡。』據此，似此爲趙開初行合同場法時，理論上的額定之數，上引四書所載的『一百七十萬緡』，乃建炎四年（一一三〇）的實際徵收數。《宋志》所謂『自後引息錢數』，當指實收引息錢數，疑《宋志》乃沿譌踵謬，當據上引四書改爲『一百七十萬緡』。

〔一三五〕至紹興十七年　『紹興』，《宋志》誤刪，據《朝野雜記》甲集卷一四《蜀茶》、《要録》卷一五六補。

〔一三六〕至淳熙十一年　『一』，原脱，據《朝野雜記》甲集卷一四《蜀茶》、《輯稿》食貨三一之二六補。

〔一三七〕六年詔四川産茶處園户歲輸經總制頭子錢五千四十一道有奇　『六年』，《輯稿》食貨三一之二六繫月日於『二月十四日』；『園户』，原誤刪。或脱，據同上引《會要》補。『有奇』下，《宋志》刪『令提刑、茶馬司各抱認一半』，大誤，亟應據上引《會要》補。

〔一三八〕又科租錢三千一百四十道有奇　『科租錢』，誤，應據同右引《會要》改作『稱提錢』；『四十道有奇』，同右引《會要》作『四十八道二百九十文』；『有奇』下，《會要》有『令總領所抱認』六字，《宋志》刪之，大誤，並當據《會要》改、補。《會要》所云，乃詔除園户原納『頭子錢』和『稱提錢』，《宋志》刪改，去取無識，遂致文意完全相反，成爲詔四川産茶處歲輸『頭子錢』及『又科租錢』，其魯莽滅裂，於此可見一斑。

〔一三九〕宋初經理蜀茶置場互市於原渭德順三郡以市蕃夷之馬　方案：此説未審何據？多與史實不符。首先，以蜀茶博秦馬，始於熙寧七年，而非『宋初』；宋初博馬，『以布帛、茶、他物準其直』，而非蜀茶。其次，宋初置場務市馬之處遠不止『原、渭、德順軍三郡』，『河東，則府州、岢嵐軍；陝西，則秦、渭、涇、原、儀、環、慶、階、文州、鎮戎軍，川峽則益、黎、戎、茂、雅、夔州、永康軍，皆置務，遣官以主之』。以上引文，皆見《輯稿》兵二四之一『馬政雜録』。又考德順軍慶曆三年（一〇四三）始置於隴干城（一作『籠竿城』），即今寧夏隆德縣東北，原爲軍寨；元祐八年（一〇九三），始以外底堡置隴干縣（治今甘肅靜寧縣），爲軍治，隸秦鳳路，才可與原、渭州並稱爲三州郡（軍），此時，已遠非『宋初』無疑。

〔一四〇〕川秦八場馬額九千餘匹　其下，《通考》卷一八《征榷五》、卷六二《職官考》均有『川馬五千匹，秦馬四千匹』十字，《輯稿》職官四三之一一〇則更云：『川馬五千六百九十六匹，秦馬四千一百五十匹』，《宋志》不應删，當從補。此數於南宋茶馬互市甚爲重要。

〔一四一〕淳熙以來爲額萬二千九百九十四匹自後所市未嘗及焉　方案：此數爲川、廣馬的合計數，應包括廣馬六十綱，每綱五十匹，凡三千匹廣馬。乃淳熙二年范成大帥廣西時所市，乃廣馬最高額，年額例以滿三十綱即推賞。見《黄氏日鈔》卷六七《范石湖文·奏狀·論馬政四弊》及《朝野雜記》甲集卷一八《廣馬》。則『以來』似應改作『二年』，此爲當年所買馬數，而並非歲額。此後，南宋市馬未嘗及此數。

大元馬政記

〔元〕佚　名

〔提要〕

《大元馬政記》，一卷，元·佚名撰。其作者雖今已不可考，但其成書時間及其流傳原委卻斑斑可考。是書有『今上皇帝天曆二年二月八日』條，則必撰於元文宗圖帖睦爾在位之時，亦即成於天曆二年至至順二年（一三二九—一三三一）間，因是書已被收入趙世延、虞集等修纂的元《經世大典》，而這部元官修大型政書修成於至順二年（一三三一），因此《大元馬政記》必成書於其前，從其下《刷馬》載有『天曆元年九月二十二日』條（天曆二年爲最晚記事）分析，可能即成書於天曆二年（一三二九）。元《經世大典》凡八百八十卷，被輯入《永樂大典》，今有影印《大典》殘本卷一九四一七卷等存世可證。清·徐松（一七八一—一八四八）開全唐文館，不僅輯出宋代百科全書近千萬字的《宋會要》，還從《永樂大典》中輯出了多種元代文獻，其中就有《大元馬政記》，不失爲保存古代文獻的一大功臣。其録出之本後歸繆荃孫（一八四四—一九一九），柯紹忞（一八三五—一九三三）又從繆處轉抄得之。唯其跋稱：『今翰林院所藏已佚此兩卷矣』，似乎《永樂大典》中所收録之《大元馬政紀》爲二卷，未審其何所據。今考《大典》中『馬』字韻涉及馬政的内容有十五卷之多，最有可能出於卷一一六七八—一一六七九之兩卷，但此二卷，除了元馬政的内容外，還有『馬政雜録』的内容。而且，據陳智超先生的研究，《大典》每卷平均字數爲一萬六千餘字，而收録《宋會要》食貨門的三十五卷更是平均多達二萬五千餘字，而《大元馬政記》僅一萬七千字，因此，大約只占《大典》一卷的篇幅。此書又被柯紹忞删節、改寫而據以編入其《新元史》卷一〇〇《兵志三・馬政》，無異於爲本書提供了一個校本。民國五年（一九一六），羅振玉又將是書收入《廣倉學窘叢書》甲類（一名《學術叢編》）第一集，有上海倉聖明智大學排印本。近一個世紀後，此書已久藏『深閨』人難識。

今據此本點校整理，編入本《全集》補編，以冀形成宋元明馬政較完整的『信息鏈』，給有志於中國馬政史研究的讀者，提供可資利用的史料。由於筆者對元史缺乏研究，此書的點校有相當的難度。又因蒙古語的對譯音，各種相關史料中頗有異同，故其人名、地名、部落名、職官名等，除可以確定的明顯舛誤外，一般不作改動。又，作爲底本的排印本，基本上以年份分段，其中奏事等事項，分别以『一』等形式連書。其格式顯然有别於宋代史料的點校本，究其因，乃元代史料行文簡潔。今格式一仍底本之舊，特此説明。

本書是今存關於元代馬政的唯一實録，所録多爲臣僚奏疏及皇帝詔令的原文，其史料價值不言而喻。其所提供的買馬、刷馬、抽分馬牛羊的數據更是具體而精微。元朝括馬次數之多，數量之巨，範圍之廣，規模之大，令人吃驚。在其依仗強大的騎兵軍團征服各地的同時，其暴虐的無償掠奪性的經濟政策及其苛嚴刑法，注定了這個曇花一現王朝的悲劇命運。這也許正是元代馬政留給我們最有益的啓迪之一。

大元馬政記

國朝肇基朔方，地大以遠〔一〕，橐駞、馬牛羊莫可以限量而數計。今則牧馬之地，東越躭羅，北踰火里禿麻，西至甘肅，南暨雲南，凡十有四所〔二〕。又大都、上都以及玉你伯牙、折連怯呆兒地週迴萬里〔三〕，無非監牧之野。在朝置太僕寺，典御馬及供宗廟影堂、山陵祭祀與玉食之挏乳。馬之在民間者，有抽分之制，數及百者取一，及三十者亦取一；殺乎此，則免。牛羊亦然。其抽分之地，凡十有五。或遇征伐及邊圉乏馬，則和市拘括，以應倉卒之用，非常制也。悉類以述於茲。

至元六年三月二十四日，中書省奉旨：『科要取乳牝馬，除直北蒙古千户百户牌甲，元以聚會之故科著者取之外，據只魯瓦解尋常科要取乳牝馬勿取之〔四〕，若只魯瓦解處已有刷制者〔五〕，亦得還主。欽此。』都省劄付右三部，欽依施行。

仁宗皇帝延祐七年六月七日，太僕寺官忠嘉阿剌鐵木兒奏：『所管各項官孳畜，去歲風雪倒死，百姓困乏，不曾遍歷點數。今年差人計點收拾，每三十疋作一羣，但是倒死驗皮肉及六馬，補一牝馬；兩馬補一羊。乞用官印烙訖，取勘實有數目賫來，令其加意牧養。』准奏。

英宗皇帝至治二年三月二十三日，太僕八思吉思奏，爲享太廟之故，用乳馬、乳牛各五百頭供乳。奉旨：『令同知教化提調。』今乞於者憐怯列并青州所有官馬牛内撥付之。奉旨：『准。』

三年三月，有旨：『每三年，於各愛麻選擇騍馬之良者以千數，給尚乘寺，備駕仗及宫人出入之用。』

泰定元年十月十三日，太僕卿渾丹、寺丞塔海奏：自躭羅起至牛八十三頭，至此不伏水土，乞以付哈赤，令變換作三歲乳牛，印烙入官。奉旨：『准。』

是年，渾丹等又奏：各愛麻馬多耗損，請市馬一萬以實之。準奏，以鈔一萬錠付渾丹。約牝馬帶駒一，其直十錠，先於興和路市一千疋，令哈赤等掌之。既而本寺又奏：取乳牝馬不敷，續買九千疋。二年七月二十三日，太僕寺卿燕帖木兒奏：各處官馬數目短少，於舊文册亦不明。乞差太僕寺官及怯薛人，赴各處點數明白其實數來上。奉旨：『准。』

三年七月二十六日，太僕寺官闊怯燕鐵木兒等奏：係官頭疋已有備細數目，今乞再差太僕寺官詣各處點視。奉旨：『准。』

四年七月十八日，太僕寺奏：阿塔赤傳旨，令選擇騍馬。舊制三年一次選擇，去年已選一千疋。今限未到，乞預選三百疋，若何？奉旨：『准。』

今上皇帝天曆二年二月八日，撒敦特奉聖旨：『各所屬内哈赤黑玉面馬、五明馬、桃花馬，於三等毛色内選擇進呈。又，馬主隱匿有毛色牡馬、牝馬亦里玉列者，或首告發露，以馬與首人，犯者杖一百七下。欽此。』

三月，太僕寺卿不蘭奚特奉聖旨：『有毛色之馬，可疾速差人起進。又，黑玉面、五明、桃花、黑花、赤花、赤玉面、栗色玉面馬及有毛色駿馬，選擇差人限六月一日押聽候。』

是春，上御興聖殿觀馬。有旨，賜牧人繒綺各一。又，□□都兒阿魯花專掌之。復詔：經正監別賜草地，自爲一羣，號異様馬。

八月二十二日，太僕寺官撒敦不蘭奚、教化月列吉奏：舊制，皇帝登寶位，太僕官躬詣各處點數官馬。今乞依例差官點數。奉旨：『准。』

十一月二十四日，太僕寺官撒敦不蘭奚奏：奇異毛色馬匹，止於太僕司作數，或别項作數？取聖裁。

奉旨：『可別項作數。欽此。』

和買馬

太宗皇帝十年戊戌六月二日，降聖旨：『宣諭札魯花赤、胡都虎塔、魯虎斛、訛魯不等，節該自今諸路應有係官諸物，及諸投下宣賜絲線疋段，並經由燕京、宣德、西京，經過其三路鋪頭口難以迭辦。今驗緊慢，定立鋪口數目。驗天下户數，通行科定。協濟三路，通該舊户二百一十七户，四分著馬一疋；新户四百三十四户，八分著馬一疋。舊户一百六十九户，二分着牛一頭；新户三百三十八户，四分着牛一頭。聖旨到日，仰即便差人與各路差去人，一同前去所指路分，着緊催促、驗數，分付各路收管。見得以南路分馬疋、牛畜難得，今約量定立到：馬一疋，價銀三十兩；每牛一頭，價二十兩。仰各處皆驗燕京酌中時直，折納輕賚疋段、沙羅、絲線、絹布等物，用鋪頭口轉遞交付，卻令三路置庫收貯。明附文歷，支銷回易諸物。於迤北民户内逐旋倒换頭口用度。若各自願計置頭口分付者，聽從民便，不得因而刁蹬抑勒，多要輕賚。除各路别給御寶文字外，據燕京路合得協濟路分，開具下項：東平府路所管州縣城，驗户二十三萬四千五百八十五户，内有復數民户，時重數訖，五千八百五十户爲不見新舊，權作舊户免徵外，實徵二十二萬八千七百三十五户。内有本路課税，所從實勘當新舊户計，照依鋪頭口分例，另行科徵送納。總合著馬七百八十八匹五分五厘，牛一千一十七頭二分四厘。舊户一十一萬五千二百四十七户，合著馬五百二十九疋一分五厘，牛六百八十一頭八分。新户一十一萬三千四百八十八户，合着馬二百五十九疋四分，牛三百三十五頭四分四厘。民户二十三萬二千六百二十九户，重數户、課税所户在内。摽撥與宗王口温不花、中書吾圖撒合里〔六〕并探馬赤、查剌温火兒赤一千七百五十八户，内民户一千七百一十二户，驅户四十六户。民户内舊户八十一户，新户一千六百三十一户。宗王口温不花撥訖一百户，内舊户三户，新户九十七户。中書吾圖撒合里撥訖新户三百四十五户，秃赤怯里〔探〕馬赤撥訖新户六户，查剌温火兒赤伴等回回大師撥訖新户三十户，訛可曹王撥訖新户一十户，羅伯成撥訖新户三户，奪活兒兀蘭撥訖新户七户，查剌温火兒赤并已下出氣力人撥訖一百八十三户。内民户一百三十七户，驅户四十六户，民户内舊户二户，新户一百三十五户。乞里觧并已下出氣力人撥訖三百三十六户，内舊户三十八户，新户二百九十八户。笑乃觧并已下出氣力人撥訖四百六十七户，内舊户二十七户，新户四百四十户。孛里海拔都撥訖一百户，課課不花撥訖五十五户。合旦撥訖一百一十六户，内舊户一十一户，新户一百五户。外驅户八十二户，回回户九十六户，打捕户二十户。』

世祖皇帝中統元年五月，奉聖旨諭宣撫司，若曰：『聖旨到日，仰於本路和買騍馬一萬疋。除出征官員并正軍征行馬疋，及上赴朝廷人所騎馬外，但有騍馬，拘收見數。依市價每課銀一定通滚買馬五疋，臨時斟酌高低定價。俱要堪中馬，不堪出力者不得收買。凡有騍馬之家，五疋内存留一疋，本主騎坐。有職事官吏亦許存留一疋。和買見數印烙了畢，達魯花赤管民官吏管押前來開平府交割，沿路無致走失瘦乏。據和買價銀，於本路係官不問是何銀内即便支給，無致人難。準此。燕京路二千四百疋，真定路八百疋，北京路二千疋，平陽路八百疋，東平路八百疋，濟南、濱棣兩處四百疋〔七〕，大名路四百疋，西京等路二千四百疋。』

二年十一月十五日，奉聖旨諭行中書省，若曰：『前時阿里不哥敗於昔木土腦兒退散，今聞北方雪大，卻復回此。雖未必來，然須准備。據隨路不問是何人等馬疋，盡令見數若有堪中騎坐者，每五疋馬價，課銀一定和買。』

是日，又奉旨：『諭西京、宣德、北京等路，和買馬疋節該堪中者，每五疋價課銀一定。不堪騎坐瘦馬，亦行見數，止令本主收喂。如已後再用，亦依例和買。須管便要，不得遲慢，因而看順面情，或取受隱漏。如但有隱藏及看順面情，或取受之人，照依軍法斷罪。據見收到堪中馬疋，分付差去官散與步行達達軍騎坐。如有騎坐不盡之數，具以上聞。』

十二月七日，奉聖旨：『諭陝西、四川等路行中書省，節該爲阿里不哥事聖旨到日，仰將延安路除合納糧斛外，應係絲線包銀課程一切差發，從長計置堪中騎坐馬疋。據買到馬數，先差使臣奏聞。』二十八日，聖旨：『諭北京等路達魯花赤管民官，據本路和買到馬疋，仰在意喂養。仍令本處正官一員常切點視，毋致瘦弱。除緊急海青使臣應付走遞外，其餘使臣人員，並不得應付。準此。』

四年八日四日，聖旨：『諭中書省，據阿術差來使臣抹臺奏告，闕少馬疋，軍人乞降馬疋事，准奏。仰差人驗坐去馬數，於東平、大名、河南路宣慰司今年新差發內，照依已降聖旨，不以回回通事、斡脱并僧道、答失蠻、也里可温、畏兀兒諸色人户，每鈔一百兩通滚和買堪中肥壯馬七疋。分付阿術等給散與軍人，此係軍情公事。如有怠慢去處，嚴行治罪。準此。』總計買馬一千五百五十疋。阿術一千六十四疋，長壽一十九疋，懷都六十九疋，也先不花三百九十八疋。

至元六年二月二十二日，樞密院奉旨：『買馬三千疋，給都元帥阿術軍中。勿借錢。欽此。』

十二年四月，樞密院劄付益都路：三月三十日，中書省與本院官同議：『漣水州設站，據買馬價錢，據於各處係官錢内支付。於不以是何户計内和買，如軍户内有自願賣者，官支價錢鈔三十兩，隨即給付。如不願者，無得(椿)〔樁〕配抑勒，違錯。』

十四年三月十二日，中書省劄付：先爲和買拘刷馬疋，已經差官催督去訖。今奏，奉聖旨：『節該收拾到馬疋數内，盲者、瘤者、嗓者、懷、定〔駒者〕〔八〕，各各備細數目，申部呈省。』

二十年正月四日，丞相火魯火孫等奏：『忙古艄拔都軍二千人，每人給馬三疋，今見在一千疋。乞降價錢再買五千疋，第三疋内兩疋牝馬，一疋騍馬。於大王只必鐵木兒、駙馬昌吉兩位下民户内，并甘肅州、察罕、八剌、哈孫數處，差人買之。』奉旨：『依卿等所議，行之。』

二十六年七月十日，兵部承奉尚書省奏，奉聖旨：『和買馬疋事，欽此。除已别發勘合，放支和買馬疋價錢，差官管押前去各處交割，及開坐下項合行事理，劄付各道宣慰司并各路總管府，摘委正官一同和買外，仰更爲行移合屬，依上施行。所據發去各處鈔數，合用打角物件防送弓兵，就便行移合屬，依上應副施行。仍將在駒者印烙畢，分付本主。又，漕運司牽船馬疋印烙訖，分付時暫牽船運糧。欽此。』督省行下各處及差官。欽依見奉聖旨，除漕運司牽船馬疋别委本司印烙外，其餘諸色人等馬疋數内，揀擇盲者、嗓者、懷駒者分付本主外，肥壯馬匹，疾早差官依已行押運。沿路官給草料，應副人夫、槽鍘，前赴所指處送納。瘦者於内斟酌，合騎馬人員驗拘訖肥馬之數，卻與瘦馬官爲印烙，許令騎坐。餘上馬疋，趂美水草牧放，亦赴所指處交割。如各處官吏諸色人等，隱匿肥壯并高身無病無駒馬疋并牡馬及堪騎馬駒者，照依扎撒斷罪。若有違慢，從已委官就便將當該人吏的決。首領官罰俸，官員取招呈省。仍仰各路官吏先行具報並無隱匿、夾帶結罪文狀，分揀都諸衙門買到馬疋，本部打勘，備細開坐呈省。

一、和買馬疋去處，并放支鈔數，計至元鈔一萬錠。都省差官管押前去各處：燕南、河北道宣慰司，至元鈔二千四百錠；山東東西道宣慰司，至元鈔二千錠；河南等路宣慰司，至元鈔一千八百錠；太原路，至元鈔一千錠；平陽路，至元鈔一千錠；保定路，至元鈔三百錠；河間路，至元鈔二百錠；平灤路，至元鈔二百錠。本部關支發付合屬和買馬疋：在都諸衙門馬疋，至元鈔四百錠；大都路，至元鈔六百錠；陝西等處行尚書省，就用係官錢内放支和買馬疋。

一、摘委本道宣慰司正官、各路總管府官一同和買。據（其？）宣慰司、按察司、轉運司、總管府及諸衙門官吏，僧道、答失蠻、也里可温、斡脱，不以是何軍民，諸色人户，所有堪中馬疋盡數和買。當即印烙，合該價錢隨即給主。

一、站赤每正馬一疋，許留貼馬二疋。餘者馬數，依上和買。

一、差去官押運鈔數，至彼依數收管呈省。其辦集遲速，馬疋好弱，止責宣慰司并各路官吏。

一、和買四歲已上堪中馬疋，雖年老，若肥壯，堪以出力，亦行和買。

一、權豪勢要之家，隱占馬疋，決杖一百七下，其馬没官。

一、見買馬價，若有尅減并冒破官錢，有人首告或因事發露，到官聞奏〔九〕，重行治罪。

一、各處官員若同心辦集，馬疋肥好，别議聞奏。其或怠慢，并馬數不堪者，治罪。

一、買到馬數，除陝西行省、平陽、(大)〔太〕原徑直前赴河東、山西道宣慰司交納外，其餘去處，每一二百匹作一運，差委能幹正官節續管押，赴都交納。行移經過官司，依例應副牽馬人夫。押運官依時飲牧，不致瘦弱。病者，所在官員隨即差撥獸醫看治。如沿途比之元納膘分但有瘦弱倒死，勒令押馬官陪償斷罪。

一、買到馬疋，開寫各主姓名、毛齒、膘分、價錢呈省。

一、探馬赤、唐兀禿魯花、軍人除本家原有馬數不在收買之限，卻不得轉買諸人馬疋。如有違犯，買主、賣主各決一百七下；其馬、價錢，俱各没官。

一、見發價錢不敷，作急呈省撥降。若銷用不盡，依數回納。

一、馬疋價直，中統鈔爲則：騸馬，每疋上等五錠，中等四錠，下等三錠；曳剌馬，每疋上等四錠，中等三錠，下等二錠二十兩；小馬，每疋上等三錠，中等二錠二十五兩，下等二錠。

十四日，兵部承奉尚書省劄付奏〔奉〕聖旨：『和買馬疋事。欽此。』除經差官前去各處并劄付本部收買去訖，照得在前拘收馬疋，合該價錢未盡賫(實？)支付，今次和買，明立價值，委官當面給主。切恐有馬之家，不行赴官中納，私下隱藏。權豪勢要人等，故行影占。都省除外，今將榜文八道，隨此即發去，仰收管於大都張掛。曉喻軍民，站赤諸色户計，并和尚、先生、也里可温、荅失蠻、斡脱等户，但有四歲以上騸馬、曳剌馬、小馬，不分肥瘦，盡數赴官中納，當面從實給付價鈔。若有隱藏、影占馬疋之人，許人首告。決杖一百七下，其馬没官。兩隣知而不首者，同罪。仍於犯人名下追中統鈔五錠，給付告者充賞。所據隸屬省部，保定、河間、平灤等路，并平陽、太原，本部多出文榜發下各路州縣，於人煙輳集處張掛。仍行移各衙門照會依上施行。榜文内開寫：『一、站户，依元行每正馬一疋，許留貼馬二疋，依上中納。一、見任官員，許存留馬數外，餘有馬疋，依上中納。二品以上存留五疋，三品四疋，四品、五品三疋，六品、七品二疋，八品以下一疋。一、榜文到日，限一十日盡數赴官中納。違者，與隱下一體治罪。』

本部合行事：一、探馬赤、唐兀禿魯花軍人除見起來馬疋外，在家應有四歲以上騸馬、曳刺馬、小馬，仰宣慰司總管府與樞密院差去官、本管奥魯官一同收拾見數，不須給價，開寫各主姓名、毛色、齒歲，分付隨處探馬赤、唐兀禿魯花、本管奥魯官，取明白收管差人團羣牧放。須要添膘，若有瘦弱、走失、倒死，定是著落追(陪)〔賠〕斷罪。先將收拾到馬數，依上備細開具呈省。一、瘦馬價錢，中統鈔不過四十兩。一、買到堪中馬疋，依已行疾早差官起納。其餘瘦馬，亦行印烙。本處達魯花赤管民官常切提調，差人踏趂好水草地面在意牧放。須要肥盛，如有瘦弱、走失、倒死，定是著落追賠治罪。先具各各馬數、毛色、齒歲，呈省。一、大都路州縣買到馬疋，不分肥瘦，盡數起赴大都，交納施行。

十二月七日，丞相桑哥等奏和買馬事，與月兒魯等共議：京兆等二十四處城池免和買。彼中所有之馬，若也速䚟兒朮忽蘭鐵哥烈所領軍内有上馬者，與之。其餘腹裏漢人城池内所有之馬，若盡買之，竊恐絶種。站户、軍户馬免買，各處科一萬疋。但買騸馬、牡馬[一〇]，不買牝馬。奉旨：『准。』

三十年二月五日，中書平章政事鐵哥、刺真等奏：前者爲牧馬事，有旨令臣等議奏。今與樞密院、御史臺阿老瓦丁、伯顔、塞因囊加䚟等共議，但是請俸人員令出俸錢，買一萬馬。今正用馬之時，有司與錢更買一萬。若又拘刷，恐損民力，乞減價與五錠買之。奉旨：『朕不知卿等裁之。前者昔寶赤輩言，真定種田漢人或一百、或二百人騎馬獵兔，似此馬，皆當拘之。』刺真又奏：衆議斟酌，一馬價五錠，臣等恐太多，作三錠若何？又奉旨：『朕不知卿等裁之。』又奉旨：『三萬馬不足於用。前者爲刷馬事，蓋暗伯以李拔都兒之言上請也。卿等與暗伯共論以聞。』月兒魯、鐵哥、暗伯、刺真、李拔都等共奏，各省科取一萬馬。奉旨：『准。』且曰：『可降御寶聖旨。欽此。』

成宗皇帝大德五年三月，兵部承奉中書省劄付三月二十六日奏：山後城池内所有馬疋，儘數和買。奉旨：『准。欽此。』都省議得：擬於上都、大同、隆興三處和買馬疋，每處撥降中統鈔一萬錠，差官馳驛管押前去。除已劄付隆興路，委本路總管也里忽里，河東宣慰司委本道宣慰使法忽魯丁，上都留守司委本司副達魯花赤撒哈禿[一一]，不妨本職提調。欽依和買十歲已下、四歲之上堪中肥壯騸馬、曳刺馬、小馬，每疋價錢通滚不過中統鈔五錠。將所買馬疋印烙，差人趂善水草牧養聽候。無致瘦弱、損失。如見發價錢不敷，於本處不以是何係官錢内支付。具買到馬數，逐旋呈報。仍將實買訖馬疋毛齒、膘分，各各價錢，通行保結開坐，關部呈省外，仰行移合屬，依上施行。

宋本《至治集》：成宗時，每年七八月間，委人賫聖旨乘驛赴所該州縣，與民官眼同抽分，十月内赴都交納宣徽院。羣上及百，下及三十者抽分一頭，不及三十者免。共十五處：虎北口、南口、駱駝嶺、白馬甸、遷民鎮、紫荆關、丁寧口、鐵門關、渾源口、沙静州、忙安倉、庫坊、興和等處、遼陽等處、察罕腦兒。又，世祖時不許販馬過南界黄河以南，潼關之東，直至蕲縣。非官中人不得騎馬，皆令賣之於官中。仍禁拽車、拽碾及耕地[一二]。

仁宗皇帝延祐四年五月十七日，平章伯鐵木兒、參政乞塔等奏：「樞密院言，奏奉聖旨：『不蘭奚管轄軍率貧乏步行，於附近各千户五疋馬因起一疋給之，總計五千疋，今酬其價。』臣等議：今歲經費頗多，府庫不敷支用，乞與三千疋價，共爲鈔一萬八千錠。」奉旨：「准。」

刷馬

世祖皇帝至元十二年二月二日，樞密院奏：「也速解兒等所統步軍，臣等與省官議，乞就近城池内括二千五百馬，給之。」奉旨：「准。」

二十三年六月十三日，丞相安童等奏：「議定漢地州城括馬，斡兒脱、達魯花赤官、回回、畏吾兒并閑居人富户有馬者，三分中取二分，漢人盡所有拘收。又，軍站、僧道、也里可温、答失蠻，欲馬何用？此等人不括其馬，則必與人隱藏。乞亦拘之。」奉旨：「准。」又奏：「其價錢，續當給降。隱藏及買賣之人，乞斟酌輕重杖之。」上曰：「『此卿等事也，卿自裁之。』」總計刷到馬一十萬二千疋。一、赴上都交納馬八萬疋：大都路一萬疋，保定、大原等路各六千疋，真定、安西等路各七千疋，延安、平灤等路各三千疋，河間、大名等路各六千疋，東平、濟南等路各四千疋，北京路八千疋，廣平路三千疋，順德路二千疋，益都路五千疋。一、赴大都交收，省部差官趂好水草牧放聽候起遣馬，二萬二千疋：彰德路三千疋，衛輝路一千疋，懷孟路一千疋，東昌路二千疋，淄萊路一十疋，濟寧路二千疋，恩州路五百疋，德州五百疋，高唐州五百疋，冠州三百疋，曹州七百疋，濮州五百疋，泰安州五百疋，寧海州五百疋，南京路三千疋，歸德府一千疋，河南府路一千疋，南陽路一千疋，平陽路二千疋。爲災傷賑濟，量擬馬數。

二十四年，聖旨：『楊總統奏，漢地和尚、也里可温、先生、答失蠻有馬者已行拘刷。江南者未刷僧道，坐寺觀中，何用馬？令楊總統與差去官一同拘刷。交付江淮省，送鎮南王位下，以其數聞。隱藏者有罪，首告者有賞。』八月九日，平章桑哥等奏：江淮省言，江南和尚、也里可温、先生出皆乘轎，養馬者少。杭州城内刷訖一百疋，其餘江南地界拘刷訖，總計馬一千五百單三疋。差淮安路總管欣都管押赴鎮南王位下交納訖。江淮省馬一千二十六疋，江西省馬一百四十疋，福建省馬四十七疋，湖廣省馬二百九十疋。

二十五年六月三日，尚書户部據隆興路甲回回人也林伯等口傳聖旨：『就上都大内鷹房子阿失不花、秃剌、鐵木兒等奏，隆興府地界，不問是何投下人口拘刷馬疋，與直北出軍人。隱藏者斬首，懸城門示衆。欽此。』隆興路刷到馬一百四十三疋，交付北征軍收訖。七月二十二日，阿只吉大王位下王府官宋都斛，與上位使臣怯薛斛、滅力吉、哈剌哈孫佩海青牌馳驛赴太原路傳旨：『令本路應付阿只吉位下七百步行人每名騸馬二疋，及兩月糧。欽此。』本路除將軍糧前去大同、朔州依軍人行糧例支付外，别無係官見在馬疋。照依合該數目，差人分頭遍歷拘刷，令各處正官管押前來。分揀定三百餘人，止用訖九百一十六疋。其餘退下馬疋，給付各主訖。是年，尚書省准遼陽省咨武平路申玉速鐵木兒大夫等傳奉聖旨：『於本處官吏并不以是何户内刷馬一千疋，應付出征。』本省依數刷到馬疋，應付訖。

二十六年六月二十七日，荅思、秃剌、鐵木兒等奏，其所領漸長成丁人無馬。奉旨：『隆興路拘刷，給之。欽此。』尚書省劄付隆興路，拘到九十九疋，交付與鷹房官塔思阿魯渾沙等收管。十二月七日，丞相桑哥等奏，爲江南刷馬事，臣等議：行省官騎馬五疋，宣慰司官、三品官各騎馬三疋，四品、五品官各騎馬二疋，五品以下，各騎一疋。軍官、軍站馬免刷。移文樞密院，令嚴切行文書：軍官、軍人、百姓馬勿隱藏、夾帶。移文南臺，令按察司官監察體察。奉聖旨：『從之。』

二十七年正月二十五日，都省欽依聖旨，移咨各行省：除軍官、軍人、站户、品官合存留馬外，將不以是何人户，應有馬疋，盡數拘刷到官。與省委官眼同分揀堪中馬疋，用發去印子印訖，差州縣達魯花赤管押，經由所指路程，限十月初十日以裏，到大都交納。毋致沿途瘦弱、走失，經過官司，依例應付草料外，據不堪馬疋，使訖退印，即便分付各主明白取收管。若有隱藏、夾帶不納之人，杖一百七下。兩隣知而不首，同罪。仍具實刷到馬疋節次起運數目，各各毛色、齒歲、膘分，管押官職名，逐旋開呈。總計九千一百三十七疋：江淮省六千二百五十四疋，福建省二百三十一疋，湖廣省一千八百二十疋，江西省六百九十六疋，四川省一百三十六疋。支撥六千八百一十三疋：哈剌赤收三千二百九十六疋，阿塔赤收五百四十五疋，阿速收五百一十六疋，貴赤衛收一千五十七疋，四怯薛阿塔赤等收一千三百九十九疋。起赴上都阿速衛等收二千一百八十八疋，倒死二十一疋，見在馬一百一十五疋，都省劄付太僕寺收管訖。

三十年二月八日，欽奉聖旨：『若曰叛王不悔過，今用軍之際，隨處行省括馬十萬疋，後給其價。欽此。』十一日，中書省劄付御史臺：令監察御史并各道廉訪司體察，及差官分頭馳驛前去各處拘刷。下兵部照驗行移合屬。欽依見奉聖旨：『事意并備去，事理專委各路廉幹正官與都省差去官，一同照依坐去數目，將不以是何投下諸色人户并和尚、也里可温、先生、荅失蠻應有馬疋，盡數到官眼同分揀，印烙堪中馬疋。分作運次，差官管押赴所指處交納。若有數外多餘馬疋，亦行依上起解。更爲多出榜文，明白曉諭。仍將馬主花名，馬疋毛齒、膘分造册呈省。』奉此，合行事理：

一、諸人應有馬疋，除病嗓不堪者使訖退印，及帶駒牝馬官司知數打訖退印，分付各主。其餘堪中馬疋，盡數收拾。卻不行將堪中馬疋作弊，不行印烙。違者，當該官吏斷罪罷職。

一、養馬之家應有馬疋，盡數赴官。如有隱藏、影占、抵換馬疋之人并故行賣與他人者，有人首告，或因事發露到官，決杖一百七下，買馬并轉行隱藏者同罪。其馬没官，若有價錢，其錢分付告人充賞。如無價錢，驗價於犯人名下均徵，給賞。

一、站户每正馬一疋，許留貼馬三疋。餘上馬數，盡行赴官印烙。違者，依隱藏馬疋例追斷。

一、探馬赤軍人等，欽依至元二十三年六月二十一日樞密院奏奉聖旨：『探馬赤、阿速、貴赤、哈剌赤、唐兀、禿魯花大都六衛軍馬免刷〔一三〕，餘外正軍、貼户應有馬疋，盡行見數別用印記印烙訖，分付各主，知在聽候。其探馬赤軍人等，卻不得將他人馬疋隱占及私下收買。違者，依隱藏馬疋例追斷。

一、押馬官從各處官司與差去官一同揀選，知會牧養頭疋能幹達魯花赤、色目正官管押前來。每運不過一百疋，若所押馬疋別無瘦弱、倒死、損失，量加陞用。如是不爲用心提調，牧放飲喂，以致瘦弱、死損者，驗數斷罪黜降。

一、大小軍民、官員見有馬病，除合存留外，其餘有〔病?〕馬疋盡行赴官印烙。如梯已馬疋不及存留數目，卻不得將他人馬疋作自己合存留數影占，亦不得私下收買。違者，依影占例追斷，仍解見任。見任勾當官員合存留馬：　一品五疋，二品四疋，三品三疋，四品、五品二疋，六品以下一疋。聽除官員：　色目人，二品以上留二疋，三品至九品留一疋；　漢人，一品至五品，受宣官留一疋，受勑官不須留存。

一、外路在閒官員：　除受宣色目官留一疋，其餘受勑以下並漢人官員馬疋，無問受宣、受勑，盡行赴官印烙解納。

一、隨朝二品以上衙門并六部省斷事官，通事、譯史、令史、宣使、奏差知印人等〔一四〕，如舊有馬疋者止存留一疋，無者毋得刬行置買。違者，杖五十七下，其馬没官。

一、差夫官并各處刷馬官、押馬官吏人等，不得因而抵換馬疋，及取受錢物，看徇面情。如違，斷罪罷職。』

十四日，中書平章政事鐵哥剌真等奏：　在先刷馬，皆由一道赴都，聚爲一處，騷擾百姓，踐踏田禾，馬亦多死。今各處括馬，令捷道驅來〔一五〕。奉聖旨：『是矣。』

二十二日，樞密院奏：　刷馬之事，臣等有思慮不及者。總帥府紅胖襖二十四城連年出征，乞免刷。奉聖旨：『准。欽此。』具呈中書省，欽依去訖。

四月十五日，中書平章政事不忽術等奏：　陝西省言，已刷到馬，彼中無牧地，不知何處交納。奉聖旨：『先有成言，與阿難答者。欽此。』各處刷馬，計一十一萬八千五百疋（方案：　此數與下列明細數合計不符）。江南四處行省馬二萬四千疋：　江浙省馬一萬疋，福建省馬二千疋，兩省馬到宿遷縣計會都省所委官指撥，經由泰安州、東平路、益都路，作三道分道前來大都；　湖廣省馬八千疋，江西省馬四千疋，兩省馬經由汴梁、懷孟驛路，太原、大同迤北交納。腹裏行省宣慰司并直隸省部路分馬九萬四千五百疋，河南省馬二萬疋，汴梁等五路并荆湖等處馬，經由懷孟驛路，太原、大同迤北交納。淮東道馬，至宿遷縣計會都省所委官指撥，經由泰安州、東平路、益都路，作三道分頭前來大都。淮西道馬，經由大名前來大都。陝西、遼陽兩處行省，收拾馬疋見數，就本省地面趁善水草牧放。陝西省八千疋分付阿難答收管，遼陽省五千疋，四川省一千五百疋，押赴陝西省交割，牧放聽候。山東道宣慰司一萬五千疋，從便前來大都。河東道宣慰司一萬疋，大同迤北交納。直隸省部路分一十二處〔一六〕：直赴上都交納者，平灤路二千疋；經由驛路，太原地面前去大同迤北交納者，衛輝路一千疋，彰德路二千疋，懷孟路一千疋；從便前來大都交納者，大都路八千疋，保定路四千疋，恩州三百疋，冠州二百疋，大名路四千疋，河間路四千疋；經由飛狐口前去大同迤北交納者，真定路五千疋，廣平路二千疋，順德路一千五百疋。

成宗皇帝大德二年十二月十三日，丞相完澤、平章賽典赤等奏：近以刷馬事，有旨令臣等議擬以聞。臣等觀舊簿書，世祖皇帝時刷馬五次。在後一次括十萬疋，雖行訖，文書止得七萬餘疋。爲刷馬之故，百姓養馬者少。今乞不定數目，除懷駒、帶駒馬外，三歲以上者皆刷。和尚、先生、也里可温、答失蠻并其餘諸人，依前例拘刷。奉聖旨：『准。』又奉旨：『刷馬之故，爲迤北軍人久在軍前，欲再添軍數，令赴敵。以此拘刷。可如此行文書。欽此。』總計馬一十一萬一千七百五十五疋。行省三萬七千二百一十二疋：河南省一萬六千八百七十二疋，陝西一萬八千四百一十九疋，四川省一千八百五十九疋，遼陽省六十二疋。腹裏七萬四千五百四十三疋〔一七〕：大都路八千二百二十三疋，保定路二千九百六十七疋，河間路三千二百一十九疋，濟南路六千二百二十三疋，般陽路二千七十七疋，益都路五千二百四十四疋，高唐州二百三十六疋，恩州二百四十四疋，冠州二百一十八疋，德州一千二百八十五疋，曹州一千六百五十六疋，東昌路一千三百二疋，濟寧路二千六百五疋，廣平路二千二百三十三疋，真定路八百六十七疋，濮州一千九十八疋，彰德路二千八百四十一疋，大名路三千二百八十二疋，順德路一千一十一疋，東平路一千六百三十二疋，泰安州一千一百三十四疋，平灤路三百五十四疋，衛輝路二百九十六疋，甯海州二百三疋，懷孟路一千六百六十七疋，平陽路九千八百六十六疋，大同路二千八百四十四疋，太原路九千五百一十六疋。

二十一日，平章賽典赤、暗都剌等奏：民間聞刷馬，私下其直賣之。臣等今罷馬市，察私賣者罪之。都城中從昨日爲始。刷馬官也可札魯花赤、省札魯忽赤、臺中忽剌出等并路官皆已委任之矣。世祖皇帝時，皆皇帝上馬之後，拘刷都城合騎、合納官者，皆令印烙訖，無『印』字者刷之。以此不亂。今難於在先怯薛觧、諸王、公主、駙馬等各枝皆在都城中，依先例合刷、合迴主者不可印烙。各城内漢人百姓，已行文書，依先例隱藏者有罪。蒙古怯薛觧等，亦乞以此省會之。奉旨：『准。』

三年二月一日，樞密院奏：前者有旨，振給紅胖襖軍物力。今省官議，每人支馬價五錠。臣等謂，雖有給鈔之名，虚費不得用。因與省官議：察忽真念不烈百姓，又忙奇觧百姓及河西不曾刷馬之地和尚、先生、也里可温、答失蠻馬疋〔一八〕，盡行拘刷。依例與價，如更短少，然後支價與軍。奉旨：『卿等議是矣。卿等行之不敷，則給錢。欽此。』本院具呈中書省及咨甘肅行省劄付征西都元帥府，欽依施行去。後征西都元帥府呈：節次交割到馬三千疋，開坐各各齒歲、膘分。得此，本院移咨甘肅行省及下征西帥府，欽依唱名給散各軍去訖。

二十八日，中書省奏：刷馬已到，在前按攤火羅罕、隆興府、塔思哈剌、官山等處交付。今臣等謂，塔思哈剌一處不須交付，乞止於按攤火羅罕、隆興府、官山三處怯薛䚟內交付。奉旨：『准。』

武宗皇帝至大三年三月十一日，丞相別不花奏：尚書省、樞密院等官議，西面察八兒等諸王、駙馬，多年不曾朝會，今始來。降振起其軍站、物力，合拘刷馬疋。奉聖旨：『准。』腹裏、行省刷馬四萬一百三十三疋。腹裏路分三萬四千三百二十四疋[一九]：晉甯路二千七百七十五疋，冀甯路一千三百疋，真定路九百四十六疋，懷孟路六百八十二疋，廣平路一千二百四十三疋，順德路六百七十三疋，彰德路四百五十四疋，衛輝路六千二疋，中都留守司五百五十九疋，大都路四千八百八十八疋，保定路四百三十六疋，河間路九百四十五疋，德州路一百九十疋，曹州二百四十一疋，大名路一千二百一十五疋，濟南路七百二十三疋，高唐州一百六疋，恩州一百五疋，永平路五百二十六疋，冠州一百三十三疋，東昌路二百一十四疋，濮州四百二十六疋，益都路一千六百二十四疋，濟甯路四百四十八疋，般陽路一千一十三疋，東平路二百一十九疋，廣平路四十七疋，泰安州一百九十六疋，甯海六百三十五疋。塔思哈剌牧馬官、衛尉、太僕院使、牀兀兒平章等收訖。行省刷馬一萬五千八百九疋：河南、江北行省七千七百九疋，中都刷馬官大宗正府札魯花赤、別鐵木兒平章等官收訖；湖廣行省二千六百四十二疋[二〇]，中都刷馬官別鐵木兒平章等官收訖；江浙行省三千四百五十八疋，大都刷馬官刑部尚書伯勝等官收訖；江西行省二千疋，中都刷馬官別鐵木兒平章等官收訖。事故馬八千六百八十七疋[二一]：寄留三千八百八十疋，倒死四千三百一十五疋，狼食二疋，水渰死一十八疋，被盜五十一疋，走失五十九疋，照勘二十五疋，給散站馬四百三疋，例回本主四疋，發回照勘無印記一疋，發落不明無收管一疋。

實收馬三萬一千四百四十六疋。仁宗皇帝延祐三年十二月四日，太師、右丞相鐵木迭兒等奏：近與樞密院官同議起遣河南省所管各處探馬赤軍，各令將馬二疋。千户、百户牌頭内有騸馬、牡馬、牝馬皆行，如不敷，於附近城池内差人拘刷四歲以上馬，各貼作二疋。奉聖旨：『准。』

四年閏正月十八日，太師、右丞相鐵木迭兒等奏：前者軍人上馬之時，大都、上都西路拘刷馬疋。今東西濟南、益都、般陽等處，又北京一帶，遼陽省所轄路府并未刷去處，乞差人依先例拘刷。奉旨：『准。』總計二十五萬五千二百九十一疋。腹裏一十六萬四千五百二十三疋〔一二〕：上都留守司二千六百二十疋，冀甯路二萬八千二百八十疋，晉甯路一萬六千二百九十疋，益都路一萬八千七百三十八疋，大同路三千二百四十疋，濟甯路五千九百三十六疋，般陽路六千四百三十四疋，河間路一萬七百五十二疋，永平路三千二百六十六疋，恩州二百七十六疋，德州三千一百十九疋，懷孟路一千七百三十三疋，甯海州二千六百二十五疋，興和路七百五疋，保定路三千八百八十九疋，大都路一萬六千九百六十一疋，濮州六千六百二十疋，順德路一千五百二十疋，衛輝路一千六百七十六疋，彰德路二千六百六十五疋，高唐州七百六十五疋，廣平路二千一百六十一疋，大名路二千一百六十二疋，泰安州一千六百八十七疋，濟甯路八千六十七疋，真定路九千八百七十二疋，東昌路三千三百二十六疋，冠州七百三十二疋，曹州二千四百四疋，東平路八百九十二疋。遼陽省所轄七千九百六十八疋：廣甯路九百疋，遼陽路四百五十九疋，瀋陽路二百八十三疋，開元路六百五十三疋，金復州萬户府二千一百四十二疋，大甯路三千一百五疋，懿州四百二十六疋。河南省八萬二千八百疋〔一三〕，各交付四萬户蒙古軍人訖。淮東道宣慰司九千七十二疋，荆湖北道宣慰司五千九百二十三疋，南陽府五千三百二十一疋，安慶路三千七百七十五疋，歸德府五千二百一十二疋，汝甯府七千六百四疋，汴梁路二萬二千二十七疋，襄陽府三千七十二疋，安豐路七千七百二十二疋，開州路一千一百五十五疋，德安府三千五百六十四疋，河南府二千六百三十九疋，廬州路五千四百一十一疋，黄州路二千一百三疋。

五年十二月二十日，樞密院准中書省照會：延祐五年十二月初九日奏，阿撒罕等叛亂之時，陝西省所轄地内不分軍民站赤一概拘收馬疋，後各回付元主。去年差人各處刷馬之時，其地不曾拘刷。今軍站辛苦，乞差人前去，除軍站外刷百姓馬疋。皇太后懿旨：『亦欲差人前去。』奉聖旨：『准。』回奏，乞令察乃往刷。又奉旨：『從之。』且云：『省中令欽察去。欽此。』除已差官及咨陝西省欽依聖旨事意，照依延祐四年刷馬定例，與各處正官一同拘刷。分揀不堪者，明附文薄，使訖退印，分付本主。堪中馬疋，依例印烙，明白交割取收。管造同咨省外，都省可照會依上施行。准此，差官及移咨陝西省，劄付陝西都府、鞏昌都總帥府、陝西萬户府，與委官一同前去所指去處，依上施行去訖。

一、各投下諸色人户并和尚、先生、也里可温、答失蠻應有馬疋，除病瘯并三歲以下不堪馬數，分付各主；其餘馬疋，盡數拘刷。卻不得將堪中馬疋作弊隱匿。違者，當該官吏斷罪罷職。

一、養馬之家，應有馬疋盡數赴官。如有隱藏、影占、抵换馬疋之人，并故行賣於他人者，有人首告，或因事發露到官，決杖一百七下。買馬并轉行隱藏者同其罪。其馬没官，若有價錢者，其錢分付告人充賞。

一、大小軍民、諸色官員見有馬疋，除合存留外，餘有馬疋，盡行赴官印烙。如梯己馬疋不及合存留數目，卻不得將他人馬疋作自己合存留馬數影占，亦不得私下收買。違者，依隱藏例追斷，仍解見任。

一、見勾當官員合存留：　一品五疋，二品四疋，三品三疋，四品、五品二疋，六品以下一疋。

一、聽除授宣勑官員：　二品以上，留二疋；　三品至九品，留一疋。

一、行省、行臺宣慰司、廉訪司、轉運司及路府州縣見設請俸通事、譯史、令史、知印、宣使奏差人等，止許存留一疋。若有隱藏，依例追斷。

一、差去官并各處刷馬官吏人等，不得因而抵換馬疋及取收錢物，看順面情。如違，斷罪罷職。

一、各處之拘刷馬疋官員，如有怠慢，從差去官取訖招伏。受宣官以下，就便的決。

一、各處巡防捕盜弓兵，每名止許存留馬一疋。影占他人馬疋者，依例追斷。

一、陝西行省所轄路府州縣探馬赤、汪總帥等應有軍站及應當怯薛人員、鷹房子户、怯憐口户，不在拘收之例。

六年三月七日，參議中書省事欽察等奏：　去年冬間，令拘刷陝西省管轄百姓馬疋。今陝西行省并臺官上言：　阿撒罕等叛亂，騷擾百姓，拘收馬疋，又兼田禾不收，百姓闕食，乞罷刷馬之事。臣等謂其言有理，乞依其請，萬户齊都軍五千人，止給兩疋騍馬，一疋牝馬之價。從之。

七年四月，樞密院准中書省照會：　四月十四日，太師、右丞相鐵木迭兒等奏：　爲起遣此間押當吉譯言貧人。迴還之故，曾奏准於漢地和買三萬疋馬給散。今年爲整治軍力并聚會之故，錢帛空虛，權且於附近城池内拘刷三萬疋馬給之，候秋間撥還其價。奉聖旨：『准。欽此。』都省除外，可照會欽依施行。總計刷到馬一萬三千三百一十三疋：　河間路三千八百六十一疋，大都路五千二百七十七疋，保定路二千一百五十六疋，永平路二千一十九疋。支運一萬二千五百三十八疋：就支大都馬一千八百八十五疋，起運各處交收馬一萬六百五十三疋〔二四〕。灤州交收九千七百九十四疋，上都交收三百一十九疋，察罕腦兒交收五百六十疋。外有事故馬七百七十五疋：倒死六百三十疋，寄留九十五疋，被盜河間路一十二疋，大都路賈巡檢轟奪馬八疋，回付各主三十疋。

七月六日，中書右丞相鐵木迭兒、知樞密院事也先鐵木兒等奏：怯薛觧用馬若不預備，至時拘刷，恐躭公事。今乞於大同、興和、冀甯三路，依春間例差人拘刷。奉旨：『准。』總計馬一萬二千四百五十二疋：興和路四百六疋，大同路三千八百八十六疋，冀甯路八千一百六十疋。堪中起運興和路作數收馬九千四百八十六疋。支撥訖七千五百二十五疋：押當吉支七千一百四十六疋，接濟站赤小馬一百五十一疋，撥付朵兒只班皇后位下教化五十等馬二百疋，回付王速七疋，起赴中都東斡耳朵交收馬二十疋，寄留一疋。倒死一千九百六十一疋，不堪退回各主二千九百六十六疋。

致和元年九月一日，平章速速等啓：隨後出戰之軍，即日用馬，今乞令大都南北兩城除見任官外，回回并答失蠻等馬騾，限初二日赴大都路總管府納官，違限不納者，重罪之。奉令旨：『准。』且云：『疾速拘收。敬此。』劄付刑部，委本部尚書徹里鐵木兒并大都路達魯花赤舉林伯一同印烙去訖。又，九月七日丞相別不花等啓：燕鐵木兒知院用馬三百疋，昨和尚、也里可溫、先生、秀才馬不曾拘收。今乞將此輩馬拘之，如不敷，各衙門内科派與之。奉令旨：『准。（敬）〔欽〕此。』委吏部郎中脱里不花與大都路正官一員，一同拘收、印烙。見數開坐呈省，劄付刑部依上施行去訖。又，當月九日，丞相燕鐵木兒、別不花、平章速速、郎中自當、員外郎舉里、都事朵來等啓：差省斷事官揑古伯、兵部侍郎罕赤等赴真定路，將本路所轄地面馬疋拘刷。但有合行之事，本路官聽從差去官言語行之。奉令〔旨〕：『准。（敬）〔欽〕此。』都省委各官馳驛前去真定，除見在官員、軍站弓兵户討三歲以下及懷駒、引駒馬疋外，其餘不以是何人等馬疋，盡行拘刷。隱匿、寄藏、换易者，依條斷罪。拘到馬疋，每一百疋作一運，差官管押赴都交割，不致死損、瘦弱。劄付兵部，依上施行去訖。是日，丞相別不花等又啓：前者河間、保定、真定等路降鈔以四錠五錠爲寧和買馬疋，軍事緊急，比及和買，誠恐遲悮。今乞拘刷三路馬疋。奉令旨：『准。欽此。』都省就委已差斷事官梁謙、三寶敬依拘刷，付兵部依上施行去訖。丞相燕鐵木兒等又啓：河南省所轄路府州縣拘刷馬疋，令阿里海牙提調給散。彼中步軍，以其數聞。奉令旨：『准。（敬）〔欽〕此。』又，今上皇帝天曆元年九月十四日，平章速速等奏：乞差不顏拘刷晉寧、冀甯兩路馬疋，給散太和嶺軍士。奉聖旨：『准。欽此。』改差吏部員外郎辛鈞馳驛前去冀甯，甯夏路同知保禄賜馳驛前去晉甯路。劄付兵部，依上拘刷去訖。

十六日，左丞相別不花等奏：臣等與樞密院、御史臺同議，調度之間，不可乏馬。今乞將大都路并所轄州縣，除軍站户并有怯薛人員各衙門見任官吏人等閑良色目官員外，其餘人馬疋，盡數拘刷。若有隱藏，依舊例斷罪。奉聖旨：『准。欽此。』委大都路達魯花赤舉林伯欽依拘刷。劄付兵部，欽依施行去訖。

二十二日，平章速速等奏：山東所轄州縣，乞依此間例差人拘刷馬疋。奉聖旨：『此間差人拘收者。欽此。』總計腹裏拘刷到馬一萬七千六百九十五疋〔二五〕：真定路兩千四百疋，河間八百二十疋，保定路八百二十六疋，益都路三千六百一十一疋，濟南路一千五百二十八疋，東平府八百二十疋，東昌路二百三十六疋，濮州三百五十一疋，濟甯路一千三疋，泰安州三百四十四疋，曹州四百二十六疋，高唐州二百一十二疋，德州四百八十六疋，般陽路三百三十二疋，大都路四千二百六十八疋。河南省刷到三萬九千八百二十八疋：淮東道宣慰司六千七百九十疋，荆湖北道宣慰司九千一百七十九疋，汴梁路九千二百二疋，黄州路一千五百一十一疋，廬州路五千二百一十一疋，安豐路三千一百七疋〔二六〕，德安府四千八百二十八疋。

抽分羊馬

太宗皇帝五年癸巳〔二七〕，聖旨：『諭田鎮海、猪哥咸得不、劉黑馬、胡土花，小通事合住綿廁哥木速孛伯，百户阿散納、麻合馬、忽賽因、賈熊、郭運成并官員等，及該不盡應據斡魯朵商販、回回人等，若曰其家有馬牛羊及一百者，取牝馬、牝牛、牝羊一頭入官。牝馬、牝牛、牝羊及十頭，則亦取牝馬、牝牛、牝羊一頭入官。若有隱漏者，盡行没官。如各處收拾牧放，開具何人頭疋，備細花名數目聞奏，聽候支撥，不得違錯。如違慢者人，豈不斷罪！外據張德常、郭運成，蒙古觧并山西東西兩處、燕京路但有迭百頭口官員等，一體施行。准此。』

定宗皇帝五年庚戌五月初八日，奉旨：『諭諸色人等，馬牛羊羣十取其一，隱匿者罪之。』

憲宗皇帝二年壬子十月十一日，奉旨：『諭諸人，孳畜百取其一。隱匿者及官吏之受財故縱者，不得財而搔擾者，皆有罪。』

成宗皇帝大德七年十月五日，中書兵部承奉中書省劄付御史臺呈：山北遼東道肅政廉訪司申，刷卷問出大寧路惠州應付抽分羊馬官都列捏等，搭蓋羊圈、放羊人夫飲食分例擾民事，具呈都省，宜令合干部分開坐各該數目，出計印信文憑，遍行照會有所遵守。抽分到馬牛羊口，亦令有司知數，以防姦弊。送本部照擬回呈行。據宣徽院經歷司呈，各處隘口抽分羊馬人員，年例七八月間欽賫元受聖旨，各該鋪馬馳驛前去，拘該地面抽分，限十月以裏赴部送納。各人飲食已有定例外，據常川取要飲食分例。長行馬疋草料，州縣搭蓋棚圈，別無許准文憑得此。本部參詳，抽分羊馬人員每歲擾動州縣，苦虐人民。廉訪司所言，至甚允當。今後擬合令宣徽院定立法度，嚴切拘鈐。至抽分時月，各給印押差劄。明白開寫所委官吏姓名，並不得多餘將引帶行人員、長行頭疋。定立回還限次，欽賫元領聖旨，經由通政院，(倒)〔例〕給鋪馬分例前去各該路府州縣，須要同本處管民正官眼同依例抽分羊馬牛隻。隨即用印烙記，趁好水草牧放。如抽分了畢，各取管民官司印署保結公文，明白開寫抽分到數目、村莊、物主、花名、毛皮、齒歲，申覆本院。量差人夫，牽趕至前路官司，相沿交換，已委官押領依限赴都交納。沿路倘有倒死，亦取所在官司明白公文，將皮貨等起解赴院。中間若有違法不公，欺隱作弊，宜從本道廉訪司嚴加體察。其餘一切搭蓋棚圈，并常川馬疋草料飲食等物，不須應付。如蒙准呈，遍行合屬照會，庶革擾民欺誑之弊。都省呈准，下兵部遍行合屬，依上施行。

八年三月十六日，中書省奏：舊例，一百口羊內抽分一口，不及一百者見羣抽分一口；探馬赤羊馬牛不及一百者免抽分。今御史臺并奉使行省官、部官等皆言見羣抽分一口，損民。今後羊及三十口者抽分一口，不及者免，於官民便益。臣等謂：今後依先旨一百口內抽分一口，見羣三十口抽分一口，不及三十口者免。如此立定則例，令宣徽院選差見役廉慎人，與各處管民官一員一同抽分。將在先濫委之人罷去，令廉訪司官提調體察。奉聖旨：『准。』仁宗皇帝皇慶元年八月四日，樞密院奏：世祖皇帝聖旨，探馬赤軍馬牛羊等一百口抽分一口〔二八〕，與下户貧乏軍接濟物力。去年，中書省奏遣愛牙赤於軍中再抽分一半馬牛羊，一半鈔錠、氈子等物。北口等處又抽分，如此重疊，軍力必至消乏。乞令中書省并把北口等處人，不重抽分，止依薛禪皇帝聖旨施行爲便。奉聖旨：『軍與其餘百姓不同，其依世祖皇帝聖旨行之。欽此。』

延祐元年六月十六日，中書省奏：北口等處抽分牛羊頭疋，去年宣徽院委人抽分，若止令一衙門差人，不肯從實，報數作弊。乞中書省、宣徽院各差一人，互相關防，抽分畢，令赴宣徽院交納。奉聖旨：『准。欽此。』照得在前年分，哈赤節次關訖係官牝羊三十餘萬口，本欲孳生，以備支持。經今年遠，其哈赤等將孳生到羯羊不肯盡實納官，宣徽院失於整治，以致哈赤人等私自侵用。每歲支持羊口，皆令省、部破用官錢收買。又體知哈赤人等，每遇抽分之時，將百姓羊指作官羊，夾帶影庇，不令抽分。照得年例，北口等處抽分羊馬牛，擬於見役并到選人内選差出。北口，都省、宣徽院從新選廉幹官二員；其餘去處，各差一人。若有濫用人數，盡行革去。差去官，就賫文榜、印子，兵部出給半印勘合帖子、號簿前去，照依元定則例，從實抽分明白，於號簿内附寫。早晚用心巡綽，無令(寅)〔夤〕夜於小路走透。若有看徇作弊，定是究治。哈赤牧放官羊，亦仰分揀。除牝羊外，其餘堪中支持羯羊印烙，見數逐旋開寫羊口斤重，馬牛毛色、齒歲、膘分、物主姓名，差官管押赴都，計稟交納。毋致瘦弱、易換。具實抽分到羊馬牛數目，同物主姓名附寫號簿，呈省劄付宣徽院委官，御史臺依例體察兵部出給半印勘合號簿帖子。出榜差官依例抽分去訖。今據見呈都省出榜省諭，不以是何投入諸色人等，應有羊馬牛羣，照依則例聽從抽分。哈赤羊羣，除牝羊并帶羔羊存留孳生外，應有堪中羯羊印烙，見數拘收，一就交付宣徽院支持。如有隱匿，發露到官，痛行追斷施行。〔抽分之處，凡十有五〕〔二九〕：虎北口，南口，駱駝嶺，白馬甸，遷民鎮，紫荊關，丁寧口，鐵門關，渾源口，沙淨州，忙安倉，車坊，興和等處，遼陽等處，察罕腦兒。

馬政雜例

太宗皇帝四年壬辰六月二十四日。聖旨諭西京脱端勾索等：『即目見闕飲馬槽，除東勝、雲内、豐州外，依驗本路見管户計一千六百二十七户，每户辦槽一具，長五尺，闊一尺四寸蒙古中樣。各處備車牛，限七月十日以内赴斡魯朵送納，不得違滯。如違，斷按荅奚罪。准此。』

世祖皇帝中統二年正月二十五日，聖旨諭馬月忽乃若曰：『卿昨奏已備怯薛臺馬，今可取肥健者五百疋或三百疋，交付禡禡[三〇]。禡禡每五十疋差一好蒙古人，經由有水草路，勿令瘦死及賊盜去，疾速進來。』

十二月二十八日，聖旨諭耶律丞相若曰：『據所奏合丹皇后諸位下，并亦乞烈思、甕吉剌種田户及也速觧兒阿海武衛軍馬疋，合無知數事准奏。仰將馬疋各各取會見數，止於本主處存之。』

至元二年六月，聖旨諭中書省：『照得已前哈罕皇帝、蒙哥皇帝累降聖旨，禁約諸人無得將馬疋偷販外界。近年以來，亦曾禁治，終是不絕。蓋因沿邊一帶，不分好觧，濫行乘騎。及把邊軍官并管民官司不爲用心關防禁治，以致不畏公法之人偷販南界，轉資敵人。若不將沿邊去處禁斷，竊恐官民多遭刑戮。除已遍行統軍司并監戰萬户嚴令禁治，今擬黄河以南，自潼關以東直至蕲縣地面内，百姓、僧道、秀才、也里可温、荅失蠻、畏吾兒、回回、女直、契丹、河西蠻子、高麗及諸色人匠、打捕、商賈、娼優、店户，應據官中無身役人等，並不得騎坐馬疋。及不以是何人等，亦不得用馬拽車、拽碾耕地。黄河上下大小渡口，亦别行差官看守、巡禁，遇有過往蒙古、漢軍及宣使人員并官中勾當許令騎馬者，亦須驗各管上司堪印信押人憑，然後放行外，諸人若無憑驗文字，不得將馬疋輒過黄河乘騎販賣。自蘄縣至沂州，專委樞密院再令添插軍鋪，常切往來巡綽。除沿邊蒙古、漢軍許令騎馬人等外，不合騎馬人將見有馬疋，自聖旨到日限三日，於街市貨賣或於本路官司和中，晝時依例支價。如限外乘騎、隱匿夾帶、泛濫雜使者，許諸人告捉到官，問當得實，將犯人處死。驗馬疋合該價值，給付告人充賞。今將合坐騎馬疋人員逐一開具，仰欽依施行。

一、許令騎馬人員（方案：疑下有脱文）。

一、蒙古軍人所有馬疋，須管於本千户處印烙見數。如遇倒死，將印記於千户處呈過，若欲再行添補，卻就於千户處告給文字，方許添置，隨即報數。

一、漢軍所有馬疋，亦須於本管監戰萬户處印烙見數。如遇倒死，即將印記呈過，欲再行添買馬疋，監戰萬户處告給印信文字，方許置買報數。

一、站户所有馬疋，於總管府報過數目，别烙印記，止許供給使臣乘騎。如遇倒死，總管府給印信文字置買。站户家屬，亦不得亂行乘騎。

一、本處總管府爲頭，達魯花赤達達人員將引漢人雖多，不過二十人，各人許令騎馬一疋。總管馬十疋，同知七疋，治中六疋，府判五疋，經歷、知事委差官各馬三疋，照磨、檢法、提控、令史、通事、譯史各馬二疋。

一、轉運司拘榷官同各路總管府，奥魯亦同。

一、州官達魯花赤同長官六疋，同知以下各五疋，史目、孔目官二疋，司吏差委各一疋。

一、南京警巡院、捕盜司並司縣官每員三疋，主典二疋，司吏各一疋，捕盜弓手各一疋。

一、管金銀鐵冶、丹粉錫（碌）〔録〕等官，各馬一疋。

一、諸倉庫、院務、坊場官吏各一疋。

一、管人匠、打捕户並投下管民官、總頭目官每員五疋，首領官每員二疋，司吏委差各一疋。

一、鷹房子頭目各馬三疋，鷹房子各一疋。

一、僧道、秀才、也裏可溫、答失蠻、畏兀兒、大師，内若有尊宿師德，有朝廷文面，方許乘騎。

一、守把關隘、河渡頭目，各二疋。

一、應合存留許令騎坐之馬，須於各管官司共報數目，及將馬疋印烙過，出給合該騎馬印押文字，方許乘騎。如報過合騎馬倒死，呈驗印訖，欲補買者，出給公據，然後於河北地面置買。如供報數目不實，及不行印烙，或無上司文憑擅行補置馬疋者，嚴行治罪。

一、本處若有和中到馬疋，令本路官司差人牽至中都交納。

一、若有該載不盡，受宣帶牌人員，各許令騎坐馬疋。』

六年五月六日，上都隆德殿前樞密院奏：先奉旨差人送騍馬赴西川、東川統軍也速解兒哈剌軍中，今阿塔赤稱馬約有二千疋，皆已飽青，合無於蒙古拔都内差也里可〔溫〕等八人送去。奉旨：『准。欽此。仰送至玉盤山外麻斛處交割。』

二十七年十月二十八日，丞相桑哥奏：只兒哈忽、昔寶赤並憨哈納思、乞裏吉思等馬，總計五百一疋，先奉旨於雲州宣德府周回牧養。又，哈迷、昔寶赤馬二千六十疋曾移文於興州、松州牧養。今上都留守司上言：今年宣德、雲、興、松四州百姓，田禾霜灾，闕食，若於其周回牧馬，不可。乞取回京師飼秣。奉旨：『准。』

二十九年八月二十一日，丞相完澤等奏：去年山後田禾微收，又因和糴，奏准不曾牧養官馬。今年又用糧，乞依舊例，免牧官馬。奉旨：『准。』

三十年八月十四日，平章不忽術等奏：按坦火兒歡地及撫州所有官馬，除肥健者支散外，其瘦病者，按坦火兒歡馬分付上都，撫州馬委撫州，令各於其境内牧養。山後今年頗豐，欲和糴糧。除此瘦馬外，其餘怯薛斛及昔寶赤馬，乞不令牧養。上曰：『是矣。可諭各頭目，勿令因朕遺忘，又復往牧其地。』

成宗皇帝元貞元年十月，中書省據大司農司呈：大都路備固安州申，本處年例有帖麥赤牧放官駞，自九月初到本州良渠、留禮西、内村等處，至下年四月終，往上都。自冬至春，並不立圈餵飼，俱於百姓地内牧放。致令嚼囓桑棗果木，諸樹死損。會驗到詔赦内一款，節該國民用財，皆本於農，所在官司欽依先皇帝累降聖旨，歲時勸課，當耕作時，不急之役，一切停罷，毋致妨農。公吏人等，非必須差遣者，不得輒令下鄉。仍禁約軍馬，不以是何諸色人等，毋得縱放頭疋，食踐損壞桑果田禾。違者治罪，賠償。乞行下合屬禁治事，都省劄付宣徽院禁約；又下兵部，更爲行移，依上施行。

大元馬政記跋

此卷從繆筱珊編修處轉鈔[三一]，蓋徐星伯録出之本也[三二]。今翰林院所藏已佚此兩卷矣。丁亥十月三十日校畢記。萍鄉文廷式《元典章·馬政》殊簡略[三三]，得此二卷補之，真一快事。膠州柯劭忞[三四]。

〔校證〕

〔一〕地大以遠　趙世延等《經世大典序録二·兵雜録·馬政》（刊蘇天爵編《元文類》卷四一）作「地大以邊」。

〔二〕凡十有四所　《元史》卷一〇〇《兵志三·馬政》同，作「凡一十四處」；而同右引《經世大典序録二》則作「二十四所」。

〔三〕又大都上都以及玉你伯牙折連怯朵兒地週迴萬里　「玉你伯牙」，蒙古語「長喜也」；「折連怯朵兒」，即蒙古語「六十間房」。又「朵」，一作「呆」。見《歷代職官表》卷三一等。

〔四〕據只魯瓦觧尋常科要取乳牝馬勿取之　「據」，《新元史》卷一〇〇《兵志三·馬政》作「其」。

〔五〕若只魯瓦觧處已有刷制者　「刷制」，同右引柯劭忞《新元史》作「拘刷」。

〔六〕摽撥與宗王口温不花中書吾圖撒合里　「吾圖」，原作「吾國」，據下文作「吾圖」及《新元史》卷一〇〇、《元史語解》卷二四改。

〔七〕濟南濱棣兩處四百疋　『棣』，原作方圍闕字。據上下文應爲路名，據蘇天爵《滋溪文稿》卷一〇《趙忠敏公神道碑銘》等改補。元陞濱州及分棣州之地置濱棣路，原棣州治所及其部分地區則屬濟南路。《新元史》卷一〇〇『濱棣』作『濱州』；『兩處』作『兩路』。

〔八〕盲者瘤者嗓者懷定駒者　『駒者』二字，原脱，據下文至元二十六年七月十日詔旨内『懷駒者』云云及《新元史》卷一〇〇補。此云『懷、定』，當爲懷駒、定駒的合稱。

〔九〕到官聞奏　『奏』，原作『奉』，據下文『别議聞奏』及《新元史》卷一〇〇改。

〔一〇〕但買騍馬牡馬　『騍馬』，《新元史》卷一〇〇作『騸馬』。

〔一一〕上都留守司委本司副達魯花赤撒哈秃　『上都』，原作『正都』，據上文作『上都』及《新元史》卷一〇〇改。

〔一二〕宋本至治集……耕地　方案：『宋本……及耕地』凡一百五十九字，均非本書中内容。必徐松命書吏從《大典》中輯出是書時，誤抄其下之《大典》引《至治集》本段文字。此文所述乃『抽分羊馬牛』等内容，但卻繫於本書『和買馬』中，亦必羼入之證。又，『沙静州』、『庫坊』，本書《抽分羊馬》末作『沙淨州』、『車坊』，必有一誤。似作『車坊』爲是。又宋本（一二八一—一三三四），字誠夫，元大都人。從江都王奎文習義理之學。至治元年（一三二一）進士，授翰林修撰。泰定元年（一三二四），除監察御史，調國子監丞，移兵部員外郎。二年，轉中書左司都事。四年，遷禮部郎中。天曆元年（一三二八），陞吏部侍郎；二年，改禮部侍郎。至順元年（一三三〇），進奎章閣供奉學士。二年，擢禮部尚書。

元統元年（一三三三），兼經筵官。二年，轉集賢直學士兼國子祭酒。官至太中大夫。卒謚正獻。擅詩文，撰有《至治集》四十卷。與弟宋褧亨有時譽，號爲「二宋」。事見《元史》卷一八二本傳等。

〔一三〕探馬赤阿速貴赤哈剌赤唐兀禿魯花大都六衛軍馬免刷　「禿魯花」，原譌作「委魯花」，據《新元史》卷一〇〇改。

〔一四〕通事譯史令史宣使奏差知印人等　「譯史」，原作「譯吏」，據《新元史》卷一〇〇改。

〔一五〕今各處括馬令捷道驅來　方案：「捷道」，當爲「便捷之道」之意，似亦通。但《新元史》卷一〇〇此作「宜分數道」，疑「捷」，或應作「擇」。

〔一六〕直隸省部路分一十二處　方案：分赴上都、大同迤北、大都三地交納的拘刷馬下列爲十三處，或大都路不計，如是，恰合。

〔一七〕腹裏七萬四千五百四十三疋　以下二十八處合計數爲七萬四千四百四十三疋，與腹裏總數相差一百疋，或合計時有誤，或某數少計一百。這在毫無數量概念的古人，二十八個數據相加只差一百，已十分難得。《大元馬政記》所載數據的正確率遠較諸書爲勝。又，行省與腹裏的合計數，正合總數。

〔一八〕又忙奇解百姓及河西不曾刷馬之地和尚先生也里可温答失蠻馬疋　「忙奇解」，《新元史》卷一〇〇作「忙哥歹」，《元史語解》卷一一稱：《元史》卷四作「忙古帶」，卷一〇作「蒙古帶」，卷一三作「忙兀台」，卷四五作「忙苛歹」，卷一〇〇作「忙兀解」。皆蒙古語對譯音。原意爲「有銀」。此指元蒙古塔塔兒部人。其首領，乃東平路達魯花赤塔思火兒赤之孫。曾從伯顏等南征，任閩廣大都督。至元二十七年（一二九〇），以丞相兼樞密院事出鎮江西，不久病卒。本處之『忙奇觧』，『奇』，疑爲『哥』或『苛』之形譌，似應據改。

〔一九〕腹裹路分三萬四千三百二十四疋　方案：下列二十九路、州之數合計爲二萬九千八百九十四疋，與上數不符，少計四千四百三十疋。其中懷孟路原作『六百零十二疋』，今從《新元史》卷一〇〇改作『六百八十二疋』；又，中都留守司《新元史》卷一〇〇作『五百九十九疋』，曹州同上作『三百四十一四』，即使上述三處均從《新元史》所載之數，也僅增二百一十疋，仍與原總數相差四千二百二十疋。因此，其他路州似仍有少計之數，或原合計時已有誤。

〔二〇〕湖廣行省二千六百四十二疋　『四十』，原作『四百』，據同右引《新元史》改。

〔二一〕事故馬八千六百八十七疋　方案：下列各項事故馬明細合計數爲八千七百五十九疋，與此數不符，又多一百七十二疋。

〔二二〕腹裹一十六萬四千五百二十三疋　下列三十處合計數爲一十六萬九千五百二十三疋，與上列數相較，多出五千疋。即使按《新元史》卷一〇〇作：『大同路二千二百四十疋』，『高唐州六百零五疋』，泰安州『一千一百八十七疋』計，仍多三千三百四十四，或其中之數另仍有多計者，或合計時有誤。

〔二三〕河南省八萬二千八百疋　全省各地十四處合計數爲八萬四千六百疋，與此不符，多一千八百疋。其中歸德府，《新元史》卷一〇〇作『五千三百一十二疋』，如是就更多一千九百疋。似仍有多計之明細數，或合計時有誤。又，腹裹、遼陽省、河南省三地合計數與總計數相符，遼陽省七路州與合計數亦相符。問題出在腹裏、河南省的明細數或合計數有誤。

〔二四〕起運各處交收馬一萬六百五十三疋　方案：據下列三處交收馬合計數爲一萬六百七十三疋。與此不符，多二十疋。疑或合計之譌，或濼州數應作九千七百七十四疋。『七』、『九』形近，易誤。

〔二五〕腹裏拘刷到馬一萬七千六百九十五疋　據下列一十五處刷馬數合計爲一萬七千六百六十三匹，相差三十二匹。其中濟寧路原作一十三匹，顯誤，據《新元史》卷一〇〇改。『十』乃『千』之形譌。

〔二六〕安豐路三千一百七疋　『一百七』，原作『一百一十』，據同右引《新元史》改。七處刷馬數合計，正符河南省刷馬總數三萬九千八百二十八疋。又，『德安府四千八百二十八疋』，《新元史》脱。

〔二七〕太宗皇帝五年癸巳　是年，爲公元一二三三年。又，本條下云『定宗皇帝五年』，乃公元一二五〇年。下條『憲宗皇帝二年壬子』，乃公元一二五二年。

〔二八〕探馬赤軍馬牛羊等一百口抽分一口　『赤軍』二字原互倒，據《新元史》卷一〇〇及下文：『奉聖旨，〔探馬赤〕軍與其餘百姓不同』云云乙。

〔二九〕抽分之處凡十有五　八字原無，據《新元史》卷一〇〇，本書《和買馬》末引宋本《至治集》（《永樂大典》本）及上下文意補。『處』，《新元史》作『地』，今從《至治集》。又，『沙淨州』、『車坊』，《至治集》作『沙靜州』、『庫坊』。參閲本書拙釋〔一二〕。

〔三〇〕交付禡禡　『禡禡』，《元史語解》卷一一稱，乃回人之名。

〔三一〕此卷從繆筱珊編修處轉鈔　『繆筱珊』，即繆荃孫（一八四四—一九一九），字炎之，一字筱珊，晚號藝風。江陰人。早從丁晏、湯秋史學，治經學、小學、文史之學。光緒初，遊張之洞門下，代撰《書目答問》，始爲目録之學。光緒二年（一八七六），改翰林院庶吉士，授編修。應張之洞聘，助修《順天府志》。八年，任國史館協修；次年，成纂修；十四年，擢總纂。撰儒林、文苑等五傳二百餘篇。同年，丁外憂。十九年，充國史館提調。二十年，大考翰詹，因『題字筆誤』而名次大落，遂有歸意。張之洞招之武昌，主修《湖北通志》。二十九年，赴日考察教育，回國後，力倡教學改革。三十二年（一九〇六），創辦江南圖書館。宣統元年（一九〇九），充京師圖書館正監督。辛亥革命後，應趙爾巽之聘，撰《清史稿》列傳等，一九一九年，充清史館總纂；又主持纂修《江蘇通志》、《江陰縣志》等。晚年致力於版本目録之學及方志修纂。一九一九年，卒於滬。繆荃孫學有根基，宗乾嘉之學風。曾主講江陰南菁書院、濟南櫟源書院、江寧鍾山書院等，後以監督兼領書院所改的中山學堂，試行教育改革，又先後任於南北兩大圖書館，輯佚、校刻叢書，成爲著名的文史、目録版本學家。一生著作甚豐，主要有《藝風堂全集》四十八卷、《續國朝碑傳集》八十六卷、《常州詞録》三十一卷等。編有《南北朝名臣年表》、《近代文學大綱》、《清學部圖書館善本書目》、《清學部圖書館方志目》；編刊叢書則有《對雨樓叢書》五卷、《雲自在龕叢書》五集十九種、《藕香拾零》叢書三十八種等。其中有一些乃從《大典》中輯出的佚書，尤彌足珍貴。本書亦賴其保存而得以傳世。其事跡見夏孫桐撰《繆藝風先生行狀》（刊《碑集傳補》卷九〇）、繆禄保撰《繆府君行述》（刊《碑傳集三編》卷一〇）、《藝風老人年譜》（北平文禄堂一九三六年刊本）等。

〔三二〕蓋徐星伯録出之本也　徐星伯，即徐松（一七八一—一八四八），字星伯，號孟品，順天大興人。嘉慶十年（一八〇五）進士，授編修。十六年，主湖南學政。次年，因事遣戍伊犁。道光元年（一八二一）返京，歷宦内閣中書、禮部主事、陝西榆林知府、江西道、延榆兵備道等。平生研習經史，學貫古今。在新疆時，曾得伊犁將軍松筠資助，遍考全疆山川形勢，行程逾萬里。代松筠撰《新疆志略》（一作《識略》）十卷外，又撰《新疆南北路賦》二卷、《〈漢書·西域傳〉注補》二卷、《西域水道記》二卷，合稱《西域三種》，爲時所重。此外，還撰有《長春真人西遊記考》二卷、《説文段注札記》一卷、《新斠地理志集釋》十六卷、《唐兩京城坊考》五卷、《唐登科記考》三十卷、《宋三司條例司考》一卷、《明氏實録校補》一卷、《東朝崇叢録》四卷等。尤足稱述的是：徐松利用開全唐文館的機遇，頗具遠見卓識，從《永樂大典》中輯出近千萬字的《宋會要輯稿》及一批佚書，爲唐宋元史研究提供了極爲可貴的一手史料，堪稱功德無量。《大元馬政記》即爲其中之一。其事略見《清史列傳》卷七三、《清史稿》卷四八六等。

〔三三〕萍鄉文廷式元典章馬政殊簡略　文廷式（一八五六—一九〇四），字道希，一作道爔（字又作羲、兮），號芸閣（亦作云閣），别號薌德、叔子、葆巖、匡廬山人、羅霄山人等，晚號純常子。江西萍鄉人。生於廣東，早從陳澧學。光緒十六年（一八九〇），以舉人進京會試，成進士，殿試榜眼。與王懿榮、張謇、曾之撰並稱『四大公車』，而聲名鵲起。旋授翰林院編修、國史館協修、會典館纂修。二十年，擢翰林院侍講學士兼日講起居注官，尋派赴教習庶吉士、署大理寺正卿。甲午中日戰起，慷慨主戰，支持光緒帝黨，反對慈禧干政，上疏彈劾李鴻章挾夷自負，妥協賣國，反對簽訂《馬關條約》，爲后黨忌恨。二十一年,與康有爲在北京倡創强學會,常與維新志士聚會於松筠庵,以敢言極諫著稱,被目爲帝黨中堅。次年,强學會被封禁後,總理官書局。旋被李鴻章姻親楊崇伊彈劾,革職,永不敘用。被驅逐回原籍。戊戌政變後,東渡赴日。二十六年夏,返滬,參加唐才常所創自立會,自立軍敗,又被清廷密令緝拿。晚年以佛學自遣,寄情詩酒。工詩詞,長於史學,曾研習西學、外語等。撰有《雲起軒詩録》、《詞鈔》、《文道希先生遺詩》各一卷,《純常子枝語》四十卷,《知過軒隨録》(卷不詳)等,《隨録》流落海外,其中有從《大典》各卷中摘録宋元人佚詩『上千紙』,今亦不知還存於人間否?又有《補晉史藝文志》、《聞塵偶寄》等。事見胡思敬《文廷式傳》(刊《碑傳集補》卷九)、錢仲聯撰《文廷式年譜》等。

〔三四〕膠州柯紹忞　柯紹忞(一八四九—一九三三),字鳳蓀,一作鳳孫,號蓼園。山東膠州人。光緒十二年(一八八六)進士,授翰林院編修,歷侍講、日講起居注官、國子監司業,出爲湖南學政、湖北及貴州提學副使,召爲學部丞參、資政院議員、典禮院學士等。又任京師大學堂經科監督署總監督、山東宣撫使等職,曾預修《畿輔通志》。辛亥革命後,受聘爲清史館總纂,並於一九一四年繼趙爾巽兼代館長。柯氏早承庭訓,刻苦力學,於天文、地理、歷算、音韻、訓詁等學無不究心,尤長於史學,於蒙元史用力尤深。撰成《新元史》二五七卷,被北洋政府與《二十四史》並列爲正史,合稱《二十五史》。日本東京大學授予其名譽文學博士,後任東方文化事業總委員會委員長,主持修纂《續修四庫全書提要》。還撰有《蓼園詩鈔》五卷、《續鈔》二卷、《春秋穀梁傳注》、《爾雅補注》、《文選補注》、《文獻通考注》,《譯史補》等。其《新元史》似已採用《大元馬政記》，正可用作校勘。其事略見張爾田撰《柯君墓誌銘》，刊《碑傳集》三編卷八等。

關中奏議·茶馬　馬政

〔明〕楊一清

〔提要〕

《關中奏議》，十八卷，一九八篇，明中葉著名政治家楊一清三度出任三邊總制時所上奏疏的合集。一清學有淵源，每一論事，皆溯本求源，詳其本末。《奏議》不僅是其巡撫陝西，督理西北馬政、茶馬、邊防的實録，也是資料價值極高的關於陝西三邊檔案的匯編類纂。其卷一至卷三共收一清關於馬政、茶馬類的奏疏凡二十六篇，詳細記載了陝西馬政尤其是明初以來茶馬之制的沿革演變，無不窮根究源，考其原委及發展變化，因爲是其親歷，又熟知邊事，其所述茶馬、馬政之制，皆切實有據，其所行改革措施，也多著績效。在兵部尚書劉大夏的支持下，其主持的三邊馬政、茶馬焕然一新。《奏議》所述，頗有《明實録》、《明會典》及《明史》闕載的内容，具有很高的史料價值。今從《奏議》中抽出前三卷，作爲一種茶書，改題爲《關中奏議·茶馬　馬政》，編入本書《補編》，或可稍補《明史·食貨志·茶》及《兵志·茶馬》之闕。

楊一清（一四五四—一五三〇），字應寧，號邃庵，别號石淙、三南居士。雲南安寧人，少居巴陵（治今湖南岳陽），后徙居鎮江丹徒（治今江蘇鎮江）。一清早慧，聰穎過人，曾以奇童被薦爲翰林秀才。與李東陽（一四四七—一五一六）先后從學於天順元年（一四五七）狀元黎淳（一四二三—一四九二）。成化八年（一四七二）進士，歷官中書舍人、山西按察司僉事、陝西督學副使、太常寺少卿、南京太常寺卿等。在陝西，曾創辦正學書院，明『前七子』之一李夢陽（一四七三—一五二九）、弘治十五年（一五〇二）狀元康海（一四七五—一五四〇），皆就讀於此，乃一清之門人。

弘治十五年，一清以兵部尚書劉大夏（一四三六—一五一六）薦，出任都察院副都御史、督理陝西馬政，致力於清理牧地，整頓茶馬貿易事務，馬政爲之一新。十七年冬，蒙古入侵花馬池（今寧夏鹽池縣），一清又受命巡撫陝西，仍兼理馬政。他選將練兵，修城築墻，加强防務，鞏固邊防，不辱使命。正德元年（一五〇六），又以右都御史總制延綏、寧夏、甘肅三邊軍務。次年，因忤劉瑾，一清被誣以侵吞軍餉而遭逮捕入獄，得李東陽、王鏊（一四五〇—一五二四）營救，方幸免於難，致仕賦閑家居。五年，因安化王寘鐇兵變，一清復出，總制軍務，受命平叛。與監軍大太監張永密謀，利用其與權宦劉瑾争寵的矛盾，説服張永，上密疏誅滅劉瑾。朝政一新，楊一清官拜户部尚書，後以平叛功晉太子太保，擢吏部尚書，主持大批受劉瑾排擠打擊官員的平反甄録，深得士心。十年，兼武英殿大學士，入閣參預機務。張永得罪罷去，一清孤立無援，旋被讒而罷。世宗即位，一清於嘉靖元年（一五二二）復職。三年，御命再度總制三邊軍務，五年奉召進京，入閣；六年，出任首輔。旋又被訐而請致仕，復遭誣陷被奪職削籍。未幾病卒，享年七十七歲。久之，復其官，追贈太保，謚文襄。楊一清生平事歷，具見謝純撰《楊公行狀》，李元陽撰《楊公墓表》，並見焦竑編《國朝獻徵録》卷一五；王世貞《嘉靖以來首輔傳》卷一《楊一清傳》；雷躍龍《石淙楊文襄公傳》（雲南叢書本《關中奏議》附録）；《明史》卷一九八《本傳》等。

一清歷官内外凡五十余年，三總邊務，兩度入閣，出將入相，文武全才。在朝政日益腐敗的明代中葉，不具備其充分發揮才華的客觀條件。但楊一清還是竭盡所能，對穩定政局，加强西北防務作出重要貢獻。《明史·本傳》稱其才世無堪匹，乃至『比之姚崇』，並非不虞之譽。

楊一清才高學博，著作頗豐。據《千頃堂書目》卷五、卷二〇、卷三〇、卷三一著録，他撰有《西征日録》一卷，《閣諭録》七卷，《石淙類稿》四十五卷，《石淙詩集》二十卷，《吏部題稿》五卷，《論扉奏議》三卷，《督府奏議》八卷，《關中奏議》十八卷，《制府經略三疏》一卷；楊一清、柳應辰《髻游聯句録》一卷等。除《詩集》以外的今存大部分楊文，已由唐景紳、謝玉傑先生合編爲《楊一清集》點校整理本，今有中華書局二〇〇一年版行世，不失爲現存楊集精善之本。其詳見《楊一清集·前言》。

今以其《關中奏議》卷一至卷三爲底本，與四庫本復加校勘，編入本書《補編》。其分類和篇目一仍其舊。點校本《關中奏議》卷一至三，以明刻本《關中題奏稿》爲底本，以《四庫全書》本、雲南叢書本參校，原出校記五條，分見卷一和卷三，今逐録於篇末，稱『原校』；僅補校記若干條，則以『方案』而別之。點校本中的有些誤字，疑爲手民誤刊。標點亦頗有酌改之處。俗體字、假借字及不常用的異體字，均從本書凡例，徑改不出校，特此説明。

關中奏議卷一·馬政類

爲修舉馬政事

兵部爲修舉馬政事，車駕清吏司案呈，奏本部送於兵科抄出，督理馬政、都察院左副都御史楊一清題。

節該欽奉敕諭：『陝西設立寺、監衙門，職專牧馬。先年邊方所用馬匹，全藉於此。近來官不得人[一]，馬政廢弛殆盡。今特命爾前去彼處，督同行太僕寺、苑馬寺官專理馬政。爾須查照兵部奏准事理，考究國初成法，親歷各該監、苑，督委都、布、按三司能幹官員，踏勘牧馬草場，果有侵占者，即令退還；查點養馬軍人，果有逃亡者，即令撥補。見在種、兒、騍馬，實有若干，設法增添，務足原額；倒失虧折馬駒，隨宜追補，量爲分豁。布置已定，責令該管官員，用心牧養。欽此欽遵。』

臣章句迂儒，本無致用之具。伏蒙皇上簡擢，總理陝西馬政。且馬政雖是一事，關係軍國大計，正愚臣效忠宣力之秋。重荷温旨褒嘉，揣分捫心，實深愧懼！有君如是，其忍負之？誓竭駑鈍，以圖報稱。本年八月内到於陝西地方，奉宣德意，備行兩寺監、苑官員，共修職業，以副委任。臣親詣兩監六苑，查得牧馬草場原額一十三萬三千七百七十七頃六十畝，見在各苑止存六萬六千八百八十八頃八十畝，其餘俱被人侵占。原額養馬恩隊軍人一千二百二十名，見在牧馬止有七百四十五名。牧軍包攬代役及私回原衛，住坐挨拏未獲九十九名，逃故累行勾補未解三百七十六名。點視得見在牧養兒、騸、騍馬并孳生馬駒，止有二千二百八十四匹。及查倒死虧欠馬駒，弘治六年起至弘治十三年九月止，該本寺卿李克恭奏蒙兵部題准折買事例，該追折買馬七千八百匹八分三釐，俱各不曾追補。弘治十三年十月起至弘治十六年六月終止，陸續倒死并被盜、走失馬共三千二百八十三匹，虧欠駒三千七十三匹。馬政之廢，至此極矣。

臣考究國初牧馬成法，行據該寺回稱，先年被火將文案燒毁，無從查考。查得永樂四年，兵部節奉欽依：開設甘肅、陝西苑馬寺衙門，每寺管六監，每監管四苑，各有分撥草場、水泉地方坐落四至。上苑牧馬一萬匹，中苑七千匹，下苑四千匹，僉撥恩隊軍人牧養。恩軍將各處有罪人犯發充，隊軍於各衛丁多軍人内選撥。每軍一名，養馬十匹，仍月支口糧六斗，俱係舊例。其後陝西苑馬寺不知何年，將原設監、苑裁省，止存長樂、靈武二監，管轄開城、廣寧、安定、清平、萬安五苑。後又革去甘肅苑馬寺衙門，將原發恩軍遷設黑水苑於平凉府開城縣地方，亦附長樂監管轄。前項裁革監、苑，其地散在臨洮、鞏昌、延安、慶陽四府之間，各入軍民版籍，固未能盡復其舊，即今見在監、苑觀之，土地廣衍，水草便利，使典牧得人，畜養有法，豈有馬不蕃息之理？臣親閱安定、萬安諸苑，見養馬匹中間，率多奮迅騰躍，不可控馭，始知西方畜産，土地所宜，而牧事頓廢；非法之過，乃人之罪也。臣曩爲陝西按察司官，彼時馬政已稱廢弛，猶有馬七八千匹；每歲給軍騎操，猶可數百餘匹。邇年以來，該部屢經建白，朝廷注意修舉，奈何積習之弊難祛，頽靡之勢轉甚。

查得該寺奏報册内，弘治十五年終，實在馬三千八百一十四匹，臣今點查，見在止有前數，即是半年之間又少馬一千五百三十四匹。若皆委之天數，則本處官員軍民之家私養馬匹，不聞消耗若此。典守非人，其責惡可辭哉？且今見在馬匹，除作種外，餘下兒、騸馬不多，設遇有警，將何給軍？既無益於邊方，又焉用夫彼苑？

幸賴皇上廟謨英斷，深念邦政之重，採納廷議，增置風憲重臣，委以便宜專制之柄，使圖興復。臣雖無狀，承乏而來，敢不夙夜孜孜，一新舊規，痛革宿弊！總率寺、監各苑官僚，勤考牧攻駒之政〔二〕，謹騰游調習之宜，務期馬匹蕃息，雲錦成羣。上紓九重宵旰之懷，下濟一方戎務之急，此臣之志也，亦臣之分也。

顧興廢補敝之初，改弦易轍之際，事多干涉軍衛有司，非臣一人之身所能獨理，亦非寺、監等官之力所能自遂，必得委用都、布、按三司官員分理，乃能濟事。訪得陝西布政司右參政車霆、陝西按察司副使王寅，俱風力素著，練達有爲，陝西都司都指揮僉事房懷，亦素稱勤幹；已經遵照敕旨，督委各官隨同臣遍歷各苑行事。將草場見奪者查出改正，軍人缺役者責限撥補。凡馬政一切興舉修復事宜，逐一經畫整理，務令上下相安，軍民兩便。不敢苟切以貽意外之憂；不敢因循以踵前車之失。待布置已定，然後責令該管官員，用心孳牧。至於事體重大，臣難擅專者，當次第條具以聞，乞下該部覆奏行之。使臣言聽計從，動無沮遏，如是而馬政不修，實效不著，臣甘從黜罰，無所辭避矣。爲此，今將查點過見在牧馬草場，恩、隊軍人，見養并倒死虧欠馬匹數目具本，該通政使司官奏。奉聖旨：『該部知道。欽此欽遵。』抄出送司，案呈到部。

看得奏內所查監、苑草場地畝，軍人、馬匹原額，及今被侵逃亡消耗之數，興舉修復，俱有條理。將來孳牧之盛，計日可待。至於事體重大，次第奏請定奪者必無沮遏。爲此合咨前去，煩爲徑自施行。

爲黜罷不職官員以修馬政事

都察院爲黜罷不職官員以修馬政事，准吏部咨，該本部題，考功清吏司案呈，奉本部送吏科抄出，督理馬政、都察院左副都御史楊一清題前事。

節該欽奉敕諭：『各該寺、監官員有闒茸不職者，爾即具奏黜罷，或起送別用，另選才能，以充任使。欽此欽遵。』

臣猥以庸愚，荷蒙皇上簡命，擢任今職。前來陝西地方，督同行太僕寺、苑馬寺官專理馬政。除親詣兩監六苑，將馬政一切事宜逐一查處整理，另行奏報外，臣聞政之興廢，存乎其人，得人則興，失人則廢。天下之事皆然，不獨馬政。仰惟國初開設陝西監、苑衙門，當時官得其人，馬匹蕃息，足供各邊之用。成化、天順年間以前，原額牧養馬數，行據該寺回稱：先年被火，將文卷燒毀，無從查考。查得弘治二年，爲因種馬數少，兵部奏發太僕寺馬價銀一萬二千兩，收買種馬二千匹，發寺孳牧，依例科駒。又有節年西寧、洮、河等衛解到茶易馬匹，因是官不得人，倒失虧欠數多，孳生未見蕃息。弘治十三年間，本部奏差主事李源查點得實有見在馬、騾并駒七千九百四十三匹，新追補過馬一千一百一十四匹，共馬九千五十七匹。弘治十四年，本寺卿李克恭奏蒙兵部題准，將先年倒失虧欠馬匹分豁折買，彼時見養馬八千一百六十一匹，比與主事李源查報之數，已少八百九十六匹。本年被達賊搶去馬、騾三千九百六十二匹、頭，餘下種、兒、騾、騸馬四千一百九十九匹。及查得弘治十四年、十五年内，節次解到茶馬共八百六十匹，新收孳生駒五百五十八匹，通原數共該馬五千五百六十三匹。臣今查點，見在止有種、兒、騾、騸馬并駒共二千二百八十匹，比之原數，該少馬三千二百八十三匹。見在者又多瘦損矮小，不堪作種、騎操。馬政廢弛，莫此爲甚。夫解發孳生之馬有增於前，而實在馬匹愈少於昔。以銀買茶易，百姓膏血之餘，徒充該寺歲報倒失虧欠之數。典牧之設，無益有損；邊方之用，何所倚賴？興言及此，良可痛心。

臣訪得本寺止是寺丞武戩頗勤職務，遞年前去各苑，點視追補馬匹，但官卑職輕，人不畏服，隨追隨亡，實效未著。其卿、少卿等官，俱不曾親歷監、苑。卿李克恭到任未及三年，倒失馬匹多至三千二百有餘，虧欠之駒亦如此數。例前折買者，既不追補；例後牧養者，愈加消耗。其稱倒失、被盜等項，查無告行相剥緝拏案卷，亦無追收騣尾、皮張、耳記在官。止憑該苑官軍報數，即與開除。多被奸巧之徒，將官馬盜賣與人，孳生官駒，匿爲己物。又聽富豪軍人，將草場儘力侵占耕種。解到牧軍，任意包攬，得錢放回。月糧按月冒支，馬匹全不牧養。及縱容各苑貪官，指稱公私使用，科斂錢物數多，逼累軍人逃竄。即今查出告發，不止一端。前項馬政廢弛，雖非一歲之積，一官之責，而近年馬數消耗，姦弊愈滋，實由見任官不職所致。除事發圉長邢恭等送發究問外，參照陝西苑馬寺卿李克恭，叨任卿寺正官，位高禄厚，正當勉盡職業，使馬匹蕃息，馬政修舉，以圖報稱。豈期本官因見衙門無權，事多掣肘，遂敢改節易行，無向進之心，縱欲任情，爲歸老之計。聽其言，似若有爲；察其事，全然未舉。貪聲大著，物議沸騰，以致監、苑官軍，視牧馬爲虚文，以科斂爲能事。强者因而脇持，弱者亦復玩慢，大壞馬政，重干國典。自知公論不容，卻稱患病，已成痼疾，要得放回。雖經勘實，終涉推避，駁勘未報。及照靈武監監正李謙，在京負欠人債，到任未久，需索借貸該管牧軍錢物償還。以此牽制，難於行事。廣寧苑圉長衛昌，愚闇無識，懦弱無爲。所據各官，俱係闒茸不職人數，相應黜罷。

如蒙乞敕吏部，合無將李克恭、李謙、衛昌俱照不謹罷輭官員事例，黜罷放回，冠帶閒住，惟復將李克恭更加削奪，以爲高官廢職者之戒。别選才能官員，以補前缺。如此，則宿弊可革，來效可圖，朝廷興舉馬政之意斯無負矣。等因具本，該通政使司官奏。奉聖旨：『吏部看了來説，欽此欽遵。』抄出送司，案呈到部。

看得督理馬政、左副都御史楊一清題稱：陝西苑馬寺卿李克恭因見衙門無權，事多掣肘，遂改節易行，縱欲任情，貪聲大著，物議沸騰。靈武監監正李謙在京負欠人債，到任未久，需索借貸該管牧軍錢物償還。廣寧苑圉長衛昌愚闇無識，懦弱無爲。所據各官，俱係闒茸不職，相應黜罷。要將各官照不謹罷輭官員事例，放回冠帶閒住，惟復將李克恭更加削奪，以爲高官廢職者之戒一節。

照得陝西苑馬寺卿李克恭、監正李謙、圉長衛昌，俱係職專馬政官員。既該都御史楊一清劾奏前項不職緣由，合無將各官照依朝覲考察官員不謹罷輭事例，放回冠帶閒住，惟復行令就彼回還原籍致仕。本部未敢擅便定擬，伏乞聖裁。

緣奉欽依『吏部看了來説』事理，弘治十六年十二月二十六日，少師兼太子太師、本部尚書馬文升等具題。本月二十八日，奉聖旨：『是。馬政重事，管理須要得人。李克恭等都着冠帶閒住。甚任苑馬寺卿的，你每查照前旨，從公推舉素有才力兩員來看。欽此欽遵。』擬合通行除外，移咨前去，煩爲轉行督理馬政都御史，照依本部題奉欽依内事理，行令苑馬寺等衙門卿等官李克恭等，欽遵就彼回還原籍，冠帶閒住。仍取各官離任日期咨報等因到院。擬合就行，爲此移咨前去，煩照該部題奉欽依内事理，欽遵施行。

爲起送別用官員事

題爲起送別用官員事。

節該欽奉敕諭：『各該寺、監官員有闒茸不職者，爾即具奏黜罷，或起送別用。欽此欽遵。』

切照陝西行太僕寺管轄衛所、營堡數多，其少卿例該每年巡歷、點視、比較官軍騎操馬匹及禁革姦弊。陝西苑馬寺卿、少卿等官，職專督責監、苑官軍孳牧馬匹。即今朝廷興舉馬政，前項官員必得才力素優，實心幹事之人，乃克有濟。

臣切見陝西行太僕寺少卿李宗商，謹畏有餘，才力不逮。到任未久，臣嘗委令行事，雖性能執持，而事不達變，人心不服。陝西苑馬寺少卿徐文英雖有才幹，疏散不拘。到任二年，因見衙門久廢，將馬政置之不理，坐視卿李克恭縱情壞事，全不匡正。所據各官，當此紀綱大壞之餘，責其作新振舉，終難濟事。但人才難得，取其所長，猶可別充任使。除遵照敕諭，行令各寺將各官起送，前赴吏部奏請別用外，緣係起送別用官員事理，謹具題知。

爲修舉馬政事

兵部爲修舉馬政事。該本部覆，車駕清吏司案呈，奉本部送於兵科抄出，督理馬政、都察院左副都御史楊一清題。

臣受命以來，夙夜孜孜，不遑寧處，深懼奉職不效，以負陛下登簡作興之意。博采羣言，請求孳牧事宜，頗得其概。

臣嘗考之載籍，唐初鳩括殘騎，僅得牝、牡二千匹。肇自貞觀，訖於麟德，四十年間至七十萬餘匹。垂拱以后，馬耗太半。開元初，稍稍修復，始二十四萬。至十三年乃四十三萬。議者謂其監牧之置得其地，監牧之官得其人，而牧養之有其法也。今其地固陝西之地，當時領牧事者，張萬歲、王毛仲之流耳。竊意生當熙洽全盛之朝，名爲儒者，其所建立，豈宜出張萬歲、王毛仲之下？然稽之事勢，實有不同。唐都關中，所置八坊四十八監，初在岐、豳、涇、寧間，後分析列布河西豐曠之野。繇京度隴，跨隴西、金城、平涼、天水數郡，即今西安、鳳翔、平涼、鞏昌、臨洮諸府之地，員廣數千里。其間善水草腴田皆隸之，故其馬蕃盛如此。我朝定都北京，永樂四年，以陝西地宜畜牧，乃詔開設監、苑。其始規畫，亦甚宏遠，與唐制無大相異。苑馬寺所轄六監，每監轄四苑。威武監所轄武安、隆陽、保川、泰和四苑，在平涼府開城、隆德二縣地方；同川監所轄天興、永康、嘉靖、安勝四苑，在關城縣及慶陽府安化縣地方；熙春監所轄康樂、鳳林、香泉、會寧四苑，在臨、鞏二府隴西、會寧、狄道、金縣地方；順寧監所轄雲驥、昇平、延寧、永昌四苑，在延安府保安縣及慶陽府安化縣地方，蓋亦跨陝西數郡，二千餘里之地。後皆革去，止存長樂、靈武二監，又革去弼隆、慶陽、安邊三苑。今見存牧地在開城、通渭二縣地方者，不過環數百里，又有衛所屯田及王府、功臣草場參雜其間，況原設牧軍數少。臣故謂事勢不同者，此也。然不以供京師，以供陝西各邊戰士之用，宜無不足。惟監牧非人，牧養無法，坐是頹廢，上厪宵旰之憂。

臣竊謂西安、鳳翔諸内郡，編户日繁，版籍已定，固難別議。臨、鞏二府，土曠人稀，原設監、苑處所，必有空閒不耕之地，宜修復者，謹當深察利害，徐議可否。及馬政一切事宜〔三〕，應施行者，徑自施行，應具奏者，具奏定奪外，今將切要二事，先行條具上請，乞敕兵部覆奏行之。臣不勝幸甚。爲此開坐具本，該通政使司官奏。奉聖旨：『該部看了來說。欽此欽遵。』抄出送司，案呈到部。

看得都御史楊一清，奉命修舉馬政於廢墜之後，首奏後項二事，俱係緊要事宜，理合逐一議擬，開立前件，伏乞聖明裁處。

緣係修舉馬政，及奉欽依：『該部看了來說』事理，未敢擅便開坐。弘治十七年正月初七日，本部尚書劉大夏等具題。本月十四日，奉聖旨：『准議。欽此欽遵。』擬合通行除外，合咨前去，煩照本部題奉欽依内事理，欽遵施行。

計開

一、增種馬以廣孳息。查得永樂四年，開設監、苑衙門。兵部節奉欽依事例，上苑牧馬一萬匹，中苑七千匹，下苑四千匹。當時種馬及后來孳生數目，雖不可考，而原擬養馬定規，卻是如此。臣今遍歷兩監六苑，酌量草場廣狹，軍額多寡、户口盈縮、事勢難易，議處得開城苑原額恩隊軍人四百四名，安定苑原額恩隊軍人二百六十五名，俱草場寬闊，水泉便利，地宜畜牧，堪爲上苑。使官得其人，政令修舉，各牧養萬馬，誠不爲難。廣寧苑原額恩隊軍人二百一十八名，後因添設固原州、衛，草場地方多占修城郭及撥爲屯地；萬安苑原額恩隊軍人雖止九十四名，草場亦頗寬闊，俱堪爲中苑。黑水苑係甘肅苑馬寺遷撥恩軍一百六名，草場逼窄；清平苑原額恩隊軍人一百三十三名，地狹土瘠，人無生業，俱止可爲下苑。前項苑分，恐不能遽如原定養馬之數。大要開城、安定二苑，俱可牧馬一萬匹，萬安苑可牧馬五千匹，廣寧苑可牧馬四千匹，清平苑可牧馬二千匹，黑水苑止可牧馬一千五百匹。通計六苑，除每歲給軍騎操外，可常牧馬三萬二千五百匹，足勾陝西三邊之用。國初之盛，諒無以逾此。然欲廣孳息，必先多畜種馬。種馬既少，則孳生遽難收效。查得各苑見在馬二千二百八十匹，堪作種者止有一千三百餘匹。臣今將倒失虧折馬匹，隨宜追補，及弘治十六年分茶易種馬，通止可勾三千匹。必須增置七千匹，共種馬萬匹。以兩年一駒計之，五年之内，可勾前數。將來孳息，牝復生牝，駒復生駒，源源不絶，數十萬匹之數，可計歲而得矣。及看得西寧、洮、河等衛茶易番馬，以之給軍騎操，固濟邊用；以之作種，則風土異宜，孳牧多損，養馬軍人甚以爲累。必須收買内地馬匹，易於牧養，成效可圖。且西人以畜牧爲生，要在不虧其直，自然樂售。考之《周官》：『馬質掌質馬，馬量三物〔四〕。』蓋三代盛時，民有餘畜者，官以價直易之，養之閑廐之中，以備不時之用，意正如此。臣欽奉敕旨，雖許其設法增添，但陝西地方軍民，邇年以來，困於虜變，困於歲饑，困於轉輸，困於修築，公私匱竭，帑藏空虚，别難措置。查得弘治二年，爲因種馬數少，兵部奏準，將太僕寺收貯馬價銀一萬二千兩送發陝西布政司，敕巡撫官督令布、按二司官員〔五〕，收買種馬二千匹，發寺牧養。合無比照前例，支取太僕寺馬價銀四萬二千兩，差官作急齎送陝西布政司交割，聽臣督同都、布、按三司官，於平、慶、臨、鞏等府、衛地方官員軍民之家，收買堪以作種好馬七千匹，派發各苑孳牧。趁時搭配羣蓋，依例科駒。如有倒失虧欠，隨即追補，不許似前玩慢，以致逋課數多，自取罪責。前項太僕寺儲蓄銀兩，本爲濟邊之用，且如各邊奏討銀四萬兩，不過收買戰馬四千匹，較之孳牧之利，何如暫費而大獨，惟陛下裁之！

前件查得，弘治二年，本部奏給太僕寺銀兩，請敕陝西巡撫官收買種馬事理，與今所奏相同。今都御史楊一清，備查各苑地畝、軍人、馬匹數目，斟酌土地之宜，計扣孳牧之利，詳細平正，俱係確論。既欲責其成功，必須備其種馬。所據奏討收買種馬銀兩，相應准理。合無本部於太僕寺收貯馬價銀兩依數支出四萬二千兩，用木鞘裝盛，沿途應付車輛，撥軍防護，差官送去陝西布政司交割。仍照舊例，請敕都御史楊一清，擇委都、布、按三司廉能官員，分投前去腹裏各該産馬地方，兩平收買堪以作種好馬七千匹。行令陝西行太僕寺委官印烙，派給各苑軍人餵養，依時搭配羣蓋，孳牧其中。收買分撥，孳牧追陪，與凡一應事宜，悉聽本官斟酌裁處。所委官員，敢有不行用心，故違誤事者，亦聽本官參奏拏問。仍將買過馬匹毛齒，領養軍人姓名，造册繳部，以備查考。

一、增牧軍以便畜養。切照陝西苑馬寺兩監六苑，原額養馬恩隊軍人共一千二百二十名，見在七百四十五名，在逃、事故等項四百七十五名。縱使勾補完足，數亦不多。且如每軍一名，照例養馬十匹，亦不過一萬二千二百匹。夫犬馬待人而食，若不增置牧軍，則畜養乏人，難收蕃息之效。查得養馬恩軍，係先年將各處有罪人犯發充；隊軍例於各衛丁多有力軍人内選撥。緣陝西各該衛所行伍空虚，征操備禦尚且缺人，似難額外增補。況各苑天氣高寒，地土磽燥〔六〕，生理素少，又鮮有居室，多在崖窯堡洞住坐。腹裏軍人解補者，隨到隨逃，不安其業。馬政廢弛，亦多由此。訪得各府、衛、州、縣百姓軍餘，多有逃來各苑地方潛住，年久不當差役，又無官司管束查考，往往别生事端。及至被人告發，卻行調躲。因無户籍，無憑挨捉。歲復一歲，爲數漸繁。夫物聚則必争，争則易於生亂。今不爲之所，將來恐貽他患。此等流民，論法俱該問罪，發遣回還原籍當差。但念其故鄉生計已失，無可復之業；而此地依棲既久，有可戀之資。必盡法處之，非死則散而爲盗耳！若編爲養馬軍人，給撥草場地土，使之住牧，則官有畜養之役，民無驅逐之苦。且其耐貧寒，習畜牧，比與新撥隊軍，萬萬不同。公法私情，似爲兩便。欲通行查拘編發，誠恐愚民無知，畏懼罪責，驚擾藏匿，急難濟事。臣已經遵奉敕諭便宜處置事理，出給告示曉諭，但有逃來潛住人民，許其赴官投首，與免治罪。量其人丁多寡，給與草場地土，領養官馬，依例科駒，就近編入該苑籍册内帶管。及行守備固原都指揮僉事苗英、固原州知州岳思忠，查訪招諭去後，續據逃民赴臣投首，情願養馬者，已及百名之上。俱暫收發各苑，聽候給地領馬外，近訪得前項逃民，節年多有投在平凉各郡王、將軍、中尉等府及儀賓之家，跟隨使用，娶妻生子。出入府第，生事害人，官司莫能禁治。有告發者，各府輒稱先年收買家人，不肯歸斷。緣王府招集外人，明有禁例。况陝西地方軍民疲困已極，户口凋耗日甚，若姦頑之徒躲重就輕，一概似前投托影射，愈加靠累見在軍民。如蒙乞敕該部，查議宗室收買家人，有無事例。果於禮法有礙，乞行臣委令分巡、分守等官，通查平凉各郡王、將軍、中尉等府及儀賓之家，并楚、肅二府馬營、草場、莊所家人，除例應得者不動外，但有收集各處逃來軍民，投托作爲家人者，着落地方火甲、鄰佑人等訪報，捉拏到官，審問明白，編發監、苑養馬軍人，一體分撥草場地土，領馬耕牧。若有占恡藏匿，各輔導官及儀賓參奏治罪，逃民及撥置主使旗校人等，俱照例問發邊衛充軍。如此，既以增公家畜牧之人，又以杜私門招集之釁。其於朝廷大體，軍國重計，俱有裨益。仍乞查照永樂年間發充恩軍事例，今後北直隸、山東、河南、山西、陝西法司問擬人犯，有例該邊衛永遠充軍者，俱發陝西都司轉解陝西苑馬寺，編發各苑，永遠牧馬。連原額及新收發軍人共及三千名之數，具奏停止，另爲施行。以三千之軍人，牧三萬之種馬，孳息既廣，户丁亦增。不出十年，數十萬匹之盛不難致矣。臣愚所見如此，未知是否，惟陛下察之！

前件查得，弘治十三年，該刑部等衙門尚書等官白昂等奏准見行事例：各王府不許擅自招集外人，凌辱官府，擾害百姓。違者，巡撫、巡按等官奏聞，先行追究設謀撥置之人。杖罪以上官員，奏請降調邊方；旗校舍餘人等，發邊衛充軍。及行准禮部儀制清吏司手本回稱：各王府及儀賓，例該撥與儀從跟隨，查無家人事例。今都御史楊一清，爲因各苑牧馬軍人數少，見得彼處潛住流逋及投入各王府、儀賓之家者數多，俱要查收，與同北直隸、山東、河南、山西、陝西法司問擬邊衛永遠充軍人犯，通發各苑牧馬一節。緣馬匹必須得人牧養而後可以望其蕃盛。今各苑見缺養馬軍人，而本處地方又有前項逃住及違例投托之人，若不因而收集，非特缺人養馬，且恐重貽後患。合無同前買馬事宜，一併請敕都御史楊一清，督同都、布、按三司守、巡等官，出榜曉諭：各苑地方潛住之人。及有投入各該郡王、將軍、中尉等府并儀賓之家，楚、肅二府馬營、草場、莊所家人者，俱許赴官自首，免其問罪，收集牧馬。如或占悋不首，着落各衙門官員設法訪察，擒拏問罪，枷號畢日，仍發監、苑養馬。各該輔導、撥置之人，依擬問發，應奏者奏聞定奪。其編發安插前項人役，悉聽本官從宜裁處。本部仍通行北直隸、山東、河南、山西、陝西巡撫、巡按，各行所屬問刑衙門并在京法司，凡有問擬永遠充軍人犯，及陝西各府十六年以前清出江南衛所軍人例該存留附近衛所者，俱解陝西都司轉解苑馬寺，定發各苑牧馬，務輳足三千名之數。若再不足，另行定奪。仍將編發過姓名繳部查考。及照牧馬軍人最爲緊要，買到種馬，即要軍人領養。若前項清查流民并行補隊軍等項，委官敢有視常怠慢者，輕則住俸，重則參提，不宜姑息，容令誤事。

爲遵成命重卿寺官員以修馬政事

題爲遵成命、重卿寺官員以修馬政事。

臣竊惟修政於廢墜之餘者，當求變通之術；救弊於積習之久者，必有作新之機。故曰：『琴瑟不調甚者，必解而更張之，乃可鼓也。』若徒安於故常，則未免因陋就簡，其何以成天下之大務哉！臣奉敕督同陝西行太僕寺、苑馬寺官專理馬政。陝西馬政，其弊極矣。臣於别疏已備言之，不敢復論。大抵人存而後政舉，任法不若任人，此古聖哲之明言，而歷千萬世莫之能違也。照得各處行太僕寺、苑馬寺卿、少卿等官，比與兩京太僕寺事體相同。在祖宗朝，其選至重，故官得其人，馬政修舉。數十年來，士大夫重内輕外，又見兩寺衙門無權，多不樂爲，用人者因而俯就之。凡遇缺員，苟取充數。積習既久，遂爲遷人謫宦之地，人人得而輕之。成化年間，又令巡撫提督。巡撫不得親理其事，徒委之布、按二司巡、守、兵備官員，文移所及，每以督同該寺爲詞。遂使卿寺之官，若爲二司統屬，纔得與府、衛爲偶。勢分既輕，職任愈廢。雖有才能，一就是職〔七〕，終身不展，垂首齎志，坐待罷黜。夫事勢至此，中人之性，欲其奮發有爲，斯亦難矣！

邇者皇上重念邊方多事，用馬爲急，采納該部建議，講求孳牧事宜。以陝西苑馬之利獨優，簡命愚臣前來督理。肅清弊政，布置成規，愚臣事也。顧法立非難，行之爲難。今天下良法美意，動爲有司所遏，令出於上而隳於下者，以爲恒患。使卿寺任非其人，臣雖罄竭駑鈍，一法立，一弊生，事事而求之，時時而驗之，亦不勝其繁瑣苛察之病矣。爲今之計，慎擇卿寺官員，最爲急務。切照陝西苑馬寺卿李克恭、少卿徐文英、陝西行太僕寺少卿李宗商，俱該臣遵照敕諭，具奏黜罷，及起送别用。前項員缺，合當銓補。查得先准兵部咨，爲處置茶馬以便地方事，該本部題稱：「今後凡遇各行太僕寺、苑馬寺缺少卿，於各省參議、僉事内；缺卿，於各省參政、副使及本寺少卿内，各推舉有才力者陞任。如果牧養有方，馬政興舉，照依太僕寺卿并少卿事例，推舉在京相應堂上官，或巡撫都御史。其餘各該監、苑，亦要於北方少壯、素知養馬者選任，庶使各寺官員皆得其人，馬政可以保其久遠不廢等因具題。節該奉聖旨：『是。今後各寺、監官員，務選才力素優的去。待有成效，一體不次擢用。欽此欽遵。』續准兵部咨，爲一事權以修邦政事，該本部題，該南京科、道等官奏前事，本部議擬具題。節該奉聖旨：『是。今後行太僕寺、苑馬寺官有缺，照在京太僕寺官例，務推素有才望的簡用。待有成績，亦照太僕寺官陞擢。欽此欽遵。』中外臣民，恭睹成命，皆知皇上崇重卿寺興舉馬政之意。變通之術，作新之機，誠無出此。

然臣到陝以來，聞二司之於兩寺，輕忽如故。臣嘗行委二司官，會同行太僕寺少卿李宗商，查處官軍騎操馬匹事務。其二司恥與之同事，不容並列。習俗之弊，至於如此。彼見先年亦嘗奉有成命，而卿寺之選格不加嚴，體勢不加重。耳目相襲，以爲宜然，未能遽革。今前項卿、少卿員缺，若不遵奉明旨，照在京太僕寺官例推用，及照依兵部題奉欽依，於二司參政、副使、參議、僉事内推選陞任，則無以轉移人心，將來馬政難望修舉。及照兩京太僕寺卿員缺，多於在外按察使内推補，然則行太僕寺、苑馬寺官於參政、副使等官内推任，亦正相應。且使二司之於兩寺，視如一體，不至輕侮沮撓，則府、衛以下官僚素所服屬於二司者，自然嚴憚奉行之不暇矣。論者或以爲今之行太僕寺、苑馬寺卿求爲參政而不可得，若將參政等官推任，恐於人情不堪。殊不知低昂輕重之機，正在用之何如耳！昔以遷謫視之，則其勢自輕；今以推擢視之，則其勢自重。正名分以作其氣，懸禄秩以待其成。人臣之分，隨所位任，豈敢有所擇，亦豈可狥人之情而聽其擇哉？

但今正在整理修復之際，急缺官員，若將各布政司、按察司官一例推陞，恐其相離陝西地方遥遠，到任稽遲，不無誤事。伏望聖明斷自宸衷，乞敕吏部，將陝西苑馬寺卿員缺，於陝西及山西、河南附近布、按二司年淺素有才望參政、副使，或年深曾經旌異參議、僉事内推陞。其兩寺少卿員缺，亦於前布、按二司年淺素有才望參議、僉事内推陞。各推二員，上請簡用，齎憑令其到任管事。待有成效，聽臣奏保旌異，吏部查照在京太僕寺官事例，不次擢用。如此，則耳目一新，士氣自倍，勢分由此而尊，職任由此而重。使人人得自展布，馬政不日可復國初之盛矣。

臣誠愚昧，職業所關，不勝激切。緣係遵成命、重卿寺官員以修馬政事理，謹題請旨。

爲遵復舊制量添官員以修馬政事

題爲遵復舊制，量添官員以修馬政事。

臣查得永樂四年開設陝西苑馬寺衙門，額設卿一員、少卿二員、寺丞四員、主簿一員。長樂、靈武二監各設監正一員、監副二員、録事一員。開城苑設圉長八員，安定苑六員，清平苑三員，廣寧、萬安二苑各二員。後該本寺少卿嚴信等奏稱：本寺見在孳牧止有馬、騾、驢六千餘匹、頭，官多事少，要乞裁減。該行在吏、兵二部議得：合無本寺存留卿、少卿、主簿各一員，寺丞二員。長樂、靈武二監各存留監正一員、録事一員。開城苑存留圉長三員，安定苑存留二員，清平、廣寧、萬安三苑各存留一員管事。其餘盡數起送赴部別用。官制不動，以後馬匹增添，照舊銓選。正統二年十二月二十三日，題奉英宗睿皇帝聖旨：『是。欽此欽遵。』通行外，成化年間，該陝西巡撫都御史余子俊奏，添設黑水苑，照廣寧等苑例，銓除圉長一員。弘治二年，又該陝西巡撫都御史蕭禎奏革寺丞一員。及查得開城苑近年止有圉長二員外，一員不曾裁革，久未選除。靈武監録事董真、安定苑圉長周安，俱於弘治十五年朝覲黜退。所有員缺，亦未選補。

臣仰惟我太宗文皇帝以神武御天下〔八〕，深念軍國之務，用馬爲急，立法定制，規模宏遠。遵而行之，馬政豈有不舉，實效豈有不著？數十年來，選用太輕，典牧之官，徒存故事；孳牧之政，名存實亡。論者不能深考祖宗設官之意，講求探本救弊之術，動以官多議革。惜小費而忘大體，徇近利而昧遠圖。因循至今，馬政廢弛殆盡，致妨邊務，以厪宵旰之憂。

夫官本因事而有設，政當因時而制宜。以陝西馬政論之，若止如近年故事，則見在已爲贅員；必欲大圖修舉，則舊額似當量復。且正統初年裁革之時，本寺見養馬、騾、驢止有六千餘匹、頭。今見在馬匹雖不及此數，臣已經奏添種馬。明年，銀買、茶易及追補倒失虧欠，期得種馬萬匹，方勾孳牧。歲復一歲，爲數漸廣，典守之官，豈可缺人？

臣又看得，安定、萬安等苑，相離苑馬寺各數百里。因是本寺官不行巡視查考，以致該苑官軍任情作弊。臣欲令自明年爲始，照依布、按二司分巡、分守官事例，行本寺輪委堂上官，一員分管廣寧、開城、黑水三苑，一員分管安定苑，一員分管清平、萬安二苑。不時下營巡視，點閘驗看定駒、顯駒、重駒，比較官軍牧養勤怠，年終交代。量其所管苑分孳生多寡，以定各官賢否，用行旌黜之典。如此，則人人效職，成績可圖。緣本寺除正官外，止有少卿、寺丞各一員，必再添除堂上官一員，乃能濟事。及照廣寧、黑水、清平、萬安四苑，各止設圉長一員，中間或有事故去任，又無空閑官員可委，不無誤事。如萬安一苑，草場廣闊，極臨邊境，亦止設官一員，委的看管不周。前項苑分，似當照舊設圉長二員，乃可責其成效。如蒙乞敕吏部，查照舊例，合無將陝西苑馬寺不拘少卿、寺丞，添設一員。廣寧、黑水、清平、萬安四苑，各添設圉長一員，并靈武監録事，開城、安定二苑圉長員缺，各銓補前來管事。其餘原額官員，待馬匹蕃盛之日，另行奏請定奪。

緣係遵復舊制，量添官員以修馬政事理，謹題請旨。

爲處置馬營城堡事

兵部爲處置馬營、城堡事。該本部題，車駕清吏司案呈，奉本部送於兵科抄出，督理馬政、都察院左副都御史楊一清題。

看得陝西苑馬寺各苑，多不曾修建衙門、城堡，及雖有城堡，年久坍塌，又皆無營房、馬厩。苑官多僦屋而居，或宿窯洞。所養官馬，晝夜在野。且春夏之時，趁水草牧放，固可適其騰游之性，至於冬寒時月，若不蓄積草莝，攢槽餵養，山野之中，草枯水凍，加以風雪侵凌，凍餓損傷，寧不致死？臣謹按《周官》，圉師掌教圉人養馬，必順四時。冬則燠之以厩，夏則涼之以庌。藉薦以禦其寒，涂釁以除其穢。先王畜牧之善如此。查得永樂四年兵部爲開設衙門事，將各項合行事件開坐，内一件起蓋馬厩。合行工部，轉行陝西都、行二司并布政司，令軍衛有司，差撥軍夫，於附近各苑去處，量其馬數，起蓋馬厩，以備冬月牧養。合用木植，仍從工部定奪。題奉欽依通行外，此係國初牧馬成法，年久廢弛，一向不曾申明舉行。及照弘治十四年間，達賊大舉侵犯，官馬因無處收避，被搶去三千九百餘匹。况各苑地方，木植艱得，土人以窑洞爲家，乃其素習。各該衛所解來隊軍，因無棲止，隨到隨逃，廢弛之故，亦多由此。

今朝廷大修馬政，所宜深慮卻顧，用圖久遠，豈可仍前因陋就簡？又恐數年之后，我馬蕃息，爲虜人所窺，或貽前年之禍，雖悔何及。處置馬營、城堡，誠爲急務。臣已經督委布、按二司右參政車霆、副使王寅、本寺少卿徐文英、寺丞武戩，督同固原、靖虜等州、衛官，親詣各苑地方，眼同該苑官吏、軍人，相度地勢，斟酌事宜，逐營逐堡，一一勘處停當。勘得長樂監廣寧、開城、黑水三苑，俱在平涼府固原州地方。廣寧苑原設鞏昌、臨洮、青州、平涼四營。鞏昌、臨洮、青州三營，俱原無城堡，合當創置。鞏昌營堡於地名石羊溝創置，周圍二百三十丈，廣寧苑衙門在此設立。臨洮營堡於地名紅崖子創置，周圍一百五十丈。青州營堡於地名龍王廟創置，周圍一百六十丈。平涼營已有城堡一座，周圍一百二十六丈，因舊修理。開城苑原設八營，頭營、二營舊有城堡，俱各逼狹。頭營合於本城迤東展拓，共二百三十六丈，開城苑衙門在此設立。二營於本城迤南展拓，共二百九十五丈。三營舊城堡被河水衝浸，不堪安插人馬。今於本城迤西，坐落地名第二灣創置，周圍二百八十丈。四營、六營、七營各舊有城堡，年久坍塌，俱因舊修理。五營原無城堡，於地名廟兒平創置，周圍一百六十丈。八營舊有城堡，鎮戎千户所開設在内，别無空閒地基。今於本城迤南展拓，共一百六十丈。黑水苑舊有城堡一座，固原衛備冬人馬在此安插，亦無空閒地基。今於本城迤南展拓，共七百三十五丈，黑水苑衙門在此設立。安定苑坐落鞏昌府通渭縣地方，原設中營、原川、稠泥河、衙門、石硤口、雙井共六營。中營就附本苑，舊有城堡一座，年久損壞，地基逼狹。今合將本城迤南展拓三十五丈，北面因山，斬削成墻，其餘各因舊墻幫築，東西共二百步，南北二百七十步，周圍共二里六分四毫，本苑衙門仍在此修置。原川、稠泥河、衙門、石硤口四營，先年各軍因被達賊搶擄，自行用力，各於本山修有小堡，年久亦多損壞，督令各軍隨宜修補。雙井營原無城堡，亦合就於本營地方，照依各營修築小堡一座。

靈武監清平苑坐落平涼府固原州地方，舊有小城堡一處，不堪安插人馬。今勘得古跡彭陽舊城基址，西倚高山，東瞰平川，周圍九百丈，合於此修置大城堡一座。平川東、南、北三面共四百五十丈，高山西、南、北三面亦如平川丈數，内修建本監、本苑衙門，闔苑人馬俱堪在此收集居住〔九〕。萬安苑坐落固原州及慶陽府環縣地方，原無城堡衙門。今勘得地名板井川見有新修城堡一座，周圍四百三十五丈五尺，四面皆距深溝，天然斬削，不煩人力，合在此修設萬安苑衙門。但本苑草場廣闊，地臨邊境，恐卒遇聲息，人馬急難收集一處。今於草場界内勘得舊有孫家堡、楊家堡基址二處，各離板井川三十里，亦合各修建小城堡一座，收集附近人馬。

前項城堡，量其大小，各修城門一二座。城上修垛墻、更鋪，以備瞭望。四圍各濬城濠，於内隨其地勢廣狹，各修營房、馬厩，多者數百間，少者百十餘間。開立街市，以通貿易；種植樹株，以供蔭息。各存留隙地，堆積草束，以備支用。春夏時月，如無聲息，官馬聽其在野牧放，一有烽火傳報，即便收掣回營。及冬春寒凍時月，俱收入城堡餧養。黑水、安定、清平、萬安四苑，相離本寺地遠，仍各建立官廳一所。每年輪令少卿、寺丞一員分管，不時下營點閘，在此居住。

夫築城堡則人馬有所保障，置馬厩則馬匹不至横傷，修營房則貧軍有所依棲，建公衙則牧官可修職業。揆之事理，皆所宜爲，誠非浪設。且清平、萬安二苑地方，與各該軍衛有司軍民雜處，相離邊堡寫遠。前年達賊四散抄掠，如入無人之境。殺戮人民，如殺狐兔；驅逐丁口，如驅犬羊。臣巡視所過，血痕漬地，凋落之狀，難以模寫；呻吟之聲，所不忍聞。前項彭陽、板井川諸城堡既立，非惟監、苑人馬可保，或遇虜患，附近軍民丁口、頭畜亦可收避。況西人素勇敢善鬭，待馬政就緒，將各苑軍餘，挑選壯丁，設爲操夫，各一二百名。給與盔甲，授之弓矢，令其不妨牧馬，遇閒暇之時，操習武藝。就令寺、監官員督視比較，不許調遣，專一防守本營城堡。是雖爲牧馬而設，亦可壯邊域之聲勢，資緊急之應援。古者寓兵於農，今藏兵於馬，無不可者。彼虜覘知我保障有地，防守有人，縱然馬匹蕃盛，不敢生垂涎之意矣。但經營造作，所費不貲，合用工力，必須計處。除因舊展拓修理，用工不多者，就令本營正軍、餘丁自行修築外，其創置城堡，工程浩大，必須量起附近軍衛有司軍民人夫，與本營軍夫相兼修理。至於建立城門、衙門，起蓋營房、馬厩，合用工料等價數多。其木植俱於平涼府華亭縣及鞏昌府漳縣採打。緣各處人民節年因挖運、修邊等項〔一〇〕，負累貧困，臣實不忍重勞。必得官錢，雇人採打輪運，則公私兩便。況今歲地方薄收，來年人民必然缺食。若有官錢雇募，趨者自倍，官事易集。昔人有以凶年興大役，成大功者意正如此。

查得陝西在官庫藏，别無蓄積官錢堪以動支。合無通行陝西司、府、衛、州、縣大小問刑衙門，將弘治十七年正月起至本年十二月終止，一應經問囚犯該納贖罪折收銀錢者，連贓罰銀物，各衙門追完，俱發各府貯庫，按季類送平涼府收貯。聽臣督委布、按二司官陸續查取，雇人採打木植，燒造甎瓦，及輪運等項支用。但所問囚犯，有力者少，以一省一年計之，數亦不多。惟復再將太僕寺收貯馬價銀多支一二萬兩，通前買種馬之數，共送發銀六萬兩，則事事可辦，成功不難。臣當嚴加督察稽考，不敢苟且粗率，委用非人，浪費錢糧，自取罪責。事完，備圖造册奏繳。

臣又竊見，世之好議論者，見人有所舉動，輒以勞民費財爲辭。殊不知不一勞者不永佚，不暫費者不大蠲，要在擇可勞者而勞之，不爲無益之費而已。古者問國君之富，數馬以對。矧今堂堂天朝，據全陝畜牧之地，而馬政廢弛至此。各邊缺馬，動輒來京奏討。十數年間，送發馬價銀多至數十萬兩，是皆百姓膏血之餘。率是以往，何有紀極？夫七年之病，三年之艾，苟爲不畜，終身不得。及今圖之，五年之後，可以給陝西三邊之用；十年之後，可以備京師不時之需，將來所省不知幾何。且以壯中國富疆之勢，而潛消外夷輕侮窺伺之心，其所關係，良非小補。若憚勞惜費，徇流俗之浮言，襲目前之故跡，則是爲一身之謀，而非所以爲國家深長久大之圖者也。臣所見如此。乞敕兵部詳議可否。如或可采，依擬覆奏行之，地方幸甚，臣愚幸甚！

緣係處置馬營、城堡，乞請官錢，動煩軍民人夫事理，未敢擅便，爲此具本，該通政使司官奏。奉聖旨：『兵部看了來說。欽此欽遵。』抄出送司。

查奏間，隨奉本部送於兵科抄出，都御史楊一清又題，爲傳報聲息預防虜寇事。據固原衛申，據瞭高樓守瞭軍人史新收報稱：弘治十六年十二月初八日申時，瞭接迤東東山墩傳火一十一把。初九日夜二更時分，又據本軍報：瞭接迤北袁家墩舉火二把。本夜三更時分，亦據本軍報：接前墩舉火五把，傳煙一把。至初十日辰時，據守瞭軍人倪九瞭接迤東東山墩傳火二把。至本日巳時，又據本軍亦報：前墩傳火二十八把。本日夜一更時分，續據軍人梁孟釗報：接迤北袁家墩火三把〔一一〕。本夜二更，又據本軍亦報：前墩舉火二把。本更，隨據軍人彌九又報：袁家墩傳砲十箇，煙二把等因。

據此，隨據陝西布政司右參政車霆揭帖呈稱：訪得達賊俱已過河，在套住牧，晝夜火砲不絕。本年十二月初二日，將寧夏邊墻剜開六處，與墩軍答話云：『我每三十萬人馬要來搶殺，先着我每來拆墻。』思得各苑見在馬匹，俱無牢固城堡。爲今之計，除行自已有堡去處隄備外，無堡去處，合無行令附近各苑，不分軍民，築有寨堡人家，不許獨占。先令無堡軍人與伊通知，將積有草束，搬運於内，一遇有警，將馬收入便益等因。

據此，照得各該監、苑，委多不曾設立城堡，及間有城堡者，又多年深坍塌，不堪保障。臣於本月初八日，已將查處馬營、城堡緣由，具題定奪。但目下傳報聲息緊急，其稱三十萬人馬要來搶殺，乃張大之言，固難盡信。然賊衆既已過河，在套住牧，不得不防。除依擬行令隄備外，臣聞陝西監、苑，國初馬匹蕃盛。自正統年間以來，節被達賊入境，因無城堡收避，多被搶掠，馬數消耗。數十年來，未能完復。弘治十四年，各軍丁口、官私頭畜，被掠尤多。呻吟創殘，至今狼狽。以事勢論之，彼賊明知固原地方被搶蕭索，方及二年，頭畜未曾生息，似無復來之理。況近該總制尚書秦紘修築邊墻，剗削山崖，挑濬溝塹，自靖虜花兒岔起至環慶饒陽水堡止七百餘里，俱已完固。防守之計，比前不同，人心恃以無恐。但狼子野心，終難測度。恐其因見前年深入厚獲，不曾遭挫，有蔑視我軍之志。萬一河開不出，窺覘糾結，地方安得晏然無事？且各該邊城，人馬數少，糧草缺乏，將領無堪倚之人，行伍無敢死之士，深慮卻顧，臣實疚心。《書》曰：『惟事事乃其有備，有備無患。』兵法曰：『無恃其不來，恃吾有以待之；無恃其不攻，恃吾之不可攻。』然一切戰守之事，各有司存，非臣所敢輕議。臣晝夜思，惟欲修孳牧之政，即當爲備禦之圖。今見在馬匹并追補、孳生，加之明年銀買、茶易，爲數漸繁。前項修築營堡工程，非一時可辦，必先事預防，趁時兼舉，庶免後艱。若謂今日種馬數少，不宜輒議營堡，待馬匹蕃息之後另行定奪，臣恐意外之憂或生於所忽，不測之患或起於目前。徒竭公私之力，顧爲虜寇之資，後時而悔，亦無及矣。如蒙乞敕兵部，查照臣先今擢奏事理，早爲上請施行，臣不勝幸甚！

緣係傳報聲息、防預虜寇事理，未敢擅便具本，該通政使司官奏。奉聖旨：『兵部看了來説。欽此欽遵。』抄出送司。

案查，先爲修舉馬政事，該都御史楊一清題。要於太僕寺支取馬價銀四萬二千兩，送去聽伊收買種馬孳牧。已該本部依擬具題。奉聖旨：『准議。欽此。』通行欽遵去後，今該前因，案呈到部。

看得都御史楊一清奏稱：　即今陝西修舉馬政，俱無城堡、馬厩，恐後馬匹蕃息，爲虜所窺。況今彼處見報聲息，所宜先事預防。乞要築城堡，使人馬有所保障；　置馬厩，使馬匹不至横傷；　修營房，使貧軍有所依棲；　建公衙，使牧官得修職業。前項工程必須量起附近軍民人夫，動支贓罰、馬價，以備各項費用一節，論辯剴切，計處停當。俱是爲國興舉馬政，用圖永久之計，相應依擬定奪。除地方規制已該一一相度明白外，所據該用人力，合無行移本官并巡撫都御史周季麟，計用若干，行令都、布、按三司，着落所屬附近軍衛有司，量數起倩，與同本營軍夫相兼修理。其應用錢糧，本寺再於太僕寺馬價銀内支取八千兩，與前給買種馬銀共輳五萬兩，一併送去，聽從本官於内支用。若有不足，仍依前擬，於本省大小問刑衙門弘治十七年贖罪銀錢、贓罰銀物并司、府在庫官錢内支取，以備輳辦木植、甎瓦等項。務圖成功經久，不許虚應故事。畢日，通將用過錢糧，築修過營堡，備造圖册奏繳，仍造青册送部查考。其所擬每年輪差寺官，點視馬匹，挑選苑軍，防禦外患，番依所擬，次第施行。奏内所開固原衛申報虜情，本部亦合通行總制尚書并寧夏、延綏守臣查勘隄備。

緣係處置修理馬營、城堡，動支官銀，起倩軍民人夫，及節奉欽依：『兵部看了來説』事理，未敢擅便，弘治十七年二月初七日，本部尚書劉大夏等具題。本月初九日，奉聖旨：『是。着楊一清上緊提督整理，務要完固。欽此欽遵。』擬合通行除外，合咨前去，煩照本部題奉欽依内事理，欽遵施行。

爲稽考官軍騎操馬匹事

兵部爲稽考官軍騎馬匹事，該本部題，車駕清吏司案呈，奉本部送於兵科抄出，督理馬政、都察院左副都御史楊一清題。節該欽奉敕諭：『官軍騎操之數，亦令該管官員如法點視比較，毋致倒失虧欠。爾仍不時往來提調稽考。欽此欽遵。』

臣本年八月内到於陝西地方，督委都、布、按三司左布政使文貴、按察使張泰、都指揮使楊敬等，將陝西城操、備冬并延綏、寧夏二鎮下班官軍騎操馬匹，逐一點視。續據各官揭帖内開各項馬匹瘦損、倒失數多，除各行懲治追究外，近該臣經過各衛所地方，看得各處官軍騎操馬匹，膘壯者十無二三，瘦損者恒居其半。或皮破脊穿，或骨高毛脱，或瘡癘可驗而捏故遮瞞，或行動欲仆而借人扶策。平居騎坐且或不堪，况望其追風逐電於沙漠之區，陷陣摧堅於矢石之下哉！前年醜虜深入搶掠，我軍退縮，不聞截殺之功，大率由此。至於倒死拐欠之數，月積歲增，行伍之間，殆無完隊。詢其所以，多因管軍官員不能嚴督軍人用心餧養所致。又有一等無知官員，將各軍應給草料剋減，或扣除在官而應答上司，或指稱公用而私賣覓利。訪得各邊營堡，其弊尤甚。其鎮守、分守、副、參、游擊、把總等官，奉公守法者固有，假公營私者實多。非因公務，輒差旗牌官舍人等及容令弟姪子男買賣營運，濫給官馬應付，多者二三十匹，少者五七匹。馱載私物重至百十餘斤，程送前途遠至七八十里，往來相繼，馳驟無休。馬匹因而損傷，軍士莫敢聲説。及至追補之際，又被官豪勢要之人，將矮小瘦損不堪馬匹，威壓勢逼，高價領買，有交手未幾而旋即倒死者。臣爲提學之時，蓋已熟知其弊；乃今聞之道路，此風猶不能無。

近年朝廷軫念邊方多事，或發太僕寺馬價，或支陝西布政司官庫銀兩，收買戰馬，給與出境追賊、截殺燒荒等項官軍，亦或見侵於狐鼠漁獵之徒，不得實用。衆口嗷嗷，可爲切齒。既往者不可勝罪，將來者所宜嚴防。

案查，先爲修舉馬政(者)〔事〕，行據陝西行太僕寺呈。查得洪武三十年二月十三日，右軍都督府官同左軍等都督府官(早)〔朝〕於奉天門，欽奉聖旨：『如今陝西等都司開設行太僕寺，恁都府行文書去，説與都司、衛所知道：這個衙門職專提調馬匹，比較孳生。但有作弊虧欠馬匹，許令本寺舉問。品職雖小，所掌事重，如同御史出巡按治。該管指揮、千、百户衛所鎮撫首領官吏，務要將所養一應馬、騾，盡數開報，聽從點視提督。敢有非理抗拒，許本寺官奏聞拏問。欽此欽遵。』及查得先奉兵部劄付，該本部題奉欽依内事理，備由劄付本寺，照依京營事例，將所管各該衛所、營堡官軍騎操馬匹，差官一員，逐一點閘比較。瘦損者督令如法餧養，務在膘壯；倒失者督令設法追補，務在完足。查出官軍姦弊，聽令一體參奏問罪。每於年終，將點視比較過馬數回奏，齎册送部稽考等因，備行到臣。

仰惟我太祖高皇帝創制設官，體統甚嚴，防範甚密。又有節年題准通行事例，陝西都司衛所及延綏、寧夏各邊營堡官軍騎操馬匹，比較瘦損倒失，訪察姦弊，皆行太僕寺官職業。今馬政廢弛，乃至此極。該寺明知前弊，不能舉正。緣各該把總、領班、管隊、指揮、千、百户、鎮撫等官俱係軍職，又有鎮、巡、分守、協守、游擊、兵備、守備爲之統領。各官憑藉威寵，倚仗聲勢，因見行太僕寺職冷權輕，往往抗違不服。柔者猶相沮撓，剛者動生欺侮。該寺官員進不得展，退無所訴，輒隳其志。徒有比較之名，全無比較之實，甚至歲報馬數，亦多不行造册。雖嘗參奏，玩慢如故。該寺畏懼違例被參，只得止憑先年舊册填寫，上下因循，應行故事。其所由來，已非一歲之積矣。夫銀買茶易，浪費公家之財物；朋合地畝，重剥軍人之脂膏，而其弊至此。及今不爲之處，將來爲弊益甚。軍國大計，爲之奈何？

查得在京各營，坐營多係公、侯、伯、都督，掌號頭把總，多係都指揮等官，又有内外重臣提督，尚有太僕寺官一員，每年奉敕，不時親詣各營及牧馬草場點閘比較。其馬匹瘦損、倒失，各有定擬住俸遞加則例。况外省衛所，各邊營堡，去京師數千里，日月之明，或有遺照；雷霆之嚴，或有遺威。若非仰遵祖宗之舊典，崇重卿寺之事權，雖使孳牧政舉，給領歲加，彼失養之禁令如常，私乘之故轍不改，所得不能償其所亡，所利不能藥其所傷，徒殫公私之力，何補邊疆之事？臣以職業，不得不言。

如蒙聖明采擇，乞敕兵部議擬上請，合無照依京營事例，請敕陝西行太僕寺，每年行令堂上官，二次分投前去該管衛所、營堡，將官軍騎操馬匹點閘比較。亦照京營，定與則例。如管隊官以一隊爲率，内瘦損至十五匹，倒失至十匹者，住俸一個月。以上瘦損每十匹，倒失每五匹，遞加住俸，至三個月爲止。把總、領班、坐堡等官以三隊爲率，内瘦損至三十匹，倒失至二十匹者，住俸一個月。以上瘦損每二十匹，倒失每十匹，遞加住俸，亦至三個月爲止。不及數者，量情發落。各責令將瘦損者用心餧養膘壯，倒失者嚴限追補完足。如下次點閘，瘦損者仍前瘦損，及數外又有瘦損，管隊官仍以十五匹爲則，把總等官以三十匹爲則，遞加住俸；倒失者不曾完補，及數外又有倒失，管隊官仍以十匹爲則，把總等官以二十匹爲則，遞加住俸，俱至六個月爲止。不及數者，量情發落。各邊官軍下班回衛，一體點閘比較。每年終，將某官分管某處點閘比較過緣由回奏，照例齎册赴部稽考。如守備、分守以上官員不能申嚴號令，以致所部官軍馬匹瘦損、倒失數多，屢經比較，不行畏憚遵守者，聽其指實參奏定奪。敢有仍蹈舊轍，扣除軍人該給料草，侵尅官發買馬價銀，將官馬縱令家人頭目私擅騎坐，營幹私事，馱載私物，以致損傷，或仍前將自己不堪馬匹高價勒買，靠累軍人者，亦聽行太僕寺官查訪得實，指名劾奏。伏俟宸斷，黜革一二，以警其餘。臣當遵奉敕旨，不時往來提調稽考。倘行太僕寺官不行用心如法點視比較，徒應故事，甚或操持不謹，致招物議，聽臣具奏黜罷，别選賢能代補其任。如此，則庶幾不負我聖祖創制設官之意，將見邊城多充厩之良，邊將增敵愾之氣。戰勝攻克，其機在此，區區醜虜，不足爲邊方慮矣。

緣係稽考官軍騎操馬匹事理，未敢擅便，爲此具本，該通政使司官奏。奉聖旨：『該部看了來説。欽此欽遵。』抄出送司。

查得成化二年八月内，本部題，爲區畫馬政事。議得在京各營，在外各邊騎操馬匹，欲得可以征戰，必須請敕專差太僕寺少卿一員，無太僕寺地方，從巡撫并巡按官，時常往來各營牧馬草場，點閘比較膘息、倒失等項，定限陪償等因題。奉憲宗皇帝聖旨：『是。馬政多廢弛了。恁區畫的皆准行。欽此欽遵。』

續爲違例騎死官馬事，該巡撫寧夏都御史張禎叔奏。本部議得：今後除傳報聲息并幹辦緊急公務外，敢有擅將官馬騎幹私事及馱載貨物，或撥送與人者，五匹以下罰馬一匹，六匹以上罰馬二匹，十匹以上罰馬三匹，就給與無馬官軍領養騎操。若致走傷、倒失者，五匹以下降一級，六匹以上降二級。馬各抵數追賠還官，仍各革見任，帶俸差操，不許管事。其鎮守、副、參、監鎗等官，擅自撥馬與人，有違前例者，奏請定奪等因題。奉聖旨：『是。欽此欽遵。』

又爲比較馬匹事，該本部題准，行移各該行太僕寺，照依京營事例，將所管各該衛所、營堡官軍騎操馬匹，差官一員，逐一點閘比較。瘦損者督令如法餵養，務在膘壯；倒失者務令設法追補，務在完足。查出官軍姦弊，聽令一體參奏問罪。每年終，將點閘過馬數回奏去後，今該前因，及查甘肅、山西、遼東俱設有行太僕寺，案呈到部。

參照都御史楊一清奏稱：陝西行太僕寺之設，專一比較馬匹。國初任專，故職業修舉；近年廢弛，致戰馬消耗。歷言流弊之極，欲行立法救弊。論議親切，深爲有見。合無准其所奏，比照京營之例，請敕二道，不必注定官員職名，順齎前去陝西行太僕寺，每年差堂上官二員，二次分投，遍歷所轄衛所、城堡，將一應操備馬匹，用心點閘比較。如有瘦損、倒失，悉依所擬，照例住俸，餵養追補。凡查出有本官所言前項各種情弊，該追罰者，照例追罰；該參奏者，指實參奏。其罰俸、罰馬、降級、黜革等項，俱照本官所擬與本部原奏施行。每年終，將點閘過數目，比較過緣由回奏，造册繳部，以憑查考。若該寺官不行用心點閘，徇情容隱，聽都御史楊一清稽考參究。各該鎮、巡大臣，毋輕沮撓，共成國事。仍照此例，通請敕甘肅、山西、遼東行太僕寺，無太僕寺去處，行令巡撫都御史，一體點閘，依擬施行。如此，則戰馬可令膘壯，邊軍不至怯敵。

緣係請敕稽考官軍騎操馬匹，及奉欽依：『該部看了來説』事理，未敢擅便。弘治十七年三月十一日，本部尚書劉大夏等具題。本月十六日，奉聖旨：『是。欽此欽遵。』擬合通行除外，合咨前去，煩照本部題奉欽依内事理，欽遵施行。

爲改調官員以修馬政事

題爲改調官員以修馬政事。

照得陝西行太僕寺，管轄陝西衛所、營堡，查點、比較官軍騎操馬匹，禁革姦弊。祖宗成法具在，體統甚嚴。奈何近年以來，任隨勢輕，官因人廢。平涼衛指揮與該寺官員迭爲賓主，杯酒往來，行則中門，坐則並列。體統既已乖張，政令何由修舉？邇者伏蒙皇上軫念邦政至重，簡命陝西布政司右參政車霆爲陝西苑馬寺卿，王琰爲山西行太僕寺卿，山西按察司僉事郭珠等爲陝西兩寺少卿。天下之人，改觀易聽。馬政修復之機，端在是矣。臣切念陝西行太僕寺所管馬政，比之山西不啻數倍。況虜衆近年不時潛伏河套，内則固原、靖虜等衛，外則延綏、寧夏二邊。追敵制勝，全藉馬力。稽考防範，不得不嚴。該寺正官，必得素有風力才望之人，乃能彈壓羣情，肅清弊政。竊見陝西行太僕寺卿袁宏，爲人詳慎，居官練達。由漢中府知府陞任，將及六年，守身不聞非議，但因循舊弊，未能釐革，臣已經行令改正。本官雖知砥礪自新，終是人情稔熟，事多牽制，急難振作。及訪得參政王琰，公嚴有威，巡歷各衛所、州、縣，督理糧儲，令行禁止，下人畏服。若將王琰改任陝西，袁宏調任山西，則陝西官軍素知王琰嚴明，自然畏憚，夙弊可革。而袁宏以其才力施之山西，地任既新，必能自效。兩省馬政，俱可修舉。臣是以昧死上陳，如蒙乞敕吏部，再行訪察，合無將王琰改任陝西行太僕寺卿，袁宏調山西行太僕寺卿，惟復將袁宏於附近各布政司參政内仍推選一員，調用管事，實爲便益。

緣係改調官員以修馬政事理，謹題請旨。

關中奏議卷二・馬政類

爲正卿寺體統以修邦政事

吏部等衙門尚書等官兼太子太師馬文升等題。該本部題，考功清吏司案呈，奉本部送吏科抄出，督理馬政、都察院左副都御史楊題。

比者，伏蒙皇上采納廷議，以方面之賢，推陞行太僕寺、苑馬寺卿、少卿等官。各推貳人，具名上請簡用，待有成績，照依兩京太僕寺官陞擢，誠前此未有之盛典也。夫當改絃易轍之初，應簡賢拔能之命，爲各官者，宜思自效。

臣因見各寺在前權任輕微，人人得而侮之。今雖奉有新例，恐各該衙門官員，習耳目之聞見，計勢分之炎涼，仍前輕忽沮撓。已經行令，今後陝西各府、衛、州、縣官與行太僕寺、苑馬寺卿、少卿等官相見相臨，各要以兩京太僕寺及布、按二司官體統相待，不許與之抗禮。布、按二司官與兩寺官往來，照例迭爲賓主。其班次，兩寺卿在布政使、按察使之下，參政、副使之上；少卿在參政、副使之下，參議、僉事之上。通行外，近該山西行太僕寺卿王琰等，爲因山西府、州等官禮貌輕忽，體統乖違，難以行事，查照臣陝西所行事理具奏。該兵部覆奏：合無通行巡撫山西、甘肅、遼東都御史并巡按、監察御史，轉行各該司、府、衛所大小衙門知會，今後苑馬寺、行太僕寺卿、佐等官與都、布、按三司往來，俱要迭爲賓主。班次坐立之序，循例而行。府、衛、州、縣官員相見相臨，各要以兩京太僕寺官體統相待，不許輕視抗禮等因，奏奉欽依：『是。苑馬寺、行太僕寺官行事體統，俱照兩京太僕寺例，司、府、衛所等衙門不許輕視沮撓。欽此欽遵。』明命赫臨，人心踴躍，體勢增重，耳目一新。

臣猶慮往時兩寺官體統與三司輕重，實相懸絶，而兩京太僕寺與三司官體統又復不同。若遵新例，兩寺官之自待，與人所以待之者，皆當頓改。然非擬爲定規，著之明令，將來遵承不一，紊亂僭踰之弊難保必無。且禮莫大於分，分莫大於名，名實相須，未有不修其實而能副其名者。夫衙門以寺爲名，官以卿、少卿爲名，謂之京職明矣。若準兩京太僕寺體統，以京官待之，則班次坐立，皆當在都、布、按三司之上。往來則迭爲主賓，入朝則陛見、陛辭，考滿則吏部特引，恩典則誥敕蔭子，庶幾實稱其名。儻以其衙門開設在外，雖準内寺行事，未得全與京堂爲比，則當待以方面之禮。入朝則陛見、陛辭，考滿朝覲，宜從布、按二司官之列。班序則如臣所擬，卿當在參政、副使之上；少卿在參議、僉事之上；寺丞當在僉事之下，不可令與知府爲伍。任内被旌舉者，三年考滿，得與誥敕。如是，較之舊時，固以加重，而於京寺體統尚有不同。

臣又查得，先該陝西苑馬寺等衙門卿等官李克恭等奏稱：陝西行太僕寺、苑馬寺每遇巡撫、巡按行取考語，俱付之布、按二司巡、守官員，而巡、守官又付諸知府，以此人多輕視，官無光彩。且臣監、苑屬官，臣反不能知其賢否，而謂知府能知，豈不差謬。又如朝覲考察，初必以此等衙門不多，因而附諸布政司簿内，以後因循，遂或詢之二司官員。此職非二司屬官，乃以黜陟之權付之，似亦未善。乞行巡撫、巡按官員，今後逐年考語，本衙門屬官必須臣等詢察賢否，明白填注，不必付諸巡、守等官。至於朝覲考察，亦令臣等與山西、遼東、甘肅行太僕寺、苑馬寺六衙門，共立考察簿籍一扇，吏部、都察院參以巡撫、巡按考語，公同嚴加考察等因。該吏部覆題，通行各處，逐年考語，除該寺堂上官賢否，止須巡撫、巡按衙門開報，不必由分巡、分守等官，主簿以下，照舊施行。其考察簿籍，已有舊例，不必變更。若遇朝覲之年，考察各寺屬官，布、按二司同本寺堂上官荅應等因具題。節該奉欽依：『是。今後考察行太僕寺、苑馬寺官，不必會同布、按二司。欽此欽遵。』

臣仰惟皇上日月之明，洞燭幽隱，深知積習之弊，不將兩寺考察之柄付之兩司。但監、苑屬官賢否考語，仍聽巡、守等官開報。兩寺堂上官賢否，必由巡撫、巡按考察，斯固精嚴考課之法。查得臣節該欽奉敕諭：『巡撫、巡按等衙門，不得干預爾職。寺、監官員惟爾所統，不許各衙門凌轄。欽此欽遵。』

臣切惟巡撫、巡按之職，固無所不當問，然官員賢否，必親見其行事而後能知。各該司、府、州、縣、衛所等衙門，其於撫、按，無官不歸其管攝，無事不聽其裁制，能否易分，旌別自當。若兩寺、監、苑，已有明命。職事既不得干預，官員又非其統轄。今欲開報考語，巡撫、巡按難以臆度，未免詢之二司。二司亦不能知，未免詢之知府。中間是非或得之傳聞，毀譽或生於愛惡。一被考黜，格於禁例，不復敢辯，他日必有陰受其害者。

近據陝西行太僕寺呈，承准陝西布政司照會，抄蒙陝西巡撫衙門案驗，行令分巡、分守、知府，查取兩寺、監、苑等官考語開報，則是未免仍蹈舊轍。況近例，兩寺卿、少卿俱由方面官有才望者推補。彼爲方面之時，既能考察千百屬官，及爲兩寺，豈有不能旌別十數屬官之理？何必付之分巡、分守官員。且陝西既有專官督理馬政，陛下不以臣愚不肖，簡命而來，則兩寺堂上官賢否，臣知之宜審，似亦不須巡撫等官考察。及照各寺寺丞，先是以其爲在外六品官，法司皆得徑提。臣謂，寺丞品秩雖輕，係卿寺堂上官。今既以兩京太僕寺官相待，似亦不當徑自提問。凡若此者，皆體統所關，名分所係，輕重之機，實懸於此。當此作新之初，一切釐正，則不令而人自從，不言而人自信，臣所謂修其實以副其名者，此也。若因循舊規，無所更改，則雖日號於人曰：『吾今得准内寺體統，與京堂無異。』誰其信之？臣受命提督各官行事，臣如不言，誰爲言者？

伏望聖明，俯念邦政至重，救弊爲急，乞敕吏部，會同禮、兵二部議處，今後陝西、山西、遼東、甘肅各行太僕寺、苑馬寺卿佐等官，赴京考滿朝覲，一切禮儀、班序、恩典，合無照依兩京太僕寺堂上官事例，惟復止照布、按二司官例，擬議通行遵守，以杜將來紊亂僭踰之弊。仍乞將各寺卿、少卿、寺丞賢否考語，陝西俱止聽臣開報，吏部、都察院以憑黜陟，不必巡撫、巡按干預。若巡撫、巡按訪知各官中果有食婪不肖，怠政誤事，自當指實奏劾，明正法典。山西、遼東、甘肅等處，仍止聽巡撫、巡按開報，不必布、按二司干預。其首領官、屬官賢否，止憑堂上官填注，朝覲考察之際，亦止憑堂上官應答，俱不必詢之二司官員。再乞俯從陝西苑馬寺等衙門前次所奏，將陝西、山西、遼東、甘肅共立考察簿籍一扇，不必附之各布政司簿内，庶得事體歸一。各寺寺丞乞照京官事例，凡有違犯，參奏拏問，不許徑提。體統既明，名分既正，則人知激勸，職業可舉。如此，則馬政不興，實效不著，黜罰之加，將安所辭哉！等因具本，該通政使司官奏。奉聖旨：『該部看了來説。欽此欽遵。』抄出送司，案呈到部。

看得督理馬政都察院左副都御史楊題稱前因，係隸本部及禮、兵二部掌行，合無照依本官所奏，會同各該衙門議處明白，另行奏請定奪等因具題。奉聖旨：『是。你每還會議明白來説。欽此欽遵。』

臣等會同禮部尚書張昇、兵部尚書劉大夏等議得：　陝西、山西、甘肅、遼東行太僕寺，洪武年間開設，專一印烙并追補本處官軍騎操馬匹，其責甚重，經今一百二十餘年。遼東、陝西苑馬寺，永樂年間開設，專一牧養，茶易西番，并買到朶顔等及海西夷人馬匹，其任不輕，經今九十餘年。其衙門既稱陝西、山西、遼東、甘肅，係在外衙門，不言可知。雖有卿寺之名，亦難盡比在京卿寺官行事。今督理馬政都御史楊，因見各官權任輕微，馬政廢弛，通照本官所擬定，行太僕寺、苑馬寺卿李克恭、王琰等前後所奏，并史、兵二部節次題奉欽依，兩寺官行事體統，乞要擬爲定規，著之明令，將來遵承，以免紊亂僭踰之弊。又於例外事體所關，名分所係者，通行擬定上請。大意欲激勵各官，以興舉廢墜，深爲有見。合無准其所奏，兩寺官行御史中門正道，皆如兩司官體統，與兩寺卿、少卿往來，迭爲賓主，東西對坐。若公差到京，照依布、按二司例，許令陛見、陛辭，朝覲考滿，悉依舊例而行。其兩寺堂上官員任陝西者，賢否皆從督理馬政都御史填註開報，巡撫、巡按官通不干預。在山西、遼東、甘肅者，賢否皆從撫、按官填註開報，兩司官通不干預。其兩寺屬官賢否，通從堂上官填註開報，兩司官亦不得干預。若中間果有不職貪婪，聽撫、按官具奏黜罷。三年朝覲之時〔一二〕，本部將陝西、山西、遼東、甘肅各行太僕寺、苑馬寺屬官共立考察簿一扇，更不附之各布政司之下。考察兩寺首領屬官之際，止憑兩寺堂上官荅應，更不必詢之兩司官。其寺丞雖係在外五品以下官員，今既與兩司頡頏，若有所犯，按察司不許徑自提問。係陝西者，呈行督理馬政都御史；　係遼東、山西、甘肅者，呈行巡撫官徑自提問。各寺堂上官，若任内曾蒙推舉者，三年考滿，一體給與誥敕。本部仍類行陝西、山西、遼東、甘肅等處巡撫、巡按官，轉行各屬，永爲定例，不許沮撓紊亂。如此，則寺官體統大增，重於常時，馬政修明，必增倍於舊日矣。

臣等又惟政務修舉，固係於官之輕重，尤係於人之賢否，必兼有之而後能集其事，難獨恃此而輒能有功，其兩寺官既仰承增重之典，亦宜思自重之道。如果孳牧蕃息，馬政修舉，本部臨時斟酌相應員缺，以憑上請陞用，不拘常例。

緣係議處正卿寺體統以修邦政，及節奉欽依：『該部看了來説』，『你每還會議明白來説』事理，未敢擅便。弘治十七年十一月初十日，吏部等衙門少師兼太子太師、尚書等官馬文升等具題。本月十二日，奉聖旨：『是。兩寺官員體統，都准議行，永爲定例。各官果有政務修舉，功績顯著的，你每斟酌推舉陞用，不必拘定常例。欽此欽遵。』擬合通行除外，移咨前去。照依題奉欽依内事理，轉行陝西、山西、遼東、甘肅各行太僕寺、苑馬寺，一體欽遵施行等因，准此除外，合就移咨前去，煩爲欽遵施行。

爲議處茶馬以便官軍給領事

兵部爲議處茶馬以便官軍給領事。該本部題，車駕清吏司案呈，奉本部送於兵科抄出，督理馬政、都察院左副都御史楊題。

前事行據陝西等處提刑按察司等衙門副使等官蕭翀等呈，會同本司分巡西寧道僉事曹玉、守備西寧地方都指揮同知徐廉議得：西寧、洮、河三衛，每年茶易馬匹，例該甘肅、延綏、寧夏三邊，各輪一年，前去關領騎操。因未論及道里遠近，事多不便。若將西寧馬匹專給甘肅，洮、河二衛專給延綏、寧夏，又似不論馬數多寡，誠有不均。合無將西寧每年所易茶馬，量存一半，遞年給與甘肅等處領養外，存一半與洮、河馬匹，行令延、寧二處輪年領回騎操。如此，則便於道途，宜於風土，人情頗順，經久可行等因，具呈到臣。

案照，先據整飭西寧兵備、陝西按察司副使蕭翀呈，據西寧衛經歷司申，呈准本衛照會。照得本衛原設茶馬司，遞年招番易馬。其騍馬解送陝西苑馬寺孳養，兒、扇馬匹給發甘肅、寧夏、延綏缺馬官軍騎操。但常例，易換番馬，暫給本衛步操軍士餵養。奈何經年屢月，官軍不肯前來給領，倒死者負累賠買。況本衛地方，僻在西北極邊，天寒地冷，霜雪早降，番人所産馬匹，比與腹裏不同。若使寧夏、延綏官軍領養，一則道路窵遠，運送艱難；一則馬匹不服水土，生發瘡癩，多致倒死，無益官軍。其洮、河地方馬匹，若令甘肅衛所官軍給領，遠隔黄河，甚爲不便。合無今後本衛番人中納兒、扇馬匹，行令甘肅等衛所官軍，以就近領養；及將洮、河二茶馬司所易馬匹，就近行令寧夏、延綏缺馬官軍給領騎操。庶使官軍兩便，馬匹不致虧損，累及軍士等因，備申到司。

據此，照得西寧地方，委的極邊，天道嚴寒。所易馬匹，若給腹裏官軍領養，實是水土不服，倒死數多，無濟於用。若使寧夏、延綏官軍給領洮、河茶馬，非但風土相宜，又且地里相近，似爲便益，呈乞照詳定示等因到臣。

查得陝西茶易馬匹，已有先年兵部題准，議定三邊輪年關領事例。今呈要將西寧茶馬，聽近邊甘肅等衛所官軍給領，洮、河馬匹，行令寧夏、延綏官軍給領一節。緣三衛所易馬數多寡不同，若依所擬，則甘肅太多，延綏似少，恐有不均。其稱運送艱難，水土不服及寄養負累軍士，誠有此患。已經劄付本官，會同分巡西寧道僉事曹玉、守備西寧地方都指揮同知徐廉查議，務求長久利便之策，會呈前來，以憑奏請定奪去後。今據前因，查得先該巡撫延綏都御史劉忠奏稱：洮、河等衛茶易馬匹，遞年俱被附近腹裏衛分官軍，就彼領養騎操，以致本邊缺馬等因。該兵部於弘治六年題准，自弘治七年寧夏爲始，八年甘肅，九年延綏，各照年分，量帶軍人，齎册關領。已經通行年久，頗濟邊用之意，亦無不均之弊。但西寧衛係甘肅鎮、巡管轄，僻在河西，相離延綏、寧夏俱四十餘站。官馬所過，必用草料供給，人夫牽送。沿途驛遞疲敝，創殘之餘，往往失誤應付，以致馬匹瘦損、倒失數多。《經》曰：『犬馬非其土性不畜。』西羌之馬畜之東北，風土異宜，多生瘙癩，傳染死傷，不得實用。而甘肅官軍，乃舍本鎮馬匹，三年一次，遠涉河東，於洮、河二衛領馬，道途亦多跋涉，水土復不相宜，以此各鎮領馬官軍，遞年來遲。易過茶馬，未免暫發三衛領養，累及軍士，不止西寧衛爲然。且往歲茶易，除騍馬外，兒、扇馬不過數百匹，猶可支持。今年仰仗天威，羌人效誠，遠近畢至。臣五月在河州，六月在西寧親閲，番馬錦雲輻輳，計其所易，當有數千。以後年分，雖不必盡如今年，亦終不止如往年之數。若不因時變通，稍更舊格，恐將來寄養之累，輸運之難，人將有不能堪命者矣。然西寧易馬數多，河州略少，洮州尤少。若如該衛所呈，要將西寧茶馬每年全給甘肅一鎮，不無過多，其洮、河二衛所易馬匹，恐又不敷延、寧二邊册給之數。及照陝西固原、靖虜、環、慶等處，亦係沿邊重鎮，其腹裏衛所有馬官軍，多在各邊備禦。先年茶馬被近衛官軍一槩領去，以致延綏巡撫論奏。但近例俱給延、寧、甘肅三鎮，而陝西衛所、邊堡全不霑惠，亦恐未均。合無量依副使蕭翀等所擬，自弘治十八年爲始，除騍馬解送陝西苑馬寺孳牧外，西寧茶易兒、扇馬，每年將一半聽甘肅鎮、巡衙門差撥官軍，齎册就近關領，給與河西衛分應給馬匹官軍領養騎征。延、寧二鎮照舊輪年，十八年延綏，十九年寧夏。以後各照年分，輪流關領。先儘河州、洮州二衛馬匹給與，如有不敷，聽於西寧衛馬内轃給。餘剩之數，仍解陝西苑馬寺，暫發各苑軍人牧養，以備陝西衛所、邊堡缺馬官軍領給騎操。中間分撥派給事宜，仍聽臣隨時斟酌，通融處置。如此，則道途稍便，風土稍宜。甘肅一鎮爲利甚博，延、寧二邊初無所損，而輸送之勞，倒傷之患，亦可以省其半矣。先民之言曰：『能寬一分，人受一分之賜。』臣所見如此。

伏惟聖明鑒納，乞下該部，參詳可否，覆奏行之。地方幸甚，臣愚幸甚等因具本，該通政使司官奏。奉聖旨：『該部知道。欽此欽遵。』抄出送司。

查得洮、河、西寧三處茶易馬匹，先該本部奏准，甘肅、延綏、寧夏三鎮輪年關給，與軍騎操。近該延綏鎮、巡等官奏稱：馬災倒死數多。本部又經議行督理馬政都御史楊，將本年所易洮、河等處茶馬堪以給軍者，不拘二千三千，盡數給與騎操。行間，今該前因，案呈到部。參照西寧等處茶易馬匹，甘肅、延、寧三鎮輪年關給，雖有本部奏行定例，緣甘肅切近西寧，延、寧便於洮、河，況馬有多寡，風土異宜。今都御史楊奏要變通前例，將西寧之馬，每年減半以給甘肅，洮、河之馬，輪年轃數以給延、寧。揆之事體，委的便利。且欲將餘數聽給陝西，以均實惠。經國之計，可謂周悉，相應准其所奏。合無本部仍行都御史楊，查照近日本部題奉欽依事理，將本年所易洮、河馬匹，盡數給與延、綏，仍斟酌將西寧茶馬補足原擬之數，以備北虜入套之謀。以後年分，悉依所擬，通融均派。甘肅一鎮，每年減半關給西寧馬匹；寧、延二處，輪年關領洮、河茶馬并西寧一半之數。自十八年寧夏爲始，十九年仍該延綏。若有西寧餘剩馬匹，仍發各苑寄養，以備陝西固、靖等處關給。中間酌量派發，及在彼在路一應禁防事宜，悉聽楊裁處。本部仍行各該鎮、巡等官，務照今定年分，委官齎册，依期關領，不許遲違，貽累附近衛所寄養賠補。關領完日，各將關過馬匹數目、毛齒并領養官軍姓名，造册奏繳，仍造青册一本，送部查考。

緣係斟酌定擬各邊關領茶馬及奉欽依『該部知道』事理，未敢擅便。弘治十七年八月二十四日，本部尚書劉大夏等具題。本月二十六日，奉聖旨：『是。派發馬匹并防禁事宜，着楊一清酌量處置，務要停當。欽此欽遵。』擬合通行除外，合咨前去，煩照本部題奉欽依内事理，欽遵施行。

爲禁約侵占牧馬草場事

兵部爲禁約侵占牧馬草場事。該本部題，車駕清吏司案呈，奉本部送於兵科抄出，督理馬政、都察院左副都御史楊題。

照得陝西苑馬寺所屬監、苑，原額牧馬草場地一十三萬三千七百七十七頃六十畝。因與固原、鞏昌等衛，鎮戎、甘州羣牧、環縣等千户所，固原、通渭、安定等州、縣官舍軍民相攙住坐，又有楚、肅、韓三府，黔國公等草場參雜其間。節被官豪勢要姦頑之人，倚恃威力，任意開墾耕種，或通同牧軍盜賣年久，草場日漸逼狹，官馬無處牧放，馬政廢弛。節經委官清查，又被各人恐嚇扇摇，不得歸斷。

弘治十三年間，兵部奏差主事李源，奉敕前來，會同布、按二司官查理。查得見在草場共止六萬六千八百八十頃八十畝，其餘俱無下落。内查出軍民唐釗等七百三十三名，占種草場地二千七百二十頃零九十一畝。將各犯發問，地土斷退還官。近該臣督委都、布、按三司官親詣前項地方，查吊軍民納糧册籍，從公踏勘丈量，數十年埋没之弊，一旦清出。共清查得兩監六苑實有荒熟地一十二萬八千四百七十三頃一十一畝八分九釐六毫，比之原額，止少五千三百四頃有餘，仍是奉例撥爲衛所屯地及曾告官升糧之數。其軍民唐釗等原占地雖經查革，仍復占種，不曾還官。干礙人衆依律問斷，量追例後花利，入官發落訖。已將清出原額并侵占退出地土坐落四至、頃畝數目，造册奏繳。

臣惟地土生物，本以養人，與民共之，是爲仁政。然朝廷修舉牧事，清理草場，非供耳目玩好之欲，直以三邊缺馬之故。馬以給軍，軍以衛民。若草場逼窄，則畜牧不蕃。邊軍缺馬騎征，何以克敵制勝？以此，各邊年年奏討馬價，所費不貲，皆自民出。今陝西監、苑草場，頗勾孳牧，但疆畔相連，窺伺者衆。彼見先年開耕占種〔一三〕，查出不過照常問罪發落，旋復侵占，略無忌憚，恐將來如唐釗輩不止一人。查得見行事例：凡用强占種屯田者問罪，官調邊衛，帶俸差操，旗軍軍丁人等發邊衛充軍，民發口外爲民。管屯等官不行用心清查者，糾奏治罪。及查得成化十年七月十三日，節該欽奉憲宗皇帝聖旨：『陝西榆林等處近邊地土，各營堡草場界限明白，敢有那移條段，盜耕草場者，依律問擬，追徵花利。完日，軍職降調甘肅衛分差操。軍民係外處者，發榆林衛充軍，係本處者，發甘肅充軍。欽此。』

今照，監牧草場，係祖宗開設，舊額不爲不重。如蒙乞敕兵部議處，凡侵占監、苑牧馬草場，除事發在前，已經發落外，自今造册奏繳之後，敢有用强開墾耕種及盜買盜賣，情重者，比照衛所屯田、營堡草場事例，官調邊衛，帶俸差操；旗舍軍民、軍丁人等，俱問發邊衛充軍。情輕者，依律問斷，仍枷號一個月發落。各該監、苑官不行查舉，通提治罪，著爲定例。出榜發仰各草場、營堡張挂曉諭，庶幾法嚴而人知懼。治之於已犯之後，固不若禁之於未犯之前之爲愈也。

緣係禁約侵占牧馬草場事理，未敢擅便具本，該通政使司官奏。奉聖旨：『兵部知道。欽此欽遵。』抄出送司，案呈到部。

照得陜西苑馬寺，原額草場荒熟地共一十三萬頃有奇，年久馬政廢弛，被人侵占數多。既該督理馬政都御史楊，委官清出前數，漸復原額，造有青册，各該衙門存照，具見處事立法之詳，復恐法立弊生，欲照前例禁處，誠爲防姦善後之計。合無依其所奏，本部仍行都御史楊刊印榜文，發仰各該草場、營堡人煙輳集去處，常川張掛。曉諭官軍人等，敢有似前將清出牧馬草場地上用强開墾耕種，或盜賣盜買，許地鄰人等首告及各該監、苑舉呈。應問者，就行提發分巡官處問理，干礙應參官員，參提施行，問擬明白，追完花利。情重者比照衛所屯田、營堡、草場事例，軍職調邊衛帶俸差操，旗舍軍民人等俱發邊衛充軍。情輕者依律問擬，仍枷號一個月，照常例發落。監、苑官不行查舉，一體提問治罪。仍將各監、苑清出草場至界頃畝，鎸刻石碣，陷置廳壁，永爲證據。如此，則法度嚴明而馬政可期興舉，奸頑警懼而宿弊可冀祛除。

緣係立法禁約侵占牧馬草場及奉欽依『兵部知道』事理，未敢擅便。弘治十七年十一月三十日，本部尚書劉大夏等具題。本年十二月初四日，奉聖旨：『是。着出榜通行曉諭禁約，敢有仍前强占耕種及盜賣盜買的，都重罪不饒。欽此欽遵。』擬合就行除外，合咨前去，煩照本部題奉欽依内事理，欽遵施行。

爲乞改提學官員以修學政事

題爲乞改提學官員以修學政事。

近訪得陝西按察司提學副使李遜學，丁憂去任。所有員缺，例該銓補。臣惟提學之任，學校之興廢，人才之盛衰係焉。且陝西山川雄秀，士生其間，多奇偉英邁，敦尚氣節。提學誠得其人，則鼓舞振興，一變至道。他日出仕，負荷大責任，樹立大勳業，朝廷不患於乏人矣。如臣之愚，往時承乏七年。雖仰遵聖諭，不敢自怠。顧學識空疏，行能淺薄，初無率人之具。心力徒勤，曾無補益。幸免黜罰，至今爲媿。訪得代臣提興陝西按察司僉事王雲鳳，志向高古，行履端方。巡督各府、衛、州、縣學校，不止校閱文字，其鋤惡佐善，崇正闢邪，興禮讓以厚風俗，拔英異以激頹懦。學政肅清，一方風動，爲臣掩瑕實多。當時或議其過嚴，及推陞别任，至今士子有向上爲己之志者，則又思之不止，此愚臣之所目擊耳聞者也。夫提學而用憲臣，非欲其以法比佐教化，爲作人善俗之地乎？若校文之餘，茫無所事，則一賢學官固優爲之矣。今日之弊，往往坐此。及照本官見任整飭洮、岷邊備、陝西按察司副使。臣竊謂，邊備責雖重，求其人尚易；提學之官，必欲真能舉職，今之人才如王雲鳳者，蓋不多得。

臣受命督理茶馬，學校政務，本無干涉，似非臣所當言。然以舊任提學，一方師生恩義所關，不忍恝視。况職司風紀，苟有所見，不敢不言。如蒙乞敕吏部，再行訪察，合無將王雲鳳改任提學，别推相應官員整飭兵備。如此，則一方之士不令而行，學政不爲虚文，提學不爲徒設。將來得人效用，治道所補，誠不少矣。

緣係乞改提學以修學政事理，謹題請旨。

爲舉用官員修舉馬政事

題爲舉用官員修舉馬政事。

臣督理陝西馬政一年有餘。今草場地復，牧軍數增。孳牧之政，次第興舉；蕃息之效，將來可望。但修築馬營、城堡，建立馬厩、營房，非積以歲月，不能了辦。況聞北虜大衆臨河住牧，恐將踏冰入套。蘭州以西，失穴之虜，竊伏近邊，時出抄掠。狼子野心，懼有窺伺官馬之謀。意外之變，不可不防；先事而圖，庶無後悔。今年已將清平、安定二苑大城堡築完，其城門、營厩及各苑小城堡應該展拓創修者，俱未建立。期在明年，大小畢舉，庶幾考牧有憑依之地，防胡無倉卒之憂。但工程浩大，經營規畫，雖在愚臣；分理責成，必資庶職。及照洮、河、西寧等處，處置官茶，招番納馬等事，久廢之餘，修復舊制，中間事情，極多委曲。臣受恩隆重，義存體國。志將爲深長久大之圖，不敢襲苟簡滅裂之弊。奔走得人，易收實效；獨謀坐運，何以成功？雖有新任兩寺官員，緣行太僕寺官近奉敕分投前去各邊堡、衛所行事，歲不暇給，苑馬寺官見今收買種馬數多，分投提調孳牧，不能摘離，俱難別項差占。各府、州、縣能幹官員，又各有本等職業，未免制於監臨上司，暫時委用，顧此失彼。必得專官一二員隨臣整理，庶不誤事。

博訪得平涼府通判張檄、涇州知州岳思忠，俱平昔剛果有爲，材識兼茂。臣嘗委令行事，各官精勤彊幹，清查出積年埋没草場地土五萬餘頃，招集牧馬軍人三百六十户，其功可嘉。況張檄歷任八年，爲因上司委用，不得給由。岳思忠歷任通渭、安定二縣知縣，固原、涇州二州知州，年勞歷履，亦頗深久。稽之輿論，俱堪擢用。如蒙伏乞聖明，念軍國戎馬之重，修舉廢墜之艱，乞敕吏部，再行訪察，合無將張檄等量爲陞擢，添注平涼府或附近臨、鞏等府職銜，專聽臣委用，修理監、苑城堡、營厩，及處置茶馬政務。待一二年間，事已就緒，查有陝西各府見缺，聽臣具奏，補缺管事。如無見缺，起送赴部，改除别省。如此，一以酬各官既往之勞，一以期各官方來之績。不但馬政有裨，而凡庶職，皆知所激勸興起矣。臣不勝幸甚！

緣係修舉馬政事理，謹題請旨。

爲改任官員以便行事事

題爲改任官員以便行事事。

照得平涼府知府安惟學，近因捉獲北虜奸細有功，該總制尚書秦纮奏保，吏部題奉欽依，陞四川布政司右參政，仍管平涼府事。

仰惟皇上天地之量，不吝官賞，以待有功。凡在臣工，孰不思舊？但司、府監臨，名分素定。本官既陞前職，其布、按二司分守、分巡等官相見相臨，彼以衙門統轄爲拘，此以參政名銜自處，爲禮既多觖望，行事未免乖忤。及照平涼府城内設有陝西行太僕寺、苑馬寺衙門，近例兩寺官照依京官體統行事，府、衛等衙門官不許輕視抗禮。行太僕寺提調有司民壯騎操馬匹，與本府事有統攝。今官職相軋，易生嫌忌；朝夕與處，甚多不便。臣督理陝西馬政，駐劄平涼，前項事情乃所親得，不敢不言。且先年以參政職銜管府事者，多係南、北直隸府分。彼無布、按二司管轄掣肘，比之平涼，事體不同。臣又博訪得本官歷任六年之上，守己愛民，政績顯著，節經巡撫、巡按薦舉旌異。稽之材操、年勞，雖無捉獲姦細之功，亦堪擢用。如蒙乞敕吏部，合無將安惟學查補各布政司參政員缺，别推堪任知府一員，管理府事，實爲便益。

緣係改任官員以便行事事理，謹題請旨。

爲薦舉賢能官員事

題爲薦舉賢能官員事。

伏念臣職司馬政，雖無撫巡之責，官居風紀，亦有激揚之任。况當奏功述職之年，正黜幽陟明之日。既已諏詢而有得，豈宜忌避而不言？以人事君，雖不敢竊比於大臣，而薦賢爲國，實不忍自負於明主。輒陳耳目之見聞，用備朝堂之採擇。臣竊見陝西苑馬寺卿車霆、陝西按察司副使王寅，俱耿介夙成，峭直寡與。有肅清彈壓之風，無迎合詭隨之態。持法不撓於權貴，任事不避夫艱險。車霆近司監牧，雖未收蕃息之功，而屢更藩府，實久著賢勞之譽。王寅守直道，忤時好而不回；拒請託，遭流言而不悔。陝西按察司整飭固原兵備副使高崇熙，老成端重，持憲得體。西寧兵備副使蕭翀，通敏勤勵，兵政一新。西安府知府馬炳然，志存乎守己而愛民，才足以剸繁而治劇。漢中府知府周東，以文學飾吏事，以撫字得民心。凡此數人，車霆、王寅臣所專委，高崇熙等皆曾經委用，故知之爲深。其餘雖有才能，未嘗親見行事，不敢輕舉。如蒙乞敕吏部，廣詢博訪，如臣言可采，乞將車霆、王寅等量加擢用，使在外臣工，守正者有所恃而不恐，勤事者知所勸而不怠。其於治道，良有裨補。

緣係薦舉賢能官員事理，謹題請旨。

爲添設馬苑營堡以便收牧事

題爲添設馬苑營堡以便收牧事。

據陝西按察司副使王寅呈，爲告撥牧馬草場以便人心事。行據委官平涼府、衛同知朱裕、署指揮使趙文呈稱：會同帶領原勘委官華亭縣知縣尚俊、崇信縣署縣事知事李如林、平涼縣署印縣丞崔瑄，拘集平涼縣大岔、西橋、東橋等里，崇信縣拽兵里、華亭縣窯頭里各里老人等，并原告投牧軍苟通、李文舉、馬彥名等指引，親詣逐一覆勘得所告草場地土，西至馬鋪嶺第三道溝，北至草子山麓金霹沱、小圓山子、石板莊窠，東至土橋子大路并石人山，南至徐家嶺紅土深峴各爲界，東西長六十里，南北闊二十里。除高山陡峻溝澗外[一四]，實有耕牧草地共二千六百六十頃，與各縣民間地土俱無干礙。水草便利，堪以牧馬。及勘得地名霧子鎮一處，水泉兒灣一處，石佛頭一處，俱堪設營堡。具會勘過地土頃畝、坐落四至，畫圖開呈到職。

案查，先奉督理馬政都察院左副都御史楊劄付前事，備仰本職即便會同陝西苑馬寺卿車霆，選委平涼府、衛能幹堂上官各一員，分同指揮趙文，親詣前項地方，督同鄰境該縣正官，查勘所指山場是否空閑無糧地土，應否開設草場，水草有無便利，并查彼處潛住逃民實有若干，堪否領養馬匹。如果相應，就便丈量明白，查審停當，備開四至坐落草場荒地若干，開墾熟地若干。或堪設一苑，或止可於附近苑分帶管。其見住逃民堪留養馬若干，就將地土給撥種牧。不堪收發若干，或令就便附籍應當民差，或發遣回還原籍復業。逐一勘處明白，具由作急呈來，以憑施行。中間如有别項違礙，亦要明白聲説，不許觀望迎合，虚文搪報。奉此，隨吊平涼府原行卷内，查得先該分巡關西道副使歐陽旦，蒙督理馬政左副都御史楊批據指揮趙文呈前事，已經行據平涼府通判張檄，本衛指揮吴弘、趙文，各將踏勘前項山場四至頃畝，堪以築堡牧馬緣由，呈報在卷。今奉前因，會同陝西苑馬寺卿車霆，又經改委平涼府同知朱裕，公同指揮趙文，督同鄰境該縣掌印官覆勘查處，今據回報前來。本職會同卿車霆親詣所指去處，督同各該委官，帶領各縣干審里老，并原告苟通等指引，逐一審勘，得山場四至界内委係自來荒閑，並無徵糧地土在内，亦與軍民兩無相干。地方廣闊，水草便利。及查得流民苟通等一百六十三户，計人丁五百四十一丁，俱在彼處修莊開地，住種年久。一聞招集養馬，莫不欣然樂從。若於此處設立苑分營堡，非惟牧馬有地，遇警臨苑，馬匹亦可收避，保障無虞。擬合開坐，會案回報。爲此通行，除行令同知朱裕、指揮趙文，將彼處招集潛住流民苟通等逐名查勘，丁力相應者，斟酌名數，編設總、小甲，每名照例取便給地一頃住種，聽候事完，造册另報。并將本地軍民及逃來原衛缺伍正軍，避重就輕犯罪脱逃人犯，及無根絆者問罪，遞回原籍官司復業當差外，今將勘處過草場頃畝、坐落四至，并堪以建立苑分營堡地方，畫圖貼説，與苑馬寺卿車霆各呈報到臣。

又據平涼府掌府事、四川布政司右參政安惟學呈，爲修舉馬政事。行准本府同知朱裕、平涼衛指揮趙文解送犯人顧成等二百六名〔一五〕，并取勘供詞卷册，及據邠州申解犯人員祥等四十七名到職。准此案查，先奉督理馬政左副都御史楊劄付，行仰本職會同陝西都司都指揮僉事房懷，弔拘原委同知等官朱裕等勘取供詞人卷、屯册到官。將發去册造地土，從公逐一覆審對查，是否原先遺留屯田，各該軍民隱種收租，不行首官，務要窮究明白。如果别無違礙虧枉，重取各人備細親供，就將有罪人犯問擬如律，照例呈詳發落。中間若有干礙軍民徵糧地土，亦要明白聲説分豁，毋得偏重損民。清出地土，相應給撥何軍領種孳牧，或招附近軍民承種，照依原額子粒徵收折價，以備監、苑買馬之用。計處停當，造册繳報，以憑施行。

備奉已經通行弔拘取勘供詞人卷，會同覆審對查去後，今准前因，會同都指揮僉事房懷推問明白，取具各犯供招在官。審查得，前項地土的係該所先年改調之時遺留屯地，共一百九十九頃二十畝七分四釐。各該軍民隱種收租，不行首官是實。中間並無干礙軍民徵糧地土，亦無偏重損民等弊。前項清出地土，相應另招附近軍民承種。照依該衛原額征糧事例，每地一頃，徵納子粒豌豆六石、草九束，俱折收價銀，與馬價銀一錢俱徵收在官，送該寺交收，專備監、苑買馬之用。計處停當，别無異議。及查得前項隱種軍民收過遞年花利，例該入官。但地方先遭弘治十四年達賊搶擾，後因節年災傷薄收，委的艱難，追補不前，未敢擅專。除將查對過前項屯田地土頃畝，備造文册，同計處會問過各犯招罪緣由，與都指揮房懷各呈繳前來。及又據陝西布政司分守關西道右參政胡瑞呈，亦爲修舉馬政事。行據平涼府申，行拘原勘犯人劉傑等并地方知因人等到府，從公覆審，勘得小山子荒熟田地共一百七頃三十三畝八分，先年委係崆峒山寺常住無糧地土。後因無僧，節被劉傑等爲因屯地窄狹，各不合不行告官，擅自開墾耕種。今奉查審，並無相干軍民徵糧之數，相應作爲牧馬草場。除將劉傑等問擬明白，具結呈詳到職。

案查，先奉准督理馬政、左副都御史楊一清照會，仰本職即便行拘前項地方并種地人户、親管官旗到官，從公逐一審勘。前項田地，是否無糧，先年崆峒山寺僧人曾否作爲常住地土，因何後被軍餘人等耕種，不曾起科，今要作爲牧馬草場，給與新役軍人耕牧，有無相應，逐一勘處明白。如果無礙，取具種地人户、親管官旗并地方知因人等，不致扶同結狀在官，就將種地人犯問擬應得罪名，備招回報。若有干礙軍民田地及應别項處置事宜，亦要明白聲説回報。承此，已經轉行原委官員勘報去後，今據前因，除覆審相同外，今將勘問過各犯招罪緣由，回報施行等因，各節呈前來。

查得，臣節該欽奉敕：『近該爾奏稱：彼處苑、監見缺養馬軍人，欲將地方逃住并違例投入王府等項人役，查訪問發養馬等因。特准所奏。其各苑地方潛住及投入各郡王、將軍、中尉、儀賓等府家内，并楚、肅二府馬營草場莊所家人，聽爾督同守、巡等官出榜曉諭，許令赴官自首，免其問罪，收集牧馬。欽此。』已經通行欽遵，出榜招諭外，續爲告撥牧馬草場以便人心事，據原委平凉衛署指揮使趙文呈，據招到流民茍通、馬彦名、陳文舉狀告：先年各因本處過活艱難，流移到於平凉城東地方伍道廟、白水澗、三股山、拽兵里等處，採打木植，牧放頭畜，趁食住坐，不曾回還。今蒙招募，情願於陝西苑馬寺附籍，領養官馬當差。思得本處草子山一帶，草場寬闊，四至界内，於平凉衛、崇信、華亭等縣三處軍民地土俱無相干。乞將前地設爲本寺所屬草場，牧放官馬便益等因備告，具呈前來。批仰分巡關西道副使歐陽旦，行委平凉府、衛堂上官各一員，會同指揮趙文，親詣前項地方，督同該縣正官查勘間，本官丁憂去任，該道缺官接管。又經改委陝西按察司原委整理馬政副使王寅、陝西苑馬寺卿車霆，選委平凉府、衛能幹堂上官，公同指揮趙文親詣前項地方，督同鄰境該縣正官查勘。

及查，先據固原衛右所軍餘王友才首稱：洪武年間，祖父王周孫、軍人吴順輕等，原係平凉衛右所旗軍，在於平涼縣東橋地名小寨兒各分撥屯地一分耕住。後蒙將右所改調固原衛，就彼各給撥屯地耕種，辦納糧草。彼時各軍將遺下屯地未曾首官，俱被平涼衛軍餘石見等至今遞年隱種等情。

看得固原衛屯田，多係監牧草場改撥。今首該所原撥屯地在平涼等縣地方，被人隱種盜賣，未委虛的。行仰陝西行太僕寺少卿郭珠查問間，續該副使王寅呈，爲修舉馬政事。清查得固原衛右所屯軍徐能等八十名，原係平涼衛調來。額設屯田，坐落邠、涇二州，平涼、華亭、鎮原三縣。成化六年，將各軍奏那今改固原州地方海子口開荒住種。彼時，兵備官曾委官員查勘遺留屯地，招人承種，並無結報緣由在卷。必是不曾查出，以致徐能等兩處朦朧混種。除將各軍准令歸併海子口，每分扣撥地一頃，照舊屯種，辦納子粒。其邠、涇等處原撥屯地，必須另委官員親詣，會同平涼衛管屯官員拘弔屯田始末文册，照依坐落四至，沿坵履畝，盡數清查明白，責令退出還官等因前來。又經批仰本官會同原委少卿郭珠，親詣督委平涼府、衛能幹官及該州、縣掌印官提人弔册，勘處回報。續據委官同知朱裕、指揮趙文開呈，公同邠、涇二州，平涼、華亭、鎮原三縣各掌印官，清出前項遺下屯地頃畝前來。查得原委副使王寅別有差占，少卿郭珠赴京朝覲。又經改委平涼府掌府事右參政安惟學，會同都指揮房懷勘問。

及又查得，先爲修舉馬政事，據陝西苑馬寺卿車霆呈，訪得平涼府城西崆峒山後地名小山子一帶，約有五百頃。先年，崆峒寺僧人作爲無糧常住地土耕種，后因無僧，節被平涼等衛軍餘劉傑等偷開耕種，不曾起科。今各人聞知本寺收集逃移軍民人等，要將前地設爲草場牧馬，俱亦退避，見今荒閑，委與軍民徵糧地土並無相干。水草便利，堪以牧放馬匹等因。據此，已經批仰平涼府掌府事參政安惟學，公同平涼衛指揮親詣彼處，從公拘審，如果空閑無礙，即便踏勘丈量明白，取具勘量過地土頃畝、四至坐落緣由，造册繳報。續據本官呈稱，拘集平涼衛左所軍餘劉傑等供稱：見在城西二十里鋪地方居住。成化年間，各因屯地窄狹，將臨近地名小山子等處拋荒地土開墾不等，各遞年耕種，並不曾承糧。今蒙委官丈量，委係無糧田地，情願退出還官等因。勘量頃畝界至，明白造册，呈繳前來。看係腹裏地方，恐有干礙軍民徵糧之數，又經行委關西道右參政胡瑞覆勘，俱各節行去後，今據前因，看得各官節次清查出草子山地二千六百六十頃，平涼衛右所調去固原衛遺留屯地一百九十九頃二十畝七分四釐，小山子地一百七頃三十三畝八分，共地二千九百六十六頃五十四畝五分四釐。招募過在地潛住流民實有堪充牧馬軍人苟通等一百六十三户，共人丁五百四十一丁。其草子山、小山子二處，俱係空閑無糧地土、右所遺留屯地，各軍已於監牧草場内給地領種，卻將原額屯地仍前混占，私竊典佃與人，正係應該入官之數，俱與軍民並無相干。竊緣平涼地方，土廣人稀，草子山一帶地宜水草，堪以牧畜，山多材木，便於砍伐，以致流民苟通等修打莊窠，住成家業，又無糧差。縱欲驅之使還，終是戀土趨利，不肯復業。積久漸繁，恐貽他患。今聞招募，情願投軍養馬，如此之多。既節經陝西都、布、按三司、苑馬寺官重復勘審明白，别無異議。除依擬照例編充牧軍，聽候給地領馬，及將隱種地土軍民員祥等問罪發落，遞年該追花利宜從寬免外〔一六〕。臣仰惟我祖宗開設陝西苑馬寺，所轄六監二十四苑，今止存長樂、靈武二監，開城、廣寧、安定、清平、萬安、黑水六苑。彼時河套無賊，地稱腹裏，便於孳牧。自虜賊入套之後，節被搶掠，人馬不得生息。近該臣處置銀買、茶易馬匹數多。見今固原、靖虜等處傳報緊急聲息不絕，誠恐虜賊潛入河套不出，時防深入，官馬拘收城堡，不敢牧放，深爲可慮。前項地土俱係平涼縣腹裏，相應開設草場，增置苑厩，以備不虞。及查得永樂四年舊設未開，有武安、弼隆、嘉靖、保川、天興、永康等苑，俱在平涼府所屬州、縣内。武安苑在本府隆德縣地方，相離府治稍近。合無於前勘草子山開設一苑，仍以武安舊苑爲名，或就以平涼爲名，隸靈武監所轄。苑設霧了鎮、水泉兒灣、石佛頭、小山子四營，本苑衙門於霧子鎮建立。將原投牧軍流民苟通等一百六十三户，各隨原住坐處所，分隸四營。如軍數不敷，將例該改調南方衛所軍人及各處問發永遠充軍人犯查撥，共輳正軍二百名之數。每軍一名，給地一頃，住種領牧。先領見住投軍之人，就便於附近山場採打木植，燒造甎瓦，築修營堡，蓋造苑厩完備，方纔給與官馬牧養。其遺留屯地附近草子山者，一體給軍，遠者另招軍民人等承種。照依屯田事例，每頃徵收豌豆六石、草九束、地畝銀一錢，以備冬月餧養官馬支用。如此，非惟平時孳牧有利無虞，儻邊報十分緊急，臨邊監、苑馬匹，亦可在此收避。人情事體，委的經久便益。

如蒙乞敕兵部計議，倘臣言可採，依擬覆奏，上請施行。仍乞行吏部，照依銓除圉長一員，禮部鑄造印信，令其齎領前來，到任管事，陝西布政司擬吏書辦。待事完，通將修建過營堡工程，招募編發過牧軍姓名、數目，畫圖造册奏繳。

緣係添設馬苑營堡以便收牧事理，謹題請旨。

爲防禦虜寇保障官馬事

題爲防禦虜寇、保障官馬事。

據陝西等處提刑按察司副使王寅呈，會同陝西苑馬寺分管少卿劉棠、寺丞朱璜、徐正，將各苑新舊餘丁内通行揀選得身力強壯、年貌相應、堪以操守，廣寧、安定二苑各一百名，開城、黑水、清平、萬安四苑各二百名。點驗得開城苑舊設操丁内七十六名，原領見在盔甲、弓箭各七十六副〔一七〕，未領盔甲、軍器一百二十四名。黑水苑舊設操丁内一百四十六名〔一八〕，原領見在盔甲、弓箭各一百四十六副，未領盔甲、軍器五十四名。安定苑舊設操丁四十名，内一十四名，原領見在盔甲、弓箭各一十四副，未領盔甲、軍器八十六名。廣寧、清平、萬安三苑新選操丁五百名，俱無盔甲、軍器。逐一選驗明白，省令各苑帶回。原有盔甲、軍器者，照舊披執，其餘俱令隨便自備弓箭什物，專一守護。本堡無事之時，疏放牧馬。但前項操丁須有盔甲什物披執，有警方可禦侮。所據缺少軍器，相應給領。備將會選過各苑操丁姓名、年甲并有無盔甲、軍器數目，造册開送到臣。

案查，先准兵部咨，爲處置馬營城堡事。該臣題稱：西人素勇敢善鬬。待馬政就緒，將各苑軍餘挑選壯丁，設爲操夫，各一二百名，給與盔甲，授之弓矢，令其不妨牧馬，閒暇之時操習武藝。就令寺、監官員督視比較，不許調遣，專一防守本營城堡。是雖爲牧馬而設，亦可壯邊城之聲勢，資緊急之應援。彼虜覘知我保障有地，防守有人，縱然馬匹蕃盛，不敢生垂涎之意。該本部依擬覆奏，奉欽依備咨前來。

近因達賊入套，各邊傳報聲息不絶。各苑收牧官馬數多，防禦不可不嚴。挑選操丁，守護城堡，似不可緩。已經批仰陝西按察司副使王寅親詣各苑，會同該寺分管官，將新舊軍人、餘丁通行揀選，堪以操守姓名、數目，總類造册呈報。仍查舊設操丁，曾領盔甲、軍器若干，就行點檢明白，即今應否給領盔甲、軍器若干呈來，定奪去後。今據前因，看得陝西監、苑之設，相離邊境不遠，常年以虜寇爲憂。虜人所利者馬，馬之羣聚益蕃，則虜之窺伺益急。縱有城堡，若無軍兵，安能捍禦？臣於舉事之初，固慮及此。近自去年十一月以來，傳報聲息，無日無之。馬匹拘收日久，各營星散，遠近不一。固原等衛備冬官軍，其數不多，不能分布防禦。如萬安一苑，尤爲孤懸。虜賊在螺山駐劄，一晝夜可到。節被搶殺，並無一軍一馬前來策應。況各營堡，俱憑高據險，不堪鑿井，馬匹未免下飲溪河。彼賊暗伏草莽，窺瞰侵掠，勢難周防。

查得先年亦曾設有操夫，正爲防護官馬，但數少不敷。近年，止是黑水苑遇冬操備，其餘苑分，俱各廢而不講。今據副使王寅會同該寺分管官查驗揀選，新舊相兼。廣寧、安定二苑各一百名，開城、黑水、清平、萬安四苑各二百名，六苑共操丁一千名。平時不妨牧馬，遇警足資保障。各軍委皆生長邊方，耳目所習，聞虜不懼。然須有盔甲、軍器披執，庶幾緩急可倚。及照監、苑文官，不諳軍務，須委能幹知兵武臣一員，遇冬提督操練。及又查得各處招募民壯義勇舍餘，備冬之時，俱有行糧。前選操丁，既繫身於官，不得營辦衣食，亦合比例給與行糧，養其鋒鋭。

乞敕該部計議，合無將各苑操丁一千名，除舊領有盔甲、軍器外，今次增選者，俱照數給與每名盔甲、弓箭、腰刀各一副。每營堡仍各量給與火車、銃砲、圓牌、旗幟等項，以壯聲勢。俱行令陝西所屬各衛所查取給發，如見無收積，嚴限成造送用。聽臣選委平涼、固原等衛諳曉操練指揮一員，往來各苑，會同該監、苑官提督操練，務令武藝精熟，不許虛應故事。每年二月至九月疏放，照舊牧馬。自十月初一日爲始收操，照例給與行糧，於附近州、縣關支。若大虜在套，雖夏秋時月，一體收操支糧。有警則與槩營軍人協力捍禦，賊必不敢逼城堡而攻。前項操丁，雖爲守護官馬而設，練之既久，未必不爲克敵之兵，是於牧馬之中而得千軍之用。有備如此，非惟官馬有所保障，彼見我城堡棋布，旗幟羅列，軍器鋒利，或少弭其邪心。區區小虜，不敢窺伺深入，其於平凉、鎮原一帶地方軍民，不爲無補。至於大虜侵犯，勢須動調官軍截殺，此守臣之事，非臣所敢與聞。緣係防禦虜寇、保障官馬事理，謹題請旨。

爲處置各邊馬匹事

題爲處置各邊馬匹事，准兵部咨，該本部題，該陝西苑馬寺卿車霆奏。訪得陝西慶陽府、靈州鹽課司大小鹽池，自祖宗以來，與茶法並爲供辦各邊馬匹，以補本寺不及之數。近來各處或因别故奏討，榆、寧二邊雖有間年事例，此得彼失，兩不相顧。況二池額課止是一萬三千九百餘引，縱使二邊間年全得招商中納馬匹，給軍騎操，數亦不多。且每上馬一匹，給一百引，中馬一匹給八十引。每引該支官鹽二百斤，運去行鹽地方平、慶二府卸賣。因是路途窵遠，其鹽俱是近邊腹裏軍民自備牛車，下池攬載。每引裝載一大車，約有三十餘石。出池分爲伍陸小車運至卸所，止交商人引錢鹽一石四斗，或銀四錢，餘皆屬之腳價。又訪得先年招商，多是勢要之家中納瘦小馬匹，給軍騎操，未久即又倒死，累軍買補。弘治十三年，寧夏都指揮傅釗奏改招商中納馬價，每一百引，布政司收貯銀一十五兩，解送各邊，給軍買馬。間又值寧夏巡撫衙門將課鹽借去，招商中納銀、糧，修理河渠。功既未成，鹽亦空費。弘治十五年，又該總制尚書秦纮奏於固原、慶陽二處設立鹽廠，令其擬奏年分，俱二處上納其廠。各因路近腳便，攬載舊鹽腳户，每年到池牛車不止萬數。每引仍前裝載一大車出池，分爲五六小車運至卸廠，亦止交商人引錢官鹽一石四斗，餘屬之腳價。大抵此課以十分爲率，官似僅得一分，商人約得二分，腳户已得七分之上。前此，一年中馬不過一百五十匹，中銀不過二千餘兩。商人、腳户盡得其利，又有姦人謀之者多。今邊務方殷，正在用馬之際。乞敕兵部轉行督理馬政都察院左副都御史楊，從長處置，量將弘治十三年以前中過引鹽，暫且停止，弘治十五年以後未納引鹽，俱令革罷。行令陝西布政司將靈州鹽課司課引，合無自弘治十八年爲始，量增添五六萬引，不必招商，聽令各邊腹裏但有牛車軍民人等，以近就便，於固、慶兵備官處，每引并卧引錢共納銀六錢。該支鹽斤，與弘治十三年以後未放引鹽，舊引三分，新引七分，相兼放支。每引止許中車一輛下池，裝載鹽一十五石爲則，運至卸廠，照彼中時價易賣。其舊例，此鹽止通平、慶二府，目今邊馬急缺，暫通漢、鳳等府地方發賣。三五年間，待至各邊馬不告乏，庫有餘貲之日，照舊施行。前項該收銀兩，不許各邊互爲爭競，就令固、慶兵備官按季造册，送督理都御史驗過，轉發附近府庫收貯。如遇各邊缺馬，聽彼處鎮、巡等官移文楊都御史通融處分。仍聽本官便宜立法，或坐委附近府、衛能幹官員運送前去，督同該衛公正官員，與官軍死馬、（樁）〔樁〕頭銀兩，相兼驗買堪中土産馬匹騎操等因具本，奏行兵部。

該本部覆奏：看得陝西苑馬寺卿車霆，奏要增添靈州鹽課司鹽引，設法納銀，收貯官庫，專聽督理馬政衙門分撥各邊買馬一節。緣前項鹽引，舊例相兼茶法，供辦各邊騎操馬匹。後因此法漸弛，各邊互相奏討，豪右夤緣爲姦，利歸私門，公家不得實用〔一九〕。一或缺馬，動輒仰給京師。今若車霆前擬〔二〇〕，則不特三邊馬匹足用，而尚有餘利，誠爲國家永遠之計。但今巡撫都御史楊一清兼理馬政，前項事情是其職掌，未經勘處，難便定奪。合無本部行移本官，將車霆所奏，逐一備細查勘明白，如果相應，依擬處置。中間法有滲漏欠當者，仍要斟酌停當，次第舉行。若有應奏事情，徑自具奏定奪。該添鹽引，轉行户部，自弘治十八年爲始，照數增添。

伏望皇上俯念三邊重地，所急者止是馬匹，斷自宸衷，特降綸音，著爲定例。務使鹽易、茶易馬匹，永爲邊方之利，不許别項奏討。前此弊政，應該革罷者，盡行革罷。如姦豪一時失利，扇惑地方，沮撓國是，許楊一清指實參究，置之重典。年終通將納足銀兩，買過馬匹，并分撥各邊數目，造册奏繳，仍造青册一本，送部查考等因題。奉孝宗皇帝聖旨：『是。陝西茶、鹽易馬備邊，係是舊制。今后不許别項奏討。欽此欽遵。』備咨到臣。

切惟陝西地方，内而固原、環慶，外則寧夏、延綏，皆防胡重鎮。軍務所急，莫先於馬。頃自胡塵弗靖，戰馬告乏，各邊之仰給無窮，公帑之所儲有限，至厪宵旰之憂，命臣督理馬政，二年有餘，孳牧之利粗雖興舉，未獲收效，惟茶馬較之先年，號增數倍。顧三邊戎厩，倒亡相繼，隨補隨耗，支應不敷。臣晝夜思惟，恐孤委任，不勝憂懼。

看得靈州鹽課司大小鹽池所産鹽斤，與解池相類，不勞煎煮，不煩人力，爲利甚博，取之無窮。舊例止是招商中納馬匹，分給邊鎮騎操。後因各邊交爭互取，多寡不均，故有間年關領之例。又因中馬之人，勢囑賄通，濫收不堪馬匹，不得實用，故有收價解邊之例。畢竟爲馬而設，未嘗别用。後因放鹽委官，作弊多端，奏添陝西按察司副使一員，在於慶陽駐劄。職雖整飭兵備，實兼督理鹽法。近年以來，寧夏鎮、巡衙門，先因修理河渠，借去弘治十四年、十五年二年鹽課，後因措置糧草，借去弘治十六年、十七年、十八年三年鹽課。河渠工程既未就緒，倉場糧草亦未充足，而鹽馬之制遂廢。私鹽盛行，姦豪得利。以此，總制尚書秦纮、苑馬寺卿車霆先后論奏，皆欲增廣靈州鹽課，以供買馬。節經該部題奉欽依：『茶、鹽易馬備邊，不許别項奏討。』邊方幸甚！

然當久玩積弊之餘，爲改絃易轍之舉，思之不熟，計之不審，終恐法立弊隨，有損無益。行據陝西布、按二司分巡、分守、兵備、鹽法等官副使燕忠、高崇熙等親詣鹽池勘處，各陳所見前來。臣稽查舊卷，採摭羣言，參酌計慮，至於再三，始有一得。

查得先該總制尚書秦紘奏准，弘治十九年以後，陝西布政司印刷十餘萬引，送發監理通判處開放。每引收銀四錢五分，准令裝鹽五石或六石。今陝西苑馬寺卿車霆奏稱：自弘治十八年爲始，量爲增添五六萬引，不必招商，聽令臨邊腹裏有牛車軍民人等，以近就便，於固、慶兵備官處每引并卧引錢共納銀六錢，止許中車下池，裝載鹽一十五石爲則。舊例，此鹽止通平、慶二府，今邊馬急缺，欲暫通漢、鳳等府地方發賣。待至各邊馬不告乏，庫有餘貲之日，照舊施行。

查得靈州鹽課司大小二鹽池，大池原額鹽課一萬一千二百三十二引，小池三千一百四引有零，共該額課一萬四千三百三十七引。計今二池所産鹽斤，委有餘饒。常課之外，雖增十倍，似亦可辦。而原額止於如此，蓋因行鹽之地止是平涼、慶陽二府及寧夏等衛榆林寧塞營迤西城堡，又地臨邊境，事變難測。立法之初，良有深意。

近年總制尚書秦紘要增鹽利，及以便宜處置〔二二〕，出給小票，許令前往西、鳳、延安、漢中等府發賣，故鹽商雲滃，鹽廠山積，固原荒涼之地，變爲繁華。議者徒見其然，遂謂二池鹽課可增十萬至二十萬。然河東鹽法未免被其阻壞，所司已經奏行禁止。若遵照舊例，拘定前項地方，則鹽生者多，民食者少，鹽商何從售賣？原額一萬四千餘引之課，尚恐不敷辦給，安能復增五六萬至十萬引課額？且陝西各府之人利於靈州食鹽，先年課額雖未嘗增，而私鹽實不能禁。利之所在，人必趨之，又商民兩便，雖日加刑戮，末如之何！夫以鹽池所産，本有此數，卻爲地方所拘，自棄其利，以爲姦人私販之地，深爲可惜。欲增鹽引而不稍廣行鹽之路，徒生厲階，以貽後議，非計之得也。

該納引錢，舊例每引止是銀一錢五分，今欲增至銀五六錢。訪得商人賣與腳户，所得不過銀四錢有餘，彼無利息，安肯中納？若盡如車霆所奏，不必招商，就池賣與附近有牛車軍民，臣謂榷鹽招商，自是正理。專使公家紛紛與細人貿易，非爲政之體，將來恐滋别弊。至於所載鹽斤，例該每引二百斤，帶耗五斤。今若許載至一十五石，不無太濫。但二池邊遠險阻，腳價艱苦，比之淮、浙、河東，事體不同。秦紘所擬，似爲得中。及照大池原額課多，然坐臨極邊，而行鹽之途艱；小池原額課少，然地近腹裏，而食鹽之人廣。近年小池每季放支鹽斤反多大池數倍。合無大池增鹽一萬五千引，並舊課共二萬六千二百三十二引，小池增鹽三萬引，并舊課共三萬三千一百零五引，通共二池新舊課鹽共五萬九千三百三十七引。照例招商，每引止可納銀二錢五分。照鹽一車以六石爲則，外有多餘，依律掣摯追問。運至固原、慶陽二鹽廠卸所，每引仍照舊收卧引銀一錢，通共每引該得銀三錢五分，每年得銀二萬七百六十餘兩。此外若有餘鹽，卻依車霆所奏，就池招人納銀，給與引目，聽其發賣。儻遇旱澇，鹽生不及，或邊報緊急，鹽路不通，除舊額鹽課外，新增鹽課，明白除豁，不可膠於一定，歲歲取盈。行鹽地方，西安、延安二府，密邇河東，地廣人稠，照例嚴加禁約，不許靈州鹽斤私通販賣，阻壞彼處鹽法。止許於鳳翔、漢中二府通行，與河東之鹽相兼發賣，兩不礙阻。其弘治八、九年以前中馬鹽引，年久弊多，莫可查考，所宜一切革罷。弘治十三年以前，陝西布政司招中商人，彼皆奉例納銀輸官，後因寧夏借課，躭遲數年，虧折資本，怨聲載道，合准相兼放支新引七分[二二]，舊引三分。弘治十四年以後，寧夏所借，若有未支未中之數，年分已滿，中間勢豪姦頑之人展轉影射，冒支盜賣等弊不可枚舉，（雖）〔難〕再復支。未中引目，陝西截取開中，庶幾物論稱平。所收鹽引銀兩，俱送慶陽、固原各官庫寄放，聽慶陽兵備兼理鹽法副使及固原兵備副使提督，稽察姦弊。每季，監理通判督同鹽課司，將給過引目，放過鹽數，造册開報臣并布政司查考。如遇各邊缺馬，各該巡撫移文前來，聽臣斟酌通融，給發買馬支用，不必拘定間年之例。臣於年終，通將納過銀兩，買過馬匹，并分撥過各邊數目，造册奏繳。若有餘銀，仍發庫收貯，照例查盤。如此所處，似爲停當，而於馬政大有裨益。但兵部原擬，自弘治十八年爲始，增添鹽引，前項公文，本年五月内方纔行到。彼時寧夏招過商人，正在支鹽、賣鹽之際，事已過期，難再追改。合自正德元年爲始，照依新例而行。及查得陝西布政司並無收貯靈州鹽引，即今將及放鹽之期，誠恐遲誤。如蒙乞敕户、兵二部，將臣所擬參詳可否，上請施行。合用鹽引，作急差官南京户部刷印二十萬引，務在本年三月以裏降給陝西布政司收貯開放。其餘該載不盡事情，臣徑自處置。一切弊政應革罷者，徑自查革。若有姦豪失利，扇惑沮撓之人[二三]，指實劾奏，置之於法，不敢姑息隱蔽。

緣係處置各邊馬匹及該部題准，行令臣斟酌停當舉行，應奏事情，徑自奏請定奪事理，謹題請旨。

爲處置馬營城堡事

奏爲處置馬營、城堡事。

據陝西苑馬寺卿車霆呈，修完陝西苑馬寺長樂、靈武二監，開城、廣寧、黑水、安定、清平、萬安等六苑城堡、衙門、公廨、城樓、城門、馬厩、營房、倉廒屋宇，買辦木、石、板棧，燒造甎瓦，雇覓賞勞各色人匠、夫役等項用過各項銀兩、并食用過米糧數目，備造圖册，呈繳到臣。

案查，先准兵部咨前事，該本部題。看得都御史楊一清奏稱：即今陝西修舉馬政，俱無城堡、馬厩，恐後馬匹蕃息，爲虜所窺。況今彼處見報聲息，所宜先事預防。乞要築城堡，使人馬有所保障；置馬厩，使馬匹不至橫傷；修營房，使貧軍有所依棲；建公衙，使牧官得修職業。前項工程，必須量起附近軍民人夫，動支贓罰馬價，以備各項費用一節。論辯剴切，計處停當，俱是爲國興舉馬政，用圖永久之計，相應依擬定奪。除地方規制，已該一一相度明白外，所據該用人力，合無行移本官并巡撫都御史周季麟，計用若干，行令都、布、按三司著落所屬附近軍衛有司，量數起倩，與同本苑軍夫相兼修理。其應用錢糧，本部再於太僕寺馬價銀兩支取八千兩，與前給買種馬，共輳五萬兩，一併送去，聽從本官於內支用。若有不足，仍依前擬，於本省大小問刑衙門弘治十七年贖罪銀錢、贓罰銀物并司、府在庫官錢內支取，以備輳辦木植、甎瓦等項。務圖成功經久，不許虛應故事。畢日，通將用過錢糧，築修過營堡，備造圖册奏繳，仍造青册送部查考等因題。奉孝宗皇帝聖旨：『着楊一清上緊提督整理，務要完固。欽此欽遵。』備咨前來。

已經行委陝西苑馬寺卿車霆、陝西按察司副使王寅、陝西都司都指揮僉事房懷，分投提督軍衛有司，委官悉照原擬地方規制，斟酌損益，量起附近軍民人夫與各苑軍夫相兼修理。查支兵部奏發馬價，并馬政、茶法衙門有行贖罪、贓罰、紙價銀兩，置辦物料，覓雇人匠，貼備工食。完日，通併畫圖造册，回報去後，續因連年套賊有警，地方薄收，不敢急迫併興工作。副使王寅別有差占，都指揮房懷改任守備去訖，止是苑馬寺卿車霆一人提督，陸續整理。經今二年，原擬兩監六苑工程方纔完備。及查得後奏開設武安苑營堡，亦皆築完。其衙門、倉廒、營房、馬厩等項，次第蓋造。

緣係腹裏地方，相應從緩，除待完日另行奏報外，臣竊惟陝西設立寺、監衙門，職專孳牧。始雖規模宏遠，而法制未備，因陋就簡者百年於兹。孝宗皇帝採納廷議，詔圖修復。臣猥被推薦，仰承任使，大懼無以稱塞明命。始至固原，求所謂監、苑者，彫落之餘，頹垣敗甃，莽爲荒基。而平涼迤北，直抵環縣，地方數百里，深山野草，居民星散，崖窯堡洞，遠近不一。弘治十四年，虜騎蹂踐，屠戮、驅掠丁口、頭畜多至二十餘萬，各苑官馬爲之一空。蔓延至於平涼，滿所欲而去。彼時爲臣謀者皆曰：『虜人所利者馬。馬之羣聚益繁，則虜之窺伺益急，將來恐不可保。』臣不得已，方修孳牧之規，即上城堡之議。仰荷朝廷嘉納，臣得展布有爲。

今固原迤西至鎮戎所，新修展修營堡聯絡。平涼迤北有彭陽大城，有板井新堡。安定苑僻在西南，有中營大堡。又奏設操丁，給與盔甲、弓矢，各守本城。比者，大虜擁衆數萬，長驅而入，聲言要搶各苑官馬。至黑水苑劄營，分遣輕騎，窺我三營不得，不復東向。又一枝至板井堡，即日出境，不敢久住。計今各苑見養官馬一萬有餘，止是萬安苑搶去七十餘匹，其餘俱幸保全。蓋彼猾賊熟路，忽見我高城深塹，樓櫓相望，旗幟羅列，將謂處處屯兵，不知幾何，有以懾其心而奪其氣故也。但舉事之初，勞費有所不免。故好議論者，有今日修馬厩，明日築城堡之言。今事已就緒，非惟官馬有所保障，可望蕃息。遇警，附近軍民丁口、頭畜，亦可在此收避。且我迎敵出哨之兵，勞則可以少息，急則可以爲家，有益於邊備實多。及查得支用錢糧，除解到馬價銀八千兩外，止是將臣馬政、茶法二項官錢輳用。該部原擬弘治十七年分大小問刑衙門贖罪、贓罰并在庫官錢，並無分文動支。臣竊恐議者不能深究地方利害，事情本末，習於任耳者之見，視爲無益。將來敝不知修，缺不能補，隳廢前功，深爲可惜。如蒙乞敕兵部，通行陝西鎮、巡、三司及苑馬寺等衙門，將前項修完城堡工程，向後如有損壞，隨即修補。其未補者，尚當及時增拓，推廣而行，共成國是，以爲地方遠圖，不但孳牧一事之利而已。臣不勝惓惓體國之至。

緣係處置馬營、城堡及奉欽依：『着上緊提督整理，務要完固』事理，爲此，今將修完兩監六苑工程，用過錢糧數目，畫圖造册具本，專差承差孫桂親齎進繳，謹具奏聞。

爲修舉馬政事

題爲修舉馬政事。

臣節該欽奉敕諭：『陝西設立寺、監衙門，職專牧馬。先年邊方所用馬匹，全藉於此。近來官不得人，馬政廢弛殆盡。今特命爾前去彼處，督同行太僕寺、苑馬寺官專理馬政。爾須查照兵部奏准事理，考究國初成法，親歷各該監、苑，督委都、布、按三司能幹官員，踏勘牧馬草場，果有侵占，即令退還；查點養馬軍人，果有逃亡者，即令撥補。見在種、兒、騍馬，實有若干，設法增添，務足原額；倒死虧折馬駒，隨宜追補，量爲分豁。布置已定，責令該管官員，用心牧養。各該寺、監等官，有闒茸不職者，爾即具奏黜罷，或起送别用，另選才能，以充任使。其有盡心職務，功績昭著者，具奏旌擢。欽此欽遵。』

臣受命兢惕，不遑寧處。親詣兩監六苑，查得牧馬草場，原額一十三萬三千七百七十七頃六十畝，見在止存六萬六千八百八十八頃八十畝，其餘俱被人侵占。原額養馬恩隊軍人一千二百二十名，見在止有七百四十五名，其余俱逃故年久，未曾勾補。點視得見在牧養兒、扇、騍馬并孳生馬駒，止有二千二百八十匹。竊嘆馬政之廢，至於如此！欲作新興舉，非臣一人所能獨辦。訪得陝西布政司右參政車霆、陝西按察司副使王寅、陝西都司都指揮僉事房懷，俱堪委用。已經遵照敕旨，督委各官，隨同行事，節經具題外，續蒙聖恩，車霆陞任陝西苑馬寺卿。其後，副使王寅别有分巡等項差占，都指揮房懷改任守備去訖，止是車霆一人，常川幹理。

今查得，各監、苑清出實有草場荒熟地共一十二萬八千四百七十三頃一十一畝八分九釐六毫。恩隊軍人補完，見在新舊共一千九十三名，招募新軍一千一百八十名。及查得弘治十八年十二月終，各苑見在牧養兒、扇、騍馬并駒共一萬一千六百二十四匹、頭，修完馬營、城堡共一十九處，衙門、倉廒、營房、馬厩等項屋宇共四千一百餘間。又選設操丁一千名，委官提督操練，無事不妨牧馬，有警可備調用。前項事宜，臣愚不過總其大綱，至於經營布置，實多車霆之力。且天下之事，襲已成者易爲力，振久廢者難爲功。當馬政興舉之初，羣咻衆鬨，恐喝摇撼，無所不至。急之則他變或生，緩之則紘轍如故。車霆等不急不徐，寬嚴相濟，委曲開導，人情稍安。經今二年之上，復草場於滅没之餘，完牧軍於彫耗之后，保障有地，防守有人。孳牧之規，稽考之法，粗皆就緒，經久可行。將來官員守而無失，自足以收蕃息之效。

查得先爲一事權以修邦政事，該兵部節該題奉孝宗皇帝欽依：『今後行太僕寺、苑馬寺官有缺，照在京太僕寺官例，務推素有才望的簡用。待有成績，亦照太僕寺官陞擢。欽此。』續爲正卿寺體統以修邦政事，該吏部等衙門會議，節該題奉欽依：『兩寺官員體統，都准議行，永爲定制。各官果有政務修舉、功績顯著的，你每推舉，酌量陞用，不必拘定常例。欽此欽遵。』

看得車霆原任陝西布政司右參政，以新例被簡命爲苑馬寺卿。本官歇歷中外，積有歲年，剛方有爲，清苦無玷。年老而風節愈厲，官久而初心不改。節經撫、按旌異，言官奏保，委的堪以重用。其隨臣整理馬政，修舉廢墜，委的盡心職務，功績昭著，相應旌擢。若止照常格陞用，無以激勵人心。必須仰遵先帝成命，照在京太僕寺官例，推任兩京相應堂上官或巡撫都御史，庶足以充其蘊。且今四方多事，用人爲急。一時人才固多，然守法任事、不避艱險如車霆者，亦不易得。况本官年雖七十，精力未衰，若不早爲甄拔，將來衰邁可惜。如蒙乞敕吏部，再爲訪察，如果本官歷任年深，公論允協，合無查照新例，不次拔擢，大加委任，仍乞給賜應得誥命。使凡厥有位，知所感發興起，其於治道，實有補益。臣備員風紀，不敢蔽賢，干冒天威，無任悚懼。

緣係修舉馬政、薦舉賢能官員事理，謹題請旨。

爲修復茶馬舊制以撫馭番夷安靖地方事

兵部爲修復茶馬舊制，以撫馭番夷、安靖地方事。該本部題，車駕清吏司案呈，奉本部送准户部咨[二四]，陝西清吏司案呈，奉本部送於户科抄出，督理馬政、都察院左副都御史楊一清奏。

臣受命督理茶馬，親詣西寧、洮州等衛地方，督同兵備、守備等官陝西按察司副使蕭翀、署部指揮僉事蔣昂等，選差撫夷官員，帶領通事，分投撫調各族番夷，中納茶馬。隨據差去人員陸續撫調各族番官指揮、千、百户、鎮撫、驛丞，偕其國師、禪師，各齎捧原降金牌、信符而至。臣得拜觀焉。其額上篆文曰：『皇帝聖旨。』其下左曰：『合當差發。』右曰：『不信者死。』臣奉宣皇上恩威，撫且諭之，責其近年不肯輸納茶馬之罪。彼皆北向稽首云：『這是我西番認定的差發，合當辦納。近年並不曾齎金牌來調，止是一年一次着我每將馬來换茶。今後來調時，天皇帝大法度在，我西番每怎敢違了。』臣於是乃知我聖祖神宗，睿謀英略，度越前代遠矣。

考之前代，自唐世回紇入貢，已以馬易茶。至宋熙寧間，乃有以茶易虜馬之制。所謂以摘山之利，而易充厩之良。戎人得茶，不能爲我害；中國得馬，足以爲我利。計之得者，宜無出此。至我朝，納馬謂之『差發』，如田之有賦，身之有庸，必不可少。彼既納馬而酬以茶斤，我體既尊，彼欲亦遂。較之前代，曰『互市』，曰『交易』，輕重得失，較然可知。夫王者不治夷狄，今責番夷以差發，非若秦、漢喜功好大勤遠略者之所爲也，亦非中國果無良馬，而必有待乎番夷也。蓋西番之爲中國藩籬久矣。漢武帝圖制匈奴，乃表河曲、列肆郡，開玉門，通西域，以斷匈奴右臂，而幕南無王庭。今金城之西，綿亘數千里，北有狄，南有番。狄終不敢越番而南，以番人爲之世讎，恐議其後，此天所以限别區域，絶内外者也。不然則犬羊長驅，寧、河、岷、隴之區，鮮不爲其蹂踐，欲晏然無事，得乎？

國初散處降夷，各分部落，隨所指撥地方，安置住劄。授之官秩，聯絡相承。以馬爲科差，以茶爲價，使知雖遠外小夷，皆王官王民，志向中國，不敢背叛。且如一背中國，則不得茶，無茶則病且死。以是羈縻之，賢於數萬甲兵矣。此制西番以控北虜之上策，前代略之，而我朝獨得之者也。

頃自金牌制廢，私販盛行，雖有撫諭巡察之官，卒莫之能禁，坐失茶馬之利垂六十年。豈徒邊方缺馬騎征，將來遠夷既不仰給我茶，敢謂與中國不相干涉。意外之憂，或從此生，藩籬之固，何所於托？其所關係，誠非細故。

臣始至陝西，行據守備河州署都指揮僉事蔣昂呈稱：河州衛每年招番易馬，止是臨近川卜陸族、乞台、撒剌并歸德中、左所西番達子二十七站，及腹裏老鴉、乩藏等族熟番調來中馬給茶。其黑章咂、上、下哈如、阿劄爾、朵工、遠(行)〔竹〕等族番人，遞年累撫老番俱故，後生不知法度，強硬生拗，不肯前來中馬。又被黑章咂、朵工等族番人，糾引番賊，專一伏路搶殺過往官軍糧賞財物。雖經呈禀上司，差官量帶軍馬、通事出境，不過追撫，止照番俗事理發落。因循年久，未蒙天威加兵。各番輕視國法，愈加恣肆爲惡，搶擾地方，以爲得計。

若不早爲處置，慮恐餘族番夷一槩倣傚，不惟廢弛馬政，抑且有損國威。合無具奏，差委謀略公廉官員，動調軍馬、通事，統領前去，直抵巢穴。務將前項累撫不來中馬，爲惡黑章咂、朵工、遠竹等族番人量剿一二族，俾無遺種，庶使餘族番夷寒心知懼，實爲經久便益等因到臣。

看得本官父祖以來，守備河州，熟知番情，必有所見。但興師動衆，勞費不貲。陝西地方疲敝，又兼北虜不時出沒，前項事情，難以輕議。況禦戎上策，莫如自治。各番雖不中馬，未嘗一日無茶。彼既坐得之，何求於我？且中國之人，明知禁例，肆行無忌，於番夷乎何誅？臣乃申嚴禁令，嚴督所司，緝捕私販，根究株引，不少假借。茶徒稍稍斂跡，茶價頓增。已而招調番人，遠近畢集，稔惡如朵工、黑章咂者，亦如期而至。乃知中國之茶，真足以繫番人之心而制其命。

但今停止商茶，户部題奉准依，許將例前報中者，照舊發賣，其數幾二百萬，是又一厄也。誠使私茶商販，一切禁絶，不得通番，不一二年，番族無茶，不撫亦將自來，調之寧敢不至？臣仰承任使，恒懼無補，以速罪尤，深慮卻顧，輒罄一得之愚如此。至於興廢補敝之宜，謹條陳五事於後，伏惟聖明省覽。乞敕户、兵二部，議其可否，覆奏行之。仍乞斷自宸衷，今後有以開中商茶爲言者，無賜施行。該部該科查照不許招商中茶前旨，舉奏懲治，庶幾番人堅内附之誠，邊方無意外之患，不止有裨三邊馬政而已。臣不勝惓惓體國之至等因開坐奏。奉聖旨：『該部看了來説，欽此欽遵。』抄出送司，案呈到部。

看得都御史楊所奏事件，除處茶園之課、廣價茶之積二事，本部覆奏外，所據復金牌之制、專巡禁之官、嚴私販之禁三事，係隸貴部掌行。擬合開咨前去，煩爲徑自查照，覆奏施行等因，咨部送司，案呈到部。

看得都御史楊奏言，祖宗處置番夷之道，非特資彼戰馬，兼以固我藩籬，其機括則全在於嚴禁私茶。蓋其所見，能識國體；故其所陳，俱得治要。今將議奏條欵議擬，開立前件，伏乞聖明裁處。

緣係修舉茶馬舊制及奉欽依：『該部看了來説』事理，未敢擅便。弘治十七年十二月十四日，本部尚書劉等具題。本月二十八日，奉聖旨：『金牌制度，自何年廢弛，通查明白來説。其餘准議。欽此。』

除將准議事理通行各該衙門欽遵外，查得先年奏差官員，賫捧上號金牌，前往陝西、洮、河、岷州等衛招番，比對下號金牌，令其各納馬給茶，委的廢弛年久。今都御史楊因邊方缺馬，要復舊制，已稱典籍磨滅，多無的據。今奉前該欽依，緣本部查無前項卷案，未審先年差官賫捧，係何衙門承行，內府印綬監原發金牌底簿，必備載年月明白，擬合查勘通行。爲此除外，合咨前去，煩照本部題奉欽依内事理，欽遵施行。仍備查金牌制度，何年爲因何事廢弛，作急咨報，以憑覆奏。

計開：

一、復金牌之制。切照洪武年間，欽降金牌數目，各衛典籍磨滅，多無的據。查得河州地方，原設必里衛二州、七站，西番二十九族，原額金牌二十一面，認納差發馬七千七百五十匹。西寧衛地方，曲先、阿端、罕東、安定四衛，巴哇、申冲、申藏等族，金牌一十六面〔二五〕，該納差發馬三千二百九十六匹。洮州衛地方，火把哈藏、思曩日等族，金牌四面〔二六〕，該納差發馬三千五十匹。上號在於内府收貯。每三年一次，欽遣近臣賫捧前來，公同鎮守、三司等官統領官軍，深入番境劄營，調聚番夷，比對金牌字號，收納差發馬匹，給與價茶。如有拖欠之數，次年前去催收。後因邊方多事，陝西軍民轉輸軍餉，無暇運茶，腹裏衛分官軍又各調去甘、涼、寧夏等處征操，别無官軍可調，茶馬因是停止。歷年滋久，如曲先、阿端諸衛，貌不相通。誠恐數十年之後，雖近番亦不復知有茶馬矣。今欲照舊例，調軍入番征收，非惟病於供億，且恐激擾番夷。乞敕該衙門將金牌舊額查出，申明昭示各衛，預先行令應納差發馬匹番族，使知朝廷修復舊制，各當本等差發，不許生拗違背。然招番必先運茶，不然調來番馬，無價可償，失番人之望，虧中國之體。合無於弘治十八年、十九年内，如臣後所擬奏，嚴禁私販，廣積官茶。其番官指揮、千、百户、鎮撫、驛丞等官，久不襲替，亦令兵備、守備官查出奏請，就役各襲原職，以爲統領，不必令其來京。以弘治二十年爲招番之期，乞遣廷臣賫捧上號金牌前來，會同臣及陝西、甘肅二處巡撫官，督同都、布、按三司官員，不須動官軍深入番族，止在三衛住劄，差委撫夷官員、通事，分投調取各番，各賫原降下號金牌，牽趕馬匹，前來上納。分别上中下三等，給與價茶，厚加賞勞，遣回本族。如不敷原數，聽次年徵收補還。事完，將收過馬數造册，隨金牌賫繳。馬送陝西行太僕寺印烙，照例給軍騎操。以後三年一次舉行。中間二年，仍照常差官，賫番字文書前去各族曉諭，有情願者，聽其自來，將馬换茶，不願者不拘。敢有不受約束，招調不來者，再三撫諭，如果執迷不悛，量調漢番官兵，問罪誅剿，以警其餘，庶幾恩威並施，番人懷威，永爲藩籬之固。

前件看得，都御史楊一清奏言，欽降金牌與各番認納差發茶馬，深爲有見。但前項制度廢弛年久，所查未必盡悉其舊。故楊一清本内亦云，典籍磨滅，多無的據。合無本部行移内府印綬監，清查各番族原額上號金牌面數及番族名目、馬匹數目，備細明白，轉行楊一清，再加審處，諭令番族知會。約至弘治二十年爲招番之期，每三年一次。至期，本部奏差行人一員，賫捧前項金牌，會同彼處督理馬政并各該巡撫都御史，督同三司官，悉依所擬，次第舉行。事完，差去官員將收過馬匹，給過價茶數目，造册同原捧金牌進繳。中間二年，撫諭各番有願將茶换馬者，聽從其來，亦照所擬定奪。本部仍行各官，轉行兵備、守備等官，將原額番官指揮、千、百户、鎮撫、驛丞等官年久不曾襲替者，逐一查出保勘，明白奏行。本部行令就彼襲替，統領番族，認納差發。敢有糾引番賊，生事害人，一體治罪。

一、專巡禁之官。查得先准兵部咨，爲一事權以修邦政事。該本部題稱：茶馬自先年停止大臣之後，止是行人撫諭巡禁。成化年間，因是行人職輕，難以革弊，該巡撫奏准，暫差御史前去整理。今既有都御史兼理，若又差御史在彼，不無事權不一〔二七〕。合無將巡茶御史行取回京，一應首尾，悉皆責成於今去都御史楊一清。待到彼之日，或行茶地方遥遠，應該另添何等巡禁官員，聽本官奏請定奪等因具題。節該奉聖旨：『是。欽此。』及查得臣節該欽奉敕：『今特命爾不妨督理孳牧，兼理茶馬。自潼關迤西，西安、鳳翔、漢中、平涼、臨洮、鞏昌、西寧、甘肅等處，申明節次條例，提督都、布、按三司、軍衛有司并守備、把隘等官，但係通番關隘與偏僻小路，俱要用心巡禁，嚴謹把截。爾仍不時親歷點閘，或督令分巡官按月省諭，不許官豪勢要及軍民之家私自興販茶貨，潛入番境，通同交易。如有故違，應拿問者就便拿問，應奏請者具奏來聞。欽此欽遵。』

臣本闒劣，猥承任使，分當奔走，職業不敢辭勞。但陝西禁茶地方，東至潼關，西極甘肅，南抵漢中，綿亘數千里，伏奸廋慝，無處無之。臣始至陝城，拏獲積年交通進貢經過番夷，代買私茶，誆騙財物犯人徐鋭等三十餘名。比至鞏昌地方，節次拏獲販茶通番人犯百餘名。俱經法司問明，發遣訖。渠魁就擒，餘黨潰散。然惡草難去而易生，奇疾難攻而易動。且茶禁愈嚴，則茶利愈厚。利之所在，趨者瀾倒，伺便而發，乘隙而動者，難保必無。其間多干礙官豪勢要之人，非軍衛有司之力所能鈐制。禁防稍疏，則絃轍如故，茶馬大計，爲之奈何？臣之職業，重在孳牧。一歲之間，大半住劄平凉、固原等處，又有提調三邊騎操馬匹之任，前項行茶地方，實難遍歷。雖例該提督都、布、按三司官及督令守、巡官行事，各官俱有本等職務，委任不專，難以責其成效。臣到平凉已及一年，未嘗一見分守官；在隴西數月，未嘗一見分巡官。此事勢使然，亦不足異。所據巡禁私茶，必得按察司官一員專理，乃能濟事。但陝西按察司額設、添設副使、僉事等官已多，若再添除，不無官多人擾。臣查得本司官若無事故，除兵備、邊備、提學、管屯、監收糧斛及輪管分巡、清軍之外，實有空閑一員。合無自弘治十八年爲始，聽臣於各官内自擇有風力才幹一員，常川於臨洮府住劄，不許别項差占，專一往來巡視，提督各府、衛、州、縣官嚴禁私茶，痛革通番積弊。一年滿日，仍擇委一員，交代回司。計其行過事蹟，果能禁革奸弊，使私販息絶，聽臣奏保，旌異擢用；如或因循怠玩，指實參究黜罰。如此，則官不必增，而政無不舉矣。

前件看得，茶易馬匹，先年專差御史一員。今既責之都御史楊一清兼理，委的馬政事多，地方廣遠，不無顧此失彼，必須委官分理，合無准其所奏。本部仍行都御史楊一清，每年於陝西按察司見任官員内揀用一員，常川於臨洮府住劄，不許别項差占。專一往來巡視，提督各府、衛、州、縣官嚴禁私茶，痛革通番積弊。一年滿日，照例委官交代。或有别項沮撓推托，聽本官徑自參奏。若委官克舉其事，亦聽本官奏保擢用。

一、嚴私販之禁。查得律内，凡犯私茶者，同私鹽法論罪。及查見行事例，私茶有興販五百斤的，照見行私鹽例，押發充軍陝西等處。但有漢人結交夷人，互相買賣借代，誆騙財物，引惹邊釁者，問發邊衛，永遠充軍。近准兵部咨，爲從宜處置邊務事。該巡按陝西監察御史李璣奏前事，本部咨行臣處，查訪議處，應奏請者奏請定奪。內一件止通番。訪得西寧、河州、洮州地方土民，切鄰番族，多會番語。各省軍民流聚鉅萬，通番買馬。雇倩土民，傳譯導引，羣附黨援，深入番境，潛住不出。不特軍民而已，軍職自將官以下，少有不令家人伴當通番。番人受其恐嚇，馬牛任其計取，變詐漸萌，含憤未發。誠恐一旦不受束約，患可勝言〔二八〕！且通番之人，明知事例，犯該充軍，乃互相嘻謂：『無故亦要投軍，有甚打緊。』似此欺玩，若不重加法典，則通番起釁，茲其漸也。又一件禁約私茶。查得洪武、永樂年間，興販私茶者處死，以故，當時少有蹈之者。間有一二私販者，包藏裹挾，不過四五斤、十斤而止。行則狼顧鼠探，畏人訐捕，豈如今之販者，横行恣肆，略不知憚。沿邊鎮店，積聚如丘；外境夷方，載行如蟻。明知禁輕，相謂興販私茶與興販私鹽同律，事發，止理見在，不許攀指。例則五百斤以上方纔充軍。計使一人出本，百人爲夥，每人止負五十斤，百人總負五千斤。各執兵器，晝止夜行，遇捕併力，萬一捉去一人，只是一人認罪，數不及五百斤以上，不過充徒，餘茶總收其利，以此得計。羣聚勢兇，莫之敢捕。官兵遥見，預爲潛躱。乞將興販私茶者，合無照永樂年間舊例處死，通番并把隘賣放之人亦如之。如聖慈不忍寘之重典，合無將私茶十斤以上與一應通番并把隘縱放之人，具發兩廣烟瘴地而充軍等因。臣參詳御史李璣所言，曲盡陝西官舍軍民販茶通番情狀，非身履其地、職任其責者，不能及此。查得洪武三十年十二月十一日，户部節該欽奉太祖皇帝聖旨：『近年以來，茶賤馬貴，不止國課有虧，致使戎羌放肆，益是守邊者不以防禦爲重。出榜以後，守把人員若不嚴守，縱放私茶出境，處以極刑，家遷化外，説事人同罪；販茶人處斬，妻小入官。欽此。』永樂六年十二月十九日，節該欽奉太宗皇帝聖旨：『陝西、四川地方，多有通接生番經行關隘與偏僻小路。洪武年間，十分守把嚴謹，不許放過段疋、布、絹、私茶、青紙出境，違者處死。恁户部再出榜曉諭禁約，還差人説與都司、布政司、按察司，着差的當人去各關上省會把關頭目、軍士，用心守把，不許透漏段疋、布、絹、私茶、青紙出境。若有私販出境，拏獲到官，守將犯人與本處不用心把關頭目，俱各淩遲處死，家遷化外，貨物入官。欽此。』仰惟我祖宗不嗜殺人，獨於販茶通番之（境）〔禁〕致嚴如此。承平之餘，政玩法弛，已非一日。充軍下死罪一等，而販茶之人，其視充軍，甘如飯食。罪至於徒，已非輕典，而陝西軍民，寧從三年之徒，不肯出杖罪之贖。蓋各處充發軍人及擺站哨瞭囚徒，隨到隨逃，以爲常事。上司亦嘗立法查考，卒莫能革。其逃回者，又復販茶，屢犯不悛。玩法至此，可謂極矣。成法具存，死刑至重，非人臣所敢輕議。然例以輔律，因時救弊，似宜加嚴以整齊之。但腹裏之與各邊，事體有異；而販茶之與通番，情罪或殊。合無今後但有將私茶潛往邊境興販交易，及在腹裏販賣與進貢回還夷人者，不拘斤數，事發，并知情歇家牙保，俱問發南方煙瘴地方衛分，永遠充軍。其在西寧、甘肅、河州、洮州販賣者，雖不入番，即有通番之漸。一百斤以上，問發附近衛分充軍；三百斤以上，發邊衛永遠充軍。若在腹裏各府、衛、州、縣興販者，照見行事例，五百斤以上，押發附近衛分充軍，止終本身。不及前數者，俱依律擬斷，腹裏仍枷號一個月，在邊方者，枷號兩個月。有力，納米贖罪；如果無力，解五百里之外，擺站守哨。但有逃回仍前興販，事發，不拘多寡，問發附近衛分充軍。及照近年各邊販茶通番，多係將官、軍官子弟。見今甘肅總兵劉勝事發，其他未發者，不止劉勝一人。以此，守備、把關、巡捕官員，不能禁治。合無今后軍官、將官知情縱容弟男子姪伴當興販，及守備、把關、巡捕官知而故縱者，事發參問：降一級原衛帶俸差操；有贜者，從重論；失於不知者，照常發落。若守備、把關、巡捕官自出資本，與販私茶〔二九〕，但通番者，問發邊衛充軍。在西寧、洮、河、甘肅地方發賣者，三百斤以上，發附近衛分充軍；不及數及在腹裏發賣者，降一級調邊衛帶俸差操。如此，則法令一新，積習之弊可祛。不然，將來貽患，臣不知其何所紀極也。

前件看得，祖宗茶馬禁例，私通，罪必至死。後因此法漸弛，人皆易犯，以致番夷不服差發，邊臣率皆私通。今都御史楊一清論列前因，情詞懇切，蓋恐禁例不嚴，則舊制難復。合無本部仍行都御史楊一清，備榜通行曉諭。榜諭之後，敢有犯者，悉照所擬問發。仍行都察院，轉行巡按陝西監察御史、陝西按察司并各問刑衙門一體遵依，毋致彼此異同，法有遺姦。

爲修復茶馬舊制以撫馭番夷安靖地方事

户部爲修復茶馬舊制以撫馭番夷、安靖地方事。該本部題，陝西清吏司案呈，奉本部送於户科抄出，欽差督理馬政都察院左副都御史楊奏。

臣受命督理茶馬云云等因，具本開坐奏。奉聖旨『該部看了來説。欽此欽遵』，抄送到司，案呈到部。看得都御史楊所奏事件，除復金牌之制、專巡禁之官、嚴私販之禁三事，係隸兵部掌行，移咨前去，徑自覆奏外，所據處茶園之課、廣價茶之積二事，查照議擬，開立前件，伏乞聖明裁處。

緣係修復茶馬舊制以撫馭番夷、安靖地方及奉欽依：『該部看了來説』事理，未敢擅便等因。弘治十七年十月二十四日，本部左侍郎王儼等具題。本月二十六日，奉聖旨：『准議。欽此欽遵。』擬合就行，爲此除外，合行移咨前去，煩照本部題奉欽依内事理，欽遵施行。

計開：

一、處茶園之課。行據延安府綏德州知州洪平呈稱：奉臣劄付，親詣漢中府、金州并西鄉、石泉、漢陰三縣，會同各掌印官，督同各該里老，將該管茶園人户行拘到官。查審得金州七鋪一里，定額課茶六千二百二十斤四兩；西鄉縣雲停、歸仁、遊仙三里，定額課茶一萬八千五百六十八斤六兩五錢；漢陰縣在廓一里，定額課茶一千三百七斤一十一兩五錢；石泉縣石泉一里，定額課茶一百九十二斤二兩九錢，共二萬六千二百八十九斤一十四兩九錢〔三〇〕。

成化等年，奉例各增添里分，人民佃買老户茶園地土，各人開墾不等，仍舊幫納。前項茶課，會同各官親詣茶園，逐一踏勘得：金州該增課茶三千八百七十二斤一十二兩，西鄉縣該增課茶五千六百五十一斤，漢陰縣該增課茶七百二十三斤，石泉縣該增課茶六百六十斤，共增課茶一萬九百六斤一十二兩，造册申送到臣。案照，先據陝西按察司僉事唐希介呈稱：漢中府、金州、西鄉、石泉、漢陰三縣，俱係産茶地方。如漢陰一縣，原設在廓、新安二里，後因招撫流民，增添九里。近因大造黄册，又添一里。今以十里之民，止納二里之課。况自招撫之後，其延安、慶陽、西安等府人民流移到彼，不可勝紀。見今開墾日繁，栽種日盛。其沿江一帶茶園，多不起課。乞行嚴督各該州、縣官員查理等因。看得漢中府前項産茶州、縣，國初，人民户口不多，茶園亦少，所以額課止於如此。成化年間以來，各省逃移人民聚集，栽植茶株數多，已經節次編入版籍。州、縣里分俱各增添，户口日繁。茶園加增不知幾處，而茶課仍舊，致令各處奸頑官舍軍民，遞年在山收買私茶，通番交易覓利。以此，番人不樂官市，沮壞馬政，相應查理。已經行委本官前去，會同該州、縣掌印官勘處回報去後，今據前因，恐有不的，又經行委按察司分巡關南道官覆勘，未報。訪得前項州、縣，所産茶斤，不假種植，隨田而出。荒山茂林，耕治燔灼之餘，茶從而萌蘖焉。民獲其利。一家茶園，有三五日程歷不遍者，有百餘户佃種不周者。以數十户、百餘户所佃茶園，止幫一户茶課，其甚少者，亦多贏餘。較之農夫終歲勤動而恐不贍，又稱貸以輸官者，難易不同。故漢中一府，歲課不及三萬，而商販私鬻至百餘萬以爲常，是其明驗也。且薄賦裕民，爲政美事；加賦足用，儒者耻言。然先王之法，於農惟恐其不厚，於商則從而征之，亦厚本抑末之意云耳！今以天地自然之利，民得之易，官取之輕，徒爲犯法者之地，豈可無以處之？況先年茶園，亦有消乏，未蒙除豁；新開茶園，日新月盛，漫無稽考。致使一園一畦者，課程已多；連山接隴者，課程顧少。非惟細民有不均之嘆，抑且奸民遂玩法之私，深爲不便。但干礙加增課程，未經具奏，誠恐人情向背不一。合無行委陝西布、按二司分巡、分守關南道官員，督同漢中府掌印官，親詣前項州、縣，遍歷園山界畔，再行踏勘丈量，斟酌地里遠近，佃户多寡，務見舊有茶園人户若干，新增茶園若干。或園去課存，所當除豁；或有園無課，所當加增，不必拘定知州洪平前數。但要有益於官，不病於民，勘處停當，備開舊管、新收、開除實在數目，造册奏繳，永爲遵行。如此，則茶課均平，其於茶馬不爲無助。

前件看得，都御史楊一清奏稱：漢中府、金州并西鄉、石泉、漢陰三縣，俱産茶地方。國初，人民不多，茶園亦少，所以額課止於如此。成化年間以來，各省逃移人民聚集，栽植茶株數多。節經編入州、縣里分户口，俱各增添日繁。茶園加增不知幾處，茶課仍舊，致令各處奸頑官舍軍民，遞年在山收買私茶，通番交易覓利。

以此，番人不樂官市，沮壞馬政。況先年茶園，亦有消乏，未蒙除豁；新開茶園，日新月盛，漫無查考。要行陝西布、按二司分守、分巡關南道官員，督同漢中府掌印官，親詣遍歷園山界畔，踏勘丈量一節。合無依其所奏，行移本官，轉行陝西守、巡官，督同該府掌印官，親詣產茶地方，遍歷園山，逐一從公踏勘丈量，園去課存并新增茶園各若干，所當除豁增添茶課各若干，務要事不煩擾，民得安妥。處置停當，備開舊管、新收、開除實在數目造册，徑自奏請定奪施行。

一、廣儹茶之積。查得洪武、永樂年間舊例，三年一次，番人該納差發馬一萬四千五十一匹。儹茶先期於四川保寧等府約運一百萬斤，赴西寧等茶馬司收貯。內西寧茶馬司收三十一萬六千九百七十斤，河州茶馬司收四十五萬四千三十斤，洮州茶馬司收二十二萬九千斤。合用運茶軍夫，四川、陝西都、布二司各委堂上官管運。四川軍民運赴陝西接界去處，交與陝西軍夫，轉運各茶馬司交收。戶部請旨，於在京堂上官內點差一員，齎敕前來，會同陝西守鎮官員整理。事體重大，供億浩繁。後因邊方有事，停止不行。近年巡茶御史招番易馬，止憑漢中府歲辦課茶二萬六千二百餘斤，兼以巡獲私茶，數亦不多，每歲約用不過茶四五萬斤。以此易馬，多不過數百匹至千匹而止。補輳抑勒，往往良駑相參。招易未久，倒傷相繼。番人既病於價虧，軍士復不得實用。要其事勢，亦有由然。今邊方在在缺馬騎征，官帑有限，收買不敷，月追歲併，士卒告困。近雖修舉監、苑馬政，然方收買種馬孳牧，求用於數年之後，惟茶馬可濟目前之急。顧茶司無數萬之儲，縱然招致番馬，何所取給？欲查照舊例，儹運四川課茶，緣川、陝軍民兵荒之後，創殘已甚，邊儲飛輓，猶自不堪，寧能增此運茶之役？查得洪武三十年，欽依禁茶榜文，內一欵：『本地茶園人家，除約量本家歲用外，其餘盡數官爲收買。若賣與人者，茶園入官。欽此。』照得漢中府産茶州、縣，遞年所出茶斤百數十萬，官課歲用不過十之一二，其餘俱爲商販私鬻之資。若商販停革，私茶嚴禁，在山茶斤，無從售賣。茶園人户，仰事俯育，何所資藉？彼見茶園無利，不復葺理，將來茶課亦虧。夫在茶司則病於不足，既無以副番人之望；在茶園則積於無用，又恐終失小民之業。若不從宜處置，深爲不便。臣今年正月間，量發官銀一千五百七十餘兩，委官前去，收買茶七萬八千八百二十斤，計易過兒、扇、騍馬九百餘匹。若用銀買，須得七千餘兩，其利如此，但猶未免用官夫運送。止如前數，固可支持，必欲廣爲收易，漢中、鞏昌、河西一帶人民將不勝其勞擾。又恐行之既久，官司處置乖方，虧價損民，似非經常之計。如欲官民兩便〔三二〕，必須招商買運，給價相應。臣於今年閏四月内，又經出給告示，招諭陝西等處商人，買官茶五十萬斤，以備明年招番之用。憑衆議定，每茶一千斤，用價銀二十五兩，連蒸曬、裝篦、雇脚等項，從寬共計價銀五十兩。令其自出資本，前去收買，自行運送各茶司交收明白，聽給價銀去後。且官銀一萬兩，買戰馬不過一千匹。如前所擬，買茶二十萬斤，分別三等馬匹，斟酌收買，可得馬幾三千匹。買一馬者將買三馬，給一軍者可給三軍。但所給茶價，出自公家，歲歲支給，亦非可繼之道。若運到官茶，量將三分之一官爲發賣，以償商價，尤爲便益。此與開中商茶不同：開中商茶，其利在商，未免阻壞茶馬；招商買茶，其利在官，專爲易馬之資。借曰官賣不過十之二三，較之商茶歲百餘萬以通番境者何如？合無自弘治十八年爲始，聽臣督同布、按二司官，出榜招諭山、陝等處富實商人，收買官茶五六十萬斤。其價依原定，每一千斤給銀五十兩之數。每商所買，不得過一萬斤。給與批文，每一千斤給小票一紙，挂號定限。聽其自出資本，收買真細茶斤，自行雇脚轉運。照商茶事例，行令沿途官司秤盤截角，如有多餘夾帶茶斤，照私茶擬斷。運至各該茶馬司取獲實收，赴臣查驗明白，聽給價銀。仍行委廉幹官員，分投於西寧、河州二衛，官爲發賣，每處七八萬斤至十萬斤爲止。價銀官庫收候，儘勾給商。如有贏餘〔三二〕，下年𣊟給。行之數年，茶可不賣。夫如是，茶出於山而運於商，民不及知；以茶易茶，官不及知。不傷府庫之財，不失商民之業，而我可以坐收茶馬之利。長久利便之策，宜無出此。

前件看得，都御史楊一清奏稱：近年巡茶御史召番易馬，止憑漢中府歲辦課茶兼巡獲私茶，每歲不過四五萬斤，易馬不過數百至千匹而止。今邊方在在缺馬騎征，官帑有限，收買不敷。要自弘治十八年爲始，督同布、按二司，出榜招諭山、陝等處富實商人，收買官茶五六十萬斤，給與小票定限，聽其自出資本，收買真細茶斤轉運。照商茶事例，沿途官司秤盤截角，如有多餘夾帶茶斤，照私茶擬斷。運至各該茶馬司取獲實收，驗收價銀。仍委官分投於西寧、河州二衛，官爲發賣，每處七八萬斤至十萬斤爲止。價銀官庫收候，儘勾給商。如有贏餘，下年𣊟給一節。緣茶法廢弛年久，必須設法處置，方能濟事。合無依其所奏，本部行移本官，督同布、按二司官員，悉依所擬而行。一二年間，如果有益於官，無損於商，議處具奏，永爲定例。

爲申明事例禁約越境販茶通番事

户部爲申明事例，禁約越境販茶通番事。該本部題，陝西清吏司案呈，奉本部送於户科抄出，欽差督理馬政、都察院左副都御史楊奏。

行據陝西行太僕寺少卿郭珠呈：問到犯人聶子太等，各招係山西汾州、陝西岷州等衛，涇陽等縣軍民。

各不合躲避本處差役，越關逃來秦州禮縣地名漩水潛住。訪得四川保寧府通江、巴縣并利州衛等處，私茶不禁。各明知有例，又不合故違，於弘治十六年月日不等，節次到於前項地方。子太等各買私茶五百斤，吕懃等各買不等，陸續馱運回家頓藏，及轉賣與已問發茶徒楊威等接買前去，通番貨賣。各該府、縣、衛所巡捕官兵人等，亦明知不行禁捕等情。及又問得犯人薛繼招稱：弘治十七年三月二十日，不合糾同在官楊剛等，各不合越關前到四川夔州府東鄉縣太平里産茶去處，易買私茶。繼三百八十斤，楊剛一百四十斤，王得賢一百零五斤。各雇脚搬運。彼處無人盤詰，行至陝西地方，方遇巡茶人役拿獲，解發取問等因，備呈到臣。

查得洪武三十年三月初八日，欽奉太祖皇帝聖旨：『陝西、四川把截私茶處緊要。恁户部便差行人去陝西河州、臨洮，四川碉門、黎雅等處，省諭把隘口的頭目，教十分嚴加把截，不許私茶出境。如今這一遭，説與他知道。以後每一月一遭，差人去説，直差到九月，務要省諭他截把停當，不致透漏。這等説與他了，敢有放過私茶出口的，拏來罪他。欽此。』

永樂六年十二月十九日，欽奉太宗皇帝聖旨：『陝西、四川地方，多有通接生番。經行關隘與偏僻小路，洪武年間，十分守把嚴謹，不許放過段疋、布、絹、私茶、青紙出境，違者處死。如今關隘上頭目、軍士，多不用心守把巡捕，往往透漏段、絹、私茶出境。恁户部再出榜去曉諭禁約，還差人説與都司、布政司、按察司，着他勤勤的差的當人去各關上，省會把關頭目、軍士，今後務要用心守把，設法巡捕，不許透漏段疋、布、絹、私茶、青紙出境。若有不聽號令，仍前私販出境，拏獲到官，定將犯人與本處不用心把關頭目，俱各凌遲處死，家遷化外，貨物入官。如私販之人同伴有能自首者免罪，給與重賞。欽此。』

及查得成化七年八月内，該户部題，該刑科給事中王銓題稱：查得陝西禁茶去處，已令監察御史禁約。但四川建昌、松潘等衛禁茶，遞年仍差行人省諭，不過虛應故事。乞敕户部計議，今後四川建昌、松潘等衛禁茶去處，合無查照陝西事例，着監察御史或布、按二司官禁約。

本部議得：行人職微無權，人罔知懼，委實虛應故事。御史巡按一方，事務繁多，恐管理不周。合准所擬，暫且不差行人，行移都察院着落分巡官員，照依禁茶時月，親詣碉門、黎雅等處各該關隘，常川往來。省諭守把官軍、巡司人等，嚴加禁約，不許縱放私茶出境。敢有違者，即便依律照例究治。分巡官員每歲更替之時，各將捉獲私茶數目，回關本司具奏，仍行本院查考具題。奉聖旨：『是。欽此。』

又查得成化九年十月内，該户部題，該巡按陝西監察御史范瑛奏。内開：洮、河等衛所屬思曩日等族，俱鄰四川松潘地方，軍民興販細茶，深入各族易换馬牛。乞照原差行人禁茶事例，再差御史一員，前去四川等處，巡禁私茶等因，本部議擬具題。節該奉聖旨：『行人不必再差。還差分巡官禁約。欽此。』

照得四川、陝西俱係禁茶地方，屢有節奉欽依事例。近年以來，惟陝西奉行，而四川未聞。各處軍民惟知陝西有禁，而不知四川有禁。蓋因分巡官員所管事繁，將茶禁視爲泛常，不曾用心經理，以致軍衛有司亦各習爲玩慢。各處興販之徒，窺知彼處産茶地方廣闊，有利無禁，往往前去收買，通番貨賣，不止前項已獲人犯。大率陝西各年拏獲茶徒，窮究所買之處，漢中十之四，四川十之六。越境販賣者如此，本地通番賣茶之人，不言可知。且先年止於碉門、黎、雅、建昌、松潘禁茶，近來又於夔州府東鄉，保寧府通江、巴縣、廣元等處恣肆買賣。

緣洮州衛所屬思曩日等族，既鄰四川松潘地方，軍民販茶，深入各族，易換馬牛。以此，洮州番夷有茶，節年易馬，俱各生拗，不聽撫調。洮州私茶既多，則河州、西寧遠近生熟番夷相傳販賣，俱從外境相通，難以禁絶。此指一處而言，四川沿邊一帶，俱與番境相鄰，私茶通行，一年不知若干萬斤。豈徒爲茶馬之累，其虧中國之體，納外夷之侮，莫甚於此。乃知川、陝皆當禁茶，祖宗成法，誠不可易。况建昌、松潘、保寧等處，各有兵備官員，若非申明舊例，行令與分巡官相兼着實整理，則陝西茶禁雖嚴，終恐無益。

如蒙乞敕户、兵二部，查照洪武、永樂年間以來茶法事例，合無轉行四川巡撫、巡按衙門，將碉門、黎、雅、建昌、松潘等處地方，着落彼處兵備官并分巡官申明曉諭，嚴加禁約。夔州、保寧二府，亦令分巡、兵備官一體嚴禁。利州衛合選委能幹指揮一員，專管巡茶。通江、巴縣、廣元、東鄉等處，就委巡捕官員管理。各督率應捕弓兵地方火甲人等，一面曉諭茶園人户，不許將茶私賣與人；一面各於所轄關隘并可通私茶偏僻小路，晝夜往來，用心緝訪巡邏。但遇有私販之人，就便拿送所司，依律照例問擬。除建昌、松潘、碉門、黎、雅路遠去處，仍行巡撫、巡按稽考外，其夔州東鄉、保寧、利州一帶附近陝西地方，合無聽臣及陝西巡茶風憲衙門帶管。每月各將有無獲問過私茶人犯緣由取具，巡捕官兵不致縱容，重甘結狀，開申查考。如再不行嚴禁，以致各處軍民仍去販賣，到於陝西拏獲，審出但係四川地方買來茶斤，就將彼處巡捕、巡茶官兵人等參拏問罪。夔州、保寧二府分巡、兵備官，按季將督令所屬捉獲私茶人犯數目，通行四川巡撫、巡按及臣處備照。以此，就驗其居官勤惰，填注考語，開報吏部、都察院施行。分巡官一年滿日，仍依前例，回關本司具奏，及行都察院查考。如此，則拔本塞源而茶法不致阻壞，利興弊革而馬政可以修舉等因具本，該通政使司官奏。奉聖旨：『該部看了來説。欽此欽遵。』抄送到司。

查得洪武、永樂年間以來茶法事例，節該本部議擬，題准通行，欽遵去後，今該前因，案呈到部。

看得都御史楊一清奏稱：四川碉門、黎、雅、建昌、松潘，夔州府東鄉，保寧府通江、巴縣、廣元等處，恣肆販賣。洮州衛所屬思曩日等族，鄰四川松潘地方，軍民販茶，深入各族。番夷有茶，節年易馬，俱各生拗，不聽撫調。河州、西寧生熟番夷，相傳販賣，從外境相通，難以禁約。要行四川巡撫、巡按衙門，轉行碉門、黎、雅、建昌，松潘，夔州、保寧二府等處地方各該兵備并分巡官，申明曉諭，嚴加禁約。利州衛選委能幹指揮一員，專管巡茶。通江、巴縣、廣元、東鄉等處就委巡捕官管理。各督率應捕人等，一面曉諭茶園人户，不許將私茶私賣與人；一面各於所轄把隘并偏僻小路，晝夜往來緝訪。遇有私販之人，拏送所司，依律照例問擬。建昌、松藩，碉門、黎、雅路遠，仍行撫、按稽查。夔州東鄉、保寧、利州附近陝西地方，合無聽臣及巡茶風憲衙門帶管。每月將有無獲問過私茶人犯取具，巡捕官兵不致縱容，甘結查考。如再不行嚴禁，仍去販賣，於陝西拏獲，審出但係四川地方買來茶斤，就將彼處巡茶官兵人等參問。夔州、保寧二府分巡、兵備官，按季將督獲私茶人犯數目，通行四川撫、按官及臣備照。以此驗其居官勤惰，填注考語，開報吏部、都察院等因。合無依其所奏，本部通行吏部、都察院及四川巡撫衙門，轉行各該産茶地方兵備等官，各照所奏事宜而行。夔州東鄉、保寧、利州一帶，行令都御史楊一清帶管。查照茶法事例，徑自禁約施行。

緣係申明事例，禁約越境販茶通番，及奉欽依：『該衙門看了來説』事理，未敢擅便。弘治十七年十月二十日，本部左侍郎王儼等具題。本月二十三日，奉聖旨：『是。着楊一清通行嚴加禁約。軍民人等，敢有仍前私販，及該管官司不行用心捕獲，一體重罪不饒。欽此欽遵。』擬合通行，爲此除外，合行移咨前去，煩照本部題奉欽依内事理，欽遵施行。

爲將官濫給驛傳興販私茶違法等事

題爲將官濫給驛傳、興販私茶違法等事。

據整飭西寧等處兵備、陝西等處提刑按察司副使蕭翀呈，問得犯人姚堂招：年三十歲，係陝西行都司甘州後衛前所百户姚寧下舍人。狀招：堂與在官涼州衛軍餘易宣、王奉，各以識字，撥送甘州總兵官劉勝處貼寫跟用。

弘治十六年十一月内，有堂等訪得西寧地方，商茶停止，茶價高貴，要得興販貨賣，覓利肥己。及思得沿途車輛艱難，又恐各關搜盤難過。堂等因與劉總兵未到舍人劉深日常熟識，密向劉深商說：『我每要尋買些茶斤，裝去西寧發賣。你若同買得些茶，稟知總兵老爹〔三三〕，起得關文，給與火牌，沿途驛遞討馬匹騎坐，起車裝載，一同前去，賣了就回，衆人感謝』等語。有深依允。

各明知有例：私茶有興販五百斤，照見行私鹽例押發充軍。各不合故違。堂與易宣、王奉、劉深各出本銀多寡不等，就在甘肅地方，收買不知名姓商人私茶。堂與劉深各買五百斤，易宣、王奉各買一千五百斤，共茶四千斤，俱藏收堂家。堂等當催令劉深稟知劉總兵。有本官明知堂等興販私茶，不合容縱〔三四〕。及聽劉深稟說，將易宣名字起與符驗關文一道，起驛馬九匹，給與火牌一面，起遞運所牛車三十輛，自甘州在城甘泉驛遞起，直至西寧平戎驛遞止。

各該驛遞官吏，各不合不行查舉，依關應付前項馬匹。堂與劉深等騎坐車輛，裝載各人茶斤。比時，堂等因是茶多路遠，恐照管不前，又雇到甘州衛熟識未到軍人揚端、辛洪、張原、賈昇，各亦不合受雇。將前茶管押裝載，越過古浪邊關。彼有本關守把官軍，亦不合失於搜盤，以致堂等將前私茶越關，載至西寧衛，密運至本衛藏經寺在官僧人玄幹房內。本僧亦不合窩藏寄頓。堂陸續將茶一百八十斤貨賣訖，王奉、易宣、劉深茶斤俱未貨賣。各又思得茶斤數多，恐怕事露，密將茶一千五十斤尋投西寧城外熟識在官軍餘李賢、李得家藏放，以便日後貨賣。有李賢等各亦不合窩藏頓寄。及有在官嚴淮、劉恩、王得、馬良、施禮、丘雄、梁寧、熊完、林彥彬、樊祥、文信、張信、何安各知堂等載有私茶，寄頓藏經寺。各到本寺，各不合販賣。嚴淮、劉恩、馬良、王得各買去茶一百斤，施禮、丘雄共買四百九十六斤，梁寧一百六十五斤，熊完七十斤，林彥彬、樊祥、文信、張信各五十斤，何安一十斤。餘剩茶一千四百一十九斤，仍收本寺。發賣間，致蒙西寧兵備蕭副使緝知，差委茶馬司大使劉聰、管地方百户楊宣前來搜捉。有堂等知得懼罪，各帶軍人楊端等，各就逃回甘州潛躲。致蒙各官將嚴淮并僧人玄幹等拏獲，及於玄幹、李賢、嚴淮等名下追搜出前茶。見在連人茶呈送蕭副使審究明白，將私茶秤發茶馬司收庫，及將嚴淮等監候。行文行都司，將堂與易宣、王奉陸續拿獲。楊端等仍前懼罪逃躲。蒙將堂等解司，與嚴淮等對審取問間，堂等要得回護，又不合隱下劉深同起販茶，及劉總兵起關應付。并又怕打慌張，妄招將茶一百八十斤潛馱沙塘等川，交通番夷貨賣等情。致蒙准信，將堂等各問擬違例通番，照例發邊衛充軍，嚴淮等各徒罪。

具招呈蒙督理馬政楊都御史，蒙批姚堂等監候，按臨解審。隨蒙楊都御史按臨西寧衛，解送審問間，堂等方各將情具訴。蒙批送蕭副使行提劉深。有伊因見事發，懼罪潛躲，挨提不出。將嚴淮等責與堂等覆審明白，各無異詞，再問罪犯等因，開詳到臣。

案查，先據整飭西寧等處兵備、陝西按察司副使蕭翀呈，問過犯人姚堂等招由，已經批仰監候，解審發落。續該臣親詣西寧衛，審據各犯，訴出前情，又經批行原問官再審明白，議擬呈詳去後。今據前因，除仍行兵備副使蕭翀，將犯人姚堂等依律照例發遣，及催提未獲劉深等問報外，參照鎮守甘肅總兵官、右軍都督府署都督僉事劉勝，官居都府，職握戎符，不思正己率人，乃敢徇利忘義，縱容子姪官舍，興販禁茶，擅給符驗火牌，營幹私事。且西寧地方近因販茶通番者多，沮壞茶法，以致番人生拗，不聽撫調中馬。

臣今仰遵聖諭，申嚴禁令，各該軍民尚知警避，劉勝將官獨敢妄爲。及照往年茶徒止是私竊興販，未聞明給應付關文，公使官司運送。况符驗非公事不給，火牌非軍情不遣，以之遞送私茶，不無玩法太甚。再照古浪千户所把關官員，及甘州在城衛起，直抵莊浪衛，巡茶、巡捕官明知故縱，不敢盤拏，雖云畏懼主將聲勢，實皆蔑視朝廷憲典。事屬違法，通合究問。

如蒙伏乞聖明，大奮乾斷，合無將劉勝提解赴京，明正其罪。仍將各衛巡茶、巡捕官及古浪把關官，通行問刑衙門查提，問擬應得罪名發落，庶使人知警畏，不敢效尤。茶法不致沮壞，馬政可以興舉。

緣劉勝係在京五府堂上官，又係邊方將官，及係查提軍職官員事理，未敢擅便。爲此具本，專差舍人陳祥，謹題請旨。

爲修舉馬政事

兵部爲修舉馬政事。該本部題，車駕清吏司案呈，奉本部送於兵科抄出，欽差總制陝西、延綏、寧夏、甘肅等處邊務兼督理馬政、都察院右都御史楊題。

查得臣節該欽奉敕諭：『陝西設立寺、監衙門，職專牧馬。先年邊方所用馬匹，全藉於此。近年官不得人，馬政廢弛殆盡。今特命爾前去彼處，督同行太僕寺、苑馬寺官專理馬政。爾須查照兵部奏准事理，查究國初成法，親歷各該監、苑，督委都、布、按三司能幹官員，踏勘牧馬草場，果有侵占者，即令退還；查照養馬軍人，果有逃亡者，即令撥補。見在種、兒、騍馬，實有若干，設法增添，務足原額；倒死虧折馬駒，隨宜追補，量爲分豁。布置已定，責令該管官員，用心牧養。其西寧等處各茶馬司茶易番馬，甚濟國用。近來亦漸虧耗，今併付爾整理。爾須一新舊規，務令茶課充盈，私販息絶，番人樂歸。官市番馬，實充厩牧。欽此欽遵。』

弘治十六年八月内，臣到於陝西地方。親詣苑馬寺兩監六苑，查得牧馬草場原額一十三萬三千七百七十七頃六十畝，見在止存六萬六千八百八十八頃八十畝，其餘俱被人侵占。原額養馬恩隊軍人一千二百二十名，見在止有七百四十五名，其餘俱逃故未補。點視得見在牧養兒、扇、騍馬并孳生馬駒，止有二千二百八十匹。竊歎馬政之廢，至於如此。夙夜兢惕，不遑寧處。委用都、布、按三司能幹官員，講求故典，更新興舉，奏黜卿寺不職官員。仰荷廟謨獨斷，以布、按二司參政、副使、僉事等官薦補卿、少卿員缺，大改絃轍，一新政令。

查得見今六苑清出實有草場荒熟地共一十二萬八千四百七十三頃一十一畝八分九釐六毫，清勾、撥補、招募、改編等項見在軍人二千三百四十三名，銀買、茶易、追補、孳生等項馬匹并駒，除節經俵給延綏、寧夏、固原等處軍人外，正德元年十二月終，實在馬并駒共一萬一千八百七十一匹。修完馬營、城堡共一十九處，衙門、倉廒、馬廄、屋宇共四千一百餘間。選設操丁一千名，給與盔甲、弓矢，委官提督操練。無事之時，不妨牧馬；有警之際，隨宜調用。又奏開武安苑草場地二千九百六十六頃，招募、改編等項軍人三百四十五名。及查得用過錢糧，奏給太僕寺馬價銀五萬兩，修理馬營、城堡用過銀八千兩，收買種、兒、騍馬用銀一萬七千七百四十八兩六錢，共用過銀二萬五千七百四十八兩六錢。此外，馬價銀二萬四千二百五十一兩四錢，節奉兵部明文，收買延、寧、甘肅三鎮戰馬，給軍騎操。餘剩銀兩，仍在平涼、鞏昌、河州、西寧官庫收貯。及照西寧、洮、河三衛茶馬舊規，廢弛年久，官茶無積，私茶盛行。節年巡茶御史止將漢中等處地畝課茶共二萬六千八百餘斤，兼搭巡獲私茶，每歲不過四五萬斤，以此招番易馬，多不過數百匹至千匹而止。事勢使然，無可奈何。查得弘治十年起至十五年止六年之間，巡茶御史共易過兒、扇、騍馬五千四十三匹。且西番以畜牧爲生，每歲孳息馬匹，盡爲私販所得。而我邊兵缺馬，奏討太僕寺馬價及朋合、地畝、(椿)〔樁〕頭等項銀兩，高價易買，所補不過三分之一。餘皆軍士貼備自買，至於破産鬻兒，苦不可言。行伍彫耗，多由於此。

臣仰遵聖諭，嚴禁私販，廣積官茶，申明舊制，招調遠近番人。仗天之威，諸番雲集，爭以所畜馬匹來聽收易。查得弘治十六年，御史李璣易馬將完，取回臣接管三衛共易過馬二千四百八十八匹；弘治十七年，易過馬六千三百四十三匹；弘治十八年，易過馬四千二百九十八匹；正德元年，易過馬五千九百四十八匹，總計四年共易兒、扇、騍馬一萬九千七十七匹。除寄養未解及沿途倒死不開外，陸續給過各鎮兒、扇馬：延綏共五千六十一匹，寧夏共四千五百一十三匹，甘肅共三千三百一十一匹，固、靖、蘭州、平涼等衛所共一千五百五十六匹，解發苑馬寺牧養騾馬共三千六百九十五匹，而銀買之數不與焉。計今三茶馬司處置見在茶斤，河州、西寧俱三十餘萬，洮州一十五萬有餘，儘勾今年、明年易馬之用。

前項事情，俱節經造册具本奏報外，臣仰惟國之大事，莫急於兵；兵之大要，莫先於馬。陝西、延、寧、甘肅皆防胡重鎮，節因虜寇有警，戰馬缺乏，荷蒙孝宗皇帝采納廷議，專設風憲重臣，督理馬政。臣猥以庸劣，適當任使。後因茶法與馬政係是一事，該兵部題奉欽依，將巡茶御史取回，命臣兼理茶馬。顧廢墜既久之事，更新興舉，事勢頗難。凡所規畫處置，皆遵奉明命，盡臣之心，不敢有遺慮；竭臣之才，不敢有遺力。今草場地復，牧軍數增，城堡相望，苑廐羅列。孳牧之規，稽考之法，粗皆就緒。將來雖不敢望如雲錦成羣之盛，其於陝西三邊戰馬，每歲俵給，不爲無補。

至於招番一節，雖未嘗明復金牌之規，而實坐收茶馬之利。查得洪武、永樂年間，金牌舊例，三年一次，番人該納差發馬一萬四千五十一匹。價茶先期於四川保寧等府運送一百萬斤，四川軍民運赴陝西接界去處，交與陝西軍夫，轉運各茶馬司交納。轉輸數千里，所費不貲。宣德、正統以來，爲因邊方多事，運糧爲急，勢不能行，茶馬停止。六十年來，莫之能復。如臣近所收易番馬，以三年計之，似過其數。所用茶斤，皆招商買運，不煩軍民轉輸。故邊方既得實用，而内地若罔聞知。凡此，皆臣職分内事，非敢自陳功伐。

但念天下之事，創作者必專而後成，交承者必守而無失。臣受命之初，責任最專，易於集事。自兼巡撫以來，顧此失彼，已不如前。比者復蒙皇上加任總制，調度軍馬，經理邊方，責任重大。其於監牧、茶馬之政，勢不能及。惟是規置粗定，禁令已行，分官代理，幸不廢墜。然歲復一歲，趨下之勢，恐所不免，懼隳前功，以貽後責。況臣未老而衰，近來百病交作，心雖自强，而力已不勝。方將瀝血以陳，冀遂乞骸之願。獨交承之慮〔三五〕，實嬰懷抱，不得不言。

臣切惟馬政、茶法，事體委實相須。先年陝西行太僕寺、苑馬寺馬政，俱該陝西巡撫兼管，而茶馬則巡茶御史主之。巡撫政務繁多，馬政一事，實不經意。而茶司所易，良駑莫究；騎操所給，登耗不聞。本末始終，茫不相攝。虚名無實，亦勢使然。頃設督理馬政之官，兼總數事。茶司之所易，即監、苑之所牧；監、苑之所牧，即官軍之所給。非惟不相悖，而反相爲用。故臣之不才，亦得稍效其愚。此後督理之官，恐難復設。若令陝西巡撫帶管，不無仍蹈舊轍，莫若復巡茶之官而兼理之爲便。

如蒙乞敕該部，參詳議擬上請，合無仍設巡茶御史一員，會同部、院，務選年深老練實心幹事之人，或三年或二年一换，請敕兼理馬政、茶法二事。陝西行太僕寺、苑馬寺官員專聽本官提調約束，各衙門不必干預。凡臣已經布置規畫，奏有成命，一切事宜，非有大礙，不必立異更張，庶幾事有定規，人有定志，可大可久，爲益實多。臣雖退伏草野，與世長違，亦有榮矣。

臣不勝惓惓體國之至，具本該通政使司官奏。奉聖旨：『該部知道。欽此欽遵。』抄出送司。議奏間，准户部陝西清吏司手本，爲查理差官巡茶事，該本部議擬具題。奉聖旨：『是。還差御史一員去。一年滿日，將交易過茶斤、馬匹數目，明白開奏，不許虚應故事。欽此。』

查得弘治十六年，該南京科、道官徐蕃、夏璲等各奏，爲一事權以修邦政等事。開稱：茶馬係是一事，往年馬政兼於巡撫，茶課委之御史，體統不一，弊端由起。欲將巡茶御史取回，一應首尾，悉皆責成於都御史楊一清等因，本部議擬具題。節該奉孝宗皇帝聖旨：『是。欽此。』

又查得弘治十八年，該都御史楊一清題，爲修復茶馬舊制以撫馭番夷、安靖地方事。本部議得：合無再行本官審勘，務要察番情之向背，邊事之繁簡，度時審勢，議處停當，具奏定奪等因題。奉聖旨：『是。欽此。』俱經通行欽遵訖。

今該前因，及查得奏内所開清復牧地，招改恩軍，修理馬營、城堡，開設苑厩、衙門，收買、追補種馬，并茶易番馬等項事宜，俱與本官節次奏報相同，案呈到部。

臣等看得，都御史楊一清自承欽命以來，督理馬政，未及四年。簡賢任事，深探廢弛之原；竭力殫思，懋著更新之績。草場既復，牧馬亦增。城堡環相望之雄，苑厩成羅列之美。孳牧有方，稽考有法。若金牌雖未復乎舊規，而茶馬則大獲乎新利。創始既已有功，交承又思無失。欲照舊例，仍設巡茶御史一員，兼理馬政，足見本官始終爲國經略遠圖之意。

及照監、苑所牧，委與茶司所易同一馬政，相應兼併。近該户部既已題准復差巡茶御史，合無依其所擬，將一應馬政，併赴巡茶御史兼管。候命下之日，本部移咨都察院，無拘點差巡茶御史舊例，務選年深老練、曾經巡按、著有風力御史一員，請敕前去管理。其陝西行太僕寺、苑馬寺等官，俱聽本官提調約束，撫、按等衙門，俱不許干預。至於草場、牧軍、城堡、苑厩，凡經都御史楊一清布置規畫，奏有成命者，本官務以協心濟美爲能，毋以立異更張爲尚。必使牧馬既蕃，茶馬亦盛。人已可行，華、夷兩便。前有光於創始，後無病於繼承。

一年滿日，仍將孳牧、茶易馬匹及堆積茶斤，就以接管都御史楊一清見在之數，立爲舊管，續以新收、開除、實在行款，并給俵、寄養數目，行過因革政蹟，逐一從實造册奏繳，仍造清册一本送部。自後繼承，悉照此例，庶幾查考有據，功蹟可稽。

緣係併行巡茶御史兼管馬政，及奉欽依：『該部知道』事理，未敢擅便。正德二年四月二十二日，本部右侍郎韓重等具題。本月二十四日，奉聖旨：『是。陝西一應馬政，都著巡茶御史兼管。務要着實舉行，不許視常怠玩。欽此欽遵。』

〔校證〕

〔一〕近來官不得人　方案：『人』，原作『入』，據影印四庫全書文淵閣本（下簡稱四庫本）改。

〔二〕勤考牧攻駒之政　原校：『攻』，《明經世文編》卷一一四《楊石淙文集·一》作『收』。

〔三〕及馬政一切事宜　方案：『及』，原作『太』，據四庫本改。

〔四〕馬質掌質馬馬量三物　原校：　底本嘉靖本、參校本雲南叢書本、四庫本皆作『馬質掌質馬量三物』，『量』上脱一『馬』字，據《周禮·夏官·司馬》補一重『馬』字。

〔五〕敕巡撫官督令布按二司官員　方案：　上之『官』字，四庫本無。疑涉下『官員』而衍，似應删。

〔六〕地土磽燥　方案：『土』，原作『上』，據四庫本改。

〔七〕一就是職　方案：『就』，四庫本作『統』。

〔八〕臣仰惟我太宗文皇帝以神武御天下　方案：『太宗』，四庫本作『太祖』，大誤。今考《明史》卷七《成祖紀三》：永樂二十二年（一四二四），七月辛卯，成祖卒。九月壬午，上尊謚曰『體天弘道高明廣運聖武神功純仁至孝文皇帝』。廟號太宗，葬長陵。嘉靖十七年（一五三八）九月，始改廟號爲『成祖』。楊一清此疏上於弘治十五年（一五〇二），稱其原廟號『太宗』，乃理之所然。疏首稱『永樂四年』云云，是其證。且陝西設苑馬寺、監，正『永樂四年』之事。

〔九〕闔苑人馬俱堪在此收集居住　方案：『收』，原作『牧』，據四庫本改。本節下文『收集附近人馬』云云，是其證。

〔一〇〕緣各處人民節年因挖運修邊等項　方案：『運』，原作『連』，據四庫本改。

〔一一〕接迤北袁家墩火三把　方案：『袁』，原作『遠』，據四庫本改。

〔一二〕三年朝覲之時　方案：『時』，原作『明』，據四庫本改。

〔十三〕彼見先年開耕占種　方案：『開』，原作『闢』，據四庫本改。下節有『開墾耕種』云云，是其證。

〔一四〕除高山陡峻溝澗外　方案：『陡』，原作『陡』，據四庫本改。

〔一五〕行准本府同知朱裕平涼衛指揮趙文押解犯人顧成等二百六名　方案：『等』，原作『第』，據四庫本改。

〔一六〕遞年該追花利宜從寬免外　方案：『宜從』，原作『從宜』，據四庫本乙正。

〔一七〕原領見在盔甲弓箭各七十六副　方案：『領』，原作『額』，據本節下文二處『原領』云云改。且其下即作『未領』，成對文，是其證。

〔一八〕黑水苑舊設操丁内一百四十六名　方案：『内』，原脱，據上文『開城苑』及下文『安定苑』，均有『内』字補。

〔一九〕利歸私門公家不得實用　方案：『公』，原作『分』，據四庫本改。

〔二〇〕今若車霆前擬　方案：『車霆』上，疑脱『從』字，似應據上下文意補。

〔二一〕及以便宜處置　方案：『便宜』，四庫作『便益』。

〔二二〕合准相兼放支新引七分　方案：『准』，原作『淮』，據四庫本改。

〔二三〕扇惑沮撓之人　方案：『沮撓』，四庫本作『阻撓』。

〔二四〕奉本部送准户部咨　方案：『送』，四庫本作『覆』，疑是，當從。

〔二五〕巴哇申冲申藏等族金牌一十六面　方案：『申冲』，《明史》卷八〇《食貨志四》作『申中』。

〔二六〕火把哈藏思曩日等族金牌四面　方案：『火把哈藏』，同右引作『火把藏』。

〔二七〕不無事權不一　原校：『權』，底本作『拳』，據四庫本及《明經世文編》卷一一五《楊石淙文集·二》改。

〔二八〕患可勝言　方案：底本原作『患可深言』，原校：改『可』作『何』，似非；改『深』作『勝』，是。今據四庫本作『患可勝言』。

〔二九〕與販私茶　方案：『與』，四庫本作『興』，義勝。

〔三〇〕共二萬六千二百八十九斤一十四兩九錢　方案：如上述四處定額課茶數無誤，則合計數略有小誤：『六十』之下，應是八斤八兩九錢。

〔三一〕如欲官民兩便　原校：『欲』，原作『遇』，據《明經世文編》卷一一五《楊石淙文集·二》改。

〔三二〕如有贏餘　方案：『贏』，原作『嬴』，據四庫本改。下文『贏』譌作『嬴』者，徑改不出校。

〔三三〕稟知總兵老爹　方案：『老爹』，四庫本作『老爺』。

〔三四〕不合容縱　方案：『容縱』，四庫本作『縱容』。

〔三五〕獨交承之慮　方案：『慮』，原作『虜』，據四庫本改。

馬政志

〔明〕陳　講

〔提要〕

《馬政志》，明代茶馬政書。四卷，陳講撰。陳講，字子學，號中川。四川遂寧人。正德十六年（一五二一）進士，選庶吉士。嘉靖中，歷官陝西巡茶御史，山東按察使，河南右布政司使，直隸、山西提學副使，累官都御史、山西巡撫。撰有《馬政志》四卷、《中川集》十三卷、《如烏集》三卷等。事見《蘇門集》卷五《贈陳公拜山東按察使序》、《遵巖先生文集》卷一一《贈憲使陳先生之任汴藩序》、《二酉園文集》卷二《中川選集序》、《四庫總目》卷八四、《千頃目》卷九、二二、《明史》卷七五、八〇、九一、九七、《山東通志》卷二五之一、《河南通志》卷三一、《山西通志》卷八、一三、七八、八五、《陝西通志》卷一五、《四川通志》卷九上、《甘肅通志》卷二七、四九及《翰林記》卷一八《庶吉士題名》等。

《馬政志》四卷，乃嘉靖二年（一五二三）陳講以御史巡視陝西馬政時所撰。始刊於嘉靖三年，嘉靖十一年、二十九年相繼有重刻遞修本行世。是書，《千頃堂書目》卷九、《明史》卷九七皆著録爲《茶馬志》，實誤。是書卷一《茶馬》，分『差發』等八目，述以茶易馬之制；卷二《鹽馬》，分『池井』等七目，記納馬中鹽之政；卷三《牧馬》，分『寺苑』等八目，載各寺苑監牧馬之制；卷四《點馬》，分『僕寺』等三目，敘太僕寺稽考各軍衛所馬額之制。是書述有明一朝馬政，原委頗悉，『事詳而核，文簡而明』（劉崙《重修馬政志序》）。也許是《四庫全書》已收楊時喬（一五三一—一六〇九）《馬政紀》十二卷的緣故，遂將是書著録於存目而失收。據《中國古籍善本書目》卷一三《史部·政書類》著録，是書海内今存三部，皆爲殘本，無一完本。諸本均缺卷三《鹽馬》，原藏天一閣的嘉靖三年原刻本僅剩二卷，卷四亦佚。藏於四川省圖書館的嘉靖十一年重刻本，似爲李一氓先生生前所收藏或寓目過之本，因末附其題跋及鈐有其藏書名章。另一部殘本今藏安徽省圖書館。《續修四庫全書》已據天一閣本影印收入第八五九册《史部·政書類》，並補以四川省圖藏本。《四庫存目叢書》亦據川圖藏嘉靖十一年重刻本影印收入。兩部叢書所收頗不同，重刻本有增補及少量删削。但兩本共同的遺憾是漫漶不清處太多，尤其是卷四，許多注文難以辨認。安徽省圖藏本未寓目，不知是否嘉靖二十九年三刻本。

鑒於是書已缺《鹽馬》一卷，漫漶之處又太多，而本書補編又已收入楊一清（一四五四—一五三〇）《關中奏議》、何喬遠（一五五七—一六三七）《名山藏》等書中關於明代馬政、茶馬的内容，尤其是亦已收入楊時喬《馬政紀》十二卷完本和歸有光（一五〇六—一五七一）《馬政志》一卷，明代茶馬、馬政之制大體已備，上述已收諸書，或已能包涵陳講《馬政志》的大部分内容。但陳講之書仍有其獨具的史料價值，如他本人的奏疏收入是書頗多，特詳於嘉靖初的陝西馬政。權衡再三，決定『忍痛割愛』，暫不收入。俟將來如有機會得到海外更好的藏本或完本時，再另行點校整理。

爲彌補上述之缺憾，今將是書卷首三序、目録及書末二跋點校整理，略加校釋。並附《四庫全書總目》卷八四提要，以便讀者對是書有概略的瞭解。

馬政志

馬政志序

陝西阻守三邊，撻伐諸虜。張蹶之武，不如騰槽之利；曲踴之衆，不如超乘之捷。甚矣哉，馬政不可不講也！厥初散茶，懸令招易有質。畫壤除苑，孳牧有塲；分寺置卿，點視有正。揆序協，則典守備。官十乘啓戎三驷，敵愾胥于是乎出焉！夫木槁而蠱生，防缺而流靡，法玩而弊滋。私販廣則招易廢，塲利侵則孳牧寡，周歷怠則點視踈，是故茶弛其禁，苑逸其丁，馬秏其額，軍墮其實。噫，弊矣！成化間，乃設憲臣以司察之，布法宣典用正，諸枉未之有改也。

嘉靖癸未，侍御史陳君子學扶命而至，本於忠勤，紀以張之，儒以賁之，周防盡制，功用蔚興。且逖蒐舊章，旁纂遺緒牘而爲志，以覩久遠。苑卿郭子孟威，式崇脩復之令，乃刊而布之。慨自方册既設，載紀斯具，其來遠矣！奈之何去其籍者，則數數然乎！是故夏禮無證，周制不存，古昔有遺憾焉，而況於今邪！斯志行，則測本以求端，舉要以崇實，申禁以防末，飭法以補弊，廣效以興利，咸秩秩然有在矣！猶曰：政之不舉，而廢墮是憂，豈其然乎？吾聞：收圖籍者忠益則深，條便宜者綜理尤密，夫志猶夫是也。執事者盍慎鑒焉！

嘉靖甲申孟冬望日，藺谿唐龍書〔一〕。

馬政志序

序曰：　嘉靖改元之明年，講奉天子命，按治陝西馬政。疲駑之力，重任莫勝。奔漢沔，歷洮河，駐秦關，望于汧隴，遠想成周之盛，有餘慨焉。所至咨惟故老，咸以舊典湮滅，莫可殫述，放於西涼[二]，得敝篋敗紙，啓而視之，皆馬政之故也。於是攷金牌之制，得茶馬；　攷靈漳之課，得塩馬；　攷監苑之司，得牧馬；　攷騎操之額，得太僕點馬。講因是重有感焉。

夫馬之登耗，國之舒蹙係之，故馬政置制，大道之世已弗能亡然，三代而下，莫善於唐之坊監，莫不善於宋之保馬。盖唐牧於官，宋牧于民。牧于官，人存則政舉；　牧于民，馬未肥而民已瘠矣。安石之禍，顧弗可鑒哉！

明興，酌古創制南北太僕之政，因革不同，然咸未有如陝之制也。牧馬在官而不在民，塩馬在商而不在官，茶馬在夷而不在中國。僕寺以稽之，憲臣以督之，矩度之宏，綜理之密，此豈前代所有哉！　迺於是裒拾舊文，彙而成帙，爲《馬政志》。紀實弗飾，用備觀覽云爾。　苑卿郭孟威偶得而閱之，謂講曰：『懿哉，國之利乎，用之可以興政哉！』講曰：『未也！　昔人有索驥者按圖以行，于天下驪黄騕褭，匪圖弗録，卒之抱圖終日，驥不可得，爲天下笑。　盖志之所載者跡也，變而通之者心也。　時有推移，政有沿革，伸縮損益，豈不在人哉！《詩》云：「秉心塞淵，騋牝三千。」又曰：「思無疆思，馬斯臧夫。」澄之以塞淵之本，而復通之以無疆之思，政當弗外是以興矣，志何爲哉！』孟威曰：『事不師古，其胡用訓，吾將刊布之，俾我有位者圖焉。』

嘉靖三年甲申秋，遂寧陳講書。

重脩馬政志敍

《馬政志》四卷，前侍御遂寧陳公講所作也。事詳而核，文簡而明，信哉。考牧之成規焉，歲久湮模，艱於檢閱。嘉靖庚戌，太僕卿王君朝賢、少卿李君檠、苑馬少卿王君教篤意馬政，懼無以鑒往而式來也。迺脩訂舊志，持以來告畚曰：『馬政其有興乎？昔宣子使魯（？），嘆周典之大備；孔子説禮，傷杞宋之無徵。志之不可緩也如此。』夫國之大事在戎，戎之要在馬，兵之強弱，惟馬之登耗是視。稽之古昔，養馬之法載於《周官》。逮唐人則八坊四十八監，規畫尤備。比及趙宋，失地西夏，所牧者沙苑之數而已。武功不兢，説者歸之馬政云。

我明之興，特重戎務。緣邊儲鎮，各設僕苑。至於陝右，比鄰胡虜，西界羌戎，尤居要害，則密布諸衛，選天下之精鋭而充實之，控弦帶甲，不啻百萬。兵既萃矣，惟馬是需。乃盡岐豳隴右之地，西亘河曲，豐曠之野，開列坊監，比於唐制以頒孳牧，猶慮其弗續也。則茶以招之於番，塩以取之於商，騎操牧養，又設太僕從而察之，歲命憲臣一人以董其事。法制周詳，綜理嚴密，是馬政固爲軍國所先，而在陝尤爲重焉者也。邇來歲易弊滋，寢失初制，金牌廢而不講，鹺課改而輸邊，牧丁逸於逋亡，塲地蹙於兼併。考課、稽巡之法，如農之視績，賈之視耕，漫不加意。是故馬日以減而虧其額，邊日以弛而闕其防，弊也極矣！向非斯志之存並其所謂弊者，亦莫可得而考。

嗚呼！此去籍者所以爲身便之圖率舊章者，斯之謂經世之略也。志可緩乎哉！夫千金之家，治恒業以貽諸其後，猶拳拳乎券籍之存，況於軍國之重計耶！志例一仍其故，惟訛者正之，闕者補之，紊者次之，續者附之而已。挈綱分目，纖巨炳如，豈直有功於作者哉！法昭而明軌可循，防峙而末流斯遏。故曰：馬政其有興乎！是爲敍。

嘉靖二十九年秋九月望日，賜進士出身、奉勑巡視陝西茶馬、監察御史廬郡劉崙書[三]。

馬政志目録

茶馬卷之一

公儲

點馬卷之四

僕寺

馬額

稽考

書重修馬政志後

瀛海郭君來按馬政，留心蕃庶，百廢俱舉。偶閲志文，見其歲久梓鏤摹滅，顧謂太僕陳子、王子及啓曰：『是不可重修邪？召匠檢刻，務令如新。』斟酌已准《奏議》若干篇，各以類附，且屬啓以識歲月。余惟選將練兵，國之大事，步緩於騎。馬政斯行，矧茲胡騎陸梁於西北，車騎恒倚於材官，然則寺監苑牧之設，而豈徒哉！

我朝列聖相承，明良經理，創制立法，昭乎著矣，久失紀載。始自前侍御遂寧陳君，闡嫛國紀，示信工度。漁石唐公敍其首，而厥典益彰。今茲致意，益可永傳。經曰：『鑒於先王成憲，其永無愆。』又曰：『不愆不忘，率由舊章。』三公之心，所以拳拳。』是書者知所重也。柰何民各有心，志向匪一，載見辟王曰：『求厥章守法，奉公之臣也；罔敷求先生克共，明刑弗念，厥紹之人也。作聰明以亂舊章，必致顛覆，臣子所當戒也。易爲君子謀，法以賢者守，否則聽之而已。嗚呼，繪人物馬牛者，易招訾毁；作牛鬼蛇神者，乃獲敬畏。豈非遵式者逼真之難，無譜者肆情之便邪！貞夫具眼，諒必能知世俗，多蒙或適迷眩，是殆可占也已。余承命，不能以不文辭，因贅鄙説於篇末云。

是歲龍集嘉靖壬辰陽月望日，黄岡後學賈啓書〔四〕。

李一氓跋

《明史·藝文志》有『陳講《茶馬志》四卷』，當即此書。卷合而名異，或重修時改易其名歟？楊時喬別有《馬政記》十二卷，亦見《明史·藝文志》。陳講，四川遂寧人。成都李一氓〔五〕。

附録

《馬政志》四卷，明陳講撰，講字子學，遂寧人。正德辛巳進士，官至山西提學副使〔六〕。此書乃嘉靖三年以御史巡視陝西馬政時所作〔七〕。凡《茶馬》一卷，爲目九，紀以茶易番馬之制；《鹽馬》一卷，爲目七，紀納馬中鹽之制；《牧馬》一卷，爲目八，紀各寺苑監畜牧之制；《點馬》一卷，爲目三，紀行太僕寺各軍衛稽覈馬匹之制。摭敍源委頗詳。《明史·食貨志》載：講嘗以商茶低僞，乃第茶爲上中二品，印烙蓖上，書商名而考之，蓋亦勤於爲政者。然明代茶馬之政至末造，而姦商私販，官吏冒支，其弊不可究詰。掣鹽中馬，改爲納銀，名在實亡，亦無裨於邊計。志中所列大抵皆具文而已。（《四庫全書總目》卷八四）

〔校證〕

〔一〕蘭谿唐龍書　唐龍（一四七七—一五四六），字虞佐，號漁石。蘭溪人。正德三年（一五〇八）進士，除郯城知縣。丁父憂，服除，授御史，出按雲南，再按江西。擢陝西提學副使，遷山西按察使，召爲太僕卿。嘉靖七年（一五二八），改右僉都御史，總督漕運兼巡撫鳳陽諸府。召拜左副都御史，歷吏部左右侍郎。十一年，陝西災荒，進兵部尚書、總制三邊軍務，兼理經濟，主持救荒。召爲刑部尚書，加太子少保。以母老乞歸侍養。久之，用薦起南京刑部尚書，就改吏部、兵部尚書。唐龍遍歷中外，長於吏治，然黨嚴嵩，爲夏言劾罷，削官爲民。卒後其子疏陳力請，詔復官，贈少保，謚文襄。唐龍宦遊頗廣，每到一地，必有吟詠。撰有黔南、江右、關中、晉陽、淮上諸集，王維賢合刻爲《漁石集》四卷。還撰有《易經大旨》四卷，《羣忠録》、《二忠録》各二卷，《關中稿》二卷，《江西奏議》、《督府奏議》各二卷，《雲南奏議》一卷，《總制奏議》十册等。見《千頃目》卷一〇、二二、三〇，《四庫總目》卷七、六一、一七六等著録。其生平事蹟見《鈐山堂集》卷三五《唐公神道碑》、《世經堂集》卷一六《唐公墓誌銘》、《海石先生文集》卷二五《祭唐漁石文》、《對山集》卷一〇《漁石類稿序》《明史列傳》卷六九、《明史》卷二〇二本傳等。其序，當爲其嘉靖三年任太僕寺卿時所撰。

〔二〕放於西凉　『放』，疑當作『方』或『旅』。

〔三〕監察御史盧郡劉崙書　劉崙，字山甫，號白巖。無爲州人（治今安徽無爲縣）。劉鎧（一四八六—一五五一）子。崙嘉靖二十三年（一五四四）進士，授刑部主事。累官監察御史，巡視陝西茶馬，修舉八事。轉官太僕少卿，出爲湖廣巡撫。事見《蘭臺法鑑録》卷一七、《弇山堂别集》卷八九《兵制考》、《明詩綜》卷四八、《江南通志》卷一四九等。據其序，陳講《馬政志》重修三刻本乃太僕卿王朝賢、少卿李棨、苑馬少卿王教增訂重修，上距初刻本行世已二十六年矣。

〔四〕黄岡後學賈啓書　賈啓，字啓之。黄岡人。正德六年（一五一一）進士，授知涇縣。官御史，巡按宣大。爲僉事，擢山西兵備副使。後拜監察御史，擢光禄少卿，以事謫徽州推官。起，累遷陝西苑馬寺卿，終官右副都御史、巡撫延綏。事見陸深《儼山集》卷五三《晴原草堂記》，韓邦奇《宛洛集》卷一六《防敵患以衛中華事》，《江南通志》卷一一六引《涇縣志》，《湖廣通志》卷三二、四八，《山西通志》卷七八，《陝西通志》卷五一等。此跋乃撰於嘉靖十一年（一五三二）《馬政志》重刻之際，時官陝西苑馬寺卿。

〔五〕成都李一氓　李一氓曾任首届國務院古籍整理領導小組組長，校勘整理《花間集》。其跋表明他曾收藏或寓目過嘉靖十一年重刻本《馬政志》。其書『卷合而名異』，實乃《明志》承《千頃目》之譌而然。説詳本書提要。

〔六〕官至山西提學副使　方案：陳講官至都御史、山西巡撫。此誤，見本書提要拙考。

〔七〕此書乃其嘉靖三年以御史巡視陝西馬政時所作　方案：陳講以御史出巡陝馬，在嘉靖二年（一五二三），唐龍序及陳講自序言之甚明，其撰書在二年或三年不太明確。但據唐序『且遡蒐舊章』云云，似亦在二年。而三年乃郭孟威首刻其書之年，《四庫提要》已混爲一談，不無小誤。

馬政志

〔明〕歸有光

〔提要〕

《馬政志》，明代政書。一卷，歸有光撰。歸有光（一五〇六——一五七一），字熙甫，又字開甫，號震川，又號項脊生。别號兔園、世美堂等。崑山（今屬江蘇）人。有光早敏，九歲能屬文，弱冠盡通五經三史。舉鄉試，屢試未第，徙居嘉定（治今上海）。從學者常數百人，學者稱震川先生。嘉靖四十四年（一五六四）始成進士，知長興縣事。隆慶三年（一五六九），量移順德（治今河北邢臺）通判，專主馬政。次年，擢京太僕寺丞，留掌内閣勅房，預修《世宗實録》，卒於官。有光學宗唐宋，爲有明古文大家。與王慎中、唐順之、茅坤等合稱『唐宋派』，下開『桐城派』先河。曾斥時主文壇之王世貞爲『妄庸』。撰有《易經淵旨》、《洪範傳》、《考定武成》、《孝經叙録》各一卷，《讀史纂言》十卷、《三吴水利録》四卷，《諸子匯函》二十六卷，《太僕集》三十二卷（即其文集舊本），《震川文集》三十卷、《别集》十卷等。見《明史》卷九六、九七，《千頃目》卷八、卷二四，《四庫總目》卷七、六九、一三一、一七二等著録。其生平事略見王錫爵《王文肅公文草》卷八《歸公墓誌銘》，《三易集》卷一七《歸公墓誌銘》，《二酉園續集》卷二《歸震川先生集序》、同書卷一九《歸震川先生墓表》，孫岱《歸震川年譜》及《明史》卷二八七《文苑三》本傳等。

《馬政志》已收入其《震川集·別集》卷四。其書概述自古至明歷代馬政，尤詳於宋。井然有序，條理清晰，以不多篇幅敘述有明馬政概略。尤可貴者，又附《馬政識官》、《馬政祀祠》、《馬政蠲貸》、《馬政庫藏》等目，足與本書《補編》所收之數部明人馬政書互相發明，其字裏行間所發之議論，亦多可取。其文字之優雅、簡潔則過人遠甚，無愧有明大家手筆。

自清初陶珽從《震川集·別集》將《馬政志》析出單行以來，是書始作爲一種政書録於目。《續説郛》本文字頗有可訂正四庫本者，尤其是四庫館臣的臆改之處。今以四庫本爲底本點校整理，通校《續説郛》(弓九)本所收之《馬政志》。又因歸氏是書資料多引自《通典》、《唐六典》、《通考》、《宋史》等書，今一一檢核原書，逐條出校記。主要校是非，異同則一般不出校。歸氏學宗唐宋，故其多引唐宋政書、史科以總結歷代馬政利弊，作爲明代馬政的借鑒和參照。其云：『前史言牧政者，唯宋爲詳。』且言：宋代馬政、茶馬之制，『多與今同，以世近也』。道破其《馬政志》所撰之深意焉。確實宋代的馬政、茶馬之制提供給明人太多的歷史經驗。無論馬政、茶馬之制，均爲明承宋制。但明之馬政亦弊之極矣。其《馬政祀祠》則考馬神之祀的由來，尤詳於明。《馬政蠲貸》則爲其採歷年馬政蠲令的序言，惜其所採今已無存。《馬政庫藏》，則爲作者對太僕寺庫藏流失，支大於收所寄的感慨，卻道出明代馬政極弊的一個重要原因。

馬政志

學者論官，必本《周禮》。《周禮》之書，世或疑其與周制不合。然文武周公之遺法，亦頗可考。至言牧馬之事，則《夏官》之屬，曰校人、趣馬、巫馬、牧師、庾人、圉師、馬質。其辨六馬之屬，故爲天子十二閑馬六種也。其職事有校、左右馭夫，至於皂師，皆員選。頒良馬，養乘之。駑馬三其良之數。其政，則齊其飲食，簡其六節。春除蓐釁廄始牧，夏庌馬，冬獻馬。射則充椹質，茨墻則翦闔，疾則乘治之。牧地則有厲禁，有駕稅之頒，有質馬之量。毛馬齊其色，物馬齊其力。禁原蠶，凡馬特居四之一。春祭馬祖，執駒；夏祭先牧，頒馬攻特；秋祭馬社，臧僕；冬祭馬步，獻馬，講馭夫。佚特教駣攻駒，散馬耳，焚牧通淫。而吕不韋《月令》〔一〕：季春合累牛騰馬，遊牝於牧；仲夏別羣，則縶騰駒。凡此皆自古以來傳其法，所以能盡物之性者也。

其稱四井爲邑，四邑爲丘。十六井，出戎馬一匹；四丘爲甸，甸六十四井，出戎馬四匹。天子畿內，方千里，定出賦六十四萬井，戎馬四萬匹。或謂：周蓋令民間養馬。考其實不然。丘甸之馬，蓋國有賦調，民自具馬以即戎。民之平日養馬，官何與焉！唯校人以下之職，乃爲王馬，而天子使人自養之者也。牧師所謂牧地，皆在草莽水泉之區，若今之苑馬。然其後天子亦不盡如其制，而自以其意使人養馬。穆王時，造父御八駿；考王命非子主馬汧渭之間，皆非如《周禮》有一定之官也。春秋時，魯衛弱國，而魯僖公坰牧之盛。衛文公『騋牝三千』，詩人歌頌之。秦起西北，牧多健馬。其詩曰：『駟驖孔阜，六轡在手。』又曰：『騏騮是中，騧驪是驂。』言秦馬之良也。諸侯力政，國各有馬至千萬騎。後秦併六國，馬皆入之秦。及山東豪俊起章邯，以百萬之師數進數卻，竟以敗降，秦馬無聞焉。

漢初，高祖與匈奴冒頓遇，當是時，高祖被圍白登。匈奴騎：其西方盡白馬，東方盡青駹馬，北方盡烏驪馬，南方盡騂馬，高祖以故大困。時漢馬益乏，故用婁敬之計，詘意和親。孝文、孝景循古節儉，廄馬百餘匹。孝武恃中國富盛，兩將軍出塞，殺敵八九萬，而漢馬死者十餘萬。漢亦以馬少，無以復往。其後，天子爲伐胡，盛養馬，馬之來食長安者，數萬匹。其後，大將軍、驃騎將軍軍益出，漢軍馬死者又十餘萬，於是令民得畜牧邊縣，官假馬母，三歲而歸及息什一。其後，車騎馬乏絶，縣官無錢買馬，乃著令封君以下至三百石以上吏，以差出牝馬。天下亭，亭有畜牸馬。先是，天子發書易云：神馬當從西北來。得烏孫馬好，名曰天馬。及得大宛汗血馬益壯，更名烏孫馬曰西極，名大宛馬曰天馬云。宛俗嗜酒，馬嗜苜蓿，漢使取其實來，於是天子始種苜蓿、蒲萄，肥饒地。及天馬多，外國使來衆，則離宮别觀旁，盡種蒲萄、苜蓿極望。其後，天子下詔，深陳既往之悔修馬，復令毋乏武備而已。孝昭詔止民勿共出馬，罷天下亭馬及馬弩關。孝宣省乘輿馬及宛馬，以備邊郡三輔傳馬。至元成之世，數詔減乘輿馬。

光武中興，官皆省併，太僕獨置一廐，後置左駿令。和帝省減外廐，及涼州諸苑馬。其後世，承華、騄驥廐馬亦萬匹矣。漢馬莫盛於孝武之世，至以伐胡，馬遂大耗。故爲假馬毋歸息諸一切法。此後世民養官馬之始也，然不久而罷。漢太僕所領，若車府、路軨、騎馬、駿馬、龍馬、閑駒、騊駼諸監廐，皆内馬也。邊郡六牧師苑及漢陽流馬苑，此皆在外，而諸牧苑分在河西六郡中。北地靈(州)〔洲〕有河奇苑、號非苑〔二〕，歸德有堵苑、白馬苑，郁郅有牧師苑，襄平有牧師官〔三〕，鴻門有天封苑〔四〕，太原有家馬官。其後，又置越巂長利、高望、始昌三苑。益州有萬歲苑，犍爲有漢平苑〔五〕，皆太僕屬也。

魏晉以後，迄於隋，天下變故多矣。兵亟用，而馬政未有聞。惟獨魏馬，自世祖平統萬，乃以秦涼以西，水草豐美，用爲牧地，馬大蕃息，至有百餘萬匹。高祖置牧河陽，常畜戎馬十萬匹。每歲自河西徙牧并州，稍復南徙，而河西之牧愈蕃。故天下稱魏馬之盛。

唐尚乘掌天子之御，左右六閑：一曰飛黄，二曰吉良，三曰龍媒，四曰騊駼，五曰駃騠，六曰天苑，總十有二。閑爲二廐：一曰祥麟，二曰鳳苑。每歲，河隴羣牧進其良，以供御六閑馬。其後，禁中又增置飛龍廐〔六〕。初得突厥馬二千匹，又得隋馬三千於赤岸澤，徙之隴右，監牧之制始此。其官領以太僕，其屬有牧監、副監，監有丞，有主簿、直司、團官、牧尉、排馬、牧長、羣頭，有正有副。凡羣，置長一人；十五長，置尉一人。歲課功進。排馬，又有掌閑、調馬、習上。初用太僕少卿張萬歲領羣牧，自貞觀至麟德四十年間，馬七十萬六千。置八坊岐、豳、涇、寧間，地廣千里。一曰保樂，二曰甘露，三曰南普閏，四曰北普閏，五曰岐陽，六曰太平，七曰宜禄，八曰安定。八坊之田，千二百三十頃，募民耕之，以給芻秫。八坊之馬，爲四十八監，而馬多地狹，不能容，又析八監〔七〕，列布河西豐曠之野。凡馬五千爲上監，三千爲中監，餘爲下監。監皆有左右，因地爲之名。當是時，天下以一縑易一馬。萬歲掌馬久，恩信行於隴右。後以太僕少卿鮮于匡俗檢校隴右監牧。儀鳳中，以太僕少卿李思文檢校諸牧監使。後又有羣牧都使，有閑廐使，又立四使：南使在原州，西使在臨洮軍，東、北二使皆寄理原州。其後，益置八監於鹽州，三監於嵐州，有白馬諸坊，樓煩、玄池、天池之監。自萬歲失職，馬政頗廢。

開元初，國馬益耗，太常少卿姜晦請市馬六胡州。王毛仲領内外閑廐馬，稍復蕃息，其始二十四萬，至十三年，乃四十三萬。天子以突厥欵塞於受降城，歲與之互市，又以市之河東、朔方、隴右。既雜胡馬種，馬乃益壯。天寶後，戰馬動以萬計，遂弱西北蕃。安禄山以内外閑廐都使兼知樓煩監，陰選勝甲馬，歸范陽，故其兵力傾天下。肅宗收兵至彭原，蒐平涼監牧，猶得馬數萬，軍以復振。及吐蕃陷隴右，苑牧馬皆没焉。其後，水草腴田，旋以予貧民及諸賜占幾千頃。德宗命閑廄使張茂宗收故地，民失業愁怨。穆宗即位，悉復還民。太和七年，置銀川監，大抵無復開元、天寶之舊矣。他如蔡州龍陂、襄州臨漢、淮南臨海、泉州萬安，皆不足數也。漢以來牧官，後世不聞，唯唐張萬歲、王毛仲此兩人名最著而馬特盛。議者以爲，唐得人專其職也。初置監牧秦、渭二州〔之〕北，會州〔之〕南，蘭州狄道〔之〕西[八]，蓋跨隴西、金城、平涼、天水四郡之地。《漢志》云：武威以西，本匈奴昆邪王、休屠王地，習俗頗殊，地廣民稀，水草畜牧。故涼州之畜爲天下饒，皆唐之牧地之所苞絡也。五代戰爭，養馬之政莫紀。

宋太祖初置左、右飛龍二院，以二使領之。後改爲天廄坊，又改爲騏驥院，以天駟監隸焉。真宗咸平三年，置羣牧使。景德二年，改諸州牧龍坊悉爲監，在外之監十有四。〔四年〕，置羣牧制置使及羣牧副使、都監、判官[九]，廄牧之政，皆出於羣牧司，自騏驥院而下皆聽命焉。諸州有牧監，知州、通判兼領之。先是五代監牧多廢，太祖始置養馬二務，又興葺舊馬務四，遣使歲市邊州馬，閑廄始備。太宗得汾、晉、燕、薊馬四萬二千餘匹，始分置諸坊。

國子博士李覺言：冀北、燕代，馬之所生，胡戎之所恃也[一〇]。制敵以騎兵爲急，議者以爲，欲國之多馬，在乎啗戎以利而市其馬[一一]。然市馬之費歲益而廄牧之數不加者，失其生息之理也。且戎人畜牧，轉徙馳逐水草，騰駒遊牝，順其物性，所以蕃滋。其馬至於中國，縶之維之，飼以枯槀[一二]，離析牝牡，制其生性，玄黃虺隤，因而減耗，宜然矣。古者因田賦出馬，皆生於中國，不聞市之於戎。今所市戎馬，直之少者匹不下二〔十〕千[一三]，往來資給、賜予，復在數外，是貴市於外夷而賤棄於中國[一四]，非理之得也。今宜減市馬之半直〔一五〕，賜畜駒之將卒，增爲月給，俟其後納馬則止焉。是則貨不出國而馬有滋也。大率牝馬二萬而駒收其半，亦可歲獲萬匹；況夫牝又生駒，數年間，馬必倍矣。昔猗頓，窮士也，陶朱公教以畜五牸，乃適西河，大畜牛羊於猗氏之南，十年間，其息無算。況以天下之馬而生息乎！太宗嘉之。

仁宗慶曆中，知諫院余靖言：詩書以來，中國養馬蕃息，不獨出於戎狄也〔一六〕。秦之先〔曰〕非子〔一七〕，居犬丘，好馬及畜，〔善〕養息之〔一八〕，周孝王召使主馬於汧、渭之間，馬大蕃息。犬丘，今之興平；汧渭，今之秦隴州界也。衛文公居河之湄以建國，而詩人歌之曰：『騋牝三千。』衛則今之衛州也。詩人又頌魯僖公能遵伯禽之業，亦云：『駉駉牡馬。』魯，今〔屬〕兗州〔一九〕。左氏云：冀之北土，馬之所生，今鎮、定、并、代也。漢太原有家馬廄，一廄萬匹，又樓煩胡北〔皆〕出名馬，即今之并、嵐、石、隰〔界〕也〔二〇〕。唐以沙苑最爲宜馬，即今之同州也。開元中置七坊、四十八監，半在秦、隴、綏、銀，皆古來牧馬之地。臣切見今之同州及太原以東衛、邢、洺皆有馬監〔二一〕，其餘州軍牧地七百餘所，乞令羣牧使〔副〕、都監、判官分往監牧舊地〔二二〕，相度水草豐茂，四遠牧放。依《周官·月令》之法，務令蕃息，別立賞罰，以明勸沮。庶幾數年之後，馬畜蕃盛。

皇祐五年，丁度上言：天聖中〔二三〕，牧馬至十餘萬。其後，言者以爲天下無事，不可虛費〔二四〕，遂廢八監。然而秦、渭、環、階、麟、府〔文〕州、火山、保德、岢嵐軍歲市馬二萬二百〔二五〕，才能補京畿塞下之闕。自用兵四年，而所市馬才三萬，況河北、河東、京東、京西、淮南籍丁壯爲兵，請下令有能畜一戰馬者免二丁，仍不升户等，以備緩急。如此，國馬蕃矣。言不果行。

至和二年，羣牧使歐陽修言：今之馬政，皆因唐制，而今馬多少與唐不同者，其利病甚多，不可槩舉。至於唐世，牧地皆與馬性相宜，西起隴右、金城、平涼、天水外，洎河曲之野，内則岐、豳、涇、寧，東接銀夏，又東至於樓煩，此唐養馬之地也。以今考之，或陷没夷狄〔二六〕，或已爲民田，皆不可復得。惟聞今河東路嵐、石之間，山荒甚多，及汾河之側，草地亦廣。其間草軟水甘，最宜牧養，此乃唐樓煩監地也。可以興置一監。臣以謂推跡而求之，則樓煩、元池、天池三監之地，尚冀可得。又臣往年奉使河東，嘗行威勝以東及遼州、平定軍，見其不耕之地甚多。而河東一路，山川深峻〔二七〕，水草甚佳，其地高寒，必宜馬性。及京西路唐、汝之間，久荒之地，其數甚廣。請下河東、京西轉運司遣官訪〔求〕草地〔二八〕，有可以興置監牧〔處〕〔二九〕，則河北諸監有地不宜馬，可行廢罷。

嘉祐中，韓琦請括諸監牧地留牧外，聽下户耕佃。遣都官員外郎高訪等，括河北得閒田三千三百五十〔餘〕頃〔三〇〕，募佃，歲約得穀十一萬七千八百〔二〕石〔三一〕，絹〔萬〕三千二百五十〔一〕疋〔三二〕，草十六萬一千二百〔三十〕束〔三三〕。羣牧司言：諸監牧地，間有水旱，每監牧放外，歲刈白草數萬束，以備冬飼，今悉賦民。異時監馬增多，及有水旱，無以轉徙牧放。詔遣左右廂提點官相度，除先被侵冒，已根括出地權給租佃，餘委羣牧司審度，存留有閒土即募耕佃。五年，羣牧司言：凡牧一馬，往來踐食，占地五十畝。諸監既無餘地，難以募耕，請存留如故。廣平廢監，先賦民者，亦乞取還。乃詔河北、京東牧監，帳管草地，自今毋得縱人請射，犯者論以違制。

初，真宗用羣牧使趙安仁言，改牧龍坊爲監，仍鑄印給之。於是，河南爲洛陽監，天雄軍大名爲大名監，洺州爲廣平監，衛州爲淇水監，鄭州爲原武監〔三四〕，同州爲沙苑監，相州爲安陽監，澶州曰鎮寧，滑州舊龍馬監，曰靈昌；通國初内有騏驥兩院，天駟四監，天厩二坊，及上下監外，則河南北爲監者十四〔三五〕，皆掌於羣牧司。乾興、天聖間，天下兵久不用，於是河南諸監皆廢。其後，議者謂河南六監廢，京師須馬，取之河北，道遠非便。乃詔復洛陽、單鎮，以牧河北孳生馬。其後，復廣平監，以趙州牧馬隸之，又以原武爲單鎮，移於長葛。蓋自宋興以來，至於仁宗，天下號稱治平，而法度常至於不能振舉，而馬政亦多廢。

神宗以王安石爲相，鋭然有志於天下之治，遂多所更張。熙寧以來，乃有保馬、户馬。其後，又變而爲給地牧馬。初，神宗患馬政之不善，詔曰：『方今馬政不修，吏無著效，豈任不久而才不盡歟！是何監牧之多，〔官〕吏之衆〔三六〕，而乏才之甚也！昔唐用張萬歲，三世典羣牧，恩信行乎下，故馬政修舉，後世稱爲能〔吏〕〔三七〕。今上自提總官，屬下至坊監使臣，既非銓擇而遷徙迅速，謂之「假道」。欲使官宿其業而盡其能，不可得也。今當簡其勞能，進之以序，自坊監而上，至於羣牧都監，皆課其功而第進之，以爲任事者勸焉。』

於是，樞密副使邵(元)〔亢〕請以牧馬餘田修稼政，以資牧養之利。而羣牧司言：馬監草地四萬八千餘頃，今以五萬馬爲率，一馬占地五十畝，大名、廣平四監，餘田無幾，宜且仍舊，而原武、單鎮、洛陽、沙苑、淇水、安陽、東平等監，餘良田萬七千頃，可賦民以收芻粟。從之。已而，樞密院又言：舊制，以左右騏驥院總司國馬。景德中，始增置羣牧使副、都監、判官，以領厩牧之政。使領雖重，未嘗躬自巡察，不能周知牧畜利病，以故馬不蕃息。今宜分置官局，專任責成。乃詔河南北分置監牧，以劉航、崔台符爲之，又置都監各一員。其在河陽者，爲孳生監。凡外諸監，並分屬兩使，各條上所當行者。諸官吏若牧田縣令佐，並委監牧使舉劾，專隸樞密院，不領於羣牧制置。時上方留意牧監地，然諸監牧田皆寛衍，爲人所冒占，故議者爭請收其餘資，以佐芻粟。自是，請以牧地賦民者紛然而諸監尋廢。廼選其善馬，而以其餘馬皆斥賣，收其地租，以給市易本錢。是時，諸監既廢，仰給市馬，而義勇保甲馬復從官給。朝廷以乏馬爲憂。

先是，河北察訪使者曾孝寬言：『慶曆中嘗詔河北民户以物力養馬，備非時官買，乞參考申行之。』於是，始行户馬法。元豐三年春，以王拱辰之請，詔開封府界、京東西、河北、陝西、河東路州縣户，各計資産市馬。坊郭家産及三千緡，鄉村五千緡，若坊郭鄉村通及三千緡以上者，各養一馬；增倍者，馬亦如之；至三匹止。馬以四尺三寸以上，齒限八歲以下，及十五歲則更市如初。籍於提舉司，於是諸路皆行户馬法矣。

先是熙寧中，嘗令德順軍蕃部養馬。帝問其利害，王安石謂：今坊監以五百緡得一馬，若委之熙河蕃部，當不至重費。蕃部地宜馬，且以畜牧爲生，誠爲便利。已而，得駒瘠劣，亡失者責償〔三八〕，蕃部苦之，其法尋廢。至是，環慶路經略司復言，已檄諸蕃部養馬。詔閲實及格者，一匹支五縑。鄜延、秦鳳、涇原路準此。養馬之令，復行於蕃部矣。五年，詔開封府界諸縣保甲，願養馬者聽。仍以陝西所市馬選給之，而户馬更爲保馬。六年，曾布等承詔上其條約，凡五路義勇保甲願養馬者，户一疋；物力高，願養二疋者，聽。皆以監牧見馬給之，或官予其直，令自市，毋或強予。府界無過三千匹，五路無過五千匹。襲逐盜賊之外，乘越三百里者皆有禁。在府界者，免輸體量草二百五十束，加給以錢布〔三九〕；在五路者，歲免折變緣納錢。三等以上，十户爲一保；四等以下，十户爲一社。以待病斃補償者。保户馬斃，馬户獨償之；社户馬斃，社户半償之。歲一閲其肥瘠，禁苛留者，凡十有四條。先從府界頒〔行〕焉〔四〇〕，五路委監司、經略司、州縣更度之。於是，保甲養馬行於諸路矣！

先是，文彦博、吴充言：三代有丘乘出馬，有國馬。國馬宜不可闕，且今法欲令馬死補償，恐非民願。而王安石以爲：令下之初，京畿百姓多自以爲便，願投牒者已千五百户，决非有所驅迫。力請行之。時河東騎軍有馬萬一千餘匹，歲番戍邊，率十年而一周。議者以爲費廪食，而多亡失，乃行五路義勇保甲養馬法。繼而兵部言：河東正軍馬九千五百匹，請權罷官給，以義勇保甲馬五千補其闕，合萬匹爲額，俟正軍不及五千，始行給配。事下中書、樞密院，以爲車騎國之大計，不當專以一時省費，輕議廢置。且官養一馬，歲爲錢二十七千。民養一馬，纔免折變緣納錢六千五百，計折米而輸其直，爲錢十四千四百餘，皆出於民，决非所願。若芻秣失節，或不善調習，緩急無以應用。况減馬軍五千匹，即異時當減軍正數九千九百人，又減分數馬三千九百四十匹。邊防事宜，何所取備！若存官軍馬如故，漸令民間從便牧養，不必以五千匹爲限，於理爲可。而中書謂：官養一馬，以中價率之，爲錢二十三千〔四一〕。募民養牧，可省雜費八萬餘緡。且使入中芻粟之家，無以邀厚利。計前二年，官馬死，倍於保甲馬，而保甲有馬，可以習戰、禦盜，公私兩利。上從樞密院議，河東騎軍得不減耗，而民馬不至甚病。

六年，提舉河東路保甲王崇拯言〔四二〕：請令本路保甲十分取二，以教騎戰。每官給二十五千，令市一馬，限以五年，當得馬六千九百十有八匹，爲緡錢十七萬二千九百有五十。詔以京東鹽息錢給之，令崇拯月上所買數，於是保甲皆兼市馬矣。七年，京東提刑霍翔請募民養馬，蠲其賦役。乃詔京東西路保甲免教閲，每一都保養馬五十匹，匹給十千。限以京東十年，京西十五年而數足。置提舉保馬官：京西吕公雅、京東霍翔，並領其事。而罷鄉村先以物力養馬之令，尚養户馬者，免保馬。凡養馬，免大小保長税租支移，每歲春夫、催稅、甲頭、盜賊、備賞、保丁、巡宿凡七事。先是西方用兵，頗調戶馬以給戰騎，借者給還，死則償直。是年，遂詔河東、鄜延、環慶路各發戶馬二千，以給正兵。河東就給本路，鄜延益以永興軍等路，及京西坊郭馬，環慶益以秦鳳等路，及開封府界馬。戶馬既配兵，後遂不復補。於是，京東西戶馬，更爲保馬矣。公雅又令每都歲市二十匹，初限十五年，乃促爲二年半。京西地不産馬，民又貧乏，甚苦之。八年，京東西既更爲保馬，諸路養馬指揮亦罷。其後給地牧馬，則亦本於戶馬之意云。九年，提舉開封府界蔡確言：比賦保甲以國馬，免所輸草，賜之錢布。民以畜馬，省於輸藁，雖不給錢布，而願爲官養馬者甚衆。請增馬數，歲止免輸藁一百五十束。詔毋過五千匹，於是京畿罷給錢布，而增馬數矣。

哲宗嗣位言新法之不便者，以保馬爲急。乃詔曰：京東西保馬，期限極寬，有司不務循守，遂致煩擾。先帝已嘗手詔詰責，今猶未能遵守。其兩路市馬，年限並(加)〔如〕元詔。尋又詔：以兩路保馬分配諸軍，餘數付太僕寺。不堪支配者，斥還民戶而責官直。翔、公雅皆以罪去，而保馬遂罷。既罷保馬，於是議興廢監，以復舊制。詔庫部郎中郭茂恂視陝西、河東所當置監，尋又下河北、陝西轉運、提點刑獄司，按行河渭并晉之間牧田以聞。時已罷保甲教騎兵，而還戶馬於民。

於是，右司諫王巖叟言：兵之所恃在馬，而能蕃息之者，牧監也。昔廢監之初，識者皆知十年之後，天下當乏馬。已而，不待十年，其弊已見，此甚非國之利也。乞收還戶馬三萬，復置監如故，監牧事委之轉運官，而不專置使。今鄆州之東平，北京之大名、元城，衛州之淇水，相州之安陽，洺州之廣平監，以及瀛、定之間棚(塞)〔寨〕、草地[四三]，疆畫具存：使臣牧卒，大半猶在，稍加招集，則指顧之間，措置可定。而人免納錢之害，國收牧馬之利，豈非計之得哉！　又况廢監以來，牧地之賦民者爲害多端，若復置監牧而收地入官，則百姓戴恩如釋重負矣。自是，洛陽、單鎮、原武、淇水、東平、安陽等監，皆復初。熙寧中，並天駟四監爲二，而左右天廐坊亦罷。至是，復左右天廐坊。

紹聖初，用事者更以其意爲廢置，而時議復變。太僕寺言：　府界牧田，占佃之外，尚存三千餘頃，議復畿内孳生十監。後二年，而給地牧馬之政行矣。先是，知任縣韓筠等建議：　凡授民牧田一頃，爲官牧一馬，而蠲其租。縣籍其高下、老壯、毛色，歲一閲，亡失者責償。已佃牧田者，依上養馬。知邢州張赴上其説，且謂：授田一頃，爲官牧一馬，較陝西沿邊弓箭手既養馬又戍邊者爲優。樞密院是其請，且言：　熙寧中，罷諸監以賦民，歲收緡錢至百餘萬。元祐初，未嘗講明利害，惟務罷元豐、熙寧之政，奪已佃之田，而復舊監。桑棗、井廬，多所毁伐；　監牧官吏，爲費不貲；　牧卒擾民，棚井抑配，爲害非一。左右廂今歲籍馬萬三千有奇，堪配軍者無幾，惟沙苑六千匹，愈於他監。今赴等所陳受田養馬，既蠲其租，不責以孳息，而不願者無所抑勒，又限以尺寸，則緩急皆可用之馬矣。殿中侍御史陳次升言：　給地牧馬，其初始於邢州守令之請，未嘗下監司詳度。諸路各有利害，既不可知。民居與田相遠者，難就耕牧，一頃之地，所直不多，而亡失責償，爲錢四五十千，必非人情所願。言竟不行。四年遂廢淇水、單鎮、安陽、洛陽、原武監，罷提點所及左右廂，惟存東平、沙苑二監。

同知樞密院曾布自叙其事曰：　元祐中，復置監牧。兩廂所養馬止萬三千匹，而不堪者過半，今既以租錢置蕃落十指揮，於陝西養馬三千五百，又人户願養者亦數千，而所存兩監各可牧萬馬，馬數多於舊監，而所省官吏之費非一。近世良法，未之能及。時三省皆稱善。其後，沙苑復隸陝西買馬監牧司，而東平監仍廢。大觀元年，尚書省言：元祐置監，馬不蕃息而費用不貲。今沙苑最號多馬，然占牧田九千餘頃，芻粟，官曹歲費緡錢四十餘萬，而牧馬止及六千。自元符元年至二年，亡失者三千九百，且素不調習，不中於用。以九千頃之田，四十萬緡之費養馬，而不適於用又亡失如此，利害灼然可見。今以九千頃之田，計其磽瘠，三分去一，猶得良田六千頃。以直計之，頃爲錢五百餘緡，以一頃募一馬，則人得地利，馬得所養，可以紹述先帝隱兵於農之意。請下永興軍路提點刑獄司及同州詳度以聞，俟見實利，則六路新邊閒田當以次推行。時熙河路蘭湟牧馬司又請兼募願養牝馬者〔四四〕，每收三駒，以其二歸官，一充賞。詔行之。四年，復罷京東西路給地牧馬，復東平監。政和二年，詔諸路復行給地牧馬，復罷東平監。宣和二年，詔罷政和二年以來給地牧馬條令，收見馬以給軍。應牧田及置監處，並如舊制，又復東平監。

給地牧馬，始於紹聖。至政和時，蔡京秉政，行之益力，京罷而復廢。六年，又詔立賞格：應牧馬，通一路及三千匹，州通縣及一千，縣及三百，其提點刑獄、守令各遷一官。倍者更減磨勘年。於是，諸路應募牧馬者爲户八萬七千六百有奇，爲馬二萬三千五百，既推賞如上詔。而兵部長貳，亦以兼總八路馬政遷官。然北方有事，而馬政亦急矣。靖康元年，左丞李綱言：祖宗以來，擇陝西、河東、河北美水草、高涼之地，置監凡三十六所，比年廢罷殆盡。民間雜養以充役，官吏便文以塞責，而馬無復善者。今諸軍闕馬者，太半宜復舊制。權時之宜，括天下馬，量給其直，不旬日間，則數萬之馬猶可具也。然時已不能盡行其說矣。

前史言牧政者，唯宋爲詳。其出牧、上槽、芻秣、棚井、息耗，多與今同，以世近也。語在《兵志》，故不論。

獨户馬、保馬、餘地牧馬，猶爲後世害，故備著焉。欲令議馬政者，知其所以利害之實也。蓋自熙豐變法，以至崇宣小人在位，亟復亟變，迄無善政，而宋隨以亡。

渡江以後，頗置監牧，而江南多水田。其後，三衙遇暑月放牧於蘇秀，大爲民患。郢鄂之間，亦置監牧，然皆不可用，而戰馬悉仰川秦廣三邊焉。

宋初收市馬，戎人驅馬至邊，總數十百爲一券。一馬預給錢千，官給芻粟續食，至京師，有司售之，分隸諸監，曰券馬。邊州置場，市蕃漢馬，團綱遣殿侍部送赴闕，或就配〔諸〕軍，曰省馬。陝西廣鋭、勁勇等軍，相與爲社，每市馬，官給直外，社衆復裒金益之，曰馬社。軍興，籍民馬而市之，以給軍，曰括買。

宋初，市馬唯河東、陝西、川峽三路，招馬唯吐蕃、回紇、党項、藏牙族，白馬、鼻家、保家、名市族諸番。至雍熙、端拱間，河東則麟、府、豐、嵐州，岢嵐、火山軍，唐龍鎮，濁輪砦；陝西則秦、渭、涇、原、儀、延、環、慶、階州，鎮戎、保安軍，制勝關、浩亹府；河西則靈、綏、銀、夏州；川峽則益、文、黎、雅、戎、茂、夔州，永康軍〔四五〕；京東則登州。自趙德明據有河南，其收市唯麟、府、涇、原、儀、渭、秦、階、環州，岢嵐、火山、保安、保德軍。其後置場，則又止環、慶、延、渭、原、秦、階、文州，鎮戎軍而已。大抵宋初市馬，歲僅得五千餘匹。天聖中，蕃部省馬至三萬四千九百餘匹。嘉祐以前，原、渭、德順，凡三歲市馬至萬七千一百匹。秦州券馬，歲（置）〔至〕萬五千匹。元豐四年，詔專以雅州名山茶爲易馬用。自是，蕃馬至者稍衆。崇寧四年，詔曰：神宗皇帝厲精庶政，經營熙河路茶馬司，以致國馬法制大備。其後，監司欲侵奪其利，以助糴買，故茶利不專而馬不敷額。近雖更立條約，令茶馬司總運茶博馬之職，猶慮有司苟於目前近利，不顧悠久深害，三省其謹守已行，毋輒變亂元豐成法。自是，提舉茶事兼買馬，其職任始一。

凡〔北〕宋之市馬〔四六〕，分而爲二。其一曰戰馬，生於西陲，良健可備行陣，宕昌、峯貼峽、文州所産是也。其二曰羈縻馬，産西南諸蠻，短小不及格，黎、叙等五州所産是也。紹興三年，即邕州置司提舉，市於羅殿、自杞、大理諸蠻。然自杞諸番本自無馬，蓋又市之南詔。南詔，今大理國也。大理，地連西戎，故多馬。雖互市於廣南，其實猶西馬也。

宋自熙寧未變法以前，其苑馬之政，亦未稱善。蓋世之害馬者有三：曰選吏，曰繁法，曰易地。吏非馬之所宜，其害馬一也。法非馬之所宜，其害馬二也；地非馬之所宜，其害馬三也。大費佐舜，調馴鳥獸，鳥獸多馴服。其後，周孝王封犬丘非子曰：柏翳其後，世亦爲朕息馬也。古有豢龍氏，《周官》服不氏掌養猛獸，而教擾之掌畜，掌養鳥，而阜番教擾之馬，非異獸必有能馴之者，非世官不可也。羌童、氐人，項髻徒跣，隨水草畜牧馬。與人意相喻，非有書生文學法度，理也。法數變，馬與人皆不自適，何以能遂其生！況置之磽陿，無所轂畜，或不稼稻秔之田，溝塍封限，遊騰莫逞，非所以適其走壙之性也！昔元魏起代北，故馬爲特盛，雖唐馬未必能及也。故曰：馬陸居則食草飲水，喜則交頸相靡，怒則分背相踶，此馬之真性也。

元起於北，遂以弓馬之利，混一天下。沙漠萬里，牧養蕃息，太僕之馬，殆不可以數計。其牧人曰哈赤、哈剌赤，有千户、白户，父子相承任事。自夏及冬，隨地之宜，行逐水草。醞都之馬，在朝爲卿大夫者親秣飼之。車駕行，幸上都，太僕卿以下皆從。先驅馬出建德門外，取其肥可挏乳者以行。車駕還京師，太僕卿先期遣使徵馬五十醞都來京師。醞都者，承乳車之名也。

皇朝洪武六年，置太僕寺於滁州。七年，設羣牧監。十三年，增置滁陽、儀真、香泉、六合、天長五牧監。滁陽羣二十有二，儀真、六合羣各七，香泉羣八，天長羣四。二十三年，定爲十四牧監，九十八羣。二十八年，廢牧監，始令民間孳牧。三十年，置北平及遼東、山西、陝西、甘肅等處行太僕寺。是年，太祖以寧遼諸王各據沿邊草場牧放〔四七〕，乃圖西北沿邊。自東勝以西，至寧夏、河西、察罕腦兒，東勝以東，至大同、宣府，又東南至大寧，又東至遼東，又東至鴨綠江，又北不啻數千里，而南至各衛分守地。又自雁門關外，西抵黄河，渡河至察罕腦兒，又東至紫荆關，又東至居庸關及古北口北，又東至山海關外。凡軍民屯種田地，不得牧放孳畜。其荒閑平地及山場，腹内諸王、駙馬及極邊軍民，聽其牧放樵採。近邊所封之王，不得占爲己場，而妨軍民、腹内諸王、駙馬，聽其東西往來，自在營駐，因而練習防胡〔四八〕。有占爲己草場、山場者，諭之。

上又以朵甘烏思藏、長河西一帶，西蕃自昔以馬入中國易茶，邇因私茶出境，馬之入互市者少。於是彼馬日貴，中國之茶日賤。命秦、蜀二王發都司官軍，於松潘、碉門、黎雅、河州、臨洮及入西蕃關口，巡禁私茶之出境者。又遣駙馬都尉謝達〔四九〕，往諭蜀王曰：秦蜀之茶，自碉門、黎雅抵朵甘烏思藏，五千餘里皆用之，彼地之人，不可一日無茶。邇因邊吏譏察不嚴，以致私販出境，爲蕃人所賤。夫物有至薄而用之則重者，茶是也。始於唐，而盛於宋，至宋而其利博矣。前代非以此專利，蓋制夷狄之道〔五〇〕。當賤其所有，而貴其所無耳。國家榷茶，本資易馬，以備國用。今惟易財物，使蕃夷坐收其利，而馬入中國者少，豈所以制夷狄哉！又命曹國公李景隆賫金牌勘合，直抵諸番，令其酋領受牌爲符，以絶姦欺。敕兵部諭川陝守邊衛所，巡禁私茶出境，仍遣僧官著藏卜等往西蕃申諭之。

時，晉王成祖統軍行邊，出開平數百里。上聞之，遣人以敕往諭之云：自遼東至於甘肅，東西六千餘里，可戰之馬，僅得十萬。京師、河南、山東三處，馬雖有之，若遇赴戰，猝難收集。苟事勢警急，北平口外馬，悉數不過二萬，若過十萬之騎，雖古名將，亦難於野戰。我馬數如是，縱有步軍，但可夾馬以助聲勢，若欲追北擒寇，則不能矣。止可去城三二十里，往來屯駐，遠斥堠，謹烽燧，設信砲，猝有緊急，一時可知。胡人上馬動計萬〔五一〕，兵勢全備，若欲折衝鏖戰，其孰可當！方今馬少，全仰步軍，必常附城，倘有不測，則可固守保全，以待援。至吾用兵一世，而指揮諸將未嘗敗北，致傷軍士，正欲養銳以觀胡變〔五二〕，夫何諸將日請，深入沙漠，不免疲於和林，此蓋輕信無謀，以致傷生數萬。今爾等又入廣塞，提兵遠行，設若遇敵，豈免凶禍。自古及今，胡虜爲中國患久矣〔五三〕，歷代守邊之要，未嘗不以先謀爲急。故朕於北鄙之慮，尤加慎密。爾能聽朕之訓，明於事勢，雖不能勝，彼亦不能爲我邊患矣！

太祖既驅元主還幕北，已無復窮追之意。而殘元遺孽，不能無犯境，諸王往往輕出塞，上在兵間久，深患馬少，遂戒諭云云。故尤留意西蕃茶馬，定金牌之制，令重臣招諭。蓋胡之勝兵在馬，中國非多馬，亦不能搏胡〔五四〕，唯自守，則步卒可用，且驅之出境而已。實帝王禦戎上策也〔五五〕。

永樂元年，改北平行太僕寺爲北京行太僕寺。四年，應天、太平、鎮江、揚州、廬州、鳳陽州縣，各增設判官、主簿一員，專理馬政。設陝西、甘肅二苑馬寺，又設北京、遼東二苑馬寺。五年，增設北京苑馬寺監。六年，增設甘肅苑馬寺監。

贊曰：《易》稱《乾》爲馬，其於繇辭，言馬不一，馬之用大矣。余從太史問皇朝馬事，自洪武以來，略知其本，始作《馬政志》。

馬政職官

《周禮》：　太僕，下大夫，二人。《漢百官表》：　太僕，秦官，掌輿馬。其屬有大廄〔令等〕[五六]，及龍馬、閑駒、橐泉、騊駼、承華諸監，邊郡六牧師苑皆屬之。《後漢志》：　太僕，掌車馬。天子出，奉駕，上鹵簿。用大駕，則執馭。其屬有考工、車府、未央廄，而漢故時六廄省爲一廄。後置左駿令，别主乘輿御馬。故牧師苑分在河西六郡者，皆省。唯漢陽有流馬苑，以羽林郎監領。永初初，越巂置長利、高望、始昌三苑，益州置萬歲苑，犍爲置漢平苑。晉太僕，或置或省。宋齊惟郊祀，權置太僕，執轡事，已，即罷。梁置太僕卿，與太府、少府爲夏卿。太僕，漢爲中二千石，梁列爲十二卿，至後魏，第二品，最高品矣。後與九卿，並第三品，大抵以後品皆第三。時南北二朝，南朝有廢置，北朝無廢置。隋煬帝省太僕驊騮署，入殿内省尚乘局[五七]。漢以來太僕置官本末，今述其略。其詳具諸史。

《唐六典》載太僕卿之職，掌邦國廄牧、車輿之政，令總乘黄、典廄、典牧、車府四署，及諸監牧之官屬，少卿爲之貳。凡國有大禮，大駕行幸，則供其五輅屬車之屬。凡監牧所通羊馬籍帳，則受而會之，以上於尚書駕部。以議其官吏之考課。凡四仲之月，祭馬祖、馬步、先牧、馬社。《六典》定於開元中，其書（訪）〔倣〕《周官》[五八]，叙太僕之職爲詳。别有尚乘局，亦具《六典》及《百官志》。

宋初有飛龍廄、天廄坊、騏驥院，後置羣牧司。廄牧之政，皆出於羣牧，而太僕但掌天子五輅屬車，后妃、王公車輅。元豐改官制，羣牧之職，並歸太僕。元祐初，令內外馬軍，專隸太僕，直達樞密院，不由尚書省。崇寧初，詔太僕寺不治外事，如舊制。渡江後，省寺入兵部。其詳具《宋史》。元太僕寺，掌阿塔思馬，又有尚牧監、尚乘寺，具《元史》。

余觀《漢·表》、《志》及《唐六典》，太僕不徒奉乘輿，自天子之六閑，外至諸苑，皆隸之。武帝別置奉車駙馬都尉，始分乘輿之事。唐因隋尚乘局，內廐別設官。本朝太僕寺統羣牧監，後廢監，令民養馬而太僕專領之。內廐，自有御馬監，惟或乏馬，於太僕取之。而鹵簿、儀仗、陳設、大駕，駕部與環衛司也，皆不復關於太僕。南京太僕寺，故留京，若行太僕寺。苑馬寺，亦並建，無所統一。遼東、山西、陝西有行太僕，遼東、陝西又有苑馬，甘肅有行太僕，而舊亦有苑馬。苑馬之設，遼東則有永寧監、清河苑、深河苑；陝西長樂監，則有開盛、安定、廣寧苑，靈武監清平、萬安苑。皆前代善水草之地，邊於北狄。苑馬之設最盛，唯不領於太僕，與古異。今具洪武以來官制、職分於後。

馬政祀祠

《周禮》：春祭馬祖，夏祭先牧，秋祭馬社，冬祭馬步。馬祖，天駟〔星〕也〔五九〕，房爲龍馬。又，《周禮》：夏禁原蠶。《天文》：辰爲馬精，龍與馬同氣〔六〇〕。古之聖人，非通天地萬物之理，其孰能與於此？是以制祭祀而國家孚福，百物皆昌也。祭以剛日，〔牲〕用少牢〔六一〕，皆於大澤。具《隋志》及唐《開元儀》。祝皆曰：天子遣某官，某昭告云。

余觀秦趙史記，自益爲朕，虞佐舜，調馴鳥獸。其後，費昌、仲衍世爲御，有功，列爲諸侯。而造父幸於周穆王，得驥温驪、驊騮、騄耳之駟，獻之穆王。穆王使造父御西巡，見西王母，樂之忘歸。而徐偃王反，造父御穆王，日馳千里以歸。造父由此封於趙城。其後，奄父爲宣王御；而非子以善養馬，孝王封之犬丘。豈以柏翳爲虞，而子孫世世善御，能息馬哉！上古聖賢，皆神靈通於萬物，不可以後世測度也。穆王、造父之事奇矣。夫社祀，以勾龍稷祀以棄，若造父、非子，豈今所謂先牧耶？太僕，秦官，主奉車，又掌馬事。意秦制蓋有所本，抑《周禮》軼而不備？不然，何前世御者皆能善馬也！太僕，職兼奉車與馬，其出於古，非秦官明矣。洪武六年，太祖幸滁，學士宋濂從。太僕寺卿唐元亨，請置廟祠於滁。永樂間，北京太僕寺在通州，故建祠如滁。其神：曰先牧，曰馬祖，曰馬社，曰馬步，曰司馬，凡五神位。每歲春秋，天子遣太僕少卿主其祭。而天下凡養馬處，處皆有祠，遂爲通祠。弘治二年，學士王鏊爲建廟記，其文曰：

國家大祀，郊祭外，則社稷社祭，土稷祭。穀，皆民所恃以生。國之大事在戎，戎政之大在馬。馬之生養蕃息在人，而亦有人力所不及〔者〕[六二]，則馬神〔祠〕祀，固宜居社稷之次。《天文》：房爲天駟，辰爲馬。《詩》云：『既伯既禱。』《周禮》：春祭馬祖，夏先牧，秋馬社，冬馬步。皇明建都〔燕〕，古冀馬之所生[六三]，而通州爲地高寒平遠，泉甘草豐，彌望千里。世傳太宗靖難，與南軍戰於此，若有相焉者。因詔作馬神廟於其地，在今通州之北[六四]，地曰壩上，鄉曰安德。旁爲御馬苑，凡二十所。春秋二仲，則太僕少卿往〔涖〕主祀事。其辭曰：『皇帝命某官某致祭。』往必陛辭，返必廷復，其嚴如是。歷歲滋久，梁桷坼陊，藩級蹙圮，沮洳穢翳，人畜不禁。行禮至結茅以蔭，已乃撤去，風露横侵，星月仰見，心虔迹褻，相顧惋嘆，而皆重於改作。

弘治八年，太僕卿臣禮始具以聞，且乞立石題名，以示永久。詔可。以屬役於通州等二十五州縣。財因歲登，力因農隙。始九年之三月，十年二月告成。湧殿穹堂，長廊邃廡，齋廬庖湢，完舊增新。周垣外繚，重門中閎，啓閉以時，過者祇肅。是役也，始前太僕卿臣禮、臣鉞；成之者，今太僕卿臣琮，而少卿臣質、臣珩、臣纓，實相之；寺丞臣珪、縣丞臣鐸，實敦其事；御馬監太監臣春等，實佽其費。於是，翰林侍讀學士臣鏊再拜稽首書其事於碑。

古者王畿千里，出車萬乘。國初賦地於民而牧之，國與民蓋兩利焉。及今百有餘年，其地固猶在乎？然則取之於民則爲擾，牧之於民則又擾，是何哉！方今聖人在位，百度具舉，而尤垂意馬政。琮等既協力以崇神祠，則在人者〔六五〕，其將次第而修復乎！銘曰：

駪駪國馬，於甸之野。渙焉如雲，騈焉如雨〔六六〕。有廟言言〔六七〕，在潞之陽。始誰作之，自我文皇。敢有不虔，天駟煌煌。瞻彼雲漢〔六八〕，造父王良。有崇有圮，其自人始〔六九〕。神斯降祥，人維致喜。昔在衛文，亦有魯僖。心維塞淵，思亦無期。功以才興，亦以惰毀。琢石鑱詞，爰告無止〔七〇〕。

世宗虔事上玄，嘉靖中，四時遣祭，皆以卿行。今上自如，常祀馬神。祠在通州北四十里安德鄉鄭村壩。今太僕寺中，亦有馬神祠。寺官到任及朔望，如土地祠致拜而已，無祭禮。祭則於通州壩上，壩上諸房養馬，御馬監掌之。以桐乳，天子之玉食資焉。

余既述祠祀如前，後問知皇朝故事者，謂：洪武二年，築壇於後湖。先是，詔禮官考定其儀，曰：《周官》以四時分祭馬祖、先牧、馬社、馬步。先牧，始養馬者，其人未聞。馬社，始乘馬者，《世本》曰相土，作乘馬。馬步，神之災害馬者也。隋因周制，祭以四仲月，唐宋不改。今定春秋二仲月甲戌、庚日，於是遣官行禮。爲壇四，壇用羊一、豕一、幣一，其色白，籩豆各四，簠、簋、登、象尊、壺尊各一〔七二〕，樂用時樂。獻官齋戒，公服行三獻禮。祝曰：『維神，始於天地之物，而馬生於世。牧養蕃息，馭而乘之，閑廄得所。歷代興邦，戡定禍亂，咸賴戎馬，民人是安。朕自起義以來，多資於馬，摧堅破敵，大有功焉。稽古按儀，載崇明享，爰伸報本，以昭神功。』

永樂十三年，行太僕卿楊砥請立馬神祠於蓮花池上。命翰林院考古今儀式。翰林院言：古者春祭馬祖，夏祭先牧，秋祭馬社，冬祭馬步之神。國朝南京，止祭司馬之神。於是設馬祖及司馬五神位，每位用羊、豕、帛各一，儀制准南京。洪武本祭四神，而永樂儒臣乃謂：南京止祭司馬之神，不應失考如是。疑後湖蓋始議，至滁陽而復改，尚未有考也。天順五年，天子復於壩上馬房，命别自建祠。而以元旦、冬至及聖節遣内侍主其祭，光禄寺具品物，不領於祠官。

馬政蠲貸

昔先王之制法，一禀於律，其意蓋使人毫釐不可犯，而法之所不能行，亦時有縱舍。故君子以赦過宥罪，如天地之解，使法一定而不易，則人將無所措手足。其勢必至於法不勝。法不勝，而法窮，故聖人通之以赦。至於取民亦然，今日使民有常供之賦，而必其一無所逋，亦無有也。亦姑以爲之法，而其終求於天下，常有不盡之意，使人無已往之顧則累輕，而可勉爲後圖，此王者之道也。

國家責財賦於東南，先皇帝在位十年間，時有赦。百姓安生樂業，而積逋亦少。自後迄三十餘年不赦，而積逋反多。使積逋多而不赦，雖户誅之不能盡也。天子新即位，詔書蠲逋已責，天下鼓舞若更生。而奉行者猶加誅求，鈎校愈密，生民不能無觖望，而積逋終不能以有得。是何不爲之名以予民乎！祖宗令民户養馬，其初爲法至嚴也，豈不欲其馬之善而度不能以盡如其法。每下詔書，必加蠲貸。豈非勢之不得不然！然亦有以見天子仁愛之意，終不以馬而病民。余故爲採歷年蠲令，悉著之。

馬政庫藏

太僕寺掌馬政，而庫藏特爲寺之大務。故有易銀變馬草場餘地之租，凡賄之入，皆以馬也。馬不足，則令市之。民常以地之宜與年之豐凶而權之，而貨賄之出入，〔上〕其計於司馬〔七二〕。如勞軍、繕城、府營之製造，咸取給於寺，而大司農乏，亦時時假諸寺。若御馬監、邊屯馬不足，來告，寺輒予之。或予馬，或予賄，賄與馬一也。故寺之積特饒焉，而其出亦倍。夫苑馬之政不舉，則邊馬不足。太僕不領内廐，則内馬無限節。

故余於秦漢官制，每有感焉。漢毋將隆言：武庫兵器，天下公用；國家武備，繕治造作，皆度大司農錢。大司農錢，自乘輿不以給共養〔七三〕，共養勞賜一出少府，蓋不以本藏給末用，不以民力共浮費。别公私，示正路也。太僕寺顓顓爲國馬，其入又非大農比。若爲他給及貸用，非挈缾之守矣。繫於軍國之大計，故特書焉。

余考祖宗時不置司庫，蓋時寺顓主馬而積金少也。弘治初，始置官吏，豈非金溢於前耶？金日羡而馬日羸矣[七四]。議者又言，徵金便如是不已，幾無馬矣。夫謂積金以市百萬之騎，可立致，則内藏之金，猶外廄之馬也。是不然。往者嘗捐金以購馬，當時猶謂擾民，而不可行。一旦倉卒括民間馬，可得耶？如倉庾無積穀，而黄金珠玉，饑不可食也。冀北之馬稱天下，今民歲俵馬，往往市之他郡，所謂外廄者，果安在哉！而邊兵之求索無厭，涓涓之流，不足以盈尾閭之洩。是不可不爲之長慮也！

〔校證〕

〔一〕而吕不韋月令　方案：此似誤。吕不韋所撰乃《吕氏春秋》，其卷三亦引《月令》此條以解而已。《月令》，劉向《别録》已屬之《明堂陰陽記》，當即《漢書·藝文志》所云古明堂遺事，在《明堂陰陽記》三十篇内，《吕覽》録以分冠十二紀而已。故馬融、賈逵、蔡邕、王肅、孔晁、張華等皆以爲周公作。而鄭玄、高誘則以爲即吕不韋作。甚至還有認爲乃傳《小戴禮記》的馬融所增益。其謬已爲《四庫提要》編者所斥，説詳《四庫總目》卷二一《禮記正義》、《月令解》等條。《月令》非吕不韋撰當可定論。其作爲《禮記》的一篇流傳已久。參見《太平御覽》卷八三三引《禮記·月令》等。但此誤並非始於歸氏，他不過沿譌踵謬而已。

〔二〕北地靈州有河奇苑號非苑　『北地』，郡名，『靈洲』，《漢書》卷二八下《地理志》作『靈洲』，縣名，是。治今寧夏靈武縣北。今據改。且在『北地』下應補『郡』，『靈洲』下應補『縣』字。其下之歸德、郁郅，均爲縣名。

〔三〕襄平有牧師官　『襄平』，爲遼東郡屬縣。此蒙上文，易誤解爲亦屬北地郡。宜據同右引補郡名『遼東』。

〔四〕鴻門有天封苑　『鴻門』原譌『鴻州』，據同右引改。又，此乃西河郡屬縣。又，下之『太原』，乃郡名。見《漢書》卷二八上《地理志》。

〔五〕犍爲有漢平苑　以上五苑，均置於東漢安帝永初六年正月。見《後漢書》卷五《安帝紀》。

〔六〕禁中又增置飛龍廐　以上，據《新唐書》卷五〇《兵志》、同書卷四七《百官志》撮述。

〔七〕又析八監　『析』，原作『折』，據《續説郛》本改。

〔八〕初置監牧秦渭二州之北會州之南蘭州狄道之西　三『之』字，原無，據李吉甫《元和郡縣圖志》卷三、《玉海》卷一四九補。

〔九〕四年置羣牧制置司及羣牧副使都監判官　『四年』，原無，乃誤删。據《宋史》卷一九八《兵志十二·馬政》及《文獻通考》卷一六〇補。又，『副使』兩書皆譌倒作『使、副』。『使、副』，乃羣牧使和羣牧副使的合稱。上既以稱置使，此不該再合稱置使、副。又，二書上已云，咸平三年已置羣牧使，以内臣勾當羣牧司事，又置判官一員。後置廢不一，至此復置使，升勾當羣牧司事爲副使，又增置判官一員而已。《玉海》卷一四九《熙寧監牧使》述此頗爲得體，其云：『景德中，增置羣牧使副、都監、判官。』言簡而事核。當從。

〔一〇〕故戎之所恃也　『故戎』，原作『敵人』，《四庫全書》編者爲免觸文網而臆改。今據《續説郛》本及《長編》卷一一九引李覺疏文回改，下同。

〔一一〕在乎啗戎以利而市其馬　『戎』，原作『之』，據同右引改。下徑改，不再出校。

〔一二〕飼以枯藁　『藁』，原作『槁』，據《續説郛》本及《長編》卷二九改。

〔一三〕直之少者匹不下二十千　『十』，原脱，據《長編》卷二九及《宋名臣奏議》卷一二五、《通考》卷一六〇引李覺疏文補。

〔一四〕是貴市於外夷而賤棄於中國　『夷』，原作『域』，據《續説郛》本及同右引三書改。

〔一五〕今宜減市馬之半直　『直』，原作『值』，據同右引改。

〔一六〕不獨出於戎狄也　『戎狄』，原作『外域』，據《宋名臣奏議》卷一二五、《五禮通考》卷二四五引余靖上疏改。《續説郛》本作『夷狄』，是。四庫本臆改。

〔一七〕秦之先曰非子　『曰』，原脱，據同右引二書補。

〔一八〕善養息之　『善』，原脱，據同右引補。

〔一九〕今屬兖州　『屬』，原脱，據同右引補。

〔二〇〕又樓煩胡北皆出名馬即今之并嵐石隰界也　『胡北』，原作『玄池』；『皆』、『界』，原脱或誤删；均據《宋名臣奏議》卷一二五及丘濬《大學衍義補》卷一二四引余靖疏改、補。

〔二一〕臣切見今之同州太原以東衛邢洺皆有馬監　『切』，原作『竊』；『東』，原譌作『來』；據《續説郛》本及上引《奏議》卷一二五改。

〔二二〕乞令羣牧使副都監判官分往監牧舊地　『副』，原脱，據同校記〔二〇〕引二書補。

〔二三〕天聖中　『天聖』，原作『天順』，誤，據《續説郛》本及《通考》卷一六〇改。然《宋史》卷二九二《丁度傳》及《歷代名臣奏議》卷二四二皆作『祥符、天聖間』，是。

〔二四〕不可虛費　『不可』，原作『而事』，此誤據《通考》卷一六〇引文，據同右引《宋史》及《奏議》改。

〔二五〕然而秦渭環階麟府文州火山保德岢嵐軍歲市馬二萬二百　『文』，原脱；『火山』，原譌作『太山』，均沿《通考》之脱、誤，據同右引《宋史》及《奏議》改、補。

〔二六〕或陷没夷狄　『夷狄』，原作『蕃界』，據四部叢刊本《歐陽文忠公文集》卷一一二《論監牧札子》、《宋史全文》卷九下、《通考》卷一六〇及《續説郛》本改。

〔二七〕山川深峻　『峻』，原作『峽』，沿《通考》之譌，據《長編》卷一九二、《文忠集》卷一一二改。

〔二八〕請下河東京西轉運司遣官訪求草地　『求』，原脱，據同右引補。

〔二九〕有可以興置監牧處　『處』，原脱，亦據同右引二書補。

〔三〇〕括河北得閒田三千三百五十餘頃　『餘』，原無，據《長編》卷一九〇補。歸氏此據《宋史》卷一九八引文，下同。

〔三一〕歲約得穀十一萬七千八百二石　『穀』，《長編》卷一九〇作『斛斗』；『二』，原無，據《長編》補。

〔三二〕絹萬三千二百五十一疋　『萬』，原脱；『一』，原無，並據同右引《長編》補。

〔三三〕草十六萬一千二百三十束　『三十』，原無，據同右引《長編》補。

〔三四〕鄭州爲原武監　『原武』，《續説郛》本及《玉海》卷一四九《景德諸監》作『廣武』。《玉海》注云：『初分爲二，祥符二年改原武監，合爲一。」

〔三五〕則河南北爲監者十四　「十四」，《續説郛》本及同右引《玉海》作「十二」。

〔三六〕官吏之衆　「官」，原脱，據《宋史》卷一九八補。

〔三七〕後世稱爲能吏　「吏」，原脱，據同右引補。

〔三八〕亡失者責償　「償」，原譌作「債」，據《續説郛》本及《宋史》卷一九八改。

〔三九〕免輸體量草二百五十束加給以錢布　「量」，原作「糧」，此據《宋史》卷一九八，今據《長編》卷二四六改。「布」，《宋史》有而《長編》無。

〔四〇〕先從府界頒行焉　「行」，原無；「焉」，原作「馬」，據《長編》卷二四六補、改。又，《續説郛》本亦作「焉」，是。《長編》注云：「此據《本志》。」方案：乃宋人所修《國史·兵志·馬政》，文字優於《宋史·兵志》。

〔四一〕以中價率之爲錢二十三千　「中價」，原作「中書」，據《長編》卷二六二、《通考》卷一六〇、《宋史》卷一九八改。又，「二十三千」，《長編》作「二十二千」，《通考》、《宋史》作「二十三千」，必有一誤。

〔四二〕提舉河東路保甲王崇拯言　「拯」，原形譌作「誣」，據《長編》卷三〇七、三三八、三三九、三四六，《通考》卷一六〇改。下徑改，不再出校。

〔四三〕以及瀛定之間棚寨草地　「寨」，原譌作「基」，據《續説郛》本、《宋史》卷一九八改。

〔四四〕時熙河蘭湟路牧馬司又請兼募願養牝馬者　「熙河蘭湟路」，原作「熙河路蘭湟」，大誤。此沿《宋史》

卷一九八之譌倒，今據《通考》卷一六〇乙正。

〔四五〕川峽則益文黎雅戎茂夔州永康軍　『戎』，原譌作『成』，此從《宋史》卷一九八之譌，今據《長編》卷一〇四改。今考成州北宋屬秦鳳路；南宋始屬利州路。治同谷縣（今甘肅成縣）。必爲戎州之誤無疑。

〔四六〕凡北宋之市馬　『北』，原無。李心傳《朝野雜記》甲集卷一八《川秦賣馬》及《通考》卷一六〇均作『祖宗時』，《宋史》卷一九八則云『南渡前』，皆指北宋。據上引三書擬補。概言『宋之市馬』，未確。

〔四七〕太祖以寧邊諸王各據沿邊草場牧放　『牧』，原作『收』，據《續説郛》本改。

〔四八〕因而練習防胡　『胡』，原作『邊敵』，據同右引改。

〔四九〕又遣駙馬都尉謝達　『又』，原譌作『入』，據同右引改。

〔五〇〕蓋制夷狄之道　『夷狄』，原作『外域』，據同右引改。下徑改。

〔五一〕胡人上馬動計萬　『胡』，原作『邊』，據同右引改。又，『計萬』，疑應是『萬計』之倒。

〔五二〕正欲養鋭以觀胡變　『胡』，原作『敵』，據同右引改。下徑改。

〔五三〕胡虜爲中國患久矣　『胡虜』，原作『北敵』，據同右引改。

〔五四〕亦不能搏胡　『搏胡』，原作『搏敵』，據同右引改。

〔五五〕實帝王禦戎上策也　『戎』，原作『敵』，據同右引改。

〔五六〕其屬有大廐令等　『大廐令等』，原作『六廐』，似誤。《漢書》卷一九上《百官公卿表》云：『太僕，秦官，掌輿馬。有兩丞，屬官有大廄、未央、家馬三令，各五丞一尉。』據以改補。

〔五七〕隋煬帝省太僕驊騮署入殿内省尚乘局　方案：此因歸氏删節失當而大誤。今考《隋書》卷二八及《通考》卷一五九作『太僕減驊騮署，入殿内尚乘局改龍廄，曰典良廄署』。極是，當從改。前句有省減之意，但並非『省太僕』；後句則云改『局』爲『署』。

〔五八〕其書倣周官　『倣』，原作『訪』，據《淵鑑類函》卷九三引文改。

〔五九〕馬祖天駟星也　『星』，原脱。據《宋史》卷四三一《孔維傳》、《明史》卷五〇《禮志四》補。

〔六〇〕周禮夏禁原蠶天文辰爲馬精龍與馬同氣　此數句，似有脱誤。《宋史》卷四三一《孔維傳》有云：『按《周禮·夏官》，司馬職禁原蠶者，爲傷馬也。原，再也。天文辰爲馬，《蠶書》：蠶爲龍精。……蠶與馬同氣。』又云：『爲馬祈福，謂之馬祖；爲蠶祈福，謂之先蠶。』疑當從孔説改補。歸氏似删節有誤，未解其意歟？

〔六一〕牲用少牢　『牲』，原脱，據《隋書》卷八《禮儀志三》補。

〔六二〕而亦有人力所不及者　『者』，原脱，據王鏊《震澤集》卷二一《通州馬神祠碑》補。因歸氏所據爲碑記拓片，文較詳。而王氏收入《文集》時又有删改修訂，故文頗有異同。除必要處外，今僅按凡例酌加校改，下不再一一出校記。

〔六三〕皇明建都燕古冀馬之所生　《震澤集》有『燕』字，極是，據補；且應上讀。『古』字，集本無而歸氏引文有，則無關緊要，有無皆可通。下簡稱『集本』。

〔六四〕在今通州之北　『在』上，集本有『且令天下州縣皆立焉。祠』十字；　又，『通州』，集本作『州治』；
疑歸氏已删改。

〔六五〕弘治八年……則在人者　方案：　此近三百字中，集本至少有近百字差異；　似歸氏已作大幅改寫。
可參閲集本，不再一一出校。

〔六六〕騂焉如雨　『騂』，集本作『萃』。

〔六七〕有廟言言　『言言』，集本作『嚴嚴』。

〔六八〕瞻彼雲漢　『雲』，集本作『河』。

〔六九〕有崇有圮其自人始　『有圮』，集本作『其圮』；　『其自人始』，集本作『二三君子』。集本下又有『二三
君子』，此似誤。

〔七〇〕功以才興亦以惰毁琢石鑱詞爰告無止　此十六字，集本作『二三君子，實肖實似。刻碑示後，尚紹無
隊』。

〔七一〕簠簋登象尊壺尊各一　『登』，疑衍，似應據《新唐書》卷一一、《宋史》卷一〇一、《明史》卷四七等删。

〔七二〕上其計於司馬　『上』，原脱，據《圖書編》卷一二一《太僕庫藏説》補。

〔七三〕自乘輿不以給共養　『乘輿』，原作『乘與』，據《漢書》卷七七《毋將隆傳》、《資治通鑑》卷三四、《通
志》卷一〇一改。

〔七四〕金日羨而馬日羸矣　『羸』，原作『嬴』，據《馬政紀》卷八、《圖書編》卷一二一改。

皇朝馬政紀

〔明〕楊時喬

〔提要〕

《皇朝馬政紀》，明代茶馬、馬政書。十二卷，今存。楊時喬撰。楊時喬（一五三一—一六〇九），字宜遷，號止菴。上饒（今屬江西）人。嘉靖四十四年（一五六五）進士。除工部主事，榷税杭州。隆慶元年（一五六七），上疏論時務九事。擢禮部員外郎，遷南京尚寶司卿。移疾歸，無意仕進，傾心治學。閲十七年，始被薦，起除尚寶卿。歷太僕寺卿等，四遷至南京太常卿。萬曆三十一年（一六〇三）冬，召拜吏部左侍郎。卒贈吏部尚書，謚端潔。時喬爲官清正，疾惡如仇。絶請謁，謝交遊，止宿公署，苞苴不及門。受業於永豐吕懷，不喜王守仁之學，攻之甚力，尤惡羅汝芳者流。撰有《易古今文全書》二十一卷、《古今事韻全書》十五卷、《四書古今文注發》九卷、《兩浙南關榷事書》一卷、《馬書》十四卷、《楊端潔集》二十卷等。其著作見《明史》卷九六、《千頃目》卷一、卷三、卷九、卷二四、《四庫總目》卷七、卷一七八等著録。其生平事跡見《蒼霞續草》卷一二《止菴楊公墓誌銘》、《曼衍集》卷三《祭少宰楊止菴》、《明史》卷二一四《本傳》、《明儒學案》卷四二、《東林列傳》卷一九小傳、《别號録》卷八等。其書原名《皇朝馬政紀》，以下簡稱作《馬政紀》。

楊時喬萬曆中官太僕寺卿，主持南北馬政，又遍考太僕寺所存『案册』等原始檔案，記有明一代馬政原委、沿革，無不窮根溯源，廣徵博引，舉凡馬政、茶馬之制必抉微闡幽，明其得失，指其利弊。在今存多種關於明代茶馬、馬政的書中，是論述詳明愷切，史料價值較高的一種。故加以點校整理，編入本書補編，以給有志於研究明代馬政、茶馬的學者和讀者提供一個便於利用的文本。

《馬政紀》凡十二卷，分爲十二門。卷各一門：謂户馬，種馬，俵馬，寄養馬，折糧、納鹽、贖戰功等馬，兑馬，擠乳、御用、附給驛馬，庫藏，蠲恤，政例，草塲，行太僕寺、苑馬寺、茶馬司馬等；已涉及茶馬，馬政的各個方面内容。每門又各分若干子目，詳見其《目録》。記事斷限上起洪武元年，(一三六八)，截至萬曆二十三年(一五九五)。有明一朝，馬政之成典，大略已備於是書。據時喬自序，此書始刻於萬曆二十四年。上距楊一清治理馬政，已近百年；又，一清所記詳於邊馬之政，而其未預馬政全局，故二楊之書正可互相發明，互爲補充，此正筆者兼收並蓄之主要原因。其書之内容、體例，本書的纂修始末及預其事者，並見本書卷首二序、凡例、目録，兹勿贅述。《馬政紀》今存者筆者所見凡二本：其一，《四庫全書》影印文淵閣本(下簡稱四庫本)；其二，鄭振鐸輯《玄覽堂叢書本》(下簡稱玄本)。此本乃影印明萬曆刊本，似即始刻之本。明清是書是否有遞刻刊印本不詳，亦未見《中國古籍善本書目》著録。通校寓目二本，玄本不僅原刊二序、凡例、目録俱全，而且，四庫本已删節大量正文。究其文字亦較四庫本爲優。這主要指四庫本臆改較多，尤爲涉及民族關係之文字者。單就傳統校勘學意義上的文本而言，四庫本自有其優勝之處。二本顯出同源則無疑。今以藏上海辭書出版社圖書館的玄本(一九四一年上海印本)爲底本，通校四庫本，酌出校記，以校是非爲主，必要時他校相關典籍，仍以存真復原爲典則。一些明顯的錯字，依例用校勘法處置，一般不出校記。《四庫總目》卷八二曾指出：『馬政莫詳於明，亦莫弊於明。』楊時喬是書提供了鮮明的例證。其書還保存了許多不見於《明史》、

《會典》、《實録》的第一手資料，因而頗具史料價值。如其書卷八末附有「法馬」一則，「法馬」即今「法碼」，古之衡具也。本非馬政之内容。但楊氏録此，揭示了明代一個駭人聽聞的史實，即萬曆初起，改用新法馬，較舊爲重，地方徵銀用新馬，給散用舊馬。出入上下其手，保守估計，多收銀至少二百萬兩，也給貪官污吏留下作弊空間。

皇明馬政紀序

鄧　煉

《語》曰：問國君之富，數馬以對。馬政係軍國，顧不重歟！《詩》美衛文魯僖牧馬之盛，必推本立心之遠。而周命伯冏意惓惓焉，誠重之也。迨德下衰，馬政寖微，而王毛仲、張萬歲之徒，卒能蓄馬蕃庶，臻富強之效，則在人不在法耳。

洪惟聖祖淵識閎謨，干戈甫定，即建置太僕寺，領監牧羣，督理民間孳牧。兩歲，課駒馬大蕃息。後雖沿革不常，而騍駒之法未有稱厲而議變之者。承平既久，官職曠廢，牧地空虛，民間孳息漸微。不得已買俵充種，苟免罪責；然俵者十一，種者十九，俵之私在民，種之法在官。猶有方案：下有脱文。爲《馬政紀》。

凡祖宗之建置，累朝之沿革，諸臣之條畫，與夫今日之更制者，靡不臚列備存，而經國遠猷時見一斑。俾覽者考登耗之實，究得失之林，若沿流而遡源，測影以尋表，亦猶文武之政，布在方册，人存而政舉者也。夫不習爲吏，視已成事，是編雖紀馬政而徵往俟來，因利鑒弊，其於軍國大計豈小補哉！雖祖宗良法未可遽復，有其舉之，亦愛禮存羊之意焉。予謭劣，竊步後塵，嘉與僚屬共勗之，因漫識其端云。

萬曆二十五年五月端陽日，太僕寺卿盱江鄧鍊書於大正公。

皇朝馬政紀序

太僕，周官也，職主内廐。即後世司乘輿，奉車騎，典閑廐，事不甚貴重。周穆王命伯冏以繩愆糾繆，格其非心，慎簡乃僚，無比昵匪人，充耳目之官迪。上以非先王之典，曾以弼直貴重之道望焉。則亦位近職親，所關觀瞻，習染必是，乃爲貴重其道。貴重其道，即貴重其官也。漢制：職主内廐，位秩埒於九卿，貴重矣。獨石慶策馬之對，貢禹請減乘輿、服御、廐馬，天子納其忠，下詔減穀食馬，爲能貴重内廐之官。唐制：職主外廐，獨張萬歲、王毛仲蕃馬，收一縑易一馬之效，爲能貴重外廐之官。此則上而官同職異，下而官同道異，舉有績可紀，顧弼直貴重之道，未可言焉。

我高皇帝都南京，有南太僕寺。文皇帝都京師，有太僕寺主外廐民牧，有苑馬寺主外廐官牧，始名户馬，既名種馬。内廐有御馬監，不攝於太僕，既苑馬寺亦報罷。《太僕志》曰：苑馬之政不舉，則邊馬不足；太僕不領内廐，則内馬無節，殆識政體之言。邇者種馬又盡罷，令有司徵銀給民買俵，以買俵寄養；俵養不足，則官買補。竊謂種馬者，俵寄之本源，絶其本源而爲買，買乃市賈逐末窮流之事，行之於官，曾是可以爲政乎！或謂：方内承平，所需者銀，奚必馬邇？疏恒言：使四郊承平無事，恒如一日，則馬可易而銀也，京邊兵可易而農也。乃此自聖世不可取，必或當有事，上欲追本遡源，求復於户、種難之；次欲逐末竭流，求盈於俵、寄難之。一旦倉卒括民間馬不可得，即銀若貫朽，若泉布不可操而騎也。雖有善者，無能爲枯株涸澤計。已亦識政體之言。

臣喬蚤歲請假，山居不學，未聞繩糾格慎之道。晚起家，職南北冏事，居貴重之官，才識庸下，不習政體，愧未能越俎内廐，步貢禹請減穀食馬；又未能祇役外廐，修張、王之業。所守簿領，未久且痾，間嘗覩《會典》、《寺志》，於今日行事宜有未備、未合者。自革種馬後，輔、部、寺、省、臺諸臣，深感觸於時勢本源末流之際，裁畫覆請未行。歷覈册案，有存有否，有惡害已而去籍者。臣喬慨今此尚然久之，前何攸徵，後何攸據？謹取其存者則紀，不能悉紀者則略。各邊鎮、行太僕、苑馬、茶馬，均屬馬政，附紀日行事宜，屢更者别紀。

是時，相臣陳閣輔請修正史，得俞命，以此紀可備典實，索之。臣喬方再請假齋居，偕太僕寺臣王長卿考訂，授游簿款録。會南擢，存篋中。史臣林太史志馬政，索之。乃於南署令稚子貢生可中編次，授南京太常寺臣李博〔十〕、陳簿校刻。今太僕寺臣鄧太卿宣猷牧政，雅意從周助資成鋟。臣喬聞吾學《周禮》今用之，吾從周夫，豈敢如魏弱翁條陳漢家故事，以此足徵據夫。豈敢！惟嘗書報鄧太卿，以備冏署案籍；報林太史，以俟史局稽採，或敢云然。萬曆二十四年長至日，南京太常寺卿、前太僕等卿楊時喬書。

皇朝馬政紀凡例

一、聖祖馬政成法深意，此紀於各疏中特表著之。若户馬、種馬、俵馬、寄養馬本同。其以户馬爲種馬，以種馬爲解俵，以解俵爲寄養。不同者：當户馬時，天下初定，尚取之徵伐，不專孳息，故曰户馬，亦曰廐牧。及種馬時，天下大定，不用徵伐，專主孳息，故稱種馬，亦曰孳牧。及解俵、寄養時，復有徵伐調度，難以卒辦，乃以種馬徵駒，解俵發之，寄養其種主孳息，其俵養主徵伐，始分爲二，均稱之爲備用馬。及以種馬不徵駒而買俵，則種馬始廢，孳息源絶。又自種馬半賣、盡賣，則種馬盡廢，孳牧羣空。即有寄養存而官民皆無馬，惟藉於買取諸市貨而已。以國家兵戎大事，乃寄之商賈，政事可以見已。

一、祖制初革牧監、羣苑監、户馬，《會典》、《太僕志》俱未詳。今皆備録於首，是爲舊章。

一、《會典》、《太僕志》備載種馬時條例，今既革矣，今猶詳之者，所以明祖宗朝良法在此。今革之日久，如議之，則所謂無故而發大難之端；不議之，則所謂陰雨而不爲户牖之慮。欲就中善爲之所，則有待於繼治同道，更化善治者。

一、馬數登耗，銀數多少，皆隨時不同。今但紀前時大凡，即後日所增損當否，及國計民生所係何如，皆案卷可推。

一、《實録·凡例》：凡軍民衙門官馬、孳生馬、邊境茶馬、買馬之政，牧養之地有改遷及被人侵占、清出者亦書。每歲有赦免所免欠各項馬匹悉書總數。今此紀如之，或未備而載在《會典》者皆紀之；至《實録》、《會典》又未備者，則查兵部及本寺案籍紀之。

一、兩《太僕志》有丁田數目等制，本皆具種俵各馬欵下，不另爲紀。

一、《太僕寺志》曰：太僕不領内廐，則内馬無節；不預苑馬，則外馬不蕃。其識治體之言哉。馴至今，以不領内廐，所以内監馬虚數徒存，而户部之草料日增。纔一用之，如上陵等項，輒求太僕寺之寄養馬，此其非獨無節，抑亦病民。以不兼苑馬，所以民間苦於孳牧，而邊鎮有乏，動來内請。此其非獨不蕃，抑亦病國。以故此紀不及内廐者，以未嘗領之，故無從稽之。至於苑馬，僅述北平初制於先，而各邊苑馬寺附書於後。蓋亦不預，亦無從稽之，故皆不能詳紀。《志》又曰：如今邊苑馬皆存，則各鎮馬足，不待内請，是也。

一、洪武初，置北平行太僕寺，永樂間改爲北京行太僕寺，後定爲太僕寺。洪武初，置南太僕寺，祇稱太僕寺，後專稱南京太僕寺。今皆如制。永樂間，凡各衙門俱稱行在，獨此稱北平行太僕寺者，以官署在通州也。后徙京師，始稱太僕寺。若南京太僕寺，則在滁州。

一、《會典》、《舊志》各年題覆更換，爲例不同，皆仍舊。尚亦有重複者俱存之，以備參考。倘有變通者，與今昔不合者，亦存。其不存者尚多。則所謂諸有種馬地方，以此爲病，士民皆欲去之。亦諸侯惡其害，已而去其藉意故也[一]。

一、《會典》、兩京《太僕舊志》所録者不同，或多未備，蓋查修《會典》者與所委司事者，或更代不常，或意議相殊，又或南北異宜故也。

一、兩京太僕寺日行事例不常者不録，以其隨時異宜，未能執一也。

一、遼、山、陝、甘各太僕寺，洪武初年建，各加『行』字，各設牧監羣，管府州、縣、衛所種馬，其後亦革去。牧監羣改屬行太僕寺，管各府州縣處所有民者。民牧之有衛所處，以軍丁牧之，總是民牧。其遼、陝、甘各苑馬寺，亦永樂初年建設，監苑官牧，總是官牧。此二寺，至今皆如舊，其間沿革不一，今惟舉其綱領，其詳在各寺自有志，不具悉。若陝西三茶馬司，又若四川茶馬司，雖革去，亦皆並紀之。以其皆爲皇朝馬政大凡故也。

一、舊史自漢而唐宋，凡馬政皆書於兵制中，以馬爲兵制中一事也。我朝馬政專理於太僕寺，而統於兵部。今《會典》皆詳於兵部車駕司欵下，而太僕寺僅載官司管轄地方而已。此紀今爲太僕寺職掌，故獨紀太僕寺云。

一、此紀萬曆二十三年以前者，以後俟續紀。

南京太常寺博士李范濂、典簿陳光儒，太僕寺主簿游于廣，貢生楊可中共校刻。

皇朝馬政紀目録

兩京太僕寺額派備用解俵馬太僕寺各府州縣每輪解額數，軍衛額數，南京太僕寺各府州縣額數

太僕寺買俵馬此自萬曆九年始。今惟此見行至擠乳等馬，皆馬之入於太僕寺者。各府州縣買俵本折額數，軍衛本折額數

南京太僕寺折俵馬各府州縣本折額數

寄養馬四此正統七年始取種馬俵解發寄，正德、隆慶、萬曆九年買俵發寄，皆馬之入於太僕寺者

太僕寺寄養馬原額續減，見在寄養户數

折糧貢市塩納贖戰功等馬五此或行或未行，亦馬之入於太僕寺及各邊者

折糧馬

進貢馬

戰俘駝馬

互市夷馬

中鹽馬

贓罰馬

監生生員納馬

冠帶納馬

陰陽醫官吏農納級馬

兑馬六自此至給驛，皆馬之出於太僕寺者

調兑京營馬關換，買補；　京營原額數，各營數，見在印烙數，京師買數

各邊鎮防守備兑馬附各邊鎮馬：　各邊鎮原額數，各邊鎮增補數

各邊鎮奏討馬

各邊鎮奏討銀買馬

擠乳　御用　上陵　出府併附給驛馬七

擠乳馬

御馬監馬　上陵馬

親王出府馬　附給驛馬

庫藏八此收貯銀，乃入於太僕寺；　給發，乃銀出於太僕寺者

收貯銀

給發銀

蠲恤九詔赦，被災，被兵，停候追補，改折色，免差官印駒；　各欵敘年紀之

政例十

管轄

祀典

皇朝馬政紀卷之一

户馬一

户馬者，編户養馬。收以公廄，放以牧地，居則騍駒，徵伐則師行馬從，諸司職掌所稱廄牧者也。吴元年至洪武六年，太祖高皇帝武功定天下，以所歸馬置廄牧之，設牧監羣官司之，建太僕寺於滁州專理之。既而牧監羣革，則以馬歸太僕寺。又設太僕寺於北平、遼東、甘肅，如太僕寺制，皆民間孳牧。永樂四年，成祖文皇帝建苑馬寺於北平、遼東、陝西、甘肅，設苑監官亦如洪武間牧監羣制。既而，北平苑馬寺、苑監亦革，亦以馬歸北平太僕寺，令民間孳牧。凡牧監、苑監，皆爲官牧；凡民間孳牧，皆爲民牧。此官牧改而爲民牧，在初制即然矣。紀户馬一。

太僕寺牧監羣户馬　初建於滁州，後革去牧監羣，尚爲後太僕寺户馬

太祖高皇帝定都金陵。吴元年，凡兵馬所在屯聚放牧，在京師有典牧所。洪武六年，建太僕寺於滁州，設卿、少卿、寺丞等官。七年，置屬有五，牧監九十八羣，後增損爲一百二十羣。設監正、監副、録事、羣長。八年，如舊。十二年，增置滁陽五牧監：滁陽、儀真、香泉、六合、天長。滁陽羣二十有二，儀真、六合羣各七，香泉羣八，天長羣四。二十三年冬，定爲十四監。置江東、當塗二牧監，設監正、監副、録事各一人。江東牧監所屬八羣，曰開寧、泉水、惟在、清化、神泉、新亭、長泰、光澤；當塗牧監所屬十一羣，曰石城、化洽、永保、姑孰、延福、多福、丹陽、德政、繁昌、東塘、壽安；每羣設羣長一人。十一月，罷牧監九，羣五十四；改置大興等牧監三，永安等羣七。先是，設滁陽牧監，凡八羣：烏衣、馬安、石板、廣陽、來安、金壇、萬春、福禄；六合牧監三羣：永福、黄塘、大德；儀真牧監三羣：金駿、長興、驊騮；江都牧監三羣：犀馬、長寧、崇寧；香泉牧監十五羣：長壽、柘皋、新興、保大、開城、梅山、永勝、白馬、歷陽、千秋、翔鸞、仙踪、保安、仁豐、政理；定遠牧監六羣：昌莪、龍澤、大安、白龍、青龍、黑龍；長淮牧監四羣：孝議、香山、高塘、樂善；天長牧監四羣：太平、古城、第一、昌平；舒城牧監八羣：德勝、大龍、南鄉、唐龍、齊安、青陵、鳳臺、黄龍。至是，皆以

冗而罷之。惟存大興牧監，以永安、如皋、沿海三羣隸之；天長牧監，以德勝、武安二羣隸之；舒城牧監，以九龍、萬龍隸之。其廄牧制見於諸司職掌。凡太僕寺所屬十四牧監九十八羣，專一提調牧養孳生馬羸驢牛。其養户，俱係近京民人，或五户、十户共養壹匹。每騍馬，歲該生駒一匹。若人户不用心孳牧，致有虧欠倒死，就便着令買補還官。每歲，將上年所生馬駒起解赴京，調撥本寺。每遇年終比較，或羣監官員怠惰，或人户奸頑，致令馬匹瘦損虧欠數多，依例坐罪。

二十八年，以府州縣專理民事，牧監羣專理民户馬；府州縣重民，牧監重馬，各有所責，權勢不一，法令牽掣，互爭未定。乃遂以牧監羣馬歸有司，專令民間孳牧，太僕寺專督理焉，而牧監羣革，監正等官俱罷。永樂、洪熙、宣德同。正統七年，定爲南京太僕寺。即後種馬。

北平苑馬寺監苑户馬　建於北平，后即革，惟遼陜甘三寺見存

永樂三年，始勑建北平苑馬寺，又設遼東、甘肅、陜西三苑馬寺。其勑詞，先命甘肅總兵官、西寧侯宋晟，寧夏總兵官、左都督何福度地勢，次第設置。至是，勑晟等曰：『今設苑馬寺以廣孳牧，每寺統六監，監統四苑；寺置卿、少卿、寺丞，監置正、副，苑立圉長，以率牧馬之夫。春月草長，縱馬於苑；迨冬草枯，則收飼之。今先設四監，爾處應有牧馬，宜春配與之。凡回回、韃靼以馬至者，或全市，或市其半，牝馬則盡市之，以給四監。其監之未設者，即按視水草便利可立處，遣人以聞。馬政重事，其加意精思，有可行者悉宜條奏，毋有所隱。』諭之曰：『朕欲馬蕃息，思有二策：一、欲略如朔漠牧養之法，擇水草之地，其外有險阻，用數人守之，縱馬其中，順適其性，至冬寒草枯，聚而飼之。一、欲散與軍民牧養，設監牧統之。二策孰善，宜條畫以

聞。』於是江陰侯吴高奏言：『大同東北猪兒莊西至雲内東勝，外有赤山、榆楊、疊白，關隘可守，東西險阻，其内延袤四百餘里，水草便利，可以孳牧。然屯種之地，少有空隙，未免妨農。謹上地圖。』上覽而是之，遂設陝西、甘肅，又設北京、遼東各苑馬寺。六年，勑甘肅總兵：凡回回、韃靼，令鬻馬於甘、涼州，及千匹，則於黄河迤西蘭州、寧夏，勿令過河。永樂四年，設於北平、通州，卿、少卿、寺丞、主簿各一員，置屬。録監二十四苑，各設監正、監副、録事、羣長，各一員。清河、金臺、涿鹿、盧龍、香山、通州，每監四苑：清河監順義、常春、咸和、訓良等苑，金臺監永川、隆驊、大牧、遂寧等苑，涿鹿監泔池、鹿鳴、龍河、長興等苑，盧龍監遼陽、龍山、萬安、蕃昌等苑，香山監清流、廣蕃、龍泉、松林等苑，通川監河陽、崇興、義寧、永成等苑。凡苑，視其地理廣狹，上中下三等：上苑牧馬萬匹，中苑七千匹，下苑四千匹。苑有圉長，一圉長率五十夫，每夫牧馬十匹。又設陝西、甘肅、遼東苑馬寺，語在各苑馬寺下〔二〕。

十八年，革北京苑馬。前悉用軍士畜，比調軍保安，守備馬悉散民間畜牧，遂罷苑馬寺及六監二十四苑，以其馬屬北京行太僕寺，牧於民間。

《太僕寺志》曰：余志太僕於前世，苑馬未嘗不深致意也。而每嘆兩京故監之不存，然至遼東、陝西、甘肅，亦往往僅有存者。馬政之廢如此，夫内地之民苦養馬之害，而邊兵反仰納内地之馬，則行太僕寺苑馬之設，何爲哉！又曰：祖宗於屯田、鹽法、馬政，其深思遠慮，皆謂行之數年，則邊方自能足用，可以不煩内地。今至竭百姓之力，以奉窮邊輸輓，歲歲益甚，天下於是始困也。

按：以上牧監羣馬、苑監馬，其制皆二祖稽唐四十八監、宋十八監之制而命之名者也。牧監羣者，編户爲羣，羣長養馬之法，官牧也。苑監者，即其後遼、甘、陝三寺圉夫養馬之法，亦官牧也。官牧與民牧，制本不同，而《會典》、《太僕志》類混而書之，則稽考未詳矣。且其牧監羣、苑監既有官以統之，又公圉廐而居之，畫牧地而餵之，制本至善。乃二祖朝有不能久行者，要必有深意於中，今亦難以悉考證已。即其後令太僕寺理民間孳牧，其初，公廐牧地並存，載在典章者甚詳，制亦善。厥後，公廐廢而牧地或爲豪貴奪，或爲之徵租，令民各自爲廐居，各自求地芻蓄，則其制日壞，流弊日濡，有不可勝言者矣。乃今公廐絶然無存，而冀北諸草場，即舊北京苑馬六監故地；南京應天諸草場，即舊南京太僕羣牧監故地。土地尚在無恙，而豪貴者積襲故轍，據而有之，不能復之爲官民者業。所謂求牧與芻不得，安能俾孳牧盛哉！乃今民間計地户徵糧，或買俵，或發寄養，而官爲之制，及馬不堪，亟責之民間，是重爲民生困。内監團營馬，又徵索户部草料，是又爲國計困。民與國交困，是皆輕變苑監、公廐、牧地之制致之也。顧古今論牧政者，皆善官牧而不善民牧，其所稱善，特就其法制之得宜者言之爾。苟法制不得宜，則官不能自理孳牧而實責之民。故其所稱民牧者，民也；官牧者，亦民也。均之爲民害也。其善不善，豈易言哉！即若張萬歲、王毛仲二太僕職官牧甚盛，乃史稱萬歲中廢馬官，亂職二十餘年，潛耗大半，所存者寡。又稱開元廐後，人主侈心，屢經戰陷，牧馬皆没。其後，以内外閑廐都使付之禄山，卒籍（藉？）以叛而苑牧皆没。又其後，水草腴田，旋以貧民及諸賜占幾千頃。德宗命閑廐使張茂宗收故地，民失業愁怨。穆宗即位，悉復還民。太和七年，置銀川監，大抵無復開元、天寶之舊矣。即此知物太盛則忌衰，振作過則易弛，物理固然。所以保盛，俾永維振作，俾不怠者，實惟得人以繼之爾。昔謂馬政在人，而人又在於牧制得宜。如得人得宜，則官牧固善，民牧亦不失爲善。未可深求而別言之也。是以謹述，二祖初制與先後更制者，詳紀之，以俟後之言馬政者。

太僕寺户馬　此即滁州太僕寺，後定爲南京，即今南京太僕寺

洪武二十八年，革羣牧監令。太僕寺專督有司提調民間孳牧，各屬俱置。有專管馬政各府設通判，各州設判官，縣丞或主簿，俱一員。榜文：江南一十一户，江北五户，共養馬一匹。皆係同鄉同里，丁力多寡，田産厚薄，彼此相知。富者助貧，貧者安業，不待官府號令，自能相勸，豈不人情和睦，風俗淳美。今有丁多之家，倚恃豪強，欺壓良善，着令丁少人户，一般輪流養馬，靠損小民甚至，略無人心。着令幼兒、寡婦、篤疾、殘廢一槩出倫馬錢，有傷風化。榜諭之後，務要照依原編人户内，盡丁多之家做『馬頭』，養馬一匹，或兩三人丁、相等富貴之家餵養。並不許着令丁少人户輪流，設有倒損、虧欠，其餘人户止是津貼錢鈔買馬。其丁多大户，敢有不行自養馬匹，仍前輪流，靠損小民者；及着令幼兒、寡婦、篤廢、殘病一槩出辦買馬者，許諸人綁縛赴京，全家遷發邊衛充軍。如馬頭家生蓄不旺，許令於貼户家看養。凡兒馬一匹，配騍馬四匹，爲一羣。立羣頭一人，五羣立羣長一人，每羣長下選聰明子弟二三人，習學醫獸，看治馬匹。洪武二十年欽定榜文：一、馬料荳煮熟，務要涼冷，多用料水與草拌匀，方可餵馬，不許紫（紥？）計餵養。飲水畢，緩緩牽行回轉，約有五七里，然後拴繫閑沙土地上，隨意睡卧。不許在槽拴繫，不便。一、春草生發時月，或馬十匹，或二十匹，或三五十匹，隨趁水草便利去處，晝夜牧放。如遇炎暑、蚊蟲、水發時月，務要馬趂高阜，無蚊蟲水渰去處牧養。每日午間，趕樹陰下歇涼。無樹陰，轃搭涼棚歇涼。夏天炎熱，辰時飲水一次，午時飲水一次，至晚飲水一次。春秋冬月，巳時飲水一次，未時飲水一次，每月二十日或半月一次，將鹽水餵啖馬匹。亦不許與牛拴繫一處餵養。一、如是馬頭家内生畜不旺，許令人户議和於生口旺相貼户家内看養。務要置立馬房、馬槽，地下不許用磚石墊砌，常川（？）掃除潔淨。不許縱放鷄鵝等畜在馬槽馬草内作踐，亦不許梳篦頭髮，馬餵（誤？）食了生病。一、

兒馬春間羣牧時月，務要加料餵養膘壯。照依原搭配定馬匹，依時羣蓋定駒。如果原關兒馬軟弱不堪，著令民人另尋好壯兒馬羣蓋。但有蓋過騍馬，只將原蓋兒馬羣蓋，再不許將其餘兒馬混雜花蓋，定駒不便。一、各府州縣置立印信羣蓋文簿，與管馬官吏收掌。躬親提調，逐日蓋過次數，定駒日期，明白於各騍馬格眼内，逐月仍填寫，以憑稽考比較。令羣長各一體置立羣蓋簿，附寫比較。每年正月、二月、三月，趁時羣蓋定駒。騍馬生駒七日後，即着兒馬羣蓋。仍將生駒并買補日期，亦於簿内附寫明白。夏天炎熱時月，須用天氣晴明清辰晚天凉候羣蓋。若不過三五次，卻停歇三五日，再用兒馬羣蓋。若果騍馬打踢，不受羣蓋，方是定駒，仍五日一次用兒馬照試。如果不受，的係定駒，其騍馬先須吃草後，方可飲水，不許餵蕎麥稭、黍穰、雜糧，及淘米泔并一應污水餵飲，落駒不便。一、補領或孳生三歲驃駒，照例每兩年納駒一匹，永爲定例。若虧欠馬駒，務要買補相應馬駒還官。照依原搭配定騍馬，依月務要加料餵養。三歲兒駒羣蓋，騍馬不得定駒，即用大兒馬羣蓋。一、管馬官吏時常下鄉提督看視馬匹，要見定駒若干，顯駒若干，重駒若干，明白附寫印信文簿，候本寺官出巡比較。正月至六月報定駒，七月至十月報顯駒，十一月至十二月終報重駒。但是新羣蓋者，只作定駒馬。一、按古書，内馬初生無毛。七日方起，號爲龍駒。仰各該官吏着令養馬人户，如有孳生馬駒生得奇異，不與衆馬相同者，如法用心看養，明白申報官。又令軍衛屯牧馬，凡在京、在外衛所俱有孳牧馬匹以給官軍騎操之用。在京及南北直隸衛所屬太僕寺，在外屬各該行太僕寺、苑馬寺及都司，委官提督。每衛，委指揮一員；所，千百户一員。專爲孳牧。其搭配、科駒、起解、比較等項，悉官民間事例。

建文元年，改卿爲太僕卿，分少卿、丞爲左右，主簿爲典簿。增典廐、典牧二署，署設署正一員，署丞二員，監事二員，吏目一員。典廐署添設驌驦等十五羣，每羣羣長一員。典牧署添設遂生等三羣，每羣羣長一員。永樂元年，革去各監羣，并添設官員悉復洪武舊制，照榜例行事。其所管轄：南應天、鎮江、太平、寧國四府，廣德州，江北則鳳陽、廬州、淮安、揚州四府，滁、和、徐三州各所屬州縣衛所總六十七處。永樂、洪熙、宣德間，俱稱太僕寺。至正統六年，始定都北京，乃以此爲南京太僕寺。

北平行太僕寺户馬　此建通州爲北平行太僕寺後，改京師即今太僕寺

洪武三十年，建北平行太僕寺及遼東、山東、陝西、甘肅行太僕寺。設卿一、少卿二、寺丞、主簿等官。永樂元年，改北平行太僕寺爲北京行太僕寺。十八年，改稱太僕寺。洪熙元年後，稱北京行太僕寺。正統六年，定稱太僕寺。領民間孳牧，如滁州之制。

上諭兵部曰：馬政重務，今畜牧之法廢，宜爲定例，以責成效。兵部議奏：每牡馬一，配牝馬三，牝馬歲育一駒。牡馬、騸馬許軍士騎操，而非有警亦不許發。非大調發，馬皆不得差遣。命太僕專其政，非太僕所屬都司衛所，委官董之，每年比較，具實以聞。

永樂十年，定順天、保定、河間、真定、順德、廣平、大名、永平八府，土民計丁糧編户餵養孳生馬匹，名曰户馬。此内八府養馬之始。永樂九年，太僕寺言：順聖川牧，養蕃息命，給懷來、薊州衛各千匹，宣府等衛萬匹。永樂十七年，以馬益蕃，命薊州迤東衛分牧。都督僉事吴誠、兵部尚書趙玨往視口北宜牧之地，還，言：保定州自順聖川至桑乾河廣袤百四十餘里，四山還（環？）遶，水草便利，可牧馬萬匹。勑太僕寺先以千匹試之，以懷來衛軍百人分牧，都督張安、尚書趙玨提督，仍定行太僕少卿一員主之。

宣德四年，以馬日蕃，八府不贍養，則散於山東兖州、濟南、東昌三府領養孳生馬匹[三]。每五丁養駒一匹，三丁養兒馬一匹，不在免糧之例。此山東養馬之始。

正統十　年，馬又日蕃，則散於河南彰德、衛輝、開封三府[四]，照例領養孳生馬匹。自有總領，凡十五府、三百

九十一衛、州、縣分牧〔五〕。

按：邱文莊《大學衍義補》謂〔六〕：内地民牧，以給京師；外地官牧，以給邊方。内地則北南太僕寺，外地則遼、陝、甘三苑馬寺。兹言是已。至於指太僕寺爲民牧，以宋王安石新法比之；又謂神宗見愧文彦博之言，即罷之。在當時雖爲民害，未至於甚。乃今日弊政爲害，莫此爲甚。兹言似已豈其盡然哉！我國初，當天造草昧宜建侯，不寧君子經綸之時，二祖皆智勇天啓，凡經文緯武皆深思遠慮，揆時度勢，稽古考衷，舍己從衆，以故法立民宜，永久可傳。乃宋室至熙寧承平日久，神宗中材之主，外似鋭意，内則治體未諳，忽惑於安石新法之言，衹頒一令，俾所司驟行，不顧民宜，不思永久可傳，是以罷之宜速。此其不盡然者一。二祖馬政，皆有成法本意。乃宋即内有天駟監，外有十八監，名官牧，實籍（藉？）與虜交欵歲幣，自納馬、市馬外，諸馬政一切疎曠。安石驗知，乃斷於更制，欲以救之，而内則識量意慮不逮，外則法制不立，又不擇委任，不可與創始，況可樂成。此其不盡然者二。二祖種馬擇地所宜産，安石則隨地皆養，不論地産所宜，是以民有不堪，不得不以爲害而罷。此其不盡然者三。二祖種馬騍駒即以爲糧丁正賦，此外未有他供。《宋史》於熙寧罷牧監羣制，改囿馬於編户，元豐收還户馬，復置監院。監院復廢，而又增保馬。馬端臨曰：熙寧所行者户馬，元豐七年所行者保馬，皆是以官責之於民，令其字養而户馬蠲其科賦，保馬則蠲其徵役適又民苦科賦徵役而暫圖苟免，故暫從之。及其後宋臣嘗謂：即似蠲實未嘗蠲，則是有加之於科賦徵役之外者也。此其不盡然者四。二祖於兩都近畿輔者上供孳牧之馬，遠畿輔者上供漕運之粟，非有偏累，亦非有強。安石不論地之遠近，一切皆有馬，既兼累又強民。此其不盡然者五。邱文莊不察其不盡然，而惟據其疾苦之一言，必欲去之。嘗試觀之：南方跋涉萬里，疾苦萬狀，歲歲輸運而至，惟以正供所在，義所當然，未有以爲民害而欲去之。獨北馬以爲害而必欲去之者，或以其爲疾苦之故也。乃求其疾害之故，則在法令屢更，官吏陵恣，牧地爲豪貴所奪已爾。顧不比之圖而遂因噎廢之食，豈北民之義有殊於南哉！後此北産諸公所疏，必以文莊引安石之言爲據，則亦皆未深考之過矣。卒之正德、隆慶、萬曆三次輕議者，竟借此爲更變之端，馬政坐而壞矣！竊惟議事泥古者則迂生，今反古者則悖，居今酌古者，古今世守之。法持循調運，於間果不能無積弊之所，則從而量宜補救之，歸於咸善，則爲通變不窮之時。惜乎前之爲議者不知此道，而令馬政坐壞，俾至今善籌牧者難於議也。

以上户馬。

皇朝馬政紀卷之二

種馬二

種馬者，以馬爲種，視母騍駒選駒搭配，餘則變賣入官，《會典》所稱孳牧者也。兩京太僕寺者，即前太僕寺在京，南京太僕寺在滁州者。洪武初名户馬，兩京制略異。永樂十三年，始同改名種馬。前所謂革牧監羣、革苑監官，以馬歸太僕寺，令民間孳牧者至此而定矣。正統十四年，就種馬内徵駒解俵，發京府寄養，於是種馬、寄養馬始分爲二，皆名備用馬。正德二年，始將種馬解俵額數令民買俵，不復視種求駒搭配。隆慶二年，半賣種馬；萬曆九年，盡賣種馬。於是二祖列聖謨猷，諸名臣條畫損益，圖維於二百餘年者悉變。自此一變，孳牧絶矣。《南太僕志》曰：孳牧絶而馬政亡。子曰：『文武之政，布在方册。』又曰：『人道敏政。』紀種馬二。

太僕寺　即前北平行太僕寺　南京太僕寺　即前太僕寺　種馬

《會典》於兩太僕寺種馬欵下有：凡養馬人户，凡種馬騍駒，凡羣長醫獸，凡種馬變價，凡買補孳牧馬，共五欵。今俱入此，隨年而紀。蓋始養以人户，既立羣長、醫獸專牧養。既養成騍駒，既騍駒不堪，則令變價，即别行買補，皆種馬之政也。而今無復存矣，稽此者，可以觀前政。

永樂十三年定例：每十五丁以下養馬一匹，十六丁以上養馬二匹。爲事編發者，上等七户養一匹，除其罪爲良民。

永樂十四年，定北方養馬例：令北方人户五丁養馬一匹，免其糧草之半。每馬十匹，立羣頭一人，五十匹，立羣長一人，管領牧養。薊州以東至山海等衛，除守關、瞭高等項，其餘軍士，每軍俵與種馬一匹餵養。

永樂十五年，定南方養馬例：江北每五丁養馬一匹，江南十丁養馬一匹。凡種馬倒死，孳生不及數，例應賠償。而遇灾荒每羣聽以三分之一納鈔，即便入官。此折色之始。

永樂二十二年，令民養官馬者，二歲納駒一匹。詔書内開：一、各處孳生馬，舊例每年納駒一匹。中間多有駒不及數，着令賠償，積累年久，貧無賠償，多致失所。今聽兩年納駒一匹，派爲定例。若能納駒二匹者量爲償鈔，以旌其勤。

宣德三年，奏准北直隸每三丁養騍馬一匹，二丁養兒馬一匹，免糧草之半。兒馬病，同羣共治，死則均賠。若因走失及别故致死者，止追本户。宣德三年，行在兵部尚書張本言：兩京并陝西等處太僕寺、苑馬寺軍民牧養，至今遠者三二十年，近者十餘年，丁力消長不一，馬之增損不同，積年虧欠，賠償未及，屢蒙宥免而愚頑得計。見在馬養之多不如法，自今宜以見馬重加均派，庶幾馬可蕃息。本又言：應天等府宣德元年孳牧馬駒及所賠償一萬四千五百六十一匹，宜與直隸、淮安等府州縣新編人丁并已死種馬之家孳牧。餘有壯駒俵在京各衛所官軍騎操，病馬各衛餘丁牧養。順天等七府見養種馬，并宣德元年以前孳生馬駒一十九萬七千四百八十四匹，而原編養馬二十一萬二千六百三十九丁。今馬已有他給及死未補，又有新丁俱未關馬，宜更編排，及時孳牧。除遷民謫發者如舊各養壯馬一，其初土民二丁養牝馬一，於多餘人丁内仍添一丁助之，請委官搭配印烙與。餘有壯駒，仍付原養人。今後應俵者如例分於山東、河南附近州縣。又言：牝馬有病，同羣之家共治，死則同償。若因走失及别故致死，養馬〔人〕自償。上悉從之。

宣德四年，令山東兖州、濟南、東昌三府，每五丁養騍馬一匹，三丁養兒馬一匹，不在免糧之例。

宣德五年，上駐蹕陵下，於營中閲馬，命武士調習之。顧謂侍臣曰：『軍國之政，馬爲先務。古人云，事事乃其有備。朕於馬政，尤所用心。』侍臣曰：『今馬蕃息，視祖宗時加數倍矣。』上曰：『此皆祖宗之澤，但朕遵用成法，不敢怠耳。』

宣德六年，行在兵部奏：『北京行太僕寺近歲畿甸馬多，嘗奏遣人於河南、山東覈實民丁，請先分給濟南、東昌，然欲如直隸、順天府每三丁養牝馬一，二丁養牡馬一，免糧芻之半，則所免多，恐不給。請無免其糧芻，但令五丁養一牝馬，三丁養一牡馬，仍如例增設州縣馬官。』尚書許廓又奏：山東濟南、東昌已給餘五萬四千一百八十餘匹，及順天府種馬一萬八千餘匹，宜分俵山東兖州府及河南開封府等府。此即河南、山東養馬，見前户馬下。

景泰三年，奏准凡兒馬十八歲以上，騍馬二十歲以上，免其算駒。

正統十一年，令河南彰德、衛輝、開封三府，照例領養孳生馬。此即河南養馬，見前户馬下。

正統十四年，令順天府所屬州縣，原領孳生種駒，改撥直隸永平等府空閑人户，各派照前餵養。此即寄養之始，見後寄養馬下。

天順元年，太僕寺卿程信按故事理營衛馬。三營大將石亨、孫鏜、曹欽訴太僕苛急，請馬隸兵部。信言：高皇帝諭馬數勿令人知，今隸兵部馬登耗，臣等不得聞。即有警，馬不給，請無以責太僕。上是其言，令如舊制。

天順三年，奏准原編孳牧馬頭有消乏者，改作貼户。十一歲以上，免其算駒。

成化元年，令各處買補孳生馬駒。有司四匹，軍衛五匹，折買堪操騸馬一匹，以充備用。其後以爲例，謂之四户馬例。後倒失者，騍駒三匹，兒駒二匹，各折買騸馬一匹；羸駒每年二匹，折買兒馬一匹。兵部題，《爲區畫馬政事》：各處府州縣所養孳牧種騍，天順七年算駒虧欠者，遇蒙八年恩例蠲免。成化元年終，又該算駒除已生外，未生、虧欠者又遇事例停，候成化二年秋熟買補。但所買馬駒例該二歲，止可充數，急難得用，合無照依上年事例，通行查勘：有司四匹，軍衛五匹，折買堪操兒騸馬一匹，解部轉發寄養備用。其例後倒失等項孳生兒騍駒，行令太僕寺查算明白。騍駒三匹，折買堪操兒騸馬二匹；二匹折買堪操兒騸馬一匹，送部轉發，寄養備用。奉旨，是。

成化元年，令孳生馬每三年騍駒一匹。

成化三年，奏准復二年騍駒一匹。額外多餘者，官爲收買，别給空閑人户。兵部題，成化元年欽奉詔書：各處孳生種馬，三年收用一駒。欽遵後該太僕寺呈稱：孳生馬匹，往歲一年一駒，今改正三年一駒。三分去二，馬匹數少，慮恐日久馬愈消耗，備用不足。合無照依洪熙元年詔書内事例：兩年納駒一匹，服勤牧養人户，三年生三駒或兩駒者，所餘之數，合無悉令報官，將議和錢收買，另給空閑人丁領養。俟其長成騍駒，照例算駒解部，轉發寄養，備用本部尚書馬等。奉旨。是。

成化三年，奏准以後俱照例科駒。孳生不堪，騍駒折買。兵部題，覆該禮科等衙門給事中侯祥等題：濟南等府所屬州縣孳牧馬内，今後但有兒騍騍駒倒失者，照依見行馬駒事例：二匹折買兒馬一匹。本部看得各處孳牧馬内生有兒騍騍駒，人户餵養年久，别無取用，合無准其所奏。本部行太僕寺并南京太僕寺，各行分管寺丞親臨按屬，督同管馬官吏查勘，若有孳生兒騍騍駒委因老疾等項倒失者，照例每二匹折買堪中兒馬一匹還官。本部尚書白（曰？）奉旨，准議。

成化四年，奏准羣長每五年一替。

成化八年，奏准各處醫獸，每州定設二名，縣一名，歲終更替。

成化十三年，奏准養馬人户每十年一次審編。先上户，次中户，單丁、寡婦，不許槩僉。太僕寺丞李進奏：『准養馬人户，不分田地有無，經年不换。至有富豪之家并遷民，多不養馬。要照依《水夫事例》，十年一次編審。先盡上等人户，照依舊定丁數，着令養孳牧。上户盡絶，次及中等人户，一體編審。其見在種馬給領已盡，以次人丁有餘，待候每年搭配馬匹着令領養。及前項養馬人丁遇有逃亡缺少，挨次撥補。其貧難、隻身、寡婦之家，俱不得令其養馬。』

成化十六年，令軍衛有司拖欠孳生馬駒者查算折買。兵部覆該御馬監太監汪直題：查得成化二年虧欠孳生馬令，有司四匹，折買堪騎操兒騸馬一匹，軍衛五匹，折買一匹，名曰『四户馬』。皆堪騎用。緣前項馬匹查已數盡，今徵進官軍於太僕寺領到馬，多是矮小不堪騎用。乞查照自成化二年以後，軍衛、有司若有拖欠孳生馬駒，仍令民間四匹折買一匹，軍衛五匹折買一匹，務要健壯，轉發寄養，遇警得用。奉旨，是。

成化二十一年，奏准凡補領騍駒作種者二年，後方與算駒。

弘治五年，御史潘楷奏驗地方以均徭役，准行。兩京太僕寺轉行各分管審編上中下等第。除有力者照舊充馬頭不動外，其中有消乏不堪充者，改作貼户。另選殷實丁多之家替養，不許馬頭強逼令各户輪養，止許均貼草料。及馬有事故，管馬官員定與貼户則例，出銀買補。

弘治五年，太僕寺少卿李繸奏：行各處養馬州縣，通查衝要繁難州縣馬頭，量派僻靜簡易及自來未經養者，裁爲定額，勿再加添。

弘治六年，議定例失虧欠馬追價。該太僕寺少卿彭禮等奏：『本部會同英國公張懋等議得，弘治五年以前倒失虧欠例不該免種兒騍馬并駒，免追本色，將各處倒失馬駒應買補者，遇孳生蕃息之時量徵價銀解京，以備各邊買馬之用。每大馬一匹，銀五兩；每駒一匹，銀三兩；虧欠者，追銀二兩。如各處見在種馬不及勘定之數，就將此等銀兩收買高大好馬輳補，餘數送部發寺收貯，以備各邊買馬支用。』奉旨，是。

弘治六年，奏定兩京太僕寺種馬額數。兒馬二萬五千匹，騍馬十萬匹，共十二萬五千匹。照例兒馬一匹，騍馬四匹爲一羣，共二萬五千羣。每二年，照例納駒。其駒更不搭配，於内揀選備用，及補種馬之闕。其餘賣銀貯庫，遇備用不敷，量支買補種馬。每三年揀選一次，老病不堪者賣銀入官，撥駒補數。北直隸河間、大名、保定、順德、廣平、真定、永平七府，免糧養馬。每地五十畝，領兒馬一匹；百畝，領騍馬一匹。共兒馬一萬六百九十五匹，騍馬四萬二千七百八十匹。山東濟南、兖州、東昌三府，河南開封、衛輝、彰德三府，計丁養馬。每五丁領兒馬一匹，十丁領騍馬一匹，共兒馬六千八百五匹，騍馬二萬七千二百二十匹。南直隸應天、鎮江、太平、寧國、廣德五府州，每十丁領兒馬一匹，十五丁領騍馬一匹，共兒馬一千九百九十九匹，騍馬七千九百九十六匹。鳳陽、揚州、淮安、廬州四府，滁和二州，滁州一衛，每田二頃，領兒馬一匹；三頃，領騍馬一匹。内滁州衛遞加一頃，共兒馬五千五百一匹，騍馬二萬二千四百匹。兵部尚書馬文昇題，爲應詔陳言馬政事：『該太僕寺少卿彭禮等奏，本部會同英國公張懋等議得：「民間種馬，定爲額數，再不搭配，則民困終不得蘇，馬匹終不蕃盛。且如以十萬種馬爲額，每馬二年騍駒一匹，十年之間，該駒五十萬匹。縱損失，亦得三十萬匹。再加十年，馬必至七十餘萬矣。威敵制勝，取用無窮。」但各該寺丞送到文册内開種馬之數，原額新增，多有不明養馬之處，論糧論丁，亦有不實。合無於北直隸、河南、山東等處差給事中、御史、本部差屬官各一員；其南直隸應天等府，行南京六科都察院、兵部各給事中、御史、屬官一員，共請勑二道，前往各該地方，會同布、按二司守、巡等官，直隸督同本府掌印等官，仍會同分管寺丞督同各該州縣掌印并管馬官查勘：養馬地方何處論糧，何處論丁。論糧者，要見免糧地畝實有若干，或一百畝，或五十畝，養種馬一匹，共該種馬若干。論丁，要見有力人丁實有若干，或十丁，或五丁，養種馬一匹，共該種馬若干。務要斟酌處置，既不可太多以損民，亦不可太少以虧官。每種馬四匹，照例搭配兒馬一匹，此數一定，永爲額例，再不搭配增添。如有倒失，遇赦亦不蠲免。其耕種地土人户，不分是否原係養馬之數，但係承種過買地土者，一體派與領〔養〕。不許畏避勢要，致令不均。勘定見在種、兒、騍馬，揀選高大臕（肚）〔壯〕者存留作種，不勘者變賣，輳買好馬補數。大約以種馬十萬，兒馬二萬五千爲率。北直隸、山東、河南，該八萬七千五百；江南、江北直隸府州縣，該三萬七千五百。先盡免糧地畝，次及人丁家道。如各府州縣種馬揀選足數外，尚有多餘堪作種者，派與别府馬少去處領養作種額外，堪以騎操兒馬并兒駒照數存留，以作備用之數。其餘不堪作種、騎操者，盡數變賣，以備買補備用馬匹。」題，奉旨：『准擬。』開封、彰德、衛輝、兖州、濟南、東昌所屬州縣論人丁。每五丁，養兒馬一匹，每十丁，養騍馬一匹。共該人丁四十三萬八千五百二十二丁，領養兒馬六千七百五匹，騍馬二萬六千八百二十匹。直隸、真定、保定、永平、順德、廣平、河間、大名七府所屬州縣，各論免糧地畝。每地五十畝，養兒馬一匹；一百畝，領養騍馬一匹。共該免糧地七萬七百四十九頃五十一畝有零，領養兒馬一萬七百九十五匹，騍馬四萬三千一百八十四匹。各照例兩年算駒一匹，其餘人户，收候領養孳生馬。順天府所屬霸州等二十七州縣，亦論免糧地畝領養各處解俵備用馬匹，勘定種兒、騍馬定數。南北兩京太僕寺所屬府州縣衛、種兒、騍馬一十二萬五千匹，兒馬二萬五千匹，騍馬一十萬匹。太僕寺所屬府州縣衛，種兒、騍馬八萬七千五百匹，兒馬一萬七千五百匹，騍馬七萬匹。南京太僕寺所屬府州縣衛，種兒、騍馬三萬七千五百匹，兒馬七千五百匹，騍馬三萬匹。

《南太僕志》曰：予因稽昭代牧制及臣工建白，俱重種馬之選，有以仰窺我高廟貽謀之遠矣。自洪武肇牧於山、陝、遼東、甘肅等處，俱官牧備邊，至畿輔內地，改官牧而散之於民。又定兩歲一駒，豈非阡陌成羣，江淮盡丘乘耶。及成化以後，生息日繁，搭配失職，遂爲民病。孝廟茹納王端毅、馬端肅諸臣前後會議，定種馬一十二萬五千匹。其備用：或選駒，或用買不拘，惟擇種必高大如式，可以征戰。每歲責寺丞，三歲差御史比較。其瘦損者罪之，務換買足額。此其故何也？蓋承平無事，則孳息可以應俵。萬一中原多警乏馬，其十二萬五千種馬皆戰騎也。蓋善通其變而不失我太祖之初意者矣。第歲久俗玩，種馬寢亡其半，甚或存十之一二，率羸瘠尫隤，不堪牧。每遇點烙，陰賃陽眩，以售其徼，絃弊百出。未逾季而復稽察之，則尺籍所載托之倒失者，又十去六七矣。即責令買補，至發屋質子不能償。而況責之選調，以杜奸萌者乎！蓋天下之弊，所爲積漸流澌，已非一日反之力也。識不早不易也，願與經國者圖之。

弘治九年，奏准牧馬處所或論地畝，或論人丁，其有畝去丁消而馬存者，應牧馬匹改給得業之人及丁多之家領養。逃絶免糧田地，給與同羣，管業不許典賣與人。兵部尚書題，覆吏科等衙門右給事中韓佑等奏：『北直隸保定、真定等七府，俱係免糧養馬地；河南開封、山東濟南等六府，論丁養馬。數年之後，地畝有典賣，人丁有消乏，若使永遠不易，未免貧富不均。本部覆准：行令兩京太僕寺轉行各該分管寺丞，督同該府州縣掌印官，以後如遇十年大造冊籍，將養馬地畝、人丁照數查勘，果有畝去丁消而馬存者，就將馬匹給付得業并丁多人户領養。備造養馬地畝、人丁文冊，各該寺丞親歷州縣查勘，不許止憑管馬官朦朧查報。』又，題覆兵科給事中倪天民等奏：『要將逃歸、死絶遺下免糧地土，撥與同羣朋養之人，管業不許私自典賣，變亂冊籍。覆准：行兩京太僕寺轉行該管寺丞，并各該養馬司、府州縣，悉依所擬施行。若有私自典賣，紊亂冊籍者，依律問罪，照依常例發落。』俱奉旨：『是。』

弘治九年，奏准凡一馬兩年連生二駒者，除納官外，聽其自用。兵部覆革利弊以裨馬政事：『該南京兵科給事中倪天民等奏，管馬官員專理馬政，又無别項差委。相應羣蓋之時，擇水草便易之處，拘集各羣馬匹照配通行羣蓋。如騍馬一匹兩年止生一駒，例應還官。或有一匹兩年連生二駒者，止收上年一駒入官，次年一駒給户，聽其自用。以勵其勤，并以備後年賠補虧欠之數。本部議得：合無行令，各該養馬司、府州縣，悉依所擬。仍行南京太僕寺轉行分管寺丞，按季出巡，悉遵行。』奉旨：『依擬。』

弘治九年，兵部題，准經理馬政官中間，如有闒茸不辦事及貪污害民者，或本寺分管官員、所在掌印官員明白開來，以除民害。掌印官追賠馬數不足充用，不准給由。

弘治十　年，題准倒失虧欠種兒騍馬價追數。該兵部尚書等題，本部議得：『南北直隸並河南、山東等處孳牧馬匹，已該本部會議，差官勘處，額數已定。其弘治六年至弘治九年倒失虧欠種兒騍馬，亦免追補。本色每兒馬一匹，追銀六兩；騍馬一匹，追銀四兩；每駒一匹，倒失者追銀二兩；虧欠者，追銀一兩五錢。解部轉發太僕寺收貯，以備各邊買馬支用。以後仍照原例追銀。』

弘治十六年，奏准南直隸養馬州縣，照例將羣長五年一次揀選更换，其有副羣頭去處，一體裁革。

正德二年，奏准太僕寺歲取備用大馬，止照種馬定額，每羣派取一匹。其種馬生駒，起俵變賣，悉聽自便。

正德二年，榜例：種兒騍馬年齒未老，作踐倒死者，責令馬頭賠價。其馬俱印烙，以便查考。《會典》在買補下。

正德三年，令民照種馬額數買備用馬匹解俵。凡遞年孳生，不必追究。禁府州縣管馬不得點視，種馬并遺馬毋徵駒。御史王濟言：『今賦重差繁，財窮力竭。且如養種騍馬一匹，孳生一駒，是爲二匹。兩年印記，兑種補種，搭配起倸，不出養户名下。四年二駒，是爲三匹，甚至積有四匹、五匹。費用草料，雖有養馬地，所得無幾何。加以官府點視，刑責科罰，所以百姓惟恐一有孳生，故將騍馬饑餓作踐，瘦病倒死。即今各處額數虧損太多，其見在者間有定駒，則又謀買羣醫人爲之隱諱。有顯駒則飲以涼水酸泔，爲之衝落，永爲虧欠，照例不過納銀二兩。虧欠不得孳生既出，雖報在官，饑餓作踐，求爲倒死，不過照例納銀三兩。倒死不得，種騍馬既瘦，雖有孳生，終皆矮小。又有管馬官畏怕分數不及，逼要賠買送官，搪塞明白。撓頭駒求爲變賣，照例不過納銀二兩、三兩。間有印記，或堪補種，亦雖起倸，太僕寺歲取備用大馬，未免科民重買。百姓甘心受累，因虧欠倒失變賣之例行，故將種馬作廢，若不早爲從長區處，徒費餵養，終無實用。今種馬地畝人丁，歲取已有定額。但有種兒騍馬，揀選四尺、五歲以上、十歲以下高大者存留，矮小、老弱者責價買補，湊完原額，養在民間。遞年有無孳生，不必追究。太僕寺歲取備用大馬，止照種馬定額派行買解。假有十萬種騍馬，歲取備用馬二萬，只該五匹買一匹，歲取備用十萬，只得十四買一匹。以地論之，則出於五項、十項；以丁論之，則出於二十五丁、五十丁。就取三萬，或銀馬中半，百姓亦所情願。種馬設使有生好駒，起倸變賣，悉聽自便。』

《太僕志》曰：蓋自濟建爲此議，兵部尚書復議，行後則種馬不繫於官，官但責駒而不復視種遺，毋以求子，大抵爲一切苟簡之政矣。從此，民間稱爲無用種馬，所謂徒有種之名，而無種之實也。后日兩賣種馬之端，皆由於此始矣。是時濟爲御史，又爲太僕寺少卿，故力議如此。

正德八年，都御史趙璜題准：守巡官並各府掌印官，同分管寺丞將養馬人户清查消乏者開豁，隱漏者增入，照依三等九則編僉。户高者充馬頭，户次者充貼丁，最下者免僉。先盡上户，次及中户。中間種馬，凡有倒失、不堪，務令補足羣數。

正德十二年，奏准軍民原領孳牧并騎操馬倒死，告官相剥其皮張、鬃尾、肉臟，許馬户自賣，輳銀買補還官。《會典》在責買補下。

正德十三年，申明：養馬論地者，俱係免糧田地，別無差税，不許典賣與人。若混買者，查照分數，過割養馬。全買者全養，論丁者俱照額數編定。

正德十三年，題准養馬不係雜差，不許濫免。

正德十六年，令免糧地土但承種。過買者，不拘官吏生員之家，一體派與馬匹。

又奏准：馬匹派上户領養，中户量貼草料，給與由帖，不許輪養。瘦損止罪馬頭，其因而倒死亦於本犯名下追補。

嘉靖二年，議准：凡羣長，照永樂十八年事例，馬五十匹立羣長一人，一年方許更替一次。常川在鄉，往來調督羣蓋。若有作踐，責令具呈究治。醫獸，照洪武二十八年事例，每羣長下選聰明子弟二三人，習學醫獸定業成一人，專看治馬。其市井無籍與輪流充當等項，一切革去。仍令各州縣，止許朔望各點卯一次。羣長責其呈報半月之中提調定駒及作踐馬若干，醫獸責其治報半月之中醫療過并倒死馬若干，已報駒而落胎者，罪其馬户。作踐不曾舉呈，而驗其瘠破者，罪及羣長。醫獸療治無狀，更換。

嘉靖六年，奏准：兩京太僕寺分管寺丞，於有力人户內僉充馬頭。倒失責令賠補，不許無賴之徒營求充當，科害貧民。若編僉不公，參究原編官員，其有盜賣、受財情弊，從實追究。

嘉靖九年，議准：河南陳州等七州縣人户，每十丁孳養種馬一匹，免其均徭雜差。原額均徭量改，本省差輕州縣代辦其項。城縣民佃養馬地土退出，撥與養馬人户牧放，通免徵解租銀。

嘉靖十年，題准：每十年大造黄册成，南北太僕寺分管寺丞督同州縣正官，查驗人户消長，定爲養馬人户。編造文册二本，一本該縣收照，一本該寺查考。嘉靖十年，詔：養馬地仍歸本户餵養，不許勢豪侵占。兵部爲太僕寺覆奏：查得嘉靖六年詔書内一欵，順天府論地養馬，近年以來，地多歸於勢要之家。其馬仍令本户餵養，瘦損倒失，責令追補，甚爲貧民之累。該部議准：地責馬存者，斷令得過人户餵養，不許豪強勢要侵占、隱瞞，負累小民。已經通行欽遵去後，然此主於勢要而言。其官軍舍餘人等買種民地，例不歸割，地税猶存本户，及責主各項情弊，俱未議及，相應比照前項事體依擬。其或彼此隱蔽，不行開報，以致互相推托，馬無歸着，各該官員用心查訪，重行究治。奉旨，是。

嘉靖二十年，令州縣清查養馬地畆，將餘地、白地照畆撥補。御史謝汝儀奏：種馬之養，正欲其羣蓋，孳息生駒，起解以備邊用。弘治六年，有倒失馬駒及虧欠徵銀之例，而馬政壞矣。正德二年，御史王濟奏：奉欽依，每年每馬一羣朋合買備用大馬一匹，不較其駒之有無。自是以來，種備二馬，判不相維。有司每年止是比較買馬起解，更不提調生駒，種馬若無用之物。故議者有以不必養種爲言，有以但徵銀解部招商上納爲言，此皆徒見末流之弊，而不考究其始甚乖祖宗立法之意。又奏：養馬地租等因，該本部看得：北直隸養馬論地，每地五十畆養馬一匹。今各該州縣有餘地，有白地，或十四五頃，或一二十頃，影射富豪，規取地利，以致貧苦下户，累及養馬。及有馬户消耗，人丁蕃息，領馬照舊。合轉行分管寺丞督同各該州縣正官，將徵糧養馬地畆，逐一清查明白。將餘、白地(籍)〔藉〕之於官，照畆撥補各羣逃亡。其有户口消耗及人丁蕃息去處，務要彼此相濟，不許偏累小民。事完造册，送本部、該寺、該府查考。奉旨，是。

嘉靖四十二年，題准革州縣管馬官。以馬政各屬掌印正官，各府管馬官仍舊，掌印官止許點視種馬，不許騷擾騍駒。該御史吴守題，本部覆准：南北直隸、河南、山東種馬寄養地方，除府管馬通判照舊存留以總其綱外，其餘州縣管馬官，不分同知、判官、縣丞、主簿，盡行裁革，送部别用。一切馬政，責令各掌印官兼理。止許點視種馬，不許騷擾騍駒。遇解俵之期，各州縣差能干陰醫官一員、該吏一名管押，或本或折，赴該府通判處點僉。堪中足色，倒換府批，徑自解部。

隆慶二年，題准〔七〕：南北直隸、山東、河南各省種馬，通行變賣一半。每匹變銀十兩，每年徵草料銀二兩，仍將存留馬户爲正頭，變賣馬户爲幇頭，養則輪轉，徵則攤派。太僕寺卿武金奏：『臣考《會典》，近邊有官牧之制，無容言矣。腹裏有民牧之制，計丁養馬，歲以所生駒解京備用，法非不善也。但孳駒類多弱下，解俵不堪，逋欠日積，馬户逃竄，而民牧之法難行。近該正德二年御史王濟奏，令馬户别買解用。夫種馬之設，專爲孳備用馬也。今備用馬既别買矣，自今如備用已足貳萬之數，宜令每馬折價銀三十兩，類解太僕寺，發各邊照時估買馬。則壹馬折價之數，可買戰馬貳匹，不必加銀而馬數自倍於往日。其以前所養無用種馬，宜盡行變價，以備練兵之用。如壹馬定價銀拾兩，則北直隸六府、河南四府、山東三府約有種馬壹拾二萬匹，可得銀壹百貳拾萬兩矣。種馬既去，則養馬草料當收，仍每馬一匹折草料銀貳兩，則每年又得銀貳拾肆萬兩矣。』御史謝廷傑奏：『武金欲去種馬，種馬本以孳生備用，既而徵銀買俵，則種馬似爲贅物，而倒失賠償，於民稍苦。故往往奏乞議革。但查前此鎮江一府知府熊佑奏革，而兵部執止之。都御史翁大立奏革，而兵部又執止之。至嘉靖四十五年，御史周弘祖極論不當奏革之故。兵部題，奉欽依，移咨都察院，劄南北印馬御史，又行禁革。乃屢奏，止以祖制所在，軍機所係，未可輕也。祖宗之法，久而弊生。但當清法以除弊，不當因弊而廢法。年來因循玩弛，日久成效莫臻，而乃欲併種馬盡廢。萬一有警，驟行調發，無所措置，將不追究於議者之非耶。昔人謂，戎者國之急務。使馬爲不急，則兵亦遣而還農也。可乎！伏乞敕，下該部查議前禁，永杜士民倖免之端。如或謂其果無實用，姑爲目前恤民之計，則亦惟深思詳定。』該本部議，如謝廷傑言，而云：『種馬實爲孳生之原，事干成憲，遽難紛更。是時，議者方以内帑缺乏，遣使分道搜括天下逋負。輔臣徐主議理財用，武金有賣種馬可得百貳拾萬之言，遽請穆宗皇帝聖旨：『備用馬匹久已買俵，種馬徒存虚名，百姓卻受實害。宜從謝廷傑說，深思詳定，著且革去一半，以蘇民困。合行事宜，你每查武金原奏，議處來説〔八〕。』隨該本部議：『查得武金奏議，將每年應解之馬，俱照原數買馬起俵。將各府州縣種馬變賣，每馬一匹，變價十兩，每年每馬仍折徵草料銀貳兩，類總解部，以備練兵之用。爲照種馬半賣，民困以甦；但養馬半存，尚資民牧而養馬費多，折徵費省，未免不均。將原養種馬選其老弱瘦小者，變賣一半，每馬一匹，價銀十兩，解部發寺備用。每馬每年折徵草料銀貳兩，以隆慶三年爲始，徵完類總起解。其存留之馬户爲正頭，變賣之馬户爲幇頭，養馬則通融輪流，折徵則通融攤派。』奉旨，是。

隆慶三年，題准將變賣種馬價銀，太僕寺另項收貯，俟後日議復種馬支用。該御史謝廷傑題前事内云：『種馬變賣，臣（常）〔嘗〕堅執以爲不可。乃今價銀徵納，率難輕動，姑候民力稍裕，議恢復祖制。』本部議變賣種馬價銀劄，行太僕寺另項收貯，以俟後日議復種馬支用。奉旨，是。

隆慶四年，題准：將各屬養馬人户原養兒、騍種馬如有孳駒，照例科用。如種馬無駒，或作踐倒死者，嚴行追罰。兵部題覆：以太僕寺卿顧存仁所陳優恤種馬，以重孳生，謂：『國家設立種馬，本爲孳生俵用。頃因減責一半，人皆便於納價，官司又不行加意督理，而種馬之設遂至無用矣。該寺通行各府州縣掌印正官，以後各將所屬養馬人户，原養兒騍種馬責令用心餵養，如有孳駒，照例科用。其報駒優恤及生駒津貼，并所生之駒，或留充額數，或印發歲俵，悉如所擬。如種馬無駒或作踐倒死者，嚴行追罰。其州縣正官，亦照户部未完事例，一體陞取給由，俱不准起送。』太僕寺卿顧存仁又奏：『國家莫重兵食，而兵政莫急戎馬。然而馬之孳生，本於種馬，猶食之充足，本於農田也。孳生不足起俵，而咎種馬之害民，猶漕賦不足供輸，而咎户田之害農也。户田害農，即思棄田而逐末，猶種馬害民，即思棄馬而納價。於是改孳駒爲額派，專仰給於馬販，以朋買爲便民。議鬻馬而徵價，國帑賴一時之儲，小民苟目前之逸。然國家戎馬，歲不可缺，起俵之數，原額猶在也。數年之後，父死子繼，未有不謂無田之稅，額外之徵。小民愁怨，恐不止於今日。又，祖宗種馬之法，本爲孳牧俵用。今議鬻其半而仰給馬販，不知積販之馬，豈皆神化而在官，種馬獨不孳生耶。管馬丞判又且裁革停選，即今惟在府州縣正官，若重其責，並免種馬草料，其歲徵所生駒，堪作種者，留充額數。多生別駒，亦與養户。歲堪俵者，不必苦拘尺寸，即印烙發寄，以示優恤。如是，則官以種駒爲重，不數年種馬原額可以漸復。』又，右都御史曹邦輔言：『南北直隸、山東、河南原定額種兒騍馬拾貳萬伍千，不可謂不多矣。而解俵於太僕歲二萬，若以拾貳萬餘減半，騍駒亦當有六萬。六萬之中，又不能選。拾貳萬起俵，不知所孳養馬駒歸於何處，消耗如此。臣往任大名元城縣，每見管馬官一次點馬，不過千匹，而常點數日不了。問之，則曰：某馬瘦，某馬小，某馬毛病不堪，更不問駒之有無。於國初種馬騍駒解俵之意茫然不顧。徒常點視，滋漁獵之計而已。於是臣親往點視，亦不令打量丈尺、長短、大小，喝報肥瘦、毛病，但按册呼名，問駒有無。記籍之有駒者，令歸業，不復至縣中。無駒者，數下令期督之，更不擾。有駒者，人樂其便，由是不一年，而十已七八有駒矣。若漂沙及病馬不孳息者，稍易一二，則皆可生駒之馬，殆無不生之駒。臣常恨管馬官不盡職，若執專一課駒簡易之法，課駒之外，一不擾害。又通計人户量貼草料，則大小馬可以兼養，孳駒之家可以獨養矣。蓋起俵馬須三歲以上，八歲以下，而孳駒之家可餵駒三四年，而獨自費乎。此在人情有不堪，而馬駒因無成材中俵者由此也。若可中俵，亦省衆攢銀買俵，比無駒可俵而買俵者自減。若不可俵，變賣亦了。衆無虧欠馬駒之罰。若連年二駒，定與馬户一駒，則當與衆共分。若衆不願幫養馬，亦不分駒，專歸養馬之主，則不偏獨累養駒而孳駒之心自急，或貳年有兩駒者矣。若貳年無一駒，虧欠倒失者有罰，賞罰明而馬不蕃息，無是理也。不然，有罰而無賞，此自來欲其馬之蕃生而竟不能者。爲未議幫貼養駒草料，及二駒賞一駒者，亦未見其必行也。若有賞有罰，而更行臣前至簡至易之法，除課駒外，累月成年再不點擾，即一人管幾千萬馬，亦可一律齊矣。何難之有！而况羣長、羣頭、馬户之多，督馬提調之官之衆，而何馬政不興哉！』

隆慶四年，題准南直隸變賣種馬一半，如直隸、河南、山東例。

隆慶四年，題准四五等年去量徵草料銀一兩，至六年以後，仍徵銀二兩。待年豐之後，仍買種馬，給民孳養，額數足日，草料即與停徵。該吏科給事中光懋言：『種馬減二分之一，種馬既減，草料之價自當優除。』兵部覆議：『民間餧養種馬，間歲課駒起俵，給軍騎徵，此馬政之本意也。先年管馬官不行督教字孕，以致孳駒未必堪俵則另買大馬備用，已失馬政初意，而民間又增買俵之累。及買俵久而餵養日廢，民又苦於府縣官點驗罪責，則思去餵養之累，而徑願出銀買俵，則孳馬之源既尠，將致馬日少而從買俵，必有乏馬廢事之日。此小民無遠慮之見也。今已減去種馬，又歲出草料銀，當事者以爲不欲盡去其名也。仍照議行事理，每年量徵一兩，至隆慶六年以後，每年仍照追二兩。待年豐之日，仍買種馬，給民孳養，額數足日，草料即與停徵。』

隆慶五年，題准：令各府州縣衛所掌印官嚴督馬户，將種馬用心餵養，務要如法多生孳駒。該兵部復議：『御史趙應龍題稱，各府種馬，州縣除每年每羣頭二運解馬二匹，照依丁田朋買解納，及種馬羸瘦，照例治罪，無容別議。近日巡歷各州縣，孳駒甚少。乞要通行各府州縣衛所掌印官，親自點視，責令馬户用心餵養，必期有駒。如三年有二駒者，即以一駒犒賞；或無駒者治罪。朋買其駒之定顆，務要登報，循環查考，以憑分別犒賞，一節爲照。種馬孳生，科駒起解，原係祖宗舊制，一變而爲朋買本色，再變而爲朋出折色，遂改種馬僅有其名，全無實效。既該本官具題，無非整飭馬政意，相應申明舉行。責令各府州縣衛所掌印官，嚴督馬户，將種馬用心餵養，務要如法多生孳駒。如果合式，相兼起解，其騍馬如有漂沙不育者，即便變價另買。專委正官經理其事，佐二、首領不許干預，仍嚴禁吏書人等毋得妄行騷擾。其餘一切賞罰、稽查、登報等項事，悉如所擬。』奉旨，是。

萬曆元年，議准各種馬州縣督率餧養。二年之内，果有一駒解俵，四家馬户各出銀三兩，幫貼養駒之家。如孳駒不堪解俵，就令估價變賣。將價銀一半歸還四户，扣買大馬解俵；一半給與原養駒家。其二年之内不生一駒者，量追收過草料銀八兩，扣充朋買大馬解俵。

萬曆三年，議准：馬户每匹派徵草料銀六兩，照地照丁編入備用馬價銀内。帶徵給正頭餧養，如有失，止於馬頭追補，不許累及貼户。其孳駒給賞亦不許貼户侵分。

萬曆三年，題准：養駒累民，令一年以上即與發賣。半給養户，半入官帑，收助解俵。御史孫成名條議：『孳生馬駒估價變賣，半賞馬户酬勞，半收在官助俵，扣減備用馬價。』

萬曆九年，議准：將各處存留種馬盡行變賣。上等馬價無過八兩，下等五兩，賣完解部，發寺專備買馬，不得別項支用。每馬歲徵草料銀一兩，各州縣類總解部，惟徐、通、泗、興化等州縣，以先免種馬草料，亦免徵，至後遂爲定例。該太僕寺少卿裴應章條議内一欵，議查課種駒：『查得北直隸及山東、河南原額種馬八萬八千有奇，已經題革四萬七千有奇，而存留者尚猶及半。今見行事例，每一騍馬每二年騍駒一匹，堪俵者起俵，堪種者補種，不堪者估價變賣。其價銀一半貯庫，以爲助俵之用，一半給賞馬户，以償孳育之勞。法非不善也，但自徵銀買俵之例行，而有司者視種馬爲贅疣矣。間有所生之駒，又動稱補種變賣，而起俵者絶無一二。其變駒銀兩徒有助俵之名，而無減徵之實；給賞者徒出虚領之狀，而實充官吏之囊。種馬之無實效有由然也。夫種馬之革者，既徵銀買俵，則種馬之存者，當騍駒坐俵，此兩利俱存之道也。今革者，反爲存者出銀，而存者不能爲革者助俵，任其廢弛而不一爲之稽查，徒寄空名於册籍，是上之人先視種馬如贅疣矣。有司者獨奈何不以贅疣視之哉！今後合無嚴行各州縣掌印管馬官員，須要時常點查，責令馬户用心孳育，務使種馬不虧，生駒足額。每年俵解馬匹，議定徵銀買俵，一半孳駒坐俵，一半其有孳生不足，俵解無駒。及隱射、侵尅變賣孳駒銀兩者，容臣指名參劾。如是而種駒有不騂蕃者，無是理也。或者謂：『種馬之政，廢弛已久，欲遽責其俵駒一半，似屬難行。』臣請自萬曆十年爲始，大約俵馬十匹，先坐駒二匹，以漸遞加，不出三年，可以足其一半之數，而買俵銀兩亦可以減徵一半矣。又謂：『種馬一向累民，近議買俵，民頗稱便。若是，則當盡罷矣，又何用存之爲也。』臣以爲既存之，須課之，安有以國家四萬有奇之種馬空置之，無用之地而徒充姦貪之囊橐也！』隨該兵部復議：『以國家種馬之制利其孳畜，以備郊原緩急之用。國初草野甚廣，芻牧既便，而免税資牧，民力更裕，故課種之馬俵駒歲以萬計。嗣後，生齒日蕃，田野日闢，芻茭不繼，孳養爲難，始計地以養馬，則起糧此地也，養馬此地也。民日告困，而駒之堪俵者百無一二矣。正德二年，該御史王濟建議，止照種馬額數派徵備用大馬。隆慶二年，該太僕寺少卿武金條議，變賣種馬之半。惟種馬之半尚存，則課駒之法難廢。萬曆三年，又該御史孫成名條議，孳生馬駒估價變賣，半償馬户酬勞，半收在官助俵，扣減備用馬價。然買駒之時，駒不足以值四五兩，而官估者或至十餘兩，則賣駒之價不足以抵半價入官之數，而半賞養户者止空名耳。故馬户有養種馬者一馬也，買俵者又一馬也，養駒則又一馬也。在種馬則時有點驗之煩，有科罰之苦，有差撥迎送、拘充夫役之勞，一累也；在課駒則有定駒、顯駒、重駒之擾，及賣駒賠價之費，又一累也。民爲此累，雖日撻而求其駒之蕃庶，不可得矣。今議責之課駒，以免俵解，是欲養馬者得馬，則徵價者可以減徵，原爲利民而非與民争利，然必使民得養駒之利而後行騍駒之法。相應酌議：合無將種馬課駒者聽民之便，凡無駒者以派徵銀三十兩，聽其買俵。有駒堪俵者，即以所徵銀盡給起俵，以酬其數年餧養之資。其一切定駒、顯駒、重駒驗駒之法，與夫駒病、駒死之罰，賣駒助俵之價，通行查革，則民不擾而自利。於俵駒之堪俵者，當不止於十之二與五已也。仍備行該寺及各撫按衙門，着令州縣掌印官每歲終惟稽查種馬見在數目，如有倒失者，責令如式買補，以憑印驗，不許問罪科罰。佐貳等官及吏書人役，並不許假以稽查之名，下鄉擾害。其起俵之馬，不必計其買馬於别户者。俵駒自本户者，應給馬價，一體盡行查給。至於各處變駒助俵銀兩，以文書到日爲止，惟清查見在若干，如有侵欠者，嚴爲追補，以抵充正額，照數減徵。此後，不必再爲變賣，使民無養馬之害，則馬有蕃庶之利矣。』是時，輔臣張居正尚前議，適時方以欵市，查市本不足，太僕寺所儲無幾，欲藉此以充市本，於是力主盡賣。隨請旨：『近年畜養種馬課駒一事，苦累小民至極，還查照節年題奉事理，議處停當來説。其餘依擬。』該南京湖廣道試監察御史於有年奏内稱，將每年應俵之馬，每馬一疋議定價銀三十兩外，加草料盤費銀五兩，即於本處均徭數内通融徵收在官。或取本色，則買馬解俵；或取折色，則一併起解。以前所養無用種馬，盡數變賣，價銀類解兵部，以備邊方之用。該兵部議得：種馬課駒，民艱最重，在昔沮變賣之議者，不過恐絶孳生之源，乏緩急之備耳。不知窮民無賴，牧飼失時，羸瘠尫隤，種且自斃，安望其駒，乃至别買大馬，以備解俵，是未嘗有孳生之實也。其何以充緩急之備，查得南北太僕寺實在種馬，通共五萬七千五百二十三疋，今若盡數變賣，價銀收貯太僕寺，以蘇山東、河南、南北直隸困窮之衆。草料折徵，每年計十二萬五千有奇，積至十年，可得百萬，如遇俵馬不足，即將此銀分發各處，官爲收買，一同解俵，給價從厚。立法從簡，馬自雲集，堪充實用。隨該復行本寺該署印太僕少卿裴等查議回稱：審度時勢，變通調停，上不失乎祖制，下有裨於生民，事在兵部等。因兵部隨議變賣之法，其事有五：先變賣定價十兩，殊爲太重，迄今拖欠賠累。況馬價高下難以槩擬，合令各處撫按官選委司道各官，親爲估計，高者無過八兩，下者無減五兩。完日先造清册送部，以候解銀到日查考。此變價所當議也。往時變賣解銀，限期近者一二月以裏，遠者半年以裏。顧民間種馬，率多不堪，一時變賣未易盡售，追比太急，則姦人射利。量寬其期，庶不厲民。此立限所當議也。草料折徵，以資儲積，兼可歲稽馬户，默寓約束。先年，每疋徵草料銀二兩，小民猶稱難辦；後議徵一兩，合無定以每疋徵銀一兩。此草料所當議也。種既已革，駒不當責。其已經驗報者，則屬官物，宜閱其種馬堪責者，以報駒給賞；種馬不堪責，以報駒並責，輳足今價，原未報官者免追。此報駒所當議也。

朝廷此舉，蓋以蘇久困之民。各處有司，自當仰體上意，各將馬户多方優卹，不得因其釋負，仍敢巧立名色，加以雜役。其馬户有逃故種折者，有逃移新復者，亦宜分別減免，以宣恩澤。此優卹所當議也。臣等再三考究籌劃，先年變賣未盡種馬一半，委應通行變賣，量徵草料銀，以佐買馬之費。種馬雖革，馬户宜存，聽其照舊或十年、或五年一次審編，買解大馬。如歲月馬匹數多，太僕寺預呈本部，多買本色。或有重大征戰，無論本折，悉買本色。如再不敷，并出太僕寺所貯變價及歲積草料銀兩，分發州縣收買膘壯大馬，一同解依太僕寺應用。相應題請定奪。恭候命下：通行南北直隸、山東、河南巡撫衙門，并劄付兩京太僕寺，仍咨都察院轉行各撫按并印馬御史，行各司道并府州縣掌印官，將賣剩一半種馬，盡行變賣。司道各官親估價銀，上等無過八兩，下等無減五兩。估完先造清册，送部案候查考。以文到之日，南直隸限一年以里，北直隸、山東、河南限十個月以裏，變賣完日，傾銷成錠。各州縣依期解部，發寺收貯，專備買馬，不得別項支用。每馬每年折徵草料銀壹兩，以萬曆九年爲始徵完。各州縣類總解部發寺，不許延捱拖欠。孳駒已報在官，其種馬堪責者，將駒給賞馬户；不堪責者，將駒一同變賣輳價。馬户有逃，故種折者審實免徵。逃移復業，種馬猶存者，照下等馬價減估等因。奉旨，是。

萬曆九年，盡賣種馬。惟於鳳陽府及廬州府、滁、和二州，各一年輪派大馬二百七十二疋，其餘盡改折色。

萬曆十二年，題欲清查草地，量復種馬，以備緩急。兵部復議，兩奉明旨，查革年久，難以再議，停止。該御史馬朝陽奏內一欵，復種馬以經遠猷：『國家種馬之設，豈專爲孳生之計已哉，蓋必有所重者在也。萬一有警，刻日之間，數萬匹之種馬可以畢集。謂非緩急之一須不可也。先臣議欲革之者，蓋謂種馬所生之駒多不堪，臨期又另買以充解，是種馬爲無益之累。且額解馬價，議於該地方丁田内通融派徵，此又得苦樂適均之義，上無損於國額，下有便於民情，誠計之得也。革之，誠是矣。但種馬之弊，非馬累之也，官累之也，民自累之也。玆不於法之所以累者，而釐之以復無弊，徒區區種馬是革，是猶人因噎而廢食，雖免一時之噎，而受傷多矣。今額解之數無失，而種馬既革，即謂之無馬亦可也。初該部議覆，豈不欲盡革以蘇民困哉。必仍留一半者，以其所關於國者重，於不可革之中而姑爲量革計，蓋亦與釜與庾之微權也〔九〕，猶不失廢禮存羊之意。未幾，建議者乏曲突遠慮，援前爲例，并其所留一半而悉革之。若及此，不一權輕重而爲之焉，其如國何！且種馬之立，原設有草場，今馬革矣而草場安屬耶，其利安在耶！此正致噎之病根而馬政之所由弊也。以臣竊計之，當於原設立種馬地方，清查額設草場若干，坐落何處，或有無開懇侵沒，除荒蕪外，其已墾或侵沒者照額清查、改正。每歲計其子粒之入，以爲芻豢之資〔一〇〕。或當既革之后，恐駭民情，亦宜量復後革一半。其買馬之價，於額解折價内議處，每匹仍查照舊規，除草場子粒外，量議給工食草料銀若干，除所生之駒堪俵者聽解，其餘不堪，當官變賣，其不敷之價，於該地方丁田内遵新例通融派徵。此有復之實，無復之擾。庶民各妥其所天而國亦隱然獲種馬之實用矣。實萬世計也。』隨該兵部議得，爲照種馬之設：洪武初年牧之於官，未爲民累。二十八年，始令民間牧養，猶止於南直隸數府。至永樂十年以後，行之北直隸、山東、河南等府，皆借民力牧養，圖孳息以俵解。其俵解馬匹，即是種馬所生之駒，不論大小、牝牡，亦不限以多寡、名數，止以生息見在者起解。太僕寺發令西山一帶空閑地方趁水草牧養，是所解之馬原出種馬，故種馬不可議革。行之既久，弊孔叢起。原養之馬，多不生駒，所課之駒，又不堪解。於是，遂議另行徵銀買俵。是歲，册備用馬匹，已全不賴種馬及孳駒矣。隆慶二年，武金奏半革。萬曆九年，於有年等奏盡革。臣等查得，種馬之設，國制惟主於有馬，以備徵操。今馬匹見在者一萬有餘，馬價見在者六百萬有餘兩。奉旨：『一謂種馬徒存虚名，百姓卻受實害；一謂種馬全與起俵無干，徒苦累小民。屢奉欽依查革，年久似難再議。題奉欽依，是。』

萬曆十四年，題准審編照舊例舉行。仍量地丁饒裕之家爲正額，餘爲貼户。該兵部覆太僕寺卿魏時亮題，『種馬議覆之法有二：其一，欲令守令勸民孳養，限以三年勸足。養數報寺，俟後民馬漸多，稍稍多派本色，查兑缺馬各邊少省解發，勿累寄民。此一節若州縣有司行之盡善，是謂導利於下，固有利於國家。若行之不善，不免以多事爲擾，反無利於民生。又原計丁、地多寡，以分正、貼。正户養馬，貼者幫助，不許輪流餧養。若欲精選富户，俾專養馬，合縣扣算，通派草料，則一旦更張，孳息有水草之宜，蓄牧順人情之便，似未可操一切之法以責之也。其一，欲精選富户，不分正、貼。此一節審編馬頭係五年一次，人難信從。自無將審編之法查照舊規舉行，但當酌量地丁饒裕之家爲正頭養馬，餘爲貼户。養馬草料，各宜因民之便，分別户則，量行幫貼，若有倒損，照例追賠，量爲寬恤。』題奉欽依，議行。

萬曆二十二年，查議種馬舊制。該太僕寺卿楊題，爲欽遵旨條議馬銀日俱空匱，財用所當通融事宜，懇乞勑下該部預計，永圖以保治安等事：『臣考太祖高皇帝都南京，守南京者先守淮，乃於淮南北之間建太僕寺於滁州。成祖文皇帝都北京，守北京者先守關，乃於關東西之間建太僕寺於都城，又建苑馬寺於都城之外兩關之間，薊昌等亦各建監苑、都司、衛所。遼東則立行太僕寺、苑馬寺。其後，三衛之虜内徙，而都城北與虜爲鄰兩關皆在其外。於是所需於戰守者爲甚急，而守先兵，兵先馬。聖祖嘗諭成祖，北平口外馬數不過二萬，若遇十萬之騎，雖古名將亦難於野戰，是以極重馬政。關之外，若遼、薊、宣大、山陜各置監牧場地種馬，而内地若北直隸、順天、山東、河南十五府，南直隸、應天八府各種馬，間歲騍駒復生駒原無定額，就所得駒起俵，給軍騎操。正統間，因虜寇調發不敷，乃於種馬内俵駒寄養於順天三府，名備用馬，是爲馬政成法。一則察虜俗以馬多寡爲強弱，故各州縣民皆令種馬，實示之以強，以衛其州縣，亦自衛其生。一則養馬爲天地自然之利，下歲騍駒以利上，亦得習騎；上歲免地糧以利下，亦省徵斂，實有兩利。是爲馬政本意。當時有利無害，馬政修舉。其後，法久民玩，官恣吏陵，弊害因生。民甚疾苦，士大夫産其地者身親疾苦，輕於議革，當事者以去此可收救時之譽，敢於主革，而於戰守均弗計者。是以正德初御史王濟議不徵駒，而專買俵，則羣蓋法廢，孳生路絶，然猶有遺馬也。隆慶間，太僕少卿武金議專備用而盡賣種馬，當事者力是之。乃改折竇開而買補弊滋，然而猶存半馬也。萬曆九年，兵部侍郎王一鶚復議本寺卿裴應章查騍種駒之疏，當事者力主之，堅擬盡行變賣。祖宗成法本意變革殆盡，而官牧既空，民養亦空，天下幾無馬矣。案查：先是師寇小訌五河，取千四平之；督撫李遂淮揚征倭，取數千平之。蓋以倭善步無馬，故能勝之。先臣胡松論廟灣之戰，全賴種馬，此見南馬不可革者。嘉靖戊申、庚戌，虜寇關部，常取至數萬御敵，即多疲瘦，匆率中，拾猶可擇貳叁，餘亦可以負載糗糧。此見北馬不可革。究言之，始革種馬以除害，專買俵以便利，如其利果勝害，不妨於革，乃今買俵地方諸臣，亦謂俵民稱疾苦不減於種，是何取於盡革哉！近自欵市，東西征討，費馬價數百萬。或曰，非革者安得此用！竊譬之，有家者豐則侈，侈斯難繼；嗇則儉，儉斯有永。近因革此，遂豐侈而使日後難繼，盍如不革，而人知嗇儉有永，之爲大利哉。目今惟藉欵貢、羈縻，乃各鎮以年例爲市，本爲給賞，尚未見無馬之弊，萬一渝盟，其將何支？往職聞京師驕兵悍將，弊車瘦馬，雖有兵馬，與無兵馬同。而今實無馬，有不悚慮者乎！以此先聲，又安可使虜聞乎？臣謹以俵、寄、兑、買肆項本壹事相因者，謹列之謂種馬本原，肆者枝流，本源既廢，獨計末流，似非知類。乃并末流俱廢之，直待枯株涸澤，又非計也。敬稽祖宗成法本意，《會典》、志書先今諸臣條例〔一一〕，兵部題覆者條議以獻。」

各府州縣種馬額數

大名府十一州縣　原額種兒騍馬一萬八百八十四匹。隆慶二年半責，五千八百四十六匹；萬曆九年全責，每年草料銀一萬八百八十兩。今改一萬六十八兩。

保定府備用祁州等十三州縣　原額種兒騍馬七千九百四十五匹。隆慶二年半責，三千九百七十三匹；萬曆九年全責，每年徵草料銀七千九百四十五兩。今改七千三百四十五兩。

順德府九縣　原額種兒騍馬三千七百一十五疋。隆慶二年半責，二千一百二疋；萬曆九年全責，每年徵草料銀三千七百一十五兩。

廣平府九縣　原額種兒騍馬三千七百七十疋。隆慶二年半責，一千九百七十六匹；萬曆九年全責，每年徵草料銀三千七百七十兩。

真定府三十一州縣　原額種兒騍馬一萬七千六百三十五匹。隆慶二年半責，九千五百四十四疋。萬曆九年全責，每年徵草料銀一萬七千六百三十五兩。今改一萬六千一百九十一兩。

河間府備用十五州縣　原額種兒騍馬五千一百六十疋。隆慶二年半責，二千六百七十六匹，萬曆九年全責，每年徵草料銀五千三百六十兩。

永平府六州縣　原額種兒騍馬四千六百七十疋。隆慶二年半責，二千三百三十五匹；萬曆九年全責，每年徵草料銀四千六百七十兩。

開封府七州縣　原額種兒騍馬一千二百八十五匹。隆慶二年，除半責六百三十三疋，每年徵草料銀止得三十二兩九錢三分九釐三毫二絲。

彰德府四州縣　原額種兒騍馬一千一十五疋。隆慶二年半責，五百八疋。萬曆九年全責。

衛輝府八縣　原額種兒騍馬四百一十五匹。隆慶二年半責，二百八匹。

歸德府所併一縣　原額種兒騍馬三十疋。隆慶二年半責，十五疋；萬曆九年全責。

山東濟南府三十九州縣　原額種兒騍馬一萬三千三百四十疋，隆慶二年半責，六千六百七十疋；萬曆九年全責，每年徵草料銀一萬三千三百四十兩。

兗州府二十五州縣　原額種兒騍馬一萬四千五十六疋。隆慶二年半責，七千二百五十匹；萬曆九年全責，每年徵草料銀一萬四千五十六兩。今改一萬一千一百二十三兩五分九釐三毫四絲四忽八二先。

東昌府一十八州縣　原額種兒騍馬三千三百八十匹。隆慶二年半責，一千六百九十匹；萬曆九年全責，每年徵草料銀三千三百八十兩。今改三千三百九十五兩。

應天府八縣并帶管徽滁州衛　原額種兒騍馬四千六百六十疋。隆慶二年半責，二千三百三十疋；萬曆九年全責，每年徵草料銀四千六百六十兩。

鳳陽府所屬州縣　原額種兒騍馬并額外寄養兒馬九千四百七十六匹，隆慶二年半責，四千七百三十八疋，萬曆九年全責，每年徵草料銀九千四百七十六兩。今改八千七百七十六兩。

揚州府所屬州縣　原額種兒騍馬五千五百九十三匹。嘉靖二十年御史錢嶸奏減通州種馬八百五十匹，共四千七百四十三匹。隆慶二年半責，二千三百七十二匹；萬曆九年全責，每年徵草料銀五千五百九十三兩。今改四千二百三兩。

淮安府所屬州縣　原額種兒騍馬六千三百一十匹。隆慶二年半責，三千一百五十五匹；萬曆九年全責，每年徵草料銀六千三百一十兩。今改四千二十三兩。

廬州府七州縣　原額種兒騍馬四千三百七十四匹。隆慶二年半責，二千一百八十七匹；萬曆九年全責，每年徵草料銀四千三百七十四兩。

滁州所屬併帶管徵滁州衛　原額種兒騍馬一千七十五匹。隆慶二年半責，五百三十八匹；萬曆九年全責，每年徵草料銀一千七十五兩。今改一千六十兩。

和州併所屬　原額種兒騍馬六百三十七匹。隆慶二年半責，三百一十九匹；萬曆九年全責，每年徵草料銀六百三十七兩。

徐州所屬三縣　額無種馬，景泰二年寄養江南，搭配餘剩馬駒。歷弘治三年以前，議解本色。六年勘定無種馬，仍領寄養。十七年，都御史張縉奏豁寄養。至正德十二年，印馬御史周鵷奏准，比丁田出辦折色。除沛縣免派外，本州及蕭、豐、碭山每年備用折色馬。

廣德州併一州一縣　原額種馬八百匹。隆慶二年半責，四百匹；萬曆九年全責，每年徵草料銀八百兩。

寧國府所屬一縣　原額種馬七百五十匹。隆慶二年半責，三百七十五匹；萬曆九年全責，每年徵草料銀七百五十兩。今改徵七百四十九兩。

鎮江府所屬三縣　原額種兒騍馬二千三百四十匹。隆慶二年半責，一千一百七十匹；萬曆九年全責，每年徵草料銀二千三百四十兩。

太平府所屬三縣　原額種兒騍馬一千四百六十五匹。隆慶二年半責，七百三十三匹；萬曆九年全責，每年徵草料銀一千四百六十五兩。

軍衛種馬

《會典》：凡在京在外衛所俱有孳牧馬匹以給官軍騎操。在京及南北直隸衛所，屬兩京太僕寺，在外屬各該行太僕寺、苑馬寺及都司委官提督。每衛指揮一員，所千百户一員，專管孳牧。其搭配、科駒、起解等項，悉照民間事例。

洪武二十三年，令飛熊、廣武、英武等衛，每五户養馬一匹。

永樂十四年，令薊州、山海諸衛屯軍，每人養種馬一匹，免納子粒。

正統六年，令征戰走傷馬匹，驗視明白，分給各衛守城官軍牧養，遇倒死埋瘞。

成化七年，奏准天下衛所孳牧馬匹有埋没者，俱照原額買補。令軍餘朋合領養。

正德十四年，題准各處行太僕寺并各邊都司衛所，將五年一次變賣虧欠等項馬價銀兩，俱存留本寺并本都司庫，聽候明文支用，不必解京。

隆慶二年，變賣民間孳牧種馬，惟獨各衛不賣。

萬曆九年，全賣，每匹徵銀一兩。除京三衛免養外，每年共銀一百七十二兩，在外四十六衛，共銀二百七十兩。

軍衛種馬額數

在京龍驤等二十六衛種馬，共一百九十五匹〔一二〕。内龍驤，武成，神武右、後，忠義右、前，義勇左、後，大寧前，羽林前，金吾左、右等衛，各十匹；忠義後，義勇右、前、中，蔚州左，會州，寛河，燕山前、右、左，濟陽，富峪，大寧中，大興左等衛，各五匹。今義勇中、左，神武後改爲陵衛，免養額，實共種馬一百七十二匹。

在外保定左等四十六衛，原額種馬二百七十匹。内保定中，河間，瀋陽，中屯，真定，山海，神武中，定邊等衛，各十匹；保定左、右、前、後，茂山，大同中屯，滄州守禦所，永平，東勝左、右，盧龍，開平中屯，撫寧，通州左、右，武清，涿鹿左、中，薊州，鎮朔，遵化，興州左屯、右屯、前屯、後、中屯，忠義中，營州前屯、後屯、左屯、右屯、中屯，寬河守禦所，武定守禦所，涿鹿，德州左，德州，沂州等衛，各五匹。

按：天下事無皆可，亦無皆不可。可者是，則不可者非，不可者是，則可者非。酌於可不可之間，而得其真，是真〔是〕非者，則以理以時爲之權衡，不以己意預之，人情狥之者也。種馬之政，洪武初至正德元年，皆行無異議。正德二年，忽議買俵，不問徵駒，即此時事權在部，兵部主行之，蓋偏信爾，猶無心也。自隆慶二年寺臣武議盡革，宰輔徐力主革，馬請會議，當時冢卿楊執不可，宰輔陳等亦不可，始勉從半賣，而盡革之端露矣。萬曆九年，冏卿裴議騍駒，宰輔張尚主隆慶二年盡賣之説。又署部左司馬王，既而司馬梁相繼又入御史於之疏，而盡革之事行矣。遂將聖祖列聖前政裁革無遺，是皆以革爲可而是之者也。當正德二年御史謝、隆慶四年冏卿顧、印馬御史謝、左司馬曹、大司馬譚、萬曆九年御史馬凡十餘疏，皆議其不可。是皆以革爲不可而非之者也。總今觀之，以革爲可者，則曰：法久弊生，民艱已甚。又曰：始陸續給養於民，法固甚善，行之既久，弊患漸生，是以條議上請曰備用。馬匹久已買俵，種馬徒存虛名，百姓卻受實害。又曰：近年畜養種馬騍駒一事，苦累小民者是也。其以革爲不可者，則曰：祖制所在，軍機所係，未可輕革。萬一有警，驟行調發，無所措置。乞要查議前禁，永杜士民幸免之端〔一三〕。又曰：姑爲目前恤民計，亦惟深思詳定。又曰：諸臣無深思遠慮，輕以議革。又曰：惟狥士民苟且之計，不爲日後深長之謨。又曰：不知經國遠猷，請乞聖明漸次議復者是也。此可不可兩端，卒之不可者不能勝乎，可者而竟革之。當其時，旁觀諸臣咸謂聖祖詔户部不用吴江浙諸省人，蓋恐議減賦税，私其鄉。今觀以種馬可革者，皆種馬地方諸臣，而首政者不知祖制軍機，而誤聽之，即是而知聖祖真有見已。顧革之後，馬羣遂空，纔有徵發司馬便以爲難。此其在今日如此，他日益可知已。至今懷籌者猶以革復之際，難於爲言，大都亦有可不可兩端。曰：前者不可革而輕可，於革後者可復，而不可於遽復者也。其爲不可革而輕可於革者，則曰有種馬之時，初則法令簡信，而後則煩苛屢更；初則官吏勤畏，而後乃貪殘陵恣；初則牧地廣，而後爲豪貴侵奪；初解俵徵駒，而後一切不問。又，初即孳生，見在之駒，隨有起解，解至即收，以俟將來臕息茁長，無分於高卑、大小、牝牡，無別於彼此多寡分數，無勞於揀擇追求；而后則較量尺寸，論別於牝牡分數，又揀擇屢换，追求不已。初則即駒堪俵者起俵，堪種者補種，不堪者賣價，半貯庫助俵，半給賞養户；而後即有駒不補，給種變賣，無可起俵、助俵，給賞有名無實，紛紜弊害叢生。使善處興革者於此時能察民疾苦，即此弊害革之使去，即可以脩前政，垂永久，乃何其輕於議之主之而不顧也。其爲可復而不可於遽復者，則曰：民難與創始，可與樂成，當二祖開創之初，百戰經營，以馬爲急，漸次而始，民亦漸次而樂其成。而後一旦棄其成績而革，民亦以革而樂其成。今遽議之，民難與始。且畿輔之民，數十年來，凡科斂煩急，徵調頻殷，祲饉薦臻，盜賊訌攘，杼軸内空，瘡痍外集，忽欲循舉成事，民誰與樂？柰何能強不樂之民，而爲此莫大之舉也。顧未革之先，則種民獨稱疾苦；既革之後，今買俵者、寄養者均稱爲疾苦其士民。若有不能一朝解之使去，亦猶往種馬時。然無有異者，顧所稱艱，亦誠爲艱，特艱在一時，爲身家計爾。若爲國家計，則以夷狄侵，聖世恒有饑饉，師旅不得已爲權宜兵食之計。聖門必講今者買俵、寄養皆缺乏，萬一急需，乏馬將戰守無資，將必臨時加派於民，民於是時變故在前，徵催在後，所稱艱者，當有百倍於常日。是以重有慨於隆慶〔三〕〔二〕年、萬曆九年首政者輕於革，不能以理以時爲權衡，而以己意預之且輕狥之也。或謂：既不可復，而又不可不復，爲今之籌者，將何以善之？亦曰：審其時，酌其理，求於俵、寄、買三者之間，求所以經常變補救弊之術，俾民不擾而馬得足，又當預爲之圖，是爲惟事事乃其有備，有備無患，亦制治未亂，保邦未危之道。有非出位越俎者，所敢知也。以上種馬。

皇朝馬政紀卷之三

俵馬三

俵馬者，以種馬騍駒表其良者，起解以備用者也。《會典》、《太僕志》載：國初，種馬騍駒俱搭配、補種，餘即變價入官，以俟湊補、給賞、置廄之用，未有解俵者。正統十四年，以虜變取馬，一時不至，難應猝變，始於孳牧内歲取備用馬二萬匹，寄養京輔三府，以備不時調兑，是爲起解之始。正德二年，專於買俵，猶係就種馬額數出銀買者。至隆慶二年半賣，萬曆九年全賣之。後則一槩將丁糧均派，徵銀在官，給馬户買俵矣。其俵解，又令各府州縣，每歲將應解馬匹隨數多寡，分春秋二運。《會典》載：舊例不蠲免，自成化以來多所蠲免。或全免，或量免，或緩徵，或永改折，或暫改折，定以分數、年限，各視其災之輕重，以爲等。紀俵馬二。俵者，表識之。謂以種馬騍駒表識其内之良者，即以此起解，謂之俵解。又以俵解、俵用、騎操、折易并進納，俱印烙以防姦弊，謂之印俵。其孳生及賠納駒應交印者，謂之交俵。差官各地，將空閑增出人丁俵散領養，謂之俵散。俵散者，即寄民間餵養者。嘗考古無俵字，蓋即表字，後旁加『亻』爲俵，以『亻』表識良馬備用爲義。此蓋近增字，今通用。

兩京太僕寺額派備用俵馬 此太僕寺、南京太僕寺並同者

正統十四年，令歲取備用馬二萬匹。北直隸、河南、山東取七分，南直隸取三分，俱限八月以裏解部，發太

僕寺驗印給俵。後增減分數、本色、折色，節年不等。

成化四年，議備用馬太僕寺取七分，南京太僕寺取五分，差官吏管解。兵部題，每歲備用馬匹，太僕寺取七分，南京太僕寺取五分，俱限八月以裏，所部各府州縣解馬。二十匹以上，差官解管；二十匹以下，及有事故等項，方許差吏。違限者，照例參送法司。以後解馬違限，并違例差人及一年之上不來完馬取批者，一體照例究問。奉旨，是。

成化二十一年，奏准南京太僕寺所屬地方備用馬匹，從各府州縣徑解北京交俵。如有拖欠及補完之數，仍行南京太僕寺照查。

弘治三年，題准暫取備用馬一萬匹。兵部題覆，該吏部等衙門尚書王等會議得：『在京原無寄養馬匹，自正統十四年北虜侵犯，京師一時缺馬騎操。該太僕寺奏准將順天府所屬人户孳牧馬匹，分散保定等府人户領養。卻於南京太僕寺孳牧馬匹內，每歲取二萬匹赴京，分送順天府所屬人户寄養備用，以十年論之。該馬二十萬匹，民户有限，馬匹太多，連年倒死者不止十數餘萬。及至追補，又告艱難，徒費民財，無益於用。若照前數行取，不無累及逃亡。今後合無將備用馬每歲暫取一萬匹，本色折色，臨時具奏定奪。如果緊急用馬，照舊取用，或發銀收買。』奉旨，准行。

弘治五年，題准備用馬每歲止取一萬匹。北直隸、河南、山東并南直隸、徐州所屬，俱解本色。內永平府折色、本色中半；廬州、鳳陽二府，滁、和二州解本色七分，折色三分；淮、陽二府，應天江浦、六合二縣，解本色四分，折色六分；應天府上元等縣，鎮江、太平、寧國所屬，俱解折色。舊例：每匹折銀十兩。其本色馬，務要揀選堪以騎操，四歲以上，七歲以下。折色銀，亦要辨驗足色。各令依期委管馬官員，解俵馬匹，折銀事例。行之二三年，備用馬匹有無勾用，另行奏請定奪。

弘治七年，題准每歲止取備用馬一萬匹。北直隸各府，定限八月以裏；南直隸各府，定限九月以裏解部。兵部題覆御史潘楷奏，要將每歲備用該解馬匹一萬，并令與解馬人員地方遠近，到京日期。本部議得：合無行南京太僕寺轉行各該養馬府州縣，自弘治六年爲始，俱照奏准事例。今後每歲止取備用馬一萬匹，其管解人員，直隸、保定、及山東、河南等府州縣，每歲定限八月以裏；南直隸、應天、鎮江并鳳陽等府州縣，每歲定限九月以裏解部。如果緊急用馬，仍照舊例取用。奉旨，准擬。

弘治九年，令孳生馬齒少力強而不及四尺以上者，亦聽印俵。兵部題該吏科右給事中韓祐等奏，本部議得：合無兩京太僕寺轉行各該管寺丞，查照先行事理，每遇行取備用馬匹，務要預詣各州縣將孳生兒馬駒并買補內逐一揀選，堪中者造用印信册鈐記，管馬官員解赴本部，發寺驗收。如孳駒内齒生少，身力強壯，止是尺寸略有不及，亦聽選，不必拘取於四尺之上。各該寺丞仍前不行，親詣州揀選，每縣馬一百匹揀退三十匹以上者，本寺開報本部參究拿問如律。若解到馬匹堪以收俵，毛齒、尺寸對册無差，該寺聽信醫獸人等妄言揀退，許管寺丞或委解馬人員將揀退馬匹送部看驗，定奪具奏。奉旨，是。

正德二年，奏准太僕寺歲取備用大馬止照種馬定額。每羣派取一匹，其種馬生駒起俵變賣，悉聽自便。

正德二年，奏准派取各處備用馬二萬五千匹。太僕寺所屬七分，俱本色。南京太僕寺所屬取三分，本、折色中半。北直隸、山東、河南限六月終，南直隸限七月終，各差管馬官解俵。

正德十一年，奏准：今後奏派寄養馬，不許更改加添。積有餘馬，作價收買，不致泛濫多派，難以徵解。該御史周鵷奏：要將每年徵解備用馬立爲定規，悉照正統二等年數坐派。積有餘馬，作價收買，不致泛濫多派，難以徵納。但恐各官意見不同，仍復更張，致爲民害。本部每年派馬之時，務要遵守前例，以爲定規。如有任意更改、加添者，聽兵科論奏，改正。題，奉旨，是。

正德十一年，奏准：備用馬除沛縣免派外，徐州止派六十匹，蕭縣三十匹，碭山縣四十匹，豐縣二十匹。

俱先盡上中户内人丁，每四十五丁歲朋出馬一匹，折徵銀十五兩。其寶應、清河縣，各於原派數内減派二十五匹；興化縣、高郵州，各減派二十匹；邳州、江都、宿遷、鳳陽、桃源等縣，各減派一十匹。俱先盡極貧無産下户。

本年題准：每年備用馬匹，額派本、折色二萬五千匹。内取本色馬二萬匹，折色馬五千匹，本折相兼，緩急備用。若各年寄養馬匹，除已兑過各邊關營之外積有多餘，量再減派。《馬政條例》：每年徵解備用馬匹立爲定例，坐派二萬五千匹。上年積有餘馬，下年量減本色，扣加折色。積有餘銀存留，用馬數多年分，作價收買，不致泛濫。兵部奏，准《馬政條例》：一、近京地方，寄養馬匹專備京邊戰馬之用。舊例，每年寄養不過二萬匹，而又交兑有時，所以地方有餘，民不受累。加派備用馬匹數多，京邊交兑數少，以致寄養尚多，民不堪命。清審編派，利病雖係有司；通融斂散，得失全由本部。正德十年，奏派馬二萬五千匹，漸復舊規。又交兑京營、宣大等邊數多，民力漸寬。今後每年奏派備用馬二萬五千匹，内取二萬匹，緩急彀用。折色馬五千匹，每匹徵銀一十八兩。若各年寄養馬匹，除兑給京邊之外積有多餘，量再減派，務令馬少而膘壯得用，毋使馬多而羸瘦累民。

嘉靖四年，令扣算寄養備用馬匹。歲常有二萬之數，不必多派，以累小民。其起俵馬駒，酌量地方豐歉，加派折色，送寺收貯，以備臨時買馬。

嘉靖七年，題准以地方災傷，山東沂州、魚臺、郯、單、滕、費等六州縣，備用馬俱派折色。其餘太僕寺所屬地方，量派本色馬三千匹。餘馬一萬四千五百匹，亦徵折色。每匹徵銀一十五兩，均作二運。南京太僕寺所屬，通派折色。每匹徵銀一十四兩，俱作一運。

嘉靖八年，題准：見在寄養馬數多，將歲派本色折色，俱照七年例。原係折色者，每匹徵銀十八兩；本改折者，每匹二十兩。

嘉靖二十三年，題准：北直隸、山東、河南灾傷，將預徵七分馬匹，改派灾重者改折色三分，仍徵本色四分，次灾者改折色二分，仍徵本色五分。每折色一匹，徵銀二十四兩。

嘉靖二十七年，題准：南直隸各府州縣備用馬匹，以後俱派折色內。原係折色者，徵銀二十四兩；本改折者，徵銀三十兩。本部題，奉欽依，內事理將南直隸各府州縣應徵馬匹照舊全派折色。查照《節年事例》，原係本色者，徵銀三十兩；原係折色者，徵銀二十四兩。北直隸、山東、河南暫改折色者，俱徵銀二十四兩。各照數催督徵完，依限解部，發寺備用。其永平府被虜地方，該寺備細查勘實經被害去處，審實人户，一體全派折色，以示甦息馬價，毋得漫假。

本年，又議准沂、費、郯、滕、嶧五州縣，備用馬以後俱改折色。

嘉靖四十二年，題准：各州縣起解備用馬匹，每匹徵銀二十七兩。內二十二兩給馬户買馬，五兩充爲路費。務要看驗合式。兵部覆該御史吴守題，本部查得題准《派馬事例》：本色馬務要揀選身高四尺，兒馬五歲，騸馬八歲以下，方許起俵。近年以來，或狡猾减價買抵，或權豪囑托换易，以致馬匹矮小，大半不堪。御史吴守謂：『與其驗退於到寺之日，不若精選於起俵之初。』合行南北印馬御史，會同各該撫按衙門行令各府州縣，以後起俵備用本色馬，每匹定銀二十七兩，內二十二兩買馬，五兩充爲路費。此外，不許分毫科取。其馬務要中式，各該掌印官親驗停當，解部發寺交收。果有驗多中選，且無虧欠者，少卿等官會呈本部，咨送吏部旌擢。仍襲前弊者，參奏罷黜。至於兜攬、抵易等弊，各該衙門以後通行嚴禁。

嘉靖四十五年，議准寄養馬大約總計止用三萬，此外不許多派俵。

隆慶元年，題准：各處起解備用馬匹，每匹徵銀三十兩。全給馬户買解，不許扣留。

隆慶四年，議准：本年備用馬，北直隸、山東、河南一萬七千五百匹，内本色八分，折色二分。南直隸七千五百匹，全派折色。其本色馬，俱要揀選，方許起俵。折色，照例不分南北，每匹徵銀二十四兩。

萬曆元年，題准：北直隸、山東、河南備用馬，本折均配。真定、大名、濟南、開封、衛輝、彰德六府，爲一半；保定、順德、廣平、永平、河間、東昌、兖州、歸德八府，爲一半。年半輪派，一半徵解折色，一半徵解本色。

萬曆六年，議准：南京、廬州、滁、和爲一年，鳳陽爲一年，輪派如北方例。

萬曆七年，題准：南京、廬、鳳、滁、和舊征本色七分者，今減爲六分。

萬曆九年，種馬既革，鳳陽等府各屬州縣，尚輪解大馬各數不等。共二百二十三匹。

萬曆十四年，題准：北直隸、南直隸各灾傷地方，於折色二十四兩，曾減二兩，未免者，皆全徵。

萬曆十五年，鳳陽、廬、滁、和各屬州縣，輪解大馬二百二十三匹，盡行改折銀三十兩。該本寺卿羅題：『照得南馬矮小，加以路途窎遠，俵解艱難，即如今歲虹縣盡數退回，其餘州縣亦皆大半不堪。不惟無裨軍興，且至賠累寄養。合無將前馬每匹折徵銀三十兩，類解本寺至今止有派徵薊鎮馬，改折銀兩、類解薊州。

各府州縣每輪解俵備用馬每歲額數

正統十四年，於種馬内起解備用馬數，以春秋二運起解。直隸大名府二千一百七十六匹，内擠乳馬七匹。保定府一千五百八十九匹，内擠乳馬八匹。順德府七百四十三匹，内擠乳馬五匹。廣平府七百五十四匹，内擠乳馬五匹。真定府三千五百二十七匹，内擠乳馬十四匹。河間府一千七百二匹，内擠乳馬五匹。永平府九百三十四匹，内擠乳馬十匹。河南開封府二百五十七匹，彰德府二百三匹，衛輝府八十三匹，歸德府考成縣六匹，山東濟南府二千八百一十二匹，東昌府六百七十六匹。

軍衛解俵馬數

在京龍驤等原二十六衛，後將義勇中、左，神武後三衛，俱改陵衛，免養不解俵外，共二十三匹。在外保定等四十六衛，各解俵一匹，共四十六匹。

南太僕寺解俵本折馬額數

應天府各縣并帶徵滁州衛，共九百三十一匹〔一四〕。後減七匹，止九百二十四匹。本色四十八匹，折色八百八十四匹。舊零八分。

直隸鳳陽府各州縣，共一千八百八十六匹。内本色馬一千五百五十五匹，折色三百三十一匹。

揚州府除海門外，九州縣共一千四十五匹。内本色五百四十一匹，折色五百四匹。

淮安府各州縣，共一千一百九十七匹。内本色六百八匹，折色五百八十九匹。

廬州府除英山縣外，七州縣共八百六十七匹〔一五〕。原内本色七百九十一匹，折色一百五十一匹。

滁州并各縣又帶徵滁州衛，共二百一十五匹。内本色一百七十五匹，折色四十匹。

和州并含山縣，共一百二十八匹。内本色一百四匹，折色二十四匹。

徐州并蕭、碭山、豐三縣，共一百五十匹。俱折色，共一百五十匹。

廣德州建平縣，一百六十匹。俱折色，一百六十匹。

寧國府南陵縣，一百五十匹。俱折色，一百五十匹。

鎮江府各縣，共四百六十八匹。俱折色，四百六十八匹。

太平府各縣，共二百九十匹。俱折色，二百九十匹。

太僕寺買俵馬　自此兩京太僕寺異，此爲太僕寺見買本色，其餘解折色者。

自萬曆九年盡賣種馬後，此爲專徵銀買俵之始。以前兩太僕寺各俵分數，買俵。南京太僕寺以所買者解至太僕寺交驗。至萬曆十四年，盡行改折。惟有北直隸、河南、山東十四府之馬解寺。故此紀太僕寺專買本色馬，而南京太僕寺專解折色銀，分而紀之於下。以便稽考者。

萬曆九年，始議盡賣種馬，徵銀買俵起解，收發寄養。該兵部題准：各府州縣照原俵例，舊系本色者，徵銀三十兩，係折色者，徵銀二十四兩。每年派到本色，支原徵本色銀。内將馬價二十四兩，草料六兩，買馬一匹，起解至京。每年兵部題請劄行本寺，依分派各府若干，各府照依分派各屬若干。其内申明馬價二十四兩，草料六兩，俱要給與買解大户。仍禁各屬不得給平估之時值，假節省之虚名，充侵尅之實囊。以致所買馬矮小、瘸損，及姦頑馬户齎價赴京，交通醫、販人等，收買騎傷、攛膔、鑽渠、鞭花不堪馬匹，朦朧解入，違者俱行究治。

萬曆十八年，題准：其起俵馬匹，不行用心揀選，任其瘸小不堪，聽憑積販包攬俵解者；寄養馬匹，不行加意查驗，以致瘠損、倒死數多；或應買補，不行追補；或任馬户以小馬抵換原發大馬，或以生作死，私賣重價，希圖輕價買補者；通計其馬數，以爲分數，三分以上者，罰俸五分，以上者住俸。候下次查驗膔壯，買補總計至八分以上，始請開復。本部仍咨吏部，將馬政修舉者，行取擢用以示勸牧事廢弛者，附簿劣處以示懲。若州縣佐貳、首領有科尅馬户，事發有實迹者，聽該寺提問。至於解户各衙門需索，務裁損以省繁費；

寄户鞍花、鐙花，量爲寬禁，以塞騙局。相應悉如議行。

萬曆二十年，題准：預派期，俱於本年九月以内，不再得過期，以致民累。該印馬御史樊玉衡、劉曰梧題，於秋運將終八九月之時。本寺即以議派本折分數，該部題覆，轉行各屬，庶於各官民徵解皆便。

萬曆二十年，題准：内稱查得萬曆二年題准，將保定、順德、廣平、河間、永平、兖州、東昌、歸德八府，與真定、大名、濟南、開封、衛輝、彰德六府，各一年輪派本色。又查得萬曆六年本色四分，其三年六分五釐，十六年三分，十八年五分二釐，十九年五分九釐，各分數不等。已而，又爲幇派、帶派科條詳而弊愈滋。夫派無定數，則小民以不均而受累；法無畫一，則吏書得因緣而爲姦。以故州縣往往加賦不止，撫按無所覈其數，有司不得明其守。方今邊境多事之時，正爲馬政修舉之日。合無斟酌節年馬數，定爲成規。通融於保定等十四府原額内，首派本色三分。以後，量年分灾傷及兩路缺馬，隨量行增減，自二分至四、五、六分以上，並臨時裁酌。本寺卿于汝訓題，該兵部尚書石復議：『依擬。以後年分，俱照此行。』

萬曆二十一年，題准：俵馬務要足二萬之數。於直隸、山東、河南三省真定等十四府，均派本色馬匹。其或灾傷年分，待各撫按衙門奏勘明白，兵部覆奉行寺，照依減派本色或折色，轉行各府屬分派各州縣，依舊例，頭二運俵解。一、頭運：直隸真定、保定、河間三府，俱限二月二十日以裏。順德、廣平、大名、永平四府，俱限二月二十五日以裏，山東、河南所屬，俱限二月初十日以裏；南直隸所屬府州縣，折色馬價俱限五月終解寺；河南歸德府一府併作一運，亦限五月終解寺。二運：俱限九月以前，通行完報。如有俵解過限二個月以上者，呈部類參，如至三個月以上至半年者，許指名參奏。承批人員違限一個月以上，參送問罪。其衛所折色，亦照本府限期解納。如違，一照前限，將承批人役參送問罪；其係千百户承批，雖過限，亦須呈部類參。以上近例過限或一個月，或二個月，或三個月者，照各部舊例。水程不便行問究，果遠至三月外者，仍照例行。若係災傷重大年分，照依彼處撫按官奏題寬限緩徵，待各府州縣申文至日，查係的確，亦不究問限期。題准：各違限違例，每歲終太僕寺呈部查究，行各該巡按御史提問，奏報不許延至隔年。其不赴掣總通判及吏役遲慢等〔項〕，須該寺徑行查處。

萬曆二十二年，題准：照萬曆二十年馬，以十分爲率，普派本色三分，折色七分。定例：權於各府本色三分之内，分别災傷輕重、極重者，本色盡改折色；稍輕者，少派本色，無災者多派本色。其河間等各府所屬各州縣，災重者，本色三分俱暫改折色；保定等七府所屬各州縣，被災稍輕者，派本色三分，暫改折色一分；兖州、東昌二府，被災又次者，派本色三分五釐，暫改折色五釐；永平、彰德、衛輝三府，原係無災仍量派本色三分。所派原係本色，暫改折色者，每匹徵銀三十兩。其餘原額七分折色，每匹徵銀二十四兩。該保定巡撫劉題稱：『地方重災，欲將本色槩議改折。每匹徵銀三十兩，解寺貯庫，給各邊鎮。止用十五六兩，可得中騎；二十兩，可得上騎。軍不乏騎而民得稍寬一分，即受一分之益。查得萬曆十一年該兵部題稱：「用馬係干軍需重務，歲豐則多徵本色，以備征戰；歲歉則酌量改折，以蘇民艱。祖宗立法，盡善盡美。今歲各該地方饑饉薦臻，小民困苦，真定、大名等府，俱盡派折色。」萬曆十四年，該前撫臣貫三近、御史劉霖因災題免備用本、折馬匹一年，又將十五年折色馬匹量減二兩。遵行在卷，臣等屢徼天惠，不敢望行減免。只將本色馬匹折解一年，可實内庫，可寬民力，後照舊俵解。』兵部行本寺議：『民間災傷，固所當恤；軍國大計，尤所當重。合行撫、按，查各災傷重輕，酌派本、折，庶民災與國計均益。』撫、按勘回，本寺再查，兵部覆奏，如議行。

萬曆二十二年〔一六〕，爲寄養缺乏照額數，題准保定等府普派本色四分，折色六分。以後年分，普派三分或二分幾釐。又，本年北直隸山河諸府，派數甚多，民力難勝，乃將薊州折色馬餘二百八十三匹外，其七百餘匹暫派南直、應、鎮、寧、太、廬六府以示均平。

萬曆二十三年，議定：九月内本寺派定各府分數呈部，題奉欽依。覆行本寺轉行各府，照奏内分數，分派各屬照舊。如有分數内不足買一匹者，本府徑自議支原徵本色在庫者，凑足三十兩，令買一匹起解。仍預先申明，以便查收。

萬曆二十四年，題議俵馬見行。該本寺卿楊題：『買俵者有伍始於起，故一曰起俵。自種馬革，議照地畝徵銀，僉大户買俵。每匹二十四兩，草料、路費陸兩，價善矣，宜得良馬。乃諸臣屢言，州縣官一給平估之時值，一假節省之虚名，一充侵尅之實囊，三者清濁不同，虧少馬價則一。民因不敢養，限逼問諸販，民不從則强取之，不肯販遠，商亦不至。再逼，則遣俵户買之他所，各姦販與積棍包攬者哄聳州縣，謂各方無馬，有必重價，乃有二三十兩至四五十兩者，而馬又未必良也。薊北馬羣，即今真、保；《衛詩》「騋牝」，即今衛、彰，「魯侯駉駉」，即今濟、兖間；皆馬鄉也，風土如故。邇聞東土小邑民家，惟養驢騾，非有勢力不養馬。一養，官必强取，且貽後累，此乃威民且驅馬。有官如此，馬計由匱。屢經兵部申飭，今尚猶然。人言：州縣官者以馬良不足爲功最，不良不足爲罪殿。故視泛常是在後欵舉劾嚴之爾，起在於解。故二曰解俵。解自州縣，申册内開解官、俵户、獸醫姓名，馬尺寸、齒數、毛色。如皆正身守法者，則馬與申册相同，馬必良；或係積棍包攬，則馬與申册不同，馬必不良。又或州縣編頭户責富差貧，臨時又以哄嚇限逼，預給一空文册與之，至本寺當驗硃上之墨，尺寸、齒色與册不同者，馬必不良。前寺卿唐堯欽疏言：「不良則價賤得利多，良則無所牟利。」年年此解役，年年此醫獸，内外交通，夥黨聯結。混然而收則喜，稍加别白，一换猶是，再换、三四换，亦猶是。一縣猶是，兩縣、三四縣亦猶是。始哀鳴，繼求書，終騰謗。况一换之間，此輩復與馬販朋謀，冒開費用價值，歸勒騙於各户，將憐其重費而不换。馬無俾戎用，它年不與調兑。是姑息於俵户者，又重累於寄户也。解在於收。故三曰收俵。前臣謂有二弊，一在寺役通同。成化、弘治間，《問刑條例》一欵：「司府州縣起解，若有馬販交通官吏、醫獸人等，兜攬作弊，俱問罪枷號一個月，發邊遠充軍；　再犯、累犯者，枷號一個月，發極邊衛充軍。」嘉靖間，申飭。正德間，御史周鵷奏：「該寺醫獸人等，多係積慣，百計瞞官作弊，本一馬，今日關節未通，則稱老病不堪，以致退出；　明日關節已通，則稱齒少無病，以致驗中。又，奸頑馬户，齎價赴京，交通醫販人等，收買騎傷、攛膔、鑽渠、鞭花不堪馬匹，朦朧驗俵。寺官不行用心看驗，嚴行禁治，以致前弊益滋。」合無令該寺遇解到，即便查照原來文册，逐一親驗。　其揀退，查先例就於騌下用「退」字小印，以杜奸弊，此一也。一在勢豪囑托。正德間，南太僕寺卿楊琥題奉欽依：「今後敢有仍前依勢兜攬囑托，及通同官吏、醫獸人等作弊，浪估價銀〔一七〕，瞞官害民，在京送法司，在外聽撫按官照前項枷號。官軍俱調極邊差操，舍餘人等俱發邊衛充軍。官吏、醫獸人等，一體治罪。干礙内外勢豪人員，徑自具實奏請，治其攛哄。老病原馬驗退，仍還原主價銀。若勒掯不還，許陳告，枷號治罪。」此一也。據此，凡寺役，當重懲；　若獸醫，近取宛、大二縣，皆素交通爲弊者。以後如舊例，別取附近州縣者，至則封閉不令與寺役交通。或有法外深奸，速察懲之。若勢豪囑托，如唐堯欽所謂求書者，本寺指實奏請治罪。乃警一戒百，有益寄户，而俵户亦省費干請。收在於印，故四曰印俵。俵馬，《會典》開載舊例，州縣各用印烙，始行起解。其後，奏准免用，蓋爲擇退即得變價別買，便於換易，以示寬恕也。惟本寺驗收不堪者，用「退」字小印於騌下，以妨奸弊。近亦不用，乃各官解醫獸交通本寺書吏、人役，醫獸有驗不堪退出者，復或借良者入驗，驗畢，又將前退出者朦朧混入，得收印。以致俵户無復於留心買良，祇圖徼倖。沿此故套，及查頻年收印，有良亦有類此者。即諸臣皆謂難覈，可知也。惟是用小印於騌下，自不得混入，將使風行預戒，諸弊不生。後日有不待屢換，可必得良者。乃州縣起解，印亦當申請復用。或賢官，或取良，起俵中途無印，爲解役醫獸私責至京，恃沿朦朧故套，以致馬不良，官績不著。惟此印復用，庶免此弊。或以前免用，爲便責換，詎知馬良不换，换必不良。不良者，敢爲欺罔本寺，又誣累州縣官，是何可姑息(隨)〔隳〕其套中也〔一八〕，印在於發，故五曰發俵。凡俵户固難，但五年編買，一年後有數年安居。在養户，當經數年、拾餘年，前馬纔兑，後馬復至，不免一家舉勞，或倒失，賠償有費，似於尤難。誠得本寺驗發悉如式，齒無柒歲外，尺無三尺七〔尺〕〔寸〕〔下〕，又精神膔壮猶可，倘不如式，又非膔壮，本寺曲爲俵發，又令原解及寺役送之。遂挾令州縣驗發勒養户收受，有力者亦不肯受，如柔懦及輪貼、顧倩者，惟苟圖小利，朋結哄受，有一月或一年即倒者。律坐問罪賠補，至痛備榜掠，絶産賣子，不能完償。州縣從寬聽賠，又非事體。誠收如式發日又不用原解寺役，别行遣人發送，内有不堪，即許州縣申請，或令養户告换代請。倘有發果良，但路次因水草馳涉微疵，亦令州縣醫治，愈日始發，不得勒受。庶無煩民賠累，安意餧養。』

買俵本折額數　此見在實數

大名府二千一百六十九匹，外擠乳本色馬七匹。

保定府一千四百六十一匹，外擠乳本色馬七匹。

順德府七百三十八匹，外擠乳本色馬七匹。

廣平府七百四十九匹，外擠乳本色馬七匹。

真定府三千四百三十六匹。外擠乳本色馬七匹。

河間府一千六十七匹，外擠乳本色馬七匹。

永平府九百二十四匹，外擠乳本色馬七匹。

河南開封府二百五十七匹，外擠乳本色馬七匹。

彰德府二百三匹，外擠乳本色馬七匹。

衛輝府八十三匹，外擠乳本色馬七匹。

歸德府考城六匹，

山東濟南府二千六百六十八匹，外擠乳本色馬七匹。

兖州府二千七十八匹，内（外？）有永改折色，不起倈沂、費、郯三州縣馬，七百三十四匹。總爲二千八百一十二匹，外擠乳本色馬七匹。

東昌府六百七十六匹。外擠乳本色馬七匹。

以上本、折馬一萬六千五百一十五匹。原係本色者徵銀三十兩，折色者徵銀二十四兩，每年各州縣照數徵收在庫。俟奉到本寺普派本、折分數，到日即將原徵三十兩，内以二十四兩爲馬價、六兩爲路費、草料，發馬户買倈一匹。此外，一槩俱作折色，以二十四兩數起解。其本、折原徵收總數，每年一萬六千五百一十五匹，該徵銀三十九萬六千三百六十十兩，外加沂、費、郯三州縣永改折色馬七百三十四匹，每匹或二十兩，則徵銀一萬四千（六十八）（六百八十）兩；或一十八兩，則徵銀一萬三千二百一十二兩，總共銀四十萬五千七百九十三兩三錢九釐四毫三絲。如本年奉派買倈本色五分，折色五分，則各該本折一半馬，八千二百七十有零；銀二十萬有零。或派本色四分、三分，則折色亦以次遞減。每歲本寺查行本色買倈，併查實在折色預行，多府行各州縣起解，俱作春秋兩運，差官吏解至，或馬隨各州縣自解。兩運依期而至，銀或併一次、或分二次，俱隨各府舊例，或類解，或分解不等。

按：考本寺每歲全徵折色銀，僅四十萬餘。歲派買本色，或三分，或四分，萬一有事，必五分以外。一至三分，則所徵銀已支去四十萬中之半矣，况五分以外，則又支過於一半之外矣。即此，僅能歲徵一十餘萬，合南直隸一十八萬有零，歲不過三十餘萬計爾。以此三十余萬之入，應補各邊近日買馬年例，尚爲匱缺。况如近日本寺及言官所疏，興師十萬，即以騎步中分，則五萬騎兵用馬五萬匹，如遇本寺有寄養馬，猶可徵調。如一時缺少，則每疋以三十兩數計，約費銀一百五十萬始足應此。今以所入三十餘萬總計之，當其時，將以此補各鎮年例乎？抑以之買馬，以應五萬騎之需乎？至是，計安所出！竊恐事變忽來，在民間非特無馬可賣，在本寺亦無銀可買，是兩窮矣。至是，始責本寺，則本寺前此、今此僅爲職守庫藏，而於廄牧之議，一皆係於兵部，並未預聞附議。雖欲於臨事責之，無及亦無益也。是以僭有占前慮後之意，謹槩書於此。

軍衛折俵額數

萬曆十八年，以萬曆九年裁革種馬，惟軍衛以種馬買俵者照舊不革。本年題准，今照舊改解折色，不得解馬。該本寺少卿唐堯欽題：『七十二衛所馬匹，既不堪兑，應令今年照例，馬價或責掌印官親解。』兵部覆：『自十九年爲始，俱令照例徵解折色。每匹照各衛所原派馬價銀數，解部發寺收貯，以備買馬支用。』

在京龍驤等衛，各俵一匹，徵銀數如寬河等，各徵銀三十兩。

在外保定等四十六衛，各俵一匹，徵銀如東勝右、忠義中、鎮朔、遵化、興州左，俱各三十兩。營州右、營州前、興〔州〕前、前州〔一九〕，俱各二十四兩。興州中、涿鹿左、涿鹿中、涿鹿、定邊，俱各二十二兩。營州中、營州后、營州左、興州後、武清，俱各二十兩。通州右、通州左、神武中。俱各十二兩。以上共折價銀一千六百七十七兩三分九釐四毫。

南京太僕寺折俵馬 此爲南京太僕寺見解折色者

南京太僕寺，舊解俵。既而買俵起解，俱與太僕寺同。自成化二年始有折銀，然特一二縣爾。自隆慶二年半賣，萬曆九年全賣。後尚買解二百數十匹，猶有存羊之意。至萬曆十五年，則盡去矣。自是後，本寺有銀無馬，惟歲將部、寺移文行於各屬，督率徵收解銷已爾。此在承平可稱清署，民亦謂不擾。萬一有事需馬，其何以應緩急哉！語在《南太僕寺志》中。

成化二年，兵部奏准：南直隸府州縣養馬地方，遞年起解兒馬來京，多矮小不堪徵操。今後江南該解馬匹，其不堪、不敷之數，每匹徵銀十兩，類解太僕寺收貯。隨時收(賣)〔買〕，寄養給操。

成化二十三年，鎮江知府熊佑奏革種馬，蓋爲鎮江一府而奏。兵部尚書余子俊議：『養馬騍駒，祖宗百年之成法，解徵價銀，官府一時之權宜。今若盡去種馬，歲出銀二千兩，以抵馬價。然必有種馬，乃可騍駒；既賣種馬，復徵馬價，是無田而徵租也。』遂停止。

弘治十四年，兵部奏：南直隸各府州縣解到備用馬，多不堪給軍騎操。收之，則累順天府寄養之民；退之，則解馬人户往來艱苦。請將驗中者，仍發順天府寄養；不堪者，退回變賣。併各年拖欠未解者，俱每匹徵銀十五兩，解部付太僕寺市馬，發府寄養。

弘治十五年，兵部派取備用馬一萬五千匹。太僕寺所屬七分，南京太僕寺所屬三分，於内折色一半，照舊徵銀十兩。其本色馬匹，果係孳生馬駒，齒歲身量相應者，方許起解。不足之數，不必重價買補。每匹徵銀十五兩，解部發寺，收貯買馬。

弘治十六年，都御史彭禮、禮科右給事中王績各題稱：應天府屬及太平、鎮江等府，俱在大江以南，風土不産好馬，難備軍前應用。欲弛舊例，以圖實用。每年印烙馬駒，務要逐一點閘查審，不必拘於八分，果有孳生好駒，量與印烙，聽候補種取用。如遇倒失，追賠。本色不堪之數，不必印烙，每匹令其變賣銀三兩。倒死徵銀，亦如其數。虧欠者，徵銀六兩。敢有遷延過年不納，或虧欠捏作倒死，事發各追銀十兩。備開數目，解部發寺，買馬支用。

弘治十七年，兵部據直隸徐州豐縣知縣田良等奏：本縣拖欠各年馬匹數多，所產瘦小，不堪解俵。乞照例折收價銀。題准：通將江北府州縣，自成化十二年起至十五年終止，拖欠備用馬匹，俱折價收納。

弘治二十二年，都御史劉璋奏稱：淮揚二府、滁和二州，雖在江北，實與江南地方相去不遠。所產馬匹矮小，不堪騎操。本年分暫照江南事例，每匹折收價銀十兩，解部秤收買馬。

本年，太僕寺寺丞劉鏞題准：南北直隸府州縣拖欠備用馬匹，自十六年至二十年止，各以十分爲率，一半照依江南事例每馬一匹折銀十兩，解部發寺，聽給邊方買馬支用。一半照舊起解本等馬匹。其二十一年以後拖欠者，仍令買俵。

弘治二十三年，都御史周鼐、王克復各奏稱：廬鳳二府所屬，并應天府江浦、六合二縣，所産馬匹矮小，准照灾傷，每匹收銀十二兩。以後照舊。

正德八年，奏准：每折色一匹，徵銀一十五兩；原係本色，改徵折色，每匹徵銀一十八兩。

正德十四年，應天府通判張海奏准：江浦、六合二縣，原派本色馬四十八匹；暫改折色，每匹折銀一十八兩。解太僕寺買馬支用。

正德十六年，南京工科給事中王紀等奏：南方水鄉所産馬匹，不堪邊用。要免其牧養種馬，定立歲辦額數[二〇]，量徵價值，解寺收貯，從便買用。該兵部議：寧國太平、鎮江三府，廣德并徐州俱免。

十六年，南京兵部議：應天、淮、揚、廬、鳳五府，滁、和二州，雖有本色之數，亦有折色中半。必欲通將南直隸備用馬匹俱派折色徵解，誠恐邊方卒有警報，騎徵官軍奏兑不給。縱使發銀收買，一時豈能濟事？仍照先年例，本折中半。

嘉靖元年，兵部題准：地方灾傷，行南直隸挂欠馬匹州縣，自正德十六年以前，曾經起解到部，送寺俵驗不堪，退回馬匹，聽從變賣。每匹照依南京太僕寺卿潘希曾所擬，徵銀一十八兩，解部發寺收貯，買馬支用。

嘉靖六七等年，兵部題：南直隸鳳陽等府地方，解到馬匹，俱各身量矮小，不堪俵兑。暫准嘉靖元年分備用馬匹，南京太僕寺所屬取三分，俱折色。原系折色者，每匹照舊徵銀一十八兩；原係本色者，每匹加銀二兩，共徵銀二十兩。起解收貯。

嘉靖十五年，都御史周金題准：撫屬地方，連年灾傷，民困至極。將淮、揚、廬、鳳四府，滁、和二州嘉靖十六、十七年分該備用本色馬匹，暫准照例折價，以後年豐，照舊額本、折中半。

嘉靖十七年，兵部題：本年分備用馬匹，照常年該派二萬五千匹。但各處有水灾，起解與餧養不前，若派不足，又恐調用不敷。准量派備用馬、擠乳馬共七千匹。其餘照先年題例，原係折色者，每匹仍徵銀一十八兩；原係本色，今該折色者，每匹仍徵銀二十兩。

嘉靖三十年，兵部題准：邊陲多警，北方乏馬收買。今後南直隸起解折色，不分永改及暫改，俱徵銀二十四兩。解部發寺，收貯買馬。

隆慶四年，奏准：要將廬、鳳二府本色馬匹，一體改徵折價。姑候五六年後，再行議派。兵部題覆：『看得太僕寺卿顧存仁所陳：南北直隸馬匹矮小，不堪調用，要將廬鳳府本色馬匹，一體改徵折價。姑候五六年後，再行議派。查得近該本部題派隆慶四年備用馬匹，爲因南直隸上年解納者數多矮小不堪，仍全派折色起解。如遇本色馬少，發銀於就近去處收買兑用。已經題奉：「欽依，通行欽遵去。」后今照本官所擬大略相同，相應悉如所擬馬價額派，買馬銀全給解户。』

萬曆十年以後，各州縣悉照買俵舊額，一切徵銀。照依九年所定例，輪年買馬。

萬曆十五年，本寺以廬、鳳、滁、和等處所解大馬，矮小不堪，又題覆：免解，止折銀三十兩。兵部議：將此二百七十二匹折，徵價銀三十兩，類解本寺，貯庫候買馬，自後，南太僕寺各府祇有銀，無馬解寺。萬曆九年，種馬既革。鳳陽等府各屬州縣，尚輪解大馬，各數不等。至萬曆十五年，本寺卿羅題：『照得南馬矮小，加以路途寫遠，俵解艱難，即如今歲虹縣盡數退回，其餘州縣亦皆大半不堪。不惟無裨軍興，且令貽累寄養。合無將前馬每匹折徵銀三十兩，類解本寺。每歲即將此銀給發薊州，抵補馬價。

萬曆二十二年，題准：泗州水灾，將馬價自二十一年起至二十三年止，暫免三年，少甦民困。

萬曆二十二年，因北方灾傷，寄養馬缺乏，將直隸、山河各府多派本色發養，將給發薊、鎮折色馬價一千匹，俱令鳳、廬、揚、應、鎮、寧、太七府派徵。內除淮安、徐州灾重者，暫免派〔二二〕。

折俵本折額數

應天府本折馬八百三十四匹，外解南京兵部馬九十九匹。

鳳陽府本折馬一千八百八十七匹，揚州府本折馬一千四十四匹，淮安府本折馬一千一百九十七匹，廬州府本折色馬八百七十六匹，滁州本折馬二百一十五匹，和州本折馬一百二十七匹，徐州折色馬一百五十匹，廣德州折色馬一百四十二匹，外解南京兵部馬一十四匹。

寧國府折色馬一百三十四匹，外解南京兵部馬一十六匹。

鎮江府折色馬四百一十六匹，外解南京兵部馬五十二匹。

太平府折色馬二百六十一匹。外解南京兵部馬三十二匹。

以上共本折馬七千三百八十三匹。亦係原派本色者，徵銀三十兩；折色者，徵銀二十四兩。其起解日，亦以二十四兩爲例。七千三百八十三匹，共該銀十八萬六千一百二十三兩六錢。内惟鳳陽一府爲一年，廬州并滁和二州爲一年輪年。舊係買本色大馬二百八十三匹，今亦俱改折。祇令查將原徵三十兩數解寺，抵充薊州。或有北方灾傷及歲派分數過多，難以抵補年分，即將薊州一千匹數分派各成熟府分，以原徵本色三十兩，凑足一千匹解寺，抵充薊州全數。自此外，一槩將前折色二十四兩數，起解太僕寺。亦於歲前議普派本色、本折時，一體呈部題覆，轉行南京太僕寺，查明各照各府州舊例，類解太僕寺。

按：考《南京太僕寺志》曰：『國之大事在戎，而戎之所重在馬。周制六軍，車乘悉出於民。而校人所掌者，特給公家之用而已。當時不聞其乏馬，而馬之在民者亦未聞其爲害。自秦人首開阡陌，歷漢唐以下，兵車不取之田賦，戎馬各從官給。及宋罷監牧，改保甲出馬，遂爲民病。豈古今土地生牧相遼絶哉！李覺云：「養馬之卒有罪無利，是以駒子生乃驅令齅灰而死，蓋餧養多而草料不貲，其害必至於破産。彼虧欠倒失，賠罰不過數緡。孰肯肥公家以剥己膏耶！且户配一馬，分日而飼，縶之維之，其可以蕃息乎。」此文潞公所以痛言於宋也。我朝賦牧於民，蠲其科徭，即復卒之遺意。初行江淮數郡，至永樂十九年都北京，則又行於山東、河南并北直隸七府。聖謨神算，榜示利病，豈無懲於宋事耶！第承平日久，玩惕乘之。加以官吏點視，刑責科罰，百端害之。所在人所必避，故百姓惟恐息駒貽害。不謀爲之隱諱，則謀爲之衝落，所以生息日微。縱有所産，率多矮小，卒不免宋人之弊者，勢則然也。而因噎止餐者，遂謂江淮不宜産，欲革去種馬，科户出錢應買。是無田而責其租，爲無名之徵矣。豈知聖祖藏賦於民之深意耶！況江淮自春秋以前，列國不相通。所用之馬，皆取於本國而已。觀申公巫臣使吴，教吴乘車蹙楚。是吴亦自有馬也。又，宋南渡以後，凡中國宜馬之地，悉爲金有。惟市於淮郡，而張、韓、劉、岳之出戰，亦未聞其乏馬。則知牧馬之政，修之由人，不在於地。余靖已言之於宋矣。使必拘之地産，則錢氏置監於婺女，昔何號爲「馬海」？彼衛「騋牝三千」，魯「駉駉牡馬」，至今又何寥如也？且起俵馬匹，類買於販徒，凡以得之民，民也甘於售馬販，而不樂於爲官養。是可不深求其故耶！雖前後建白，如通折價，便寄養，要亦因時灾傷，暫通其變以宜民而已，於定制不敢改也。使孳牧有道，則田埜盡精騎，朝發而夕可至矣。又何必市之馬販，徒以罔民已哉！是在典牧者加之意而已。』

《南京太僕志》又曰：『愚嘗讀書，至武成王來自商，至於豐，乃歸馬於華山之陽，放牛於桃林之野，示天下弗服，然猶脩周官牧圉之政於岐豐、鎬京等處。以及井甸所至，莫不有馬。其所以制治於未亂者，何其深且遠也！我聖祖龍飛淮甸，駐蹕滁陽，及天戈所向，殪漢踣吴，使中原百年腥羶之運，盡復冠裳，於是歸馬於滁陽。視歸馬華陽，與王至自豐者，益焯有光矣。又括江淮爲京輦神皋，脩馬復令，豈不爲萬年豐鎬圖耶！然諦觀形勝，北控魯魏，南盡吴越，東届海壖，西聯汝汴，自春秋以來，世爲爭戰之地。如魯以車徒克淮夷，吴以偏乘滅鐘離，灌嬰以驍卒蹙項羽於東城，謝玄以步騎敗符堅於淝水，是江淮之地未始不以馬取勝。而或者謂：非騎其所能展奮，然則聖謨睿算，其所以親定於滁，至再至三者，果無見於此耶！且設立本寺，專司江淮牧政，實强幹弱枝之道。當時北直隸一帶，不過以行太僕寺寄之。與今之遼東、山陝寺卿一也。及定鼎北京，守土者遂欲弛南牧，以要市於民。甚或管馬官員巧避本職，希營別差，於牧政漫不講求，則此法可終罷哉！昔王禹偁云：宋自太宗繼業，天下一家。議者乃合江淮諸郡，撤武備三十餘年。萬一竊發，何以枝梧？嗚呼！今豈無禹偁之慮乎！』以上二條，乃嘉靖己酉以前所志。是時，原額種馬如故，且言之如此。自隆慶二年、萬曆九年以後事，作志者未之見也。如其見之，則其所感慨，又當何如也。今特採附之，以備稽往者一覽。

皇朝馬政紀卷之四

寄養馬四

寄養馬者，以解俵者發寄民間牧養，以備用者也。《會典》、《太僕志》載：洪武間，京府舊有種馬而無寄養。自正統十四年始，以順天、保定、河間各州縣屬寄養之地。前此，皆以徵俵者發寄。自正德二年以後，則以買俵者發寄。往者種馬存時，以解俵民爲勞苦。近自革種馬而買俵，則俵民稱寧息，獨寄養民勞苦如舊。於是，民日望於調兑去，曁不發爾。顧防守須馬，自俵民稱寧息而官廄空虛，防守無賴，獨有寄養者在。如之何其可去而不發之，此其道在有司者。軫念養民勞苦，又係京輔之地，嘉意撫綏安養，俾得寧息，則民安馬壯，而防守有須，根本有賴。《書》曰：『民惟邦本，本固邦寧。』紀寄養馬四。

太僕寺寄養馬　此自正統至今見行者但今係買耳

《會典》內凡查點寄養馬疋，凡變賣寄養馬疋，凡買補寄養馬疋三欵，皆寄養內事，今隨年記之。若日行職掌，在人與時變通，有未容執一者，不紀此。

正統十四年，令順天府所屬州縣寄養各處起解備用馬疋，照北直隸事例論糧分俵。其本府各州縣原領孳生種駒，改撥直隸永平等府空閑人户。其備用馬歲取一萬疋，北直隸、河南、山東取七分，南直隸三分，俱限八月以裏解部，發太僕寺驗印給俵。或遇法司送到贓罰入官馬牛、驢騾，驗堪用者，亦照此例。順天府所屬州縣，原係寄養、孳牧相兼。至正統十四年，因虜寇犯邊，缺馬，該太僕寺奏稱，路途近者五六百里，遠者七百里，起俵之時，催促起京，草料不時，多致瘦損。軍不領用，百姓往復艱難。其順天府所屬孳養馬匹，遇緊不便取用。奏准：二十七州縣原養孳牧馬匹，盡數俵與附近直隸永平等府空閑人户，領養孳牧。着令本府專養騎操馬匹。《太僕志》載：順天府所屬二十七州縣，保定府所屬七州縣，河間府三縣，專一寄養馬匹。每地五十畝，養馬一匹。其昌平州宛、大二縣正德四年奏例：每地一頃五十畝，養馬一匹。及各州縣寄養馬匹如有倒失，有無賠補，其月報、季報備開新收、開除、實在數目查考。如遇取兑馬匹完日，各州縣具完呈送寺查册注銷，查有應免不免，那移作弊者，問罪。

弘治二年，奏准：寄養馬倒死，告官給印信文帖相視，方許開剥馬皮，送官變賣銀兩，給與養馬之人相兼買馬。俱要照依三個月事例賠補。候寺丞至日查驗，如馬不在，無票可照，開作倒死者，即係盜賣。就行拿送問刑衙門，照依近日奏行事例，問擬發落。

弘治二年，令馬齒未老而作踐成疾，不堪充軍者，原額人户追罰銀二兩。又令：寄養備用馬倒失，買補不及五分者，掌印管馬官俱住俸追陪。

弘治七年，令拖欠寄養馬，按月納銀。兵部題覆該太僕寺少卿彭禮奏：將順天所屬寄養倒失等項馬匹，爲二項。弘治元年至三年四月初五日以前，該追舊馬；弘治三年四月以後至六月終，該追新馬。舊馬一匹該追銀五兩，每月出銀一兩；新馬一匹，該銀十兩，每月出銀三兩，按月差官類解。

弘治七年，以順天府馬多丁少，先該太僕寺少卿彭禮奏，本部題准：又將保定府、易州等七州縣，河間府靜海等三縣，照丁給養俵備用馬匹。原養孳牧，另給滄州肅寧等處領養。

弘治七年，令順天、保定、河間各府凡三十七州縣，計地編户。凡户養一馬人户，共五萬六百餘。十年一編。

正德九年，本寺少卿楊奏，兵部議行：寄養馬匹，少卿親詣各該地方通行揀選，除老馬外，但有瘸瞎等項，即係作踐，照例於馬户下追銀二兩，類解該寺。仍要瘸瞎、老弱、不堪者若干；眼不雙瞎、病不至瘦損、不成病若干，造册送部，以憑議擬奏請變賣。以後，每年三次揀選，查處施行。

正德十六年，詔：順天、保定、河間三府各州縣，自正德三年以來，寄養馬匹俱各年齒衰老，節次充軍，揀退不堪，負累小民餵養。兵部行文太僕寺分管官，督同該府州縣管馬官勘實，果係老馬變賣，價銀轉解太僕寺貯庫，輳補買馬支用。

嘉靖二年，題准：各處倒失備用馬匹，分别年分遠近，係正德十年以前者，照舊每匹徵銀十兩；十五年以前者，每匹加銀二兩；十六年并嘉靖元年以後者，俱追賠本色。其係正德十五年官員騎傷、兑下弱馬，照正德十一年例，每匹追銀五兩。

嘉靖七年，奏請：差太僕寺少卿，督同該府州縣掌印官、管馬官查審寄養馬匹。領養年淺、膘壯、堪用者，遇調則先與交兑派，則後與俵領，其瘦弱不堪兑軍者，分别所養年分變賣。若七八年以上，價銀八九兩；十數年以上，六七兩。各從便招人交易，瘸瞎者亦量宜酌估。以後每十年一次，奏請施行，定爲常例。

嘉靖十三年，議准：寄養馬匹地方，查照原坐馬匹數目。先盡富户地多者，一人養一匹，其尤多者，兼養二三匹。地少者，二人朋養一匹。務令不失原數。若編派不公，遺累貧户，許撫按官及印馬御史拏問重治。

凡編户四萬六十餘，五年一編。

嘉靖四十二年，以養馬户田地抛荒者免養馬，議止派三萬匹。該印馬御史吴守題，兵部復議：看得順天、保定、河間所屬州縣，寄養馬原額四萬六千六十三匹。近以瘠地抛荒，窮民流移，以故州縣絶無上户派養，累及單丁。御史吴守欲要抛荒之地通融酌減，止派三萬匹。依議審編，大約總計止用三萬匹，此外不許多派。以後該派折色、本色，容臣等臨期酌量，多派折色，少派本色，則寄養之馬，自當漸減。

嘉靖四十二年，題准：將昌平州暫免寄養七年。兵部爲申明舊議，免發寄養：查得嘉靖三十一年，該巡按直隸監察御史鄢懋卿題稱，昌平地方衝疲，百姓被虜傷殘，要將該州寄養馬通行免派。本部議覆，准免派發。又查得嘉靖四十一年該太僕寺少卿劉燾，本部議覆：該州自二十九年被虜以來，已經一十三年生聚，寄養委當復舊。俱經題奉：『欽依，通行欽遵。』去後看得：巡按官既稱陵寢邊畿，俱有關係相應。行太僕寺將昌平州該寄養馬再免七年，通前休息二十年。生聚既繁，另行議復。若欲永爲停免，有乖舊制。奉聖旨，是。

嘉靖四十二年，題准：將各州縣分別三等，酌量增減，仍將人户丁田多寡照數分派。該印馬御史顧廷對奏，兵部覆議：看得寄養人户，原爲養馬而設。馬數不滿二萬，馬户多至四萬，徒存虚額，無濟實用。將各州縣分別上、中、下三等，酌量增減。仍查寄養人户丁田多寡，通融均派。大率止要二萬五千户實數，每年馬匹照數分派，倒失追本色、折色。

嘉靖四十二年，題准：以後倒失馬户，應買本色者，要壯大好馬，解寺發養。應追銀十二兩以下者，照舊。該御史顧廷對題，兵部覆議：倒失寄養馬匹，舊例俱是追銀。近該本部議，自四十三年爲始，領養十年以下，未經借兑者，俱追補本色，姑免問罪。十年以上及曾經借兑者〔二三〕，方許别年限追銀。蓋以買馬爲難，追銀爲易，馬户作弊，往往賤價買小馬，苟且充數。以致應買馬者重而反輕，應徵銀者輕而反重。以後，倒失馬户應買本色者，務要收買壯大合式好馬，解寺印烙，發屬寄養。其應該追銀十二兩以下者仍舊，不必更改。

嘉靖四十三年，題准：止派二萬五千户，又量地肥瘠編户，以後不得援以爲例。

嘉靖四十五年，議題：腹里寄養馬匹，照邊鎮團槽餵養。印馬御史顧廷對奏題：『欲修馬政，在盡牧養之宜。百姓養馬，四時之中，惟夏秋之月爲易而冬春之月爲難。夏秋天氣和暖，水草牧放，隨宜休息，無凍害之苦。比至冬月春初，草枯水涸，風烈氣寒，無牧養之便。在家鮮芻料之儲，縱田畝有所入，貼户有所資，而官司查點未及，目前之凍餒方殷，雖坐視其馬之斃，而有不恤者，亦其勢然也。甚者，人尚無食，何以飼馬；人尚無居，何以棲馬？故馬之倒失，惟寒冷之月爲多。一歲之中，自十月以至二月，於此數月而能善其餧養，保其膘息，則一歲飼牧之功思過半矣。臣請倣古監牧之制，而爲團槽餧養之法。州縣附城擇寬濶空隙、水草便益之地，每馬二百匹或三百匹爲一苑，每馬三匹爲一廐，至十月起至二月，各養馬人户通令在廐餧養。霸州文安曾有行此法者，一二歲間，馬匹膘息異於前，但以一時草率，未有定制，官離任而政即廢。』隨該兵部尚書楊議覆：『改革之際，極當慎重。人情事體，有無穩便，行各巡撫按會同印馬御史勘議，隨經回報，相應通行。各該州縣查驗各馬户領養之馬，但有膘息太損者，即拘集在城公所去處，或寺觀，或教場，行令團槽餧養。正官不時驗視，草料嚴加考比，必候膘息復舊，方許回家。卒有不堪，責令買補充用。』

隆慶二（元？）年，議准：寄養馬不堪充軍者，不必拘十年以上例，即照借兑次數，變賣價銀，及買補本色。該御史顧廷對條議：寄養馬匹，果有不堪者，不拘年限，俱准變賣。仍查已未借兑，酌量追補。兵部題覆：今照本官所議不堪馬匹，不拘已未借兑，俱令納銀。但備用馬匹額數不多，專爲兑軍，以備緩急，關係甚重。若因其傷損，一槩變賣，價多則民力不堪，價少則人將效尤，故意作踐，反滋弊端。合無將馬匹查驗，果係十年以上，瘸瞎、瘦損、不堪者，准其變賣。仍照舊例借兑一二次者，追銀十兩；三四次者，追銀八兩。未經借兑者，追補大馬，合式方許印烙。仍定限期，嚴催完報。其餘堪養之馬，責馬户用心餧養備用，不許捏稱傷損，一槩變賣，致生奸弊。

隆慶元年，題准：順天所屬薊州等九州縣，十分災傷〔一三〕。寄養馬酌量均匀調兑〔一四〕，以後解到馬匹，暫免分發，待後年豐，另行查發。其河間、保定二府，查勘被灾州縣，亦照順天府九州縣事例一體施行。該兵部題，看得巡撫順天等府都御史耿題稱：薊州文安、大城，保定東安、永清、武清、香河、漷縣等九州縣，十分灾傷，寄養馬共四千二百七十六匹，酌量多寡，均匀調取。先盡極貧馬户俵兑。薊昌二鎮各營路二千一百五十一匹，領養騎征；其餘剩馬二千一百二十五匹，照舊餧養。候邊營再有請討，另行兑給。仍行太僕寺，各處解到馬匹，暫免分發，待後豐年另行查發。其河間、保定二府，候查勘被灾州縣，照順天府九州縣事例，一體先行調兑。仍行太僕寺，以後解到馬匹，暫免分發，候豐年之日，另行查發寄養。

隆慶二年，題准：各府州縣寄養馬匹，每年止許查點十二次。兵備道以二月、八月，御史以四月或五月，少卿十月或十一月，凡四次。其餘月分，該州縣掌印官自行點視，凡八次。通判等官，不必再查。

隆慶四年，議准：寄養州縣各掌印官，將養馬人户，審别上中户領養。單丁、寡婦、殘疾者，不得一槩僉派。

隆慶四年，議准：寄養馬倒失變賣者，各照議定限期。走失者，限三個月；變賣者，限六個月；倒死者，限一年之内，買補足完。

隆慶六年，題准昌平州派養馬匹，盡數減免。

萬曆二年，以霸州永清等九州縣水灾，議准各邊題討馬匹，先將被灾州縣，分别重輕調兑。其餘空户，暫免俵發。

萬曆二年，議准：於額户二萬五千内，將通州、良鄉、涿州、漷縣共減去一千四百户，免發寄養，十年滿日仍舊〔二五〕。其應減見養馬匹，每匹變價十兩解用。該兵部尚書譚議得：太僕寺少卿何，欲減通州、涿州、良鄉、漷縣寄養馬匹，爲照：『畿輔根本重地，曆查寄養人户原額四萬六千，後相繼奏減，止存二萬五千户。今良鄉、涿州、通州、漷縣俱屬孔道，少卿何目擊民困，欲再減免，厥意甚美。但欲改派保定，革去種馬，於法未便，似難依從。先年議者欲盡裁革，荷蒙先皇聖明，僅革一半，然所革者，止不養馬耳，寄養解俵之數，如故也。今如所陳前項，州縣共該減馬二千一百三十六匹，移之保定，則保定約須革去種馬二千餘匹，方彀領養〔二六〕。而額數歲減。國課日虧，且順天屬邑疲累尚多，今房山縣民趙甫等已援例具告，臣等未敢擅行。萬一相繼具奏，豈惟煩瀆聖聰，將必盡廢寄養乃可耳。查得每年寄養馬匹，遵奉世宗皇帝聖旨，常以二萬爲率，而人户尚餘五千。見今宣大市馬，議解京營。本部歲派，多徵折色，則空閑之户可以調停酌處。合無將前項州縣暫爲停減，内良鄉減三百户，涿州減五百户，通州減四百户，漷縣減二百户，共減一千四百户。萬曆三年爲始。免發寄養限以十年，滿日物力稍舒、照舊派發。』奉聖旨：『依議行。』

萬曆九年，題准：寄養州縣如遇倒死馬匹，果係急症，醫治難痊者，免其問罪。十年以上，追銀八兩；十年以下，責令買補，若復病倒，止追銀五兩，不必再賠。其走失，查系被劫，力不能支，別無規避者，一體施行。若無故走失與馱載騎傷，及飲秣不時，遇有瘠病不加醫療，以致倒死者，仍照舊例。十年以上，追銀十二兩；十年以下，買補。若復病倒，追銀八兩。亦止一次。

萬曆十三年，議減平谷、固安、霸州、密雲、新安、順義共一千二百七十四户。

萬曆十三年〔二七〕，令養馬人户五年一編。地方殷實者編爲馬頭，領養馬匹〔二八〕。次者爲貼户，地少户貧者聽貼，務使貧富得均，正貼各當。不可假手積年吏書，以致富户賄通隱遯，反將地寄者爲正户，貧民受累。

萬曆十四年，酌量地丁饒裕之家，爲正頭養馬，餘爲貼户。養馬草料，各宜因民之便，分別户則，量行幫貼。若有倒損，照例追貼，量爲寬恤。

萬曆二十年，題准納價定例：初次倒死者，十年以上，追銀十兩；未足十年，責令買補。倒死復倒者，十年以上，追銀五兩；五年以上，追銀八兩；未及五年，追銀十兩。其變賣買補，復倒者，亦照倒死復倒例行。若走失者，不論年分多寡，俱令買補。至於扣算年分，以一人原領而言。若轉領，惟子替父，弟替兄，得以通算。他人轉領，止以轉領之日爲始。該本寺少卿施策題：『前萬曆九年新例，於寬恤之中寓稽覈之意，法至備矣。但人情狡猾，有法外之奸。今之倒死馬匹〔二九〕，孰不云急症醫治難痊者乎；走失者，孰不云被劫力不能支者乎？即有無故走失與駄載騎傷等項致死者，無從究詰。至於倒死復倒十年以下，追銀五兩，人情甚願，皆以倒死爲幸。至有領養一年而倒死兩馬者矣。則部覆十年以上追銀十二兩，十年以下追銀八兩之例，不爲虛設乎！大都法貴畫一，不必持兩端之論，以啓人規避之私。合無今後初次倒死者，十年以上，追銀十兩；未及十年，責令買補。倒死復倒者，十年以上，追銀五兩，五年以上，追銀八兩；未及五年，追銀十兩。其變賣買補，復倒者亦照倒死復倒例行。若走失者，不論年分多寡，俱令買補。至於扣算年分，以一人原領而言。若轉領，惟子替父，弟替兄，得以通算。他人轉領，止以轉領之日爲始。』該兵部議覆：『以後悉照今寺臣畫議定例，各州縣官勿得紊亂成規，縱令奸貪吏書欺隱作弊。』隨奉欽依。

萬曆二十年，奏減保定五百户。兵部議得：印馬御史蔣王銜條陳，欲將平谷、保定二縣寄養馬匹裁減，行順天巡撫議稱，行據各道查議，據太僕寺呈稱：『平谷縣原額養馬地一千一百九頃三十二畝，養馬七百四十九匹。嘉靖年間，節經議減，實存養馬五百三十五匹。至萬曆十三年，又議減一百六十户，今止養馬三百七十五匹。已經二次議減，以後不許援例告擾。「欽遵」在卷，其保定縣既減去五十户，應減户數，務盡貧難小民，將地土貼見在馬户，使槩縣通霑實惠，不許勢豪有力之家計圖倖免。以後州縣，不許援例告擾。』

萬曆二十年，議減懷柔、固安等處，該本寺議回兵部，俱停寢。該鎮欲減懷柔等馬户。該太僕寺議：本年據懷柔縣申呈，欲將寄養馬户量行減革。議本部行各屬少卿、寺丞查覆內稱：『各屬先年每以土薄馬多稱累，屢經御史吴守顧廷對，周之翰三次查勘，委當均派户數多寡。題有「欽依，以後不許混行告擾」。今該縣援比通州每地八頃零養（匹）〔馬〕一匹，三河縣每地六頃零養馬一匹，此地誠多而户誠少。及查邊海地方如豐潤縣，每地二頃六十畝養馬一匹，大城縣每地二頃一十三畝養馬一匹，如内地大興縣每地二頃五十九畝養馬一匹，此爲定例。何獨該縣以三頃四十四畝養馬一匹，尚稱苦累。則下於該縣地少者，又宜預行告減矣。且近今邊方多事，正值用馬之秋，節年本寺題有『欽依，每歲足以二萬之數』。如此紛紛援例，混行告減，則俵解馬匹，從何發寄！議減於此，必派增於彼，則彼此額數定於國初，自難混那。況欲民私其力，官私其民，勢亦有未易行者。合無於春秋二運之時，姑念該縣邊邑民疲，查上年俵發之數，少發數匹於兑軍之際，多兑數匹。而於地多馬少州縣，不妨多發，以均勞逸，少示寬恤之意，則課額不致驟虧，貧民亦免苦累。各州縣不得援例告擾。又據固安縣申呈，欲行裁減，該本寺議得：『固安縣原額養馬地四千三十七頃七十六畝，原額寄養馬三千四百二十二匹，除勘明荒地四百三頃三十五畝一分六釐七毫，減馬三百四十二匹，奉例減馬七百六十匹，萬曆十三年又減馬六十匹，共減去一千七百，止編馬一千七百二十匹，今難再議。』本寺議回，兵部題准不行。

萬曆二十二年，該本寺題兵部覆奏，見行各例。凡馬解至發寄養議五：始領，故一曰領養。養户，近例五年一編，地多殷實者，爲馬頭，領養。次者，貼户地少户貧者，津貼草料。各州縣計派地多十頃，少一二頃者，每出草料，謂之月糧。多自二十兩，少六七兩，總計之，歲可買一馬矣。厪托之領養，宜得臕息。顧以月糧餧養外，各州縣官潔己嚴下，猶不甚累。或昏懦貪鄙者，上如索常例供應，下如書吏、醫獸需索，誆騙種種，以其所入，出反有倍甚，不能堪。又安能望臕息！當如前御史屢禁奏止。又嚴稽覈，戒差撥寬騎，坐絶追呼息拘，禁示勿許營幹調兑，以滋騙惑。又瘦病者，量責戒，不得輒罰贖。倒死者，勒限買補，不得將馬價侵匿。信此行之，其有瘳乎！

領在於餧，故二曰餧養。養户各州縣不同，有頭户自養者，即馬頭正身，文册内所開者是也。輪養者，先臣謂：『今日甲，明日乙，明日丙，牧無恒主，奸弊百出。馬死，甲曰乙，乙曰丙。馬病，則官相而免其罪。于是有故病其馬，以規免者是也。』貼養者，即册内擇一人養。每畝照數貼銀，公私費各出者是也。顧養者，所謂豪户不肯養，下户不敢養，非漂泊無聊，不與顧賃，即有月糧，隨手花費，風露冰雪欺凌而馬倒矣。至今買補斂銀，不即買解，比追馬而價亡者是也。此在養者如此。至於地銀，或頭户自討，輪户或自貼、互貼，顧户或各取討，内有與有不與，致紛紛告擾者。亦有徵收在官，發給有與有不與，遲早、全少者；有貴戚勳豪恃勢自慳，又受人寄座，全不遵給者。至於爲空户日，得暫寬地稅不出，待他日發養，官廉則聽民自寬，不廉則取自肥。要當隨州縣各例，一一查明，務使在民則見養户彼此相貼，無獨累頭户；見空户酌處，或幫貼，或候養，無獨累養户。在官，則使必如數早給，無獨累編民。在貴戚勳豪，則均令津貼，無交累官民。

餧在查點，故三曰點養。前臣謂不可數，數起官吏浸漁之弊；不可緩，緩滋養户怠弛之弊。近例每歲十二次，似於數數不可行。又自州縣管馬官既革，專責正官政務繁殷，或有不暇不詳者亦有或數或緩各端者。前此，本寺疏言：當巡歷期臨時，餧養馬皆似臕息；巡視后，倏然異態。此其州縣官不加意，而亦養户粉飾避罪，倖冀速兑。近議立踈數之法，四季行之。寺臣巡烙於秋冬之交，州縣查點於春夏之交，印馬御史隨其便。州縣查點後，將本寺舊發較定尺寸時加比考，以防互相推捱，私自换易之弊。又養户必頭户正身，即輪貼户亦有身家者，勿容顧倩，無籍參之〔三〇〕。亦於春夏交必報，乃可辨善養於平日，不致苟且於臨期。

查或有倒死，故四曰賠養舊例：領養三月内者免罪買補，三月外者問罪買補，立限嚴追，遇赦不宥。所謂三月外者，自三月至十年皆謂之外，皆問罪買補時也。以此令民，民乃畏重。其後，部議十年上，追銀十二兩；十年下，追銀八兩，似於過寬。民遂緣議年數混指，倖於追銀。顧所謂十年上，乃自八九年言，非三年、四五年亦謂之上也。及作踐捏病，亦曰倒死也。萬曆九年，本寺卿題，較部議太寬，民間倖端益開，馬多倒失。該少卿施策題：『初次倒死十年上，追銀十兩；未及十年，責令買補。倒死復倒者，十年上，追銀五兩；五年上，追銀八兩；未及五年，追銀十兩。其變賣買補，復倒例行。若走失，不論年分多寡，俱令買補。扣算年分，以一人原領言。若轉領，惟子替父，弟替兄通算。他人轉領，以領日爲始。』兵部題奉：『欽依，俱依擬行。』其法見行，而倒死者尚衆。該寺臣又題，謂有二説：『一則馬料、馬價皆得地者出，不補一年，則有一年價銀。延捱多年，久始完日作空户。一則民間謂賠馬難，賠銀易，蓋買馬仍舊寄養，養復爲累。追銀則延至年久始完，未完日即爲空户，可閑數年。故有實不倒不失而買結之，藏匿之，以爲倒失者，以其利也。亦緣限期過寬，故民趨利如此。自今買補追銀，俱照舊例，立限以三月速完，遇赦蠲不宥。州縣不行追比，亦照例參罰。此就民得地互出銀者言。若養户倒失，當自賠，乃有告槩縣均攤者；各户朋養，當均賠，乃有獨責出名領養者。均當立法，無令獨累。州縣官徵銀在庫，馬存則給，馬倒不給，即自乾没，累民賠買者。又有追銀在官，隱匿猶謂民拖欠者。均當查考，無令民累。其間事宜，月異歲殊者，又在分理。諸臣隨時通變可也。

賠補累民，則宜變賣，故五曰責養。正德二年，令寄養馬匹〔三二〕。俱各年齒衰老，節次兑軍揀退不堪，負累小民餧養。兵部行文本寺，分管官督同該府州縣管馬官勘實，果係老馬變賣，價銀解寺貯庫。嘉靖七年，奏瘦弱不堪兑軍者，分别所養年分變賣。七八年上，價捌玖兩；十數年上，六七兩。瘸瞎者亦量宜酌估。以後，每十年一次奏請施行，定爲常例，乃亦寢。凡馬以二十歲爲率，其強健十六七歲止爾。近該前後印馬御史題稱：起俵原限六歲，養五年，滿十一歲；又五年滿十六歲。況收俵時，未必皆真六歲。愈老愈瘦，永無免期。令無領養過十年外，老瘦不堪，即令變價，誠當早行。近本寺少卿李化龍巡驗查明：精詳册開有瘦弱不堪，稱兑老瘦不堪圈養者，又在此壯數内。或有節次兑軍揀退者，亦據册查出。或照四十三年例，該管寺臣徑自分别，或照前例差寺臣率廉能管馬通判，同到各地分别，所養年分以十年外爲率，變賣。内除馬户不行看養致瘦弱損壞者，照嘉靖四十年例領養。十年上，失倒追銀十二兩，今爲十兩。或看養如法，特自然老瘦弱，屢次取兑揀退者，照嘉靖七年例，十年以上價銀八九兩，或十兩，各從便招人交易。或如發驛遞作下馬，州縣作里甲馬，將站銀補價〔三二〕。瘸瞎者亦量酌估，或未及十年，只在八九二年間，或亦看養如法。特自然老弱，原收俵時，非真五六歲者，以齒辨亦照前例，或十二兩或十兩。其餘不在八九年間，或非收俵混齒者，亦令再養，不許混求，仍立爲例。每州縣止許總計見在馬數，或十分内一之二，不許姑息加多，以滋弊端。又爲例每三年一行〔三三〕，或於寺臣出巡日即行。即將俵馬補寄，以足其額。倘俵又不足，即開行召買四五歲者發寄。則養户皆知待賣有期，加意餧養。既省於倒失追銀問罪之苦，又省如前款，謂倒失買賠藏匿之誣，又得別寄，以備非常。不致徒名無實，變賣而額不可缺，故曰額養。近本寺查得，論糧分俵每户，養馬一匹，免糧地五十畝。州縣養户多者，免糧地亦多；養户少者，免糧地亦少。即今雖年深日久〔三四〕。地更多主，而免糧之地，總不出該州縣。縣内所謂輕糧，遂爲定額者也。其後，即以此額地分別養馬若干，攤派幾頃幾畝幾分一匹。各項糧差，若干攤派，諸費合之。凡養馬地銀多者，諸費則輕；養馬地銀輕者，諸費則重。酌量間，原有折衷，編爲額户。其後有勘明荒地，奉例屢減户數。今查額户，弘治間五萬餘，十年一編；嘉靖間四萬六千餘，御史吴守以太多，止派三萬。顧廷對又以太多，止派二萬五千。又量地肥瘠編派，請以後不得援以爲例求減。萬曆間，少卿何起鳴議：權減良鄉、涿州、通州、漷縣一千四百户，兵部議覆，免寄十年，滿日照舊派發，至今未派。然三臣時，種馬猶存，減之猶可〔三五〕。其後，種馬盡革，各州縣陸續議減。萬曆十三年，議減平谷、固安、霸州、密雲、新安、順義。二十年，議減保定。見今兩路共二萬一千七百有餘，凡此減皆驟馬數以耗。近有軫編累之疏則謂：寄養馬匹，照地均攤。然或至二三十頃而有餘，或三四頃而不足，相去懸絶至甚。欲稍爲裒益，亦彼多此少，紛紛告減。爲此，議者皆不知，始而論糧分俵，既而計地編户，又既量地輪派，各有折衷，原非偏累。今忽見懸絶至甚，遽欲裒益，紛紛欲變舊法，是皆失於稽考舊日典籍之過。而況前次既納輕糧，諸費又少，今欲少馬，實屬不均，將貽異日爭競之端，皆未可者。且凡減，不曰減馬，惟曰減空户〔三六〕。遂使未知者謂空户可減，不知空户先養已兑，後養未發，暫空閑耳。有俵發即爲養户，非二也，亦非空閑無人之户之謂也。惟是自以後慎（忽）〔勿〕輕減〔三七〕，然又不可一律論者。在本寺，在各撫按，印馬司、道州縣諸臣所曆，必詢民瘼，各民必以此爲疾若告減。誠果地荒時灾，則暫一行之一二年，免其寄養。如萬曆二年，題准：先將被灾州縣，分别重輕調兑。其餘空户，暫免俵發，似於可行。如必欲減額，則諸臣所謂舊額日虧，無從發寄，馬數不足，緩急無濟。且此端一開，何州縣不應減數，民不稱離苦，何時可杜是也〔三八〕！亦有如諸臣所謂民私其力，官私其民，士私其鄉，其情安可遽徇是也。前臣又以保定諸屬州縣，順天屬三河、寶坻，通州地多馬少之所可加者，兵部題覆議奏：前額已定，難以遽加。且查通州冲煩疲弊，諸費數倍於他所，而其地畝皆勳戚中貴所有，寄莊飛詭計免。今忽議加，亦屬不可。總計今之戰守馬，惟藉此二萬五千户耳。如不得已，令凡具議者酌於各寄養州縣，其有可減者量減，必查有可加者量爲議加，務使此減彼加，通融不失乎二萬五千原額。俾時爲養户，時爲空户，勞逸適均，孳牧加廣，徵調便足，乃於民於國，俱有益也。不然原額一減，無從寄養。他日戰守無資，必從各州縣取足。將懼民未預備於平時，一旦取足於有事，是又將以所難者苦之，將不以前減爲小惠，終爲偏害乎哉！

原額續減見在寄養馬户數

順天府二十七州縣，原額寄養馬四萬一千一百六户。嘉靖等年一奏減外，隆慶等年再奏減外，實編一萬七千二百九十六户。後昌平州豁免，止二十六州縣。萬曆二十等年，又奏減外，今實編一萬□千□百□户〔三九〕。

保定府七州縣後昌平州豁免，止二十六州縣。原額寄養馬六千四百七十六户。嘉靖等年一奏減外，隆慶等年再奏減外，實編三千一百二户。萬曆二十等年又奏減外，今實編三千□百户。

河間府三縣，原額寄養馬三千三百六十户。嘉靖等年一奏減外，隆慶等年再奏減外，實編一千四百□十□户。萬曆二十等年又奏減外，今實編一千□百□十□户。

以上今實編共二萬一千□百□十□户。

以上寄養馬。

皇朝馬政紀卷之五

折糧貢市鹽納贖戰功馬五 此亦馬之入於太僕寺及行於各邊鎮者

折糧、貢市、鹽納、贖戰功馬者，《會典》本諸司職掌載：初制，重廄牧、孳牧；其次，則折糧進貢，收買數者，皆所以佐其不足者也。其後，折糧不行，惟有進貢馬，即於各衛所俵給缺馬官軍騎操。此外，惟取給於收買。收買之法，或以茶，或以鹽，或以互市，或以價銀。洪武間，官給價鈔，於各處收買，并茶易到馬匹，或就彼給軍，或解京交納，令兵部知其數。及永樂初，乃開市於遼東。正統又中鹽於靈州，其流漸廣。今茶法通行，而互市亦廣矣。竊惟互市特借以示羈縻，權宜招徠爾，安能久恃哉。今茶馬具三茶馬司，下此紀折糧、貢市、鹽納、贖戰功馬五。

折糧馬

國初，各處土官衙門秋糧，各依原認數目，折納馬匹。有糧二十五石有餘折馬一匹者，有五十餘石折馬一匹者，起解到，醫人驗明白，具奏送御馬監。交收馬，或不堪，責令差來土官賠納。後土官糧馬多，就近輸納，或以折色，無復解京者。先是雲南三司以所屬夷人差發馬多，不堪用，奏准馬一匹折徵銀十三兩，遇有徵調，給軍買馬。至是，夷人各訴折銀價重〔四〇〕，願仍納馬。其後，又多不願。題奉：『欽依，永停止。』

進貢馬

洪武年，該兵部議：擬雲南、貴州、湖廣、四川、廣西等處，土官、土人、番僧人等進貢馬匹，行各處鎮守、總兵、巡撫等官并都、布、按三司，就彼辨驗等第，給與無馬官軍騎操。

天順八年正月，節該欽奉詔書内一欵：四夷進貢馬匹，悉照舊例，就於各衛給軍騎操。總兵、巡撫等酌量地方緩急公用，給與缺馬軍士領養騎操。仍行太僕寺分管官員，每遇年終查點印烙比較。

成化二年，該御馬監太監錢喜等奏：朝馬并披甲等馬不敷，要行産馬地方收買。本部奏：准於陝西、遼東、山西等處收買，及令將外夷進貢馬匹揀選。矮小在邊給軍騎操，其餘身量高大者，解赴御馬監，交收應用。

成化五年，題准：雲南、貴州、湖廣、四川、廣西等處，夷人進貢馬匹，行各鎮守、總兵、巡撫、巡按等官并布、按二司，就彼辨驗等第，毛齒，給軍騎操。如鎮總撫按出巡、出邊，聽布、按二司辨驗給軍，具奏給賞。該巡按廣西監察御史袁愷題，爲統軍殺賊，巡撫、巡按等官各出巡外府州縣。其進馬之人亦跋山涉水，遍處尋訪日久，甚是不便。要行各處，止令布、按二司辨驗等第、毛齒明白，轉送都司，給與無馬官軍騎操。會本具奏給賞等因。合無通行雲南、貴州、湖廣、四川、廣西等處鎮守總兵辨驗。本部奏奉聖旨：『是。北虜進馬，給邊騎操』。

弘治四年，兵部題覆，該鎮守大同太監覃平奏：北虜進貢，本鎮供費多端。要將進貢馬匹，盡數關給，惟復量與宣府三分之一等因。本部議得：『仍行大同鎮巡官，將北虜使臣進貢馬匹，除揀選上等者起送赴京外，揀下之數以三分爲率，一分給宣府，二分給本處官軍。』本部奏，奉聖旨：『是北虜進馬，一半來京。』

弘治十一年，兵部題覆該御馬監太監甯瑾等奏：本監并壩上各馬房倉所養馬，年久齒老，日漸倒死。乞要將北虜進貢馬匹，通行送監餧養。題奉聖旨：『今後迤北使臣進到馬匹，以三分中起送二分來京。』兵部知道，續該本部題稱：大同、宣府兩鎮軍士，在邊缺馬。幸遇北虜進貢馬，俱各懸望關領，以備征戰。况舊例，此等馬匹止是揀選頭等者數百來京，其餘俱各就給軍騎操。本部題奉：『欽依，准一半來京。』

弘治十五年，奏准：遼東馬軍，連年兵荒，馬死數多。行巡撫等官，將夷人進貢馬匹，給與無馬官軍領養。不盡者，給與三處無馬貧軍騎操。

嘉靖四十四年，議准：遼東每年貢馬一千五百匹。將一千匹照舊分俵，五百匹變價，分發各該驛軍，幫買贏頭。

戰俘駝馬

《太僕志》：舊例，凡戰捷所得馬，即給本鎮官軍騎操。或即用充賞，例先有解京者，近年駱駝或解京，每隻發銀十兩，發邊充賞。

萬曆二十二年，遼東獻捷，進駝五百匹。照此例，每匹給銀十兩，駝發各邊。

互市夷馬〔四二〕

洪武九年，秦州、河州茶馬司，市馬一百七十匹。順龍鹽司，市馬四百三匹。二十九年，撒馬兒罕回回兒捨怯兒阿裡又等，以馬六百七十匹，抵涼州互市。

永樂三年，立遼東互市。一於開原城南，以待海西女直；一於開原城東，一於廣寧，以待朵顔三衛，各去城四十里。

太宗皇帝聖旨：『廣寧、開原這兩處，如人互市買馬，恁兵部將定的馬價數，開去保定侯知道。欽此！』將定到買馬布絹數目，本部覆奏，奉聖旨：上上馬，每匹絹八匹，布十二疋；上馬，絹四疋，布六匹；中馬，絹三疋，布五疋；下馬，絹二疋，布四疋；駒，絹一疋，布三疋。續奉欽依：『達達野人女直每要將馬出來賣。如今就開原、廣寧兩處水草便當處立市，與他交易。邊上官軍人等，多有不省的達達野人女直每説話。只恐又有不至誠的，見達達野人女直老實，故意捉弄攪擾。如今差千户八十等去他每都省，漢人達達的言語，教保定侯孟善管他，每在開原、廣寧立市的去處做通事説話。依著定去馬匹等第，布絹數目，兩平買賣，休要虧了達達野人女直每。也要至誠本分做買賣，久遠利便。』本年三月，本部又欽奉聖旨：『廣寧、開原如今立市買賣，已差千户八十等去做通事。他每都不識漢人的字，恁兵部去法司取爲事的官兩員，吏部撥吏二名，同他每去。』

九年，定開平馬市價。上上馬，一等絹五疋，布十疋；一等，布十八疋；駒，布五疋。

十年，令遼東缺馬官軍，聽於各馬市照例收買。

十五年，重定遼東互市馬價。上上馬一匹，米五石，布、絹各五疋；中馬，米三石，布、絹各三疋；下馬，米二石，布、絹各二疋；駒，米一石，布二疋。

正統十四年，革朵顔三衛互市，自是互市不行。

成化十四年，奏准：遼東馬市，聽海西并朵顔三衛夷人買賣。開原，每月初一日至初五日一次；廣寧，每月初一至初五日一次，十六日至二十日一次。各夷將馬匹、物貨赴官驗，於入市交易。不許通事每人等將各夷侮弄，虧少馬價，及偷盜貨物。亦不許撥置夷人，以失物爲由，詐騙財物。敢有擅放夷人入地，及縱容無貨人入市，有貨在内過宿，規取小利，透漏邊情，違者俱問發兩廣煙瘴地面充軍，遇赦不宥。

嘉靖三十年，勳臣挾虜要功，有請開者特奉旨報罷。咸寧侯仇鸞奏請開馬市：將本色馬匹照例徵銀二十兩。在南直隸、河南、山東，令其委官往南京、蘇杭等處量爲易買段疋，北直隸俱解折銀，兵部差官轉發宣府、大同、延綏、寧夏，每鎮約銀十〔萬〕兩〔四二〕，計買馬，一萬匹。該兵部會官議宣大去京不遠，所費草料不多，官軍轉解馬匹，猶可處給。若延、寧二鎮，道路遥遠，不惟草料難給，亦恐倒死，難（陪）〔賠〕。又各司、府馬價，令其易買段疋，則盤費、脚價既未免重科於民，而事體不一，有司亦難於奉行。准二十二年分南京太僕寺馬，暫且改徵折色；其太僕寺馬匹，將七分派徵本色，三分改徵折色。每匹俱徵銀二十兩，起解赴太僕寺交收。每鎮合用銀兩，各儘見在地畝，椿朋馬價銀兩，盡充易馬之用。仍於大同發銀八萬兩，宣府發銀五萬兩，延綏發銀四萬兩，寧夏發銀三萬兩，先期解發前去。總督、巡撫衙門，先行多方收買紬段、布疋。一應犒賞宴待等項之費，俱於馬價銀内支用，不許分毫科派貧軍，重生擾害。其民間有自願互市者，官爲查驗，聽其如遼東、甘肅事體，自行易買。

隆慶五年，北虜納欵請開馬市。議准宣、大、山西三鎮許各開市。每年請發兵部馬價，并本鎮椿朋及節省客餉銀内動支買貨。備市多寡，斟酌請給。北狄自匈奴、突厥以後，劉淵父子始入中國，而莫甚於胡元，遂爾混一四海，固開闢以來，未有之變，亦氣運之迴薄也。迅掃獨薙，二祖之功偉矣。盛衰相尋，理勢宜然。百年生聚，加以剽擄，履霜之漸，烏可無備哉！雖設朵顔、泰寧、福余三衛以處，強胡陞襲爲常，然誠僞莫辨，陰與北虜交婚，爲嚮導。每貢，千餘人要求賞賚，名曰外藩，實肘腋之隱憂。第俺答最強，而吉囊老把都悉聽調度。庚子猖獗，至薄都城。隆慶辛未，寧大督□計置俺答之孫來降，賜幣遣歸。繇是悔過感恩，執獻叛逆趙全等率族内附，封俺答爲順義王，約束部落。其宗黨之秩級，蟒段有差，許貢期於二月，在大同邊外領賞。後吉囊之子比例求封，亦准授都督，各頭目則授指揮、千百户。仍許開市入貢，約在延寧邊外領賞。三陲晏安，古今罕有。惟能趣此時申飭脩舉，以固元氣，斯可臻長治之基。何因循玩愒卒無成効耶！俺荅黄台吉嗣王，更名乞慶哈，而扯力克亦嗣封龍虎將軍。計貢市六枝：一、老把都，今爲青把都台吉等；一、黄台吉，今爲扯力克等；一、永郡卜大成台吉等；一、兀慎打兒漢台吉等；一、吉能又爲把都兒黄台吉等，今爲卜失兔阿不害等；一、合羅氣把兒台吉等，皆統於順義王。開市凡十一處：在大同者三，新平、守口、得勝口，在宣府者一，張家口，在山西者一，水泉營；在延綏者一，洪山寺堡；在寧夏者三：中衛、清水營、平虜衛；在甘肅者二：高溝寨，洪水扁都口。市各二日，月中復有小市。

六年，山西鎮將市夷馬七百匹，解京，發太僕寺寄養。萬曆元年，議准：互市胡馬，揀選膘壯，就留本鎮給軍。如有餘剩，即發附近有司變賣，不必解京發養。其山西鎮，每年市馬一千九百餘匹，悉聽給發所屬州縣驛遞。照官價每匹一十二兩，解送本鎮備用。

二年，議准：將胡馬先調一千匹，兑給京營，以後漸次議增。京營原額馬缺，照舊取給寄養，如額外加多，方給夷馬。

又以近來貢市馬匹多老瘠不堪，且來數太多，令先期傳諭使揀選良馬，常年量限數目，以示節制。

又議准：薊鎮每年將兵部解發馬價，即解宣鎮，易買市馬一千匹，給軍騎操。

三年，議准：宣、大、山西三鎮互市夷馬，請發兵部馬價。宣、大二鎮，各一萬二千兩；山西一萬兩。餘將本鎮樁朋并額餉等銀輳用。

又議准：各鎮買馬等銀，務要定例依期請討，不得那借增益。以上（止）〔山〕西、宣大、陝西三邊，其遼東及甘肅不常者未紀此。

萬曆十年，題准：每年太僕寺給銀爲市本，其所市馬。解京發爲本寺寄養馬。後奏停止。萬曆十年以來，所議本寺給銀爲市本者，連年損益。初擬各邊所市馬解京，發太僕寺寄養，或發京營騎操。惟是隆慶六年解京發寺一次，萬曆二年亦議行之。以後，則馬價增而馬不至，緩疲瘦小，不足以給矣。誠若宋臣所議。《南太僕寺志》曰：按宋人有言，『官之馬多，則不專責於民；中國之馬多，則不專倚於夷狄』。有味乎，其言之也！三代以前尚矣，方漢唐宋之盛也。或布野無人牧，或價值一縑，或出内廄，外市及其衰也。民匿馬者有罪，馬出城者有禁，甚或中國不足，而倚之於戎狄焉。非牧政不脩，其端使然哉！國朝置牧，自洪武至天順，幾於百年不聞其乏馬。至成化初，始以乏聞。及查弘治中，歲取萬匹，亦不聞其乏馬。至正德以來，日以乏聞，而互市之令，歲不少靳焉。彼所市於民者，非食毛之民耶。此則蠲其徭賦，視養馬如棄市，彼不煩捶撲而樂市如嚮，是可以觀人心矣！而上下相蒙，狃於晏安，與牧者不以提調爲職；受牧者不以孳生爲業，至歲課不充，惟幸有互市之令在焉。萬一互市不足，其將何以應之！昔宋高宗有云：『牧馬孳生，爲利甚博。朕於近地親令牧養，今已見效。每歲進呈馬駒，皆是好馬。若諸軍牧養如法，數年間可免綱馬遠來，且官無給賞之費。』夫高宗溺於偷安，尚知綱馬爲非，而況貴市於戎狄賤棄於中國者乎！且市之於民，則商賈得以高價，豪猾因之專利弊，固甚矣。彼戎虜以騎射爲長技，率以駑駘充數，又何緣而得此奇駿哉！語有之（云？）：『孳息耗，而馬政亡。』是故不務孳牧而恃收買，非所聞矣。

中鹽馬

正統三年，題准：靈州鹽課，招商納馬。每上馬一匹，鹽一百引；中馬八十引。馬給軍騎征。

四年，奏准：靈州鹽課照例收馬，候馬(穀)〔彀〕用，照依馬價折糧。

天順四年，奏准延寧二鎮，輪年循環中納馬匹。

成化六年，定擬河東鹽運司開中銀馬則例：每鹽一百引，納上等馬一匹；八十引，中等馬一匹。增定邊等衛納馬則例：准總兵官、都督責具奏，定邊等衛道路險遠，中納者少，增定中鹽納馬。每上馬一匹，鹽一百二十引；中馬一匹，百引。中鹽折價買馬。

成化十六年，令環慶、靖虜、固原等處，募人納馬一匹，給鹽百引。該陝西巡撫阮勤奏：慶陽、靖虜、固原等衛所，丁壯操備幼弱養馬，有一家養五六匹者。或遇馬死，科率(陪)〔賠〕償，督迫逋竄。今靈州鹽池，乃慶陽所屬。宜令環慶、靖虜、固原等處，募人納馬一匹，給鹽百引。聽於行鹽地方鬻之，開中銀馬。

成化二十三年，奏准慶陽府每歲委佐貳官一員，監支商人納馬官鹽。

奏准每引一百道，折銀十五兩，給軍買馬。

弘治九年，兵部題覆：協同分守寧夏東路與武營地方都指揮僉事傅釗奏，將靈州鹽課司引鹽止收價銀，給軍自行買馬。本部議行延(緩)〔綏〕、寧夏鎮巡等官，將靈州鹽課不必收中馬匹，止行陝西布政司召商。如願報中，每鹽引一百道，折收價銀一十五兩。給與商人勘合，執照前去靈州鹽場，照數關支。其延綏、寧夏若遇中馬之年，將倒死等項馬匹數目，從實具奏。本部查算馬數明白，該銀若干兩，行移各邊鎮、巡等官，差官前去陝西布政司，關支前項鹽銀回。還給散各軍，自行收買八歲以下，五歲以上兒騸馬匹。仍行陝西行太僕寺官印烙明白，方許作數關支草料。奉聖旨：「准議。」

弘治十八年，奏准陝西茶監易馬備邊，係是舊制。今後再不許別項奏討。

正德九年，題准：靈州大鹽池增課一萬五千引，小池增課三萬引，新舊共五萬九千三百三十七引。每引納銀二錢五分；及收𦵏引銀一錢，共銀二萬七百六十餘兩。送固原、慶陽收貯，買馬支用。靈州大小塩池產鹽與解池相類。不煩人力，取之無窮。今常課之外，雖增數倍，似亦可辦。大小池增三四萬引，每年得銀二萬七百六十餘兩。此外，若有餘鹽，卻就池召人納銀。倘遇旱澇，蠲除新課，不必膠於一定歲歲取盈。如遇各邊缺馬，通年之例，則邊計庶乎其不𡮢也。

正德十四年，召商中鹽納馬。該太僕寺卿汪玄錫題，急缺馬匹兑用，乞令生買納馬入監。兵部議：行本寺，催各處未解馬匹，不准開納。邊方急缺騎操一［等？］馬匹，召商中鹽納馬。該鎮、巡等官具奏，本部題准，行令召商報中。鹽引若干，納馬一匹。給與花欄字號勘合，以爲執照。

嘉靖十年，左都御史彭澤言：甘肅馬缺，請開納馬例。量撥兩淮官鹽，或陝西官茶各十萬引，招商上納。及本鎮總旗幼官免赴京試驗，行都司所屬吏典一考者，免送考聽缺。户部近議，行。

贓罰馬

成化二年，兵部題准：法司問擬文武官員、軍民人等，爲事除真犯外，其餘雜犯及徒流杖罪情願納馬者，照例立功運磚、炭灰、納豆、做工，則改定馬數，買納贖罪。又舊例：刑部追買本色，送部發寺寄養。

嘉靖十年，左都御史彭澤言：甘肅馬缺，請開納馬例。凡甘肅一應贖罪者，俱許改納馬。

隆慶五年，改撥京營，給軍騎操。

萬曆二年，議准：軍犯應罰馬匹，刑部追銀送部，發營責買膘馬，仍送驗印給軍。

監生生員納馬

天順年間，令監生納馬聽選，生員納馬入監。該兵部奏准則例：監生有納馬五匹者，不拘年月，入監淺深送吏部選用。生員有納馬七匹者，送國子監讀書，挨次出身。正德十四年，太僕寺卿汪玄錫題，缺馬兑用，乞令生員納馬入監。該兵部行本寺，止催各處未解馬匹，不准開納。

冠帶納馬

成化二年，令民納馬，冠帶以榮終身。該兵部奏准：兩京内外有富實之家。願納上中馬五匹者，就與冠帶榮身。

在京赴通政司，告送本部上納。在外赴巡撫、巡按等衙門，聽從民便處告納。待地方稍寧，馬數（穀）〔彀〕用停止。弘治十年七月十六日，兵部爲陳言邊務事，該巡撫大同贊理軍務、都察院右僉都御史劉瓛奏稱：大同急缺馬匹騎操，要照上年事例，召商納馬。蓋因前議銀兩太重邊方路遠，少有上納。要將原議前項馬四匹，減去一匹，銀四十兩，減去十兩。本部議准行本官，就彼召人，不分遠近軍民舍餘人等，納馬三匹，或每匹納銀十兩，許令俱赴都御史處陳告，轉發該管官司。馬給軍騎操，銀發官庫收貯。給與本院劄付，令其冠帶榮身。仍免雜泛差徭，候邊方寧靖，馬匹數完，即便停止。

嘉靖十一年，甘肅都御史李昆奏：邊兵乏馬，乞如先年陝西軍職納銀買馬，及免比例行之。先是，成化八年募兵納馬，時大同各城戰馬以征西死傷者多。又詔：『例免償。』巡撫右都御史林總請召募遠近軍民，舍餘能納馬五匹，或每匹納價銀十兩者，許給冠帶。數足則止，凡馬給軍，馬價給軍，自買有餘，則送宣府偏頭關。

陰陽醫官吏農納級馬

正德十年、十一年，開吏農、陰陽、醫官納馬事例。二年之久，所得馬五千餘匹。十四題旨〔四三〕：『以上諸馬，皆不時間有者。寺止催各處未解馬匹，不准開納邊方急缺騎操馬匹。』召商中鹽納馬，該鎮、巡等官具奏，本部題准，中鹽引若干，納馬一匹，給與花欄字號勘合，以爲執照。

嘉靖十年，左都御史彭澤言：甘肅馬缺，請開納馬例，承差吏農、醫官、陰陽等納銀。

以上户馬。

皇朝馬政紀卷之六

兑馬六　此以下馬之出於太僕寺者

兑馬者，以寄養者調之，以兑團營騎操征伐者也。祖宗定制，本寺俵寄備用馬，乃給兑團營騎操，防守都城，拱護陵寢，有事征討，入衛應援，勤王之用。不爲各邊設，以各邊自有太僕寺、苑馬寺、都司、衛所種馬，市買夷馬在也。自種馬盡革而爲買俵，馬政以壞。即所徵銀亦備買，馬資缺乏，不爲各邊及各項設，以各有正賦及年例樁朋，買補支應者在也。本之，則先臣所謂蓄居；重之，威者是也。是以前馬政條例，今《會典》有關换、買補二欵，皆係兑給團營事例。其後，有給各邊者，則非初制，猶爲各防守計爾。若非防守而爲别項借用，則爲例外，非蓄威之道矣。且古者問國君之富，以馬對。觀今在廐數如此，年例調兑數如此，奏討加增數如此，又有例外所需如此，謂之富可乎！况於威乎！是當慎之，紀兑馬六。

調兑京營馬

關换

《會典》：一、官軍騎操聽徵，例應關撥馬匹。其事故及不能養者，則令轉兑；如徵操缺馬數多，則於寄養等馬内調兑。又有關領馬價，自行收買，例各不同，凡關撥馬匹。洪武二十六年，定凡官軍關撥馬匹操練，行移到司，須要該衛官吏保結關馬官軍原有馬匹下落，果係曾經徵進慣戰人數，及無馬匹方纔具奏關撥。後有事故，該衛拘收還官。其軍官、軍人等奉旨關撥馬匹，亦須備知數目。又例：凡各衛原關馬羸驢轉名銷號，若係御馬監關領者，諸府各衛自具手本赴監轉名銷號。如是典牧所、太僕寺關領者，各府衛取勘明白，行本部轉行太僕寺、典牧所銷號。永樂四年，令管步軍官告關馬者，不准有騍馬與兒馬，願换者聽。宣德四年，置給馬勘合每關馬一匹，給勘合一道。填寫齒色、年月付領馬之人收執。遇倒死等項，陳告注寫，應償者，視齒色附簿開注，勘合與馬如前收領。再有事故，照例償給。如領馬之人有故，馬及勘合從所管轉付應得之人收領。凡應償者，追視御馬監印烙，然後給與。正統四年，奏准：官軍領馬騎操，必行本衛造册送部并太僕寺。外衛操備者，行該府造册關領。天順二年，奏准：官軍領馬太僕寺，具俵過數目、毛齒，及官軍姓名、年月，行各衛造册送部。如關領數多，開報數少，或倒失、轉交，隱匿不報者，許諸人首告，挐問。弘治元年，奏准：南京官軍應關馬匹，在江北者，赴南京太僕寺給領。在江南者，本寺委官一員，赴南京給散。二年，令騎操馬老病當關給者，原馬送光禄寺支用。四年，奏准：領馬官軍有不照次第，混亂爭奪者，參送法司問罪，罰馬一匹，就給本身騎操。以後更不關給。七年，奏准：官軍應關馬匹，兒馬八歲以上，騸馬十二歲以上，别無傷殘者並准給領。各衛及邊關亦照此例。正德八年，奏准直差官旗校士將軍原領馬匹，殘疾老弱，不堪直差者，送光禄寺交收，本部照數行太僕寺，於順天府所屬寄養馬内派取，及行該衛委官赴御馬監，印烙撥給，領養直差。嘉靖二十一年，議准：將軍關换馬匹，務要用心餧養。不許違例顧借騎馱，尅減草料，若致倒失，照例於本主名下，追買堪中好馬補還。四十三年，令將京營勘合，從新印换。仍通行各邊鎮，一體編置給軍。隆慶二年，議准：京營馬軍，各填給勘合一張，以便查對。如有倒死病瘦，報部查明。七八年以上，方許交送另補。以下，不准交送。倒死，責令賠償。仍赴司驗印。又議准：錦衣衛老病馬，年終送光禄寺者，先執勘合，赴兵部該司查其年限。如領馬七八年以上殘病者，方許交送，另行關補。以下，仍令餧養，不准送寺。倒死，即令賠償。

凡轉兑馬匹。天順元年，奏准：各營外衛官軍原領騎操馬匹，下班之日，兑與在京官軍。該管官造册送部。嘉靖七年，題准：各營提督内外大臣委各坐營等官，將見在馬隊官軍逐一查審，除有力堪以餧養者照舊不動外，其餘貧難單丁不能養者，將原領馬匹兑與有力官軍餧養。以後關領馬匹亦要照前查給。敢有容情扶同，故行私領，單丁貧軍意圖侵尅草料，致有倒失數多者，查參治罪。三十三年，題准：凡兑馬事故轉兑者，該管官即呈巡視科道，於原額勘合填注年月、官軍姓名，仍送該司查照；將原兑馬册亦改注明白，用印(鈐)〔鈐〕蓋。如有官軍私换馬匹，事發送問，該營官容隱不行呈報者，聽巡視科道官參究。四十二年，題准：各營轉兑馬匹，務要遵例赴司告填、印鈐，以憑查考。敢有仍前私兑查照新馬，椿銀追納。

凡調兑馬匹。天順元年，題准：如在各營，在外各邊官軍缺馬騎操，總鎮等官具奏關領。兵部議，擬行移太僕寺，於順天府所屬寄養本色馬内選取給領。兵部定限調軍候兑：京營於太僕寺，委司官會同少卿兑給。宣府於居庸關，大同於紫荆關，薊州、保定於適中地方，委司官會同寺丞前去兑給。其餘各邊入衛，在薊准討補本色，餘俱不准。嘉靖三十年，題准：以上此係邊軍入衛，應援勤土相兑之例。嘉靖十三年，題准：團營聽徵馬匹，多不過二萬之數，再有萬匹，存營操守，猶有寄養馬匹二萬，鄰近易取。若軍士堪養馬者數少，亦不必濫給，將聽徵馬匹擬爲定數若干，每遇事故倒失，五百匹以上行太僕寺，兑給一次，以爲常規。嘉靖三十三年，題准：兑馬，先儘寄養，如果不敷方兑種馬。以上關换。

買補

凡京營騎操，買補馬匹。天順二年，奏准：各營騎操馬，遇有令倒死者，告官相剥，坐營官責限。該營軍朋合買補，走失被盗，一例追賠。成化十三年，奏准：各營下場倒失馬匹，買補不及八分者領勅，及把總管隊官住俸追買。不下場者，以五分爲則。弘治二年，奏准：買補騎操馬匹，須四歲以上，八歲以下，價自十二兩至十五兩。官軍自願添價收買者聽。九年，奏准：凡騎操馬匹，原領者以承領日爲始，買補者以印烙日爲始，計在十五年外，許責銀納官。另給其未及十五年而病者，亦准責。仍追本身椿頭銀，貼價買補。嘉靖二十八年，議准：倒者，坐營把總官呈赴巡視科道驗明挂號，赴本司決打照年限遠近，扣算椿銀，給單發營追徵，解太僕寺收貯買馬。仍類行户部，扣除草料。三十一年，題准：京營馬查有老弱篤廢，揀選估計變賣。價銀發太僕寺收貯，以備買馬。三十二年，題准：倒死者，當日呈報本營將官驗剥。如三日不報，本軍送問，管隊軍併治，仍扣糧一月。該營將官務在三日内，即差把總官帶本軍赴車駕司決打討單，追樁起解，不許延緩。隆慶二年，議准：京營軍士選編上中二等養馬。如該管官縱容貪軍冒領，以致倒失，不准追樁，責令千把總、本隊官并本官買補，三年，奏准：各營將官嚴督官軍，務要用心餧養馬匹〔四四〕。以後遇有倒死，查果不系作踐，如領養一年以上者，比常量加追銀一兩；二年以上者，比常量加追銀五錢；五年以上者，仍照例追樁。凡京營家丁馬匹，隆慶二年議准：倒失者免其追樁，令本馬家丁出銀三兩，其餘各丁有馬者，出銀二錢，無者五分，朋輳買補。

凡巡捕馬匹。嘉靖三十七年，議准：倒死者，止赴該管兵科報驗挂號，徑赴車駕司決打討單，該營追收樁銀起解。四十四年，令巡捕瘦馬，年終估驗，變價買補。萬曆二年，議准：巡捕馬倒死或瘦損不堪〔四五〕，馬主稍有力者，責令買補。赴部驗准，送寺印烙，發營給軍騎巡。

凡錦衣衛直差馬匹。隆慶二年，議准：各該委官不許尅減草料，及借顧與人騎坐。如有作踐倒失，就於本名下追買好馬還官。又議：准本衛將見在馬，備造原領官校姓名，并馬匹毛齒清册一本，送兵部，行令該司各給勘合一張，備載領馬年月、毛齒，以便查對。如有倒死，俱開送兵部該司查明，方許買補。其所補馬匹，亦赴該司驗中，送寺印烙，改給勘合。每年俱要赴寺印烙，差占者候事完之日，仍行補銷。毛齒不對者，即不准印定，以抵换、盗賣治罪。

凡勇士營馬匹。成化二年，令勇士馬倒死二次者，不許重開，照京營例追補。隆慶二年，議准：倒死照四衛營例決打，分别年限，追納樁銀。

凡各衛軍餘馬匹。成化七年，奏准：各衛軍餘關領馬匹倒死，以物力等第出銀。每馬一匹，上户出銀三兩，中户二兩，下户一兩〔四六〕，餘以屯田子粒銀貼輳買補。成化十三年，奏准：各邊將屯田積銀，貼補軍人買補馬。巡視真定侍郎葉盛奏：

今日民間量田養馬，舊例牝馬一匹，歲課一駒。當時馬足而民不擾者，以芻牧地廣，民得以爲生，馬得以自便也。後豪右莊田漸多，養馬日漸不足。洪熙元年，改兩年一駒。成化元年，又改三年一駒。馬愈削而民愈貧，然馬不可少。於是，又復兩年一駒之例。夫納馬有數，用馬不貲，雖有智者，無善處之術。方今京營各邊缺馬，取給民間孳牧。所缺之馬，雖亦責賠於軍，而軍多艱苦，又不能償。仍復給之，於是馬愈不足，民愈不堪。爲今之計，欲寬民間之馬，必有以處軍中之馬，然後其弊可除也。請以宣府一處言之，往年以馬死未賠，將步隊軍之孱弱空閑者領種官田，用其餘糧易銀，山西買馬，一年得馬一千九百餘匹，馬皆精壯，軍免追賠，而民間亦得以寬舒。此已行之成效也。諸邊風土雖各有所宜，然隨處盡心，自有良法。請勑各邊會議，隨其土俗所宜，凡可以買馬足邊，免追賠於軍，關領於民者，聽其便宜處置。果有成效，具實奏聞。仍勑廷臣會議，通查遠年近日各項莊田，權其輕重，量與處分，還民復業。及令各營總兵等官，一體會議處置。所貴裨益馬政，稍紓民力。

該兵部尚書馬文升議：『今在邊分給種馬，仍於各衛餘丁牧養。宜行誼等斟酌定例，或令三年，或一年一更，馬有虧欠，設法追賠。庶馬政修舉。』巡撫陝西都御史馬文升議：行令陝西布政司，茶課易買折色銀及棉花等物，并官銀共三千兩，遣官領送河南、湖廣市茶，運赴西寧等茶馬司。移文巡茶官，同守備分巡官，市易番馬，俵給甘凉操備。并固原、靖虜、慶陽等衛缺馬官軍，仍行甘肅、寧夏、延綏總兵、巡撫等官，覈缺馬官軍數，亦如前例行之。文升又以葉盛建議，欲諸邊陳馬政利便上言：『今日邊軍之苦，莫甚於賠補。是以馬不及償，人已逃伍。雖嘗給錢貼助，惠不能周。惟屯田軍士有田多丁少而不領馬者，有田少丁多而領馬者，槩均其田，事體未易。但每人見田百畝，約獲五十餘石，以六石輸官之外，所存尚多。可令歲納銀一錢，一衛計田三千五百頃，可得銀三百五十兩，足以貼助買補。欠馬軍士，雖有消長，而屯田則無增減，事可常行。若屯軍積銀既足，又可分諸邊城貼買如例。然復恐專恃買補，不復加意飼養，虧損反多。宜按領馬軍丁名册，豫爲審勘，分上中下三等。凡買馬一匹，上等出銀三兩，中等二兩，下等一兩，餘價不足，乃以田銀給之。是亦古者以田賦馬之意也。』下兵部，從其議。八年，先是，御馬監太監錢喜以隨朝馬、披甲馬少，奏行陝西、山西、遼東買補馬。文升言，陝西已買二百七十八匹，費公帑銀五千五百兩有奇。今虜賊擾邊，公私匱乏，乞暫停免。有旨，特免山西、陝西，而遼東仍舊。

凡椿朋銀兩。成化十三年，奏准：京營馬倒失，其馬主係都指揮者，出銀三兩，指揮二兩五錢，千百户鎮撫二兩，旗軍一兩五錢。走失、被盜者，各加五錢。謂之椿頭。又令各營馬隊官軍，每歲朋合出銀。歲以六個月爲率，每月都指揮、指揮出銀一錢，千百户鎮撫七分，旗軍五分，遇馬倒失，貼助買補。在外各邊，悉照此例。弘治六年，奏准：各營朋銀買馬不敷，每馬一匹，聽支草場租銀三兩貼助。嘉靖二十二年，奏准：凡遇官軍倒死馬匹，領養一年者，旗軍追罰銀三兩，千百户鎮撫四兩，指揮五兩，都指揮六兩。二年以上者，旗軍二兩，千百户鎮撫二兩五錢，指揮三兩，都指揮三兩五錢。五年以上者，旗軍一兩五錢，千百户鎮撫二兩，指揮二兩五錢，都指揮三兩。十年以上者，旗軍一兩，千百户鎮撫一兩五錢，指揮二兩，都指揮二兩五錢。走失被盜者，各加五錢。按月追完，造册解部稽查，發寺收候買馬支用。其領養十五年以上者，免追椿銀。二十九年，題准：今後，各營遇支放糧料草束折色之時，預將應出朋銀官軍姓名，并朋銀數目造册，送部轉送户部，照數扣除有余，方行給散。不足，下月補扣。其扣過銀兩，户部印封，送部轉發太僕寺，收候買馬支用。四十二年，題准：該營將倒死馬匹，盡數查出，有單者照單徵椿，無單者照新馬倒死事例，止追銀三兩。以後倒死馬匹，備呈巡視科道挂號，徑自赴車駕司決打給單，發營追椿。其太僕寺及别項比較挂號，并年終參奏，俱行停免。萬曆某年，題准新例：至令通行一年以上者，旗軍追椿四兩，千百户鎮撫五兩，指揮六兩，都指揮七兩，例該杖責三十板。二年以上者，旗軍追椿銀二兩五錢，係官各遞加五錢，例該杖責二十五板。五年以上者，旗軍追椿銀一兩五錢，係官各遞加五錢，例該杖責一十五板。十年以上者，旗軍追椿銀一兩，係官各遞加五錢，例該杖責一十板。十五年以上者，椿銀俱免追免責。今京營椿朋，照此例行。其各邊亦同，亦有隨地方變更。今照《會典》及近所損益者書之。

凡外營馬匹。嘉靖四十五年，議准：保定各營馬倒死，於本軍名下追銀三兩。本司隊朋出銀九兩，共十二兩買補。有願納椿銀者聽。隆慶四年，題准：增補昌平鎮馬匹。如有倒死，本軍追椿銀三兩，每月馬一匹，扣徵朋銀一錢。貯昌平州庫，以備買馬。萬曆元年，題准：通州參將營馬倒死，照張家灣備禦營例，呈報兵部該司，決打給單追樁，每年二次起解交納。

京營原額馬數 附各邊原額

《會典》載：天順、成化間，奮武等十二營原額種馬，一十三萬八千九百一十九匹。此爲十二團營初年出邊征伐之時所給種馬之數。又載：弘治間五軍營原額馬九千五百六匹，神樞營原額馬四千四百六十四匹，神機營原額馬一萬五十四匹。此自十二營改爲三大營出邊操練之時，所給種馬之數。按查前此名爲十二營之時，有騎操馬及徵調日悉起寄養馬，或兼用種馬。一軍一馬，隨調出征，歸即還寺，發還種寄。是以至十余萬，蓋舉騎操馬、種馬、俵寄全數而言，非十二營中有是數也。後此改爲三營之時，至於二萬五千有余者，亦以騎操馬併徵調時兼種馬解俵寄養者而言，並非三營中原有此數也。所以然者，乃前營軍屢次出徵遠守，步騎兼支，騎軍非馬不可行，故悉數徵之。近《會典》所載，乃查報者未詳册籍如此，槩以謂營中有此數，今據册籍考正如此。即以始數十三萬，再數二萬有餘而觀，則馬之蓄，庶有足徵者。乃今者三大營及各營衛所騎操、巡捕，不過二萬，以今考往，可覽計已。

各營馬數 此馬嘉靖以後所續增者

三大營馬。隆慶元年，題准：正兵共三十枝。內戰兵，每營給馬一千匹；車兵，每營給馬二百匹；城守，每營給馬五十匹；備兵三枝，每營給馬二百匹；執事營一枝，給馬五百匹；隨征官軍，給馬一千匹；各營選鋒，給馬五千匹。

京營家丁馬。隆慶元年，題准共給五百匹。勇士營，四衛營。共約一千餘匹。四衛營者，宣德八年以騰驤左右、武驤左右軍四衛養馬軍士，及革去神武前衛官軍開設，共爲一營，總名四衛營。其坐營等官，於四衛指揮等官推選。勇士營者，宣德九年令凡逸北走回軍餘民人俱收充。御馬監勇士，别爲一營，名勇士營。以上四衛，勇士二營，俱從御馬監官操練，分作東西二營。《大明會典》特有四衛營，而未載勇士營，今備其缺略於此。正其内所稱買馬投充，則二營皆有之。成化、弘治年間，清查冒濫，收補軍士，四衛營，以騰驤四衛應存留者。勇士營，以逸北回還，親生子孫，限無違礙者替代。其餘詭名冒籍四衛，進充勇士，俱行革退。正德十年，嘉靖八年，又議准：騰驤左等四衛官旗勇士軍人，行點軍科道官照例點閘。三十年，議准：將四衛營軍士通行查勘，有影射占役，盡數退出，赴營操備詭名冒糧者，悉行裁革。有馬軍人，倒失馬匹，照三大營軍士，一體追納椿朋銀兩。

錦衣衛，原額一千八百五匹。旗手衛，原額四十四匹。以上京營各衛馬。通州守禦，操備捕盗。四百七十五匹。奠靖所，嘉靖二十一年初設。屬鞏華，城守備下，防護行宫。二十二年，議准給馬一百匹巡邏。張家灣備御營，嘉靖四十三年初設本營。議准兑給馬五十匹。四十五年，又增給馬五十匹。三河守御營。嘉靖三十七年，以本營路當衝要，准給本縣寄養馬一百匹。專備護哨緝盗傳達邊報等役。

通州、遵化、昌平、三河、密雲、涿州、薊州、永平等八城，鎮邊等三區。嘉靖四十年，議准各給一百匹，專備捕盗。

見在印烙馬數 此萬曆二十年後數

五軍營，七千六百三十一匹。神樞營，五千七百一十八匹。神機營，五千七百六十九匹。勇士營，八百三十五匹。四衛營，四百一十九匹。巡捕營，五千二百九十七匹。錦衣衛，一千九百五十五匹。旗手衛，四十六匹。張家灣，一百匹。奠靖所，一百匹。通州營，一百匹。萬曆二十二年，本寺題爲兑軍等事，兵部覆：奉欽依，『依擬行』。兑軍，其議有五：始於取，故一曰取兑。凡二説：一主膘息。本寺舊例，嘉靖七年奏准，凡領養年淺，膘壯堪用者，遇調先與交兑，派則後於俵領。至今兩路少卿遵行。巡驗日册，注上膘者爲堪兑，聽候調取；次膘者爲備兑，責令餧養。蓋由軍領與養户同，必膘息，庶便騎操。如係瘦損，亦有倒失追補之苦。此體恤兑軍之意。如能餧養成膘，則次年即注上膘取兑，不至如瘸病等項，此又激勸養户之意。一説也。一主挨順年月，則近該御史樊玉衡、劉曰梧奏：『取兑惟論膘壯，不論年分，至有老死無用，徒費錢糧。況馬有用全在壯健，而肥瘦次之。壯者即瘦，觔力自在。況兵家只論膂力，過肥則難驟馳。合無以後取兑，先論年分，次論膘息，庶無坐視老死之弊。』又一説也。臣謂二説各有見而實相成。詳酌之，請於調兑日即據各州縣冊報挨查年月，先發者先行取兑，先取中一。據本寺少卿巡驗册開挨查，上膘先兑，次膘令餧養，以待下次，不得越年次專取後至。庶寄户、兑軍，皆得所無嘆偏累。又稱：用藥發膘之説，誠爲今弊。聞南方有以藥發膘，可經二三月者，過此瘦損倒死。亦云有藥可解，然雖存無氣力，難負重。今不禁之，則俵户以之貽害養户，養户以之貽害兑軍。是在州縣初俵及取寄加意，又在本寺印發及取兑日詳察加禁。

取在於交，故二曰交兑。本寺取兑，軍有揀退十之半或三四者，乃與養户每相競，其間各有是非。如養户實餧養瘦損不堪，不能負重戰陣，如近年團營劉繼祖等告换者，此其非在養户。有故意留難，刁蹬需索，如寄養雖年深，齒數尚可兑亦揀退者，此其非在營軍。要在本寺、戎政衙門察懲之。其或有倒死賠補不合式，解縣，官曲爲收送者，濫也；連歲饑寒，草料缺乏，自致消損者，疲也寄養多歲，精神不前者，老也；取時行路傷蹄，羣小拔取鬃尾者，損也；又水草不時，偶沾時患者，病也。又在本寺酌處。濫者换之，疲者餧之，老者責之，損者、病者醫治之。必養户兑軍兩無所失，此其兑營軍者。近歲，遼東征討，各將官留難養户，雖良馬至，亦預畏阻。隆慶三年議准調兑京邊官軍馬，務照次第關領。果係不堪，方准抵换。敢有故意刁蹬及倚勢混爭，聽該寺參送問罪。此在部寺，凡遇調兑，行日，請賜申飭。此其兑邊軍者。又查，先年凡俵至驗訖，查發營軍，若近鎮領騎，不必發寄。其後，因營軍或於中途揀擇，或恃強擅兑，天順間令：凡官軍人等強奪起俵馬匹者問罪。罰馬一匹，枷號一個月，遂停止。惟以俵者發養，以養者發兑，乃便而或事可通權。當運至日，查取營軍當給者，即以兑之，亦省貽擾養户。然必數日後乃兑，不得亟發，以防通同之弊。

兑交不數，故三曰借兑。隆慶間，本寺少卿鍾沂奏：『寄養馬出百姓膏脂，乃最爲蠹累者，借兑是也。』嘉靖間，奏行禁止。後因邊報緊急，復開。有由本寺借者，有由巡撫徑借者。其所屬地方者，該兵部覆：『奉欽依，禁止。』果係軍需緊急，不得已借兑。

事畢日，不必交還，即給彼處缺馬官軍騎操。如果馬不缺乏，勢必退回者，行令原委部寺各官前去逐一驗收，查係曾經出徵瘦損者，准照舊例行。若未經征戰退回者，以十分爲率，損傷一分，該營將領等官量行罰治。一分上，重行罰治，二分上，以次降級，責令追賠印補，着爲定例。如巡撫衙門仍前不由部寺，徑自借兑者，聽本部參奏究治。遂止。其後，各邊又以緊急奏請調用，借端復開。近西征，該總兵官借團營馬三百匹，回日量交，多非原馬，内惟二十匹。又征東復有借八十，共一百匹，今正月，僅還二十二匹。内損傷難以給軍，該部寺方行酌議變責。又該各將官奏討三千三百匹，遊擊官三次七百五十匹，未經發還，總計兩年將萬匹。且各邊奏討無涯，本寺額數日減，自此雖欲借得乎！近日薊遼、保定督撫議征東，倒死欲於寄養馬内補給。兵部覆題：『馬少囷空，另行别處。』是當以此例示知各邊，庶其止於未請之先而早圖之也。

兑不可借，或變而請添，故四曰添兑。夫馬從種、寄、俵三者來，今既減削，兑亦當如之。顧有(日)〔曰〕增添，如京營加兑各營選鋒五百匹，標兵營五百匹。該本寺卿王汝訓等奏：『欲減去，以防比例。』兵部酌議，准作下年應兑之數，仍行戎政衙門，毋得再請。此前年事。今馬數耗極，以後乞勅戎政諸臣，慎初勿題，兵部亦慎初勿與，乃可強支兑。

不可添而事勢窮，則當備，故五曰備兑。洪永間種馬徵駒約數十萬。弘治後，額定十二萬餘，於時又有備用二萬五千，團營四五千，約共十七八萬。隆慶二年，種馬半賣後，僅五萬餘，猶併備寄團營，亦如前數約十萬餘。萬曆九年，種馬盡賣後，至今僅十年間，除團營外，惟寄養僅萬。今兩年間，總兑過京營與東西征討薊遼一萬四千六百餘，舊年秋二路查僅存九千，秋運收俵二千，共一萬一千餘。近少御李化龍巡驗查點册開臕息堪兑馬，二路共七千二百餘，備兑者二千餘。再查俵數，除南直隸盡改折，保定等府原額陸續亦減去，沂、費、郯三州縣亦永改折，今實俵户一萬六千五百一十五匹。前年，僅三分派，已少舊年，各巡撫開報災傷僅派二分與二分五釐，合二千餘。總前數，約僅萬。見有團營當兑，又有倒失者亦兑，兑后則以千計矣。况前東西征討，尚係兩腋，設腹心有警，將取諸俵户實難。即盡取寄户，又多近京輔繁難細小之邑，目今已爲強支，有警彼將自護，其生不暇，亦或以本地方守禦藉口，且貧難負之而逃，未可知者。將欲如前議買用，則必得二三十兩乃良，或加倍則必至四五十萬，始得萬騎。

雖有折銀在庫，安得常繼。此非職所敢知，惟今據見在酌之，請俵户地方派以伍分、陸分爲率，積有多餘，再查減派災傷，則四分、三分爲率。災傷地少者，兑多寄少；熟稔地多者，兑少寄多，斯爲僅支。且各處有因其矮小亦行改折者。竊謂馬隨地産，高下、大小不同，當隨産而收，善餧之亦可臕息。即真矮小，亦可備負載糗糧之用。至南直隸舊有大馬，近俱改折，此以災傷，故誠當，然不可因之遽止。蓋種馬既革，留此百中之一，俾各地方知俵解急公之役，庶有警，可令勤王，乃因一時遽止，詎可哉！近議者因馬不足，乃議減騎益步，兵家有騎有步，豈能減益！邊臣之覆，有非泛者。要之，今已無馬，不得不爲減益。

京師買馬數　非舊例，近始有之

京師初給銀買馬。萬曆十年，題准：京營缺馬，查數呈部，行太僕馬價動支買補。與兑領、寄養馬匹相兼給發騎操。十四年，議：科道官請停止初議再行，查議責一二年，另行停止於七年。科道官議於原價共二十兩，兵部行寺，發京營官軍兑領自買。科道、兵部委官，本寺、京營少卿驗印給發。總督京營、彰武伯楊某等議題，緣京師買馬有六利，兵部覆：『奉欽依，自萬曆十年爲始，年終行令各營將領備查一年倒損數目，造册送部，題發馬價銀九千六百兩，發營照依今歲事例，選買壯馬六百匹。本部驗發太僕寺印烙，并調取寄養馬，相兼騎操，其官軍朋銀准暫免一年。以後年分，俱於年終查算，如果本年倒損不及一分，即將次年應扣銀，題免如數。過一分之上，仍行追扣，以備買馬支用。』萬曆十二年，該兵部復議：巡視京營科道條陳内開，京營缺馬，每年終，備行太僕寺，查果寄養馬少，各營倒損數多，照例暫發營中召買。若寄養馬多，各營倒損又少，暫行停買。惟在臨時酌處。

萬曆十三年，該兵部覆議：巡視京營科道條陳内召買一節，查得：初議召買，公私稱爲兩便。是以總協大臣題請舉行年例，應扣朋銀，盡行豁免，業有定議。若委官知爲公家，不爲身圖，盡以十六兩市買一馬，亦不稱苦，况營馬所需甚急，似難停止。萬曆十三年，應買馬匹〔四七〕，已經行委副將督同各營將領等官，關領馬價銀九千六百兩，於本年分陸續召買過馬六百匹完足，俱經呈驗印烙，兑給官軍騎操。餘剩銀三百八十二兩五錢，責令各官送部還官。訖萬曆十四年分，倒損馬匹不及一分，例應免徵朋銀，合行題請。又准兵部手本，前事准臣等手本，前事等因，送司卷查。

萬曆十四年，請停止召買馬匹。該巡視京營科道官田疇等條陳内開停止召買一節，本部查得：京營召買馬匹，先該總協大臣議有六利，題准舉行。今科道官備陳三不便之故，乞要亟行停止。自京軍領養之馬，往於附近郡縣寄養，後因領兑不敷，建議者輒責之本營召買，且執四便之説，以求逞而自幸得通變之宜也。第行之未久，而告苦踵至。何者？今之買馬，非買於外郡産馬之地，不過都城馬布所聚，能復幾何！徒長市井小人乘機媒利之階，竟無補於追奔逐北之實。一歲買馬數百，定以官價，約以限期至急矣。而姦商牙儈，規利其間，以弱小之馬，索壯大之價。始而隱有爲無，繼而以多作少，故意措勒，以爲此馬不買，别無壯健，此處不買更無他所。委官重違期限，不得已長價市之，固已虧損公帑矣。此其不便在國者，一也。至於驗印經旬，守候稽遲，無名需索，使用百出。此其不便在官，二也。夫州縣寄養之馬，上馬者三四十金，次則不下二十餘金。價高馬壯，給營軍數年之間，猶有羸瘠病弱之苦。召買之爲，減其十分之四，市買之時，已屬不堪。及入行伍，曾未數次，而骨立待斃矣。此不便在軍者，三也。或者猶謂其免俵解之勞，無養馬之費，此交彼易，轉手告完，而諸費可省矣。殊不知，省而有益，省之爲便。費省而無適於用，終亦必亡而已矣。臣等願乞勑下所司，行照往年事例營馬缺，於太僕寺給領騎操。營中召買，亟行停止。如額馬多缺，寄養不敷，不妨間一舉行。萬曆十五年，以後凡有倒損馬匹，俱於太僕寺寄養馬匹内補給。暫停召買，復扣朋銀，本部仍於每年終查算。各營倒死數少，寄養馬多，即行停買，如額馬缺多，寄養不敷，仍行題請舉行。萬曆十七年，題准買馬二百，共買三百二十匹。因各市缺少，難以速完，仍俟六年補買。該京營戎政，臨淮侯李言恭等題稱：召買萬曆十四年分馬六百，除五軍戰兵一營、二營、大營神樞戰兵一營、二營、六營，神機戰兵一營、六營共買過馬三百二十匹，俱蒙驗准給軍領養外，尚有未買馬二百八十匹。近因各市缺乏，一時難以速完，〔完〕之日〔四八〕，再行呈報。又兵部覆議：巡視京營科道官楊文煥等條陳：一議買馬，看得科道官條議，備行戎政衙門，行令各營將官，將先領馬價尚未買補者，一槩催完。自萬曆十七年爲始，每馬一匹，於原議十六兩之外，量增四兩，共銀二十兩。每歲戎政衙門將應補馬數報部。萬曆十四年應買馬六百匹，除已完三百二十匹，其未買二百八十匹，委屬市店缺乏，一時遽難完報。若候買題請，恐營馬缺額，操防無賴。今據各官呈稱，要將十五年、十六年應補寄養馬三千三百九十九匹，先付兑給。其兩年該買馬一千二百匹，遵照近議關領馬價銀二萬四千兩，聽科道、部寺衙門會同召買。萬曆二十年，真定巡撫請買俵馬盡行改折，解部買馬。該兵部行太僕寺議覆：分別灾傷輕重，量行改折，不得一槩盡行，以致買補有妨戰守。

萬曆十二年，本寺題買補事例内稱：買補，舊時種馬取駒，俵寄得宜，不俟收買。惟邊關因緊急，水旱灾祲，乃一議買，亦後例也。自兵部議覆，盡革種馬，乃曰變價徵銀。如遇俵馬不足，即將此銀分發邊處，官爲收買，馬自雲集，堪充實用。此又後議也。近據各督撫奏謂，折色三十兩，即用十八九兩，可得上駟；十五六兩，可得中駟。是以一馬得二馬，且較俵寄尤良。此又新議也。顧此可暫行，不可專倚。查得萬曆十三年京營馬缺，議欲自買。始而總協大臣稱陸利，議者亦稱肆便。該兵部覆行本寺，給銀令買六百匹。乃初買僅得三百二十，尚遺二百八十，遂稱各市缺少，難以速完。且馬鮮良，京市亦擾，科臣遂稱三不便，請停止。此在京不能買者。前年，遼東巡撫題略言：遼鎮虜殘歲荒，商販不至，民間絶少，日加箠楚，終難補還。此邊關不能買者。即此買補之難明已。當此承平，京邊安堵，乃遼東重鎮，纔一防倭，未經戰陳遂稱買難，則前革種馬時雲集之疏，不效益明。已是以謂不可專倚而又不可塞。緣今種馬絶源，惟商販乃馬由得之流，第當隨時隨處通之爾。如執一馬得兩馬之説，或少派或盡行改折，專買於一處，則商亦聚於一處，商平常則來，變則止，得利則來，失則止。近日，京遼事可鑒也。惟不聚一處，而令各州縣官撫俵民，即藉民招商，無分常變，得失朝發夕至，乃爲便利。

各邊鎮防守借兑馬

凡各邊借兑馬。弘治以前，寄養馬不許各邊借兑。嘉靖二十九年，薊鎮事急，題准：各邊兵調赴薊鎮，春秋兩防，遇馬缺乏，俱借兑孳牧、寄養馬，騎徵事畢，仍還馬户。

嘉靖四十一年，議准：　防邊借兑寄養馬。果有瘸瞎損傷，餧養難痊者，另注一册，以備照查。其册内損馬，有臨時與中途倒死者，納皮張銀四錢。三月之内倒死者，納肉臟銀伍錢；　三月之外倒死者，納銀伍錢。其臕息少減不係瘸瞎者，不得槩比。止查借騎月日久近，不拘何處借還，在三月之内倒死者，比保定例，追銀十兩；　借還過三月之外倒死者，比遼東例，追銀七兩。隆慶三年議准：　調兑京邊官軍馬，務照次第關領。果係不堪，方許抵換。敢有故意刁蹬及倚勢混爭，聽該寺參送問罪。隆慶四年，題准：　凡前項借兑事例，禁不復行。遇有軍機萬分緊急，姑准於種馬内借兑。或不得已而借兑寄養馬匹，事畢之日，即給彼處鎮巡地方官軍騎操。備由造册，送部轉付本寺注銷。倘彼馬不缺乏，其勢不得不退回者，必由本寺寺丞同兵部委官逐一查驗。除曾騎操出征，瘦病倒失者，准照舊例施行外，若未經征戰而退回者，大約以十分爲率，損傷一分者，原領將領等官，量行罰治。一分以上者，重行罰治；　至二分以上者，以次降級。倒失者，即令追賠印補。其有不由部寺，徑自借兑，退回者，許兵部參處治。

兵部尚書楊某題覆：　該太僕寺少卿鍾沂題〔四九〕：『竊惟今日最爲馬政之蠹，而重貽編户之累者，借兑是也。卷查嘉靖四十一年五月内，本寺呈行兵部内開借兑，既不宜於軍民，又有傷於國課。每年防秋，量於種馬借兑。其寄養馬匹，價直繁重。合無查照薊遼中軍官王臣等所議，凡遇官軍缺馬，寧給與常養騎操。久者可得八九年，近者不下五六年，較之借去一次，遂致病壞，所省尤多。查復舊例，極爲穩便。等因自是以來，向未借兑。邇時，馬漸蕃息，職此之由。乃至今年八月内，偶因邊報緊急，復開借兑之端。由本寺而借兑者，若調通州、薊州、香河、漷縣、順義等五州縣養馬一千六百四十九匹，借兑游擊官滿朝相等管下民兵是也。不由本寺，徑從保定巡撫而借兑者，若取易州、新城、定興等三州縣養馬三百零七匹，借兑坐營官吴守直等管下奇（騎？）兵是也。二處借兑，僅兩月，仰仗天威，震動虜酋，喙息並未出征。在滿朝相等所領者，傷損幾五分之一；　在吴守直等所領者，病損六分之一。必係將領等官視非己物，恣意作踐，甚至通同軍士侵尅草料銀兩，坐視馬之饑疲而不之顧。不然並無一騎出征，何致馬之損傷至此也。況不由本寺者，任其操縱自如，則於出納之際，漫無稽查。非臣等出巡，躬親點視，則他日倒傷之賠補，盡歸之貧民矣。如此而不申嚴之，則坐見耗竭，重貽編户之戚。伏乞勑下兵部，再加查議。將原領前馬官滿朝相、吴守直等量行罰治；倒死馬匹，嚴令追補，赴印。并乞天語叮嚀，嚴著爲令。以後凡遇官軍缺馬，查照舊例，必由兵部劄行本寺寺丞，同兵部委官眼同給散。於前項借兑事例，禁不復行。遇有軍機萬分緊急，姑准於種馬内借兑。或不得已而借兑寄養馬匹，事畢之日，即給彼處鎮巡地方官軍騎操，備由造册送部，轉付本寺注銷。倘彼馬不缺乏，其勢不得不退回者，必由本寺丞同兵部委官逐一查驗。除曾騎操出征，瘦病倒失者，准照舊例施行外，若未經征戰而退回者，大約以十分爲率，損傷一分者，原領將領等官，量行罰治一分。一分以上者，重行罰治。至二分以上者，以次降級。倒失者，即令追賠印補。其有不由部寺，徑自借兑退回者，許兵部參奏處治。」兵部覆題，奉旨：「俱依擬行。」

凡各邊借寄養馬匹，爲里甲驛遞之用。嘉靖以前，俱不許。萬曆十八年，該兵部尚書石某題准，薊州兵備成借馬給驛。本部題准，以後不許。

附各邊鎮馬

凡各邊馬匹，嘉靖十五年，議准：陝二苑馬寺，每年清查監苑牧養馬匹。年齒壯實可用者，造册送巡按衙門備照。遇邊鎮官軍騎征馬倒死，或槽下倒死，行令各邊分巡、兵備等道，及太僕寺查明給領，仍照舊嚴追椿銀收貯，以備買補。三十一年，以陝西各苑種馬數少，議准：給本省贜罰等銀四萬兩買補。以後缺少，止查苑、馬二寺收貯地畝椿朋銀兩，題討買補。三十八年，題准：山西鎮各營騎操馬倒失，行令各營朋合攤轃，并肉臓銀買補。三十九年，議准：陝西各苑馬老病矮小，不堪作種給征者，各用「退」字火印，照依時估，定價變賣。就將前賣過價銀另買騸馬，分發各苑無馬軍丁領養。仍將賣過馬贏收過價銀，造册奏繳，每三年變賣一次。四十三年，議准：山西鎮轃銀買馬，累軍不便，仍照例追納椿朋銀，解行太僕寺，收貯買馬。本年，又議准：各邊官軍馬匹，對敵陣亡，及追賊走傷倒死者，椿銀免追。出哨在途倒死，追肉臓銀五錢。拐馬在逃，務令緝獲，馬兑別軍，本軍問罪。

隆慶二年，議准：固原入衛官軍馬匹倒死，八年以裏者，照近例行以外，不論官、軍，追納肉臟銀五錢。十年以外者，俱免。三年，題准：陝西七苑不堪馬匹，查係牧軍賠補者，追令另買大馬，該寺量助贖銀三分之一。以后追補，必驗合式印牧。係茶易銀買者，變賣另買，仍行行太僕寺。將茶易銀買馬點驗，堪牧、堪俵，方准印烙發苑。六年，以陝西歲課馬駒，每匹追銀三兩，利於納銀虧欠數多。議准：將各苑種馬嚴責孳駒，如有倒失、虧欠，俱追補馬駒，不許納銀。本年，又題准：薊鎮各營朋攤買馬困累，宜行禁革。發銀三萬兩買補，以後每年請討給本色馬一千匹，馬價銀一萬八千兩。

萬曆元年，議准：遼東買補馬匹無別項樁朋官價動支，及置買火器缺乏贏頭馱載，動支行太僕寺馬價銀一萬七千兩。內將一萬兩分貯兩河，如遇馬匹臨陣倒失，免軍賠償，即委官赴市收買好馬給軍。再有倒失，方責本軍買補。其七千兩，買贏應用。二年，議准：陝西苑馬寺缺少種馬，將該寺庫貯茶課等銀，歲解固原鎮二千兩，給軍自買，於年例應解該鎮馬二千匹，內扣留二百匹，在苑作種。三年，題准：固原鎮朋合地畝銀徵解陝西行太僕寺，路遠弊多，宜行該管各司道官，將本鎮官軍每年應出朋銀，就於俸糧銀內扣留。地畝銀兩，隨同屯田糧草一體徵收，另行收貯，聽買馬支用。不許別項那借，其收支數目，監收官每半年一次，開報行太僕寺類查。

凡邊驛站軍馬匹。隆慶五年，議准：如領養一年倒死者，納樁銀五兩；二年者，四兩；三年者，三兩；四年者，二兩。追收在官，候缺馬之日連銀解部發寺關馬。五年以上倒死者，官爲補給。

附各邊鎮原額馬數　此嘉靖以前數

守備三河等城，原額一百三十七匹。分守密雲、古北口，原額三千一百六十七匹。薊州鎮，原額二萬二千七百七十四匹。遼東，原額四萬六千六十八匹。守備紫荆關，原額四百七十七匹。守備德州，原額一百四十二匹。守備真定等處，原額一百匹。宣府，原額四萬五千五百四十三匹。大同，原額四萬六千九百四十四匹。山西三關，原額九千六百六十五匹。陝西，原額一萬六千一百八十三匹。延綏，原額二萬二千二百一十九匹。甘肅，原額二萬六千五百六十匹。寧夏，原額一萬九千五百九十五匹。

各邊鎮增補馬數 此嘉靖以後數

保定各營，嘉靖四十三年，議准：保定標兵營補足馬三千匹。四十四年，保定、定州達軍二營，奇軍一營，每營各給五百匹。正兵營一百匹。隆慶二年，增給達軍二營各三百匹。常川騎徵，不許借兑。萬曆二年，保定西關一帶，設立車騎二營。其馬，將真定等府庫貯各項軍需等銀一萬一千五百一十兩，照數動支，行令收買臕壯馬鸁，印烙給發。

宣大二鎮各城堡，萬曆四年，以二鎮援兵迎送夷使疲苦，議准：將互市馬及各路老家營軍撥給大同新平、得勝二堡馬各三百匹，軍各二百名；平遠、保平、鎮羌、弘賜等四堡馬各二百匹，軍各一百名；其沿邊每城堡各一百匹，老軍餧養宣府驛馬二百匹，中路趙川堡馬六十匹，北路龍門等四城堡馬各五十匹，上西路三城堡馬各五十匹，膳房等八堡各三十匹，懷安城五十匹，每馬撥一軍餧養，專一供應夷使。

洮河各營，隆慶二年，題准：河州參將營，歲給茶易馬五十匹，椿朋銀買馬五十匹，洮州歲給茶易馬二百匹，内裁減一百匹，解苑牧養。

固原、延綏、寧夏三鎮，嘉靖三十五年，議准：陝西苑馬寺孳養馬匹，每年准給固原、延綏、寧夏三鎮，共馬二千匹。内一千五百匹專給固原五百匹，延寧二鎮，分年輪給。

甘肅軍士買馬，隆慶三年，議准：每匹定給樁朋銀十兩。以上嘉靖苑額數，及後所增補數，皆據《會典》所書。查對各邊鎮實數，當有未同者。則以興革、損益不常，即一歲間有異同，况數十年之久乎。此本無關於本寺，照例附之。所以識太僕寺給京營馬政如此，各鎮日有馬數如此，不得日望於太僕寺以濟之也。

各鎮奏討馬

歷考太僕寺馬，嘉靖以前無奏討者。嘉靖二十九年，答虜犯順，擁入都城，而昌平鎮以重陵寢，薊鎮以入衛補給，此皆爲入衛應援，勤王之用，暫給之。其後，遂以爲例。萬曆二十二年，東西征討，命將出師，以是爲請，亦給。遼東以征倭虜，馬數損多，亦補給。此正爲奉命征討之用，亦暫給之。其後，乃遂欲以爲例。則彼巍然重鎮，安得全賴京師！京師亦安得能分生民膏腴京營備用者而與之哉！事在諸疏，可以爲案據矣。

昌平鎮，嘉靖四十年，以本鎮爲護陵重地，永安營馬僅二百餘，准照鞏華營例，調取寄養馬八百匹。四十一年，又議准：選補軍二百名，給馬一百匹，以把總統領兩班巡。隆慶四年，又增補前馬共二百匹。是年，又給天壽山巡邏官軍馬三十匹。

薊鎮入衛，嘉靖二十九年，各邊兵入衛缺馬。討補以爲常。隆慶六年，議准：除在途不補，在薊倒死者，如每營正馱馬二千餘匹倒死二百匹以下者，准補；過二百匹之上，止量給二百匹。以爲限制。萬曆□年〔五〇〕，題准：每年給馬六百匹。其後，增至千匹。或發本色，或發折色。每銀三十兩赴鎮，自行差官買馬。

凡遣將出征，成化十六年，兵部尚書王越奏：『比因選給西征馬一萬六千四百匹外，京營官馬止存八千八百餘匹，尚多病瘠不堪。乞令兵部於民間四户馬内選二萬匹，給軍騎操，以備警急調用。』嘉靖三十一年，虜寇犯順。差官分投取寄養種馬地方取馬，給官軍騎征。事平，發回奏報。嘉靖三十七年，倭犯淮揚，事急。督撫奏借南直隸種馬出戰，廟灣奏捷，馬發回原種地方領養。

萬曆二十二年，遣征寧夏。借給團營馬，回日送寺。將堪騎者仍發該營，不堪者變賣，銀回貯庫。萬曆二十二年，遣將征倭。發馬回日，同寧夏例。萬曆二十年，遼鎮以征東馬數損多，量請借支，以買馬銀扣還。此不爲例。調時，皆照兑京營例，部劄行本寺，丞堂一員，會同兵部職方司，至山海關調兑。行時，本寺上疏：請如《會典》所開載例，禁革需索，且令挨次一軍一馬相兑，不得勒措寄養户，隨兑即回。仍俟各州縣申文調兑數目，到日注銷。該本寺卿楊□□等，爲俵寄馬數歲減，額外請討難應，懇乞勑賜，早行酌議，以重根本，以安疆圉事：『職等奉兵部劄，内開遼東缺馬。議得：寄養馬匹權調取三千，應該馬價，聽該鎮估計的數回部，於次年年例銀内照數扣除。以後年分，仍照舊例買補。各邊鎮不得援此爲例。該部、寺查得：萬曆初，遼東、延綏、宣大屢討，未嘗與馬。前歲，東西兩征，係當寧遣將，一時權宜，行亦可。及遼東奏討，偶爲東征，亦可。自此外，復爲所需，則本鎮舊苑馬，行太僕寺之設。今年例銀一十一萬七千八百有零之給，爲市本。考，何爲考哉？前此兵部覆議必曰：『不得援以爲例。』乃卒以爲例，今此給行既二年，且皆三千，是即明例矣。以後歲久，不過申此爲請爾。又何必爲爲援哉！今且無論例，不可不即以目今本寺馬數而論。職前疏曾查祖宗朝種馬數十萬，弘治後額約十七八萬，自隆慶二年至萬曆九年種馬盡賣後，至今僅十年間耳，除團營不計外，惟寄養僅二萬。今二年内，總兑過團營與東西征討、薊遼奏討，共一萬四千六百有餘。舊秋僅存九千之數，視前時，不能數十分中之一分。職等相議：即今一匹不倒失，不取兑，尚爲無馬。而況自舊冬至今未數月，各州縣以倒失、團營以損斃聞者，殆無虚日，實未能九千餘矣。目今該兑團營補通州營約該一千六百有零，又各另取約計千匹，以備揀退補數。兹又將給行邊大臣項行將兑去七千内外矣。只此二項，當調取四千六百有實繁。而今年各俵馬地方，因災傷重大，派俵又少，明年災後，加派尚難，則是日減一日，歲減一歲，所謂儲蓄不備，卒有水旱、盗賊，無能以應，而國非其國者。此也職等誠知：守在四夷，遼東近夷，遼鎮安即京師安，非有二者。而要之京師根本，遼東疆圉，嘗聞先根本，次疆圉，未聞舍根本而專事疆圉者也。且遼東方給銀買馬，督撫所疏，買不能得。始請寄養，是爲本折兼支。職等總計，本寺南北各府本折，歲如不災不那，能全納，不過共價六十萬零。乃遼東一隅，半年之内，折色五萬，本色三千。直價九萬，共費十四萬。費本寺本折四中之一。後又其能應乎即舊年三千之價，亦嘗扣還。然本寺俵馬價三十兩，寄民餧養，年深勞費數倍，扣還未能半之。此以公儲供公用，何嘗言有無、多寡。惟後不能應，其將柰何哉！乃馬政，兵部統之，而數之三耗，本寺職之。今兵部惟以邊鎮請馬爲急即發，本寺亦惟據兵部劄至即發，乃不計其馬數三耗，以爲三酌。是豈相承相濟之義哉！萬一邊關聲息，烽火忽動，達於郊圻，此時將爲京師、陵寢應援入衛之用，又將何以應之！即或兵部疏令買補，本寺亦無能以應之。惟坐觀僨事，即致重罰厚譴，何益於大計哉！伏乞勑下該部，再行詳議，停止。」

七月内，又題《爲馬政久壞，不宜再紊權議存近額，省繁文，以蓄國威，以安民生事》：「職等謹稽祖宗馬政舊制，本寺備用馬，乃給兑團營騎操，防守都城，拱護陵寢，有事征討，入衛應援勤王之用，不爲各邊設。以各邊自有太僕寺、苑馬寺，御司衛所種馬、市買夷馬在也。自種馬盡革，而爲買俵，馬政以壞，即所徵銀亦備買。馬貲缺乏，不爲各邊及各項設，以各有正賦及年例椿朋買補支應者在也。本之，則先臣所謂蓄居重之威者是也。」其後，凡請討，該兵部、本寺屢題，奉欽依，禁止。弘治間，(常)〔嘗〕有謂：馬不許間或給銀收買。隆慶五年，題准：各邊奏討，係十分緊急，方准給馬價。別項濫討，即行停寢。又，遼東、宣大屢奏，不與馬，皆載之《會典》，彰彰者在也。又若保定府乃俵寄之地，隆慶四年，保定巡撫防秋，徑借備用馬，暫用即還，不由本寺調發。少卿鍾沂疏，「嚴借兑」。兵部覆，奉欽依，「嚴禁，以後不許」。此暫借者爲然。薊州亦寄養之地，隆慶五年，薊鎮總督請補各營入衛官軍。本寺卿王好問疏，「慎兑發」。兵部覆：奉欽依，「止許調給入衛官軍，各營俱裁減」。隆慶六年，該鎮題，爲延綏入衛官軍即入衛京師者，請給六百有餘。以後遂爲一千之例。然亦別派保定等府，或馬或銀轉給，未嘗即取薊州寄養馬與之，蓋有深意。此入衛者爲然。近者東西兩征，係當寧特遣，一時權宜，及遼東初次奏討，亦爲補給東征損失之數。此征討者爲然。凡征討入衛二項，似合舊制，嘗或給兑。此外，則不可以爲例焉者。乃歷查今時偶取者，以爲舊例；暫發者，以爲常例；一給者，再引爲例；急遣者，緩假爲例。始曰：不得援以爲例，後卒爲例。至於銀，他部不干之務。各地方災傷，始曰借，曰留，猶曰抵還。辛未之還，近日有借各邊修城民户七分，兵衛三分，遂爲户七兵三之例。自以上諸例行，而馬政益壞。舊制，以紊馬銀且空匱矣。該職二月間題，爲欽遵明旨，條議馬銀日俱空匱，財用所當通融事宜，懇祈聖裁，勑下該部，預計永圖，以保治安事，等因該兵部題覆内稱：「亟應移咨各鎮督撫諸臣，得已兑領馬匹，加意愛養，毋致損壞，以備緩急。如有別項軍情，務自悉心區處？

不得藉口借兑。』隨奉明旨：『俱依擬行，欽此。』方行未久，五月間，遼東巡撫又討三千。該職又題，爲俵寄馬數歲減，額外請討難應，懇乞勑賜早行酌議，以重根本，以安疆圉事等因，該兵部劄行本寺内補，咨薊鎮督撫衙門知會。乃今月内，遼鎮又請馬兵部，以遼鎮孤懸，又給馬一千五百。劄至，職關東西二路。隨該東路少卿程奎關稱：『本寺寄養備用馬匹，舊嘗二萬。今年除新運未完外，近兑給遼東及團營外，見在東路只一千有餘之數，已切無馬之憂。遼東年例，給銀市易夷馬，正以邊方土産足備騎征，未聞有涉千里取及寺馬者。今該鎮不嫌煩數，本部不查有無，輒討輒與，均非事體。無論各邊請求，難以格其援例，脱使内地有警，何以備乎！不虞懷根本之慮者，未敢以爲便也。』又准西路少卿王國關稱：『冏寺之馬，相沿定制，止供團營之用。蓋所以翊衛神京，鞏固根本，慮至遠也。至各邊鎮，俱發有年例買馬銀兩，從來未有取及寺馬者。今遼鎮一討已過，顧復再討，似非祖制。且查本路見在堪兑備兑，僅僅一千有餘。蓋緣連年部派，折色太多，本色太少之故。今又輕與，則寺馬無幾，萬一京都有事，急在需馬，誰任其咎！援四肢而弱腹心，大非計之便者。』合關本寺，須爲轉覆。至職查得嘉靖間種馬十數萬，又有解俵寄養馬二萬五千。乃戊申、庚戌兩次虜變各處入衛應援，將兵數萬，雲集都郊，會取數萬應之，猶稱不敷。今者買俵之馬，在於民間，必須交易經年，遇運而至。寄養之數，僅僅如此。目今虜倭臨邊，事勢頗急，合如少卿二臣所議，即行停止。呈兵部隨該劄行内開看得，該寺呈議前事，良爲有見。但念該鎮孤懸，值此倭虜交訌，議兑馬一千五百匹，聊濟危急。已經本部題，奉欽依：『無容再議，以後該鎮馬匹，咨去自行招買，勿煩再請，致紊舊章。』職等爲此隨關二路，即於見在馬内，如數查發。牒寺丞翟思梁，前往交兑。載惟以祖宗定制言，則本寺馬如前所陳，本非薊遼外邊所當請者。今以爲請，則彼行太僕寺、苑馬寺都司衛所及市買夷商之馬，何所爲哉！顧此端一開，後日難杜。竊謂畿内之民疾苦，俵寄而外，邊乃仰給之。欲其歲歲輸運跋涉遠鎮，力有不能，且以有限之馬供無窮之求，誠似於涓水沃焦勢有不能，無一可者。職等竊謂：兵部誠念邊鎮孤危，即以所謂悉心區處之議，爲之早行，或令廣市於夷，或令多招於商，而其本，則或復舊時行太僕寺、苑馬寺、都司衛所馬令其孳牧，乃可常久。伏乞勑下兵部，從此止其奏討，而惟常久。是計乃爲有裨邊鎮，而於本寺舊制不致再紊爾。顧此，就今薊遼言之，職等又爲京師之計，則豈敢謂復馬政種馬之舊。惟權議於俵馬，近額二萬匹，今漸減爲一萬六千有餘者；寄養馬，舊額二萬五千户，今減爲二萬一千有餘者，各復其額。每歲自災復減派、停派外，酌量派俵，發之寄養，務足二萬，如萬曆十九年以前之額。祇許調發團營，此外凡以近例爲請者，決不輒發。或者以馬數既多，寄民受累，馬徒老斃無益。職嘗聞積粟，所以防饑，不以無饑而厭朽腐之粟。積艾所以治病，不以無病而棄陳因之艾。蓋寧使之朽腐陳因，不致無積蓄而忽遇饑病。遽視其斃，徒貽後悔無及也。國家備用之馬，意正如此。伏望勑下該部查議力行，而凡調發，合行本寺酌量有無多寡，乃見專理職掌，庶近額存，而國威以蓄，民生以安。其所關係豈輕微哉！以上俱經兵部議覆：『欽依，依擬行。』

各邊鎮奏討銀買馬

成化二年，始各邊鎮立銀庫，以南方改折馬銀入貯。成化十一年，宣府奏討銀一萬兩。等鎮又奏討不等〔五二〕。兵部弘治七年奏准：凡各邊缺馬騎操，奏關銀兩收買者，兵部委官一員，同太僕寺官於收貯馬價内照數支出。差官運赴鎮巡官處交收。弘治十四年，題准：宣府等府討馬，量給銀，以後非急緊軍情，不許再請。弘治十八年，奏准：陝西茶鹽易馬，備邊係是舊制。今後再不許別項奏討。正德五年，發銀十萬兩於北直隸、山東、河南，又發三萬於延綏，一萬於寧夏市馬。六年，發銀十五萬兩市馬。九年，發銀市馬於山東、遼東、河南，盧鳳等四府，保定等六府，（銀）〔凡〕二十二萬五千匹。十年，以銀五萬兩市馬於河南、陝西，各千匹。又考洪武十八年，四川、貴州二都司市馬一萬一千有六百匹。永樂二十年，山東、河南、山西市驢二十餘萬。按：買馬，惟正德九年最多。又於各邊買馬多不計。太僕寺卿儲巏論太僕寺歲收馬價：『自成化二年，因南方一二縣非産馬地暫收折色，自後有比例加增者，當時貯積不多，各邊未嘗奏討。以後間有奏討，亦不盡從。緣各邊自有買馬之需。如宣府餘剩銀，陝西屯糧是也。自此端一開，遂不可止。宣府，成化二十一年奏討銀一萬，自弘治十四年至今，則十三萬矣。大同，成化二十年并二十二年二萬八千餘，弘治十年至今，則十六萬五千矣。延綏，成化間三萬九千，弘治九年至十八年則十萬二千二百矣。寧夏，弘治十八年以前，節次討銀二萬一千一百三十，弘治十四年至今纔及六年，則已七十萬矣。陝西布政司等處，止是成化二十年，銀三千八百八十，自弘治元年至今，則節次共討過一十五萬九千兩有餘矣。他如甘肅、遼東、山西等處，各次奏討過一十一萬五千三百餘兩，皆數倍於前。本寺未收折色，以前止給見馬。今給價十萬，作馬萬匹，價少馬多，似利於官。殊不知馬價銀不入軍中，就爲有司乾没。及至買馬，價既不多，安得善馬。隨買隨死，隨死隨討，終累朝廷。原其奏討，非全爲馬。今後邊方有缺，仍給馬以杜前弊。又各邊俱有餘糧、屯田、草場、椿頭銀，以備買馬。先年不曾給銀，邊無不足，今歲給益多，邊益不足。何歟？欲乞兵部差官按視，豫知盈虧、多寡之數，臨期易以酌量。若一時動衆興兵，方許暫給，餘皆停止。今後奏討，伏乞嚴加禁絶。庶幾不敢妄求，而朝廷不致徒費矣。』正德十三年，山西討馬，兵部請動支銀三萬兩，給與收買。尚書王瓊奏：『山西鎮巡等官、都御史張檜等奏稱，見在官軍萬五千餘名，有見馬四千八百餘匹。乞於寄養馬内量撥四五千匹。今太僕寺寄養馬數少，正德九年，山西三關有給銀買馬之例，宜與動支三萬兩，委官收買。及又稱：馬隊官軍難通融調撥。臣等議得：邊關官軍殺賊，人人有馬，便於馳驟。但欲令軍自養，無空地可牧；官爲支給，又無民草可供。所以往年召商買草，生弊百端，逼軍賠補，爲害滋甚。山西三關在大同之南，有山險可據，古人防邊，多以步戰取勝。近年，都御史孟春在宣府列步戰以卻虜。去年，總兵官王勛在應州督軍下馬步戰，始能固守營壘。合宜行都御史張檜多設步軍，務使奇正相倚，戰守並用，不必專恃馬力。』太僕寺卿汪舉奏：『每年派取馬不過二萬五千匹，今兩歲間已兑御馬監、遼東、宣大馬至五萬八千七百餘匹，價銀亦二十三萬兩。且各處官軍奏請未已，何以待之，請勅兵部，申明舊規，量入爲出。』兵部議如舉所言。如四衛勇士官馬死二次，例不再給，責之賠償。今累年未追，宜如舊施行。遼東行太僕寺、苑馬寺所養馬，宣府、大同有團種地畝子粒并椿朋銀，自可買給，今乃一切取之太僕，請皆如舊規。非遇徵調，不得妄乞。隆慶元年，於馬價銀内動支三萬兩，給延綏買馬。酌量衝緩地方補發各營騎操，嚴行各該司隊官員用心督餵〔五二〕，勿令倒損。如有倒失，巡撫衙門徑自照數處補。通應照例究治其該徵拖欠椿銀，仍要即時徵完，以供該鎮買馬之數。該兵部題覆：總督、撫按官侍郎霍等議，延綏一鎮，原額兵馬正奇參遊一十營，守備五營，先年營伍充足，兵威振揚，戰守有賴。後因挑選游兵四枝入衛。加以該鎮頻年虜犯，徵調無時，倒失折耗，歲積月累〔五三〕，以故各營馬匹共少一萬七千五百八十三匹。若不速處，第恐邊備廢壞。欲照額買補，錢糧缺乏，似應酌量緩急遞減，共該補馬七千五百八十三匹，該銀七萬五千八百三十兩。欲於太僕寺馬價銀内動支解發，如馬價不敷，或行南京兵部借發三四萬兩，補買馬匹。但本部馬價銀所積有限，節年各邊奏討數多，難以依數給發。若於南京兵部處發，事屬未便，合無斟酌所擬。本部劄行太僕寺：於庫貯馬價銀内動支三萬兩，差官解運前去。聽總督霍會同巡撫衙門，行令各道收買堪戰膘壯馬匹，酌量冲緩地方補發各營騎徵。仍嚴行各該司隊官員，用心督餧，勿令倒損，至如漏卮。以後若有倒失，巡撫衙門徑自照數處補。該管將領司隊官員，通應照例究治。其該徵拖欠椿銀，仍要即時徵完，以供該鎮買馬之數。隆慶二年，支銀三萬兩，發大同買馬，給發緊要營路官軍騎征。不敷之數，將本鎮椿朋地畝銀兩設法追徵買補。無得再違例奏討。該兵部題覆總兵趙岢奏：該鎮馬缺乏，難以御虜。乞要補足原馬三萬五千三百二十匹，如一時難濟，先給本色馬一萬五千匹，以濟秋防緊用，餘候漸補。爲照：寄養馬匹，專爲拱衛京師，原非備給邊用。及查舊例，各邊鎮遇缺馬，俱於本鎮椿朋地畝銀買補，不許違例請討。近來每濫討，習以爲常，遂使太僕寺馬數頓題（減？）。欲令本部裁節各鎮討馬，以清耗馬弊源，以防損拱衛之需，常不及半。以故寺卿董傳策：根本重地，本部備擬覆：『奉欽依，通行禁節。』去後又查得，該鎮每年請討本折馬不下數千，而入衛兩營馬，尚不在數。即今太僕寺見在本色馬，不敷前項，以難再給。但於邊計，於常盈庫貯馬價銀内，量發三萬兩，運送大同巡撫衙門，會同本官督發各兵備道。每馬一匹，用價銀一十二兩，收買膘壯好馬，先行驗印給發。緊要營路官軍騎徵不敷之數，將本鎮椿朋地畝銀兩，設法追徵買補，毋得再違例奏討。隆慶三年，題准：以後各邊奏討銀兩，果係緊急軍機，方許酌量支發。其餘别項奏討，毋得漫假。該兵部題覆：御史謝廷傑題：『馬價銀兩，專備京師一時緊急買馬支用。邇年以來，修邊、賞軍等項，各鎮每稱倉庫匱乏，紛紜請討。本部不得已權於馬價銀内量行動發，以盡同舟共濟之義。

近乃彼此觀望，援爲例，屢屢借動，以致寺庫所貯，亦漸虧少。矧變賣種馬，以充別用，尤非長計。』本官所議，自後毋得漫假，誠爲確論。今候命下，本部咨行户部及各邊督撫衙門，以後各處奏討銀兩，果係緊急軍機，必不得已者，本部於俵解折色馬價内酌量支發，暫爲協濟。其餘别項奏討，原非本部應出者，户部查將應發銀兩，或各鎮應有扣留錢糧，徑自移文支用，不得一槩題討。奉旨，是。隆慶五年，題准：以後邊鎮請討馬價，果係緊急，方准給發。其餘濫討，即與停寢。兵部議覆：看得巡視京營户科右給事中梁問孟等所陳慎給發一節，大率爲太僕寺馬價銀兩關係重大，難以供别項支費，乞要以後非邊情緊急，事關馬政者，不得輕發。查得太僕寺馬價銀兩，原係專備京、邊買馬支用。各衙門或以糧餉，或以修繕，多有權宜借支。即如禮部近日支銀五千兩，以充俺酋貢馬之賞，是其一也。不知軍政莫急於馬，若果興師十萬，庫藏所積，能有幾何！萬一缺乏，責將誰諉。誠如科道官所見，合無依其所擬，以復邊鎮請討馬價者，聽本部嚴加查議。果係緊急，方准給發。其餘别項濫討者，即與停寢。本部依違，不能執奏，聽巡視科道官從實糾舉。奉旨，『是』。隆慶五年，題准：查將禮部原借椿朋銀五千兩，賞夷應用，速令照數補還。仍通行各邊督撫，遇缺戰馬，多方處備買補。不得專靠内給，致滋耗費，兵部議覆：看得太僕寺卿王治所陳惜財用一節，大率謂：本寺積貯馬價，椿朋銀兩，專備買馬支用，不宜輕發。近該禮部題借椿朋銀五千兩，賞夷應用，乞要照數補還。仍行各邊臣，處置戰騎，不得專靠内給，耗費國馬，無非慎重馬政之意。合無依其所擬，本部移咨禮部，查將原借椿朋銀五千兩，速於賞夷應動銀内照數補還。仍通行各邊督撫衙門，遇缺戰馬，各要查照舊例，或取監苑孳牧，或動椿朋買補，多方處備，以資征戰。不得專靠内給，致滋耗費。奉旨，是。

隆慶五年，題准：奏討買補馬匹，止給入衛官軍，其餘各營量行裁減。其發價召買薊鎮〔五四〕，原無此例，不得開端。該太僕寺卿王好問題：『臣見薊鎮總督劉應節題，爲乞賜補給馬匹，以便騎征事，該兵〔部〕復議調取太僕寺寄養馬三千六百有奇兑給，題奉欽依。劄行到寺，臣聞宸居視各鎮不同，畿内寄養馬匹，先該御史顧廷對題請欽定二萬有奇。蓋將以藏兵而拱護京師，積威而雄視天下，不專爲調兑設也。歷年題奏其説甚詳，各邊兵馬不啻數十萬衆。馬匹倒失難以數計。使以此有限之馬，而應彼無已之求，何異以掬土而塞巨壑，臣固知其不能也。然邊臣奏討馬匹，其事已久，亦難卒變。臣查得隆慶三年各邊討馬六千有奇，四年兑馬四千五百有奇，是每年兑發之數，大較如此而已。今本年三月，山西已兑馬二千矣。而該鎮復兑三千六百有奇，是一月之内，兑馬殆六千匹矣。此後，各邊陳情，接踵日至。其揹曰〔五五〕：薊鎮事體重大而不相援引乎？臣恐畿輔二萬之馬，尚不足各邊一歲之發，及秋防届期，將臣以利害而動督撫，督撫據傳報而徹九重履霜之勢，其漸愈急，不知國家何以應之！再照各邊將領之臣，均有分憂之責，知廄下之駿服，爲民生之膏血，則愛養之心，自無不周。今任意踐踏，視若土芥，而臣等兑發，初無難色，則各官恣肆之心，將何所忌乎！』兵部覆題：看得太僕寺卿王好問所陳，畿内寄養之馬，原額有限，慮恐各邊請討無已，意欲止給入衛官軍，其餘各營量行裁減。又欲比例給發馬價，使該鎮自行收買各一節。蓋寄養馬匹，乃太僕職掌，而好問之意，專主於撙節。但發價召買薊鎮，原無此例，難以開端。相應酌處，合候命下。本部劄行太僕寺，將總督標下右營量給馬三百匹，減去二百匹；巡撫標下營原討馬一百八十四匹，及永安營原討馬三百匹，姑且免兑。其餘各營，仍照原題馬數兑給，以濟急用，此後，各該將領如再縱軍士不肯用心餵養，以致倒損數多者，聽總督衙門照例重加參究，不許姑息。萬曆三年，該本寺卿胡題，乞罷發馬價銀兩。兵部復議：各鎮請發馬價，不許濫行奏討。萬曆十四年，題准：遼鎮軍士，防戰艱苦，委當優恤，餉銀馬價，照數增發。還着稽覈樽節，不得濫賞。該薊遼督撫王等題稱：『邊長虜衆，兵寡餉薄，遼鎮馬匹，終歲徵調，死傷日多。部發馬價銀七萬兩；尤爲不足，乞要將免扣朋銀四萬七千八百餘兩，如數增發。』兵部覆題，奉旨：『遼鎮軍士，防戰艱苦，委當優恤。這餉銀馬價，准照數增發。還着督撫等官稽覈撙節，務使軍霑實惠。其餘俱依擬。』萬曆十五年，量議發銀一萬兩，給延綏買馬騎操。以後不得援例乞請。該延綏巡撫梅題稱：『本鎮馬匹，僅存十之五六，缺額已至數千，用價幾於四萬。乞於太僕寺馬價銀内動支買補。』兵部覆題謂：該鎮倒失馬匹，並無帑銀買補之例。但以全陝灾荒，而延綏尤甚，量議發銀一萬兩，買馬騎操，以後不得援例乞請。奉旨，是。萬曆十五年，題准：薊遼、宣大、陝西各鎮戰馬損失，遵照舊規買補，不許違例乞請。兵部尚書該太僕寺卿羅等題稱：『祖宗朝原有種馬十二萬，備用馬二萬。後將種馬議賣，盡收其直，專備近圻召買戰馬之用。近來遼東三四年間，討增馬價輒逾十萬。延綏一鎮，向稱無事，即欲買補，該鎮椿朋地畝自足取給。又領茶馬二千，似亦足用。今欲損國馬以益邊騎，將來效尤不可止，伏乞蚤禁停止。即使額馬果虧，權於陝西三茶司積貯餘茶，多易數百匹以給該鎮。仍明諭各番，後不爲例。在遼東，亦當漸爲節制。在各邊，毋得效尤。』兵部覆題謂：『各邊買補馬匹，皆是動支本處椿朋地畝銀兩，間有請發内帑者，銀數不多。惟遼東一鎮，薦歲饑荒，困憊流離之狀，督撫官嘗繪圖進獻。荷蒙聖明在上，恤憐艱苦，且因該鎮免扣朋銀，以故節次加增馬價十一萬有奇。係出特恩，原非常例。至於延綏地方凋敝荒涼，所積椿朋等銀，盡爲市本那湊。缺馬數多，軍威欠振。向止議發馬價銀一萬兩，尻未敢濫糜官帑，亦不忍坐困邊圉。非無劑量調停之計，今該寺具題前因，職掌所關，委當申明禁止。相應依擬，合候命下，移咨薊遼、宣大、陝西各督撫官，嚴行各該司道將領等官[五六]，將本鎮馬匹督責軍士加意飼養，如有伏櫪瘦損，及臨陣倒失者，遵循舊規，查照買補，再不許違例乞請。其遼鎮亦待歲穀豐收，虜患稍寧，前項馬價，聽督撫官酌量裁減。及照陝西三茶司貯有餘茶，多易番馬事體，未審妥便。本部備行督撫衙門議確回奏，統候聖明裁奪勑下臣等遵奉施行。』奉旨：『是。近年種馬變賣已盡，解寺銀兩不多，以後各邊毋得輕率奏討。』萬曆二十二年，題請停止借支，併議額外之增，以儲軍需，兵部尚書石議覆該太僕寺卿王汝訓等題：『職等謬典牧政，幸襲承平，歲以芻秣改折之入，稍儲金錢。寧夏變起，費以日萬數。夫由前則勞饗軍士，爲國家定大難；由後則振恤邊氓，爲國家撫瘡痍。綸音濡發，中外踴躍，快覩功成民安之會，職敢不奉行德意。比來一二動支，殊有不盡然者。往年兵部支請以爲例，今年各部借請以爲例，往者年例請於邊鎮，今者年例請於腹裏，如天津、薊遼等處。動支四十萬，是本寺爲户部代餉也；如修城、造船等項動支五十萬餘兩，是本寺爲工部代營造也；如淮揚等處爲募兵事請銀五萬兩，是本寺又爲腹裏開年例也。夫户工二部，國家財賦之府，淮揚，江南推饒焉之[五七]，猶以度支太冗，帑藏告匱。區區一寺所儲幾何，而以供一切衙門多端之請乎！職職本寺庫貯雖銀也，實馬也。無事易馬以輸銀，有事出銀以市馬。如一槩借用，勢將不繼，一旦緩急，職安所得金購馬，又不能執齒以責償於儲臣。蓋日者邊方多事，乞請滋甚。本寺五月薊鎮督臣題請增給營馬一千二百餘匹，又歲加馬價銀一萬二千八百餘兩。節年馬價，每匹不過一十二兩，今加至十八兩，於軍士誠厚。既益之馬，又益之價，兩請而俱聽之，非所以平施不加於平常撫恤之時，而加於一旦鼓噪之日，非所以爲名。有如各邊軍士挾之以要督撫，援之以請於朝，將何辭以應非所以爲經長之慮。伏乞皇上勑下該部，除倭報警急，募兵、餉兵外，以後酌宜動支，不許各衙門數數借請。淮揚募兵量於南太僕寺庫貯子粒銀支給。又乞勑薊鎮督撫諸臣，酌議馬價，應否每歲增加。不然，止令照數兑給寄養馬匹；又不然，減馬益步，通融增給。』兵部覆題謂：『庫貯銀兩，本以市馬，薊鎮馬價，等於各邊，此定例也。偶因東西多警，動支浩繁。修城造舡，户工二部借支五萬兩。原議祇補薊遼、天津等處募兵、買馬、安家、犒賞、器械等項動支四十萬兩，原非爲户部代餉。薊鎮馬價止十二兩，委屬不足，即增至十八兩，特照遼東中馬事例，原非因鼓噪而加。今議馬價，欲停借支，以嚴漏卮之防。議鎮馬欲減新增，以杜比例之口，無非防微杜漸之慮。但時值多故，費亦非常，别部借支，實一時權宜之計。合無自今以後，止其借請。薊鎮馬價十八兩，此係酌議方行，斷斷乎不宜減者。如謂各邊比例庫貯不敷，不容不爲區處，仍行督撫衙門從長計議。自二十一年起，或減騎益步，或照數兑與寄養馬匹，務令妥當，毋致貧軍，仍前賠累。其淮揚等處募兵舡之銀，仍令濟陽衛經歷張五倫照數兑解。』奉聖旨，是。

萬曆二十二年，量給銀三千，與順天以濟急用。即將馬價扣除，以後年分仍遵舊例買補，毋得援以爲例。該兵部尚書石覆議：『順天巡撫題稱，「該鎮倒死馬數多，共該買補八千余匹，雖已各給馬價銀兩，督責買補。但遼鎮虜殘歲荒，商販不至，所恃惟有互市，貢馬，民間絶少。繼日加箠楚，終難補完。今南倭北虜，日在窺伺。相應該太僕寺寄養馬内將年例馬價扣除」。查得該鎮近因倭警，征東官軍挑去壯馬八千，則遼鎮往年之馬少一萬有餘。又馬少數多，無從買補。查得遼東見行事例，馬價非一。如正兵營裏外家丁，每馬銀二十兩；選馬軍壯，每馬銀十八兩；左等哨軍士，每馬銀十六兩；右兵營軍士，每馬銀十六兩；各營軍士，每馬銀十兩。前項各項，俱有倒損。乞行兵部查議，將該寺寄養馬俵發，即於各項馬價銀内照數扣除。該兵部議覆：近來東西多事，調兑數多，難以盡發。合無量給三千，以濟急用，即將馬價扣除，以後年分，各隨仍遵舊例買補。毋得援以爲例。』

萬曆二十二年，該本寺題内稱：　請討備用馬，該兵部、本寺屢題『奉欽依，禁止』。弘治間，嘗請馬不許。間或給銀收買，載在《會典》。此爲給銀買馬之始。隆慶五年，題准各邊奏討，係十分緊急，方准給馬價。别項濫討，即與停寢。此爲禁别項濫討之始。近種馬盡革，各太僕苑馬都司衛所種馬亦廢，乃馬皆少，請紛紛矣。萬曆初，遼延、宣大屢奏，不與馬。昨東西兩征，係當寧遣將、一時權宜，亦或可爾。乃遼東奏討，亦爲東征。若然，則本鎮行太僕苑馬之設，近年買補例給者何爲哉！前歲事急，本寺不敢執言，今事定不言，將此後將官以緊急動督撫，督撫據傳報徹朝廷，疏下兵部，不能不題覆。第恐見馬既少，後馬難繼，然馬須數目非至缺不請，銀則易請易發者，是以他部之務，名曰『借』，始猶曰『徵還』；各地方灾傷，名曰『留』，始猶曰『抵補』；始猶曰不得援以爲例，後亦爲例。近言户七兵三，舊例原無。乃各邊修城、有户出七分，兵衛出三分者。今遂爲户、兵二部之例。始猶曰『七三』，今直請太僕寺支給。夫以公財供公用，即不徵還，不抵補，不言例，何不可者！獨此銀乃馬用銀，即用馬也。本寺職司典守，義當慎重。該本寺臣屢請止，今舉二疏。前羅應鶴等爲禁請討等事稱：『三四年間，遼東增至十萬余，延綏又乞動支買補倒失馬匹，原無此例。請節制令諸鎮無效尤。該兵部覆，以後不許違例乞請。遼鎮亦俟歲豐患寧，酌量裁減。奉聖旨：『是，近年種馬變賣已盡，解寺銀兩不多，以後各邊無得輕率奏討。欽此。』近王汝訓爲軍興繁費，馬價漸詘，乞停止併額外之增事内議：『往年兵部支請爲例，今各部借請爲例；往年例請於邊鎮，今例請於腹裏。如天津、薊遼四十萬是爲户部修城造船；五萬余，是爲工部淮陽募兵；五萬是爲腹裏。乞聖上勑該部，除倭警外，不許各衙門數數借請。該兵部議覆：咨户工二部，凡公費不得再請借支。奉聖旨：『是，欽此。』舊年山東借本省馬價二千，填補淮安顧船，分發登州糴買糧料至遼，是亦借也。是當早申前疏，令各部、各邊遵守。勿令空匱至極，難乎爲繼。此請討之議也。該兵部議覆：『行各邊知。』

皇朝馬政紀卷之七

擠乳　御用　上陵　出府併附給驛馬

此馬之出於太僕寺者。舊例擠乳、御用、上陵三項，皆御馬監馬。近日始取諸太僕寺。

《會典》：　擠乳者，以供内府膳羞。御用者，以供御用。上陵者，以駕謁陵。此二者，祖制皆係御馬監，所謂内廐者。後或取諸太僕寺，而内廐爲徒設。又歷支草料，無所節止，不能查覈如先朝舊章，可謂冒濫之極矣。是在明良在上，爲國爲民裁節之爾。若出府者。以特頒給驛者。以邊報，皆當然者。紀擠乳、御用、上陵、出府給驛馬。

擠乳馬　附乳牛・酒醋局拽磨牛驢

《會典》、《太僕志》：　凡壩上諸馬房，各有乳馬，以供上用膳羞。如有老疾倒死，兵部奏行太僕寺撥補。永樂間，每歲於陝西茶易馬及孳生馬内選取堪中騍馬，送御馬監，分送各馬房領牧取乳。後天順元年，歲選孳牧騍馬。成化九年，定取初生騍馬。弘治九年，奏准歲取五十匹，遂爲定例。於保定等十四府俵解送監，領牧取乳應用。

成化二十三年，該順天府宛、大二縣奏，兵部題覆：　照得順天府宛、大兩縣，俱在附郭，凡百徭役最先，且急其光禄拽磨驢頭，俱於寄養人户選補。係在常賦之外，委的民情不堪，行令太僕寺轉行順天府，將光禄寺前項拽磨驢九十一頭，量州縣寄養多寡均搭，自弘治元年爲始，每三州縣供應一季。俱要預先刻期交替，果有倒失，養户埋葬賠補。一季滿日，見在者照舊原主領養。題奉欽依，行。

嘉靖五年，議准：　凡内府供應乳牛，每隻連犢打價銀陸兩，解部轉送光禄寺收用。嘉靖八年，議准：　凡御馬監備用贏頭，每頭定價銀柒兩。順天府派取送部發太僕寺收貯，聽其支取，自行收買。又御馬監供用庫酒醋麯局合用驢頭牛隻，遇有缺少、瘦損，開數奏行到部，行順天府於所屬州縣照數派取。送各監局應用，其不堪牛驢，領出發屬收養。

嘉靖四十四年，議准：御馬監驢，每頭價銀捌兩五錢，供用庫酒醋局牛驢，每隻頭價銀壹拾貳兩。免派民間，動支太僕寺馬價銀，各州縣收買解寺轉送。又議准：御馬監酒醋局各用牛驢，仍解本色，准供用庫，改解折本色。該本年御馬監欲乞增價，本部欲行給銀，該監自買，該監不從。隨該本部議得：案查牛驢先年原係十年或七年召買一次。所買或十或三分之一必甚不可用，乃間買補。該監於萬曆七年題准，五年召買一次，且爲全給。十六年該御馬監再請本部查照户部題覆給事中張世則條議，將銀起解該衙門，聽其自買。如該衙門難於自買，行順天府委的當人員買完交用，隨爲事例。十八年，又請該本寺署事少卿常題，如前例。又據順天府呈部稱：收買牛驢原係二十七州縣公務。煩擾小民，在各州縣固所當恤，而以各州縣之事，專責兩縣，得無偏累。切謂照畿輔召商一節，如有利則商人不召自集，無利則疏内所稱攬頭如王大華等，亦不肯從。況商人原非兩縣所轄，彼安肯帖然就役耶！一牛一驢價十二金，豈曰難辦顧買，辦非難，而該監需索爲難。且數至管馬之丞，將究賠抵等因。隨據兵部議覆：查得内府供應，多用召商之法。蓋惟召商收買，則民困始得甦息。又必議價從寬，則商人始肯樂從。先年牛驢每頭議價十二兩，盤費、使用俱在其中，未爲不寬，惟包攬乘愚民之易騙，而復假鋪墊以多索，賠累不貲，在民不敢言，在官不復問也。於是，仍行順天府轉委宛、大兩縣能幹官二員，赴太僕寺領馬價銀，其原價一十二兩外，量加二兩，俱給殷實商人召買。陸續徑解内庫應用，若該庫牛驢如遇老瘦不堪，送部劄寺行宛、大兩縣縣丞赴庫，領出變價，仍解本寺常盈庫貯庫。以後爲例，不許再行。

御馬監馬　此即内廄者

《會典》、《太僕志》載：《大駕鹵簿儀仗》，郊祀、上陵，其陳設鹵簿儀仗，係車駕司會同錦衣衛，其郊祀、上陵並同。《太僕志》曰：外廐則太僕寺，内廐則御馬監。馬皆不聞於太僕而御馬監之馬。則先朝遺有種馬孳牧生駒，又入進貢馬、慶賀馬，歲嘗足用，未有取於太僕寺者。舊制：本監有科道官巡視印烙，與太僕寺印烙巡視並同。正德十六年、嘉靖元年行罷不一，在先朝皆意旨淵微深長，有未可以一時一人遽變者。弘治四年，户部尚書葉淇應詔陳五事，其一論御馬監内外二十四馬房通用料二十四五萬、七八百萬，皆民膏血，而所養馬多老騾無用，自今遇有進馬，命選年齒中度者收養。仍歲差官揀不堪者，賣銀以入内帑，則馬皆可用，而草料不致虚靡。

嘉靖元年登極詔：在内御馬倉天師庵、中府二草場，在外壩上十九馬房倉、吴家駝、裏外牛房司牲司、司牧局今年糧料、草束，於原數減半坐派，以蘇山東、河南、北直隸民困。以後巡視科道官覆實會計，以免冒濫。於是，户科給事中沈漢等奉命以行，尋以御馬監太監閆洪言，内廐及各馬房，永樂以來無科道官查點，遂命罷之。漢等因言：『近自武宗之朝逆瑾擅權，各馬房、倉場，額外多添内臣，弊端百出。以巡視官不便於己，故提督太監梁潤奏，武宗罷查點給事中御史。自是馬政日壞，户部不聞馬數，止憑派定糧料。錢糧多入私家，馬死而幸存者亦羸瘦不堪。求如祖宗之時之盛，不可得也。兹者閆洪之言，實梁潤之故智，不意陛下誤聽之，輒欲中止。先帝一十六年，天下事始壞於劉瑾，再壞於錢寧，而大壞於江彬，陵夷至於不可收拾。推究其由，皆原於命令不行，刑罰不信，故權奸無所畏而爲之耳。今陛下入繼大統，勵精更化，天下皆欣欣焉。以爲可復覩唐虞三代之盛。今未數月，事體漸更，誠不可不謹始圖，終以重失天下仰望之心也。

萬曆十四年，兵部爲恪遵明旨，議停濫討寺馬，以復祖制。本年，該兵部尚書張題覆：爲御馬監太監高相等題討馬匹，又該兵科署科事左給事中王三餘等題止前馬等，查得《大明會典》内，止開本部每歲於北直隸保定等府派取乳馬五十匹，驗送御馬監擠乳，以供膳羞之用。自永樂至嘉靖中，並無開有該監討馬事欵。此我成祖文皇帝開創之明例，所當萬世恪守也。至嘉靖四十五年，兵科題參太監王偉違例濫討寺馬，乞勅司禮監，會同本部備查該監馬匹錢糧數目，并今討補曾否有例，查明奏請。仍令巡視科道官每年查照馬匹草料若干，務要明白，追究下落，着爲定例。題奉欽依：『以後不許朦朧奏討，自取參究。』此我世宗皇帝嚴禁之明旨，所當萬世恪守也。萬曆七年十二月内，該兵科題參太監張誠濫討寺馬，乞要斷自今日。諸凡法駕扈從，盡用該監馬匹。以後遇有老損，仍要將草料住支，不得以太僕寺馬抵給。奉旨：『卿等説的是，但朕將有事山陵，該監馬匹偶缺，准量給一千五百匹。以後不許再討。欽此。』是我皇上裁革明旨，炳如日星。中外臣工所當恪守者也。今該監太監高相等，又題請要討太僕寺馬三千匹。臣等查得：

該監所收各處貢馬，歲額甚多。又益以隆慶元年、萬曆三年、七年三次例外所討寺馬，至於六千，既無徵調騎操，何爲槩稱缺乏？蓋增馬一匹，則增一匹草料，增馬三千，則增三千草料。馬愈多，而銀愈多，情狀易見。及查户部每年支放該監草料歲費銀一十二萬餘兩，每年俱全徵全給，毫無拖欠。使不通同商人高(佑)〔估〕價銀，侵費冒耗，盡以芻豆，朝夕餧養，則天閑良驥，雲錦成羣，何至於減損缺乏！雖年久不免老瘦，亦宜明開的數，奉請酌量補給。今止求增馬而不言老損開除之數，止言馬少而不言扣剩草料之數，不知管牧人員所司何事，該監何不一查究耶！太僕寺馬匹，專備在内三營，在外薊密等鎮不時請討。臣等恐將來不繼，每年兑[illegible]各不過一千餘匹。兑給之後，倒損者即在本軍名下查扣草料，追樁銀入官，仍并將官計分數題參罰治。今該監馬匹支草料則分釐不少，問馬數則多寡不知，其老損開除者亦無人查究下落。法行自近，而中外不平如此，何以服征操軍士之心！今又增討二千，計馬一匹，民間費銀三十兩。馬至三千，費銀九萬兩，而起俵、寄養草料所需，猶不在内，皆閭閻小民之膏脂也。若如數給與，不惟兑軍之馬漸乏，而一自入監之後，則民間九萬餘銀俱付之無用矣。伏乞皇上仰思祖制，俯察臣言，將該監今討馬匹，悉從停止。仍勅該監將見在馬匹，嚴督管領人員用心餧養。如倒損數多，雖不能如營軍盡法處究，亦宜少示懲責，以儆將來。其該監見今所養馬匹及草料出入額數，年久未經清查，合候命下，本部移文巡青科道，會同該監及户部委官，將在監馬匹備細清查，原額若干，每年續收進貢馬若干，即今實在若干，老弱倒損應補若干，備細開揭進呈御覽。仍造册送部，以後每年終，俱照各馬房事例，一體遵行。

上陵馬

宣德元年至嘉靖十九年，恭遇聖駕謁陵、郊祀，各監局及各衙門隨從騎坐馬匹，俱御馬監應用未有取寄養馬者。萬曆某年，該監題請取寄養馬。該兵部題：寄養馬匹，原爲給軍騎操，今借取騎用，原非舊制。既兵部題，爲懇給調用馬匹、草料事劄行本寺，調取寄養馬三千匹，以備内府各監局及各衙門隨從之用。又慮馬户恐有被調[五八]，不能全來，或臨時騎損，換給不敷，預備一千五百匹。令隨至昌平州等處，以備諸隨從騎損更換。竊惟寄養馬匹，原爲給邊軍，今借取騎用，蓋非得已。兼以各州縣遠近不齊，承調馬户勞費不貲，其應用草料，向未議給。遂致餧養無資，損傷相繼，漸虧軍需。況各離家而來，又非住家可比，酌議每馬一匹，量給草料銀叁錢。先期公同巡視科道，於本寺庫貯馬價銀内照數兑出，行委順天府管馬通判及宛大二縣管馬縣丞，遇馬到日，照數唱名給散。若有不到名數，則爲扣銀，還官貯庫。待事畢之日，造册送兵部、科道、本寺查考。

本部見行事例：凡上陵馬，有調兑至京倒死在途者，有未至京比出差倒死在途者，有雖調至尚未點過者，有至陵走失者，有回家倒死者，各追皮張、肉臟，及或令買補，或令追銀買補等項，遞年酌情議法不同，各隨時裁行。一、以上陵之日爲始，出差倒死在途者，追皮張銀四錢。回家一月之内倒死者，加肉臟銀五錢。三月之内倒者，追銀三兩；三月之外倒死者，追銀五兩。如買補一次者，三兩減作二兩，五兩減作三兩。以四月之外，五月之内爲率。凡倒死者，免罪買補。一、調至京未出差，倒死在途者，追皮張肉臟銀九錢。回家一月之内倒死者，追銀三兩；三月之内倒死者，追銀五兩。三月之外倒死者，追銀七兩。如買補一次者，三兩減作二兩，五兩減作三兩，七兩減作四兩。以四月之外，五月之内爲率。凡倒死者免罪買補。一、調到京未出差，在途與回家倒死者追銀之例，似屬太輕。今議亦以上陵之日爲始，無分曾否撥差，但未經上陵倒死在途者，追銀三兩。回家一月之内倒死者，追銀五兩；三月之内倒死者，追銀七兩；三月之外倒死者，追銀八兩。如買補一次者，三兩減作二兩，五兩減作三兩，七兩、八兩俱減作四兩。以四月之外，五月之内爲率。凡倒死者俱免罪買補。一、雖經調到京，無分曾否點過，但在上陵之日先期倒者，原無弛驅勞損，俱係各役不用心餧養所致。仍照在家倒死事例買補，但不計年月久近，俱免究罪，少示寬恤。一、上陵走失之馬，若比出差倒死之例，亦屬太輕。揆情皆因馬户不行看守所致，合無比照未出差在途倒死之例，追銀三兩。庶情法得宜。萬曆某年，該本寺題：凡上陵馬借用寄養馬，每匹給銀三錢。本寺差官於昌平等處給散，以爲餵養之資。

親王出府馬

《會典》：關馬一百匹，及倒死補給，例於太僕寺寄養馬内選取。送御馬監印烙，給軍衛護。

給驛馬

嘉靖九年，太僕寺卿楊廷儀題准：五年一次，將順天、保定等府寄養馬，有年老骨瘦、不堪兑俵者，所屬州縣不敢擅自變賣，乞勅兵部委官，與本寺分巡少卿親詣揀選。病老者賣之，其餘存者，或發驛作下等馬，或發州縣作甲首馬。每馬一匹，徵銀十兩，以備買馬支用。十三年，發太僕寺寄養八十匹給樹河驛，一百匹給薊州三河守備。時兵役漸繁，馬政久廢，不復拘五年一給之例。隆慶五年，兵部爲衝要邊驛急缺馬匹，懇乞天恩照數補給，以便傳報軍情等事。議於府州縣寄養馬内取一百二十匹，兑給土木、榆林、居庸等驛缺馬站軍領養。隆慶某年，議於各邊鎮給發買馬銀内發銀，令各驛買馬，自是不發寄養馬。

初制：監局在禁掖内，不以攝太僕寺，是以内外廐馬不相干涉。今此《紀》紀實，以故不能紀御馬監事。

而惟以原係御馬監，後忽額外取諸太僕寺者紀之，是不特不節又從而溢之。豈初制則然哉，於此一端，餘可推已。

皇朝馬政紀卷之八

庫藏八

祖宗朝，太僕寺惟有馬無銀。弘治初，始有江南不能種馬，州縣折銀，解寺建庫，時僅三萬餘。積至隆慶間，有變賣種馬價，草料牧地租子粒等銀。前臣謂：自有銀始，則以資團營買馬，各邊奏討買馬；自有銀積，則以脩繕、給賞等項他用。凡銀，即馬也；用銀，即用馬也。即各邊奏討公支，且不可繼，況他用乎！是在籌國之大計者謀之矣〔五九〕。紀庫藏八。

太僕寺常盈庫，成化四年建。八年，太僕寺卿牟奏：本寺官庫，收貯江南備用馬價銀，見在三萬七百四十餘兩。比照太倉官庫折收糧價事例，欲設官攢庫役。兵部議不行，止許庫役四名。於保定、河間僉點送寺，遇有事故更替，仍於原僉州縣僉補。弘治二年，少卿彭奏，始設大使一員，攢典一員。嘉靖十三年，建新庫。自建新庫，老庫不開。四十五年，太僕寺卿苟奏開舊庫，發藏銀，併之新庫，老庫仍扃鎖不開。續增至庫役十八名，軍人一百名。《太僕志》曰：『祖宗時不置司庫，（益）〔蓋〕時寺顓主馬而積銀少也。弘治初，始置官吏，豈非溢於前耶。庫金日羨，而馬日羸矣。』議者又言：『徵銀便如是不已，幾無馬矣。夫謂積銀以市百萬之騎可立致，則內藏之銀，猶外廐之馬也。是不然，往者常損金以購馬，當時猶謂擾民而不可行。一旦倉卒括民間馬，可得耶？如倉庾無積穀，而黄金、珠玉饑不可食也。冀北之馬稱天下，今民歲俵馬，往往市之他郡。所謂外廐者，果安在哉！而邊兵之求索無厭，涓涓之流不足以盈尾閭之洩，是不可不爲之長慮者也。』

收貯銀 此銀之入於太僕寺者

一、歲解折徵買俵本折馬銀。自種馬盡賣，每歲各州縣照舊派買俵本折馬二萬五千。數徵銀，或丁或糧，各地方不同。舊係本色者，徵二十兩，係折色者，二十四兩。自每年派買本色另解外，其銀俱以二十四兩解寺，南直隸並同。惟抵發薊州馬一千匹，或要折色，則兩直隸共湊足千匹，以三十兩解寺轉發。

一折徵種馬草料銀。自種馬盡賣，每歲各州縣將原額種馬十二萬，每匹或丁或糧，各地方不同，徵草料一兩解寺。兩直隸並同。中間有續，後乞免出種馬者，至今不派。以上或係各府類解，或各州縣徑解不同，各從舊解。南直隸八府，亦係各府州縣類解。其未解或違限拖欠者，本寺每歲終具呈兵部奏請，行南太僕寺催解。

一、京營子粒銀。一、各衛子粒銀。一、各州縣地租及餘地銀。一、南直隸各府子粒地租銀。以上牧地養馬徵本色者。自牧養廢，一切徵銀，各不同。其内有係京營者，有係各衛專解太僕寺者。其在京營者，專備五軍等置造金鼓、旗幟。其在太僕寺者，專備買馬支用。其實在團營，每年實徵銀不過一萬一千有零而已。今屢年請加，近日益至三萬有餘，猶且奏求不已。蓋當事者不知其初數，故輒加至此。使其知數少而用過，豈肯如此，其屢加哉。萬曆二十二年，兵部爲條議京營要務，以振神氣，以備緩急事内稱：該劄請閲視京營科道題，前事欲加銀萬兩，以爲操練賞賜之用。行本寺，查子粒歲收若干，見今庫貯若干。今如增支一萬，計除該營各項公用足否，議明等因。隨查得：本寺每年額徵京營放牧草場子粒銀一萬一千六百九十一兩一錢五分四釐九毫，各衛孳牧馬草場子粒銀二萬一千五百一十三兩七錢八分五釐四毫零。共銀原各不同，在各衛者，乃其孳牧養馬之需，原與京營無干，亦非京營所當混支者。乃近歲以來，混稱子粒，未嘗分别，是以京營每以此藉言混求。日加一日，至今未已。今查得：每年京營額支子粒，造辦金鼓、旗幟，犒賞四季軍伴，春秋二操打水，共該支銀三萬一千五百四十二兩二錢五分。近年又動支子粒建造車房，三眼鎗，犒賞官軍，共支銀五千六百四十八兩九錢八分。二項通共每歲該支銀三萬七千一百九十一兩二錢三分。以京營所入，本寺常盈庫者實一萬一千六百有零。今計其所出，不下四萬之數，甚爲浮額。今若議增，就爲定例。況前項年例，俱係京營支用，尚且不敷，安能議增？又照：賞賜爲練軍首務，必須於前項所支年例銀内量爲節省。庶以此節省移爲練賞之用，乃爲委曲通融之法。有如前項例不可減省，欲行别圖另處，則本寺銀兩各有正支，非所能議也。續該兵部議處，逐年將前年例銀用有剩外，每年量凑六千。於是京營子粒加至數倍，不得不動支及千馬價矣。

一、椿朋銀。二十九年題：今後各營遇支放糧草束折色時，預將應出朋銀官軍姓名，并朋銀數目造册送部，轉送户部，照數扣除有餘，方行給散。不足下月補扣，其扣過銀兩，户部印封送部轉發太僕寺，收候買馬支用。凡椿朋銀兩，椿謂之椿頭，以倒失馬主言。其馬主係都指揮者，出銀三兩，遞減至指揮、千百户、鎮撫、旗軍，各減五錢有差。走失被盜者，各加五錢，謂之椿頭。朋者，謂之朋合。照各營馬隊官軍貼助者言。又令各營馬隊官軍，每歲朋合出銀，歲以六個月爲率。每月都指揮、指揮出銀一錢，千百户、鎮撫七分，旗軍五分。遇馬倒失，貼助買補。在外各邊，悉照此例。貼銀謂之朋合者，合助椿頭買馬，以官給言。弘治六年，奏准：各營朋銀買馬，不敷每歲馬一匹，聽支草場租銀三兩貼助，即行買補。此例見今不行。

一、附寄班軍銀。山東、河南、中都等都司，每年春秋二班赴京上班做工。其行糧銀，該衛解都司支散。如到遲，即將糧銀解兵部發本寺寄庫，候本軍到日領散。内有病故不到，及到遲罰工銀，照數扣除。聽職方司動支給散挖河軍伴等費。

一、附寄缺官銀。各省缺官，扣除柴薪俸糧。解部發寺，各堂并主簿廳及各衙門，添注官員、隸役，工食俱於此内支領。

一、變賣種馬銀。隆慶二年，半賣種馬價，有司議五六兩，多則十兩，解寺入庫。後有徵解，有未徵解者，有官入肥己者，重累民賠納者，既盡行蠲貸。萬曆九年，盡買種馬。當初議上等無過八兩，下等無減五兩。孳駒已報在官，其種馬堪賣者，收駒給賞馬戶。不堪賣者將駒一同變賣。輳價馬戶有逃，故種折者，審實免徵。逃移復業，種馬猶存者，照下等馬價減估。以上二次將舊制種馬駒馬十二萬，盡變賣爲銀。是故銀即馬用，銀即用馬也。乃二次種馬銀，今已陸續爲各邊鎮買馬，脩城，東西征討，用且殆盡。查舊庫數少，新庫數多。今新庫者既殆盡，則舊者是惟不動，動即若滄海之洩於漏巵，其能存乎，邇當事輒恃以謂縱多費，尚可賴此。此特居常則可，有時而有事在前，既無馬，又無銀。如所謂黄金珠玉不可得而食者，是不可不重爲早處也！

給發銀　此銀之出於太僕寺者

一、給各邊鎮銀。祖宗朝原未有銀。自成弘間改折馬銀，至正嘉間陸續奏討，及隆慶四年互市給銀爲市本，後遂爲定例。十餘年間，歲一給發者爲年例買馬銀，間或奏討者加給不同。又近日有所謂戶七兵三銀，又有請爲脩城者，皆近日邊鎮多事之後，與兩賣種馬之後，見有積銀如此也。每當解發，兵部題：奉欽依，差官行文本寺，會科道，兵部委官監視，少卿提督庫藏寺丞面給解官，賫送各邊。其屢奏俱在各邊鎮奏討銀買馬欵下。買馬原無定額，惟日見加增爾。故不欵列。

一、賞賜銀。祖宗朝，戶部歲進金花銀兩，入承運庫以備賞賜之用。順天等府歲恭進子粒銀兩，以備不時之用。未有取馬價銀者，取馬價銀爲賞賜，近日始有之。萬曆十二年，爲欽賞遼東、瀋陽、撫順等堡有勒寨地方獲功官旗頭目軍丁，共關銀八萬二百七十五兩。奉旨：『這賞功銀兩，着兵部暫於馬價銀内照數給發。』該兵部題：『查得給賞各邊首功銀兩，自國初至今二百餘年，俱於内庫關領。一以示朝廷藏富之不私，一以示内府匪頒之殊錫。俾將士仰感特恩，奮身血戰，祖宗所以爲禦虜防邊謀者，用意甚爲深遠。自萬曆九年，欽賞遼東鐵嶺等衛獲功官軍，始在太僕寺取銀三萬八千三百七十五兩。十一年，欽賞孤山堡等處獲功官軍，又取二萬二千二百四十兩。前後兩奉明旨，俱因内庫偶值缺乏，着暫於馬價銀内支給。自萬曆八年以前至隆慶、嘉靖以前，未有也。臣等因明旨，一時偶取一次暫止三萬有零數，不甚多故，將順德意，不敢瀆請。近日，我皇上軫念小民疾苦，洞知賦税艱難，供用每事節省，賞賜率多裁抑。戶部歲進金花銀兩一百萬兩外，加進二十萬兩。聞多積有贏餘，又與往歲缺乏之時不同。況前二次所取，總之不過七萬。今次給發，遂致八萬有餘。自今以往，各邊獲功者踵至，馬價給發者不停，偶取者將爲常例，暫發者遂爲定規。既違祖宗不用外帑之舊制，且非皇上暫時給發之初心。及查太僕寺馬價，內以供京營補買之用，外以供九邊征調之需，比之别項錢糧，緩急不同。總計每年派徵折色馬價，止兩直隸、山東、河南四處，每處不及數萬。邇年水旱頻仍，拖欠一十四萬四千七百餘兩，已蒙恩詔減徵。應徵者尚未完解，而撫按奏免者復將紛至。又查：往歲兩遇聖駕謁陵，賞賚扈從官軍，又陝西賑恤灾荒餉糧，甘肅撫賞流虜，遼東買補戰馬，共將七十餘萬。今年各邊正例市本買馬等銀十萬九千餘兩。頃御馬監奏取馬三千匹，即該減派折色，少徵銀九萬兩。歲之所出者已多又多，歲之所入者已少又少。臣等若明知見今匱乏，而不據實奏請，至將來誤事，罪將何辭！緣是查遵往例，冒昧題請，伏乞備查祖宗以來原無馬價抵賞功之例，將前項賞功銀兩於內庫照數頒給。其太僕寺馬價免發，仍諭內庫，如遇禮部賞功文到庫，遵例照數在歲進金花銀內給發，不得再於馬價內議給。庶軍機國計，胥有攸賴。』奉聖旨：『卿等所奏，朕知道了。但今次賞功銀兩數多，內庫偶值缺乏，暫於馬價銀內支給。』

萬曆十二年，奉旨：『秋祭山陵，賞賜各項人等。着户部於太倉取五萬兩，兵部於太僕寺馬價內取十萬兩來應用。』該兵部題：『查得太僕寺馬價銀兩，原備京邊買馬之用。與别項銀兩可以借供御用者不同，故自祖宗二百年來，雖有重大經費，值內庫缺乏，並無取用馬價之例。蓋祖宗知錢糧各有項下，既不可紊支，亦因馬價預備買馬征操，尤難那借别用。皇上試取內庫先朝收支簿內各數留神一覽，則知祖宗節用崇儉之心，防微思患之意，誠萬世之所當取法者。始自萬曆九年欽賞遼東等處獲功官軍，一次取太僕寺銀三萬八千三百七十五兩。一次取三萬二千二百四十兩。又兩遇聖駕謁陵，賞賚扈從官軍，發銀六萬餘兩。目今駕閱視山陵，賞賚扈從官軍，本部該出銀三萬兩，又該發大同薊鎮年例市本銀二萬七千兩，通計七十餘萬。皆近年之所增用，舊例之所本無，祖宗之所甚惜者。及查每年派徵折色馬價，止兩直隸、山東、河南四處，每處不及數萬，又因各地方灾傷拖欠，及奉詔蠲免者，不止二十餘萬。原非舊例者日益加多，歲入本係舊額者日益減少。臣等職司馬政，雖係例應支給者，仍當度其緩急，量爲裁抑。況今增額外，賞賚之需，又取足於馬價本無之內。皇上仰思祖宗愛民惜費之心，必有惻然不安者。伏望查遵祖制，採臣等所言，將今取馬價停止。如果賞賚數多，內庫委有不敷，亦望量爲裁減。以後內庫缺乏，俱在額辦衙門取用，免再取及馬價，則我皇上監憲法祖之心，與謁陵念祖之孝，一舉而兩全矣。」

萬曆十三年，奉聖旨：『閱親壽宫，賞用不敷，着兵部於太僕寺馬價內取銀十萬兩進來。』該兵部題：『查得萬曆十二年九月內，恭遇聖駕親詣山陵，舉行秋祭。偶因內庫銀兩不敷，奉旨着於太僕寺馬價內取十萬兩應用。隨該本部知錢糧各有項下，不可紊支。馬價原備買馬征操，尤難別用。故二百年來，雖有重大經費，值內庫缺乏，並無取用馬價之例。且近年兩直隸、山東、河南節報灾傷，拖欠蠲免，不止二十餘萬。況節次欽賞遼東獲功官軍，買補戰馬，陝西賑恤灾荒，甘肅撫賞流虜，及聖駕謁陵，賞賚扈從官軍，已動支過馬價銀七十餘萬，皆近年額外之所增者。因具疏懇請停取，伏蒙聖旨：『近日宫中屢有嘉慶，賞賚未行，又扈從山陵內外人員，舊有賞例，內庫委的缺乏。故暫取該寺銀兩應用，卿等所奏，朕知道了。還遵旨行是。』皇上洞察該寺馬價銀兩原非賞賜之額，故暫取耳。今未逾年，又因賞賜，復取該寺銀兩應用。臣等思得庫貯有限，邊用無窮，況薊鎮新復長昂撫賞，而遼左年例買馬，及宣大市本銀兩，皆一時不可缺者。臣等猶度其緩急，酌量題發。矧此賞賚之銀，原需內庫。爲暫取之旨，炳如日星。費有常經，信難更易。且水旱頻仍，今歲灾傷，比之往歲，尤爲特甚，而屢蒙蠲免。近日所入，較之昔日，又爲不同。今年之內，伏聞我皇上念切恤民，費從節省，內庫所積，必有贏餘。賞給所需，亦不必取諸馬價而是也。伏望皇上將今次所賞隨駕員役，酌其定數，少爲裁抑，俱於內庫取給，免動馬價。如果內庫數委不敷，望將所取馬價量行裁減分〔數〕，匪頒有式，帑銀可裕。而我皇上崇儉之德，示信之旨，並行而不悖矣。』奉聖旨：『還遵前旨行。』

萬曆十四年，欽賞遼東開原地方獲功、陣亡、被傷官旗家丁，共關銀四萬一千八十兩。奉聖旨：『這賞功銀兩，着兵部於馬價銀內照數給發。今後但遇大捷，銀兩數多，的着兵部給發。不必奏請於內庫，以爲定例。』該兵部題：『查得給賞各邊首功銀兩，自國初至今二百餘年，一切於內庫關領。自萬曆九年以後，間或取賞太僕寺者，俱因內庫偶值缺乏，着暫於馬價銀內給發。此銀取給於太僕寺者，自皇上始。皇上試查隆慶年間至祖宗朝，有此舉乎？然前時取給雖非祖宗舊制，猶未嘗定以爲例。況金花銀兩專備皇上賞賚之需，每年進納百萬兩，後有增至二十萬兩，歲入不爲不多。今不因缺乏，不稱暫給，而着爲永例。使祖宗成法舊典，二百餘年凛凛守之而無踰者，一旦廢棄，皇上之心，何樂有此意。必謂太僕之儲，年來稍有贏餘，庶幾足以待邊臣之賞賚乎。然臣深憂過計，切謂不然。查得太僕寺馬價，比之别項錢糧，其急萬倍。今總計每年折色銀兩，兩直隸、山東、河南每歲不及分數，邇年以來，水旱爲災，拖欠數多。十一年蒙恩詔減徵十分之三矣。御馬監奏取馬三千匹，已減徵折色三千匹矣。而十五年銀兩，該御史劉霖又題減其數矣。往歲謁陵賞賚，陝西賑荒，甘肅賞虜，遼東買補戰馬，共發過銀八十餘萬兩。各邊年例市本，每年二十餘萬，毫不可少。今歲之所入者，日少於前；而歲之所出者，日增於後。前以太僕爲例而賞邊功，則邊功年年常有，而寺儲立見其盡。欲國不告急，不可得也。且皇上富有四海，中外之財，莫非其財，但當籌其緩急，又何分於内外。故與其藏富於内，而不以勵將士之心，孰若厚儲於寺，而足以備國家之急！又使萬世聖子神孫，恪守祖宗舊典，無謂更易成法。自皇上始，豈不爲得耶。伏願皇上惻然深思，收回成命，將太僕寺馬價免發，仍於内庫頒給。以後如遇欽賞，俱於歲進金花銀内給發，則我皇上崇儉之德，納諫之明，光於天下萬世矣。奉聖旨：『大捷原不常有，這賞功銀數多，内庫支給不敷，故於該寺取用。今後萬兩以下的於内庫關領；萬兩以上的，還遵近旨行。』

萬曆二十二年，該本寺卿楊題議：『存留馬銀，本寺原無庫藏，自成化間始有。正德、嘉靖間，始將種馬買駒銀貯庫，皆未多也。隆慶、萬曆間，兩賣種馬，始多，乃貯庫二項。一即變賣種馬，改折地租，子粒三者，皆係買馬；一即京營子粒，班軍銀，專供五軍等營置造金鼓、旗幟，買馬、修城。總之，皆戰守計爾。今查前自正德至萬曆初，存留及賣種馬者不言外，自五年至舊年冬末，共貯庫二百五十二萬七千零。前年七十餘萬，舊年五十餘萬，而前舊二年至今，正京邊年例，東西征討，各部借請共出三百九十萬零。總計二十餘年所積，今支發將竭。正月内兵部劄：『爲欽奉聖諭，皇長子行預教禮，取銀十萬兩。』該臣等呈請〔六〇〕：馬價已竭，惟前所謂草料銀，係五軍等營及年例之用，不宜輕動。一那動，后日緩急，無能卒辦〔六一〕。欲請停止，則以大典不敢有違。據兵部再劄：『權借。』訖顧年例有額前拖欠，今年災重，未必完納。矧皆生民膏脂，適民窮財盡之時，不早爲樽節愛養，若有他虞，竭庫而取不足以應。强自加賦民間，必不能勝，諸臣必不忍議也。』此存留之議也。

一、詔不許馬價賑濟。正德七年，都御史張縉題：留馬價賑濟，兵部覆查得：太僕寺常盈庫收貯遞年馬匹馬價，原有一百萬餘兩。正德五年至今，其用過銀七十八萬八千餘兩，見在庫銀不多。即今地方多事，設法措置，差官買馬，尚且不敷。無從處置，難以准留別用爲照。即今各處地方盜賊猖獗，或用徵進及各處該解俵馬匹，又皆存留免解全革。太僕寺官庫收貯價銀，支給收買應用。見今本部及本寺奏差員外、寺丞等官十餘員，分投在外，設法買補，尚不勾用。又況本寺原牧馬價動支數多，在庫數少，所據前項馬價，相應起解，以備買馬兑給，難准存留。萬曆二十二年，河南、山東荒，議請留本地方馬價賑濟本處俵馬饑民。本寺覈議回部，行有馬地方：准留馬價，其餘不得一槩混發。以此爲之定例，不許再行瀆擾。

按：考之祖宗朝不發馬價賑濟者，非不恤荒也。兵部、太僕寺執奏不發者，非有司出納之吝也。以北直隸首爲畿輔重地，山東、河南爲匡襄巨鎮。凡此所解本色俵馬，折色銀兩，皆民之脂膏。當於荒旱日酌量。如在有馬三省，則爲剥膚之傷；如在無馬他省，則爲震鄰之警。原自不同。果在三省，則當以其所出之脂膏，還治其心腹。如別舉以賑濟他省，是剜心頭之肉，以補腳下之疥。是爲顛置，亦非重本安内之圖。是以歷朝爲然。近者有見不以賑濟即議爲非，未知此也。若在三省減其本色之數，免其蠲貸之舊，又發其所入之帑藏以還治，即所以賑發矣。豈容別發〔六二〕，議者宜知此意。

法馬　該本寺題：書同律，度量衡關石和鈞。謹權量，今之所謂衡石鈞權者，凡官民法馬、鼎秤、暨太倉、太僕各庫藏銀秤皆是也。總之謂權然後知輕重，而輕重準以律，律取諸黄鍾。以秬黍實龠爲銖兩石鈞，至平至中者是也。帝王必於是準之者，以財幣天下公共通融之物。《周禮》名泉，史遷謂欲行如流水是也。乃財幣中惟銀最廣，而法馬、鼎秤所以流行於上下彼此往來出入之間者，苟輕重不一，則有所偏滯壅塞，而不得相濟，非泉矣。我聖祖稽古以律，較若畫一，鑄造頒給官民並同。民有私重者，即以官府者較而罪之，着爲律例。萬曆四年，工部因議者另造新法馬，頒式各省，鑄給州縣，於是太重。部文行令將舊者銷毁。而州縣實留之，於凡收納皆新者，自分至於錢至於兩之上，積少成多，由重加重，民間皆以重收爲苦。於凡解發，惟上京省用新者，凡給發下役仍用舊者，民間人有二馬之議。且各省鑄給時，大小數十，又循環兩副，不能皆較若畫一，類多私重，難以盡言。此在富民交納且強；若小民力役，終歲僅得分錢，盡取安能無怨。有司又指給自部省爲諭。近科臣葉初春題：『請新比舊，每兩重一錢二分，百兩重一兩二錢，總天下錢糧，何啻萬萬。是每歲增重一百萬兩，陰耗民財，羡歸吏橐。名非加賦，實則加之。請將銀庫法馬更較量，與民間相同通行示信。』而工部覈查，亦謂有增重三四錢者。乃部覆：『奉欽依，各該收放錢糧，務要兩平秤兑。這法馬須降日久，不必另鑄紛更。』近巡撫魏允貞奏稱，郎中劉兑積羡自潔，謂：各府用新法馬，分司用舊法馬，新舊不同，因有積羡。據此益見新馬止用解京省，而給發於下未用。重收輕發，甚非政體。天下皆然。且增重積羡，皆民膏脂，豈容不早爲議處。嘗以新舊法馬，與民間常用蘇州、廣東法馬較之，惟舊法馬與蘇州者相同。蓋自聖祖頒給時，蘇州爲法馬家製造，自一分至百兩，輕重皆遵定式。且原各處舊法馬實未銷毁，即或毁而蘇州者天下市行取而較用。不待製造，或謂此處新者稍輕。要之，出入一馬，以此收納。即以此給發於下，以此上解京省。凡京省給發，亦惟官吏俸廩，商民貨買，軍衛月餉，各役工食之類，而官吏、商民、軍衛各役，亦即所給發者，爲上之交納，下之用度。來而爲入，往而爲出，在彼在此，輕則皆輕，重則皆重，酌於輕重之中，寧輕勿重。庶即輕之所餘，擴爲日用，則銀在天地間不過此數。以所擴充者，日見有餘，是爲通融如流泉之謂也。天下望此日久，乞勅下該部，早爲復舊，不拘前議，斯政體一，民望慰矣。顧外州縣，多不用法馬而用鼎秤。低昂在手，吏胥又故意昂重，奉官虐民。况此外加耗日重，屢奉禁例，未嘗改正。此在撫按嚴查參究，實安民生，肅吏治大務也。再照本寺收發，皆卿丞、科道、兵部司臣面同。舊規：發貳千兩兑四馬，爲一秤，各邊收亦如之。近各邊有以五百兩，一爲一兑將發去，二千分肆兑，未免參差貽疑。解官請勅下兵部，咨行工部，仍造五百兩馬肆枚，發本寺較同後，發各邊。仍令各邊俱照本寺二千兩一秤，乃爲平，爲便。

皇朝馬政紀卷之九

蠲恤九

高皇帝奮武淮甸，親驅虜平憝，天下甫定。四方未靖，屢詰戎兵，乃於歸馬滁陽，建太僕寺，設牧監專理民馬。凡種兒騍起於丁田，設有定額，其倒損虧失，遇赦不宥者，以經制初立，專官孳牧，馬數簡少。其不宥者，時所宜也。誠以兵資於馬，嚴馬政將以衛乎民也。文皇帝振武燕薊，從齊魯度淮揚，下金陵，日率諸方兵馬數戰，親見其勞馳。踐祚初，遂下蠲貸之詔，亦時所宜也。誠以馬出於民，寬民生將以裕乎馬也。歷聖俯從諸臣之議，深知官多民擾，馬數漸增，法令亦繁，則又不得不頻爲蠲貸赦宥者，如駒馬倒失之類是也。而亦有不容蠲免赦宥者，額馬孳牧之類是也。誠以馬政、民生兼之，重馬所以足國，衛民所以安民也，亦時所宜也。此非初嚴而後寬也。《書》曰：『道有昇降，政由俗革。』是乃蠲恤之大凡也。考之《會典》未載，兩《太僕志》有之。《太僕志》内所載：一、詔赦，一、被災，一、被兵，一、停候追補，一、改折色，一、免差官印駒。各款分書，令叙年紀之如此。紀蠲恤九。洪武三十五年七月初一日詔〔六三〕：山東、北平、河南府州縣人民有被兵不能種田者，並免三年差税。不曾被兵者與直隸、鳳陽、淮安、徐州、滁州、揚州軍民所養馬匹、牛羊等項倒死并欠孳生者，並免追賠。永樂二十三年詔〔六四〕：各處軍民有爲事追賠孳生馬匹，受府逼迫不得已將男女妻妾典賣與人，以致流離困苦，莫能自存者官司即爲贖還，毋得托故延緩。如子女年長已成婚者，不在此例。今後倒死孳生馬匹，只照洪武年間例追賠。洪熙元年，詔各處孳生馬騾、牛羊等畜，及北京所屬衛所見養永樂二十年徵進所獲牛羊，自洪熙元年六月十二日以前倒死者，悉免追賠其徵進所獲牛羊。今後只令軍衛有司自行題督收養，原差去管養官員人等，即便回京，毋致重擾軍民。宣德三年詔：自宣德二年十一月十五日以前，及民間起解備用馬匹，中途瘦死，各處追賠孳牧虧欠、倒死馬騾驢、牛羊等畜，官軍騎操領養馬騾驢、牛羊隻倒死者，盡行蠲免。宣德五年詔：宣德三年以前，官員軍民有倒死官馬、騾驢當追賠者，及軍民有虧欠孳生馬匹者，悉免追賠。宣德七年詔：自宣德五年以前，軍民有拖欠種馬當賠償而未賠者，如係秋收冬收去處，許令納米賠償。每馬一匹，納米十石，就於所在官倉交納。不係豐熟去處，聽於今年秋收後納米賠償。宣德八年詔：各處都司、衛所并各太僕寺、苑馬寺，該道倒死，虧欠孳牧馬騾，牛羊、驢匹，但係宣德七年十二月以前者，悉皆蠲免。宣德十年詔：各處孳牧馬騾驢、牛羊等畜，及北京、河間、保定等處軍民見養徵進所獲牛羊，令衛所有司提督牧養。原差去管養内外官員人等，即便回京，毋得托故在彼生事，重擾軍民。正統四年詔：倒死馬駝、騾馬、牛羊及虧欠馬騎孳生等畜，悉皆蠲免。正統六年詔：自正統六年十一月以前，軍民一應倒死、虧欠及被盜、走失孳牧寄養長生騎操等項馬駝、騾驢、種馬、馬駒、牛羊、猪、牛犢等畜，悉皆蠲免。正統十一年詔：南北直隸並各布政司，去歲被害去處軍民。倒死、虧欠、被盜、走失孳生寄養、長生騎操等項馬騾、牛羊等畜，俱候秋成買補。正統十四年詔：正統十四年六月二十一日以前，凡軍民一應倒死、虧欠及被盜、走失孳牧寄養、長生騎操等項馬駝、馬騾、種馬、馬駒、牛羊、猪、牛犢等畜〔六五〕，悉皆蠲免。景泰元年詔：各處騎操孳牧馬騾、牛羊，先被達賊搶虜，已行奏告未除豁者，悉與蠲免。其先不曾經奏告者，不在此例。景泰元年詔：正德十四年九月初六日止，順天并直隸各府及山西布政司所屬，凡有一應例死及被盜、走失孳牧、騎操等項馬駝、驢騾、種馬、馬駒等畜，悉與蠲免。景泰七年詔：各營并各軍衛有司，原寄養、騎操、孳牧、長生、脚力等項馬騾驢，但有虧欠、倒死、走失未曾買補還官者，悉皆停罷，免其追賠。天順元年詔：自景泰七年十二月終以前，在京各營，在外各邊及各處軍衛有司，原養騎操、孳牧并種馬馬駒，一應倒死，虧欠、走失、被盜，并查出埋没及遞年起解、拖欠等項，盡行觸免。天順元年又詔〔六六〕：自天順元年七月十二日以前，令各處軍衛有司原養孳牧馬、騾驢、牛并種馬馬駒擠乳牛隻等畜，一應倒死、虧欠、走失、被盜〔六七〕，并查出埋没及遞年起解拖欠等項者，盡行蠲免。天順五年七月初二日以前，一應倒死、虧欠、走失、被盜等項，盡行蠲免。天順七年自三月初一日以前，在京、在外軍民騎操、孳牧、原養、寄養馬匹、種馬、馬駒，一應倒死、虧欠、被盜等項，盡行蠲免。天順八年詔：自正月二十二日以前，在京、在外軍民騎操、孳牧、原養馬匹、種馬、馬駒，一應虧欠、走失、被盜等項，悉皆免追。成化元年詔：南北直隸并河南等處，但係灾傷地方，凡倒死、走失、被盜等項，一應該追孳牧騎操馬匹，所司曾經具奏者，俱停候次年收成追補還官。今後各處孳生種馬，三年收用一駒，永爲定例。成化元年，例該印記種馬；本年八月十六日，兵部備由具奏，奉旨：『這養馬地方多被灾傷，百姓艱難，且不必差官印記馬匹。待下年一發印記。』成化四年詔：自本年九月二十六日以前，南北直隸并山東、河南被灾去處，軍民孳牧、寄養馬騾驢并駒倒失、被盜、虧欠等項不能賠償者，所司查勘明白，悉與宥免。成化六年詔：自本年八月初一日以前，在京各營、在外各邊騎操馬匹，并順天南北直隸、河南、山東被灾去處軍民孳牧寄養馬騾并駒，一應倒死、虧欠等項，并有例停候買補。及遇倒失、漏報者，所司查勘明白，悉蠲免。成化七年詔，自本年十一月十五日以前，各處官軍騎操馬匹，并軍民孳牧寄養馬騾、驢牛，一應倒死已報在官者，悉皆蠲免。虧欠馬駒，每四匹折買一匹。其先次查出漏報折買者，不在此例。成化九年詔：自本年四月以前，各處司府衛所被灾去處，一應寄養、孳牧、騎操馬騾、驢牛倒失、虧欠、被盜等項，已報在官，例該追賠，并先次停止折買未完者，盡行蠲免。如已徵價值在官〔六八〕，不在此例。其走失、被盜馬匹，日後得獲，照舊還官。成化十一年詔：自成化十年十二月以前，在京各營、在外各邊及各處軍衛有司原養、寄養、騎操、孳牧、走遞馬騾、驢、牛并種馬、馬駒，一應倒失、虧欠、被盜，已報在官，并查出埋没等項，盡行蠲免。成化十四年，令孳牧寄養馬匹，貧難丁少者，准免二分。該解備用馬匹未完之數，不分本色、折色俱停，候以蘇民困。成化二十一年詔：前成化二十年以前，在京各營、在外各邊騎操馬匹，并順天、南北直隸、河南、山東被灾去處軍民孳牧寄養馬騾，一應倒失、虧欠等項并有例停候買補者，所司查勘明白，灾傷重處，悉與蠲免。輕處，自成化十六年十二月以前悉免追賠。其餘停候二十一年夏秋成熟，陸續徵解。如或該管上司及各府州縣管馬官吏交通作弊，事發，俱坐贓罪。成化二十三年詔：自成化二十一年十二月終以前，在京各營、在外各邊及各處軍衛有司騎操、孳牧、寄養、走遞馬騾、驢牛并種馬馬駒匹、户馬，一應虧欠，被盗埋没等項并有例停候買補者，悉皆蠲免。若有已補在官者，照例起解，交收該管人員。敢有交通作弊，事發，治以重罪。弘治十二年，南京兵部會奏稱：南北直隸等處所養孳牧馬匹，弘治五年以前倒失虧欠，例追價銀。因各處災傷，前項馬價虧欠數多，以後倒失該追，准將五年以前倒失虧欠未徵者，暫且停止，候豐年另行奏奪。其六年至九年倒失虧欠者，免追本色。每兒馬一匹，追銀六兩；騍馬一匹，追銀四兩，每駒一匹，倒失者追銀二兩。虧欠者追銀一兩五錢，解發太僕寺收貯，以備各邊買馬支用。弘治十八年詔：自弘治十六年十一月以前，順天、南北直隸、山東、河南州縣并内外衛所寄養孳牧馬牛驢倒失虧欠等項，該追本色價銀，京營各邊官軍倒死騎操馬匹該追樁頭朋銀，及各處牧馬草場地畝、子粒銀兩，除已徵外，未完之數，悉皆蠲免。正德四年，兵部題：自弘治四年以前者，南北直隸、河南、山東府州縣并京外衛所，成化、弘治、正德等年間，各有棄批拖欠馬匹，欲便通查追究。但恐成化到今，歷歲既久，官吏又多死亡，人民不無逃故，兼且文卷未制，累在革前縱使查追，恐徒勞擾，准免追。五年以後至正德四年止，行御史鄺約、周奎逐一查出，立限追完，就令給批起解，以憑發寺驗收。有罪之人，徑自依律問擬發落。正德五年詔：正德二年以前，各處軍衛有司虧欠倒失馬駒、牛驢，例該追徵銀兩；并京營各邊官軍倒死騎操馬匹，例應買補〔六九〕，徵收租銀；及備用馬匹草場租銀拖欠之數，除已徵在官外，未徵之數，悉與蠲免。正德五年詔：各處免糧養馬地土，内有水坍、沙壓等項〔七〇〕，負累人户包養累經具奏者，令巡按御史查勘明白，具奏除豁。正德六年，都御史邊憲題稱：山東地方，被賊殘害，乞將濟兗二府應印孳生賠補種兒騍馬除免。該兵部議：地方災傷，盗賊殘害，不獨濟、兗二府爲然，南北直隸并河南等處，亦各傷損，人民艱難，准將正德五年孳生馬駒例該今秋印烙者，暫免差官，以甦民困。待後下年成熟，一併印記。正德八年八月，兵部題准：地方連年多事，暫免差官。着各該巡撫、都御史嚴督守巡等官，公同分管寺丞，責限買補，務足原額。正德九年詔：各處孳牧寄養馬匹，先被流賊搶劫，曾經告官勘實，執有明文，并提督、撫按等官兑與徵剿官軍騎去，不曾給還者，除已買補外，其未買之數，巡撫及太僕分管勘實，悉與蠲免。不許捏故濫報，事發重治。正德十三年，給事中王紀等奏勘：人户流亡及地方所産不堪者，免其收養種馬。定立歲辦額數，量徵價值，每年類解太僕寺收貯，聽其從便買用。該兵部題：查得南北直隸、河南、山東額定該養種馬數目，係於國制〔七一〕，擅難更改。但地土灾傷，准行分管寺丞會同印馬御史，查勘淮揚二府所屬灾傷各州縣原養種駒，如有虧欠暫且停買，待後豐年買補印烙。正德十六年詔：各處徵糧養馬地土，内有水衝沙壓、坍江等項，負累人户包養累經具奏者，巡撫、巡按官查勘明白，具奏除豁。嘉靖元年，題准：地方灾傷，行南直隸掛欠馬匹州縣，自正德十六年以前，曾經起解到部，送寺俱驗不堪，退回馬匹，聽從變賣，每匹照依徵銀一十八兩，解部發寺收貯，買馬支用。嘉靖六年詔：順天府論地養馬，近年以前地多歸於勢豪之家。其馬，仍令本户餵養，瘦損倒失，責令追賠，甚爲貧民之累。應天等府所屬論丁養馬，近因備解駒馬，每年止解借用馬價，所有種馬或有倒失，仍復責令買補，民亦不堪。着兵部通行議處，以蘇民困。嘉靖七年，都御史唐龍題：徐州豐縣，嘉靖六年夏秋水旱蟲蝻疊見，本年分原派備用折色馬二十匹，因灾未解，要仍照嘉靖五年事例，再免追徵。該兵部議：馬政錢糧，額有定數，例無蠲免。准暫停止，候豐年收成之日，每年陸續帶徵三分，限三四年完足。嘉靖七年，都御史唐龍奏：泗州淮、汴、沙、陡等河，田畆淤没，人民流離。乞照徐州事例，通改折色。該兵部議：泗州每年坐派本、折，該馬一百四十匹，其地方係祖陵重地，原無開載養馬免糧丁田等項，實與他處不同。准將種馬照舊餵養聽候外，但遇每年坐派備用馬匹原係本色者，該二十五匹，每匹照例徵銀二十兩。原係折色者，該二十五匹，每匹徵銀二十八兩。定爲例，照數徵完，解部收貯，以備買馬。其别府州縣，不許援例奏擾。嘉靖七年題准：以地方灾傷，山東沂州，魚臺、郯、單、滕、費等六州縣備用馬，俱派折色。嘉靖十二年詔：在京各營、在外各邊并順天府、南北直隸、山東、河南各處軍衛有司，騎操孳牧寄養馬騾、驢牛并種馬、馬駒，近年以來，虧欠、倒失、被盗等項并有例停候買補者，悉與蠲免，以蘇久困。若有已補在官者，照例押發交收。該管人員若有通同欺隱作弊者，事發治以重罪。嘉靖十二年詔：山東、河南、南北直隸各該牧馬草場子粒租銀，連年灾傷，以十分爲率，自十二年以前，各免五分，以蘇民困。嘉靖十五年詔：南北直隸各牧馬草場子粒租銀，連年災傷，以十分爲率，自十五年以後，蠲免四分。嘉靖十五年，題准：淮、揚、廬、鳳四府，滁、和二州，連年災傷，民困至極，嘉靖十六、十七年分該備用本色馬匹，暫准照例折價。以後年豐照舊額本、折中半。嘉靖十五年詔：在京各營、在外各邊并順天府、南北直隸、山東、河南各處軍衛有司，騎操孳牧寄養馬騾、驢牛，近年以來，虧欠、倒失、被盜等項并有例停候買補者，俱准令蠲免。其已補在官者，照例發該管人員交收。若有乘機欺隱作弊者，事發治以重罪。嘉靖十七年詔：自本年十一月以前，南北直隸、山東、河南各處軍衛有司，騎操孳牧寄養馬騾、驢牛凡一應虧欠、倒失、被盜等項該追價銀，及買補各處牧馬草場子粒凡被小民拖欠者，除已徵、已補在官，照例起解交收外，其未完之數，悉與蠲免。嘉靖二十九年，淮安府知府趙大綱奏稱：『坐派本府所屬州縣本折馬每年一千一百九十七匹，計馬徵銀折色十八兩，本色二十兩。然地方濕墊，原非養馬去處，每遇起俵，前往河南、山東等處收買，加以四兩草料。又且水草不調，疾疫易生，倒死必令賠償，瘦損不無驗退。欲將本府所屬州縣馬匹，或比照泗州事例，俱解折色；或照海州事例，暫改折色。』該兵部議：『災傷切於民隱，固宜寬恤，而馬政系干武備，尤慮更張。惟贛榆、清河、桃源、宿遷四縣，近年災傷重大，民多遷移，查與海州事頗相同，俱自嘉靖三十年爲始，至三十二年止，通行改折三年，以示寬恤。』三十三年三月，巡按直隸、監察都御史郭民敬題稱[七二]地方兵災，將鳳、廬、揚、滁、和、六合、江浦地方應解本色馬匹，與淮安暫改折色，候年頗豐，復照舊例徵納。隆慶元年，題准：順天所屬薊州等九州縣十分災傷寄養馬匹酌量均勻調兑以後解到馬匹，暫免發俵，待後年豐，另行查發。其河間、保定二府，查勘被災州縣，亦照順天府九州縣事例，一體施行。隆慶五年，題准：將淮安府所屬十州縣，自嘉靖四十四年至隆慶三年止，一應拖欠馬價銀兩，俱暫停徵。稍候豐年，即行帶徵起解。其隆慶四、五年應徵者，作速徵完，解部交納，以備買馬。不許仍前拖欠，致滋奸民復覬寬免之例。如違，本部從重參究。隆慶五年，題准：將真定、大名二府所屬各州縣原派養餘地銀兩，自隆慶六年以後，盡行除豁。免其徵解，以蘇民困。其隆慶五年以前，既稱分毫未徵，不必再徵。隆慶六年，題准：昌平州派養馬匹，盡數豁免。萬曆二年，以霸州永清等九州縣水災，議准：各邊題討馬匹，先將被災州縣分別輕重調兑，其餘空户，暫免俵發。萬曆二年，題准：將南直隸鳳淮揚三府并徐州所屬地方被災清河等二十七州縣，節年拖欠馬價銀未徵者，通行停徵三年。萬曆四年，題准：地方十分災荒，將揚州、鳳陽、淮安等府屬變賣種馬拖欠銀兩，悉從寬減，以蘇民困。萬曆四年，題准：重地十分災疲，豁免泗州額外重累，以蘇民困。萬曆九年，題准：將淮安府屬各州縣，揚州府屬高郵、興化、寶應三州縣，徐州及所屬蕭縣，鳳陽府屬泗州、鳳陽、臨淮、盱眙、靈壁、懷遠七州縣，自萬曆八年以前拖欠馬價草料場租、變賣種馬銀兩，已徵在官者，裁數起解者，拖欠未徵者，都准豁免〔七三〕，以甦民困。萬曆十四年，題准：將淮、揚、徐三府州班價馬價〔七四〕。俱准蠲免。萬曆十四年，題准：將北直隸、南直隸被災地方，分別輕重〔七五〕，十五年分折色馬價，每匹減銀二兩。十六年以後，仍照舊徵銀二十四兩。又將順天、保定、河間三府寄養州縣，邇年旱災頻仍，自萬曆十三年冬季以前倒失馬匹馬價，免其追賠。其已買見在馬并已追完銀，速乞解寺，不得乘機侵匿。萬曆十四年，題准：畿南災民十分困急，暫免備用本折馬匹。其變賣種馬草料銀兩，暫行停免，待後帶徵。萬曆十四年，題准：將真、順、廣、大四府十五〔州縣〕本折馬價草料〔七六〕，俱暫免停徵。萬曆十四年，題准：將盧、鳳、淮、揚、徐、滁、和七府州應派萬曆十五年分折色馬價，每匹一例減徵銀二兩。其十六年以後，照舊徵銀二十四兩起解，不得再希蠲免。萬曆十六年，題准：將海、邳等五州縣，未完萬曆十二年馬價銀一萬一千二百一兩，盡數蠲免。萬曆十六年，題准：地方疊罹災傷，將鳳陽等處被災州縣拖欠馬價草料租銀，暫行蠲免，以蘇民困。萬曆十六年，將薊州十二團營十六年被災草場地一千六百九頃四十畝應徵租銀，量免四分徵解。萬曆十七年，題准：異常災旱，萬分危急，將鎮江府馬價銀九千九百八十四兩革，馬草料銀二千三百四十兩，悉准免徵。萬曆十七年，題准：積困地方，將應天、徽寧等府，廣德等州縣牧馬租銀革，馬草料銀兩悉准蠲停。萬曆十七年，題准：異常災旱，將鎮江府萬曆十七年分牧馬草場租銀六十兩八錢五分，准與蠲免。萬曆二十年，題准：泗水昏墊，民命阽危，將泗州馬價草料，自萬曆二十一年起至二十三年止〔七七〕，暫免三年，以甦民困。以後十分照舊徵解，有司不得混行徵派。各州縣勿得〔以〕上例（未）〔乞〕免〔七八〕。萬曆二十一年，題准：將胙城、封丘二縣本色馬匹，自萬曆二十二年爲始，暫改折三年。候年時豐稔，照舊本折並徵。萬曆二十一年，題准：淮北根本重地〔七九〕，大罹異常水災，將揚州府所屬高郵等七州縣拖欠馬價草料〔八〇〕，自萬曆十五年起至十七年止；鳳陽府、泗、鳳等十八州縣十八年以前，淮安府邳、安等十州縣，并徐州所屬三縣十九年以前拖欠馬價草料，盡行蠲免，以甦民困。其揚州府七屬十八年以後，鳳陽府十八屬十九年以後，淮安府十屬并徐州所屬三縣二十年未完馬價、草料銀兩，俱限二十一年、二十二年帶徵。萬曆二十一年，題准：畿南復罹水災，將被災州縣果係被災極重者，本色盡行改折；被災稍輕者，量爲少派本色；無災地方，量爲多派本色。并河南撫屬〔及〕滁州等七州縣〔八一〕，二十二、二十三兩年本色馬匹，俱准改折色。萬曆二十二年，題准：真定地方水災重大，暫行改折一年。萬曆二十二年，題准：照萬曆二十年馬，以十分爲率，普派本色三分，折色七分，定例權於各府本色三分之内，分别災傷輕重，重者本色盡改折色，稍輕者少派本色，無災者多派本色。其河間各府所屬各州縣災重，本色五分，俱暫改折色，保定等七府所屬各州縣被災稍輕，本派本色三分，暫改折色一分；兖州、東昌二府被災又次者，派本色二分五釐，暫改折色五釐，永平、彰德、衛輝三府原係無災，仍量派本色三分。所派原係本色，暫改折色者，每匹徵銀三十兩，其餘原額七分折色，每匹徵銀二十兩〔八二〕。萬曆二十三年，本寺題准：遇災傷重大年歲，賑恤寄養人户。該本寺題：洪武初，種馬徵駒搭配，倒失即補，遇赦不免。永、洪間，凡倒死欠孳生者，免追賠。宣、順間，被災被兵皆蠲免。近日，則寬矣。凡俵養皆民俵，民遇災、兵得減派、改折、蠲免，而獨養民頻年勞費不可減，倒失不可蠲免，皆畿甸重地，數年災甚，未蒙寸澤，不無負隅。今以舊例，不能别議他蠲，惟於災傷重大之時，重加賑貸，以爲養馬之資。不致民間枵腹而馬亦免於瘦死，是則民與馬共利，而亦得與俵民均同仁澤矣。

皇朝馬政紀卷之十

政例十

政例者，前今條例事宜，行於户種、俵寄、買兑之間者也。《會典》、《兩太僕寺志》：本諸司職掌馬政，

《條例》所載《洪武榜例》有議和、買補騍駒、孳牧文册、官點期限、丁糧則例諸欵，又有管轄、祀典、印俵、比較、禁約、蠲恤諸欵。今此《紀》管轄、祀典如舊，而凡議和、買補騍駒皆在印俵、比較、禁約、蠲恤四欵之内，皆列於各欵，不别爲紀。顧其間，前者日革，後者日異，或亦時勢所趨致然。乃革者紀之，所以明祖制；異者俟之，所以示今法。亦皆相時考勢者，所欲覽鏡者也。紀政例十。

管轄

太僕寺

《會典》：太僕寺總管，卿一員。分管，少卿。舊設二員：一員，巡視京營及各邊騎操馬匹；一員，提督順天、河間、保定三府所屬寄牧馬匹。俱領勑，一年更替。正德七年，添設一員。收兑馬匹，及會同科道、兵部委官秤收馬價丁粒，各營樁朋銀兩。隆慶三年，題准：少卿一員，仍提督京邊馬政；二員，分管東西二路，各兼寄牧、孳牧、驗烙、巡驗之事，俱領勑，不更替。萬曆九年，裁革一員。十一年，復舊。凡分管寺丞，舊設十二員。以九員分管順天、保定、真定、河間、永平、大名、濟南、兖州、東昌九府，一員管順德、廣平二府，一員管開封、衛輝、彰德三府各馬匹，一員管京衛孳牧騎操馬匹。弘治十八年，裁革四員。正德九年，添設一員，專管寄養馬匹。嘉靖八年，裁革三員，以寄養馬匹令該管地方官帶管。其六員：一員分管順天、順德、廣平三府并京衛孳牧騎操馬匹，一員分管真定、保定二府，一員分管大名、永平二府，一員分管河間及濟南府，一員分管兖州、東昌二府，一員分管開封、衛輝、彰德三府。俱三年更代。每歲二、八月出巡，照依兵部《馬政事例》逐一興舉，歲終比較。遇更代之年，具所行事迹造册，繳部查照。其山東等都司所屬衛所，各從本司委官提督。遇有解到孳生馬匹，照例發屬寄養。隆慶三年，題准定爲三員。以一員提督庫藏兼協理京邊，二員協理東西二路。萬曆九年，裁革一員，尋復舊。少卿，勑內兼載寺丞職名。遇少卿缺，則寺丞暫攝行事。

管轄地方：北直隸順天，五州二十二縣，今去昌平。金吾左等衛，四十六衛。保定，三州十七縣。順德，九縣。真定，五州二十六縣，惟阜平不屬。廣平，九縣。永平，一州五縣。河間，二州十六縣。大名，一州十縣。河間等衛，四十六衛所。濟南，四州二十五縣，惟歷城不屬。兖州，四州二十一縣，泗水、曲阜不屬。東昌，三州十五縣。開封，陳州、項城、陽武、封丘、沈丘、蘭陽、儀封七州縣。彰德，磁州、安陽、湯陰、臨漳一州三縣。歸德，考城一縣。

東路：分管寄養馬：順天，大興、順義、平谷、懷柔、密雲、三河、薊州、玉田、遵化、豐潤、寶坻、永清、武清、文安、大城。河間，任丘、静海、青縣。種馬：保定，祁州、清苑、滿城、安肅、唐縣、博野、深澤、蠡縣、安州、束鹿、高陽、完縣、慶都。河間，滄州、獻縣、鹽山、交河。永平，灤州、盧龍。真定，真定、井陘、獲鹿、靈壽、藁城、無極、行唐、冀州、南宫、棗強、武邑、晉州、武強、趙州、高邑、隆平、寧晉、深州。廣平，肥鄉、鷄澤、廣平、成安。大名，大名、南樂、魏縣、青豐、内黄、浚縣、滑縣、東明、長垣。濟南，齊河、濟陽、陵縣、商河、德平、武定。兖州。滕縣、嶧縣、城武、鉅野、汶上、費縣，折色無馬。東昌，莘縣、茌平、冠縣、丘縣、高唐、恩縣、夏津、武城、濮州、范縣、朝城、觀城。開封，陳州、陽武、封丘、蘭陽、儀封、項城、沈丘。彰德，安陽、臨漳。衛輝，汲縣、新鄉、獲嘉、淇縣、輝縣、胙城。歸德，考城。南馬：應天，江浦、六合。廬州，六安、無爲、合肥、舒城、巢縣、廬江、霍山。鳳陽，壽州、潁州、宿州、亳州、定遠、懷遠、霍丘、太和、虹縣、靈壁、天長、五河、潁上、蒙城。西路：分管寄養馬：順天，宛平、通州、涿州、良鄉、固安、房山、漷縣、保定、東安、霸州、香河、昌平，今革。河間：景州、河間、阜城、東光、肅寧、吴橋、南皮、慶雲、寧津、故城、興濟。種馬：保定、易州、新城、定興、容城、新安、涞水。永平，遷安、昌黎、樂亭、撫寧。真定，定州、新樂、臨城、贊皇、饒陽、元氏、曲陽、衡水、平山、欒城、新河、安平。廣平，永年、邯鄲、曲州、清河。大名，開州、元城。廣德，建平。濟南，泰安、長山、德州、平原、禹城、長清、肥城、蒲臺、利津、鄒平、齊東、青城、新城、濱州、陽信、霑化、樂陵、臨邑、淄(川)〔州〕、海豐、新泰、萊蕪。兗州，濟寧、東阿、沂州、魚臺、定陶、鄆城、壽張、金鄉、寧陽、平陰、單縣、鄒縣、東平、曹州、陽穀、曹縣、滋陽、郯城、嘉祥。東昌，聊城、棠邑、館陶、博平、臨清。彰德，磁州、湯陰。南馬：應天、上元、江寧、句(溶)〔容〕、溧陽、溧水、高淳。廬州，滁州、全椒、來安、和州、本州、含山。寧國，南陵。鎮江，丹徒、丹陽、金壇。太平，當涂、蕪湖、繁昌。徐州，本州、蕭縣、碭山、豐縣。揚州，高郵、泰州、興化、寶應、儀真、如皋、江都、通州、泰興。淮安，海州、邳州、山陽、桃源、安東、睢寧、宿遷、清河、沭陽、贛榆、鹽城。順德，(刑)〔邢〕臺、沙河、南和、廣宗、鉅鹿、唐山、內丘、平鄉、任縣。鳳陽，泗州、鳳陽、臨淮、盱眙。

南京太僕寺

南京太僕寺：額設卿一員，少卿三員。嘉靖間，減一員。隆慶二年，又減一員。今二員。寺丞，洪〔武〕初四員：弘治十八年，減二員，存二員。每歲分管江南北，淮東西，俱三年交代。督各府通判、縣佐貳管。隆慶二年，衹存一員，同少卿共二員。分管各八府地方，其各事宜，悉與太僕同。

管轄地方：南直隸：應天，八縣。鎮江，三縣全。寧國，南陵一縣。太平，三縣全。廣德州，建平一縣。鳳陽，十八州縣。淮安，三州九縣全。揚州，二州六縣，惟海門不。廬州，二州五縣，惟英山不。滁州，二縣并衛。和州，一縣。徐州，四縣全，(滁)〔徐〕州衛。

分管少卿管：應、太、寧、鎮、淮、滁、和等處；寺丞管：鳳、揚、徐州等處。

《太僕志》曰：《會典》，馬政，太僕寺專理，而統於兵部。即此則專統，各有攸司，而事權亦各有所在。天順元年，太僕寺卿程信按故事理營衛馬，三營將官訴太僕寺苛急，請隸兵部。信言：『高皇帝諭馬政勿令人知，今隸兵部。馬登耗臣等不得聞，即有警，馬不給，請無以責太僕。』上是其言，令如舊制，以後遵行，凡干馬政，兵部統之。或劄行本寺，或本寺呈兵部，而其登耗則本寺專理。其後，則大不然矣。革議種馬兩次，皆係首輔、兵部主行，本寺皆不得預。惟行各府州縣者，仍係本寺移文，似非專理之舊矣。則夫於專統之間，俾事權各有所在，而於緩急得以相承並濟。詩謂：『率由舊章，不愆不忘。』是不可不爲之遵守者也。

祀典

國初建廟，祭先牧、馬祖、馬社、馬步司、馬，凡五神位。《周禮》：春祭馬祖，夏祭先牧，秋祭馬社，冬祭馬步。馬祖，天駟也，房爲龍馬。又，《周禮》：夏禁原蠶，天文辰爲馬精，龍與馬同氣。古之聖人，非通天地萬物之理，其孰能與於此。是以制祭祀而國家受福，百物皆昌也。祭以剛日用少牢，皆於大澤。具《隋志》及唐《開元儀》。祝皆曰：天子遣某官某，昭告云。余觀秦趙史記，自益爲朕虞佐舜調馴鳥獸，其後，費昌仲衍世爲御，有功列爲諸侯，而造父幸於周穆王。得驥温驪、驊騮、騄耳之駟，獻之穆王。穆王使造父御，西巡見西王母，樂之忘歸。而徐偃王反，造父御穆王日馳千里以歸。造父由此封於趙城，其後奄父爲宣王御而非子以善養馬。孝王封之犬丘，豈以栢翳爲虞而子孫世世善御能息馬哉！上古聖賢，皆神靈通於萬物，不可以後世測度也。穆王造父之事，奇矣。夫社祀，以勾龍稷祀以棄若、造父、非子，豈今所謂先牧耶。太僕，秦官，主奉車，又掌馬事，意秦制蓋有所本。抑《周禮》軼而不備，不然，何前世御者皆能善馬也。太僕職兼奉車與馬，其出於古，非秦官明矣。

太僕寺

永樂初，建於通州四十里鄭村壩上。奉成祖命，建馬神廟。後寺署徙京，其廟祀如舊處。歲二月二十二日、八月二十二日，本寺具疏，欽遣少卿一員行禮。祀品：本寺取馬價銀一十四兩，發通州、寶坻、密雲、順義、武清、三河、霸州、懷柔、玉田、固安、遵化、東安、薊州、豐潤、房山、文安、平谷、大城，輪年辦祭，周而復始。大興、宛平、良卿、（煩）〔繁〕衡、香河、永清、瀰縣簡小，昌平裁革，皆不預。令通州壩上諸房御馬監，掌之以擠乳。

南京太僕寺

洪武初，定於滁州。本寺卿唐元亨請建馬神廟於本寺西隅，祭日，同本寺官行禮。祀品：係滁州、全椒、來安輪辦。洪武二年，築壇於後湖。先是，詔禮官考定其儀曰：《周官》以四時分祭馬祖、先牧、馬社、馬步。先牧，始養馬者，其人未聞。馬社，始乘馬者，《世本》曰相士之神。曰：兹者恭建爲民祈歲之典，於大高玄殿，仰冀玄貺，裕國足民，疆圉靖謐，家邦和泰，謹卜今日上吉行禮。特用遣官祭告，伏惟鑒知。謹告。維嘉靖二十二年，歲次癸卯，八月癸酉朔，二十七日己亥，欽命遣太僕寺卿毛渠致祭於先牧之神曰：惟神職司羣牧，克濟兵資，邊圉寧謐，厥功是著。今者祈報上玄，特用遣官致祭，謹告。維嘉靖二十三年，歲次甲辰，三月己亥朔，十六日甲寅，又命遣太僕寺卿毛渠致祭於馬祖、先牧之神等神曰：昨月之吉，朕爲民食，大祈天地。兹念邊狄擾我生靈，載啓保民靖虜之典，於雷霆洪應之殿，特此祭告，神其宣力助化，以贊朕誠。謹告。

印俵

種馬起俵，差官印烙。其後，專委本寺同印馬御史。此皆種馬時事。若印烙、解俵在州縣者，印烙營衛在本寺，及會同科道、兵部司屬者。此皆今日見行者。

凡印馬差官。舊例：兵部請旨，點差公侯伯或駙馬一員〔八三〕，本部委官一員。景泰間，革去侯伯等官，差御史二員，同兩京太僕寺分管寺丞印俵。天順初，復差公侯伯，及御馬監内官一員。成化初，革去内官、侯伯，每歲九月中，請旨差御史二員，同該管寺丞分行印俵。嘉靖二年，議准：自三年爲始，遵照成化初年事例，於九月終奏差御史，請勑分投前去各該地方，公同分管寺丞查點種馬。遇有倒失，即令馬户買補。作踐致死者，照例追賠。各年拖欠備用馬匹，逐一查追批迴，催督完解。其各府州縣管馬官員，内有盡心職業〔八四〕，馬政修舉者，一體旌奬，貪懦不職，諂悦上官，營求别委，荒廢本職，應提問者，提問；應參奏者，參奏。每遇三年之期，仍照常請印點烙。待後種馬蕃盛，足勾原額，備用馬匹不致拖欠，照舊停止。近例：併差御史一員印馬。以上今種馬變賣，印烙不行。

凡印烙馬駒，洪武初年，孳生備用騎操折易并進納馬匹，俱印烙，以防奸弊。其孳生及賠納馬駒，應交俵者印訖，差官照依地方日期，將空閒增出人丁俵散領養，造册具奏。各處印中備用馬匹，徑解兵部發太僕寺交納，以憑俵散。洪武舊例：江南馬，每年三月初一日赴南京牧馬千户所印俵。江北馬，每年三月十五日赴南京太僕寺印俵。凡孳生駒，用『云』字小印俵散。作種用大印，(結)〔給〕軍騎操者，再用『云』字印。正統四年，奏准：應天、鳳陽等處孳生賠補馬駒，南京太僕寺官，同南京兵部委官及御史分投印俵。九年，奏准：鎮江府所屬於本府，太平、寧國府、廣德州所屬於太平府印俵。成化十六年，令凡馬非經官印驗者不收。弘治四年，奏准：凡印烙馬匹，民馬照舊印左，給軍則印右。如京營、邊關馬無右印，即係盜買民間官馬，追究問罪。九年，令孳生駒齒少力強而不及四尺以上者，亦聽印俵。以上印烙種馬，今種馬即革。

凡解俵馬，以百匹爲率，退三十匹以上者，參問。弘治六年，兵部題該太僕寺卿彭禮等奏：本部會同英國公張懋等議得，以後每年差去御史，會同寺丞印烙將孳生兒騍駒，堪種者，照例印烙；其多餘騍駒并不堪兒駒，不必印烙，令其變賣。每匹價銀二兩以上，每遇取起備用馬匹，如見在之數揀選不敷收買好馬起解，各處分管寺丞，照例三年將所屬種馬選驗一次。如兒馬老病，不能孳馬、騍馬漂沙等項不能揣其駒者，責令照例變賣。銀兩起解，撥與存留堪以作種兒騍駒領養補數。如駒不足，就將變賣銀買補。奉旨，『是』。兵部爲修舉寄養馬政事：隆慶二年，御史謝廷傑奏准：擬查驗果係十年以上瘸瞎瘦損不堪者，准其變賣，仍照舊例，借兑一二次者，追銀十兩；三四次者，追銀八兩。未經借兑者，追補大馬，合式方許印烙。仍定立限期，嚴催完報。其餘堪兑并堪養之馬，責令馬户用心餧養備用，不許捏稱傷損，一槩變賣，致生奸弊。以上皆種馬解俵時事。

凡印馬字樣，洪武中，孳生駒，用『云』字小印俵散；作種者，用大印；給軍騎操者，再用『云』字印。嘉靖三十五年，議准：寄養馬印『官』字，五軍等營，印『五』字、『樞』字、『機』字、『巡』字、『捕』字。隆慶五年，寄養馬印『寄』字。錦衣衛、勇士營四衛營，印『衣』字、『士』字、『四』字。

凡免印馬匹，成化二十一年，奏准：買補備用馬，免其用印。止令起解，以備選擇。弘治六年，令孳生兒駒看驗不堪及贏駒多餘者，俱免印烙，從其變賣，以充買補備用之數。

凡印烙贓罰馬匹。萬曆二年，應罰馬匹，刑部追銀送部，責馬仍送驗印給軍。

凡起解俵買補馬齒數官尺。舊例：制奉欽定齒歲，六、八歲以上，三歲以下爲率。隆慶元年，又題：將原降官尺再行公平較勘，鑄造鐵尺，每府降發，行令依式鑄造。凡所屬州縣各給。以後驗馬尺寸，以此爲準。四尺以上者，爲上等；三尺九寸者，爲中等；三尺八寸者，爲下等。三尺七寸者，不准。近日事例：七寸者，如果膘壯無鞍花、瘸病者，姑准量行印收。册内即填注上中下等第，聽本官分別等第類參。如齒尺與册開不同，即將承批官吏、醫獸、馬户送問，馬匹駁回。另補近日京師買補馬，亦照此齒數尺數議價。

凡印解俵馬。萬曆九年，徵銀買俵，各州縣自印起解。即封原印，隨馬送寺，轉分管少卿查驗，如式驗收、印烙，發寄養地方。如不合式，或道跋遠涉，餧養不及，仍限日再驗。如果或不合式〔八五〕，即發回另行買解。即以此定各官賢否，舉劾差來官吏，即行賞罰。務求合式，庶免遺累寄養人户。

凡查驗寄養馬匹。舊例：每年終，二路少卿，出巡分管地方，查驗原發印烙過寄養馬。分別等第，仍查年久者，齒老不堪調兑者酌處。州縣用心餧養者，薦舉；不然者，參劾，兵部咨吏部記過議處。令將不堪者攢槽餧養，以候次年查驗。如驗堪兑者，即薦舉，陰其舊所論紀過，仍一體陞擢。馬户賞罰亦同。兑后空户，另行發寄。不得州縣官頻行借點閘爲名，科斂擾民。以上萬曆二十三年，該本寺題議。照得舊例：州縣官買俵官四十上叅治，四十下戒飭；寄養官兑四分上参治，二分下戒飭。近來令買俵漸少，多者至百匹，少數十匹，未有至四十上下者。寄養者亦然，每於前例不足，則是法不許參論也。况屢該題覆舉劾，祇據馬政，不必及他。今兩路少卿見行，然歲終始舉，未必有益於馬。惟本寺卿裴應章奉欽依：『不時參論。』又，唐堯欽題兵部覆議：『不時參奏於起俵馬官，不行用心揀選，任其瘦小不堪，聽憑積販包攬者；於寄養官不行加意查驗，致瘠損倒死數多。或買補不追，或任馬户以小馬抵换原發大馬，或以生作死，私賣重價，希圖輕價買補者，通計其馬數，以分數爲率，三分上罰俸，五分上住俸。候下次查驗，膘壯買補總至八分上，爲請開俸。本部仍咨吏部，將馬政修舉者，行取推用示勸，廢弛者，附過劣處示懲。各州縣佐貳、首領，有科尅馬户事實迹者，聽該寺提問。』隨奉欽依：『這馬政事宜，既議停當，依擬着實舉行。』又如管馬通判，該近少卿施等題兵部覆：奉欽依，『與州縣一體舉劾』。兩路所屬，不妨會同至解官、解户、醫獸等〔八六〕，凡俵寄堪養者，即賞取庫銀勸之；不堪者，罰即懲之。此皆當亟行。然此乃兩路行於州縣者，州縣統於府。知府等官，舊時得決責，况舉劾乎。近舉劾例廢，各府或有玩視怠事者，惟南太僕寺仍舊例。自今合無申明〔八七〕：如例第歲終行之，似於太數。惟知府官於三年考滿日申請，本寺卿照舊例查其任内錢糧無礙，即薦奏給由；如拖欠，不許給，且劾請該部查處。乃以綱統紀馬政，因飭常變其濟。此東西二路見行者。

凡驗印烙倒死馬匹。各衛所每有倒死馬匹，呈部寺行分管少卿行營查追。各營追完，赴寺交納，仍造循環文簿，按季呈報少卿。每月朔，各把總官具馬匹不致顧覓馱載，結狀赴堂投遞。邊衛各營堡按季造馬匹收除及樁銀完欠數目，赴寺投遞。以此係京營印烙事例，皆見行者。

凡歲終印烙營衛馬匹。五軍營：勇士營，神樞營，四衛營，神機營，巡捕營。以上各營，俱本寺提督京營少卿會同科道印烙查參。錦衣衛，張家灣，旗手衛，以上俱本寺提督京營少卿會同兵部印烙查參。奠靖所通州營以上止領馬時用印，年終不印烙。

凡印烙新買馬匹。每年三大營買馬六百匹，兵部劄行本寺，動支庫貯馬價銀兩。該營將官赴寺領銀，隨關京營堂。徑自會同巡視科道、兵部車駕司公同召買，當日給軍騎操。以上皆京營少卿見行者。

凡京營巡視馬匹。該本寺題巡視京營、巡視邊關一欵：前議者，以邊方騎操馬匹不甚惜，倒死不行賠償，鎮巡大臣闊略文法，把總等官乾没貨利。府庫有限，邊方請求無限，屢議照舊以卿寺巡視。隆慶四年奏：專勑如宣大各城堡，并居庸、密雲、古北、永平、山海等處，官軍馬匹例該巡歷，照原擬依期前去，逐一點閘。官軍敢有玩法不遵，怠事作弊等項，即便指實參究。又題：聲息事寧日，即將陣失馬匹數實開報本部。以後討馬，查明方許補給。以革混冒，如有抗違不遵，聽從實參究。隆慶二年，題准：薊昌宣府各鎮將騎操馬，立循環文簿，送提督少卿倒換稽查。每年終，聽少卿點閘一次。宣府、永平、山海等懸遠聽行，各兵備道就近點閘。有倒失數多者，該將領聽其參究，近時始廢。或謂各將官不奉令，兵備官不可委，不能行；又秋防后京營多務，不暇行。先臣謂：『鎮巡結之以恩，太僕裁之以法並行，安有不能行者。』其或秋後不暇，於冬末次春，或每二年一行，又查照京營各衛。《會典》：嘉靖間，令提督、卿丞每年印烙完日，將各把總官軍題參。近惟科道參行本寺，未舉以上。總乞勑下該部申飭，及照舊巡視題參，乃法行首善，可以御遠。隨該兵部議覆具後。

比較

《會典》、《太僕志》載：國初比較，止於孳牧馬駒。以倒失虧欠，行罰其後。各府寄養京邊騎操之馬，皆有稽查事，悉領於太僕，法例滋備矣。今孳牧種馬既革，僅寄養京邊騎操，諸務猶舊，亦多損益，不一備紀之。

凡比較孳牧馬匹。按《洪武榜例》〔八八〕：凡倒失者，從民議和，或一縣或三五羣長湊價買補三歲以上，八歲以下，高四尺以上，堪中馬匹還。凡官聽候驗印，作數違錯及遲延者，一體追駒。凡管馬官吏，時常下鄉提督看驗馬匹。要見定駒若干，顯駒若干，明白附寫印信文簿，以俟太僕寺出巡比較。正月止六月報定駒，七月止十月報顯駒，十一月止十二月報重駒〔八九〕。但是新羣蓋者，即作定駒〔九〇〕。凡季報爲實在：春季，三月二十四五；夏季，五月二十四五；秋季，九月二十四五；冬季，十二月二十四五。徑送太僕寺類繳。其有生質奇異與種馬不同者，明白申報。凡比較點馬文簿，要開原領孳生兒騍馬數分豁：該算駒者若干，不該算駒者若干，已生者及未生者若干，原馬齒色及所生駒毛色，逐一開報。凡倒失種馬，虧欠馬駒，俱在年終完備。如是不完，府州縣正佐、首領、官吏決杖二十，管馬官吏加倍痛治。凡管馬官有闒茸貪污害民者，分管寺丞及所在掌印官開奏，以除民害。凡府州縣置立印信羣蓋文簿，與管馬官吏收掌，躬親提調。逐日蓋過次數，定駒日期，明白與各騍馬格眼内逐月仍填寫，以憑稽考比較。令羣長各一體置立羣蓋簿，附寫比較。每年正月、二月、三月，趁時羣蓋定駒。騍馬生駒七日后，即着兒馬羣蓋。仍將生駒并買補日期，亦於簿内附寫明白。夏天炎熱時月〔九一〕，須用天氣晴明清晨、晚天涼候羣蓋。若蓋過三五次〔九二〕，卻停歇三五日，再用兒馬羣蓋。若果騍馬行踢不受，的係定駒〔九三〕。仍五日一次，用兒馬照試。如果不受，的係定駒。其騍馬，先須吃草後，方可飲水。不許餧蕎麥秸、黍穰、雜糧，及淘米泔并一應污水餧飲，落駒不便。凡補領或孳生三歲騍馬駒，照例每兩年納駒一匹，永爲定例。若虧欠馬駒，務要買補相應馬駒還官。照依原搭配定騍馬〔九四〕，依時月務要加料餧養。三歲兒駒羣蓋騍馬，不得定駒，即用大兒馬羣蓋。

凡比較俵寄各馬。嘉靖二年，議准：各府州縣官置立循環文簿二扇，用印鈐記。循簿開寫春秋月分，環簿開寫夏冬月分，各馬匹毛齒，馬頭姓名，仍備開臕損，有無倒死，買補若干。一留本府，一發州縣，循去環來，按季查考。管馬通判出巡，吊取州縣簿；分管寺丞出巡，吊取府簿，查對點視。其在各府并太僕寺簿籍，用太僕寺印鈐。循去環來，按季查考，三年印烙。改造一次。六年，議准：府州縣掌印官原有提調責任裁減，衙門亦係兼管馬政，管馬官員職專管馬，不許别項差委。各該分管寺丞，每年終，將各府管馬官并州縣正官及管馬官員，從公考察，開具賢否揭帖，呈部轉送吏部施行。十年，奏准：各州縣管馬官員，於起俵之時，備將經管種馬、備用馬并折色及草場子粒已未徵完，馬户見在逃移數目，造册赴太僕寺查比。管馬通判於年終掣總之日，備將各州縣馬匹錢糧等項，如前造册。并將各管馬官員公同掌印官填注考語，親賫送寺。本寺掌印官參酌停當，填注賢否，送兵部轉送吏部查考。萬曆二十三年，題議：種馬已革，今循環簿惟報買俵數目而已。祇合於春秋二運日，各州縣交付解馬官吏，賫至查比爲便。其余一切空文，俱行裁革。又題准：管馬通判照例歲終親自掣批，其有兩運銀馬俱完，許秋運完日，即准掣。至三年考滿，吏部行文兵部，轉本寺查明無礙，始准給由。知府三年給由，照舊例申報無礙，方准徑送。

凡比較孳牧馬匹。成化二年，奏准：管馬官三年任内孳生不虧者，稱職；額外生者，量加旌擢；不及額至百匹者，降用。分管寺丞，以所屬騍額虧增，遞爲黜陟。七年，奏准：府州縣掌印首領官任内〔九五〕，馬匹虧欠，孳養不增者，九年不准給由。措置完日，與管馬官一體降用。衛所掌印官，馬數不完，一體比較。太僕卿牟俸等奏：要令各該掌印官員管理馬政，考滿，照例一體稽考。又許本寺與分管寺丞比較，本部仍行吏部。凡遇各該養馬府州縣掌印官考滿，照依錢糧軍伍事例送部稽考。任内馬政有無虧欠、增減，其馬不足者，如係三年、六年，暫准給由，酌量馬數，仍令回任措置，馬數完日，照依興舉馬政事例與管馬官一體降黜。及照各該分管寺丞，職專督理馬政，今後考滿到於吏部，務要照依本部查出馬數多寡，以憑考覆黜陟。奉旨：『是。掌印并管馬官虧欠馬數，照例九年不准給由。』弘治元年，題准：司府州縣掌印正官，務要司督府，府督州，州督縣，俱令管馬官員着實興舉馬政。如管馬官有故，俱令掌印正官帶管，違者或批收不完，聽兩京太僕寺堂上分管官員比較參究。如年終倒死種馬，虧欠馬駒，各將府州縣正官并管馬官吏決打一次。若有災傷等項，仍令比較，縱不決打，亦要取招其三年、六年府州縣掌印并管馬官，暫准照依見行事例給由。其應考覈衙門，考語不宜虛譽過情，候到吏部之日，仍送本〔部〕查同〔九六〕，方准復職。追補馬匹，若是九年不准給由，發回原任，追馬完日，令其起送。弘治二年，奏准：每二年差太僕寺少卿二員、南京太僕寺少卿一員，分往北直隸、河南、山東、南直隸地方比較該納馬駒。每歲終，分管寺丞具管馬官賢否呈部，六年之内，馬匹無虧者，量加旌擢。如或虧損數多，照例黜罷。 兵部題該主事等官湯冕等奏： 議得今後每遇二年例該科駒之際，本部先期議奏請勑三道，太僕寺差少卿二員，一往北直隸，一往河南、山東，南京太僕寺亦差少卿一員，前去該管所屬，通將馬駒查算，督令如法。孳牧虧欠者，俵限賠補。本部尚書馬等奏： 奉旨：『准議行。孳生餘駒，聽民自用。』弘治六年，兵部題： 爲應詔陳言馬政事，該太僕寺卿彭禮等題，本部會同英國公張懋等議得：『管馬官員，兩考之内種馬倒失，如買補不完，不許給由。騍馬二年，照例着實騍駒一匹，以十分爲率，生駒不及八分者，就將管馬官員提問如律，分管寺丞本部參奏提問。虧欠之數，即時追補，不許拖延。』九年，奏准： 府州縣買補馬匹不及五分者，正官住俸一月； 不及四分者，兩月，不及三分者，三月。京縣不拘多寡，止住一月。 其管馬官不及五分者，全住。

凡比較寄養馬匹。自弘治三年，奏准： 順天府所屬寄養馬匹，專差太僕寺少卿一員比較。正德十三年，奏准： 差少卿一員，比較寄養馬匹。 如有倒失，照京營騎操馬匹事例，限三個月以裏報官賠償。 如年終不完，五分以上者，將州縣掌印管、馬官及各府管馬通判住俸追補。 隆慶元年，議准： 寄養馬匹罰治例輕，定擬分數、匹數、罰俸降級。 倒失者，馬少州縣至三十匹，中等州縣至四十匹，馬多州縣至五十匹以上； 瘦損者，馬少州縣至四十匹，中等州縣至六十匹，馬多州縣至八十匹以上； 各掌印官降一級調用。 各府通計，倒失至三百匹，瘦損至六百匹以上，管馬通判降一級，掌印官奏聞區處。 三年，議准： 每年防秋調兑之後，計馬數多寡，以一百匹爲率，三十匹不堪者，降級； 加至五十匹以上者，降調。 四年，議准： 各該州縣以後寄養馬匹倒失變賣者，各照議定限期： 走失者限三個月，變賣者限六個月，倒失者限一年，俱各補完。 如積至三十匹不補者，住俸； 四十匹者，罰俸； 五十匹者，降級。

凡比較衛所馬匹。永樂三年，令衛所孳牧騎操馬匹每三年一次造册，管馬官賫執赴京比較。 成化七年，奏准： 衛所掌印官馬數不完，許分管寺丞與兵部委官一體比較。弘治四年，奏准： 衛所騎操馬免比較，其有孳牧去處，照例每三年委官赴部比較。凡虧欠、埋没、違限等項，參奏提問。

凡比較京邊騎操馬匹。 成化二年，奏准： 京營及各邊騎操馬匹，專差太僕寺少卿一員，無太僕寺去處，從巡撫并分巡官比較，如有倒失，限三月以裏督令賠償。十三年，奏准： 各營、各邊每年四月、十月二次，將原領事故買補馬匹數目具奏，以憑比較。弘治九年，奏准： 各營馬買補三分不完者，把總等官住俸一月，四分以上，兩月； 五分以上，三月。坐營官通計三分不完者，住俸一月； 五分以上，兩月。嘉靖十二年，議准： 存操巡捕并錦衣旗手等衛馬匹，一年以百匹爲率，倒失十匹以上，送問，七匹以上，罰治； 不及數者，免究； 全無者，量加犒賞。原管數少而倒失不多，及全無者，不在此限。十七年，議准： 各營凡遇各軍倒失馬匹，從實開報。領馬年月黏連原領票帖，赴司告理。俟年終比對兑馬文册，果領十年以上倒死者，把總官員免參。十年以下者，仍以百匹爲率，二十匹以上，把總官送問； 十五匹以上，罰治； 不及數者，免究。仍行太僕寺少卿詣營點驗，舊印模糊者，許令重印。不必一槩盡烙，致有傷損。四十二年，議准： 專委兵部司官一員，管理倒失馬匹。仍聽巡視科道兼管查驗倒失馬數，年終一體查參。四十三年，議准： 京營巡捕、勇士四衛等管騎操馬匹，每年終，巡視京營科道官查將倒失馬數，遵照本年定例分别題參後，又令各官倒死馬數雖多，原管馬數實少者，免降級，止罰俸。提督少卿於每年印烙馬完日，將臨印不到馬匹，并查有拐逃、隱匿等項各把總官軍題參。又議准： 京邊倒失馬匹，以一百匹爲率： 倒失五匹者，爲上等，免究； 十匹至十五匹，爲二等，千把總罰俸兩月，副參、遊守等官罰俸一月； 二十五匹者爲三等，千把總降一級，副參、遊守等官罰俸三月； 三十匹以上者，爲下等，千把總降二級，副參、遊守等官，罰俸半年。仍查追完樁銀八分以上，方准開俸。總兵官以一千爲率： 倒死一百匹，爲上等，免究； 一百至一百五十匹者，爲二等，罰俸一月； 二百五十匹者，爲三等； 罰俸三月； 三百匹以上者，爲下等，罰俸半年。亦查追完樁銀八分以上，方准開俸。隆慶二年，題准： 薊、昌、宣府各鎮將騎操馬匹，置立循環文簿，送太僕寺提督馬政少卿倒换稽查。每年終，聽少卿點閘一次。宣府、永平、山海等處地方懸遠，聽行各兵備道就近點閘。有倒失數多者，該管將領聽其參究。

凡起解南馬。成化二年，奏准：南直隸起解備用馬，有矮小不〔甚〕〔堪〕及不足數者，每匹徵銀十兩，解部發貯太僕寺，以備收買。二十一年，奏准：南備用馬，從各府州縣徑解北京交俵，如有拖欠及補完之數，仍行南太僕寺照查行。

凡管解官員。嘉靖元年，奏准：歲派備用馬本色折色，俱管官依限解部發寺驗俵寄養，貯庫支用，不許差吏及改差土官、義民人等管押，以致中途作弊。若違限，年終類參。州縣掌印、管馬官，俱提問、罰俸。以後議准：四十四以上，差官；二十四以下，差吏。四十三年，題准：各府管馬通判，每年九月給領總批，限十月終親赴部查比。候該府馬匹、銀兩解俵完日，方許掣批回府。如違例不行〔掣〕總〔赴〕部及改差代解者〔九七〕，參究題問。隆慶二年，題准：各違限違例，每歲終太僕寺呈部查究。行各該巡按御史提問奏報，不許延至隔年。其不赴掣總通判及吏役遲慢等項，該寺徑行查處。萬曆三年，題准：各州縣起折色馬價，徵解府庫，照依春秋二運原限，選委州縣佐貳類總解部，發寺交納。年終，該府通判赴部掣總查比。

凡比較京府馬政。成化十四年，奏准：比較馬政，兩京府尹、府丞聽納米贖罪，各府知府查參。

附各邊

凡查比苑僕馬政。弘治四年〔九八〕，奏准：遼東、陝西苑馬寺孳牧馬匹，每三年一差官點閱。其各行太僕寺、苑馬寺，於内府關領精微文簿，將騎操孳牧馬匹，逐一填寫繳部，送内府交收。嘉靖十五年，議准：陝西、山西、遼東行太僕寺，每年春秋二季點視官軍騎操馬匹。如遇倒失，照例追收椿朋銀兩買補，仍將倒死馬并追完銀兩買補，數目造册奏繳送部查考。如該寺分管官員不行按季點視，以致追補數少，聽撫按指名具奏，本部年終類參罰治，仍咨吏部，候朝覲年考察黜退。三十一年，題准：陝西苑馬寺，令巡茶御史督理。各監苑倒失馬匹，虧欠馬駒，將寺卿、丞并監苑各官查參。陝西巡茶一年一次，遼東巡撫都御史三年一次，各題參到部，覆行原參衙門，照例提問罰俸。隆慶元年，議准：陝西各苑馬如孳生虧欠五分，倒失又多過一分者，照買補例分等罰俸提問。其孳生多而虧欠少者，雖未買補，亦酌量免罰。孳生少而倒失虧欠多者，雖已買補，仍加究治，寺監官吏，亦准通算究治。

禁約

國初禁約嚴明信行，故馬政舉。其後，日更月改，馴至於玩愒，而舊政廢矣。今合前後紀此，其中有見今可行者，則亦在擇取而舉。勿失乎初意，則善矣。

凡差委管馬官員。《洪武榜例》：各衛所、府州縣管馬官員，職專提調馬匹，不許管署衛所、府州縣事務，及別項差委。弘治十四年，奏准：凡司府州縣并分巡分守官，並不許差委管馬官員。如違，聽巡按御史及分管寺丞糾舉，應提問者提問，應參奏者參奏。撫按官亦要一體遵依，毋擅差委。凡奏准：凡軍衛有司大小官員，但有作弊虧欠馬匹，及非理抗拒者，聽本寺並分管寺丞遵照太祖高皇帝旨，應舉問者舉問，應參奏者指實具奏定奪。正德二年，題准：養馬府州縣正官推調不理馬政，俱依錢糧軍伍例，不准考滿。司督府，府督州，州督縣，各令管馬官著實舉行。管馬官有故，則掌印正官帶管，違者聽兩京太僕寺堂上分管官參究。

凡養種馬。府州縣官一年四次，太僕寺一年二次，點視病瘦，量爲懲治。倒失者，立限賠償。病瘦、倒失十匹以上，管馬官查提究問。嘉靖三十年，南京太僕寺少卿雷禮奏准：各府州縣管馬官員，多有貪饕恣肆，科索無厭。以致豪強責馬及羣頭侵尅。今後務要奉公守法，體國恤民，中間貪婪無忌者，許被害之人赴太僕寺陳告〔九九〕，以憑參提究問。有修舉馬政賢能昭著者，聽撫按官遵例舉薦，以待擢用。該寺仍於每歲終將各該官員職名開造揭帖，填注賢否考語，送部轉送吏部，以憑黜陟。

凡私用官馬。宣德四年，欽奉旨：『舊制，官馬專一餵養操練，以備征戰，不許閑時帶鞍騎坐，往來馳逐，亦不許馱載物件，兩人共騎并婦人騎坐。但是損傷倒死，的都追罰。近體知官軍人等，不守法度，往往將官馬馱載糧食、煤炭，并馱私鹽等物貨賣，甚至賃借與人騎坐馱腳等項，并不愛惜，以致傷損倒死的多。今後敢有故違號令的，巡綽官同錦衣衛着人拏送兵部，就追罰馬一匹入官，并將犯人送法司問罪。』弘治三年，兵部題：事該英國公張懋等會議，節該欽奉勅諭：『馬匹亦須時常點視膘息，不許私占騎用，及撥與人騎坐。其坐營管操內外官并把總以下官，敢有不遵號令，馬匹私占騎用及撥與人騎坐者，五品以下，降一級；五品以上，降二級。俱仍發邊方立功。』禁例甚嚴，但各官玩法，不知遵守。合無今後坐營把總等官，但有私將馬匹撥與人騎坐，或令聽候者聽巡馬給事中等官指實具奏，拿送法司問罪。照奉勅諭內事理降級，其借馬之人一體問罪。照例追罰馬匹，仍飭兵部出榜禁約。本部尚書馬等題，奉旨：『准擬。〔禁〕將騎操馬賃借〔一〇〇〕。』弘治九年，兵部題爲修內政以鎮外夷事，該兵部辦事、進士范兆祥奏：『要禁約官兵人等將官馬顧賃取錢，本部議得：今後有將騎操馬匹私借與人，及顧賃得財，許諸人連人馬拿獲。在外送所在官司，在內送本部并巡城御史參送法司問罪。常人照依見行事例罰馬，顧馬之人，係官者改調外任，所行各營提督內外大臣重加禁約。本部尚書馬等題，奉旨：『是。』

凡借迎送跟隨馬。成化六年，欽奉旨：『各營官馬專一餵養操練，以備征戰。近來有等管軍官員阿附勢要，將那官軍騎操馬匹，撥送與人。或跟隨朝參，或迎送往來，或假以聽事并職字名目占騎。或終日把總等官門首侯候，致令餵養不時，傷損倒死，負累本軍賠補。今後敢有違的，許給事中御史并錦衣衛官校、五城兵馬連人拏送法司問罪。照例追罰馬匹入官，仍將原討撥官員參奏究治。』弘治二年，太僕寺卿王霽奏：准移各處官員借用寄養孳牧馬匹，迎接使客等項，照軍民借馬匹事例斟酌〔一〇一〕，每借馬二匹，罰一匹；五匹者，罰二匹。其官員追完日，方許復職管事。三年，奏准：管軍內外官私占官馬及借撥與人者，五匹以下降一級，以上降二級，俱發邊衛立功。借者一體論罪。九年，給事中韓佑奏：准令各該分管寺丞時常親詣所屬州縣，將所養馬匹用心看驗，及密切訪察，中間果有仍前借撥官馬迎送，積至瘦損倒失，州縣五十匹，府二百匹以上者，指實參奏。將借馬官員各降一級。其民間私自駄載或借人騎坐，及官司借用二匹或四五匹者，仍照例問罪罰馬。弘治十年，兵部題爲違例騎死官馬事，該巡撫寧夏都御史張禎叔奏稱：寧夏靈川千户所百户馬玉，擅將官馬騎坐圍獵，以致倒死，要行禁約。本部議得：今後除傳報聲息，并幹辦緊急公務外，敢有擅將官馬騎幹私事及駄載貨物，逐獵禽獸，或撥送與人者：五匹以下，罰馬一匹；以上，罰馬二匹；十匹以上，罰馬三匹。就給與無馬官軍領養騎操。若致走傷倒死者，五匹以下降一級，六匹以上降二級，馬各抵數追賠還官。仍各革見任，帶俸差操，不許管事。其鎮守、副參、監鎗等官，擅自分付撥馬與人，有違前例者，奏請定集罰馬犯人數目、有無，俱年終奏知。兜攬馬匹，奏准：凡官軍將所領官馬耕田、走遞、駄載物件，或兩人共騎，或婦人騎坐者，依宣德四年禁例問罪，俱罰馬一匹。若顧與人騎坐等項，枷號半個月，及借與人，各彼此罰馬一匹。凡在京坐營管操内外官并把總以下官，若將馬匹私占騎用，及撥與人騎坐者，五匹以下，降一級，以上降二級。其各邊分守、守備，把總、管隊等官，將騎操并驛傳走遞官馬撥與人騎坐，及私用伺候等項，亦照前例問擬。嘉靖二十三年，議准：有將官馬顧借騎駄者，照例追問，仍將追罰馬匹每匹折銀十兩，送太僕寺交納，以備買馬之用。又議准：京營管操把總官占馬，及送馬與人騎坐，除照例降一級外，其有勢要求迫者，亦照例治罪。

凡擅調官馬。嘉靖二年，奏准：在外各該衙門，未經奏准，輒於所屬擅調寄養孳牧馬匹者，比私借官畜産律，私自借用或轉與人及借之者，各笞五十，追顧工賃錢入官。若計顧賃錢重者，坐贓論，加一等。倒失者，比毁失官物坐罪〔一〇二〕。違者，許太僕寺執奏兵部參究治罪。嘉靖二十年，該御史謝汝儀題：今後擅調寄養孳牧馬匹者，比照私借官畜産律條，私自借用或轉借與人及借者，各笞五十；驗日追顧賃錢入官，若計顧賃者，坐贓論，加一等；倒失者，比毁失官物坐贓追賠。該有馬州縣督令應役里甲各買馬匹，答應上司使客往來差使，不許擅動種兒騍馬。違者，照本部前項題准，并弘治年間借撥官馬降級事例施行。奉聖旨：『是。准議行。』

凡盜賣官馬。宣德四年，令追罰馬二匹。知情和買牙保、鄰人，各罰馬一匹。宰殺及偷賣官羸者，亦如之。首告者，於犯人名下追鈔五千（十？）貫充賞。凡巡馬官，每三月一換。弘治十三年，奏准：養馬人户盜賣官馬至三匹以上者，問擬盜官畜産罪名發附近衛所充軍。其盜賣寄養馬者，亦如之。知情和買者民發擺站，軍發邊方瞭哨。嘉靖二年，奏准：盜賣騎操官馬，及照例罰馬人犯，儘産變賣買馬還官。如果貧難，免其追罰，軍調邊衛，民發附近衛所，永遠充軍，遇赦不宥。其各營把總、地方守備等官，遇前操軍盜賣、和買官馬三匹以上者，降一級；五匹以上者，罪止降二級。

凡借點馬匹。宣德九年，令兵部官同御史給事中點視征操馬匹。借點及借與者，共追馬一匹，馬無見在，及隱漏不報者查追。仍勘其冒支草料，加賠追納。

凡下班馬匹。宣德七年，令外衛官軍原領騎操馬匹下班之日，不許帶回。成化元年，令下班官軍應兑馬匹，而私自騎回者〔一〇三〕，罰馬一匹，〔缺〕馬官軍領騎餵養〔一〇四〕。若有擅騎回衛者，問罪，罰馬一匹，解兵部給操。其原領馬匹倒失者，追賠。與成化元年例同。

凡起解馬匹。天順二年，令官軍人等強奪起解馬匹者問罪。罰馬一匹，仍枷號一個月。成化十年，奏准：各處解馬赴京，有兜攬價值，將老病攙雜驗印者，俱問罪，發邊衛充軍。其起解馬，除例應折納外，有賫價赴京通同收買者，問罪。弘治十三年，奏准：凡司府州縣起解備用馬匹，各要經由分管太僕寺寺丞等官驗中起解。若有馬販交通官吏、醫獸人等，兜攬作弊者，問罪，枷號一個月，發邊衛充軍。再犯、累犯者，枷號一個月，發極邊衛分充軍。

嘉靖二十年，題准：各該解馬人員，不赴部寺投文，通同馬販、醫獸人等旋買馬匹作弊者，聽部寺及該城御史密切訪拏送問，用大枷枷號一個月，發極邊衛分，永遠充軍。

凡中賣馬匹。弘治五年，奏准：各邊軍民將不堪馬匹設計中賣，及管軍官以私馬俵與軍士，多支官價者，官軍調邊衛帶俸食糧，民及餘丁附近充軍。通同作弊者，枷號一個月發落。凡又奏准：大同三路官旗、舍人、軍民人等，將不堪馬匹通同光棍引赴内外官處，及管軍頭目收買種馬，該與伴當人等出名請囑各守備等官俵與軍士〔一〇五〕，通同醫獸作弊，多支官銀者，俱問罪。官旗軍人調别處極邊衛所帶俸食糧差操，民并舍餘人等俱發附近充軍。引領光棍并作弊醫獸及詭名伴當人等，各枷號一個月發落。干礙内外官員，奏請提問。正德十六年，奏准：有倚勢兜攬，囑托賣馬，及通同官吏、醫獸人等作弊估價，瞞官害民者，俱百斤大枷枷號一個月，滿日官軍俱調極邊衛所差操，舍餘人等俱發邊衛充軍，官吏、醫獸人等，一體重治。於内外勢要人員，指實奏治。

凡尅減草料。成化四年，令官軍勇力私賣官給草料，以致馬匹瘦死者，巡綽官緝拏并買主送問。弘治三年，奏准：把總等官尅減官馬草料者，計贜滿貫，發邊衛立功，滿日，就彼帶俸。盜賣者，發瞭哨。買至料豆十石以上者，充軍。十四年，奏准：官軍關支馬料，委官一員管領。若縱容盜賣者，發邊衛立功，滿日，就彼帶俸。買者問罪畢日，枷號一個月發落。

凡交納通同。正德十二年，該御史周鵷奏：『本部覆查得，前項禁例不爲不嚴。但該寺醫獸人等，多係積年久慣之徒，百計千方，瞞官作弊。本以一馬今日關節未通，則稱老病不堪，以致退出。明日關節已通，則稱齒少無病，以致驗中。又有奸滑馬户，賫價赴京，交通醫販人等，收買騎傷、攛臁、鑽渠、鞭花不堪馬匹，朦朧驗俵。該寺官又不行用心看驗，嚴行禁治，以致前弊益滋。合無行令該寺掌印官，如遇解到備用馬匹，即便查照原來文册，逐一親自看驗。務要齒尺相應，蹄腿周正，臁壯好馬，方與印俵。若是毛齒尺寸不同，顯有抵換情弊。及揀退數多，具由呈部以憑參究。其揀退馬匹，查照先年事例，就於鬃下用『退』字小印，以杜奸弊。

總例

萬曆二十二年四月内，該兵部覆題，該寺楊爲欽遵明旨：『條議馬銀，日俱空匱，財用所當議處。』懇乞聖裁勅下該部預計，永圖以保治安等事，該題内所列款：　其一，議買俵而俵之。議有五，曰起俵，解俵，收俵，印俵，發俵。其次，議寄養而養之。議有六，曰領養，餧養，點養，賠養，責養，額養。其次，議兑軍而兑之。議有五，曰取兑，借兑，交兑，添兑，備兑。又其次，行於俵寄兑之間。其議有十，曰買補，請討，牧地，蠲貸，存留，查核，查納，巡視，舉劾，事權。又其次，議財用流行。有三，曰發帑，欵市，法馬各一節。除法馬移咨工部議覆外，爲照國家之設馬政也。始行種牧以備徵操，繼間折徵以儲芻餉。斯二者之關乎軍國非細故也。故一切俵養收兑之法，本部挈其要，太僕職其詳，凡先後諸臣所條議，及本部所題請欽遵申飭，不啻再三，謂於馬政可無遺。慮而不虞，法紀以因循起弊，人心以玩愒生奸，美意漸湮，罔政斯墜。誠有如該寺之所指陳者，蓋邇年東征西剿，餉資浩繁，馬匹之寄養者，調兑幾空；馬價之貯蔵者，請發殆盡。國有大祲，正此其時。倘事有大役，必憂不繼。臣等方懷長慮卻顧之忱，寺臣乃竭圖事撥策之誼（議？），誠謀國之忠猷，深有禆于馬政者也。所據俵寄兑三欵十六議，又行于俵寄兑之間者十議及財用二議，諸議之内，除節經題覆，見在遵行，應爲申飭者不敢再議外，其有侑事斟酌，因時制宜，足以救弊補偏，禆於時政者〔一〇六〕，應如所議，見之施行。其有事關要當爲酌議者，如議借兑一節，各州縣寄養馬匹專備京邊調兑，向未有以别向借給，近因倭叛交訌，征剿旁午，遂致紛紛奏借，且以萬計。及至交還，則一二僅存，毛齒亦異。臣等謂：　師旅事重，苛責爲難，姑聽之而實憂之也。今寺臣特爲條議，亟應移咨各鎮督撫諸臣，將已兑領馬匹加意愛養，毋致損壞，以備緩急。如有别項軍情，務自悉心區處，不得借口藉兑，及不由寺臣，自行兑散。仍將借兑過馬匹，從實開報本部，以便查覆。如議請討一節，該寺馬價，專備京邊市馬之需，自難别項支用。頃自東西告警，餉費浩繁而誼切同舟，事期共濟，於是有以户七兵三資户部者，有以打造兵舡資工部者，又有以五萬餘兩暫留淮揚者，及薊遼各鎮海地方請增請補，歲無虚日，遂致寺帑爲空，額費已不能支，例外再難繼借。應咨户工二部，及各鎮督撫諸臣，務遵屢題旨，殫智分猷，多方曲處，毋仍援例請借，有虧惟正之供。如議查覈一節，歲派備用馬匹，本折二色俱管馬通判等官依期解納，不許濫委官解，明例昭然。乃邇來各有司，官以事久玩生，任意差遣，以致積年棍猾，包攬乾没，或匿於家，或耗於途，欺隱推延，至有二三年不赴掣總批者，長奸壞法，莫此爲甚。亟應申飭各該地方官，務遵成例，責令管馬官親身押解，依限掣批。該寺不時查催，敢有仍前怠玩，即呈兵部從重參處。仍移咨南京兵部、太僕寺一體遵行。如議查納一節，太僕寺收放馬價草料、子粒銀兩，每月定以八日爲期，此欽限也。乃後以偶有他故，不盡依期，遂致遷延逾時，久稽交納。前項銀兩，非耗于旅食，則付之穿窬，虛費甘賠，往往而是。應劄太僕寺，凡遇前期，務會各官，不拘多寡，依時收兑，不得以他故廢妨。如議巡視一節〔一〇七〕，各邊鎮騎操馬匹，皆出冏寺。而巡視點閘，原有專責少卿每年周巡宣大、薊昌等處之勅，此法似不可廢。但查少卿出巡，久已不行。在薊、昌，惟聽巡關；在宣、大，惟聽巡按。每年終，就近查點舉劾，甚爲省便。今若復議少卿巡歷點閘不惟邊關遼闊，巡歷難周，亦且地方多事，恐滋勞費。仍應遵照見行事規，毋容紛更。如議舉劾一節，俵寄馬匹，舊係府佐官管理，而東西二路少卿，年終巡視，查其膘壯瘦損，倒失多寡，知府以下，分别參治，立法甚嚴。近緣事隸正官，遂以多務相妨，槩不點驗，法弛馬耗，咎將誰歸。應行該寺諸臣，各將該管馬有司，嚴加查覈。果有馬政不脩，損倒特甚者，自知府以下，不時參處。倘有未甚，通候年終類參。至於知府考滿，必申呈該寺，查其任内馬匹、錢糧有無拖欠，方准給由。不得徇情，致隳法紀。其欵市一節，應行各鎮督撫諸臣，申飭監市、互市文武各官，凡有賞賚貿易，止以貨幣充用，不得多用銀鐵。既經寺臣條議，前來相應酌議覆題。奉欽依：『依議施行。』

皇朝馬政紀卷之十一

草場十一 今皆徵租折銀

嘗考冏志曰：稽古成周，畫井分民，而又頒牧地使之養馬，所以蕃孳息，備武事也。唐肇監牧，凡善水草膏腴之田，皆爲牧所，而又得人司之，又倣《周禮》爲之厲禁，春放秋入，莫不有法。故秦漢以來，唐馬最盛。至余靖、歐陽脩，於宋拳拳，請專官擇水草牧放，蓋有感於其時馬政之廢也。我朝於畿甸之間，耕之外，擇有水草處以爲草場，又厲之法禁，是亦成周之遺意，唐之舊法也。乃今《會典》載：營衛草場則曰放牧者，蓋爲放馬以備騎操征伐之用。兩京太僕寺草場則曰：孳牧者，蓋爲備孳養騍駒之用。其後皆爲豪強所侵，成化末，乃以不堪種者牧馬，堪種者徵租。乃邇者，堪種之地既爲豪強所侵，而不堪種作水草之鄉，亦爲勢要占佃，此草折之所以難完，而民皆苦於輸納也。即此，則其畜孳之息，武事之備與否，能如國初乎，未可言也！紀草場十一。

營衛放牧草場 此團營在京、在外各衛放牧，以備騎操征伐之用者。

洪武二十三年，令五軍都督府，錦衣、旗手、虎賁左右、興武、鷹揚、金吾前後、羽林左右、龍驤、豹韜、天策、神策、府軍前後、左右等衛，各置草場於江北湯泉、滁州等處，牧放馬匹。二十五年，罷民間歲納馬草。凡軍官馬，令自養，軍士馬，令管馬官擇水草豐茂之所屯營牧放。永樂九年，兵部題奉太宗皇帝聖旨：『北京各衛裏，見養的馬撒在草場裏牧散，水草自在，養得肥又無病，孳生蕃息。這是馬的真性，不勞苦。若是拴着時，都生出病，生瘦損了。如今卻又要搭蓋馬棚，置辦鍋竈、槽鍘，圈在房子裏，又拴着，這等時，那馬怎莫得自在。人又勞苦，馬又壞了。這馬是朝廷大氣力，已前曾説將去，不知他如何不聽號令。必是心下別有意思，故意要將馬來壞了。恁兵部便行文書，去着北京各衛與養馬官軍知道，今後若再不聽令時，論罪不輕。欽此。』永樂以後，錦衣、旗手、府軍、左金吾、左右大興、左羽林、燕山、左右前中義、左右前後義勇、左右前后興武、左後大寧、中寬河、會州、裕陵、茂陵等三十一衛五軍三千神機等營，各置草場於順天、保定府、宛平、大興等縣，牧放騎操馬匹。每歲春末夏初，各營馬匹除例該存留聽用外，其余本部推舉坐營官一員，具奏請勑管領下各該草場牧放至九月中回營。其牧馬，每三日演習一次。下場之後，本部行移該科及都察院具奏。差官點閘馬匹倒死，官軍逃亡。領勑：『官按月造報，如有納賄買閑，不行提督，致馬瘦損者，點閘官指實參奏。其在邊者，以四月中出牧，九月初回營，清查營衛。』永樂十一年〔一〇八〕，令御史同錦衣衛官巡視官軍牧放馬匹。以後，錦衣、旗手等衛五軍等營各置草場於順天等府。每歲春末夏初〔一〇九〕，各營馬匹除例該存留聽用外，其餘兵部推舉坐營官一員，具奏請勑。管領下各該草場牧放至九月終回營，其牧馬每三日演習一次。下場之後，兵部行移該科及都察院，具奏差官點閘馬匹倒死官軍逃亡。領勑：『官按月造報，如有納賄賣閑，不行提督，致馬瘦損者，點閘官指實參奏。其在邊者，以四月中出放，九月初回營。』永樂二十二年，令户部、錦衣衛各委官查勘五府牧馬草場，有妨占民田處所，另撥官地與民爲業。弘治九年，仍令給事中御史并户、兵二部委官清查各衛草場。有草未墾去處，仍舊牧馬；已墾成田者，照畝收銀，解送兵部，轉發太僕寺寄庫，聽候買馬。十八年，題准：在京在外金吾等衛所牧馬草場，除各衛所存留蓄草牧馬外，其勘定上中下等則田地，原有軍民佃種者，每畝上地徵銀五分，中地三分，下地二分。又令錦衣衛場地徵銀許本衛收貯，貼補馬草。嘉靖九年，議准：每年收放馬匹放操之時，下場者，科官照舊查究[一一〇]。其在營者，行内外提督大臣；在巡補者，行巡補提督通行查究。若把總官用心提督，倒失數少者，具奏旌賞。若全不用心，致令倒失過多[一一一]，徑自參奏提問。甚者，坐營者一體參究。二十二年，奏准：團營并神機等營馬匹量存操練，其餘并東西官廳馬匹，趁今放青之期，悉照舊例下場牧放。三十四年，題准：京營除挑選聽徵馬匹照舊關支草料外，其餘瘦弱馬，暫委坐營官一員帶領於近京隨便牧放。舊例：京營原設牧馬草場地畝，歲徵租銀一萬三千五百餘兩，及霸州葦銀一千六十四兩五錢二分，俱該營徑自徵收。嘉靖七年，兵部題准：租銀徵解本部，扣給該營二千五百兩應用。内團營一千兩，五軍神樞、神機營各五百兩。四十一年，議：將餘剩租銀一萬一千兩歲解户部。四十三年，以營操用銀不敷，增給六千兩，後又增至一萬兩，俱前項租銀。又，霸州葦銀支用，是年又議准葦銀亦徵解兵部，轉發該營。

在京各營衛

奮武等十二營草場，坐落薊、霸二州，共地二千八百八十頃一十五畝九分，歲徵銀八千六百七十七兩五錢七分六釐。内薊州二千一百二頃四十二畝七分，畝徵銀三分；霸州七百七十七項七十三畝二分，各徵不等。

五軍營草場，坐落安肅等縣，共地七百九十五頃三十七畝七分，歲徵銀二千三百八十六兩一錢三分一釐。内安肅縣三百四十頃四十三畝，定興縣四百四十九頃六十四畝七分，三河縣五頃三十畝，畝各徵銀三分。

神樞營即三千營草場，坐落霸等州縣，共地六百三十八頃一十四畝一釐三毫七絲，歲徵銀一千九百一十四兩四錢一分四釐一絲一忽。內霸州三十二頃三畝六分四釐一毫，固安縣一百九十六頃一十畝三分七釐二毫七絲，新城縣四百一十頃，畝各徵銀三分。

神樞營草場，坐落香河等縣，共地三百二十頃一十一畝一分八釐八毫三絲三忽，歲徵銀九百六十三兩三錢□分□釐四毫九絲九忽。內香河縣二百八十八頃八十七畝三分五釐五毫，雄縣三十三頃七十八畝四分三釐三毫三絲三忽，新安縣七頃六十五畝四分，畝各徵銀三分。以上萬曆二十二年，共查實徵一萬一千六百九十一兩一錢五分四釐九毫。以上團營租銀數，只此，今本營不知其數。凡有所用，輒以本營銀在太僕寺爲言。當其事者，亦不知其數，輒任其求，即與之。今已額外過求，屢至於數倍。不得已，以本寺牧養租銀應之，其可繼乎！後此，當以此節止之。

錦衣衛原額草場地二處，共三百二十六頃三十六畝八分五釐，坐落武清縣，歲徵銀二百九十四兩二錢一分五釐。以上錦衣衛自收自支，不屬本寺。

旗手衛原額草場地六頃二十四畝，坐落房山縣，歲徵銀一十四兩。

府軍左衛原額草場地四十三畝三分八釐，坐落大興縣，歲徵銀二兩九錢一分。

金吾左衛原額草場地八十一頃三十畝，坐落永清縣。今堪種地三十四頃九畝八分，歲徵銀七十九兩二錢二分五釐。

金吾右衛原額草場地一十一頃六十三畝，坐落大興縣，今堪種地九頃九十畝，歲實徵銀二十九兩七錢。

大興左衛原額草場地四處，共一十頃一畝六分四釐五毫，坐落永清縣，今堪種地八頃一十五畝五分二釐五毫。歲實徵銀二十六兩二錢三分二釐三毫五絲。

羽林前衛原額草場地四十二頃九十畝五分，坐落東安縣，今堪種地二十頃六十七畝，實徵銀九十九兩五錢八分五釐。

燕山左衛原額草場地二處共三十一頃三十三畝，坐落東安縣，今堪種地一十三頃四十七畝五分，歲實徵銀一十一兩六錢七分五釐。

燕山右衛原額草場地十五頃八十一畝，坐落東安縣，今堪種地五頃九十五畝三分三釐，歲實徵銀一十一兩一錢八分七釐六毫。

燕山前衛原額草場地二處，共二十九頃一十畝七分一釐，坐落永清縣，今堪種地一十二頃八十六畝三分一釐，歲實徵銀三十一兩八錢七分八釐五毫。

泰陵衛原額草場地三處，共二十頃五十七畝二分四釐，坐落永清縣，今堪種地一十七頃九十五畝六分，歲實徵銀四十三兩一錢九分四釐四毫。

忠義右衛原額草場地二十四頃四十五畝七釐五毫，坐落武清縣，今以無土地，減歲徵銀止五十兩五錢五分四釐六毫。

永陵衛原額草場地二處，共三十二頃二十九畝八分，坐落永清縣，今堪種地二十二頃四十二畝五分，歲實徵銀四十兩八錢三分。

義勇右衛原額草場地二十五頃五十六畝六釐，坐落懷柔縣，今堪種地六頃六十六畝七分，歲實徵銀一十四兩一錢八分八釐。

義勇前衛原額草場地三十五頃八十七畝五分，坐落順義縣，今堪種地一十五頃三十六畝，歲實徵銀二十二兩二分。

義勇后衛原額草場地三處，共九十頃三十二畝三分，坐落永清、東安二縣，今堪種地三十五頃一十九畝，歲實徵銀一百七兩一錢六分七釐。

神武左衛原額草場地三十五頃七十八畝六分，坐落永清縣，今堪種地一十八頃四十八畝，歲實徵銀四十六兩二錢四分。

昭陵衛原額草場地三處，共二百六十四頃，坐落永清縣，今堪種地一百二十八頃二十九畝，歲實徵銀三百二十七兩六錢七分八釐。

忠義前衛原額草場地一十七頃四十一畝九分二釐六毫，坐落武清縣，今堪種地一十一頃六十四畝七分一釐，歲實徵銀二十七兩三分五釐九毫三絲。

忠義后衛原額草場地二處，共一十三頃，坐落東安縣，今堪種地九頃九十八畝，歲實徵銀二十五兩三錢一分。

大寧中衛原額草場地一十五頃九十一畝三分四釐五毫，坐落武清縣，今堪種地一十三頃四十四畝二分五釐，歲實徵銀三十四兩六錢八分一釐四毫。

武成中衛原額草場地三頃一十九畝三分一釐，坐落武清縣，今堪種地二頃七十八畝二釐，歲實徵銀六兩六分。

寬河衛原額草場地一十四頃六畝二分，坐落宛平縣，歲徵銀二十八兩二錢四分。

會州衛原額草場地八頃二十二畝七分，坐落永清縣，今堪種地七頃七十七畝，歲實徵銀二十四兩八錢六分四釐。

蔚州左衛原額草場地一十九頃九十畝二分六釐六毫，坐落大興縣，今堪種地一十七頃五十畝，歲實徵銀五十二兩二錢五分（志云五錢一釐）。

龍驤衛原額草場地九頃七十畝，坐落通州，今堪種地八十一畝歲實徵銀一兩六錢二分（志云三兩二錢四分）。

濟陽衛原額草場地二十四頃一十六畝五分四釐，坐落東安、武清二縣，今堪種地一十九頃九十八畝五分，歲實徵銀一百五兩七錢三分九釐。

富峪衛原額草場地八頃四十一畝五分，坐落永清縣，今堪種地七頃九十八畝五分，歲實徵銀三十六兩四錢四分（志云十八兩九錢七分）。

茂陵衛原額草場地四頃八十八畝八分七釐，坐落武清縣，今堪種地三十一畝七釐，歲實徵銀一兩八錢三分五釐五毫，（志云二兩八錢六分六釐四絲〔一一二〕）。

裕陵衛原額草場地二十七頃九十六畝三分九釐七毫，今堪種地二十三頃三十三畝五分七釐五毫，歲實徵銀六十九兩五錢八分。

康陵衛原額并新增草場地三十二頃六十五畝，坐落良鄉縣，今堪種舊地一十二頃一十八畝八分，及新地歲共實徵銀五十五兩六分九釐(志云四十一兩二錢四分五釐)。

在外直隸衛分

忠義中衛原額草場地八頃,歲實徵銀一十六兩。涿鹿衛原額草場地一十五頃四十七畝,歲實徵銀六十一兩八錢八分。涿鹿左衛原額草場地五十頃三十三畝,歲實徵銀一百兩六錢六分。東勝右衛原額草場地四頃四十八畝,歲實徵銀一十二兩三錢二分。通州右衛原額草場〔地〕二十二頃五十四畝四分〔一一三〕,歲實徵銀六十九兩五錢四分八釐。興州中屯衛原額草場地一十五頃九十六畝六分六釐,今堪種地一十三頃一十六畝一分五釐,歲實徵銀二十六兩三錢二分三釐。營州前屯衛原額草場地三頃六畝,歲徵銀一十一兩三錢三分。遵化衛原額草場地一十七頃五十三畝五分,歲實徵銀一十七兩五錢三分五釐。保定左衛原額草場地一十九頃九十四畝三分五釐,歲實徵銀四十三兩八錢七分五釐九毫,後增子粒銀一百一十一兩五錢六分一毫。保定右衛原額草場地四十二頃二十六畝二分二釐六毫,歲實徵銀九十二兩九錢七分七釐,後增子粒銀一百六十九兩一錢七分六釐。保定中衛原額草場地三十一頃一十五畝八分二釐二毫,歲實徵銀六十八兩五錢四分八釐一毫。保定前衛原額草場地二頃三十五畝,歲實徵銀八兩一錢五分四釐,後增子粒銀一十四兩一分八釐四毫。保定后衛原額草場地二十頃,歲實徵銀四十四兩(志云一百二十七兩)。茂山衛原額草場地一十三頃四十九畝,歲實徵銀二十九兩七錢五分。定州衛原額草場地二頃五十五畝,歲實徵銀八兩七錢五分。真定衛原額草場地二十六頃八十五畝,歲實徵銀七十三兩一分四釐,(志云八十兩五錢五分)。盧龍衛原額草場地一頃一十三畝,歲實徵銀二兩三錢七分。東勝左衛原額草場地二頃五十畝,歲實徵銀一十五兩九錢五分。開平中屯衛原額草場地一頃四十七畝,歲實徵銀二兩九錢四分,後增子粒銀一兩八錢有零。改解户部。(志云四兩一錢一分。)永平衛原額草場地七頃八十畝,歲實徵銀三十一兩二錢(志云十五兩六錢)。山海衛原額草場地二十七頃二十四畝,歲實徵銀八十一兩七錢二分,後增子粒銀四十九兩有零。改解户部。瀋陽中屯衛原額草場地八頃七十七畝五分,今堪種地四頃七畝七分,歲實徵銀二十六兩六錢一分五釐，後增子粒銀一十兩有零。改解户部。大同中屯衛原額草場地一十二頃，今堪種地一頃四畝四分四釐，歲實徵銀三兩二錢一分六釐八毫，後增子粒銀五十一兩有零改解户部。（志云新增子粒銀一十四兩七分三釐三毫）。

山東衛分

德州左衛原額草場地三十一頃三十四畝八分五釐，歲實徵銀七十一兩四分一釐，後增子粒銀二十五兩有零。改解户部。平山衛原額草場地四頃，歲實徵銀二十一兩八錢。臨清衛原額草場地二十八頃一十五畝七分，歲實徵銀一百一十二兩八錢六分八釐。以上各衛，萬曆二十二年共查實徵銀二千三百三十兩六錢八分三釐八絲。

太僕寺所屬孳牧草場　養馬餘地附

成化二年，奏准：　差給事御史前去南北直隸、河南、山東等處，將牧馬草場踏勘丈量，備照原設界至、頃畝復立封墩，照舊牧養。成化四年，令：　北直隸京師附近係官草場，不許内外官豪（執）〔勢〕要妄指求討，托故役獻。違者許科道糾劾及各衛門追究治罪。成化六年，令德州、天津各衛逃故軍人遺下草場爲附近居民盜耕佈種者，退地還官，每畝量追花利草三十束。不願者，每束納銀三分，准作遠年拖欠之數，照依時價，支給京操上直官軍買草餧馬。以後年分，但有拖欠草束〔之數〕〔一一四〕俱照例准折。弘治九年，奏准：　差官踏勘合各處牧馬草場，凡占種者俱令退出。内堪種地土佃與近場軍民耕種，每畝徵租，上等七分，中等五分，收貯各府州縣庫，給民幇助買馬。不堪種者，照舊放牧馬匹。弘治十四年，以草場租銀太重，減額徵解太僕寺，以備買馬。正德十年，題准：　草場租銀，量支幇補追併不敷馬匹，餘解太僕寺。仍行兩京太僕寺，轉行分管寺丞、管馬官，將所屬租銀嚴督追解，造册送部考查。又奏准：　各分管寺丞親詣所管州縣，吊卷清查，解部送寺，以備買馬。如有那移侵費等弊，依律參提，問追。以後年分，各府類收，俱候次年三月以裏到部。正德十三年，題准：　各府州縣徵租銀，草場如有水旱灾傷，即便從實具奏，與民田一體差官勘實，照依分數蠲免。凡分管寺丞，嚴督各州縣掌印、管馬官以十分爲率，年終三分不完者住俸；　寺丞與知府、管馬通判照分管州縣，四分不完〔者〕住俸。先將原額草場地土頃畝及該徵子粒租銀數目分豁明白，造册差人賫繳。正德十年，太僕寺卿儲巏言：『臣前在霸州，見工部官來按視葦萡鐮票地。其四至頃畝與原草場相同。亦必草場廢弛之先，渾河横流，散漫四出，霸州上下漸爲淤漲，蘆葦旋生，放牧不到。當時，言利之臣因其地之美餘，悉取葦萡税。然葦萡之用較之草場牧放，孰重孰輕？况草場自永樂初年，而葦萡課起自近年，其地固草場之地也。邇來渾河改徙，不產蘆葦，又非宜徵之地，乞盡蠲除，使牧地無他徵之擾。又今壽府皇莊等項，既清查出，便歸各營。願自今以往，重申禁條，有侵逾及奏討者，嚴加懲治。庶私蹊可絶而牧地不混。』兵科給事中周用言：『霸州舊設草場，民居稍遠，極目荒曠，無室宇，人馬無所隱庇，露宿蒼莽之中。以致暑雨蚊虻之生，噬囓肌膚，馬多瘦損，士卒不樂就牧。又况迤今所築，封堆不過數年，風消雨淋，漸就平夷，將復迷其處所。不若緣其邊界量立鋪舍，使軍士分地而牧，創屋而居，馬亦得以隱庇，庶幾人馬有依。又，霸州等處見在皇莊俱在牧馬之地，陛下爲天下主，聖母享天下之養。普天率土〔一一五〕，莫非皇莊。豈必於其間復私頃畝之地，收數斛租，然後謂之莊哉！願重自裁抑，罷莊田以益牧地，則奏討之門自杜。』

嘉靖元年，兵部爲禁奸息民，以舉馬政事，太僕寺少卿崔奏：『查處草場奸弊，今照前項草場餘地，曾經本部奏請，差官踏勘，丈量原額，頃畝雖有定數。但近年以來，各處奏稱，水渰沙壓數多，若不重行清查，年久恐致埋没侵占，頃畝漸寬，租銀日減。』合無本部仍行兩京太僕寺，各該分管少卿，寺丞，督同各掌印，管馬官員，將前項額數牧馬草場餘地并該徵子粒銀數，逐一查算誌書圖卷所載，將某府州縣原額地土若干，即今實在該徵地土租銀各若干，差人呈部，以憑重定成數後，俱各照事例全徵。自嘉靖元年爲始，年終不必會數。如遇災傷等項，須經撫按臨期勘報是實，方准蠲免。該寺將所查原額數，書刻於寺，本部仍增入《馬政條例》。奉聖旨，『是』。嘉靖十六年，題准：有罪人犯應問擬者，太僕寺徑自問擬，應參奏者，從實參奏。隆慶六年，題准：以子粒銀給驛傳，以南馬銀改京運兑用。仍題准萬曆二年以後，不必借子粒銀兩，各照正項支用。先該御史蘇士潤題稱：『順、永、保、河四府驛遞南馬銀兩，節年拖欠，以致百姓大半逃亡，夫馬頭役，十室九空。良、涿、薊州、三河一帶，殘困尤甚。乞將本處牧馬草場子粒等銀，自隆慶六年爲始，不必解部，留抵作原派南馬銀兩。』其南直隸、江浙等處，應解各府馬價，改解本部，以抵牧馬草場等銀。後該彰武伯揚等題稱：『驛遞疲累，禁革冒濫可也。南馬拖欠，嚴限催徵可也。止當就事正法，不當因事變法。驛遞固疲累矣，營衛在今日難以臕壯騰踴者言，南馬銀固拖欠矣。子粒銀在今日亦難以完報如期者（諭）〔言〕〔一一六〕，且南馬拖欠，固以京營子粒銀補之，以恤驛遞；營中操演犒賞之費，修理供用之費，金鼓旗幟之費，每年不下萬兩，如有拖欠，將安取給！懇乞俱歸正額。』兵部覆題：隆慶六年併萬曆元年，准將子粒銀兩各照數借給各驛遞支用；萬曆二年以後，不必借子粒銀兩，各照正項支用。萬曆三年，議准：以後拖欠子粒租銀及馬價錢糧，該管官員三分四分以上，罰俸一月；五分六分以上，降罰一級；七分八分以上，降俸二級。催督完日，准復。

萬曆二十三年，本寺題：牧地，古圉師養馬。冬寒燠，以廄；夏炎涼，以庌。國初，出則牧地，入則苑監，即此意也。其後，苑監廢，南北太僕京邊皆有草場，乃養馬騍駒，民不擾者藉此。後因豪右占爲莊地，牧養無所，馬乃不足。先臣屢奏，欲責牧養，必先復此。請令豪右莊地還官，民閑地退出，免其租稅。緣豪右占據日久，民腴地投獻，欲查未能。近印馬御史僅請：冬寒馬病，聚州縣城内，或空閑處，或寺觀醫之燠之，待長愈，乃令領歸。亦未能行。今諸地先在官，今在民志册可見者；又，前勘明荒地，銀馬皆減，議爲牧地者；皆當查明，給與俵寄民領養可矣。第與屯地易混，今屯田御史兼馬政，誠蒙勅下嚴責，倘有豪右阻撓，容其盡法以治，且專委期成之。又有昔存今廢，昔蕃今荒，昔平衍今堆塞〔一一七〕，各州縣屢以爲言者，今照往例查明或暫減數，或久免徵。此牧地之議也。

直隸府分

順天府二十七州縣，原額草場地共一千八百四十六頃四十四畝四分六釐一毫，内堪種地一千四百九十六頃八十九畆一分一釐一毫，歲徵銀一萬一千四百四十七兩九錢五分六釐三毫七絲。北直隸大名府十一州縣，原額草場地共三千一十四頃二十五畝八分八釐二毫，内堪種地八百五十四頃九十六畝三分八釐七毫，歲徵銀除例減外實徵一千一百二十四兩八分二毫五絲。長垣縣後增子粒銀七兩三錢八分三釐三毫。養馬餘地一萬五千八百六十一頃八十二畝三分一釐，歲徵銀除例減外，實徵二萬六千一百五十四兩九錢二分八釐二毫二絲四忽。萬曆二十二年，查收大名府十一州縣子一千一百二十四兩八錢八分三釐二毫五絲。保定府十三州縣，原額草場地共三千九百七十三頃九十四畝四分五釐一毫八忽，内堪種地一千一百三十二頃四畝一分四釐九毫，歲徵銀除告豁撥給外，實徵二千五百一十九兩四錢七分四釐四毫。後增子粒銀二千三百七兩有零。嘉靖四十一年，改解户部。萬曆二十二年，實徵二千五百五十一兩三錢八分二釐七毫。易州等七州縣，原額草場子粒地共二千二百一十八頃八十四畝三分一釐，除告豁撥給外，仍該草場地一千三百四十二頃三十七畝六分七釐，内堪種地六百四十頃七十六畝二分八釐，歲徵銀一千一十九兩一錢七分九釐八毫六絲，後增子粒銀一千七百二十七兩七錢六釐九絲，葦草子粒銀一百八十八兩七錢九分二絲。萬曆二十二年，實徵子二百九十兩四錢八分五釐三毫六絲。養馬餘地一千七百六十六頃五十二畝有零，歲徵銀二千三十八兩有零。萬曆二年，題准免徵。

順德府九縣，原額草場地三千六百四十二頃一十二畝六分，内堪種地一千四十五頃四十四畝九分，歲徵銀二千五百六十四兩二錢七毫六絲五微。後增子粒銀一千六百五十六兩有零，改解户部。養馬餘地二千四百一十頃五十八畝有零。歲徵銀四千九百一十兩有零，正德十六年，題准免徵。萬曆二十二年，實徵二千五百六十四兩二錢七釐六絲五纖。廣平府九縣，原額草場地一千八百八十二頃七十六畝二分，内堪種地五百五頃六十五畝六分。歲徵銀一千四百四十二兩八錢五釐，後增子粒銀七百一十四兩有零。改解户部。養馬餘地四千九百五十頃二十七畝有零，歲徵銀九千九百兩有零。嘉靖二十七年，奏准免徵。萬曆二十二年，實徵一千四百四十二兩八錢五釐。真定府三十一州縣，原額草場地五千四百六十四頃一畝四分二釐五毫，内堪種地二千六百八十六頃四十六畝二分七釐八毫，歲徵銀六千五百八十八兩二錢九分八釐八毫一絲五忽。後增子粒銀四千七百八十六兩有零，改解户部。養馬餘地一千三百七十四頃八十四畝四分七釐三毫一絲，歲徵銀二千八百一十三兩四錢四分二釐三毫七絲九忽。萬曆二十二年，實徵六千五百九十一兩三錢三分二釐七毫一絲五忽。河間府十五州縣，原額草場地一千九百七十五頃六十畝三分七釐，内堪種地七百九十二頃九十畝一分四釐九毫。歲徵銀除奏減外，實徵一千六百五十三兩九錢八分九釐二毫四絲。後增子粒銀二千二百四十六兩有零，改解户部。萬曆二十二年，收河間府十五州縣，子粒〔銀〕一千七百六十一兩九錢五分四釐一毫四絲。静海等三縣〔一一八〕，原額草場地共一百二十六頃七十二畝六分五釐，内堪種地共七十頃一十畝八分三釐，每年徵銀二百一兩七錢九分六釐五毫，後增子粒銀五百一十六兩有零，改解户部。養馬餘地三千一百五十八頃八十三畝有零，歲徵銀六千四百六十五兩有零。萬曆二年，題准免徵。萬曆二十二年，實徵一百七十五兩七錢八釐九毫。永平府六州縣，原額草場地一百七十五頃八十八畝五分，歲徵銀四百三十二兩四錢七分五釐五毫，後增子粒銀二百六十七兩有零，改解户部。養馬餘地一千八百四十四頃七十七畝有零，歲徵銀三千三百十七兩有零。嘉靖十年，議准免徵。萬曆二十二年，實徵永平府六州縣子四百三十二兩四錢七分五釐五毫。

河南府分

河南開封府七州縣，原額草場子粒地八頃二十三畝四分八釐二毫，歲徵銀三十二兩九錢三分九釐三毫二絲。萬曆二十二年，實徵三十二兩九錢三分九釐九毫二絲。

歸德府考城縣四州縣，原額草場地四十畝，歲徵銀一兩六錢八分。萬曆二十三年〔一一九〕，實徵歸德考城四州二縣子一兩六錢八分。

山東府分

山東濟南府二十九州縣，原額草場地四頃四十八畝一分六釐五毫一絲二渺，歲徵銀六兩八錢九分三釐二毫五絲。萬曆二十二年，實收濟南府二十九州縣子八兩九錢一分三釐一毫三絲。

兖州府二十五州縣，原額草場地一百八頃三十六畝五分八釐，堪種地六十四頃九十二畝六分，歲徵銀二百七十八兩四錢四分七釐八毫。萬曆二十二年，實徵兖州府二十五州縣子二百三十二兩一錢九分一釐六毫。

東昌府十八州縣，原額草場地八十七頃六十九畝五分八釐，内堪種地七十四頃五十五畝五分八釐，歲徵銀二百九十二兩六錢六分三釐六毫。萬曆二十二年，實徵東昌府十八州縣子四百三十三兩七錢三分三釐八毫三絲一忽。

南京太僕寺孳牧所屬草場

成化二十三年，南京太僕寺寺丞奏准：查勘原額草場頃數，界至明白，埋立封堆。將高埠低窪，止勘牧馬地土，責付養馬人户，輪流管顧牧放。中間果有肥饒地土空閑，堪以開墾成田，看驗頃畝，撥與有力馬户耕種。依佃種官田事例，所收花利，不拘銀谷，依時計估量納，别置倉庫收貯。其有曾經開墾成田，耕種年久，徵納子粒者，一體清查徵收。中間被人包占種作，或侵占界至，各許自首，還官，免罪。如遇俵解馬匹，也有灾傷人户逃移，無處凑買，并十分貧難，出辦不前，酌量支給。以備定數，只許用助馬政，不許别項支銷。待後養馬數多，停免耕種，照舊牧放。弘治元年，（奏）〔奉〕欽依：内事理，各州縣將清查過牧馬草場坐落地名，并頃畝，四至方圓，於公廳内鎸立石牌，以爲日後憑據。其草場地土，以近就近，分撥與各衛養馬人户，專一牧放馬匹。各於四至築立高大封堆，以後不許占種，其原納子粒，悉行除豁。弘治二年，南京兵部尚書張鎣奏准：南京各該衛所有牧馬草場被人侵占，起科納糧，差南京户部各屬官及同太僕寺寺丞查理還官。弘治四年，御史胡海，潘楷等奏准：均平除豁去荒地蓄草牧馬外，其原佃軍民耕熟者，照舊給與承佃。南京各衛所草場，每畝收銀一錢。其餘各處地土〔一二〇〕，肥饒者每畝出銀七分，中等五分，瘠薄者四分，照數徵完，貼補買馬，不許别項那用。每年終將收過地畝銀兩數目造册，繳報查考。六年，始議分三等課租。大約江南府州縣上畝七分，次五分，又次四分，江北每等，各殺其二。弘治七年，都御史張瑋奏：南直隸鳳、淮、揚、廬四府，徐、滁、和三州草場，與養馬人户住居窵遠，俱各不來牧放，置於無用。要查出召民佃種。准行南京兵科給事中倪天民、御史李宗酒、兵部主事周夔會同分管寺丞，清查丈量，各於四至築立峯墩爲界，仍建立石碑，將草場坐落地名并頃畝四至，鐫勒爲後證〔一二一〕。地土分撥近場軍民人等佃種，上等田七分，中等田五分。下等田四分。弘治九年，都御史史琳奏稱：租銀太重，乞要量減。上地每畝納銀五分，中地三分，下地二分。弘治十三年，户部會同兵部等衙門題准：各處草場租銀，照比較馬政事例嚴并追徵。州縣管馬官員以十分爲率，年終三分不完者住俸。寺丞與知府、管馬通判照分管州縣，十分爲率，四分不完者，一體住俸。俱候完日關支。正德十一年，南京太僕寺卿楊褫題准：租銀與空閑地土銀兩，照例嚴督管馬等官追徵完足，依限解部發寺收貯，以備京邊買馬支用。若年終不完，照例住俸。若擅自別項支用，及有侵欺那移情弊，即便查究追完。正德十一年，御史周鵷題稱：南直隸八府三州民，既出馬又徵其馬場之租，負累窮民要將地畝租銀盡歸養馬之人。該兵部查前項原議：牧馬草場與養馬人户住居窵遠，不來牧放者，方召人佃種徵租。今若一槩通免，誠恐種地之人幸免起科，養馬之户不沾實惠。准行查勘，各該州縣但係報册佃種牧馬草場地户中間，果係養馬人户自種草場地土照依所奏免科。若不係養馬人户佃種，仍依原擬徵租解部。正德中議，勘係馬户自種者免徵。嘉靖八年，御史秦武奏：盧、鳳、淮揚牧馬草場係馬户自種者，乞免追租，以助備用馬價之費。平民佃種者，與貧民佃種屯田同罪。嘉靖八年，南京太僕寺卿王崇獻奏稱：盧、鳳等處草場租銀，已經具奏免解，其應天、太平、鎮江、寧國四府，廣德州、建平縣草場租銀未經勘免，准照盧、鳳、淮、揚等府州縣事例，一體免解貯庫。都御史唐龍題准：盧、鳳、淮、揚四府，徐、滁、和三州草場租銀，免其起解收貯。各該州縣，每年例該坐派本折色馬匹〔一二二〕，幫助馬户買馬，不許別項支用。嘉靖十年，都御史劉節題准：盧、鳳、淮、揚四府，徐、滁、和三州一應草場，除馬户種者照前免徵，其小民承佃，該納租銀，自嘉靖十年爲始，俱免解部。每年徵收在官，如遇派到備用并騎操馬匹或本折色，查前銀，先儘扣作無田養馬人并逃亡之家。各所（辨）〔辦〕之數有餘，方許難助有田馬户〔一二三〕。仍逐年造册繳部。本寺奏准：今後佃種草場租銀，收貯各該州縣官庫，凡遇派到備用馬匹，給與馬户湊買，先盡無草場人户及包販逃絶之家，次及有草場人户。租銀數盡，方查照馬户均派湊補。嘉靖十年，差御史張心勘定荒熟頃畝三等則例，科收其節年損益，宜少變前制。十二年，議准：於場地應徵銀内，各照起俵馬數，每匹扣留一兩，以備灾傷逃移支給。餘悉解部發寺，以備不時買馬。嘉靖三十年，南京太僕寺少卿雷禮奏稱：租銀，各州縣每該解俵馬一百匹，量留銀一百兩〔一二四〕。其馬多銀少者，則盡數收貯官庫，以備地方灾傷買馬。其餘無馬去處，悉照舊例，解部轉發太僕寺收貯，買馬支用。但各州縣官多有怠忽，不行催徵。其徵收在官者，多有那借侵欺，奸弊百出，漫無稽考。該兵部題准：委官俱逐一清查，如有那借侵欺等弊，就彼從重問遣〔一二五〕。其勢豪侵占，不納租銀者，悉聽指名參處治。仍行各該撫按衙門，今後不許將前項銀兩擅支。三十五年，議准：題請勅書，關防專委南京兵部主事一員清查管理。隆慶二年題准：每五年，行各軍衛有司清查，造册奏報。萬曆四年，議准：扣留備灾者，各解南京太僕寺收貯。照灾酌助，以免欺隱。

應天等八府州分

應天府八縣，原額草場地共一千四百四十五頃五十畝八釐七絲一忽□微，内堪種地三百九十四頃七十九畝八分八釐五毫三絲，歲徵銀一千七百一十四兩二錢一分九釐八絲二忽八微。

南直隸鎮江府三縣，原額草場地共一百五十一頃八十一畝六分八釐九毫，内堪種地八十七頃四十五畝八分五釐二毫，歲徵銀三百八十一兩七錢三分七釐六毫四絲。

太平府三縣，原額草場地共六百二十二頃六十畝九分八釐七毫四絲，内堪種地二百七十頃七十畝九毫六絲，歲徵銀一千七十三兩一錢七分二釐五毫二絲四忽。

鳳陽府五州十三州縣，原額草場地共四百八十頃七十七畝六釐四毫八絲，内堪種地二百七頃六十六畝二分七釐九毫八絲，歲徵銀六百五十一兩七錢六分三釐二毫三絲八忽。

廬州府二州五縣，原額草場地共六百七十頃五十八畝六分九毫四絲三忽六微，内堪種地二百四頃八十一畝四分七釐八毫五絲五忽四微〔一二六〕，歲徵銀八百六十二兩二錢□分四釐六毫四絲九忽九微六纖。

淮安府二州九縣，原額草場地共七百九十二頃八十四畝四分三毫三絲，内堪種地六十四頃五十九畝七分五釐四毫，歲徵銀一百八兩九分二毫五絲。

揚州府三州五縣，原額草場地共一千三百六十七頃七十六畝二分七釐五毫五絲一忽五微，内堪種地一千一百八十四頃五十六畝五分六釐一毫五絲一忽五微，歲徵銀二千七百五十九兩五錢九分八釐七毫二絲六忽五微。

以上，嘉靖十年勘定數。其後，歷年開墾加增不等，每歲各府共徵銀一萬九千一百九十一兩。復經題准，減免三千一百三十三兩。至隆慶二年，實徵銀一萬五千三十兩以上，自萬曆九年盡革種馬後，牧地俱入官，見徵子粒租銀隨年徵解，原無定數，各府州縣徑解太僕寺。

各邊草場

洪武三十年，定北邊牧馬草場。自東勝以西，至寧夏河西察罕腦爾；東勝以東，至大同、宣府、開平；又東南至大寧，又東至遼東，又東至鴨緑江，又北去不知幾千里，而南至各衛分守地。又自鴈門關外西抵黄河，渡河至察罕腦爾；又東至紫荆關，又東至居庸關及古北口，又東至山海衛。凡軍民屯田地，不許牧放。其荒閑平地及山場，腹裏諸王，駙馬及軍民聽其牧放樵採，在邊所封之王，不得占爲己場，妨害軍民。正統八年，寧夏右參將都指揮僉事王榮奏：寧夏官馬，永樂中每年四月，於高臺寺至陸墩沿河一帶，於地闊草蕃之處牧放〔一二七〕。比至五月，移高家閘、白烟墩，觀音湖涼爽水冷處。近年，河灘、沿山草場，皆爲總兵等官占牧私畜或開墾成田，以此官馬俱於馬窑墩牧放。遠城二舍，非惟馬不蕃滋，有急亦難調遣。請勅陝西布、按二司〔一二八〕，勘定界限，置草場牧放爲便。□命參贊軍務、都御史覆視以行。成化十年，令陝西榆林等處近邊地土各營堡草場界限明白，敢有那移條款，盜耕草場，及越出邊墻界石種田者，依律問擬。追徵花利完日，軍職降調甘肅衛分差操。軍民係外處者，發榆林衛充軍；係本處者，發甘肅充軍。隆慶五年，題准：陝西文過苑馬寺牧地，計算熟地三萬頃，養馬一萬匹。餘熟地五萬頃，該寺分別三等徵銀，共四萬五千兩，解固原兵道收作軍餉。每年，該鎮照數查扣主兵銀兩。六年，清查寧夏牧地。内將一千四百四十餘頃斷歸慶府及平虜所耕種二千八百九十餘頃分別三等，川地，每頃徵租銀一兩五錢；坡地，一兩；山地，五錢。以抵本鎮軍餉支用。萬曆二年，以北虜開市，議准：大同鎮於中路建立六場，西路四場，東路陽和一場。宣府鎮於中、北、東、南、上西、下西六路，各建一場，每場養馬三百匹。擇有水草處隨便建置，將每年餘剩馬匹立羣，設校委官管領〔一二九〕，如法牧放。陽和另立小場以牧貢馬。

皇朝馬政紀卷之十二

各邊鎮行太僕寺苑馬寺茶馬司十二

《書》曰：『明王慎德，四夷咸賓。』此謂内順治；語曰：『天子有道，守在四夷。』此謂外威嚴。皆國家閑暇所當早見而預謨者。我太祖高皇帝驅胡虜於漠外，北邊置遼東、山西、陝西、甘肅諸巨鎮，各設行太僕寺，理各州縣及衛所軍民。成祖文皇帝徙都北平，即今京師。六駕虜庭，胡地咸平。而以古幽冀地處朵顏三衛，附邇京師，慎守斯難，各於遼、山西、甘設苑馬寺，理監苑官牧。又有洮河等三茶馬司、四川茶馬司以易番馬。環地理以周長計之，東自鴨緑，西抵松潘，幾萬里，皆古燕趙晉秦故地，所謂戎馬之場者也。其後，革北平，又革甘肅苑馬寺，又革山西行太僕寺。嘉靖間，裁減遼東行太僕寺，苑馬卿、少卿諸官，以司道兼管馬政。惟陝西二寺如舊，亦皆兼管司道、兵備事務。其所沿革，日異條治，屢更其於順治、威嚴，未知其於二祖舊章不愆不忘爲何如者！在諸寺司各有志，事體亦於太僕寺無預，不俟紀。特以皆屬馬政，謹略以其設寺司、建官聨初蹟紀之，以昭馬政大凡云。

各行太僕寺

洪武三十年二月十三日，後軍都督府同五軍都督府官早於奉天門奉聖旨：『如今山西等都司開設行太僕寺，恁都督府行文書去説與都司、衛所知道，這個衙門職專提調馬匹，比較孳生，但有作弊，虧欠馬匹，許令本寺舉問。品職雖小，所掌事重，如同御史出巡按治。該管指揮、千百户衛所鎮撫首領官吏，務要將所養一應馬騾盡數開報，聽從本寺官點視、提督，敢有非禮抗拒，許本寺官奏聞拏問。欽此。』

山西行太僕寺　今革

寺在太原府治城内。卿一，少卿一，寺丞一，主簿一。職掌：管轄山西都司所屬太原左等衛所，并山西布政司所屬州縣驛官軍、民壯、土兵騎操，孳牧馬騾并駒。太原左、太原右、太原前、平陽、鎮西、汾州、安東、振武、朔州、潞州等衛，又保德州、山陰、沁州、寧化、馬邑等千户所。其後，〔某〕年裁革卿、少卿各官〔一三〇〕，以口北等道、懷來等道各司道管理本鎮馬政。隆慶以前尚存主簿一。

遼東行太僕寺　今革

寺在遼陽城内〔一三一〕。卿一，少卿一，寺丞一，主簿一。職掌：比較印烙遼東都司所屬定遼等二十五衛所騎操馬匹。定遼左、定遼右、定遼中、定遼前、定遼後、鐵嶺、東寧、瀋陽中、海州、蓋州、金州、復州、義州、遼海、三萬、廣寧左屯、廣寧右屯、廣寧中屯、廣寧前屯、廣寧後屯、廣寧、廣寧左、廣寧右、廣寧中、寧遠等衛。弘治二年，該太僕寺卿王霽奏：於永平府所屬州縣選取孳牧堪以作種馬一千匹，送至山海關，着落該寺差官帶領軍士前來領回作種。其後，祇卿一。嘉靖〔某〕年間〔一三二〕，卿仍舊。隆慶

〔某〕年，裁減。以遼海、東寧、瀋陽等道、又以開原等道各司道管理本鎮馬政。見存主簿一。

陝西行太僕寺 今照舊

寺在平涼府東。洪武初，於指揮秦虎宅治事。三十年，建今處，卿一，少卿一，寺丞二，主簿一。職掌：管轄陝西都司所屬西安等二十八衛，鳳翔等二十六所沿邊營堡、府州縣官軍、民壯騎操，并印烙。苑馬寺，比較固原、平涼、慶陽、秦州四衛孳牧。嘉靖三年，該御史陳奏添設少卿一，分管地方，一在延綏，一在寧夏駐劄。其正卿專理堂事，併巡視附近固原等衛監苑馬孳牧馬匹。其寺丞，監閘洮河、漢中、潼關、鳳翔等。其後，革寺丞一員。嘉靖七年，以少卿、寺丞分管各府地方馬政事例。行令二寺分管：內陝西都司所轄衛所，令陝西行太僕寺卿、寺丞分管，陝西行都司所轄衛所，令甘肅行太僕寺卿與寺丞分管。宣德七年，令法司及陝西布、按二司，雜犯、死罪應充軍者，發陝西行太僕寺養馬。嘉靖間，各官如舊。隆慶〔闕〕〔某〕年裁減，至萬曆〔某〕年，又以卿、少卿不能統攝各府州縣，體勢難行，馬政日壞，始議兼司道帶管各兵備事務。至今，以卿一兼司道，總理中路馬政駐劄平涼。少卿兼司道：一分管東路，駐劄平涼；一分管延綏，駐劄定邊。又以靖虜兵備司道管本鎮馬政。見存主簿一。

甘肅行太僕寺

寺在行都司城內。卿一，少卿一，寺丞二，主簿一。職掌：比較印烙行都司所屬甘州等十二衛、鎮夷等三所騎操馬匹〔一三三〕。甘州左、甘州右、甘州中、甘州前、甘州後、永昌、涼州、莊浪、鎮番、山丹、西寧、肅州等衛，古浪、鎮夷、莊浪等千户所。正統三年，革苑馬寺，馬入此。本寺亦如陝西例，卿一兼司道，總理馬政，駐劄甘州。又以莊浪兵備兼理莊、西馬政。見存主簿一。

以上各行太僕寺。

各苑馬寺

永樂三年，初設陝西及甘肅二苑馬寺。永樂四年，設北平苑馬寺、遼東苑馬寺。成祖先命甘肅總兵官、西寧侯宋晟，寧夏總兵官、左都督何福度地設置。又勅晟等曰：『今設苑馬寺，以廣孳牧。每寺統六監，監統曰苑。寺置卿、少卿、寺丞，監置正、副，苑立圉長〔一三四〕，以率牧馬之夫。春月草長則放馬入苑，冬月草枯則收飼之。今先設四監。爾處應有牧馬，宜分配與之。凡回回、韃靼以馬至者，或全市，或市其半，牝馬則盡市之，以給四監。其監之未設者，即按視水草便利可立處，遣人以聞。馬政重事，其加意精思，有可行者，悉宜條奏。毋有所隱。』凡苑，視其地里廣狹，爲上中下三等。上苑牧馬萬匹，中苑七千匹，下苑四千匹〔一三五〕。苑有圉長，一圉長率夫五十，每夫牧馬十匹。

遼東苑馬寺

寺在都司治西，永樂五年設。弘治間，撫臣奏移於蓋州南永寧監。正德間，奏復遼陽城，即舊察院改爲苑馬寺。卿一，少卿一，寺承二，主簿一。六監二十四苑：昇平監管甘泉、古城、安山、河陰四苑，新吕監管夾河、駝山、龍堂、耀州，遼（何）〔河〕監管黄山、石城、沙河、馬鞍四苑，長平監管平州、平山、新安、（廢）〔廣〕平，安市監管南豐、名山、高平、長川四苑，永寧監管復州、深河、龍潭、清河四苑。設監正、副，各監録事一，苑設圉長一。永樂十九年，苑馬寺卿方奏請裁革苑馬寺，令行太僕寺領之。上命行在吏、兵二部議，苑馬舊例不可革，苑馬寺留卿、丞、主簿各一，永寧監正、録事各一。後丞革，止存卿一，主簿一，監正一，圉長二。後裁去監五，苑二十有二。正統十一年，又設復州、龍潭二苑。景泰四年，裁革。止存永寧一監，清河、深河二苑。嘉靖年間照舊。隆慶□年，裁減冗員。又以官多馬少，併入行太僕寺（卿）〔一三六〕。軍人以遼海、東寧、瀋陽司道、開原司道各兼管本鎮馬政。於是，苑馬、太僕俱革，其官民牧不分。今見存主簿一，永寧監正一，管理二苑。

陝西苑馬寺

寺在平涼府東八十步。永樂四年，於指揮杜諒宅治事；十五年建今處。卿一、少卿二、寺丞四、主簿一。六監二十四苑[一三七]：長樂監管(閒)〔開〕城、(廢)〔廣〕寧、安定、弼隆四苑，靈武監管清平、慶陽、萬安、定邊，同川監管天興、安勝、永康、嘉〔靜〕四苑[一三八]，威遠監管武安、泰和、隴陽、保川四苑，熙春監管康樂、會寧、鳳林、香泉四苑，順寧監管雲驥、永昌、昇平、延寧四苑。監設正、副各一，苑設圉長一。弘治二年，巡撫都御史蕭禎奏請，裁革少卿一、寺丞三，長樂、靈武每監監副二。弘治十七年，都御史楊一清題復寺丞二，廣寧、黑水、清平、萬安圉長各一。後復裁革，止存正卿一。宣德間，廢同川等四監，弼隆等一十九苑；存長樂、靈武二監，長樂轄開城、安定、廣寧三苑，靈武轄清平、萬安二苑。成化間，巡撫都御史余子俊奏，將先年裁革甘肅苑馬寺，撥來黑水口養馬恩軍一百名，添設黑水苑，屬長樂，共二監六苑。

嘉靖間如舊。隆慶□年裁減寺丞。萬曆〔某〕年後至今，一如行太僕寺例。本寺卿一兼僉事，總理馬政，駐劄平涼。少卿一兼僉事，分〔管〕東路馬政[一三九]，駐劄平涼。主簿一。見存黑水、開城、安定、(廢)〔廣〕寧、武安、清平、萬安七監，各監正一。

甘肅苑馬寺 今革

寺在甘州城。卿一、少卿一、寺丞二、主簿一[一四〇]。六監二十四苑[一四一]：甘泉監管廣牧、紅崖、麒麟、温泉四苑[一四二]，祁連監管西寧、永安、大通、古城四苑，武威監管和寧、洪水、大川、寧番四苑，安定監管武勝、大山、永寧、青山四苑[一四三]，監川監管暖川、大河、岔水、邑州四苑[一四四]，宗水監管清水、黑城、美都、永川四苑。監正副各一，苑圉長〔各〕一。正統四年，俱裁革。併於甘肅行太僕寺，於是二寺爲一。

以上各苑馬寺。

陝西三茶馬司馬

中國臨撫四夷，西番之夷，不深爲中國患。以番所利於中國者，茶得之則生。所謂中國能制番夷之命者，以此。《地輿志》：近番，黄河南有洮、河二州，北有西寧，皆漢郡，唐末陷於吐蕃，宋爲夏元昊所據。聖祖洪武初，於洮州、河州、西寧各設茶馬司。三年一遣官，賫金牌信符，招番對驗納馬。《九邊志》曰：議者謂，聯屬西番，須復茶馬。彼得茶而常懷向順，我得馬而益壯邊戎。番族歸海竄居之虜，可併力而驅之矣。近者疏議則曰：惟祖宗舊制有金牌，示諭番人，以茶易馬。成、弘前遵此法行，馬稱蕃息；正、嘉以後，此牌寢閣。臺臣奉勅歲巡邊，止憑各兵道將領委官縛約衆番，名曰『招易』。祖宗舊制既更，而且近年以來，往往求增額外之數，以致番夷過期而不至，馬數逾年不完，皆緣金牌廢置。朝廷不尊，斯外夷不信。今兵科現有金符二面，規制、字樣，與誌書所載相同。宜查照先年事例，將金牌遞發，巡茶御史遵奉施行。勿增數以貽累苑牧，勿惜茶而虧苦番人，以復祖宗舊制。其於國體、牧政，均大有裨矣。

洮州茶馬司

在洮州衛治西。永樂九年，建大使、副使各一。馬額：火把藏、思曩日等族，牌四面〔一四五〕，納馬三千五十匹。

河州茶馬司

在河州衛治東南。洪武七年，建大使、副使各一。馬額：必里衛二州七站，西番二十九族，牌二十一面，納馬七千七百五匹。

西寧茶馬司

在行都司西寧衛西。洪武三十年，自秦州改建。大使、副使各一。馬額：曲先、阿端、罕東、安定四衛，巴哇、申冲、申藏等族，牌一十六面，納馬三千二百九十六匹〔一四六〕。以上共三衛，番族金牌四十一面，該納差發馬一萬四千五十二匹。上號在内收貯〔府〕，易時賫驗。上馬給茶八十斤，中馬六十斤，下馬四十斤。洪武〔某〕年，議定：每三年一遣廷臣，召各番合符，以應納差馬交納易茶。有以私茶出境者斬，關隘不覺察者處極刑。民間蓄茶不得過一月之用，茶户私鬻者籍其園入官。洪武二十三年，定茶易馬例。上等馬，每匹一百二十斤，中等馬，每匹七十斤；下等馬，每匹五十斤。洪武二十四年，遣曹國公〔李景隆〕賫金牌往西番〔一四七〕，凡用茶五十餘萬斤，得馬一萬三千五百一十八匹。洪武三十年，令朵千烏思藏、長河西一帶西番，依舊將馬出來換茶。仍出榜禁約：通接西番經行關隘，漏僻小路，着都司差撥官軍，三四層嚴謹把守、巡視。但有將茶私出外境，就便拏解，赴官治罪。不許受財放過，必須窮究，何處官軍地方放過，治以重罪。永樂初年，復命户部嚴私茶禁。上懷柔遠夷，遞增其數，由是市馬者多而茶禁少弛。碉門茶馬司用茶八萬三千五十斤，止易馬七十匹。又多瘦損〔一四八〕，故有是命。永樂十三年，遣御史三員巡督陝西茶馬。正統十四年，停止茶馬金牌。後每歲遣行人四員，巡察私販。自潼關以西至甘肅等處，通行禁革。番性少食五穀，日用乳酪，非茶不飽。以茶易馬，彼此俱利。後因爲北虜犯邊，故暫停前例，而又恐私茶盛行，官茶阻滯，故歲遣行人巡禁之。成化二年，復命以茶及青稞易馬。兵部題：陝西各邊〔一四九〕，虜寇侵犯，節奏缺馬征操。令陝西布、按二司，各委官前去查勘，比先年間運去官茶盤驗，中者就彼互市。茶如不敷，暫那户部銀五萬兩，送去糴買青稞，换兒騸馬給軍騎操，騍馬送苑馬寺作種。候邊方馬數充足，停止。成化三年，罷行人巡茶。歲以御史二員，更替巡視。市馬，就行給與邊軍騎操。胡虜犯邊，官軍不得前去交換，茶馬司堆積，年久朽爛，而各處官豪勢要販買作弊，私茶盛行。巡撫項忠議，以行人巡視，人不知忌，改差御史，照興販私茶事例懲問，人知畏法，不敢違犯。則番人自然用馬交易，前項見在官茶，就附近城垣去處互市，所市上中等馬，酌量增添給軍騎操。成化七年，准御史領勅巡撫陝西馬。題稱：先年易馬，俱係重臣賫執金牌，親詣番族。今既專委巡茶御史，必得賫捧勅書，庶可懾服外夷。成化十一年，罷御史，仍以行人巡視，及行布、按二司，委官招番買馬。成化十四年，復罷行人。改遣御史一員，領勅專理茶馬，每歲一代，遂爲定例。其易馬須四歲以上、六歲以下、高大堪中者，方准收買。兒騸馬就彼給各邊騎操，騍兒送苑馬寺孳牧。如有縱容軍民通同中賣老病馬匹者，御史同兵備及苑馬寺官驗視退回，仍指實參究。成化十五年，令巡茶招番易馬不拘年例，願來者聽。後茶馬不行，西番時入侵擾。成化十九年，西番潘松等族反，巡撫都御史馬文昇調兵征剿。斬首八十三級。弘治五年，奏准：每年招易，毋多增馬數，坐派軍衛，逼令漢人代納，及收買不堪，以致倒死負累，解送官舍補賠。吏部聽選監生吳恵奏准稱：招番茶易馬之時，止許兩平交易堪以騎操孳牧大馬，不許坐派漢人代納及多增無用小馬。本部議：行陝西巡茶御史，每年易馬務要看驗堪中騎操孳養之數，不拘多寡，發去苑馬寺各監牧養，并各邊給軍騎操，毋再多增馬數，坐派軍衛，逼令漢人代納，卻作番人姓名及收買矮小不堪馬匹，負累解送官舍賠補。兵部覆題，奉聖旨，『是』。弘治八年，議准：招易馬匹，兒騸馬要四歲以上，不必解寺，就給與各衛領養。騍馬亦要高大，發苑馬寺作種，瘦損倒失者，比較追賠。弘治十年，奏准：茶易馬，除就彼給軍外，其餘差官陸續解赴苑馬寺交割俵養。陝西苑馬寺卿羅綺奏稱：洮河、西寧茶易番馬，俱肥壯、無病，差舍餘管解，通同受財抵換，又將沿途應付草料尅減。今後務將易完茶馬，除兒馬、騸馬給邊騎操外，將發寺收養馬匹，或一百匹或二百匹爲一運，選差素有廉耻千百户一二員，沿途經過去處，差撥人役，餧飼牽送。至前途官司，一體應付解赴苑馬寺交割，發去監苑。給軍領養，敢有似前尅減草料，瘦損倒死及盜賣抵換馬匹者，事發，解官提問監候，追完日發落。弘治十五年，詔御史用心巡理，勿再召商中茶。監察御史王紹奏：『洪武、永樂間茶馬之法，三年一次，官運保寧等處茶，於西寧等茶司易馬。後此例不行，仍取漢中等處民納茶及巡獲私茶充用。歲遣行人巡視。成化初，始專差監察御史。當時易馬，歲以萬計。加之寺監所牧，足給邊用。近年以來，十不及一。蓋緣私茶之禁不行，而召商報中之弊復有以啓之。請停開中之例，仍以民間所納并巡獲私茶，與番馬及時互市。』

弘治十六年，准奏：仍命三年一次，賫奉金牌發茶易馬。楊一清以巡撫兼茶馬，上疏言〔一五〇〕：唐世回紇入貢，已以馬易茶。至宋熙寧間，乃有以茶易〔虜〕馬之制。所謂以摘山之利而易充廄之良。戎人得茶，不能爲我害；中國得馬，足以爲我利。計之得者，宜無出此。至我朝，納馬謂之『差發』，如田之有賦，身之有庸，必不可少。彼既納馬而酬以茶，我體既尊，彼欲亦遂。較之前代，曰互市，曰交易，輕重得失，較然可知。國初，〔散〕處降夷，各分部落，隨所指撥地方，安置住劄。授之官秩，聯絡相承，以馬爲科差，以茶爲酬價。使知雖遠外小夷，皆王官王民，志向中國，不敢背叛。且如一背中國，則不得茶，無茶則病且死。以是羈縻之，賢於數萬甲兵矣。此制西番以控北虜之上策。頃自金牌制廢，私販盛行，雖有撫諭巡茶之官，卒莫之能禁，坐失茶馬之利，垂六十年。豈徒邊方缺馬騎徵，將來遠夷既不仰給我茶，敢謂與中國不〔能〕〔相〕干涉，意外之憂，或從此生。乞遣廷臣，賫捧上號金牌〔前來〕會同臣等，不須動調官軍深入番族，止在三衛住劄，調取原降下號金牌，納馬給茶，厚加賞勞。事完賫繳金牌，以後三年一次奉行。中間二年，仍照常〔差官〕曉諭，有情願者聽來，將馬易茶，敢有不受約束，招調不來〔者〕，量調番漢官兵，問罪誅剿，以警其餘。先是，李東陽嘗論茶馬云：『馬者，士之所資，況與虜戰，尤爲急務。茶馬之制，其上馬爲斤八十，中者六十，下者四十，最爲西邊大利。自金牌制廢，私茶盛行，有司又屢以敝茶給番族，甚或有賊殺其人者。番既憾於失信，又利於私易，亦往往以羸馬應故事。使番地多良馬而西邊闕於用，甚爲非便。臣謹按：王忠嗣在朔方、河東互市，高估馬價，諸胡爭賣馬於唐，胡馬少，唐兵益壯。今宜敕禁。御史及陝西布、按二司揭榜招諭，明立恩信，復金牌之制。嚴收良茶，頗增舊價，上者二百，下者亦不減一百。彼貪於高價，則私市不得行；我便於多馬，則微利不足恤。以一歲八十四萬之課，所得亦不減千五百匹。此亦修馬政之一端也。』正德十年，議准領馬官軍，每年冊限三月，以裏賫赴巡茶御史驗撥軍，限八月以裏到彼交兑。違者，行該衛徑申巡撫、都御史究治。限外，冊過兩月，軍一月不到，聽巡茶御史參究各經該官吏。其洮、河、延、寧馬匹，亦要隨斟酌通融派撥。嘉靖元年，西番反，鎮守都督鄭卿領兵討之，不克。以後，每歲入境，殺擄人畜。嘉靖八年，西番數至鞏昌，寇掠殺官軍，焚廬舍，隴右之民，深被其毒。總制、尚書王瓊破若籠、板爾二族，撫定木舍等七十族，西番始寧。嘉靖十一年，議准：西寧、洮、河三茶馬司、貯庫商課茶斤，及西寧等衛并徽（？）、階等州（牧）〔收〕貯私茶，俱送三茶馬司，不拘常例，麤細搭配，招易臕壯馬匹，開送總制衙門，給軍騎操。事完，造册奏聞；仍造清册〔一五一〕，送部查考。嘉靖三十年，題准：改造勘合，分給諸番。每歲依期賚執前來，比號納馬，酬以茶斤。如有背違，調軍征剿。又題准：年例馬完，番有余馬，司有余茶，許其增種解牧。洮州增至一千二百五十匹，河州增至一千七百四十匹，西寧增至二千四百三十匹。嘉靖三十一年，題准：馬政茶法，二事相須。准令巡茶御史兼管馬政，督理二寺事務。嘉靖三十七年，議令茶商收買民馬，抽税給票，許其販賣，禁其夾帶。嘉靖四十年，仍禁止茶商販賣民間馬匹，官爲買用。嘉靖四十一年，議准：甘州建置茶馬司一所，照例招商中茶，招番易馬。仍將西寧舊額茶馬，甘州新開茶馬。俱招中。酌量地方遠近，通融給軍騎操。仍將四川折色課茶，改徵本色運用。嘉靖四十三年，題准：以後每年開茶，仍止五六十萬斤，商人以一百五十名爲止。敕限買茶報中。又題准：禁約洮岷私馬，臨鞏馬暫許通賣。隆慶三年，題准：將四川課茶改徵折色，解苑馬寺易買種馬。於蘭州招商中茶，運赴甘州茶馬司，招陝西各茶馬司中納官茶，又題准：四川巴州、通江、南〔江〕、廣元四州縣茶課〔一五二〕，節年拖欠未及徵者，以後照例改折。無分芽、葉，每斤通徵銀一分八厘，類解陝西鞏昌府貯庫，聽甘肅巡撫衙門差官支取買馬騎操。隆慶四年，議准：以後各茶司中馬，除年例馬數外，盡其調到番族好馬，以茶司見在茶篦通融招易，毋拘定數，以病商、番。又題准：將洮、河、西寧三茶司商人照舊令其鬮分，完報於内。擇節年完茶之多者，不拘名數，各報甘州茶一引，運至蘭州。責令税課局官吏帶管經收，就令管河、臨洮府同知監收盤驗。查照三茶司事例鬮分，貯庫立簿，登報其茶篦應該易馬者，量助脚價，遞運甘州茶司交割。應該給商者，令本商運至西寧等茶司貨賣，不許越境。隆慶五年。議准：招商茶引，定限：一年完者，厚賞；二年量賞；三年免究；四年問罪，抽附茶一半入官；五年問罪，附茶盡數入官，不准再報；六年老引，照例問遣。

四川茶馬

洪武二十一年，禮部主事高惟善言：天全六番招討司八鄉，宜悉免其徭役，專令蒸造烏茶，運至巖州易番馬，比雅州易馬，其利倍之。且於打(煎)[箭]爐原出馬處，相去甚近，而價增於彼，番民歸市必衆。巖州既置倉易馬，則番民運茶出境，倍收其稅，其餘物貨至者必多。

以上各茶馬司。

〔校證〕

〔一〕已而去其藉意故也　『藉』，四庫本作『籍』。

〔二〕語在各苑馬寺下　『語』，四庫本作『囷』。

〔三〕則散於山東兗州濟南東昌三府領養孳生馬匹　『濟南』，原脱，據本書卷二《種馬》『宣德四年條』補。

〔四〕則散於河南彰德衛輝開封三府　『開封』，原脱，據本書卷二《種馬》『正統十一年條』補。

〔五〕凡十五府三百九十一衛州縣分牧　『分牧』，原譌脱作『即』，據四庫本改、補。

〔六〕邱文莊大學衍義補謂　『大學』，原作『太學』，據四庫本改。

〔七〕隆慶二年題准　『題』，原譌作『顆』，據四庫本改。

〔八〕合行事宜你每查武金原奏議處來説　四庫本同。方案：此似爲詔旨中語，疑『合行』上有脱文。今無別本可校，姑存疑。

〔九〕蓋亦與釜與庾之徵權也　『徵權』，四庫本作『微權』。

〔一〇〕以爲芻豢之資　『芻豢』，四庫本作『芻養』。

〔一一〕會典志書先今諸臣條例　『今』，四庫本作『令』。似是，應從。

〔一二〕在京龍驤等二十六衛種馬一百九十五匹　方案：本條以下所列十四種馬額的衛所凡十二，五匹種馬的衛所凡十三，依此合計，應爲種馬一八五匹。疑或合計數有誤，或額定種馬爲十四的衛所，應爲十三，如是則脱一衛所之名。二者必誤其一。四庫本同，無别本可校，姑存疑。

〔一三〕永杜士民幸免之端　『杜』，原形譌作『社』，據四庫本改。

〔一四〕共九百三十一匹　方案：本條，下云減七匹，爲九百二十四匹，是。但其下又云：本色、折色合計凡九百三十二匹，與原額與改徵數均不符，疑有一誤。四庫本同。

〔一五〕七州縣共八百六十七匹　方案：此數乃扣除英山縣額數，下本色、折色分列之數，乃包括英山的八縣之數。二者抵扣，英山解俵馬額爲七十五匹。除轄之原因，不外乎有二：一爲行政區劃改變，二是免除。

〔一六〕萬曆二十二年　『二年』，四庫本作『三年』；無其他資料可考，未審孰是？姑從底本。

〔一七〕浪估價銀　『價銀』，原譌作『慣銀』，據四庫本及本注下文『還原主價銀』云云改。

〔一八〕何可姑息墮其套中也　『墮』，原作『隨』，四庫本同，據上下文義改。

〔一九〕營州右營州前興州前前州　『興州前』、『州』字原無，四庫本同，據上下文意補。

〔二〇〕定立歲辦額數　『辦』，原譌作『辨』，據四庫本改。

〔二一〕内除淮安徐州災重者暫免派　『内』，原作墨疔，據四庫本補。

〔二二〕十年以上及曾經借兑者　『曾經』，原作『經曾』，四庫本同。據上下文義乙。

〔二三〕十分災傷　『災傷』，原譌作『災停』，據四庫本及本條下引注文『九州縣十分災傷』云云改。

〔二四〕寄養馬酌量均匀調兑　『酌量』，原譌作『匀量』，四庫本同。據上下文意及下引注文『酌量多寡，均匀調取』云云改。乃涉下『匀』字而譌。

〔二五〕十年滿日仍舊　『滿』，原作『蒲』，據四庫及本則下引注文改。

〔二六〕方轂領養　『轂』，原譌作『彀』，據四庫本改。

〔二七〕萬曆十三年　『十三』之『三』，原作空格，四庫本作『十年』，均非是。據本卷上條繫於十三年，下條爲十四年，姑仍繫於嘉靖十三年，也有可能爲十四年事，但非十年事當可斷言。

〔二八〕領養爲匹　四庫本作『領養馬匹』。似是當從。

〔二九〕今之倒死馬匹　『今』，原作『令』，據四庫本改。

〔三〇〕勿容顧倩無籍參之　『顧倩』，原作『顧猜』，據本注上文『不與顧賃』云云改。又，『顧』，通『雇』。『籍』，原作『藉』，據上下文義改。四庫本皆同底本。

〔三一〕正德二年令寄養馬匹　『二年』原作『三年』，四庫本同。但《馬政紀》卷二、卷三及卷四等均稱寄養馬始於正德二年，據改。

〔三二〕將站銀補價　『站銀』，四庫本同，疑當爲『貼銀』之譌。

〔三三〕又爲例每三年一行　『又』，四庫本作『文』。

〔三四〕即今雖年深日久　『日久』，四庫本作『月久』。

〔三五〕種馬猶存減之猶可　二『猶』字，原作『尤』，音譌，四庫本同。據上下文義改。

〔三六〕惟曰減空户　『惟』，原作『淮』；『減』，原作『咸』。據四庫本改。

〔三七〕惟是自後慎忽輕減　『慎』，四庫本無，疑避清諱缺字。據上下文義，『忽』似乃『勿』之譌，當作『慎勿』。

〔三八〕何時可杜是也　『杜』，原作『社』，據四庫本改。下『杜』、『社』二字形近互譌，徑改，不出校。

〔三九〕今實編一萬□千□百□户　方案：萬以下户數原闕。下之百、十户數亦闕，不再一一出注。

〔四〇〕夷人各訴折銀價重　『訴折』，原作『訢拆』，據四庫本改。

〔四一〕互市夷馬　方案：本篇及下篇《中鹽馬》四庫本已删。

〔四二〕每鎮約銀十萬兩　『萬』，原脱，據本注下文各鎮發銀數均數以『萬』計補。

〔四三〕十四題旨　方案：『十四』下，疑脱『年』字，應據上下文意補。『題旨』之上，似亦有脱文。四庫本同。無别本可校，姑仍其舊。

〔四四〕務要用心餵養馬匹　『用』，原脱，據四庫本補。

〔四五〕巡捕馬倒死或瘦損不堪　『倒』，原作『例』，據四庫本及上下文意改。形近而譌。

〔四六〕下户一兩　『一兩』，原作『二兩』，但蒙上文，有『中户二兩』此『二兩』，當誤。據本卷同條下文注引馬文升上言『下等一兩』云云改。

〔四七〕萬曆十三年應買馬匹　『十三』原作『十日』，據四庫本改。

〔四八〕一時難以速完之日　方案：『完』下，疑脱一重字，據上下文意補。四庫本同底本。

〔四九〕該太僕寺少卿鍾沂題　鍾沂，原作『鍾所』，據四庫本改。今考鍾沂，字宗魯，號古原子，南昌人。

〔五〇〕萬曆□年　方案：『萬曆』下，底本係年原缺，四庫本作『某年』，今姑作方圍。

〔五一〕等鎮又奏討不等　『等鎮』疑爲『各鎮』之譌，此似涉下而譌，應據上下文意改。或『等』上有脱文。四庫本同底本。

〔五二〕嚴行各該司隊官員同心督餵　『餵』，原作『餧』，據四庫本改。

〔五三〕歲積月累　『累』，原脱，據四庫本補。

〔五四〕其發價召買薊鎮　『買』，原譌作『罪』，據四庫本改。

〔五五〕其揹曰　『其』，原無，但空格，據四庫本補。此字或疑作『至』，因重字而脱或漫漶。『揹』，原作『肯』，四庫本同，似爲『揹』之譌。據上下文意改。

〔五六〕嚴行各該司道將領等官　『司道』，原作『寺道』，今考明代職官之制，督撫之下，無『寺道』之設，『寺』，亦非統軍之地。『寺』，當爲『司』之音譌，據改。

〔五七〕江南推饒焉之　『之』，四庫本無。

〔五八〕又慮馬户恐有被調　『被』，原譌作『破』，據四庫本改。

〔五九〕是在籌國之大計者謀之矣　『謀』，原作『謨』，據四庫本改。

〔六〇〕該臣等呈請　『請』，原脱，據四庫本補。

〔六一〕無能率辦　『率辦』，四庫本作『卒辦』，當是。

〔六二〕豈容別發　『容』，原譌作『客』，據四庫本改。

〔六三〕洪武三十五年七月初一日詔　方案：洪武僅三十一年（公元一三六八—一三九八），此爲連建文年號而書之，建文凡四年（一三九九—一四〇二）。故合計爲三十五年。洪武三十一年，皇太孫朱允炆（朱標次子），即帝位，次年改元建文。燕王朱棣（一三六〇—一四二四）策動『靖難之役』以奪嫡。於建文四年六月攻入南京，奪位登極，即革除建文年號，殺戮建文遺臣。是爲明成祖，次年即改元永樂（一四〇三—一四二四），凡二十二年。此詔即其登基後頒行的蠲免種馬内容。

〔六四〕永樂二十三年詔　『二十三年』，四庫本作『二年、三年』。方案：無論作永樂『二十三年』或『二、三年』均誤。永樂凡二十二年，此亦同一詔中之内容，不存在二三年之兩詔中語併書之可能。今考明·楊士奇《東里集》別集卷一今存明仁宗朱高熾《即位詔》，係時於永樂二十二年八月十五日。其赦文内容之一，正與本書詔令中兩項内容全同。故『二十三年』應是『二十二年』之譌。次年已改元爲洪熙元年（一四二五）。

〔六五〕凡軍民一應倒死虧欠及被盜走失孳牧寄養長生騎操等項馬駝馬騾種馬馬駒牛羊猪牛犢等畜　『馬騾』，原作『馬牛』；『種馬』，原作『王馬』，四庫本同。據本卷上引注文『正統六年詔』改。

〔六六〕天順元年又詔　『又詔』，原錯簡在『十二日以前』之下，今據四庫本乙正。

〔六七〕一應倒死虧欠走失被盜　『一應』，原譌作『大應』，據四庫本改。

〔六八〕如已徵價值在官　『價』，原作空格闕字，據四庫本補。

〔六九〕例應買補　『例』，原作『倒』，據四庫本改。下二字形近而譌，徑改，不再出校。

〔七〇〕內有水坍沙壓等項　『水坍』，原作『水珊』，據四庫本改。

〔七一〕係於國制　『國』，原空格闕字，據四庫本補。

〔七二〕巡按直隸監察都御史郭民敬題稱　『都』原脱，據四庫本補。

〔七三〕都准豁免　『准』，原譌作『淮』，據四庫本改。下『准』、『淮』互譌，徑改。不再出校。

〔七四〕將淮揚徐三府州班價馬價　『班價』，四庫本同，疑有誤。

〔七五〕分別輕重　『輕重』，原作『種重』，據四庫本改。

〔七六〕將真順廣大四府十五州縣本折馬價草料　『州縣』二字，似原脱，據上下文意補。四庫本同脱。

〔七七〕自萬曆二十一年起至二十三年止　『二十一年』，原作『二年一年』，據四庫本改。

〔七八〕各州縣勿得以上例乞免　『以上例乞免』，原作『上例未免』，四庫本同，疑『勿得』下脱『以』字；『未』，當作『乞』，據上下文意改。

〔七九〕淮北根本重地　『淮』，原作空格闕字，據四庫本補。

〔八〇〕將揚州府所屬高郵等七州縣拖欠馬價草料　『高郵』，原譌作『高興』，四庫本同，據上下文意及本卷上文所云改。

〔八一〕并河南撫屬及滁州等七州縣　方案：『及』，原無，四庫本同。如是則易滋誤解爲『滁州』亦河南撫屬，顯非，滁州等七州縣地系淮北。故補『及』字，以區别。

〔八二〕每匹徵銀二十兩　『二十』，原作『二千』，顯誤，據四庫本改。

〔八三〕點差公侯伯或駙馬一員　『駙馬』，原作『附馬』，四庫本同，據上下文義改。

〔八四〕其各府州縣管馬官員内有盡心職業　『官員』，原作『官業』；『職業』，原作『職葉』皆據四庫本改。

〔八五〕如果或不合式　『或』，據上下文意，似應作『仍』。四庫本同底本。

〔八六〕不妨會同至解官解户醫獸等　『醫獸』，原作『獸醫』。自宋以來即稱『醫獸』，此偶譌倒，據四庫本及本書上云皆作『醫獸』乙，下徑乙正，不出校。

〔八七〕自今合無聲明　『今』，原作『令』，據四庫本改。

〔八八〕按洪武榜例　『按』，原無，據四庫本補。又，本書卷一注文引『洪武二十年欽定榜文』，其内容與本卷所引《榜例》可互補，請參閲。又可據以校正舛文錯詞多處，詳以下校記。下簡作『榜文』。

〔八九〕十一月止十二月報重駒　『十二月』下，本書卷一引榜文有『終』字。又，『止』，同上作『至』。

〔九〇〕即作定駒　『即』，同右引作『只』。

〔九一〕夏天炎熱時月　『時月』，原作『呼月』，據本書卷一引文改。

〔九二〕若蓋過三五次　『五』，原譌作『王』，據同右引改。

〔九三〕若果騍馬行踢不受的係定駒　『行踢』，同右引作『打踢』；『不受』下，同右引有『羣蓋』二字。『的係』，同右引作『方是』，義長當從。

〔九四〕照依原搭配定騍馬　『定』，原脱；『騍馬』原譌作『騾馬』；據同右引本書卷一補、改。

〔九五〕府州縣掌印首領官任内　『任内』，原譌作『在内』，四庫本同，據本注其下牟俸等奏：『任内馬政有無虧欠、增減』云云改。

〔九六〕仍送本部查同　『部』，原脱，據上下文義補。

〔九七〕如違例不行掣總赴部及改差代解者　『掣』、『赴』二字原脱，四庫本同；似應據上下文意及本注下文隆慶二年條『不赴掣總』云云補。

〔九八〕弘治四年　『弘治』上，四庫本有『自』字。方案：其前后各條，條目名下、年份前，四庫本皆有『自』字，表示該條之事始年份，底本無之。

〔九九〕許被害之人赴太僕寺陳告　『許』，原譌作『詐』，據四庫本改。

〔一〇〇〕禁將騎操馬賃借　『禁』，原無，疑脱，四庫本同。據上下文義及本條内容擬補。

〔一〇一〕照軍民借馬匹事例斟酌　『斟酌』，原譌作『斟的』，據四庫本改。

〔一〇二〕比毀失官物坐罪　『坐』，原作『生』，據四庫本改。

〔一〇三〕而私自騎回者　『回』，原作『向』，據四庫本改。

〔一〇四〕缺馬官軍領騎餵養　『缺』，原無，疑脱，四庫本同，據本書卷六《見在印烙馬數》注文中『缺馬官軍』云云補。明馬政事例規定，罰没馬，由缺馬官軍領騎餵養。

〔一〇五〕該與伴當人等出名請囑各守備等官傣與軍士　『請』，原作『情』，四庫本同，據上下文意改。

〔一〇六〕裨於時政者　『於』，原作『時』，據四庫本改。

〔一〇七〕不得以他故廢妨如議巡視一節　『如』，原在『廢妨』之上，據上下文意及本注上下文多處『如議……』句式及四庫本正作『如議』乙。

〔一〇八〕永樂十一年　方案：自此至『順天等府』凡四十二字，四庫本無，疑脱或删重文時誤删。

〔一〇九〕每歲春末夏初　自此起至『九月初回營』，凡一百三十字，與上條『永樂以後』全同，疑爲抄重之衍文，故四庫本删去，唯不應連上四十二字誤删，參見上注。

〔一一〇〕科管官照舊查究　『管』，原譌作『官』，據四庫本改。

〔一一一〕致令倒失過多　『令』，原作『今』；『過』，原作白疛（空格），並據四庫本改、補。

〔一一二〕志云二兩八錢六分六釐四絲　『六分』，原譌作『六卜』，據四庫本改。

〔一一三〕通州右衛原額草場地二十二頃五十四畝四分　『地』，原作白疛，據四庫本補。『五十四畝』，四庫本作『五十三畝』。

〔一一四〕但有拖欠草束之數　『草束』，四庫本作『之數』，今據補末二字。

〔一一五〕普天率土　『土』，原譌作『主』，據四庫本改。

〔一一六〕子粒銀在今日亦難以完報如期者言　『言』，原作『諭』，似誤，四庫本同；據上文『營衛在今日難以臕壯騰踴者言』相同句式改。

〔一一七〕昔平衍今堆塞　『堆』，原作『推』，據四庫本改。
〔一一八〕靜海等三縣　『靜海』，原譌作『爭海』；『三』原作『二』，並據四庫本改。
〔一一九〕萬曆二十三年　『二十三』，四庫本作『二十二』。疑是，其他各衛均作『二十二年』，是其證。
〔一二〇〕其餘各處地土　『各』，原作『谷』，據四庫本改。
〔一二一〕鐫勒爲後證　『勒』，原作『�』，據四庫本改。
〔一二二〕每年例該坐派本折色馬匹　『派』，原譌作『爪』，據四庫本改。
〔一二三〕方許難助有田馬户　『難助』，於上下文義未允，疑有誤。四庫本同。
〔一二四〕量留銀一百兩　『兩』，原作『匹』，涉上而譌。據上云『每匹〔馬〕扣留〔銀〕一兩』改。四庫本同底本。
〔一二五〕就彼從重問遣　『遣』，原作『遺』，據四庫本改。
〔一二六〕内堪種地二百四頃八十一畝四分七釐八毫五絲五忽四微　『四分』原作『日分』，據四庫本改。
〔一二七〕於地闊草蕃之處牧放　『於』，原作『一』，據四庫本改。
〔一二八〕請敕陝西布按二司　『請』，原作『情』，據四庫本改。
〔一二九〕設校委官管領　『領』，原作『頃』，據四庫本改。
〔一三〇〕其後某年裁革卿少卿各官　『年』上，原爲空二字白疔，四庫本作『闕』字，今以文義，姑補『某』字，下同。所闕者爲年號。
〔一三一〕寺在遼陽城内　『遼陽』，四庫本作『遼東』。方案：明初設定遼都衛，洪武八年（一三七五）改遼東都司，治定遼中衛（治今遼寧遼陽）。因作爲遼、金中都的遼陽府在明初已廢，故四庫本改作遼東，然誤甚。遼東作都司名已如上述，作爲明代九邊之一的遼東鎮，則其總兵官駐廣寧（治今遼寧北鎮縣），隆慶元年（一五六七）後冬季則駐蹕遼陽。因此，《馬政紀》底本當用其約定俗成的舊稱。

〔一三二〕嘉靖某年間　『某』，原爲白疒，即空格，四庫本作『闕』，今擬補『某』。又，『年』原譌作『軍』，據四庫本改。下凡缺紀年者，或作『某』，或作方圍，徑改。

〔一三三〕鎮夷等三所騎操馬匹　『等』，原譌作『寺』，據四庫本改。

〔一三四〕苑立圉長　『圉』，原譌作『圍』，四庫本同，據本書卷一《北平苑馬寺監苑户馬》作『圉長』改。下二『圉』字，亦譌作『圉』，據同上引徑改。下文中誤作『圍』，亦均改作『圉』。不另出校。

〔一三五〕下苑四千匹　『匹』，原涉上而譌作『四』，四庫本同，據同右引本書卷一改。

〔一三六〕併入行太僕寺卿　方案：四庫本同，『卿』，疑衍，應删。又，據本書同卷《遼東行太僕寺》條，隆慶年間，行太僕寺，亦『裁減』，或先併入，後裁行寺歟？但下文又云：『於是，苑馬、〔行〕太僕俱革』則又似同時裁革。疑此句敍述未允或有誤。

〔一三七〕六監二十四苑　『二』，原作『三』，四庫本同。據下所列六監，每監管四苑，又有具體苑名凡二十四改。又，『開城』，原作『聞城』；『廣寧』，原作『廢寧』；並據《明會典》卷一二二改。

〔一三八〕同川監管天興安勝永康嘉靜四苑　『嘉靜』之『靜』，原脱，據《明會典》卷一二二改。

〔一三九〕分管東路馬政　『管』，原脱，四庫本同，據上下文意補。

〔一四〇〕卿一少卿一寺丞二主簿一　「寺丞」，原譌作「寺名」，據四庫本改。

〔一四一〕六監二十四苑　四庫本同底本，「六」原作「四」，據《明會典》卷一二二改。因本頁末之後，錯簡插入本卷下篇《茶馬司》之注文凡近二千四百字，而將另二監八苑分隔於數頁之後而致誤。今據《明會典》改並乙正。

〔一四二〕甘泉監管廣牧紅崖麒麟温泉四苑　「甘泉」，原作「春泉」；「廣牧」，原作「廢收」，並據《明會典》卷一二二改。

〔一四三〕安定監管武勝大山永寧青山四苑　方案：其下錯簡，「又多瘦損……商人以一百五十名爲止」，凡近二千四百字，乃本卷《陝西三茶馬司馬·西寧茶馬司》中之文，非本則《各苑馬寺·甘肅苑馬寺》中之文。據《明會典》卷一二二、《明史》卷八〇《食貨四·鹽法·馬》乙正。四庫本同底本亦錯簡。

〔一四四〕監川監管暖川大河岔水邑州四苑　「監川」，原作「臨川」，據《明會典》卷一二二改。又，「大河」、「邑州」，《明會典》卷一二二作「大海」、「巴川」。四庫本同底本。

〔一四五〕牌四面　「四面」，原作「六面」，據楊一清《關中奏議》卷三《爲修復茶馬舊制以撫馭番衆安靖地方事》、《明史》卷八〇及下文共「金牌四十一面」改。

〔一四六〕納馬三千二百九十六匹　「二百九十六」，原作「五十」，據《關中奏議》卷三及本條下文共「該納差發馬一萬四千五十二匹」改。方案：楊一清《奏議》所載乃據原始文檔，獨是。《明史》卷八〇、《續文獻通考》卷二二、《圖書編》卷一二一等皆作「三千五十匹」，均誤。此書合計數可證楊説是。

又，一四〇五二四，『二』，當爲『一』之形譌，或合計時所誤計。

〔一四七〕遣曹國公李景隆賫金牌往西番　『李景隆』，三字原無，據《明史》卷八〇補。

〔一四八〕又多瘦損　方案：　從此句至『商人以一百五十名爲止』，原書六頁凡近二千四百字原錯簡，前置於本卷《各苑馬寺·甘肅苑馬寺》中，上下文意顯不相屬。今據《明會典》卷一二二、《明史》卷八〇所述内容乙正。參見本書拙釋〔一四一〕。

〔一四九〕陝西各邊　『陝』，原譌作『狹』，據四庫本改。

〔一五〇〕楊一清以巡撫兼茶馬上疏言　此疏節録自楊一清《關中奏議》卷三《茶馬·爲修復茶馬舊制以撫馭番夷安靖地方事》。楊氏之《奏議》前三卷已收入本《全集》補編，與本書同爲關於明代馬政及茶馬之制的最具代表性且最富史料價值的文獻，正可互相印證。今據拙校本此奏疏校補七字，改一字。

〔一五一〕仍造清册　『清』，原作『青』，據四庫本改。

〔一五二〕四川巴州通江南江廣元四州縣茶課　『南江』、『江』字原脱。據《明一統志》卷六八、《四川通志》卷一四補。其中通江、南江，明屬巴州，廣元縣時屬保寧府。所課『四州縣』云云，乃一州三縣之合稱，係同一經濟區域。

名山藏·馬政記　茶馬記

〔明〕何喬遠

〔提要〕

《茶馬記》一卷，明·何喬遠撰。何喬遠（一五五七—一六三一），字稚孝（一作穉孝），號匪莪，人稱鏡山先生，室名天聽閣、自誓齋。福建晉江（治今泉州）人。萬曆十四年（一五八六）進士。歷官刑部主事，禮部郎中，光禄寺少卿、太僕寺少卿，左通政，太僕卿等，官至南京工部右侍郎。他立朝正直敢言，故被三度貶黜去官，曾一度在泉州閑居二十餘年，授徒講學，博覽羣書，潛心著述。編撰《閩書》一百五十四卷、《名山藏》一百九卷、《皇明文徵》七十四卷，詩文有萬曆、泰昌、天啓、崇禎等集，合編爲《鏡山全集》百餘卷，還有《日本考》等。著述頗富，爲後人保存了極爲豐富的明代史料。故葉向高《閩書序》稱其『生平篤學真修，無愧宋儒』，『日惟談道著書，誨引後進。於古今成敗，國家典故，無不考究，談之歷歷如指掌。以名儒而兼良史，惟公其人！』（見《蒼霞餘草》卷五）著名明史專家謝國禎先生在爲王重民《中國善本書提要》所撰序中稱何爲『是個受資本主義萌芽影響，思想比較進步的人』。具體體現在他所編《名山藏》、《閩書》等書中。抱殘守闕的四庫館臣卻批評其書『標目詭異，多乖史例』，『分併均失當』等，對其突破傳統的探索精神和編書的創新嘗試全盤否定，未免有失公允。何喬遠事歷具見明·俞汝楫《禮部志稿》卷四二、四四，李光縉《景壁集》卷五《萬曆集序》，清・鄒漪《啓禎野乘》卷一七，李清馥《閩中理學淵源考》卷七五《司徒何鏡山先生喬遠》，《明史》卷二四二《洪文衡傳・附傳》及《四庫提要》卷七四、卷一六九、卷一七九、卷一九三等。

《名山藏》，一〇九卷，始於洪武，終於隆慶，記有明十三朝遺史。被視爲當朝人所撰的明史，保存了許多被列於二十四史的《明史》所没有的史料。其編排也頗别出心裁，分爲三十七類：分記典謨（二十九卷）、坤則（三卷）、開聖（二卷）、繼體、分藩（五卷）、勳封（二卷）、天因、天歐（二卷）、輿地（二卷，未全）、典禮、樂舞（皆缺）、刑法、河漕、漕運、錢法、兵制、馬政、茶馬、鹽法、臣林（二十六卷）、臣林外、關柝、儒林（二卷）、文苑、俘賢、宦者、烈女（二卷）、臣林雜、宦者雜（四卷）、高道、本士、本行（二卷）、藝妙、貨殖、方伎、方外（二卷）、王享（五卷）等。（方案：凡未括注卷數者，皆爲一卷）。故《千頃堂書目》卷四列入正史類。謝國禎先生指出：『《名山藏》記載了歷代多所忽略的科學家和對外貿易商人的事跡。』喬遠生活在明代中後期内憂外患加劇的時代，因而格外留意明代政治、經濟、軍事、外交制度的利弊得失，在書中留下了可貴的記載。又因他曾任太僕寺長、貳（卿、少卿），主管過馬政與茶馬，因而對這方面的史料格外熟悉。《名山藏》卷五三、五四爲《馬政記》、《茶馬記》，各一卷。其著録的馬政、茶馬史料遠比《明史・食貨志》及《兵志》中的同類内容豐富得多，而且敍述頗有條理，言簡而事賅，不失爲明代中期以前的茶馬和馬政簡史。兩書卷末，均有以『郎曰』而出之的結語，尤爲通人之論。其書中間有評語，亦多精賅，深中肯綮。

《名山藏》，今有明崇禎刻本十餘部，分藏各地圖書館。今據上海辭書出版社圖書館所藏本進行點校整理，收入本書《補編》，參校《明史》、《楊一清集》等相關史料，酌出校記。凡大致可確定之衍譌脱倒字，用校勘慣例處理；字有漫漶處，則補以方圍。如非必要，勿一一出校，以免煩瑣。

名山藏・馬政記

馬也者，所以給軍士，備邊圉也。太祖定鼎金陵，以郊圻之内不可缺馬，而大江之南不便養馬，洪武六年，設太僕寺於滁陽，掌馬之政令而統於兵部。七年，命刑部尚書劉惟謙申明馬政，嚴督有司，盡心芻牧，不如令者，罪。是年，設羣牧監。十三年，增滁陽五牧監。二十三年，定爲十四牧監。置草場於江北湯泉、滁州等處，復令飛熊等衛軍，五軍養一馬。其明年，罷民間歲納馬草。二十六年，定騍馬歲生駒一匹。馬生一歲，解京印烙，調撥。二十八年，廢羣牧監。令孳牧於民間，專官掌之，不得他攝。署歲籍駒而記之：正月至六月，報定駒，七月至十月，報顯駒；十一月至十二月，報重駒。虧欠倒死者，人户責賠償。或一縣，或三五羣長湊價買補者聽。歲終考馬政，政不舉者，府、州、縣正佐、首領、官吏，決杖二十；管馬官吏，加等痛治。二十八年，令江南十一户養馬一，江北五户養馬一，免其身役。丁多之家充馬頭，專一養馬。餘令津貼錢鈔，以備倒失、買補之用。凡兒馬一匹，取騍馬四匹，爲一羣，立羣頭一人；五羣，立羣長一人。每羣長中，選子弟聰明者二三人，習獸醫，以治馬。三十年，設北平及遼東、山西、陝西、甘肅行太僕寺，定牧馬草場。自東勝以西，至寧夏、河西、察罕腦兒〔一〕；東勝以東，至大同、宣府、開平，又東南，至大寧；又東，至遼東；又東，至鴨緑江；又北去不知幾千里而南，至各衛分守地。又自雁門關外，西抵黄河，渡河至察罕腦兒；又東至紫荆關，又東至居庸關，及古北口，又東至山海衛。

成祖即位，改北平行太僕寺爲北京行太僕寺。永樂四年，設苑馬寺於陝西、甘肅、遼東。苑立圉長，一圉長率五十人〔二〕，人牧馬十匹。上苑牧馬萬匹，中苑七千匹，下苑四千匹，以地廣狹爲差。十年，改北京行太僕爲太僕寺，令北直隸領養。十一年，令御史同錦衣衛官巡視，置草場於順天等府。以春末夏初下場牧放，九月回營。十三年〔三〕，定十五丁以下養馬一匹，十六丁以上養馬二匹，爲事編發。七户養一匹，除罪爲良民。十四年，令北方人户五丁養一馬。每馬十，立羣頭一人；五十，立羣長一人。十五年，定江北每五丁養馬一，江南十丁養馬一。宣德三年，令北直隸每三丁養騍馬一，二丁養兒馬一，免糧草之半〔四〕。自是馬日蕃，則散於山東之兖州、濟南、東昌。故山東之養馬也，自宣德四年始也。自是馬日蕃，則散於河南之彰德、衛輝、開封。故河南之有養馬也，自正統十一年始也。十四年，虜也先入寇，言者以馬在民間，遠或七百里，猝不及調發。遂命所在，歲取備用馬二萬，解京師及近京州縣養之，名寄養騎操馬。其後，虜退不罷，爲故事。

景泰三年，令兒馬十八歲以上，騍馬二十歲以上，免算駒。成化元年，令買補孳生馬駒，有司四匹，軍衛五匹，折買騸馬一匹，以充備用。其後以爲例，謂之四户馬。二年，以南方地不産馬，收折色。六年，巡視真定等處。吏部右侍郎葉盛奏：『今日民間，最苦養馬。舊例牝馬一匹，歲課一駒。當時馬足而民不擾者，以芻牧地廣，民得爲生，馬得自便故也。後豪右莊田漸多，養馬漸不足。洪熙元年，改兩年一駒；成化元年，又改三年一駒。馬愈削，民愈貧。然馬卒不可少，於是又復兩年一駒之例。夫納馬有數，用馬不貲，雖有智者，無善處之術。方今京營各邊缺馬，取給民間孳牧。所缺之馬，雖亦責賠於軍，而軍多艱苦，又不能償，仍復給之。於是馬愈不足，民愈不堪。爲今之計，欲寬民間之馬，必有以處軍中之馬，然後其弊可除也。請以宣府一處言之，往年以馬死未賠，將步隊軍之孱弱空閑者，領種官田。用其餘糧易銀，山西買馬。一年得馬一千九百餘匹，馬皆精壯，軍免追賠，而民間亦得以寬舒，此已行之成效也。諸邊風土，雖各有所宜，然隨處盡心，自有良法。請勅各邊會議，隨其土俗所宜，凡可以買馬足邊，免追賠於軍；關領於民者，聽其便宜處置。果有成效，具實奏聞。』仍勅廷臣會議，通核遠年、近日各項莊田，權其輕重，量與處分，還民復業。及令各營總兵等官，一體會議處置，裨益馬政，稍紓民力。

七年，巡撫陝西都御史馬文升因言：『今日邊軍之苦，莫甚賠補。是以馬不及償，人已逃伍，雖嘗給錢貼助，惠不能周。惟屯田軍士，有田多丁少而不領馬者，有田少丁多而領馬者，概均其田，事體未易。但每人見田百畝，約獲五十餘石。以六石輸官之外，所存尚多。令歲納銀一錢，一衛計田三千五百頃，可得銀三百五十兩，足以貼助買補欠馬。軍士雖有消長，屯田則無增減，事可常行。若屯軍積銀既足，又可分諸邊城，貼買如例。然復恐專恃買補，不復加意飼養，虧損反多。宜按領馬軍丁名册，豫爲審勘，分上中下三等。凡買馬一匹，上等出銀三兩，中等二兩，下等一兩。餘價不足，乃以田銀給之。是亦古者以田賦馬之意也。』下兵部，從其議。

二十三年，鎮江知府熊佑以南方生駒矮小，奏請盡賣種馬，歲銀三千兩，以抵馬價。兵部尚書余子俊議：『養馬科駒，祖宗百年之法；解徵價銀，官府一時之權。必欲科駒，須養種馬，賣種馬而徵馬價，是猶無田而徵租。此策一行，上有無藝之徵，下出無名之賦，馬政益廢，民情不堪。若使府、縣提調管馬官嚴加提督，用心孳牧，則每歲千百匹中，豈無蕃息？縱使南方生駒矮小，照依見行事例，印馬之時，除騍駒印記作種，兒駒揀選堪中者印記，聽起解并搭配騍馬羣蓋孳生外，其矮小不堪起解者，不必印記，就令養户領回變賣，湊備價銀。如此，則雖有賠補，亦不（曾）〔甚〕多。比之盡賣種馬，令民無故出錢，其害非小。』自永樂遷都以來，馬至數十萬。孳生日增，往往輒俵於民，民年十五者，皆養馬。弘治二年，太僕寺少卿彭禮，以國家田稅皆有定額，而馬無定額，歲歲有加，因言：『自古收馬，多在監苑，未聞寄養於民間。今寄養馬駒，歲課無窮，而民間户丁生長有限。以有限之丁，責無窮之駒，民困無繇而蘇。請令定種馬額止十萬匹，歲取駒二萬五千匹，永不增添。駒存其高壯者，以備歲用；其不堪者變賣，價銀貯之太僕寺，以候他用。如有倒失，即令補足，遇赦不免，可爲久遠之計。』兵部尚書馬文升覆奏，行之。於是，種馬始有定額矣，是爲弘治六年。

正德二年，御史王濟言：『今賦重差煩，財窮力竭。且如養種騍馬一匹，孳生一駒，是爲二匹，兩年印記。兑種補種，搭配起俵不出，養在名下，四年二駒，是爲三匹，甚至積有四匹、五匹。費用草料，雖有養馬地，所得幾何！加以官府點視，刑責科罰，所以百姓惟恐有一孳生，害馬而死之。間有定駒，賄諸族醫而諱之；有顯駒，則飲以涼水、酸泔墜落之。馬之虧欠，不過如例納銀二兩而已。虧欠不得，馬則孳生，又害孳生而死之。孳生既出，雖報在官，饑餓作踐，求爲倒死，不過如例納銀三兩而已。死孳生不得，又饑餓馬，馬則瘦削，雖有孳生，終皆矮小。又有管馬官，慮分數不及，逼之倍買，送官搪塞，名曰「撓頭駒」，求爲變賣，照例不過納銀二兩、三兩。間有印記，或堪補種，亦難起俵。太僕寺歲取備用大馬，未免科民重買，百姓甘心受累。因虧欠、倒失、變賣之例行，故將種馬作廢。若不早爲從長區處，徒費喂養，終無實用。今種馬、地畝、人丁，歲取已有定額，請但以種馬額數，令民買備用馬解俵，而種馬孳生，縣官毋與。』兵部是其言。自後，每有奏報，輒引濟言，縣官無與種馬事，但責駒於民，遺母求子矣。

太僕寺卿儲巏論：『太僕寺歲收馬價，自成化二年始也，亦行之南方而已。自後，有比例加增者，當時各邊未嘗奏討，間有奏討，亦不盡從，緣各邊自有買馬之需也。今自諸邊奏討端開，遂不可止，其數倍蓰於前矣。寄養馬於近圻，自正統十四年始也。然本意備京營之用，不專爲各邊之資。緣各邊各自有太僕寺、苑馬寺，馬足備征調故也。其後，苑政廢弛，一遇邊警，奏請紛然，其在今日，亦倍蓰於前矣。邊方見京師銀馬易以邀求，騎操馬匹，不甚愛惜，馬至倒死，又不行賠償。鎮巡大臣，闊略文法；把總等官，乾没貨利。國家財物有限，邊方請求無厭，歲復一歲，何以支持！又，昔時邊方討馬，兵部奏勘缺少，方行量給。其後，不料邊情之急緩，不計内馬之盈虚，隨數輒與，不復稽考，任其耗費。請自今嚴覈量給，庶彼知得馬之不易，亦肯加意調養。又，本寺未收折色以前，止給見馬。今給價十萬，作馬萬匹，價少馬多，似利於官。殊不知馬價銀不入軍中，就爲有司乾没。及至買馬，價既不多，安得善馬！買尋死，死尋請，原其奏請，非爲馬矣。今後邊方有請，仍給馬。又，各邊餘糧，屯田草場，樁頭銀本，備買馬，舊不給銀，邊無不足。今給益多，邊馬益乏，其故何與？請下兵部，遣官按視，豫知盈虧、多寡之數，臨期易以酌量。若一時動衆興兵，方許暫增銀馬。又，各邊稱馬死或生災病，或因馳逐，理或有之。然非瘦損作踐，盜賣私借，不應如是之多。況生病，亦繇水草之不時；馳死，亦繇作止之無節。所宜選委管馬官督責飼養，及少卿每歲巡點二次。馬有瘦損、倒失，百户、指揮等官，或按月住俸，或奏聞區處，一如則例奉行。庶邊方將士悚然知朝廷法令嚴明，共圖實事。』

終嘉靖之世，先後論馬政者，則有都御史王廷相，御史聶豹。廷相之論曰：『臣謹按馬政之壞，其故有三：草料不足也，給領失宜也，餵養無法也。臣按：團營馬有曰存操者，有曰下場者。存操馬起四月，盡九月，有料無草；下場馬起四月，盡九月，無料無草。惟十月入操後，至三月盡，二項馬俱有料而給草，止三個月。以一歲計之，存操馬有料無草者，九個月料足而草不足；下場馬僅得料草半年而無草，亦九個月草料皆不足。夫馬給於官，非自己之物；草料自備，乃累家之苦。賠錢養馬，雖聊生軍士猶或難之，況實貧軍，何怪乎馬日以斃也！祖宗以來，諸司事例隨時而變，亦云多矣。即如下場馬，弘治以前尚隨場牧放，今草場半爲田畝，而民間納租銀矣。營馬隨便牧放，而軍士不出京城矣。養馬之例既變而責養馬者，猶執下場採青之例，官以非事例而不通變於軍，軍以非著己而不賠錢於馬，馬之爲病，豈不冤哉！且羣馬到京，一馬之價，毋慮費三四十金，而乃吝此數月草料，以致瘦死。所惜者，一倍之利；所失者，數十倍之多。其故何也？掌馬者權不及財，掌財者慮不及馬也。誠不競分職，通作一家，則草料、馬匹皆緊切之用，必酌輕重，别利害，不至惜數月之費，致傷數十金之馬矣。臣故曰：草料不足也。』

臣謹按：團營草場本爲牧馬而設，所收租銀，以之養馬，其固然也。今乃以收貯太僕寺，爲買馬之用。薊、霸二州牧馬未開地土，尚有六千九百餘頃。若再行召民佃，約可得租銀二萬六千餘金，而乃置之不問，夫此皆可佐户部之資，而廣數月之急者也。臣按：養馬軍士家稍饒給，則衣食有積儲，居止有房舍，付之養馬，則草料必不短少，頓置必不暴露。今饒給之軍，慮馬爲累，賄賂人情，百方買脱。而領馬者，盡貧軍耳。夫軍而貧也，僦房以居，需糧而食。僦居，則馬必露地而雨雪及之矣；需糧，則旦夕不贍而草料之費入其口中矣。臣故曰給領失宜也。臣欲將三大營並團營軍，審察其有力者責以領養。無役貧軍，臣按軍士關出草料，從其自養。養與不養，莫從稽也。愛惜馬匹，餵以實草實料者，固有其人。多有奸徒、貧户，未關本色，已賣籌之他。闕到折色，復爲自食之具。夫餵馬者，賤買酒糟而已，料草於何有！夫酒糟性熱、味酸，惡熱，則馬易生瘡；惡以酸，則不作膘而損力。雖毛蹄強壯，不數月成羸馬矣。臣故曰餵養無法也。

臣謹按：在營每把總官管下所屬之馬，有百匹者，有七八十匹者。其中有上膘，有中膘，有無膘，上膘、中膘可不問也。臣欲將無膘之馬管下把總官，各會集一處，或街巷空地，每日申酉時親至驗視。令出熟草細料，面餵方散，夜乃聽其自養。臣等亦不時遣人驗視，既膘之後，免其會餵。有仍餵酒糟者，發露之日，送法司問理。

聶豹疏曰：『臣奉命督理南畿馬政，民以馬赴訴者如蹈湯火，固甚駭之。點烙之後，因得備悉始末，察其幽隱，而知其情。臣仰稽祖宗立法之初，非厲民養馬也。民爲公家養一馬：以田科者，則有免徵之田，田以畝計者三百；以丁科者，則有不役之丁，丁以數計者十五。有草場以爲芻牧之資，有生駒以充解俵之馬。以故百年上下，民差稱便。今也水旱頻仍，疫癘交作，沿革因時，寖乖初意。問免徵之田，則曰：畝非不三百也，拋荒過半矣；問不役之丁，則曰：丁非不十五也，逃亡不一矣。草場在也，而有租銀之徵；孳生有駒也，而不中解俵之用。利害懸矣，而猶未也。額養種馬，與備用馬價，朝廷有定數，有司不得加損也。拋荒逃亡，有司未如之何矣！則責令見在丁田之家，包賠取盈，豈惟徒失養馬之利，而害尤甚焉。(令)〔今〕見在之田，果皆膏腴；見在之丁，果皆富庶，責令包賠，猶云無害。乃田之見在，不過有主知管耳，歲之不易，猶拋荒也。丁之見在，不過尚有父母妻子之聯屬，不忍即離散耳，室如懸磬，猶逃亡也。至於租銀之徵，本爲草場散布非止一處，養馬之户相去窵遠，牧放不便，以至荒棄。故欲召人佃種，租入官，聽候給民幫買備用馬匹也。正德年間，乃立限解部，以備京、邊買馬之用。夫草場，本爲芻牧而設，今乃無故而徵租；馬料，原自草場而出，今乃反之而斂民。馬户本有之利奪之，使無養馬，本無之害加之，使有也。誰生厲階，至今爲梗。民間痛苦，宜其有湯火之赴訴矣。臣總挈江南北徵租之銀，歲輸不過五千餘兩，朝廷視之幾何？而窮極之民，倚以爲命，何可不軫念也！伏望敕下所部，行江南北撫按衙門，擇委廉能官員勘覈。各府、州縣養馬人户實在丁、田若干，計畝、計丁當養馬若干，如舊領養；其餘抛荒、逃亡若干，舊當領養若干，暫爲開除。當年額解備用馬價，仍令實在人户包賠。則雖有草料之費，買補之難，包賠之苦，將見在人衆力齊，養馬之家丁田，既足其實在之數，而於軍國之需，庶亦不失。至於租銀之徵，亦令委官，踏勘諸處額有草場若干，分别荒熟、肥瘠等第，量爲起科。無分養馬與否，計畝均納，如舊收貯。所在州、縣，准該年折色，至有不足，然後照馬科補。庶乎利歸養馬之家，惠無不沾之人。』此二臣之言，可以知馬政也。

隆慶元年，太僕寺少卿武金言〔五〕：『本朝馬政，近邊有官牧之制，腹裏有民牧之制。官牧之制，無容言矣。民牧之制，計丁養馬，歲以孳駒解京備用，法非不善。但孳駒類多弱下，解俵不堪，逋欠日積，馬户逃竄而其法難行。』正德二年，御史王濟奏，令馬户别買解用。夫種馬之設，專爲孳備用馬也。今備用馬既别買矣，自今如備用已足二萬之數，宜令每馬折價銀三十兩，類解太僕寺。發各邊依時估買馬，則一馬折十數兩〔六〕，可買戰馬二匹，不必加銀，而馬數自倍。於凡所養無用之種馬，宜盡行變價，以備練兵之用。如一馬定價銀十兩，則北直隸六府、河南四府、山東三府約有種馬一十二萬匹，可得銀一百二十萬兩矣。種馬既去，則養馬草料當收，仍每馬一匹折草料銀二兩，則每年又得銀二十四萬兩矣。御史謝廷傑奏：『武金欲去種馬，種馬本以孳生備用，既而徵銀買俵，則種馬似爲贅物，而倒失賠償，於民稍苦，故議者往往欲行奏革。但議者奏革，故非一人；而兵部執止，又非一次。良以祖制所定，軍機所係，不可輕廢也〔七〕。祖宗法久弊生，但當清法以除弊，不當因弊而廢法。儻因法弛無效，欲併種馬盡廢，萬一有警，驟行調發，何所措置！昔人謂：戎者，國之急務。使馬爲不急，則兵亦遣而還農乎！伏乞敕下兵部，確伸前禁，如謂果無實用，姑爲目前卹民之計，則亦惟深思詳定，非愚臣所敢預也。』下兵部，兵部覆，廷傑言是。而是時内帑缺乏，方遣使分道搜括天下逋負。因武金有買種馬可得百二十萬之言，當事者遽請旨，下武金原奏議之。於是，兵部復奏：種馬，軍國重務，輕難盡革，請變賣一半而養其半。存者，尚資民牧養，馬費多折徵，費省未免不均，每馬每年折徵草料銀二兩。其存留之馬，户爲正頭；變賣之馬，户爲幫頭。養馬，則通融輪流；折徵，則通融攤派，遂行之。

三年，御史謝廷傑又言：頃者變賣之馬，歲宜徵草料銀，夫使種馬盡賣，民得盡免勞費，其徵草料所甘心也。既存留一半，則變賣者仍爲之幫貼，力若稍寬，勞費尚同。況民間養馬，任其水草之自適；民閒貼養，隨其資物之自有，未必實費銀錢。今官徵而實人之，則比追之煩，措置之艱，起解之累，别增一樣科派，别增一番剥削。養馬之責未盡委，而草料之納反加多，是所省不償所出也。且變賣種馬，價不過五六兩，曩皆徵以十兩，賠充亦甚苦矣。而復益以草料，又將何所措乎？朝廷富有，豈計錙銖於養馬之餘，民役困繁，乃加毫末於額數之外。乞將加徵草料銀，乘今未派，悉與蠲除。兵部議：若盡蠲草料，將來種馬之生意既絶，馬價之積貯日虚，儻有他虞，何以措手？但以歲收未豐，如廷傑言，量徵草料銀一兩。至隆慶六年，仍徵二兩。待年豐之日，仍買種馬給民孳養，額數足日，草料即與停徵。其明年，吏科給事中光懋亦以爲言，部議如舊。蓋自買種馬之後，論者始以王濟不問孳生爲謬論，部議終以變賣種馬爲未安矣。

其時，右都御史曹邦輔言：南北直隸、山東、河南原額種、兒、騍馬十二萬□千，不爲不多矣。而解俵于太僕，歲二萬。若以十二萬餘減半課駒，亦當有六萬。六萬之中，又不能選十二萬解俵。不知所孳養馬駒，歸于何處消耗如此！臣舊知元城縣，每見管馬官一次點馬不過千匹，而常點數日不了。問之，則曰：某馬瘦，某馬小，某馬毛病不堪，更不問駒有無。於國初種馬課駒解俵之意，茫然不顧，徒常常點視，滋漁獵之計而已。其時，臣往點視，殊不令打量丈尺、長短、大小，喝報肥瘠、毛病，但按册呼名，問駒有無，記籍之。有駒者，令歸業，不復至縣中；無駒者，數下令期督之。更不擾有駒者，人樂其便。從此不一年，而十已七八有駒矣。若漂沙及病馬不孳息者，稍易一二則皆可。生駒之馬，殆無不生之駒。臣常恨管馬官不盡職，若執專一課駒簡易之法，課駒之外，一不擾害。又通計人户，量貼草料，則大小馬可以兼養，孳駒之家可以獨養矣。蓋起俵馬，須三歲以上，八歲以下，而孳駒之家，可餵駒三四年而獨自費乎！此在人情有不堪，而馬駒因無成材中俵者，繇此也。若可中俵，亦省衆攢銀買俵，此無駒可俵，而買俵者自減。若不可俵，變賣亦了，衆無虧欠馬駒之罰。若連年二駒，定與馬户一駒，則當與衆共分。若衆不願幫養馬，亦不分駒，專歸養馬之主則不偏。獨累養駒而孳駒之心自急，或二年有兩駒者矣。若二年無一駒，虧欠倒失有罰。賞罰明而馬不蕃息，無是理也。不然，有罰而無賞，此自來欲其馬之蕃生而竟不能者。若有賞有罰，而更行臣前至簡至易之法，除課駒外，累月成年再不點擾，即一人管幾千萬馬，亦可一律齊矣。而況羣長、羣頭、馬户之多，督馬提調之官而何馬政不興哉！而論者亦未必能行也。

至萬曆九年而盡賣種馬，納價太僕矣。太僕出價買騸馬，每馬三十金，州縣輒以下駟進，直數金而已，而寄養於馬户。比時張居正爲相，太僕馬價充牣。世言居正能富國而不知祖宗之制，至是蕩然矣。大要太僕之政，所不能復前朝之舊者，蓋始於國初法嚴令行，其後嚴之不可以爲常，一潰防而弗能止也。

凡馬：有蠻夷之貢馬，有互市馬，有茶馬，鹽馬。兵興，調不足，或至借王府、民間馬或市馬。市馬之多，正德間至數萬匹。又有賣爵贖罪之馬。宣德天廄之馬，以色别而名之，其種三百六十。今吏牘所載馬：曰銀騔、青沙、紅沙、栗色、糖銀騔、海騮、棗騮、玉頂、鼻尖五明、豹肚四明、玉臉、鼻白、沙桃、沙虎、喇土黄、箄草黄、雪架、葡萄、艾葉青、兔騔、麝香青、爛毛青、赤兔、臙脂馬、的盧馬，其毛色二十有(王)〔五〕種。

洪武間馬政榜文：『凡餧馬料，豆必熟而涼之，拌勻以料、水、草，餧後飲之水。緩牽而行之，數里而息之，卧之沙土地，毋縶之於馬槽，毋與牛同縶，同餧。草生之月，領馬逐水草，晝夜放牧。遇炎暑，收養之高阜，毋使蚊蟲侵之，雨水濡漬之。每日午，蔭之於樾下。無樾下之蔭，栅涼之。凡夏月，一日而三飲馬水；春秋冬，兩飲之。月二十日或十五日，啖馬以鹽水。如是馬頭之家生畜不旺，馬户和議散養之旺家。馬房、馬槽，毋磚石砌之，掃除潔蠲。馬槽□草，毋縱放雞、鵝等畜踐踏。梳篦頭髮遠之，毋使馬誤食，是皆能病馬。凡兒馬搭配之騍馬，春月臕壯，使之羣蓋定駒。所配兒馬弱不堪，别求好壯兒馬羣蓋之，兒馬已蓋過未定駒，再蓋之。毋混雜花他兒馬，不便於定駒。凡府、州縣立符籍，以付馬官。吏書定駒之期日，與夫羣蓋之數，羣長立籍亦如之。買補日期亦附籍，使後有按驗。凡羣蓋以春月；若夏月，須候晴旭好晨晚。已蓋三五次，三五日而休之，而後再羣蓋。騍馬打踢，不受蓋定駒矣，仍用兒馬再蓋之，果不受蓋定駒，審矣。凡養定駒之騍馬，吃〔早〕〔草〕先之，飲水後之。籥□〔麥？〕楷、黍穰、雜糧、淘米泔，并諸污水皆不可餵定駒馬，慮其落駒也。凡補領或孳生三歲騍駒，如例每二年納一駒。若虧駒，務買補還官。長大之〔馬〕可以蓋，凡定駒若干，顯駒若干，重駒若干，管馬官吏時下鄉督視，詳籍記。正月至六月，報定駒，七月至十月，報顯駒；十一月至十二月終，報重駒。始羣蓋者，第籍記曰定駒。凡馬初生，無毛，七日方起，古書所謂龍駒也。或生此駒，明告於官吏。』

永樂中，定苑爲上、中、下。上苑牧馬萬匹，中苑七千匹，下苑四千匹。苑有圉長，一圉長率五十夫，每夫牧馬十〔匹〕〔八〕。

欽定馬齒歲：七歲以下，三歲以上，尺數四尺，爲上等；三尺九寸，爲中等；三尺八寸，爲下等；三尺七寸者，如果臕壯、無鞍瘡、瘸病者，聊許驗收；七寸以下者，不〔收〕〔九〕。欽定兑馬式：臕息二分者，作堪兑；一分半者，作備兑；一分者，作不堪；或花色，或鞍瘡，或瘸病，或作踐、瘦損、有鞍瘡者，皆不用。『春花紅，馬淫通；秋草青，馬駕旌。』言春和馬孳，秋勁馬馳也。國制：俵種馬寄養民間，謂之俵寄；調取寄養馬兑給京軍，謂之調兑。俵寄，分春秋兩運；調兑，則定於秋間〔一〇〕。此王取對時取用之制也。

郎曰：余聞胡人之養馬也，當其爲駒時，一驅之登山而遂至其巔者，良馬也。不則，殺食之矣。胡人騎馬至吾墩臺下，蹄逄逄震地脈，臺上土颾颾下也。其入寇，皆三四而成羣，其鋒氣不鋭，則易而騎。所以開創之君，莫不貴馬也。馬之始有政也，其如夏人之助乎爲我養馬駒。我餘駒，畀馬户，所謂出其力以助耕公田。所以宣德、正統之間，馬養而至於山東，馬養而至於河南，皆吾駒也。馬而不能孳生，孳生而不能駒，駒而不能成馬，是害馬而已矣。害馬者，不樂養馬者也。閒謂其人爲我養馬者也，而朘削之，繩束之，不馬矣。謂其所受地廣也而割其餘，以賦他民，其牧養之地不廣闊，不馬矣。死而責之償，償而直過當，不馬矣。皇親貂鐺之家請牧地，則與之，不馬矣。故曰：害馬者，不樂養馬者也。

王濟、武金之賣種馬也，猶乎葉淇之賣鹽也，不睹其大而徒以多金爲功。夫國初之有馬也，不金而多駒也。今也以馬價之金，還出之畿內之州縣，鬻馬以備邊，價須三十金，所鬻之馬，不直數金也。此何取賣種馬而多金者也！夫金也者，人之情也，一見而侵漁生焉。見駒而不見金，其既也，駒多而金多。惜乎！如菓實之不待其熟也，魚之不待其尺也，鬻種馬之謂也。善乎！曹邦輔之論也。無邦輔之論，不惟夫人不知馬之所以爲政也，雖任馬官者，亦莫之知也。

〔校證〕

〔一〕自東勝以西至寧夏河西察罕腦兒　「腦兒」，原作「肥兒」，據《明史》卷九二《兵志四》改。下徑改，不出校。

〔二〕一圉長率五十人　「十」下，原有「七」字，據同右引及本書下文云：「一圉長率五十夫」刪。

〔三〕十三年　同右引作「十二年」。

〔四〕免糧草之半　方案：承上，則亦宣德三年（一四二八）之令。但據同右引《明史》，此乃洪熙元年（一四二五）之令，此聯書而失書、顛倒時序之失。

〔五〕隆慶元年太僕寺少卿武金言　『元年』，同右引《明史》作『二年』；『太僕寺少卿』，《明史》作『提督四夷館太常少卿』。時間、官名均不同，但言『欲去種馬』之事則相同。

〔六〕則一馬折十數兩　『十數兩』，原作『十兩數』，上云：『每馬折價銀三十兩』，下又云：『可買戰馬二匹』，則據上下文意乙。

〔七〕不可輕廢也　『廢』，原脱，據同右引《明史·兵志四》『祖制所定，關軍機，不可廢』及下文『不當因弊而廢法』補。

〔八〕每夫牧馬十匹　『匹』，原脱，據同右引《明史》『一夫牧馬十匹』補。

〔九〕不收　『收』，原無，據上下文意補。

〔一〇〕則定於秋間　『於』，原作『不』，據上下文意改。

名山藏·茶馬記

西番，中國藩籬也。秦蜀産茶，茶性通利疏胸膈底滯之氣。西番人嗜乳酪，不得茶，則困以病。彼以我茶生，我以彼馬用。唐宋以來皆行之，亦所以制西番而控北虜之一策也。

國初，散處降夷，分其部落，隨地安置而授之長。彼貢馬而我荅之茶，名爲『差發』。如田有賦，如身有傭，我體既尊，彼欲亦遂。其視前代交易互市不侔矣。其通道有二：一出陝西河州，一出四川碉門、黎、雅等處。洪武七年，置河州茶馬司，歲納馬七千四百五匹；十一年，置西寧茶馬司，歲納馬三千五百匹。又念邊吏縱放私茶，以致茶賤馬貴；又或有假朝旨横索蕃馬，致蕃夷侮慢朝廷者，乃製金牌信符。命曹國公李景隆持入蕃，與爲要約：下號降諸蕃，上號藏内府，以爲契。三歲一遣官，合符交易。金牌凡四十餘面〔一〕：河州必里衛二州、七站，西番二十九族，牌二十一面，納馬七千七百五十匹〔二〕；西寧衛曲先、阿端、罕東、安定四衛，巴哇、申沖、申藏等族，牌一十六面，納馬三千二百九十六匹〔三〕；洮州衛火把藏思囊日等族，牌四面，納馬三千五十匹。其文曰：『皇帝聖旨，合當差發，不信者斬。』

凡犯私茶者，與私鹽同罪。有以出境者與關隘不譏者，並論死、刑。民家畜茶，毋得過一月之用。茶户私鬻者，籍其園。園茶十株，官取一焉。民間所收茶，官爲買之。無主者，令軍士耨培〔四〕，官取其八〔五〕。五十斤爲一包，二包爲一引。有司者貯之碉門、永寧、筠、連諸處，播州之屬也。其茶，皆高樹大葉，名『剪刀〔粗〕葉〔六〕』。令立局徵税，易换紅纓、氊衫、米、布、椒、蠟，以備官用。

其民所收茶，於所在官司驗引販賣，如江南法。二十一年，令閘辦天全六番招討司茶課。二十二年，定上馬一匹，給茶一百二十斤，中馬七十斤，駒馬五十斤，下馬二十五斤。二十五年，尚膳監太監而聶敕諭必里諸番：於河州得馬萬三百四十餘匹，給茶三十餘萬斤。三十年，自嘉州改建西寧茶馬司。又令：每歲三月至九月，差行人一員〔七〕，入陝西、四川省諭禁約。又令：四川成都、重慶、保寧三府及桂州宣慰置茶倉。是年，駙馬都尉歐陽倫以販私茶論死。歐陽倫遣家人往來陝西販茶，出番皆倚勢放横。倫家人周保尤縱暴〔八〕，至蘭縣河橋捶巡〔簡〕〔檢〕司吏，吏不能堪，以聞，太祖賜倫死。以布政官不言，并保等俱坐誅，遣使齎璽書勞告者。三十一年，曹國公自西番還，用茶五十餘萬斤，得馬一萬三千五百一十八匹。

永樂六年，建批驗茶引所；九年，建洮州茶馬司。十三年，遣御史三員，於陝西巡督，增給茶數。視國初，禁稍弛。洪熙元年，免民茶。以官倉所積芽茶，准官吏俸鈔；不堪者，奏驗燒燬之。宣德四年，免茶户徭役。十年，令客商中鹽者運茶於邊，給以淮、浙鹽引而久之，鹽商恃有文憑販私茶，易番馬，官課久滯，官茶坐賤。正統元年，禁罷之。十四年，以番人被北虜侵掠，遷徙内地，金牌散失，詔止金牌不給，聽番族以馬貢。復歲遣行人四員，省諭巡察。

成化三年，陝西巡撫都御史項忠以行人省諭巡察徒屬虚文，乞遣風力御史一員，周年更替。許就附近城堰與番人互市，茶久不堪者量增〔易〕馬匹，而番人不樂御史收馬。於是仍遣行人，兼令按察司官巡禁。十四年，兵部言：按察司官巡禁不專，軍民得私興販，茶馬之利盡歸迤西守備等官，乞遣御史如故。番人中馬，聽其自來，無所招留。不以馬匹數少爲怠事，惟以巡獲私茶爲稱職，將番人爭趨易馬，無所待招。户部覆奏，從之。

弘治六年，陝西巡撫蕭禎以臨、鞏、平涼三府歲饑，請開中茶一百萬斤，招商於三府官倉，納糧備賑。然小人乘之射利，夾帶興販；而官勢之家，陰結近番，私相交易。其法不久皆罷。十六年，罷巡茶御史使督理馬政，都御史兼之。

是時，爲都御史者楊一清言：臣受命督理茶馬，親詣西寧、洮州等衛地方，撫調各族番夷，中納茶馬。各族番官指揮、千百户、鎮撫、驛丞，偕其國師、禪師，各齎捧原降金牌、信符而至。臣撫而諭之，責其比歲不輸納茶馬之罪。〔彼〕皆北向稽首言：『我等久遵成約，顧近年並無金牌來調，第令歲一將馬換茶而已。若來調，我諸番〔怎〕敢違？』臣於是知我祖宗謀略，度越前代，而朝家之威，伸於諸夷矣。

臣念自金牌制廢，私販盛行，國家坐失茶馬之利垂六十年。豈徒邊方缺馬騎征，將來遠夷既不仰給我茶，敢謂不涉中國。意外之憂或生，藩籬之固何托？臣始至陝西，審河州衛每年招番易馬，止臨近川卜、陸族、乞台、撒剌并歸德中、左所西番達子二十七站〔九〕，及腹（衷）〔裏〕老鴉、乩藏等族熟番調來中馬給茶。其黑章咂、上、下哈（加）〔如〕、阿劄爾、朵工、遠竹等族，遞年累撫，並不應命。又糾引番賊，伏路搶殺過（住）〔往〕官軍，因循已久，有言於臣。諸番輕蔑國法，莫若請調軍馬，抵其巢穴，量勦一二，使之知畏。臣念興師動衆固未易，言禦戎上策，莫如自治。諸番雖不來中馬，而彼中未嘗一日無茶，既坐得茶，何求於我？且中國之人，明知禁例，私販肆行，於番夷乎何誅？臣乃申禁令，嚴緝捕，根究株引，不少假借。茶徒稍稍斂跡，茶價頓增。已而招調番人，遠近畢集。黑章咂、朵工等族，亦皆如期而至。乃知中國之茶，真足以繫番人之心而制其命。誠使私茶商販，一切禁絶，不一二年，番族無茶，不撫亦將自來，調之寧敢不至！因條陳五事：

其一，請復金牌之制，厚給而賞勞之。

其一，請顓巡禁之官，巡撫都御史得自擇按察司官員，往來巡視。

其一，請嚴私販之禁。言私茶律同私鹽，必五百斤方論罪。而犯者朋比出境，分而輕之，斤不足五百，即捉獲，無罪可論。請但出百斤以上，即論如律。

其一，請處茶園之課〔一〇〕。以爲國初民户稀闊，茶園不多，是以額課亦少。今開墾日繁，栽種日盛，而茶課仍舊，一無所增。即漢中府、金州西鄉、石泉、漢陰三縣茶〔一一〕，不待種，隨田而出。荒山茂林，耕治燔灼之餘，莫不萌蘖。一家茶園，有歷三五日程不遍者，有百餘户佃種不周者；而數十户、百餘户止賦一户之課而已。其與農夫終歲勤動尚恐不贍，又稱貸輸官者難易不同。故漢中一府，歲課不及三萬，而商販私鬻至百餘萬。坐令奸頑、官舍、軍民收買通番。番人坐令不樂與官爲市，沮壞馬政，職此之繇。夫薄賦裕民，美事也，加賦足用，敗政也。然先王待農，惟恐不厚，於商則征。今以天地自然之利，民得之易，官取之輕，徒爲犯法者地，豈可無法以處耶！又，先年茶園，亦有消乏，未蒙除豁；新開茶園，日新月盛，漫無考稽。致使一園一畦者，課多；連山接隴者，顧少。奸民既遂玩法之私，細民復有不均之嘆。請行委陝西布、按二司，官履園而籍之。當除者除，當增者增。

其一，請廣價茶之積。番人每三歲一次納馬，先期於四川保寧等府遣軍夫約運價茶一百萬斤〔一二〕，赴陝西界交與陝西軍夫，轉運各茶馬司交收。户部請旨，於在京堂上官内點差二員，齎敕前往，會同陝西守鎮官員整理。此國初舊例也。後以邊方有事，供億浩繁，遂見停止。近年巡茶御史招番易馬，止憑漢中府歲辦課茶二萬六千二百餘斤，兼以巡獲私茶，數亦不多，每年約用不過茶四五萬斤。以此易馬，多不過數百匹，又多不過千匹。補湊抑勒，往往良駑相參。招易未久，倒傷相繼。番人既病於價虧，軍士復不得實用。今邊方在在缺馬騎征，官帑有限，收買不敷，月追歲併，士卒告困。近雖脩舉監、苑馬政，然方收買種馬孳牧求用於數年之後，欲濟目前，當先茶馬。茶司無數萬之儲，縱然招致番馬，何所取給？欲如舊例，徵運四川課茶。川陝軍民，兵荒（創）〔瘡〕殘，邊儲飛輓，猶自不堪，寧復能增此役？臣按：洪武初禁茶園人家，除約量本家歲用外，餘者盡數官爲收買。今漢中府産茶州縣，遞年所出茶斤百數十萬，官課歲用，不過十之一二，其餘俱爲商販私鬻之資。〔若〕商販停革，私茶嚴禁，則在山茶斤，無從售賣。又恐茶園人户，仰事俯育，無所資藉，將不復葺理茶園，將來茶課亦虧。夫在茶司則病於不足，既無以副番人之望；在茶園則積於無用，又恐終失小民之業。臣今從宜量發官銀千五百七十餘兩，收買茶七萬八千八百二十斤，計易過兒、扇、騍馬九百餘匹，其利多於往時，但猶未免用官夫運送。若必廣爲收易，漢中、鞏昌、河西一帶人民，不勝勞擾。又恐行之既久，官司處置乖方，虧價損民。念欲官民兩便，必須招商買運，給價相應。臣又招諭陝西等處商人，買官茶五十萬斤，以備明年招番之用。每茶一千斤，用價銀二十五兩，連蒸曬、裝篦、雇脚等項，從寬共計價銀五十兩。令其自出資本，前去收買，自行運送各茶司交收，聽給價銀。夫官銀萬兩，買戰馬不過千匹。如前所擬，買茶二十萬斤，分別三等馬匹，斟酌收買，可得馬幾三千匹。買一馬者，將買三馬；給一軍者，可給三軍。但所給茶價出自公家，歲歲支給，亦非可繼之道。若運到官茶，量將三分之一官爲發賣，以償商價，尤爲便益。合無聽臣督同布、按二司官，出榜招諭，通行山、陝等處。數年之後，官茶亦可不賣，不傷府庫之財，不失商民之業，而坐收茶馬之利。長久利便〔之策〕，宜無出此。户、兵二部覆奏，金牌即未遽復，其他率從所請。

一清復言：私茶之禁，密於陝西，疎於四川〔一三〕。陝西茶，(法)常越境販賣。洮州衛所屬思囊日等族，與四川松(藩)〔潘〕〔相鄰〕。軍民販茶，深入各族，易换馬牛。以此，洮州番夷有茶，節年易馬，俱各生拗，不聽撫調。洮州私茶既多，則河州、西寧遠近生熟番夷相傳販賣，俱從外境相通，難以禁絶。又四川沿邊一帶，俱與番境相隣，私茶通行，一年不知若干萬〔斤〕。徒爲茶馬之累，其虧中國之體，納外夷之侮莫甚於此。乃知川、陝皆當禁茶，祖宗成法，誠不可易。户、兵二部覆奏，從之。

一清兼領茶馬三年，所得馬萬九千餘匹。處置茶斤，河州、西寧俱三十餘萬，洮州一十五萬。從來貯茶易馬，未有多若是者。皆出招商買運，不煩轉輸，雖未明復金牌之規，而實坐收茶馬之利。

一清復上言：天下之事，創作者，必專而後成；交承者，必守而無失。今規置粗定，禁令已行，分官代理，幸不廢墜。然歲復一歲，趨下之勢，恐所不免，懼隳前功，以貽後責。切惟馬政、茶法，事體相須。先年陝西行太僕寺、苑馬寺馬政，俱該陝西巡撫兼管，而茶馬則巡茶御史主之。巡撫政務繁多，馬政一事，實不經意。而茶司所易，良駑莫究；騎操所給，登耗不聞。本末始終，茫不相攝。虚名無實，亦勢使然。頃設督理馬政之官，兼總數事。茶司之所易，即監、苑之所牧；監、苑之所牧，即官軍之所給。非惟不相悖，而反相爲用。故臣之不才，亦得稍效其愚。此後督理之官，恐難復設。若令陝西巡撫帶管，不無〔仍〕蹈舊轍，莫若設巡茶御史一員，請敕兼理馬政、茶法二事。陝西行太僕寺、苑馬寺官員，聽其提調約束。兵部議覆，從之。

十年，巡茶御史王汝舟，以每年招易，番人不辨秤衡，但釘篦中馬。篦大，則官虧其直；過小，則商病其繁。乃酌爲中制，每千斤定三百三十篦以六斤四兩爲準，作正茶三斤，篦繩一斤。

嘉靖三年，御史陳講以商茶低僞，欲悉徵黑茶。恐地産有限，乃第茶爲上、中二等，三七爲則，印烙篦上，書商人姓名而考之。四年，命四川按察司僉事兼掌茶法。每歲赴南京，請印引五萬道給商人，報中給引，聽行貿易。納銀於官買茶，賞番買馬，一於銀乎取之。其五萬道：以二萬六千道爲腹引，以二萬四千道爲邊引。腹引行内地者也，邊引以貿易番夷者也。然腹地有茶，漢人或可無茶；邊地無茶，番夷必不可無茶。以是腹引常滯，私販轉多。

二十五年，御史胡彦言：茶馬之設，固以濟邊，實用繫戎。每歲易馬，給以真好，彼乃交手騰歡；脱或低假，致令憎嫌。失信損威，皆此之故。歲復一歲，陳者愈陳，不得已而變賣、燒燬之説興焉。變賣得矣，然豪右轉販，官商阻遏；燒燬似矣，然貪官污吏，虚捏侵欺。夫洮河、西寧等處居民，以畜牧爲生，非乳酪不食，猶番民也。第茶禁甚嚴，茶價騰踴，貧困之家，鮮得其食。若將見在不堪易馬茶斤，減價三分之二，約差好者，量定差等，以散軍士折色月糧。即留折色之銀，類解陝西行太僕寺貯庫，以爲買馬之用，不願支領者聽。不尤愈於變賣雜糧乎？其濕爛茶斤，易馬既非所宜，給軍又拂其欲。若將三衛寄養茶馬人户，量加分賞，以賑凋落，不尤愈於燒燬乎？以馬政之財，還馬政之用；以地方之利，資地方之生，亦通變宜民一策也。户部覆奏，從之。

二十八年，御史劉崙請復金牌之制，定勘合之規。族大馬蕃者，給以金牌；族小馬少者，給以勘合。三十年，諸番從總督、尚書王以旂請給，如崙所陳。以旂復以爲請，下兵部議。部覆：國初金牌信符，其給其失，已事可鑒也。番族變詐不常，北虜抄掠無已，脱給而再失，失而又給，而又失之，如國體何！夫金牌給番，本爲納馬；番人納馬，意在得茶耳。嚴私販之禁，則番人不撫自順；雖不給金牌，馬可集也。若私販盛行，在我無以繫其心，而制其命，雖給金牌，馬亦不至。今諸番告給，寧以勘合與之。詔如擬。

隆慶三年，四川巡撫都御史嚴清請於嘉靖四年所給五萬道，減爲三萬八千。以三萬道爲黎、雅邊引，歲得税銀一萬四千三百餘兩，解京濟邊，而川茶從〔此〕折色矣。

郎曰：國家設四司，一所以總茶課，聯西戎，控北虜，三邊永利乎！蓋陝之漢中，川之夔、保尤重矣。楊一清所至舉職，不獨茶馬一事。胡彦所奏，亦盡心焉。夫此邊境之茶也。其上供茶，天下貢額四千有奇，福建居二焉。建寧所貢，有探春、先春、次春、紫筍及薦新等號。舊皆如宋故事，碾揉爲大、小龍團，高皇帝盡罷之。詔諸處獨採茶芽進，復上供户五百家。已聞有司督徵嚴切，復聽民自進，則念民深矣！

〔校證〕

〔一〕金牌凡四十餘面　『餘』，《明史》卷八〇《食貨志四》及《楊一清集·關中奏議》卷三《茶馬類·爲修復茶馬舊制以撫馭番夷安靖地方事疏》（下簡稱《楊集》）均作『一』，是，當從改。其下注文合計數亦四十一面。

〔二〕納馬七千七百五十四匹　『五十』，同右引兩書作『五』。

〔三〕納馬三千二百九十六匹　《楊集》同，但《明史》作『納馬三千五十四匹』，誤。

〔四〕令軍士耨培　『培』，同右引《明史》作『采』。

〔五〕官取其八　『八』，原作『入』，同右引《明史》作『〔官〕十取其八』，疑『入』爲『八』之形近而譌，據改。

〔六〕名剪刀粗葉　『粗』，原脱，據同右引《明史》補。

〔七〕每歲三月至九月差行人一員　『一員』，同右引《明史》作『月遣行人四員』，差不同。

〔八〕倫家人周保尤縱暴　『周』，原脱，據《續文獻通考》卷二二補。

〔九〕止臨近川卜陸族乞臺撒剌并歸德中左所西番達子二十七站　『站』，原譌作『姑』，據同校記〔一〕《楊集》改。下之誤字徑改，不出校。

〔一〇〕請處茶園之課　『課』，原作『禁』，據同右引《楊一清集·關中奏議》卷三《茶馬類·爲修復茶馬舊制以撫馭番夷安靖地方事》（下簡稱《楊集·奏議》）改。

〔一一〕即漢中府金州西鄉石泉漢陰三縣茶　『金州』，原作『五州金』，『五』，誤衍；『州金』，譌倒，據同右引删、乙。『西鄉』，『西』原脱，據同右引補。

〔一二〕先期於四川保寧等府遣軍夫約運價茶一百萬斤　『一百』，原作『三百』，據同右引《楊集》改。楊疏其下載有各司明細數：西寧茶馬司三十一萬六千九百七十斤，河州司四十五萬四千三十斤，洮州司二十二萬九千斤，合計恰爲一百萬斤。

〔一三〕疎於四川　『四川』，原作『四州』，據同右引《楊集·奏議》卷三《茶馬類·爲申明事例禁約越境販茶通販事》改。下徑改，不出校。

明史·食貨志·茶

〔清〕張廷玉等

〔提要〕

《明史》三百三十二卷，清·張廷玉（一六七二—一七五五）等奉敕撰。清順治二年（一六四五），即清政權建立的次年，尚未消滅明朝南方勢力、統一全國之際，就開設了明史館。康熙十八年（一六七九），開始正式修史，因修史人員缺乏、資料不足等原因，修史時斷時續，於雍正十三年（一七三五）定稿，乾隆四年（一七三九）刊行。前後歷時九十五載，分别由徐元文（一六三四—一六九一）、張玉書（一六四二—一七一一）、陳廷敬（一六三九—一七一二）、王鴻緒（一六四五—一七二三）、張廷玉先後任總裁，但《明史》成書的主要功臣乃是萬斯同。

萬斯同（一六三八—一七〇二），字季野，號石園，卒後門人私謚貞文。浙江鄞縣（治今浙江寧波）人，嘗從黄宗羲學。博通諸史，尤精熟於明代史事。首任《明史》總裁徐元文聘其以布衣參史局，不受；乃以不署銜、不支俸爲條件預修。後任總裁皆續聘其主修《明史》，遂於家及客居京師江南館凡三十年，致全力於修《明史》，用力甚勤，居功至偉，成《明史稿》五百卷。康熙四十八年（一七〇九），時任總裁王鴻緒復休致，遂攜萬氏《明史稿》回籍，在這一基礎上删改成王氏《明史稿》，後張廷玉主持，就王氏《明史稿》進一步修訂整理，成二十四史之一《明史》。全書包括本紀二十四卷，志七十五卷，表十三卷，列傳二百二十卷，另有目録四卷，故《進表》稱『共三百三十六卷』。

是書實出明清之際著名史學家萬斯同之手，又兩度經修訂，故頗有優點和特色。一是史料豐富，因其大量取材於一手資料，如《明實録》、《明會典》、《明經世文編》、《明文海》（乃其師黄宗羲編，今存以文津閣四庫全書本爲較齊全），以及清初存在的大量檔案、邸報、方志、奏疏、文集等，明人留下過文集者，達近五千人之多，可見一斑。二是編排竣整，頗有條理，行文簡潔，取舍審慎。但其也有偏重政治史料，忽視社會經濟、科技文化史料的弊病。由於清初屢興文字獄，對滿族興起及建州衛與明朝的臣屬關係等諱莫如深。對《永樂大典》的纂修、鄭和下西洋等重要事件的敍述也失之於太略。

明代茶法，馬政、茶馬之制實沿襲宋代之制，《明實録》、《明會典》等書中也有更爲詳盡的記載。如果事無巨細，從這兩書中編輯，校勘，無論時間上、文字篇幅上均不允許，事實上也無此必要。作爲源頭的《宋會要》已盡輯數十萬言，明代茶史料的系統整理尚俟諸他日，限於學力，也許是難以計日程功的課題。今以《明史》卷八〇《食貨志·茶》，附録《明史》卷九二《兵志四·茶馬》作爲二種茶書，編入本書《補編》。因其篇幅僅爲《宋志》的四分之一，未免失之太簡，而以楊一清《關中奏議集》前三卷馬政、茶馬類及歸有光、楊時喬、何喬遠等人的相關著作，作爲代表性文獻編入，或可彌補其太簡之憾。

今以中華書局一九七四年點校本爲底本，原有校記共八條，（其中附録《兵志·茶馬》一條；除個别外，不再保留。因點校本以乾隆四年（一七三九）武英殿原刊本爲底本，基礎較好，僅補出校勘記若干條而已。另外，標點也略有修改，凡原有校記稱『原校』，增出校記則以方案分别之，以免掠美之嫌。

明史·食貨志·茶

《明史》卷八〇、點校本頁一九四七至一九五五

番人嗜乳酪，不得茶，則困以病。故唐、宋以來，行以茶易馬法，用制羌、戎，而明制尤密。有官茶，有商茶，皆貯邊易馬。官茶間徵課鈔，商茶輸課，略如鹽制。

初，太祖令商人於産茶地買茶，納錢請引。引茶百斤，輸錢二百，不及引曰『畸零』，別置由帖給之。無由、引及茶、引相離者，人得告捕。置茶局批驗所稱較，茶、引不相當〔一〕，即爲私茶。凡犯私茶者，與私鹽同罪。私茶出境，與關隘不譏者，並論死。後又定茶引一道，輸錢千，照茶百斤；茶由一道，輸錢六百，照茶六十斤。既，又令納鈔，每引由一道，納鈔一貫。

洪武初，定令：凡賣茶之地，令宣課司三十取一。四年，户部言：『陝西漢中、金州石泉、漢陰、平利、西鄉諸縣，茶園四十五頃，茶八十六萬餘株。四川巴茶三百十五頃〔二〕，茶二百三十八萬餘株。宜定令每十株官取其一。無主茶園，令軍士薅采，十取其八，以易番馬。』從之。於是諸産茶地設茶課司，定税額，陝西二萬六千斤有奇，四川一百萬斤。設茶馬司於秦、洮、河、雅諸州，自碉門、黎、雅抵朵甘、烏思藏，行茶之地五千餘里。山後歸德諸州，西方諸部落，無不以馬售者。

碉門、永寧、筠、連所産茶，名曰剪刀麄葉，惟西番用之，而商販未嘗出境。四川茶鹽都轉運使言：『宜別立茶局，徵其税，易紅纓、氈衫、米、布、椒、蠟以資國用。而居民所收之茶，依江南給引販賣法，公私兩便。』於

是永寧、成都、筠、連皆設茶局矣。

川人故以茶易毛布、毛纓諸物，以償茶課。自定課額，立倉收貯，專用以市馬，民不敢私採，課額每虧，民多賠納。四川布政司以爲言，乃聽民採摘，與番易貨。又詔天全六番司民，免其徭役，專令蒸烏茶易馬。

初制，長河西等番商以馬入雅州易茶，由四川巖州衛入黎州始達。茶馬司定價，馬一匹，茶千八百斤，於碉門茶課司給之。番商往復迂遠，而給茶太多。巖州衛以爲言，請置茶馬司於巖州，而改貯碉門茶於其地，且驗馬高下以爲茶數。詔茶馬司仍舊，而定上馬一匹，給茶百二十斤；中，七十斤；駒，五十斤〔三〕。

三十年，改設秦州茶馬司於西寧，敕右軍都督曰：「近者私茶出境，互市者少，馬日貴而茶日賤，啓番人玩侮之心。檄秦、蜀二府，發都司官軍於松潘、碉門、黎、雅、河州、臨洮及入西番關口外，巡禁私茶之出境者。」又遣駙馬都尉謝達諭蜀王椿曰：「國家榷茶，本資易馬。邊吏失譏，私販出境，惟易紅纓雜物。使番人坐收其利，而馬入中國者少，豈所以制戎狄哉！爾其諭布政司、都司，嚴爲防禁，毋致失利。」

當是時，帝綢繆邊防，用茶易馬，固番人心，且以強中國。嘗謂户部尚書郁新：「用陝西漢中茶三百萬斤，可得馬三萬匹，四川松、茂茶如之。販鬻之禁，不可不嚴。」以故遣僉都御史鄧文鏗等察川、陝私茶；駙馬都尉歐陽倫以私茶坐死。又製金牌信符，命曹國公李景隆齎入番，與諸番要約，篆文上曰「皇帝聖旨」，左曰「合當差發」，右曰「不信者斬」。凡四十一面：洮州火把藏、思曩日等族〔四〕，牌四面，納馬三千五十匹；河州必里衛西番二十九族〔五〕，牌二十一面，納馬七千七百五匹。西寧曲先、阿端、罕東、安定四衛，巴哇、申中、申藏等族〔六〕，牌十六面，納馬三千五十匹〔七〕。下號金牌降諸番，上號藏内府以爲契，三歲一遣官合符。其通道有二：一出河州，一出碉門。運茶五十餘萬斤，獲馬萬三千八百匹。太祖之馭番如此。

永樂中，帝懷柔遠人，遞增茶斤。由是市馬者多，而茶不足。茶禁亦稍弛，多私出境。碉門茶馬司至用茶八萬餘斤，僅易馬七十匹，又多瘦損。乃申嚴茶禁，設洮州茶馬司，又設甘肅茶馬司於陝西行都司地。十三年，特遣三御史巡督陝西茶馬。

太祖之禁私茶也，自三月至九月，月遣行人四員，巡視河州、臨洮、碉門、黎、雅。半年以内，遣二十四員，往來旁午。宣德十年，乃定三月一遣。自永樂時停止金牌信符，至是復給。未幾，番人爲北狄所侵掠，徙居内地，金牌散失。而茶司亦以茶少，止以漢中茶易馬，且不給金牌，聽其以馬入貢而已。

先是，洪武末，置成都、重慶、保寧、播州茶倉四所，令商人納米中茶。宣德中，定官茶百斤，加耗什一。中茶者，自遣人赴甘州、西寧，而支鹽於淮、浙以償費。商人恃文憑恣私販，官課數年不完。正統初，都御史羅亨信言其弊，乃罷運茶支鹽例，令官運如故，以京官總理之。

景泰中，罷遣行人。成化三年，命御史巡茶陝西。番人不樂御史，馬至日少。乃取回御史，仍遣行人，且令按察司巡察。已而巡察不專，兵部言其害，乃復遣御史，歲一更，著爲令。又以歲饑待振，復令商納粟中茶，且令茶百斤折銀五錢。商課折色自此始。

弘治三年，御史李鸞言：『茶馬司所積漸少，各邊馬耗，而陝西諸郡歲稔，無事易粟。請於西寧、河西、洮州三茶馬司召商中茶。每引不過百斤，每商不過三十引，官收其十之四，餘者始令貨賣。可得茶四十萬斤，易馬四千匹，數足而止。』從之。十二年，御史王憲又言：『自中茶禁開，遂令私茶莫遏，而易馬不利。請停糧茶之例。異時，或兵荒，乃更圖之。』部覆從其請。四川茶課司舊徵數十萬斤易馬。永樂以後，番馬悉由陝西道，川茶多浥爛。乃令以三分爲率，一分收本色，二分折銀，糧茶停二年。延綏饑，復召商納糧草，中四百萬斤。尋以御史王紹言，復禁止，并罷正額外召商開中之例。

十六年，取回御史，以督理馬政都御史楊一清兼理之。一清復議開中，言：『召商買茶，官貿其三之一，每歲茶五六十萬斤，可得馬萬匹。』帝從所請。正德元年，一清又建議，商人不願領價者，以半與商，令自賣。遂著爲例永行焉。一清又言金牌信符之制當復，且請復設巡茶御史兼理馬政。乃復遣御史，而金牌以久廢，卒不能復。後武宗寵番僧，許西域人例外帶私茶。自是茶法遂壞。

番人之市馬也，不能辨權衡，止訂篦中馬。篦大，則官虧其直；小，則商病其繁。十年，巡茶御史王汝舟酌爲中制，每千斤爲三百三十篦。

嘉靖三年，御史陳講以商茶低僞，悉徵黑茶，地産有限，乃第茶爲上中二品，印烙篦上，書商名而考之。旋定四川茶引五萬道，二萬六千道爲腹引，二萬四千道爲邊引。芽茶引三錢，葉茶引二錢。中茶至八十萬斤而止，不得太濫。

十五年，御史劉良卿言：『律例：「私茶出境與關隘失察者，並凌遲處死。」蓋西陲藩籬，莫切於諸番。番人恃茶以生，故嚴法以禁之，易馬以酬之，以制番人之死命，壯中國之籓籬，斷匈奴之右臂，非可以常法論也。洪武初，例民間蓄茶不得過一月之用。弘治中，召商中茶，或以備振，或以儲邊，然未嘗禁内地之民使不得食茶也。今減通番之罪，止於充軍，禁内地之茶，使不得食，又使商、私、課茶，悉聚於三茶馬司。夫茶司與番爲鄰，私販易通，而禁復嚴於内郡，是敺民爲私販而授之資也。以故大姦闌出而漏網，小民負升斗而罹法。今計三茶馬司所貯，洮河足三年，西寧足二年，而商、私、課茶又日益增，積久腐爛而無所用。茶法之弊如此。番地多馬而無所市，吾茶有禁而不得通，其勢必相求，而制之之機在我。今茶司居民，竊易番馬以待商販，歲無虚日，及官易時，而馬反耗矣。請敕三茶馬司，止留二年之用，每年易馬當發若干。正茶之外，分毫毋得夾帶。令茶價踴貴，番人受制，良馬將不可勝用。且多開商茶，通行内地，官榷其半以備軍餉，而河、蘭、階、岷諸近番地，禁賣如故，更重通番之刑如律例。洮、岷、河責邊備道，臨洮、蘭州責隴右分巡，西寧責兵備，各選官防守。失察者以罷軟論。』奏上，報可。於是茶法稍飭矣。

御史劉崙、總督尚書王以旂等，請復給諸番金牌信符。兵部議，番族變詐不常，北狄抄掠無已，金牌亟給亟失，殊損國體。番人納馬，意在得茶，嚴私販之禁，則番人自順，雖不給金牌，馬可集也。若私販盛行，吾無以繫其心制其命，雖給金牌，馬亦不至。乃定議發勘合予之。

其後，陝西歲饑，茶户無所資，頗逋課額。三十六年，户部以全陝災震，邊餉告急，國用大絀，上言：『先時，正額茶易馬之外，多開中以佐公家，有至五百萬斤者。近者御史劉良卿亦開百萬，後止開正額八十萬斤，并課茶、私茶通計僅九十餘萬。宜下巡茶御史議，召商多中。』御史楊美益言：『歲祲民貧，即正額尚多虧損，安有贏羨。今第宜守每年九十萬斤招番易馬之規。凡通内地以息私販，增開中以備振荒，悉從停罷，毋使與馬分利。』户部以帑藏方匱，請如弘治六年例，易馬外仍開百萬斤，召納邊鎮以備軍餉。詔從之。末年，御史潘一桂言：『增中商茶，頗壅滯，宜裁減十四五。』又言：『松潘與洮河近，私茶往往闌出，宜停松潘引目，申嚴入番之禁。』皆報可。

四川茶引之分邊、腹也，邊茶少而易行，腹茶多而常滯。隆慶三年，裁引萬二千，以三萬引屬黎、雅，四千引屬松潘諸邊，四千引留内地，税銀共萬四千餘兩，解部濟邊以爲常。

五年，令甘州倣洮河、西寧事例，歲以六月開中，兩月内中馬八百匹。立賞罰例，商引一二年銷完者賞有差，踰三年者罪之〔八〕，没其附帶茶。

萬曆五年，俺答欵塞，請開茶市。御史李時成言：『番以茶爲命。北狄若得，藉以制番，番必從狄，貽患匪細。』部議給百餘篦，而勿許其市易。自劉良卿弛内地之禁，楊美益以爲非，其後復禁止。十三年，以西安、鳳翔、漢中不與番鄰，開其禁，招商給引，抽十三入官，餘聽自賣。御史鐘化民以私茶之闌出多也，請分任責成。陝之漢中，關南道督之，府佐一人專駐魚渡壩；川之保寧，川北道督之，府佐一人專駐雞猴壩。率州、縣官兵防守。』從之。

中茶易馬，惟漢中、保寧，而湖南産茶，其直賤，商人率越境私販。中漢中、保寧者，僅一二十引。茶户欲辦本課，輒私販出邊，番族利私茶之賤，因不肯納馬。二十三年，御史李楠請禁湖茶，言：『湖茶行，茶法、馬政兩弊，宜令巡茶御史召商給引，願報漢、興、保、夔者，準中；越境下湖南者，禁止。且湖南多假茶，食之刺口破腹，番人亦受其害。』既而御史徐僑言：『漢、川茶少而直高，湖南茶多而直下。湖茶之行，無妨漢中。漢茶味甘而薄，湖茶味苦，於酥酪爲宜，亦利番也。但宜立法嚴覈，以遏假茶。』户部折衷其議，以漢茶爲主，湖茶佐之。各商中引，先給漢、川畢，乃給湖南。如漢引不足，則補以湖引。報可。

二十九年，陝西巡按御史畢三才言：『課茶徵輸，歲有定額。先因茶多餘積，園户解納艱難，以此改折。今商人絶跡，五司茶空。請令漢中五州縣仍輸本色，每歲招商中五百引，可得馬萬一千九百餘匹。』部議，西寧、河、洮、岷、甘、莊浪六茶司共易馬九千六百匹，著爲令。天啓時，增中馬二千四百匹。

明初嚴禁私販，久而姦弊日生。洎乎末造，商人正引之外，多給賞由票，使得私行。番人上駟盡入姦商，茶司所市者乃其中下也。番得茶，叛服自由；而將吏又以私馬竄番馬，冒支上茶。茶法、馬政、邊防於是俱壞矣。

其他産茶之地，南直隸常、廬、池、徽，浙江湖、嚴、衢、紹，江西南昌、饒州、南康、九江、吉安，湖廣武昌、荆州、長沙、寶慶，四川成都、重慶、嘉定、夔、瀘，商人中引則於應天、宜興、杭州三批驗所，徵茶課則於應天之江東瓜埠。自蘇、常、鎮、徽、廣德及浙江、河南、廣西、貴州皆徵鈔，雲南則徵銀。

其上供茶，天下貢額四千有奇，福建建寧所貢最爲上品，有探春、先春、次春、紫筍及薦新等號。舊皆採而碾之，壓以銀板，爲大小龍團。太祖以其勞民，罷造，惟令採茶芽以進，復上供户五百家。凡貢茶，第按額以供，不具載。

【校證】

〔一〕置茶局批驗所稱較茶引不相當　方案：『稱』，疑當作『秤』。『茶局批驗所』，又稱『茶引批驗所』。批、驗茶與引是否相符，此制源於宋代。《宋會要輯稿》食貨三一之一二載：南宋初，已將批、驗茶引機構稱之爲『秤發官司』。又，楊一清《關中奏議》卷三《茶馬類·爲將官濫給驛傳興販私茶違法等事》在談到將查獲私茶如何處置時亦云：『將私茶秤發茶馬司收庫』。茶局或茶引批驗所正是明初所設批驗茶與引是否相合的機構，因而可俗稱『秤發』或『秤較』官司，『秤』，乃秤量；『較』，爲校核或比較。又，『稱』，通『秤』，有稱量、權衡之意，或此即爲『秤』之借字。但以作『秤』義長。

〔二〕四川巴茶三百十五頃　方案：原校據《太祖實録》卷七二、《續文獻通考》卷二二改『頃』作『户』，疑非是，據上下文意，作『頃』是。如作『户』，似無必要以『株』征茶，以『户』課茶，更順理成章。茶園與巴茶，且上文作『頃』，而每頃株數不同，乃正常現象。茶園乃叢生茶，巴茶爲灌木型茶。今回改。或可出異同校，謂《太祖實録》、《續通考》（疑亦據《實録》）作『户』。

〔三〕駒五十斤　方案：《明會典·課茶》作『〔洪武〕二十二年，定茶易馬：上等馬，每匹一百二十斤；中等馬，每匹七十斤；下等馬，每匹五十斤。』《志》作『駒』，差不同。似誤。

〔四〕洮州火把藏思曩日等族　方案：『火把藏』，《關中奏議》卷三《茶馬類·爲修復茶馬舊制以撫馭番夷安靖地方事》作『火把哈藏』；『曩』，原作『囊』，據同上引書改。明·沈德符《萬曆野獲編》卷三〇《土司·夷姓》引《滇載》云：『雲南夷酋姓曰刀、曰罕、曰曩者甚多。相傳國初定諸夷時，高皇帝惡其反覆，賜以刀、曩、斧、砍四姓。』是其證。

〔五〕河州必里衛西番二十九族　方案：『二十九』，原作『二十六』，原校已據《明會典》卷三七、《明經世文編》卷一一五《楊石淙文集二·修復茶馬舊制疏》改，是。『必里衛』下，上引兩書有『二州、七站』四字，疑《志》已删。

〔六〕巴哇申中申藏等族　方案：『申中』，同右引《明會典》同，惟校記〔四〕引楊一清《茶馬疏》作『申沖』。

〔七〕納馬三千五十四　方案：同右引《明會典》同，但同右引楊一清《茶馬疏》及何喬遠《茶馬記》卻均作『三千二百九十六匹』。差不同。似以楊疏、何記所云爲是。

〔八〕商引一二年銷完者賞有差踰三年者罪之　『賞』，原作『罰』，原校已據《明會典》卷三七、《明經世文編》卷三八六褚鈇《條議茶馬事議疏》改，是。

附　明史・兵志・茶馬

《明史》卷九二、點校本頁二二六九至二二七七

明制，馬之屬内厩者曰御馬監，中官掌之，牧於大壩，蓋倣周禮十有二閑意。牧於官者，爲太僕寺、行太僕寺、苑馬寺及各軍衛，即唐四十八監意。牧於民者，南則直隸應天等府，北則直隸及山東、河南等府，即宋保馬意。其曰備養馬者，始於正統末，選馬給邊，邊馬足，而寄牧於畿甸者也。官牧給邊鎮，民牧給京軍，皆有孳生駒。官牧之地曰草場，或爲軍民佃種曰熟地，歲徵租佐牧人市馬。牧之人曰恩軍，曰隊軍，曰改編軍，曰充發軍，曰抽發軍。苑馬分三等，上苑萬，中七千，下四千。一夫牧馬十四，五十夫設圉長一人。凡馬肥瘠登耗，籍其毛齒而時省之。三歲，寺卿偕御史印烙，鬻其羸劣以轉市。邊衛、營堡、府州縣軍民壯騎操馬，則掌於行寺卿。邊用不足，又以茶易於番，以貨市於邊。其民牧，皆視丁田授馬，始曰户馬，既曰種馬，按歲徵駒。種馬死，孳生不及數，輒賠補。此其大凡也。

初，太祖都金陵，令應天、太平、鎮江、廬州、鳳陽、揚州六府，滁、和二州民牧馬。洪武六年設太僕寺於滁州，統於兵部。後增滁陽五牧監，領四十八羣。已，爲四十監，旋罷，惟存天長、大興、舒城三監。置草場於湯泉、滁州等地。復令飛熊、廣武、英武三衛，五軍養一馬，馬歲生駒，一歲解京。既而以監牧歸有司，專令民牧。江南十一户，江北五户養馬一，復其身。太僕官督理，歲正月至六月報定駒，七月至十月報顯駒，十一二月報重駒。歲終考馬政，以法治府州縣官吏。凡牡曰兒，牝曰騍。兒一、騍四爲羣，羣頭一人。五羣，羣長一人。

三十年，設北平、遼東、山西、陝西、甘肅行太僕寺，定牧馬草場。

永樂初，設太僕寺於北京〔一〕，掌順天、山東、河南。舊設者爲南太僕寺，掌應天等六府二州。四年設苑馬寺於陝西、甘肅，統六監，監統四苑。又設北京、遼東二苑馬寺，所統視陝西、甘肅。十二年令北畿民計丁養馬，選居閒官教之畜牧。民十五丁以下一匹，十六丁以上二匹，爲事編發者七户一匹，得除罪。尋以寺卿楊砥言，北方人户五丁養一，免其田租之半，薊州以東至南海等衛，戍守軍外，每軍飼種馬一。又定南方養馬例：鳳、廬、揚、滁、和五丁一，應天、太〔平〕、鎮〔江〕十丁一。淮、徐初養馬，亦以丁爲率〔二〕。十八年，罷北京苑馬寺，悉牧之民。

洪熙元年，令民牧二歲徵一駒，免草糧之半。自是，馬日蕃，漸散於隣省。濟南、兗州、東昌民養馬，自宣德四年始也。彰德、衛輝、開封民養馬，自正統十一年始也。已而，也先入犯，取馬二萬，寄養近京，充團營騎操，而盡以故時種馬給永平等府。景泰三年，令兒馬十八歲、騍馬二十歲以上，免算駒。

成化二年，以南土不產馬，改徵銀。四年，始建太僕寺常盈庫，貯備用馬價。是時，民漸苦養馬。六年，吏部侍郎葉盛言：『向時歲課一駒，而民不擾者，以芻牧地廣，民得爲生也。自豪右莊田漸多，養馬漸不足。洪熙初，改兩年一駒，成化初，改三年一駒。馬愈削，民愈貧。然馬卒不可少，乃復兩年一駒之制，民愈不堪。請敕邊鎮隨俗所宜，凡可以買馬足邊、軍民交益者，便宜處置。』時馬文升撫陝西，又極論邊軍償馬之累，請令屯田卒田多丁少而不領馬者，歲輸銀一錢，以助賠償。雖皆允行，而民困不能舒也。繼文升撫陝者蕭禎，請省行太僕寺。兵部覆云：『洪、永時，設行太僕及苑馬寺，凡茶馬、番人貢馬，悉收寺、苑放牧，常數萬匹，足充邊用。

正統以後，北敵屢入抄掠，馬遂日耗。言者每請裁革，是惜小費而忘大計。』於是敕諭禎：但令加意督察。而北畿自永樂以來，馬日滋，輒責民牧，民年十五者即養馬。太僕少卿彭禮以户丁有限，而課駒無窮，請定種馬額。會文升爲兵部尚書，奏行其請，乃定兩京太僕種馬，兒馬二萬五千，騍馬四之，二年納駒，著爲令。時弘治六年也。

十五年冬，尚書劉大夏薦南京太常卿楊一清爲副都御史，督理陝西馬政。一清奏言：『我朝以陝右宜牧，設監苑，跨二千餘里。後皆廢，惟存長樂、靈武二監。今牧地止數百里，然以供西邊尚無不足，但苦監牧非人，牧養無法耳。兩監六苑，開城、安定水泉便利，宜爲上苑，牧萬馬；廣寧、萬安爲中苑；黑水草場逼窄，清平地狹土瘠，爲下苑。萬安可五千，廣寧四千，清平二千，黑水千五百。六苑歲給軍外，可常牧馬三萬二千五百，足供三邊用。然欲廣孳息，必多蓄種馬，宜增滿萬匹，兩年一駒，五年可足前數。請支太僕馬價銀四萬二千兩，於平、慶、臨、鞏買種馬七千。又養馬恩隊軍不足，請編流亡民及問遣回籍者，且視恩軍例，凡發邊衛充軍者，改令各苑牧馬，增爲三千人。又請相地勢，築城通商，種植榆柳，春夏放牧，秋冬還廄，馬既得安，敵來亦可收保。』孝宗方重邊防，大夏掌兵部，一清所奏輒行。遷總制，仍督馬政。

諸監草場，原額十三萬三千七百餘頃，存者已不及半。一清覈之，得荒地十二萬八千餘頃，又開武安苑地二千九百餘頃。正德二年聞於朝。及一清去官，未幾復廢。時御史王濟言：『民苦養馬。有一孳生馬，輒害之。間有定駒，賂醫諱之，有顯駒墜落之。馬虧欠不過納銀二兩，既孳生者已聞官，而復倒斃，不過納銀三兩，孳生不死則饑餓。馬日瘦削，無濟實用。今種馬、地畝、人丁，歲取有定額，請以其額數令民買馬，而種馬孳生，縣官無與。』兵部是其言。自後，每有奏報，輒引濟言縣官無與種馬事，但責駒於民，遺母求子矣。

初，邊臣請馬，太僕寺以見馬給之。自改徵銀，馬日少，而請者相繼，給價十萬，買馬萬匹。邊臣不能市良馬，馬多死，太僕卿儲巏以爲言，請仍給馬。又指陳各邊種馬盜賣私借之弊。語雖切，不能從。而邊鎮給發日益繁。延綏三十六營堡，自弘治十一年始，十年間，發太僕銀二十八萬有奇，買補四萬九千餘匹，寧夏、大同、居庸關等處不與焉。至正德七年，遂開納馬例，凡十二條。九年復發太僕銀市馬萬五千於山東、遼東、河南及鳳陽、保定諸府。

嘉靖元年，陝西苑馬少卿盧璧條上馬政，請督逋負、明印烙、訓醫藥、均地差以救目前，而闢場廣蓄爲經久計。帝嘉納之。自後言馬事者頗衆，大都因事立説，補救一時而已。二十九年，俺答入寇，太僕馬缺，復行正德納馬例。已，稍增損之。至四十一年，遂開例至捐馬授職。

隆慶二年，提督四夷館太常少卿武金言：『種馬之設，專爲孳生備用。備用馬既别買，則種馬可遂省。今備用馬已足三萬，宜令每馬折銀三十兩，解太僕。種馬盡賣，輸兵部。一馬十兩，則直隸、山東、河南十二萬匹，可得銀百二十萬，且收草豆銀二十四萬。』御史謝廷傑謂：『祖制所定，關軍機，不可廢。』兵部是廷傑言。而是時，内帑乏，方分使括天下逋賦。穆宗可金奏，下部議。部請養、賣各半，從之。

太僕之有銀也，自成化時始，然止三萬餘兩。及種馬賣，銀日增。是時，通貢互市所貯亦無幾。及張居正作輔，力主盡賣之議。自萬曆九年始，上馬八兩，下至五兩，又折徵草豆地租，銀益多，以供團營買馬及各邊之請。然一騸馬輒發三十金，而州縣以駑馬進，其直止數金。且仍寄養於馬户，害民不減曩時。又國家有興作、賞賚，往往借支太僕銀，太僕帑益耗。十五年，寺卿羅應鶴請禁支借。二十四年詔太僕給陝西賞功銀。寺臣言：『先年庫積四百餘萬，自東西二役興，僅餘四之一。朝鮮用兵，百萬之積俱空。今所存者，止十餘萬。況本寺寄養馬歲額二萬匹，今歲取折色，則馬之派徵甚少，而東征調兑尤多。卒然有警，馬與銀俱竭，何以應之。』章下部，未能有所釐革也。

崇禎初，核户、兵、工三部，借支太僕馬價至一千三百餘萬。蓋自萬曆以來，冏政大壞，而邊牧廢弛，愈不可問。既而遼東督師袁崇煥以缺馬，請於兩京州縣寄養馬内，折三千匹價買之西邊。太僕卿涂國鼎言：『祖宗令民養馬，專供京營騎操，防護都城，非爲邊也。後來改折，無事則易馬輸銀，有警則出銀市馬，仍是爲京師備禦之意。今折銀已多給各鎮，如并此馬盡折，萬一變生，奈何？』帝是其言，卻崇煥請。

按明世馬政，法久弊叢。其始盛終衰之故，大率由草場興廢。太祖既設草場於大江南北，復定北邊牧地，自東勝以西至寧夏、河西、察罕腦兒，以東至大同、宣府、開平，又東南至大寧、遼東，抵鴨緑江又北千里，而南至各衛分守地，又自雁門關西抵黄河外，東歷紫荆、居庸、古北抵山海衛，荒閒平埜，非軍民屯種者，聽諸王駙馬以至近邊軍民樵採牧放，在邊藩府不得自占。永樂中，又置草場於畿甸。尋以順聖川至桑乾河百三十餘里，水草美，令以太僕千騎，令懷來衛卒百人分牧，後增至萬二千匹。宣德初，復置九馬坊於保安州。於是兵部奏，馬大蕃息，以色别而名之，其毛色二十五等，其種三百六十。其後莊田日增，草場日削，軍民皆困於孳養。弘治初，兵部主事湯冕、太僕卿王霽、給事中韓祐、周旋、御史張淳，皆請清覈。而旋言：『香河諸縣地占於勢家，霸州等處俱有仁壽宫皇莊，乞罷之，以益牧地。』雖允行，而占佃已久，卒不能清。南京諸衛牧場亦久廢，兵部尚書張鎣請復之。御史胡海言，恐遺地利，遂止。京師團營官馬萬匹，與旗手等衛上直官馬，皆分置草場。歲春末，馬非聽用者，坐營官領下場放牧，草豆住支，秋末回。給事御史閱視馬斃、軍逃者以聞。後上直馬不出牧，而騎操馬仍歲出如例。嘉靖六年，武定侯郭勛以邊警爲辭，奏免之，徵各場租以充公費，餘貯太僕買馬。於是營馬專仰秣司農，歲費至十八萬，户部爲詘，而草場益廢。議者爭以租佃取贏，浸淫至神宗時，弊壞極矣。

茶馬司，洪武中，立於川、陝，聽西番納馬易茶，賜金牌信符，以防詐僞。每三歲，遣廷臣召諸番合符交易，上馬茶百二十觔，中馬七十觔，下馬五十觔。以私茶出者罪死，雖勳戚無貸。末年，易馬至萬三千五百餘匹。永樂中，禁稍弛，易馬少。乃命嚴邊關茶禁，遣御史巡督。正統末，罷金牌，歲遣行人巡察，邊氓冒禁私販者多。成化間，定差御史一員，領敕專理。弘治間，大學士李東陽言：『金牌制廢，私茶盛，有司又屢以敝茶給番族，番人抱憾，往往以羸馬應。宜嚴敕陝西官司揭榜招諭，復金牌之制，嚴收良茶，頗增馬直，則得馬必蕃。』及楊一清督理苑馬，遂命並理鹽、茶。一清申舊制，禁私販，種官茶。四年間易馬九千餘匹，而茶尚積四十餘萬觔。靈州鹽池增課五萬九千，貯慶陽、固原庫，以買馬給邊。又懼後無專官，制終廢也，於正德初，請令巡茶御史兼理馬政，行太僕、苑馬寺官聽其提調，報可。御史翟唐歲收茶七十八萬餘觔，易馬九千有奇。後法復弛。嘉靖初，户部請揭榜禁私茶，凡引俱南户部印發，府州縣不得擅印。三十年詔給番族勘合，然初制訖不能復矣。

馬市者，始永樂間〔三〕。遼東設市三，二在開原，一在廣寧，各去城四十里〔四〕。成化中，巡撫陳鉞復奏行之。後至萬曆初不廢。嘉靖中，開馬市於大同，陝邊宣鎮相繼行。隆慶五年，俺答上表稱貢。總督王崇古市馬七千餘匹，爲價九萬六千有奇。其價，遼東以米、布、絹，宣、大、山西以銀。市易外有貢馬者，以鈔幣加賜之。

初，太祖起江左，所急惟馬，屢遣使市於四方。正元壽節，内外藩封將帥皆以馬爲幣。外國、土司、番部以時入貢，朝廷每厚加賜予，所以招攜懷柔者備至。文帝勤遠略，遣使絶域，外國來朝者甚衆，然所急者不在焉。自後狃於承平，駕馭之權失，馬無外增，惟恃孳生歲課。重以官吏侵漁，牧政荒廢，軍民交困矣。蓋明自宣德以後，祖制漸廢，軍旅特甚，而馬政其一云。

〔校證〕

〔一〕永樂初設太僕寺於北京　原校：『設太僕寺於北京』，當從《太宗實録》卷一六、《明史》卷七四《職官志》作：『改北平行太僕寺爲北京行太僕寺。』方案：『設』下應從補『行』字。緣永樂元年改北平爲北京耳。又，原校云：《職官志》又稱『十八年定都北京，遂以行太僕寺爲太僕寺』，是『設太僕寺於北京』，非永樂初事。方案：其説是。

〔二〕淮徐初養馬亦以丁爲率　方案：『丁』上，疑脱一『十』字，似當從上文『應天、太〔平〕、鎮〔江〕十丁一』補。

〔三〕馬市者始永樂間　方案：《明史》卷八一《食貨志五・馬市》載：『明初，東有馬市，西有茶市，皆以馭設也。

邊省戍守費。』是馬市始於洪武初也。又云：『永樂間，設馬市三。』則似永樂間乃增設馬市而非始設也。

〔四〕遼東設市三二在開原一在廣寧各去城四十里 方案：『各去城四十里』，至少，開原城東馬市僅去城五里。同右引有載遼東三馬市云：『一在開原南關，以待海西；一在城東五里，一在廣寧，皆以待朵顔三衛。定直四等：上直絹八疋，布十二；次半之；下二等，各以一遞減。既而城東、廣寧市皆廢，惟開原南關馬市獨存。』不僅遠較《兵志四》所載爲詳，且其開原城東馬市所在去城地里方位各不同。